国内外油气水井大修新技术

秦永和 等编著

石油工业出版社

内 容 提 要

本书对国内外油气水井大修技术总体现状和面临的挑战进行了阐述,重点总结了修井装备、井筒完整性检测、修井工具、常规大修、水平井大修、超深井大修、高含硫化氢井封堵、储气库修井与封堵、开窗侧钻、带压大修、连续管大修、大修侧钻完井等方面的新技术、新进展,并展望了大修技术发展方向,提出了技术攻关和部署建议。

本书可作为油气田开发技术人员和工程技术人员的重要参考书,也可供高等院校石油工程等相关专业师生教学、科研参考。

图书在版编目(CIP)数据

国内外油气水井大修新技术 / 秦永和 等编著 . -- 北京:石油工业出版社,2025.3. -- ISBN 978-7-5183-6449-7

Ⅰ.TK472

中国国家版本馆 CIP 数据核字第 2024TK472 号

出版发行:石油工业出版社
　　　　　(北京安定门外安华里 2 区 1 号楼　100011)
　　　　　网　　址:www.petropub.com
　　　　　编辑部:(010)64523736　图书营销中心:(010)64523633
经　　销:全国新华书店
印　　刷:北京中石油彩色印刷有限责任公司

2025 年 3 月第 1 版　2025 年 3 月第 1 次印刷
787×1092 毫米　开本:1/16　印张:23.75
字数:576 千字

定价:200.00 元
(如出现印装质量问题,我社图书营销中心负责调换)
版权所有,翻印必究

《国内外油气水井大修新技术》
编写组

主　编：秦永和

副主编：周　丰　阎卫军　高文龙　胡守林　王大利

成　员：（按姓氏笔画排序）

于　磊	于志海	马　青	马　俊	马圣凯	马冰心	王　全
王　健	王　爽	王大彪	王立新	王成业	王军平	王洪福
王贺东	王晓光	王晓军	尹方雷	孔栋梁	孔繁喜	卢　旭
田　华	付建华	白冬青	兰乘宇	宁丹宇	吕选鹏	朱高磊
乔　治	任　艳	任海洋	刘　伟	刘　锴	刘宝振	刘晨阳
许得禄	孙　骥	孙少亮	孙立伟	花仁敬	杜鑫芳	李　东
李　刚	李　进	李　彬	李永钊	李恒宇	李艳丽	李艳秋
李晓军	李鹏飞	李鹏娜	杨　东	杨　行	杨元明	杨炜华
杨敏杰	吴志强	宋秋菊	张　平	张　伟	张　微	张　磊
张世林	张志杰	张宏鑫	张武滔	张明友	张海龙	张斌然
张富强	陈　旻	陈兆文	陈国庆	陈铁军	陈望超	林　亮
罗　华	郑　波	郑广宁	孟　磊	赵　炎	赵　展	赵庆森
荆江录	柳秀涛	钟　伟	段建明	施连海	闻　丽	姜哲人
宫秀坤	姚建蓬	贺婵娟	袁　亮	袁　健	聂　伟	贾俊豪
党　韩	钱志伟	徐兆国	徐茂荣	徐煜东	徐肇国	殷　鹏
高智星	郭振山	黄　伟	黄志强	黄德辉	龚建凯	韩　龙
韩　冬	韩艳春	毹成高	焦树江	曾小军	曾艳春	裕晓志
靳　磊	谭庆林	颜家福	薛志永	霍　新	霍爱莉	戴运才

序
FOREWORD

近年来，随着油气勘探开发程度的不断深入和地下储气库建设的快速发展，井型日益多样化，井深不断取得突破，致使井筒环境和工况越来越复杂。老油田套损井、疑难井逐年增多，非常规油气开发水平井数量和水平段长度不断增加，超深井井数快速增长且面临井深、高温、高压等苛刻环境，储气库井由于工况复杂导致井筒密封失效风险高，老区老井侧钻挖潜也在向致密气等复杂油气藏拓展，这些都对以"确保井筒正常使用、提产提效"为主要任务的大修技术提出了新的要求和挑战。

围绕大修技术难题，国内外通过强化技术创新和现场应用，在大修装备、工具及工艺技术等方面均取得了重大进展，极大地丰富和完善了大修技术体系，大修作业能力不断提升，作业范围不断拓宽。本书阐述了国内外油气水井大修技术发展现状和面临的挑战，重点总结了自动化修井机配套装备、自动化气井带压作业机、超深井连续管作业机等修井新装备，井下摄像、分布式光纤等井筒完整性检测新技术，电动打捞、双向液压震击、液压变径滚珠套管整形、双向锻铣刀、膨胀管补贴、双向水眼自动换向磨鞋、电动切割、热熔切割、液压倒扣等修井新工具，液压复合解卡、电泵井打捞、扶正磨铣套管整形、薄壁大通径膨胀管补贴、压差激活密封剂、无示踪取换套、水力喷射打通道、高危废弃井永久性封井等常规大修新工艺、新材料，以及为适应水平井、超深井、高含硫化氢井、储气库井大修作业所取得的新成果，同时涵盖了带压作业、连续管等特种大修和开窗侧钻及大修侧钻完井等方面的新技术，并展望了技术发展方向，提出了相关建议。

本书阐述的内容主要来源于现场工程实践，从基础数据、工具工艺特点、工程应用案例等方面进行了全面系统的介绍，技术特色鲜明，内容丰富。本书的出版将为相关科研人员和现场施工人员提供宝贵的实战经验与有益借鉴，助推今后大修技术的迭代升级和创新发展。同时，以本书出版为契机，希望越来越多的专家学者关注大修作业工程，为石油工业的高质量发展和保障国家能源安全出谋划策，做出更大贡献。

中国工程院院士

2025 年 1 月 11 日

前言
PREFACE

  井筒完整性贯穿于钻井、试油、完井、生产、修井、弃置的全生命周期，是油气田高效开发的根本保障。随着油气田开发年限的增长，受地质、工程、开发和增产增注措施影响，油、气、水井必然面临井筒套管损坏（简称套损）套管变形（简称套变）等问题，因此作为处理复杂井筒问题的有效技术手段，大修作业不可或缺且意义重大。

  近年来，随着勘探开发对象的复杂化、资源品质的劣质化以及储气库季节调峰需求的增长，水平井、超深井、高含硫化氢井、储气库井的数量快速增多。与之配套的大修技术取得了长足进步，打造了一批新工具、新工艺、新技术，性能指标得到了极大提升，适用范围得到了极大拓展。本书主要内容来源于国内大修主体单位和国外知名服务企业的科技创新和工程实践。结合典型案例，重点阐述了大修技术系列和新进展，调研跟踪了国外大修发展新动态，并给出了国内大修技术发展建议。

  全书共十四章，第一章介绍了国内外大修技术概况；第二章介绍了修井装备新进展；第三章介绍了井筒完整性检测技术，包括井筒管柱检测和固井质量检测方面的新技术；第四章介绍了打捞、震击、整形打通道、套管补贴、套磨铣、切割、倒扣等方面的新型修井工具；第五章介绍了疑难套损井高效打通道等7大类常规大修新技术及典型实践；第六章介绍了水平井解卡打捞、修套等4大类大修新技术及典型实践；第七章介绍了超深井小井眼大修、完井封隔器管柱打捞等4大类大修新技术及典型实践；第八章介绍了高含硫化氢封堵新技术；第九章介绍了储气库修井与封堵新技术；第十章介绍了开窗侧钻技术的新进展，包括高效套管开窗、小井眼侧钻水平井等5种新技术；第十一章介绍了带压大修新技术，包括带压钻塞、锻铣、打捞、切割等8种技术；第十二章介绍了连续管大修新技术，包括连续管打捞、切割、钻磨和侧钻；第十三章介绍了大新侧钻的完井新技术，包括二次完井、可溶筛管完井等4大类新技术；第十四章结合国内外油气行业发展形势，分析了面临的形势和需求，展望了大修技术未来发展方向。

参与本书编写的人员主要来自中国石油集团长城钻探工程有限公司、大庆油田有限责任公司、吉林油田分公司、川庆钻探工程有限公司、渤海钻探工程有限公司、西部钻探工程有限公司、大庆钻探工程有限公司、测井有限公司、工程技术研究院有限公司等单位。由秦永和任主编，周丰、阎卫军、高文龙、胡守林、王大利任副主编。第一章：黄志强、白冬青、施连海、闻丽、王洪福等编写，由秦永和、张啸枫审阅；第二章：吴志强、柳秀涛、颜家福、李鹏飞、马青、张富强等编写，由高文龙、杨向同审阅；第三章：嵇成高、宋秋菊、段建明、杨元明、李鹏娜等编写，由张志江、孙少亮审阅；第四章：刘晨阳、韩艳春、贾俊豪、王贺东、张磊、乔治、杨行、田华等编写，由兰乘宇审阅；第五章：赵庆森、张宏鑫、乔治、马圣凯、张斌然、王晓军、钱志伟、马俊、任艳、王健、黄德辉、刘宝振等编写，由赵玉龙、张世林审阅；第六章：马圣凯、于磊、刘锴、卢旭、刘宝振、靳磊、马冰心、殷鹏、黄志强等编写，由阎卫军、荆江录审阅；第七章：付建华、陈国庆、张志杰、李恒宇、张武滔、陈旻、黄伟等编写，由焦树江、曾小军审阅；第八章：李东、李进、杜鑫芳、于志海、张伟、郑广宁等编写，由张平、黄志强审阅；第九章：李进、杨东、李东、陈兆文、聂伟、张伟、孙骥、李彬、赵炎、姚建蓬、张微等编写，由吕选鹏、施连海审阅；第十章：黄志强、孔栋梁、龚建凯、韩龙、曾艳春、霍新、朱高磊、罗华、宁丹宇、任海洋、李晓军、王爽、陈望超、谭庆林、党韩等编写，由阎卫军、宫秀坤审阅；第十一章：郑波、袁健、徐煜东、王全、陈铁军、王大彪、裕晓志等编写，由胡守林、张明友、徐茂荣审阅；第十二章：许得禄、杨敏杰、黄志强、戴运才、袁亮、尹方雷、李艳丽等编写，由刘伟、荆江录审阅；第十三章：黄志强、贺婵娟、薛志永、韩冬、王成业、杨行、徐兆国等编写，由钟伟、孙立伟审阅；第十四章：黄志强、孔栋梁、郭振山、张微、李艳丽、赵展、李永钊、霍爱莉、王晓光、李艳秋等编写，由周丰、王大利审阅。

全书由秦永和、周丰、阎卫军、高文龙、胡守林、王大利负责策划和统稿。在此对上述作者和审稿人员所付出的辛勤劳动表示衷心的感谢，同时向对本书编写提供帮助的人员表示感谢。

由于编者水平有限，书中难免存在不妥之处，诚请广大读者批评指正。

目录 CONTENTS

1 概 述 ·· 001
   1.1 国内外油气勘探开发概况 ·· 001
   1.2 国内外储气库建设概况 ·· 010
   1.3 国内外大修技术概况 ·· 012
   参考文献 ··· 018

2 修井装备 ·· 020
   2.1 修井机新进展 ·· 020
   2.2 带压作业机新进展 ·· 023
   2.3 连续管作业机新进展 ·· 025
   参考文献 ··· 028

3 井筒完整性检测技术 ·· 029
   3.1 井筒完整性检测技术简介 ·· 029
   3.2 井筒管柱检测技术 ·· 029
   3.3 固井质量检测技术 ·· 039
   3.4 分布式光纤测井技术 ·· 048
   参考文献 ··· 054

4 修井工具 ·· 056
   4.1 打捞类工具 ·· 056
   4.2 震击类工具 ·· 062
   4.3 套管刮削类工具 ··· 064

4.4 整形打通道工具 067
4.5 套管补接补贴工具 073
4.6 套磨铣工具 080
4.7 切割类工具 084
4.8 倒扣工具 090
4.9 封隔类工具 092
参考文献 098

5 常规大修工艺技术 100

5.1 解卡打捞工艺技术 100
5.2 套管整形工艺技术 104
5.3 套管补贴加固工艺技术 108
5.4 堵漏封窜工艺技术 112
5.5 取换套工艺技术 116
5.6 疑难套损井高效打通道技术 125
5.7 废弃井永久性封井工艺技术 128
5.8 常规大修工艺技术实践与认识 136
参考文献 146

6 水平井大修技术 149

6.1 水平井主要故障类型和特性 149
6.2 水平井冲砂捞砂技术 150
6.3 水平井解卡打捞技术 154
6.4 水平井修套技术 157
6.5 水平井找漏封堵技术 162
6.6 水平井大修实践与认识 167
参考文献 177

7 超深井大修技术 179

7.1 超深井大修技术难点 179
7.2 高效大修作业技术 180
7.3 超深井小井眼大修技术 185
7.4 大修作业减载技术 188

7.5 完井封隔器管柱打捞技术 ... 192
7.6 超深井修井典型案例 ... 195
参考文献 ... 199

8 高含硫化氢井封堵技术 ... 200

8.1 高含硫化氢井封堵技术难点 ... 200
8.2 井口恢复与再建技术 ... 201
8.3 全密闭修井工艺技术 ... 203
8.4 地面综合除硫技术 ... 204
8.5 抗硫修井液体系 ... 206
8.6 低渗透抗硫水泥浆体系 ... 207
8.7 硫化氢远程监控自动报警 ... 209
8.8 高含硫化氢井封堵技术实践与认识 ... 210
参考文献 ... 213

9 储气库修井与封堵技术 ... 215

9.1 储气库修井与封堵技术难点 ... 215
9.2 暂堵技术 ... 217
9.3 完井工具打捞技术 ... 220
9.4 环空微裂缝带压封堵技术 ... 223
9.5 带压实时液面监测技术 ... 224
9.6 储气库永久封井技术 ... 226
9.7 储气库井治理实践与认识 ... 231
参考文献 ... 233

10 开窗侧钻工艺技术 ... 234

10.1 高效套管开窗技术 ... 234
10.2 小井眼侧钻水平井技术 ... 245
10.3 超短半径侧钻水平井技术 ... 255
10.4 侧钻分支井技术 ... 258
10.5 径向水平井技术 ... 261
参考文献 ... 264

11 带压大修技术 ··· 266

11.1 技术需求与优势 ··· 266
11.2 带压作业井口处理技术 ··· 267
11.3 带压大修压力控制工具 ··· 269
11.4 带压钻塞技术 ··· 274
11.5 带压注塞技术 ··· 278
11.6 带压锻铣技术 ··· 279
11.7 带压打捞作业 ··· 282
11.8 带压旋转作业 ··· 284
11.9 带压起穿孔管柱 ··· 286
11.10 带压切割 ··· 288
11.11 带压倒扣和对扣 ··· 290
11.12 典型带压大修实践与认识 ··· 292
参考文献 ··· 296

12 连续管大修技术 ··· 297

12.1 连续管打捞技术 ··· 297
12.2 连续管切割技术 ··· 305
12.3 连续管钻磨技术 ··· 309
12.4 连续管侧钻技术 ··· 319
参考文献 ··· 327

13 大修侧钻完井技术 ··· 329

13.1 二次完井新技术 ··· 329
13.2 可溶筛管完井 ··· 338
13.3 小井眼裸眼分段完井与压裂技术 ··· 342
13.4 尾管固井完井 ··· 347
参考文献 ··· 354

14 油气行业发展趋势与大修技术展望 ··· 356

14.1 油气行业发展趋势 ··· 356
14.2 大修技术发展展望 ··· 358
参考文献 ··· 365

1 概 述

为满足各种类型油气田勘探开发需求,钻井深度越来越深,水平段越来越长,井型井况和开采方式也越来越复杂,伴随着油气田开发的深入和井筒多样化维护的需求,修井作业已经发展形成了一套特色鲜明、适应需求的工程技术体系。修井作业贯穿油气田开发全生命周期,通常需要完成维修井筒、处理井下故障、调整生产层位等任务,以确保油、气、水井的正常生产。按照作业性质与复杂程度进行分类,修井作业可分为维护性作业、大修作业和特种作业三类[1]。其中,维护性作业以动用小修作业队伍、装备为标志,对油、气、水井进行维护,包括检泵、冲砂、更换管/杆/工具以及简单故障处理等。大修作业以动用修井机、钻机为标志,处理井下复杂故障,包括复杂解卡打捞、套管修复、打通道、补贴加固、取换套、复杂井永久弃置、侧钻等。特种作业以动用特种修井作业装备为标志,包括带压作业、连续管作业等。特别是近年来,非常规油气和深层超深层油气勘探开发、储气库建设均获得了重大突破,推动工程技术取得了革命性进步,引领大修业务进入新领域,大修技术不断创新发展。

1.1 国内外油气勘探开发概况

1.1.1 国外油气勘探开发概况

1.1.1.1 国外油气勘探现状及特征

根据 IHS 和 WoodMackenzie 等咨询公司的商业数据统计,2011—2020 年,全球共发现 4336 个常规油气田,新增油气可采储量 $333 \times 10^8 t$ 油当量,其中石油 $110 \times 10^8 t$、凝析油 $20 \times 10^8 t$、天然气 $23.8 \times 10^{12} m^3$。全球油气勘探新发现主要呈现以下显著特征[2]:

(1)天然气新发现持续维持在新增油气储量的六成以上的较高水平。随着能源低碳化的趋势与需求,国际油公司更加重视天然气资产,不断加大天然气的勘探力度,近十年累计新增油气储量中天然气储量占比 61%(图 1.1.1)。

(2)深水/超深水成为最重要的增储阵地。随着陆上勘探程度的日益提高,海域成为油气新增储量的主战场,近十年全球新增储量海域占比 64%,海域中深水/超深水的占比为 77%(图 1.1.2)。

(3)新发现由中浅层逐渐向深层/超深层转移。10 年全球共发现储层顶部埋深大于 4500m 的深层油气藏(不含水深)345 个,新增油气可采储量 $37.5 \times 10^8 t$ 油当量,总体呈现出逐年波动增长的趋势,2020 年深层储量占比达到 27%(图 1.1.3)。

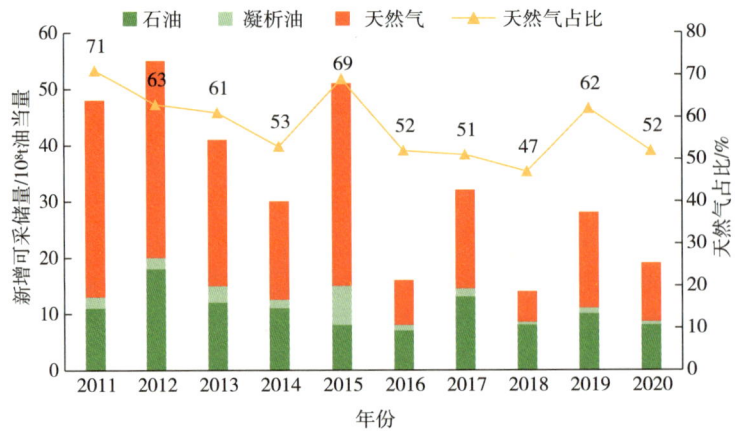

图 1.1.1　2011—2020 年全球新增油气可采储量及天然气占比统计图

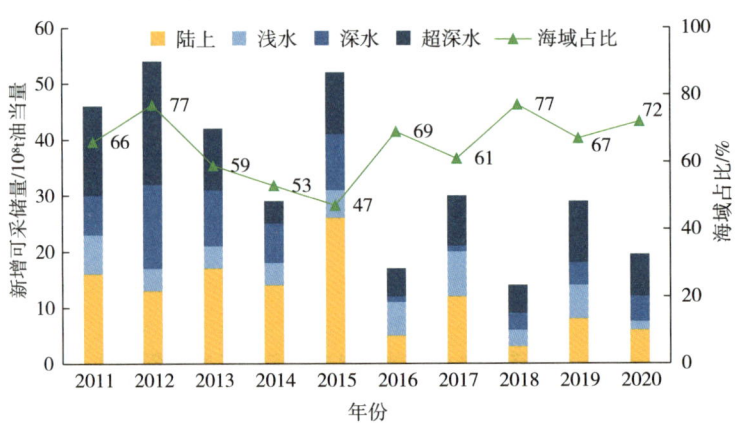

图 1.1.2　2011—2020 年全球新增储量海陆分布统计图

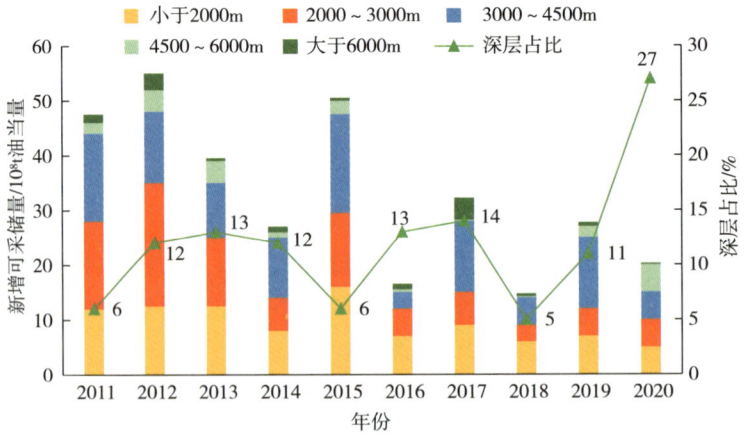

图 1.1.3　2011—2020 年全球近 10 年新增储量埋深分布统计图

1.1.1.2　国外油气开发现状及特征

当前全球油气资源仍然十分丰富，开发潜力巨大。2021 年全球在产油气田 3911 个（其中油田 2725 个、气田 1186 个），全球油气产量 77.92×10^8 t（其中原油 44.07×10^8 t、天

然气 $40084.11×10^8m^3$)。全球油气开发主要呈现以下显著特点[3]。

(1) 技术剩余储量丰富。截至 2021 年底，以油气当量计，全球技术剩余可采储量 $4352.38×10^8t$，其中原油技术剩余可采储量 $2389.17×10^8t$，天然气技术剩余可采储量 $232.49×10^{12}m^3$。按照不同类型油气技术剩余可采储量划分，陆上常规油气技术剩余可采储量 $1731.36×10^8t$，海域常规油气技术剩余可采储量 $1484.76×10^8t$，非常规油气技术剩余可采储量 $1136.26×10^8t$。

(2) 老油田是产量主力。老油田是当今乃至未来 20 年全球油气供应的重要支柱，30 年以上的老油田贡献了全球原油产量的 70% 左右。全球油气平均采收率不足 40%，地下仍保留了 60% 多的油气[4]。各大石油公司经过很多尝试后发现，由于研究深入，资料详实，公路、铁路、输油管线、供电、供水等基础设施齐全，在老油田上提高采收率远比开发新油田成本低。以 GeoComp Energy 公司为例，该公司通过其位于俄克拉何马州中部的新、老油田资金投入和 8 年的经济参数分析，综合得出老油田再生产的投资回报率是新开发油田的 2 倍。

(3) 非常规油气产量快速增长。美国通过"页岩油气革命"实现能源独立，全球油气开发领域呈现多样性。随着超长水平井、大规模体积压裂、工厂化作业等技术与装备的广泛应用，推动页岩油气、致密油气等非常规油气快速发展。2021 年，全球非常规油气产量 $19.49×10^8t$ (图 1.1.4)。

图 1.1.4　2012—2021 年全球非常规油气历年产量变化

1.1.2　国内油气勘探开发概况

1.1.2.1　国内油气勘探现状及特征

2005—2020 年，全国原油探明地质储量从 $254×10^8t$ 增长到 $416×10^8t$，增幅为 63.8%[5]。新增原油探明地质储量主要分布在鄂尔多斯、渤海湾、准噶尔、塔里木、松辽、柴达木、珠江口、北部湾、二连等盆地，各盆地新增原油探明地质储量均大于 $1.0×10^8t$[6]。其中，新增的大型（新增探明技术可采储量超过 $2500×10^4t$）、特大型（新增探明技术可采储量超过 $25000×10^4t$）油田/区块有 15 个（表 1.1.1），新增原油探明地质储量和技术可采储量分别为 $61.46×10^8t$ 和 $10.39×10^8t$，分别占同期新增探明总储量的 36.9% 和 34.8%[7]。

表 1.1.1　2006—2020 年中国新增大型—特大型油田/区块简表

油田/区块名称	探明年度	油藏类型	新增面积/km²	新增探明储量/10⁴t 地质	新增探明储量/10⁴t 技术可采	新增探明储量/10⁴t 经济可采	累计产量/10⁴t	备注
姬塬	2006—2008，2011—2020	地层岩性	3524	145243	27030		8390.6	累计技术可采储量 28254×10⁴t
华庆	2009—2010，2017，2020	地层岩性	1257	71573	13461	8416	1494.0	
南堡	2007，2015，2017	构造	217	45478	9716		922.7	部分重算后有核减
塔河	2006—2016，2019—2020	地层岩性	3419	85229	9522		8634.3	累计技术可采储量 20229×10⁴t
庆城	2019—2020	地层岩性	1342	50210	5603	3511	272.4	致密油
靖安	2008，2012，2014，2020	地层岩性、岩性—构造	556	27957	5425		4451.4	累计技术可采储量 12052×10⁴t
哈拉哈塘	2011，2013，2015，2018，2020	构造—岩性、地层岩性	2123	27337	4906	3595	1053.6	
环江	2015—2016，2018	地层岩性	787	24937	4494	3640	403.9	
春风	2010—2012，2016，2018—2020	构造—岩性	146	14307	4246		825.6	部分重算后有核减
风城	2006，2008，2011，2013	构造—岩性	76	16528	4086		1859.9	累计技术可采储量 5105.90×10⁴t，稠油
蓬莱 9-1	2012—2013	古潜山、岩性—构造	144	27116	3812	3306		稠油
安塞	2008，2011—2012，2014	地层岩性	473	18607	3751		4303.5	累计技术可采储量 11064×10⁴t
玛湖	2019—2020	构造—岩性	317	18820	2696	2503	39.6	
昌吉	2012，2017，2020	地层岩性	197	22508	2627		263.2	2017 年和 2020 年为致密油（芦草沟组）
红河	2009—2012，2015，2020	地层岩性	454	18571	2502		105.7	

2005—2020 年，全国气层气探明地质储量从 $4.93×10^{12}m^3$ 增长到 $14.7×10^{12}m^3$，增幅高达 198.2%。新增天然气探明储量主要来自鄂尔多斯、四川、塔里木、东海陆架、渤海湾、松辽、琼东南、准噶尔和柴达木等盆地，各个盆地新增天然气探明地质储量均大于 $1000×10^8m^3$。其中，新增的大型（新增探明技术可采储量超过 $500×10^8m^3$）、特大型（新增探明技术可采储量超过 $2500×10^8m^3$）气田/区块有 23 个（表 1.1.2），新增天然气探明地质储量和技术可采储量分别为 $7.66×10^{12}m^3$ 和 $4.12×10^{12}m^3$，分别占同期新增探明总储量的 77% 和 77.2%。

表 1.1.2　2006—2020 年中国新增大型—特大型气田/区块简表

气田/区块名称	探明年度	气藏类型	新增面积/km²	新增探明储量/10⁸m³			累计产量/10⁸m³	备注
				地质	技术可采	经济可采		
苏里格	2008—2011，2014，2016，2018—2020	岩性	21115	15329	8093		2254.6	累计技术可采储量 10843×10⁸m³
安岳	2010—2011，2013，2015—2017，2019—2020	构造—岩性、地层岩性	3682	12626	7813	5389	681.3	三叠系须家河组致密砂岩技术可采储量 1008×10⁸m³
克拉苏	2012，2014—2018，2020	构造	1531	8266	4546	3771	492.8	部分重算后有核减
靖边	2006—2012，2019	地层岩性	12646	5623	3183		950.2	奥陶系累计技术可采储量 5191×10⁸m³
塔中 1 号	2006，2008—2010	地层	1013	3169	1944		90.2	古潜山，复算有核减
神木	2007，2014	岩性	5242	3334	1674	1219	116.4	
延安	2014，2016，2018，2020	岩性	6141	3511	1694	1249	175.1	
元坝	2011—2012，2014，2019—2020	岩性	915	3030	1580		181.6	标定后可采储量略有减少
普光	2006—2009，2020	构造	185	1646	1183		682.6	累计技术可采储量 2931×10⁸m³
合川	2008—2009	岩性	1058	2296	1032		56.7	
成都	2012—2014	岩性	1701	2034	915		69.9	
徐深	2007，2017，2019	岩性	364	1919	830		161.1	累计技术可采储量 1327×10⁸m³
新场	2006—2007，2009，2012	岩性—构造	560	1801	739		221.5	累计技术可采储量 1009×10⁸m³
鄂东	2014—2015，2017	岩性	2046	1447	695	486	39.8	
大北	2007，2011	构造	81	1093	692	626	105.0	
广安	2006—2007	构造—岩性	616	1351	607		29.4	
宁波 17-1	2015	构造	154	1067	646	634		
米脂	2018	岩性	1899	1236	618		14.7	累计技术可采储量 813×10⁸m³
东胜	2010—2011，2017，2019—2020	岩性	947	1474	590	309	44.5	
迪那 2	2006	构造	176	945	574		553.6	
川西	2018，2020	构造	248	1140	539	440	0.9	
宁波 22-1	2014	构造	205	1020	524	479		
渤中 19-6	2018—2019	地层	239	1277	513		0.8	变质岩潜山凝析气田

新增油气探明经济可采储量呈现以下主要变化特征[5-7]：

（1）勘探对象的劣质化日益加剧。从储量丰度来看，重点油田新增原油探明经济可采储量中，低—特低丰度区块储量规模占比从"十一五"期间的 54% 快速增至"十三五"期间的 77%（图 1.1.5）。中国石油更为突出，"十一五"期间，低—特低丰度区块原油经济可采储量规模占比为 58%，而"十三五"期间有 4 个年度，重点增储油田的原油经济可采储量全部为低—特低丰度储量，2017 年占比高达 95%。重点气田新增天然气探明经济可采储量中，中—高丰度储量与低—特低丰度储量占比基本持平，但"十三五"期间后者明显增加，低—特低丰度区块新增经济可采储量规模占比快速增至 71.5%。

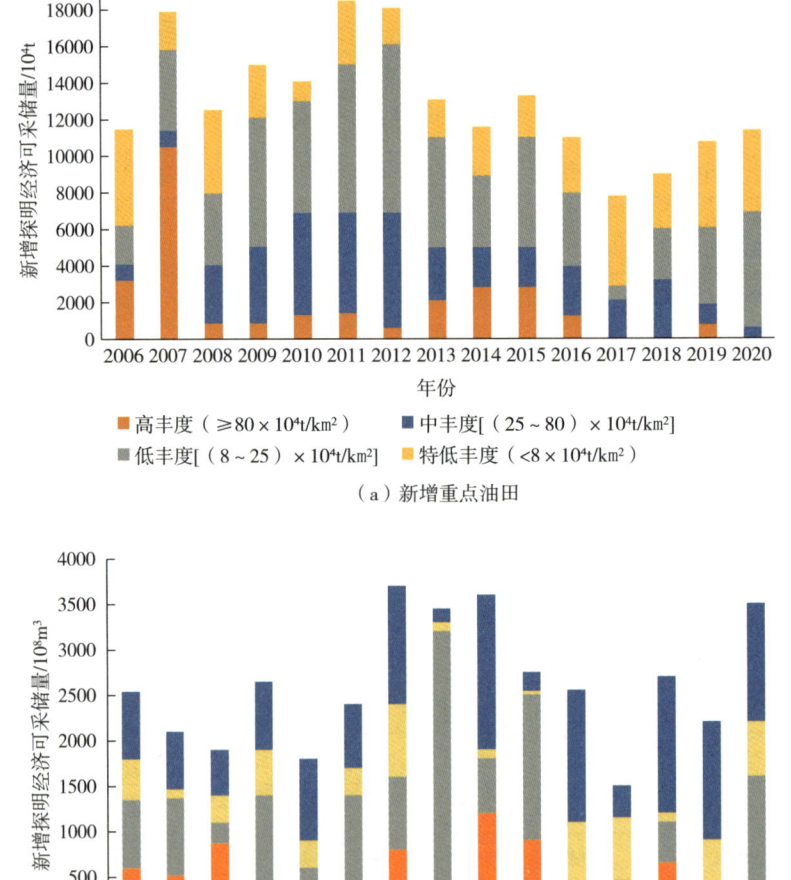

(a) 新增重点油田

(b) 新增重点气田

图 1.1.5　2006—2020 年中国（重点油/气田）新增原油/天然气探明储量丰度特征

从储层渗透率来看，进一步反映了勘探对象的劣质化趋势。如图 1.1.6 所示，低—特低渗油藏的原油经济可采储量规模占比从"十一五"期间的 60% 快速增至"十三五"

期间的72.3%。中国石油新增原油经济可采储量的这种趋势更为突出,"十一五"期间,低—特低渗透油藏原油经济可采储量占比约为66%,"十三五"期间的占比高达91.4%,成为年度新增经济可采储量的绝对主体。重点气田新增经济可采储量中,低—特低渗透气藏占绝对主体,"十一五"期间平均占比为83.6%,"十二五"期间平均约为81%;"十三五"期间平均约为95%且占比持续攀升,2019年、2020年该占比已接近100%。中国石油"十一五"至"十三五",低—特低渗透气藏新增探明经济可采储量占比约为95%,其中有9个年度该占比为100%。

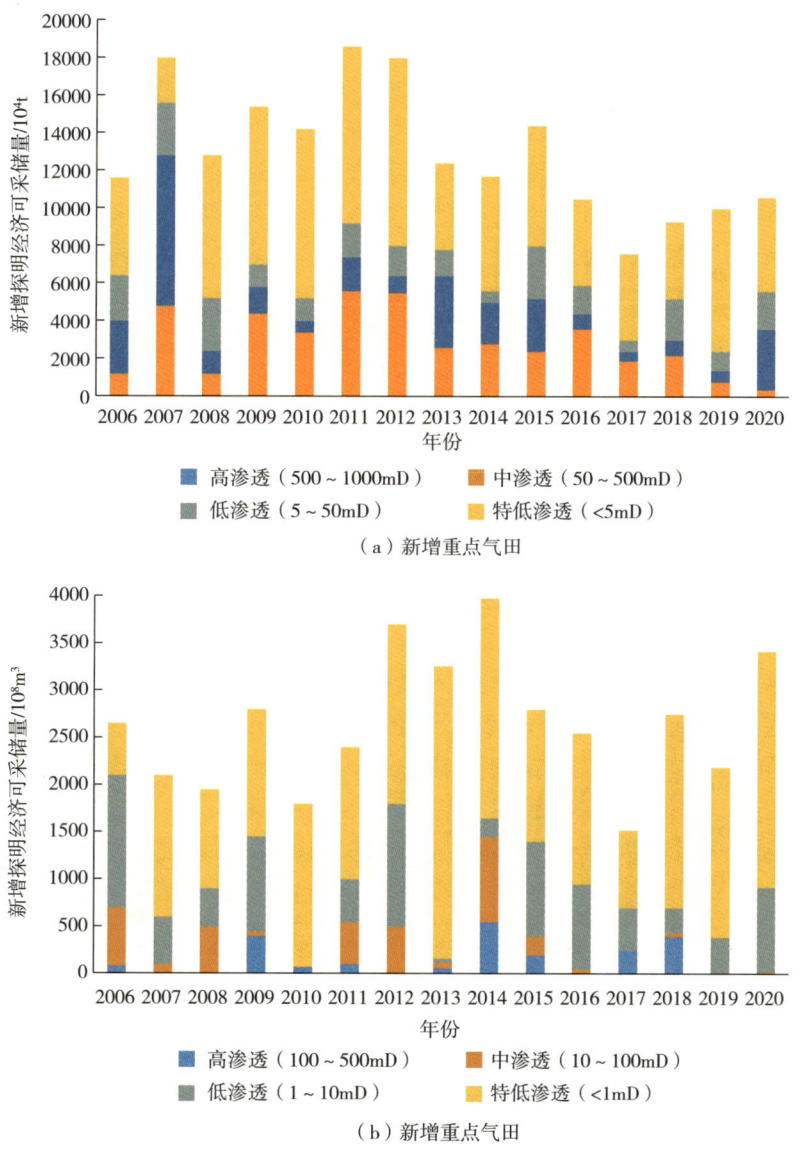

图1.1.6 2006—2020年中国(重点油/气田)新增原油/天然气探明储量储层渗透率特征

(2)油气勘探不断向深层—超深层拓展。重点油田新增原油探明经济可采储量中,2000m以深的中深层、深层及超深层油藏储量占比已超过一半,且在15年期间整体保持相对稳定,占比为50%~58%,其中深层与超深层的占比为14%。中国石油2000m

以深油藏储量占比为59%，高出全国平均水平6个百分点；深层与超深层的占比为12%。"十三五"后，深层、超深层油藏储量占比均超过20%。重点气田新增探明经济可采储量中，气藏埋深在2000m以深的占91%。其中深层及超深层气藏新增探明经济可采储量平均占比约为57%，"十一五"至"十三五"，该占比分别50%、55%和67%，2020年达到72%，表明深层及超深层气藏增储占比在持续增大，已成为增储的主体（图1.1.7）。

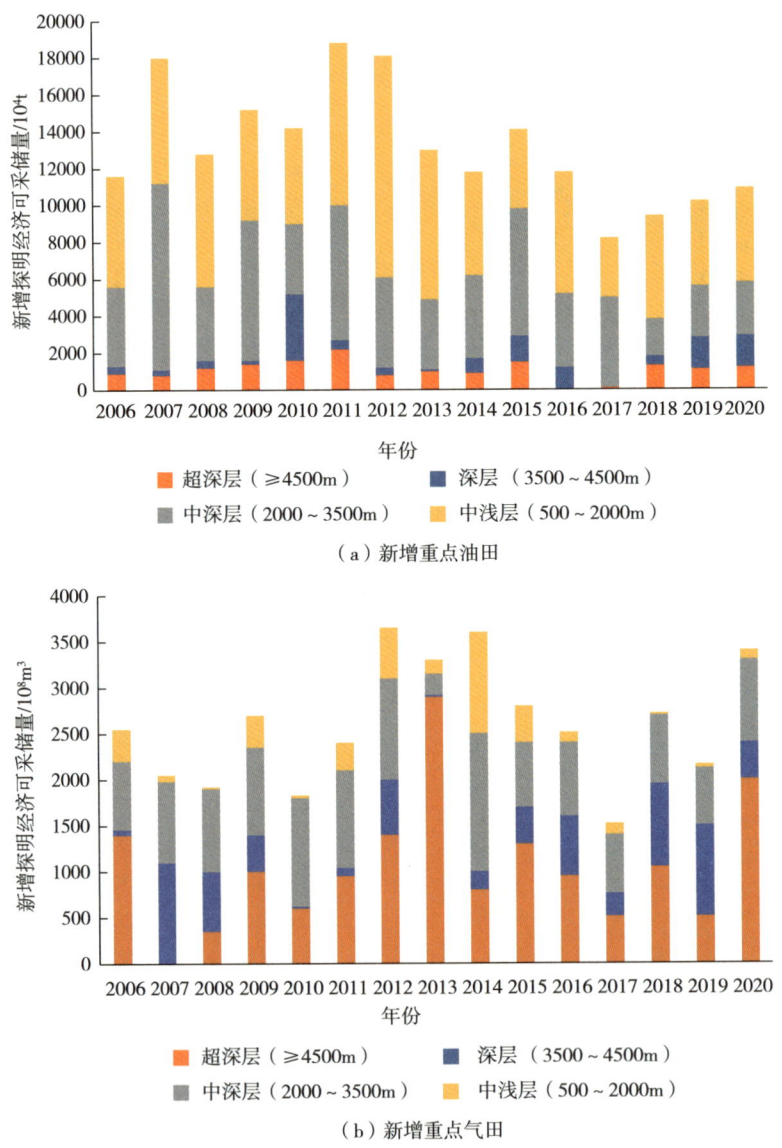

图1.1.7　中国（重点油/气田）新增原油/天然气探明储量储层（中部）埋深特征

1.1.2.2　国内油气开发现状及特征

如图1.1.8所示，2005—2020年，原油累计产量从$44.7×10^8$t 增长到$72.5×10^8$t，增幅为62.1%，年均增幅为4.1%；气层气累计产量从$0.43×10^{12}m^3$增长到$1.99×10^{12}m^3$，增幅达360.9%，年均增幅达24.1%。国内油气开发呈现以下主要特征[8-9]。

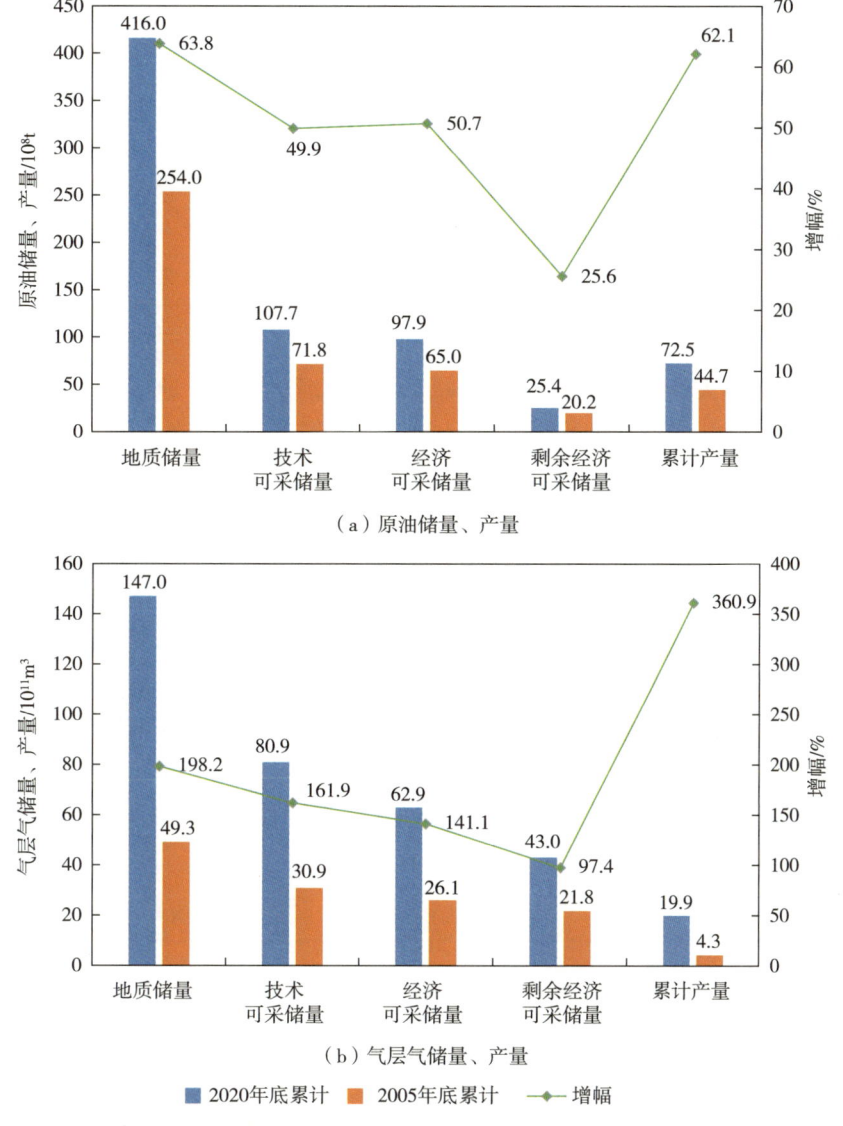

图 1.1.8　截至 2005 年底和 2020 年底全国累计油气探明储量序列及产量状况图

（1）原油开发的产量主体当前为陆上高含水、低渗透（含致密油）与海域，近期页岩油增产迅速。2020 年原油产量构成中，陆上低渗透砂岩占比 26.5%，陆上高含水中高渗透砂岩占比 32%，海域原油占比 24.5%，陆上稠油占比 8.3%，陆上特殊岩性占比 6.8%，页岩油占比 1.5%。

（2）天然气开发的产量主体当前为陆上常规气，页岩气、致密气及煤层气产量增长迅速。2020 年天然气产量构成中，陆上常规气占比 59.7%，致密气占比 26.6%，页岩气占比 11.4%，煤层气占比 2.2%。

（3）剩余经济可采储量有所提高，但总体劣质化。2005—2020 年，原油剩余经济可采储量从 20.2×10^8 t 增长到 25.4×10^8 t，增幅为 25.6%；气层气剩余经济可采储量从 2.18×10^{12} m³ 增长到 4.3×10^{12} m³，增幅达 97.4%。剩余经济可采储量主要分布在大型及以上规模的油气田，以中低产能为主。原油剩余经济可采储量主要分布在中浅层，高、中、低丰度分布比例相当，储层主要为中、低渗透和特低渗透。气层气剩余经济可采储量主要分布在中深层和深层，中丰度、低丰度为主，储层主要为低渗透、特低渗透。

1.2 国内外储气库建设概况

1.2.1 国内外储气库建设现状

地下储气库是将天然气经过压缩机压缩，注入枯竭油气藏、地下盐穴溶腔或其他地质构造中加以储存，到消费高峰期采出以满足天然气用气市场需求的一种储气设施[10]，主要发挥应急调峰、战略储备、安全保供等功能作用。

国外储气库建设起步较早，加拿大于1915年开始建设储气库，是储气库建设最早的国家。截至2020年底，全球36个国家共建成储气库716座，总工作气量$4211 \times 10^8 m^3$，占当年天然气消费量的12%，主要集中于美国、欧盟、俄罗斯。其中美国、欧盟、俄罗斯已建储气库分别为414座、179座、34座。美国储气库呈明显的储气库群特征，主要在东北部、中部等消费中心，工作气量占比为18%。欧盟天然气主要依赖进口，多座地下储气库联网运行，具有明显的互联互通特征，工作气量占比为29%。俄罗斯为出口导向型的发展模式，主要在向欧洲出口天然气管道附近和西部消费区，工作气量占比为17%。从储气库类型来看，枯竭气藏型478座，含水层型82座，盐穴型107座，枯竭油藏型45座，岩洞型4座[11-12]（图1.2.1）。

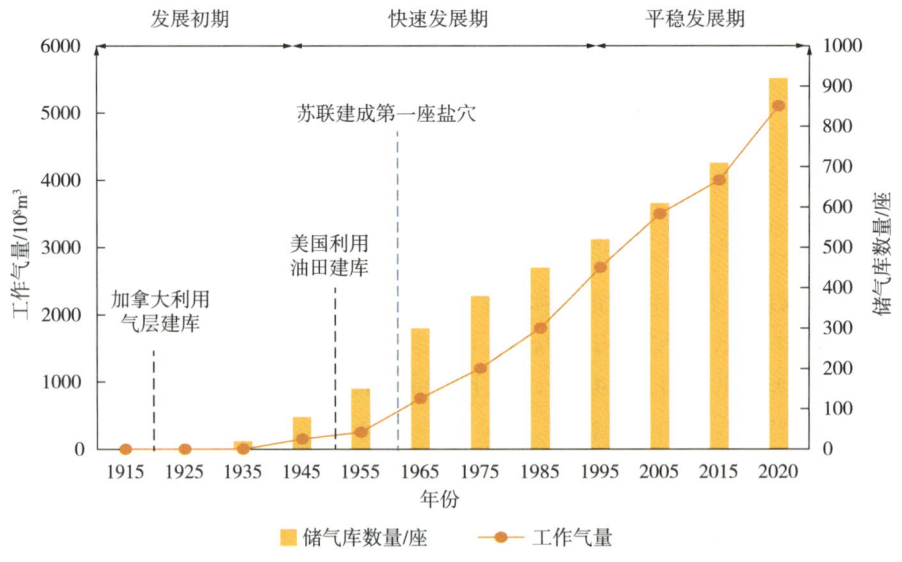

图 1.2.1 世界储气库建设历程与规模图

与西方发达国家相比，中国储气库起步较晚。20世纪70年代曾在中国石油大庆油田进行过利用气藏建设储气库，但真正意义上开始储气库建设是在20世纪90年代初，随着陕甘宁大气田的发现和陕京天然气输气管线的建设，为了保证北京、天津两大城市的安全供气，在天津附近的大港油田利用枯竭凝析气藏建成了大张坨储气库群。截至2020年底，国内已建成各类储气库27座（表1.2.1），形成工作气量$142×10^8m^3$，其中枯竭油气藏型24座，盐穴型3座[11]。

表1.2.1 我国已建储气库设计参数表

储气库名称		工程设计参数				建成调峰能力/ 10^8m^3
		库容/ 10^8m^3	工作气量/ 10^8m^3	注气规模/ (10^4m^3/d)	采气规模/ (10^4m^3/d)	
中国石油	大港库群	70.0	30.0	1755	3400	20.0
	京58库群	17.4	7.8	400	600	4.0
	华北苏桥群	70.5	23.3	1300	2100	9.2
	大港板南群	10.7	5.6	240	400	4.0
	中石油金坛	26.4	17.1	900	1500	7.0
	江苏刘庄	3.9	1.8	150	200	1.1
	新疆呼图壁	107.0	45.1	1550	2800	35.0
	西南相国寺	42.6	23.0	1400	2850	21.0
	辽河双6	57.5	32.2	1200	1500	19.5
	长庆陕224	8.6	3.3	220	420	3.3
中国石化	中原文96	5.9	2.0	180	245	2.0
	中石化金坛	11.8	7.2	450	1500	1.8
	中原文23	84.3	32.7	1800	3000	13.0
港华金坛		10.0	6.0	270	600	0.8
合计		526.6	237.1	11815	21115	141.7

1.2.2 国内外储气库的特征

与国外相比，我国储气库具有地质条件复杂、注采压力高、采出物组分复杂、注采系统弹性小等特征[12]。

（1）地质条件复杂：国外90%储气库埋深小于2000m，构造完整。我国地质条件复杂，构造破碎、储层非均质性强，埋深普遍大于2500m。

（2）注采压力高：欧洲天然气骨干管网输送压力为6~10MPa、美国洲际天然气管道输送压力为10MPa。我国大部分天然气管网运行压力为10~12MPa，从而要求储气库的采气压力高。注气方面，国外储气库注气压力一般不高于25MPa，由于我国部分储气库埋藏深，导致注气压力较高，部分可达40MPa以上。

（3）采出物组分复杂：国外采取措施控制采出物中重组分含量，采出气仅需进行脱水，不需要脱烃。而我国大部分储气库采出物为油气水三相，采出气处理需同时控制水露点和烃露点，流程相对复杂，油水处理则大多依托油田。

（4）注采系统操作弹性小：国外注采系统操作弹性大，多为150%~260%，每套处理装置的处理能力不一定相同。我国注采系统操作弹性120%居多，1座储气库的每套处理装置基本相同。

1.3 国内外大修技术概况

1.3.1 国外大修技术概况

国外大修技术一直与勘探开发和石油工程技术同步发展，技术不断革新，可满足不同的应用场景和生产需求。根据2017年俄罗斯联邦自然资源监管局的数据，俄罗斯几乎四分之一的油井处于闲置或关闭状态，近年来套损率从17%增加到38%，每年少产石油约（760~1660）×10^4t[13]。2011年起，美国水平井钻井进尺开始超过直井；2016年其水平井新钻井数占比69%，进尺占比83%；截至2017年底，其水平井总数12.6万口（占比12.8%），水平井成为美国非常规储层大规模开发的核心技术之一。全球已有100多个国家和地区开展过深层油气勘探。伴随深部油气资源的勘探开发，油气钻井深度的纪录也在不断翻新。2022年，阿联酋阿布扎比国家石油公司在Upper Zakum油田的UZ-688井完钻井深15240m，创造了新的超深井世界纪录。近年来，随着油气田开发技术更新换代、水平井数量增加，由于设备疲劳失效、井筒状况的影响、修井作业计划和操作失误等，都产生新的技术需求，且更加复杂化和多样化。国外通过持续地研发新技术，解决了一系列技术难题，推动大修技术发展取得了巨大的成就。

（1）修井装备方面。国外修井机产品系列化，技术成熟，最大钩载2270kN，大修深度可达到9144m，装机功率745kW。可根据施工井的不同类型和施工条件选用不同型号的修井机，以实现修井工作的经济实效。自走式修井机，行驶速度快、机动灵活。液压修井机模块化设计，减少运输载荷和费用，同时增加作业能力。采用液压—机械传动方式，换挡快、操作方便、传动效率高。机械化程度高，配套装备已形成系列化。带压作业机国外经历了80多年的发展，已逐步趋于成熟，装备功能齐全、作业能力强、作业范围广，目前已广泛应用于陆地油气井和海上平台。全液压式带压作业装置占据了主导地位，自动化程度较高，实现了全液压举升、卡瓦以及防喷系统远程电液控制，同时可以利用计算机在现场进行智能分析。带压作业装置最大上提力2700kN，最大下压力1150kN，实际作业压力最高140MPa[14]。连续管作业机国外更加多样化，开发了一大批专用连续管设备，极大地丰富了地面设备的类型与品种。超深井作业常见的连续管钻机、复合油管作业等装备，均以电驱控制系统为基础。

（2）井筒完整性检测方面。国外成像井径测井、电磁扫描套管检测、超声波套管成像仪、圆周声波扫描仪、井下视像系统、分布式光纤测井等技术成熟，性能领先，实现了系列化和规模化应用，同时正朝着高可靠、高效率、阵列化、一体化综合检测评价等方向不断发展[15-16]。例如，超高温套管检测多臂井径测量仪，额定温度可达315℃。俄罗斯生产的CCFET套损—固井诊断—地层评价一体化测井技术已经在储气库等领域推广应用；哈利伯顿公司的ACX阵列噪声、EPX阵列电磁探伤等技术对于多层油套管管柱的检测具有更独特的优势；Archer公司的SPACE系列工具除了井筒检测外，还可以对油套管内井下落物进行可视化三维成像等。

（3）大修工具方面。国外全球知名服务公司均拥有系列化常规修井工具，产品不断更新，具有性能卓越、快速高效等显著特点，满足高温高压深井超深井、长水平段水平井等复杂井况修作业需要，最大作业井深超过8500m，最大作业压力达210MPa，最高温度达230℃，满足5000m以上长水平段作业能力。

在高温高压封隔器和桥塞方面，贝克休斯BASTLLE可回收式高温高压封隔器，耐温232℃，耐压139.7MPa；贝克休斯BRIMSTONE高性能可钻式桥塞，耐温260℃时能够承受172.36MPa的压差；哈里伯顿自膨胀封隔器，最高耐温200℃，耐压超过103MPa。在高温高压油管切割工具方面，喷射式切割器用聚能射孔弹进行切割，可以使用许多种类的射孔弹，耐温级别与射孔枪基本一致；化学切割在高温高压环境下，其有效性因受回压对化学切割液的影响而降低，效率低于50%；等离子切割器使用带电等离子体进行切割，目前的耐温耐压级别分别是260℃和137.9MPa。机械切割器能够实现可控切割，产生的碎屑较细，并且可从地面进行控制，实现实时调整，可用于200℃和137.9MPa的环境条件。

在电动修井工具方面，国外Welletc等公司已经形成了一系列的高效电动修井工具，可以实现通井、刮管、打铅印、桥塞座封、找漏验窜、打孔、捞砂、打捞、试压、纵向开槽、油/套管切割、钻磨铣等，极大提高了修井效率，展示出了精准高效、低成本的优势。

在水平井、深井修井方面，形成了长水平段修井、井筒重建等系列化技术。Welltec等公司拥有的水平井牵引器最大牵引力3175kg，最长牵引距离1.4×10^4m，用于套管检测、下桥塞、磨铣、工具回收、套管刮洗、切割等多种作业。ϕ12mm半刚性复合材料封装电缆，相比传统电缆，具有强度高、质量轻、刚性强、摩擦力小等特点，现场作业半径可达8000m。亿万奇公司在长段连续膨胀、水平井作业等领域处于领先水平，最大连续膨胀距离超过1000m，承压90MPa以上，产品尺寸系列涵盖ϕ88.9~406mm，适用于ϕ114.3~473.1mm套管。国外深井井身结构完备，气层采用防腐套管，井口装备承压高，故障率相对低，修井以落物打捞等为主，发展形成了裸眼井打捞、套管井打捞和过油管打捞，大多数的打捞公司都拥有超过6000m深井、大斜度井、水平井等的技术能力和业绩[17-20]。

在微裂隙封堵材料方面，贝克休斯开发了一种高性能环氧树脂封堵剂，250℃高温下具备80MPa承压能力，并且能够抵抗高盐水和酸性气体的腐蚀。斯伦贝谢研制的改性聚氨酯封堵剂，在230℃高温下性能稳定，固化时间小于12h，固化后抗压强度达到70MPa。威德福研制的高分子承压密封橡胶，承压90MPa以上，并且在高压下具有良好的弹性恢复性，长期使用不老化。贝克休斯、哈里伯顿和斯伦贝谢等国际知名油服公司研制的压差激活密封剂的激活响应时间缩短至10min以内，耐温可达200℃以上，密封成功率接近100%。

（4）老井开窗侧钻方面。国外老井侧钻技术起步较早，近年来发展较快，技术水平不断提升。在套管开窗方面，墨西哥高温高压深井完成了双层高钢级（TAC-140）套管开窗；在美国加利福尼亚州浅层开窗中，通过优化开窗工具结构、优选刀翼镶块等，单趟成功率从84%提高到100%，平均磨铣时间减少了35%[21-22]。在小井眼钻完井方面，小尺寸钻头、小尺寸动力钻具、小尺寸测量仪器、小尺寸旋转导向等先进工具仪器不断创新，通过综合的参数优化，侧钻小井眼钻井速度提不断提高，钻井成本显著降低，满足了剩余边际储量挖潜动用的经济要求。同时，欠平衡钻井、尾管钻井等特殊工艺技术也成功引入，解决了衰竭储层等复杂地质条件下的侧钻施工难题。在实施效果方面，北美地区某油田一口生产近20年的老井，侧钻后日产量增加十余倍[23]；俄罗斯哈德地区油田通过实施侧钻井，将油田采收率提高了5%~8%；俄罗斯普里厄毕油田采取老井侧钻分支井+多段水力压裂技术[24]，在保持主井筒正常生产的情况下侧钻分支井，提高了经济性，使侧钻潜力井增加到1500多口。

（5）带压与连续管修井方面。北美地区CUDD、ISS、Snubco等公司形成从常规油水井到气井、高压高产井、高腐蚀井、海洋作业等系列化带压作业工艺技术及配套工具，最高作业压力达140MPa，作业井最高含硫达45%，最大作业井深达9000m。带压技术的应用实现了完井、修井、钻井全覆盖。北美带压修井目前主要以钻磨、打捞、起原井管柱为主，年作业工作量接近6500井次。其中，钻磨桥塞井口压力主要集中在28MPa以内，年作业量在2700口左右，最高一次性完成262个桥塞的钻磨，水平段作业长度达到9000m；带压打捞作业主要分为带压和液压修井，年作业井次在1000井次左右，主要包括打捞油管、钻杆、连油。起原井管柱作业主要分为带压和液压修井，年作业井次在600井次左右。Hydra Rig、NOV、SS公司形成了高压深井、长水平段深井、超深井等复杂井连续管作业工艺技术，最大作业井深8500m，最大作业压力210MPa，最高作业井温230℃。连续管井筒清理、连续管切割、连续管打捞、连续管钻磨等修井技术成熟配套，实现了系列化和规模化应用。在连续管侧钻方面，阿拉斯加完成了450多口过生产油管（ϕ114mm和ϕ88.9mm）连续管侧钻，创造了侧钻深度5338m的纪录，与同等旋转钻机侧钻相比，节约成本30%，同时展示了非常适合严重井漏环境和欠平衡模式下侧钻的优势。

1.3.2 国内大修技术概况

我国修井作业历经60多年的发展，从技术特征来看，先后历经了维护性修井、治理性修井、综合性修井、绿色高效修井4个阶段，目前已形成了一套较为完整的大修工程技术体系。"十二五"以来，中国石油累计修复套损井3.7万口，修复井累计产油约500×10^4t，累计注水9000×10^4m³，提高了油气水井利用率，有效完善了开发井网。

1.3.2.1 大修技术难点分析

随着油气勘探开发程度的不断深入，勘探开发对象也日趋复杂，占据产量主体的注水开发老油田已进入高含水期或特高含水期，深层/特深层、非常规油气藏已逐步成为油气增储上产的主要领域。近年来，通过持续科技创新与实践，与之配套的钻完井技术进步迅速，油气井类型日益多样化，井深不断取得突破，水平井水平段长度不断延长，压裂技术丰富多样、改造规模不断增大。从浅井到深井，从直井到定向井、水平井，从低压井到中、高压井，从低温井到高温井，从常规环境到高酸性环境，从常规气井到储气库井，井深、井型、压力、温度等井筒环境和工况的新变化，都给大修作业提出了一系列的挑战。

（1）老油田套损井、疑难井逐年增多，对大修作业提出了诸多新需求。

随着油田开发时间的延长，受地质、套管本身、开发、工程等因素影响，老油田存在大量套损、长停井等，制约了采收率的提高。中国石油2015年套损率13.23%，修套损井约 1700 口左右，每年因套损井少产原油 300×10^4 t。

大庆、胜利、辽河、吉林等东部老油田套损形势更为严峻，年新增套损井多，老区形成多个套损区，部分井由于缺乏有效的治理方法，导致长期关停，严重影响了区块注采关系完善和区块产能建设。同时套损程度呈加剧的态势，活性错段、大段弯曲、小通道或无通道套损井以及吐砂吐岩块井等疑难井比例高，修复难度越来越大。

（2）非常规油气开发快速发展，水平井数量和水平段长度不断增加，大修难度增大。

近 20 年来，水平井技术快速发展，在薄层、边底水、低渗透、常规稠油、天然裂缝发育以及非常规等油气藏开发中得到广泛应用，成为转变开发方式的重要手段。2007 年起，国内水平井钻井呈跨越式发展，截至 2019 年底，中国石油水平井总井数近 1.0 万口（占比 3.8%）。

目前常规油井水平段平均长度 400~500m，页岩油气井水平段平均长度达到 2000m 以上。由于水平井井眼轨迹复杂、完井井身结构多样，常规的直井修井工具、管柱已无法满足水平井修井要求。以页岩气水平井为例，为提高开采效益，需要采用丛式水平井钻井、分段多级大规模体积压裂等新技术。三维井眼轨迹带来的挑战主要有易形成砂床、工具容易被卡，钻压传递损失较大等；多级压裂改造易造成套损套变（川渝地区套变率 30% 以上）、井筒沉砂、井下工具（射孔工具串、桥塞钻磨及打捞管柱等）卡阻或脱落，工程风险大。

（3）超深井由于井深、超高温、超高压、高含硫，大修作业面临严峻挑战。

据统计，2008 年之后我国年均完钻超深井（井深大于 6000m）200 口以上。超深井大修面临埋藏深（6000~8000m）、地层压力高、地层温度高、普遍含 H_2S 腐蚀气体等挑战。塔里木油田井下温度可达 193℃，压力可达 171MPa，含硫最高 450g/m³；川渝地区超深井井下温度大于 210℃，压力大于 150MPa，雷口坡组以下 18 个海相油气层（6 个主力气层）层层含硫，部分高含硫。这些挑战使得超深井修井作业面临操作复杂、周期长、风险大、成本高等问题，且受完井尾管尺寸和钻具强度限制，极大增加了作业难度。

（4）储气库井工况复杂，井筒密封失效风险高。

从开采方式来看，气藏开采是衰竭性的，产量基本是逐年递减，需最大限度地提高采收率，开采周期长达 10 年或更长；气库则需产量稳定且持续维持高产，一般 3~4 个月将气库中的有效工作气全部采出，同时需要在一个周期内将气库注满。从设计准则来看，气藏开采应尽量保持稳产，气库产能设计则以满足最大日调峰或者季节调峰需求为原则。从运行工况来看，常规气井井筒单向承压，并且压力由高到低，设计寿命要求为 10~20 年；储气库井由于"强注强采"（其注采速度是常规气井的 20~30 倍），井筒承受周期性高低压载荷，设计寿命要求达到 30~50 年。

此外，储气库在运行前期存在地层残留的钻井液、盐酸、凝析水、二氧化碳、硫化氢等酸性气体，使得井下环境十分复杂，注采管柱长期处于腐蚀环境中，温度、压力、载荷应力等不断变化的动态环境，将加剧管柱腐蚀。因此，储气库井的工况要比常规气井更为严峻和复杂，其对管柱的性能要求非常高，易引起系列失效和隐患风险，如环空带压、管柱泄漏、腐蚀等，影响储气库安全生产运行。

（5）老区剩余油气挖潜对象日益复杂，对老井侧钻技术提出新的更高要求。

老井侧钻是在低产低效井、停产报废井、套管损坏井等老井筒中，应用专用的工具和工艺，进行套管开窗并侧钻出新井眼至目的层，充分挖掘井间剩余储量，大幅度提高单井产量和区块整体油气采收率。老井侧钻技术由于充分利用上部井筒、井场、道路及地面流程等优势，较之钻新井，成本更低、经济性更好，得到了广泛应用。

随着油气田进入开发中后期，老井产量下降，剩余储量开采难度大，原井表外未动用储层及厚油层顶部剩余油、钻穿夹层连通相邻孤立油藏等，都对侧钻井提出了新的需求。同时侧钻挖潜的对象由常规的稀油、稠油、高凝油正在向低渗透、致密气等领域不断拓展，由于储层物性差、非均质性强，加之剩余油气分布复杂，小井眼侧钻井的井深越来越深、侧钻水平井水平段也越来越长（600~1000m），完井要求也越来越高（需多级压裂改造等）。

1.3.2.2 国内大修技术现状

近年来，不断攻克各类复杂井况修井难题，创新形成了大修技术体系，装备、工具、仪器、技术等不断进步，能力不断提升，作业范围不断拓宽。主体技术指标和纪录不断刷新（表1.3.1），先后创造了修井作业井深最深7397m、井温最高236℃、硫化氢含量最高230.793g/m^3、井口关井压力最高99.87MPa、水平段最长5060m等纪录。套管锻铣工具性能得到显著提升，锻铣井段最深达到5682~5712m，$5\frac{1}{2}$in 和 7in 套管锻铣最长分别为90m和50m，双层套管锻铣最长47m。取换套技术不断完善，$9\frac{5}{8}$in 取换套深度达到1679m，$5\frac{1}{2}$in 最大取套管长度2499.85m；控深度注水泥塞地层压力系数最低为0.21g/cm^3，钻水泥塞最深达到6994.13m；超深井打捞完井封隔器最深达到7214m；在水平井井筒重构取得重大突破，高承压膨胀管补贴后套管承压最高达到97.8MPa，套中固套封固段最长达到2200m，膨胀管井筒重构最长达到1071.64m。套管开窗技术快速发展，开窗点最深达到7420m，双层套管开窗点最深3211.86~3215.87m，开窗套管尺寸最小为5in。带压作业拓展到大修技术领域，带压钻磨最大作业井深4903m，带压打捞最大作业井深3540m，气井带压钻塞最长2258.62m。连续管大修技术不断创新，钻磨水泥塞最长1768m，钻塞温度最高169℃，单只磨鞋钻塞最多32个，穿芯打捞连续管最长3996m。径向水平井作业效率大幅度提高，单井钻孔最多达到60个。

表1.3.1 国内大修主体技术指标和纪录情况统计

井号	指标	时间	油田或地区
RP301-8X 井	最大修井作业井深7397m	2019年	塔里木油田
GR1 井	大修井温最高236℃	2019年	青海地区
W9 井	最高硫化氢含量230.793g/m^3	2015年	西南油气田
L004-X1 井	井口最高关井压力99.87MPa	2018年	西南油气田
HH90-3 井	修井水平段长度最长5060m	2022年	长庆油田
TH10410 井	最深锻铣井段5682~5712m	2017年	塔河油田
SY3 井	$5\frac{1}{2}$in 套管最大锻铣长度90m	2023年	江苏淮安地区
WQ801 井	7in 套管最大锻铣长度50m	2021年	吐哈油田
HU001 井	双层套管最大锻铣长度47m	2013年	新疆油田
X13-19-1 井	$9\frac{5}{8}$in 取换套深度1679m	2013年	大港油田
YC1 井	$5\frac{1}{2}$in 最大取套管长度2499.85m	2023年	江苏油田

续表

井号	指标	时间	油田或地区
H1井	控深度注水泥塞地层压力系数最低 0.21g/cm³	2018年	西南油气田
K2井	钻水泥塞最大井深 6994.13m	2019年	青海地区
ST8井	打捞完井封隔器最深 7214m	2020年	西南油气田
W204H19-1井	套管补贴承压最高 97.8MPa	2022年	西南油气田
XP231-48井	水平井套中固套封固段最长 2200m	2023年	长庆油田
MaHW6274	水平井段膨胀管井筒重构最长 1071.64m	2023年	新疆油田
ST102井	最深套管开窗点位置 7420m	2021年	西南油气田
CSP2井	双层套管开窗最深 3211.86~3215.87m	2012年	吉林油田
C28-100C井	开窗套管尺寸最小 5in	2020年	辽河油田
MH41井	带压钻磨最大作业井深 4903m	2021年	新疆油田
AHHW2003井	带压打捞最大作业井深 3540m	2021年	新疆油田
Y23井	气井带压钻塞最长 2258.62m	2022年	华北油田
S28-43-74H1井	连续油管钻磨水泥塞最长 1768m	2020年	长庆油田
L203H153-8井	连续油管钻塞温度最高 169℃	2021年	西南油气田
W202H13-5井	连续油管单只磨鞋钻塞最多 32个	2018年	四川威远地区
SY1井	穿芯打捞连续油管长度最长 3996m	2022年	辽河油田
J2-7-313井	径向水平井单井钻孔最多 60个	2023年	辽河油田

（1）修井装备方面。国内修井机生产厂家定型了XJ350—XJ2250共9种规格型号，最大钩载2250kN，可满足井深9000m以浅的油、气、水井作业需求，整体技术达到国际先进水平，满足国内生产需求，并出口海外。近日，最新研制的XJ2750万米车载修井机顺利完成多次试验，并在现场投入使用，成功填补了超深层修井作业装备领域的空白。同时研发了大修作业机二层台机械手、液压吊卡、气动卡盘、油管举升机、铁钻工、钻台面机械手等自动化系统。带压作业机定型了辅助式、独立式2大类型3种型号，可满足井深5000m以浅、井口压力35MPa以下的油、气、水井带压作业。连续管作业机形成了车装式、橇装式、拖挂式3类、8种结构、28种型号，适用管径 ϕ9.5~88.9mm，注入头能力覆盖20000~200000lbf（90~900kN），最大作业能力达到8000m。

（2）井筒完整性检测方面。发展形成了多臂井径仪、电磁探伤测井仪、井下摄像电视等井筒管柱检测技术，超声波成像测井仪等固井质量检测技术，以及可以实现全井段实时监测的分布式光纤测量系统，但在性能指标上与国外还有一定的差距。

（3）井下工具与工艺技术方面。国产修井工具系列丰富、规格齐全，已形成打捞类、倒扣类、切割类、震击类、整形类、加固类等十二大类，基本满足生产需求，但在井下自动化工具、高效工具、小井眼工具、高温高压工具等方面还需要进一步攻关。修井技术以满足新的开发需求为目标，持续技术创新，在常规井复杂井大修、水平井大修、超深井大修、高含硫化氢封堵、储气库修井与封堵、老井开窗侧钻等方面均取得了重要的新进展，培育了一批新技术，形成了适应各类复杂井况的大修配套工艺技术，为维护油气水井正常生产和挖掘老井剩余油气潜力提供了技术保障。1500m以上长水平段水平井、8000m以上超深井和特深井、疑难井高效大修技术需进一步攻关。

（4）老井开窗侧钻方面。"十二五"以来，针对低渗透油藏、致密气藏等剩余油气挖潜需求，大力发展了高效套管开窗、中长曲率小井眼侧钻水平井、超短半径侧钻水平井、侧钻分支井、径向水平井等技术，技术水平不断提升，其中 $\phi139.7mm$ 套管开窗侧钻水平井水平段超过 1000mm。

（5）带压与连续管修井方面。近年来研制配套了 3 大类 10 余种带压作业管柱内堵塞工具，满足了多种工艺、工况带压作业管柱内封堵需要。国内带压作业工艺已从带压完井向带压修井拓展，形成了带压打捞、倒扣、切割、锻铣、钻塞、注塞、冲砂等 10 项带压修井技术体系，创造了最高施工压力 34MPa、最大作业井深 4772m、打捞落鱼最长 1473m、钻磨套管 40m 等多项作业纪录。带压修井解决了"产量"与"修井"的矛盾，一大批停产、低产气井恢复了产能。但在成熟度和可靠性、超长水平井、高压井等方面还需进一步攻关。2011 年以来，中国石油陆续组织实施了三期连续管作业技术重大推广专项，推动了连续管作业技术应用领域的不断拓展，从常规修井作业扩展到大修作业，展示了广阔的应用前景。2023 年完成连续管修井 6551 井次，其中水平井 1671 井次。连续管侧钻方面，开展了连续管无线侧钻和连续管有线侧钻两种类型配套技术研究，完成了国内第一口连续管侧钻水平井现场试验，正在进一步技术攻关。

综上可见，我国大修技术体系完善，为套损井治理、老井老区剩余油气挖潜发挥了重要作用，基本满足勘探开发需求。从装备、工具、技术等方面对比，大修主体技术达到国际先进水平。"十四五"及今后一段时期，套损井治理、老井老区剩余油气挖潜是维持油气产量稳定的关键领域之一。随着施工目标环境的日益复杂、安全环保的压力越来越大，油气勘探开发与新兴领域对大修侧钻技术进步的需求将进一步凸显，适应老区的低成本大修工艺有待提升，适应 8000~10000m 超深井 / 特深井配套大修技术瓶颈有待突破，页岩油、页岩气超长水平井高强度井筒修复等技术有待完善，满足海陆风险隐患井治理、CCUS 永久封井的高效处理技术有待攻关，从而实现技术迭代升级，持续提升大修技术的服务能力和核心竞争力。

参考文献

[1] 雷群，李益良，李涛，等 . 中国石油修井作业技术现状及发展方向 [J]. 石油勘探与开发，2020，47（1）：155-162.

[2] 王兆明，温志新，贺正军，等 . 全球近 10 年油气勘探新进展特点与启示 [J]. 中国石油勘探，2022，27（2）：27-37.

[3] 王作乾，范子菲，张兴阳，等 . 2021 年全球油气开发现状、形势及启示 [J]. 石油勘探与开发，2022，49（5）：1045-1060.

[4] 焦姣，张焕芝，孙乃达，等 . 老油田"焕发青春"技术进展与展望 [C]// 西安石油大学，陕西省石油学会 . 2019 油气田勘探与开发国际会议论文集 . 中国石油集团经济技术研究院，2019.

[5] 王永祥，杨涛，鞠秀娟，等 . 中国油气探明经济可采储量状况分析 [J]. 中国石油勘探，

2023, 28（1）: 26-37.

[6] 王永祥, 杨涛, 徐小林, 等. 中国新增油气探明经济可采储量特征分析 [J]. 中国石油勘探, 2022, 27（5）: 13-26.

[7] 周立明, 韩征, 张道勇, 等. 中国新增石油和天然气探明地质储量特征 [J]. 新疆石油地质, 2022, 43（1）: 115-121.

[8] 贾承造. 全国油气勘探开发形势与发展前景 [J]. 中国石油石化, 2022（20）: 14-17.

[9] 全国矿产资源储量利用现状调查项目组, 国土资源部油气储量评审办公室. 全国油气资源储量利用现状调查与可持续发展研究报告 [R]. 北京: 国土资源部, 2011.

[10] 梁光川, 田源, 蒲宏斌. 国内地下储气库发展现状与技术瓶颈探讨 [J]. 煤气与热力, 2014, 34（2）: 1-6.

[11] 曾大乾, 张广权, 张俊法, 等. 中石化地下储气库建设成就与发展展望 [J]. 天然气工业, 2021, 41（9）: 125-134.

[12] 刘烨, 何刚, 杨莉娜, 等. "十四五"期间我国储气库建设面临的挑战及对策建议 [J]. 石油规划设计, 2020, 31（6）: 9-1362.

[13] 刘颖, 马翠, 张晓刚, 等. 俄罗斯油田套损研究现状及防治措施 [J]. 化学工程与技术, 2019, 9（2）: 126-131.

[14] 袁健, 陈曦, 赵光磊, 等. 国内气井带压作业技术现状与发展分析 [J]. 天然气技术与经济, 2023, 17（5）: 33-38, 80.

[15] 杨旭, 刘书海, 李丰, 等. 套管检测技术研究进展 [J]. 石油机械, 2013, 41（8）: 17-22.

[16] 侯亮, 杨虹, 尹成芳, 等. 2021 国外测井技术现状与发展趋势 [J]. 世界石油工业, 2021, 28（6）: 53-57.

[17] J. 德吉尔, 油井打捞作业手册: 工具、技术与经验方法 [M]. 2版. 饶文艺, 等, 译. 北京: 石油工业出版社, 2020.

[18] Mohamed O. New Technology From Fishing Company Will Enable Operators To Reduce Amount Of Nonproductive Time[C]. The Offshore Mediterranean Conference and Exhibition, Ravenna, Italy, March 2011.

[19] 马认琦, 张玺亮, 史红娟, 等. 井下牵引器的技术现状及发展趋势 [J]. 石油管材与仪器, 2015, 1（4）: 8-10.

[20] 李智鹏, 许京国. 美国页岩水平井完井修井新技术 [J]. 石油与装备, 2020（2）: 68-70.

[21] Cruz, Andrea, Caballero, et al. First Successful Double Casing Window Opening in HPHT Well in MCA[C]. The SPE Annual Caspian Technical Conference, Nur-Sultan, Kazakhstan, November 2022.

2 修井装备

修井装备是修井作业的核心和关键，通常由地面提升设备（动力、井架、绞车、绳系等）、泵送设备和井口设备等构成，主要包括修井机、带压作业机、连续管作业机[1]。随着油气开发从常规转向非常规、从浅层转向深层，修井作业不断面临新挑战，对修井装备提出了更高的要求。

2.1 修井机新进展

1980年我国揭开了修井机的发展序幕，经历了40多年的发展，我国修井机技术已实现从最初的模仿国外技术，到如今可以完全自主研发各种特色的修井机，产品性能先进，不仅满足了国内市场需求，而且在国际市场也具备了较强的竞争力。

2.1.1 传统修井机存在主要问题

近年来，在国家大力倡导节能、减排、降耗的背景下，传统柴油发动机驱动的常规修井机在使用过程中存在以下主要问题[2]。

（1）中小吨位修井机自动化程度不高。自走式轻载修井机无论在精细程度、专业化程度还是价格和售后方面都不具备竞争优势。

（2）传统修井机采用柴油发动机作为动力源，耗能高、污染高、噪声大、操作烦琐。随着全球能源价格上涨，传统修井机的运行成本不断攀升。如何通过技术革新实现节能降耗，降低油田开采和油服企业的日常运营成本已成为国内外共同关注的焦点。

（3）传统修井机作业，劳动密集，劳动强度大，工作环境艰苦，行业技术人员流失大，岗位工人流调频繁，间接增加了安全隐患。

2.1.2 国内修井机新进展

当前修井机正在朝着自动化、电动化、智能化方向发展，以改善工作环境、提高工作效率、降低劳动强度，这是时代发展的趋势。国内修井机生产厂通过加大科研投入和现场试验，取得了丰硕的成果。下面简要介绍具有代表性的机型和自动化配套装置。

2.1.2.1 代表性机型

（1）无绷绳修井机。

兰石装备公司研制的ZJ40DBT钻修机，采用全新的三段伸缩式直立井架，无绷绳结构，可以满足28m立根作业要求。与目前国内普遍采用的两立根、有绷绳、两段式结构相比，具有施工作业不受场地限制、稳定性好、效率高等优势[3-4]。

（2）储能式修井机。

电驱修井机需接入油田井场变压器以获取作业动力，而国内主要油田多采用35kV/10kV/6kV 高压电网输电，经变电站输送到井场后再通过变压器降压至 380V 井场用电，由于原有电网配电容量限制，电网配置无法满足电驱修井机的动力需求。储能式修井机根据超级电容器快速充电和快速释放的特点，绞车在不工作时对超级电容器充电，在运行过程中由电场变压器和超级电容器提供电源，满足现场需求，具有节能、成本低等优势。与采用相同型号的柴油动力修井机对比，储能式修井机可节能 86% 以上；由于电动机不需要定期更换易损件和油品，维护成本也大幅度降低，以年为单位综合测算，可降低作业成本 20% 以上；同时可在各种恶劣气候下作业，工作稳定，性能可靠[5]。

（3）油电双驱修井机。

油电双驱修井机是一种高效、稳定、节能、环保的修井设备，采用变矩器传动系统，"车机合一"结构，液压控制系统，具有结构合理、稳定性强、综合性能先进等优点[6]。采用调频电动机及发动机双动力系统，既能在井场具备供电条件时采用电网供电方式电动机驱动作业，达到节能、减排、安全和自动化的目的，又能在突然停电井场作业环境或不具备供电条件的情况下使用发动机驱动作业，可选择性强。同时可根据用户要求配置井场变压器、蓄能供电器等，以确保在井场供电不足时正常作业。在实际应用中，当使用电驱作业时，运行平稳，电动机及传动系统噪声在 60dB 以下，明显低于柴油发动机作业时的噪声（98dB）。以 40t 修井机 2000m 作业井深为例，一口井累计有效作业时间约 14h 左右计算，用电较用油节约耗能成本约 71.4%，单井平均节约费用约 1500 元［单井用电约 600kW·h，电费 1 元/（kW·h）；单井用油约 300L，油费 7 元/L］。

2.1.2.2 自动化配套装置

（1）自动化液压猫道。

自动化液压猫道（图 2.1.1）集机械、电气、液压于一体，能够实现将钻杆、套管在地面与钻台之间进行送上或运下。主要由平跑道、斜跑道、运移杆、支架、电气系统及液压系统等几大部分组成。驱动形式为 55kW 电动机驱动，运送钻具长度 8~11m，运送钻具最大直径 500mm，运送钻具最大质量 3000kg，运送单根钻具时间 70~120s；上下钻台面不需要人工操作和其他辅助设备，安全性高、操作简单，一人即可完成操作，较常规方式可减少 2~3 人。实现了液压驱动、PLC 控制、自动联锁，平稳可靠。常规钻修井机不需要对井台作特别的改动，在井台面上装有机械限位机构，防止运移杆冲出井台面的过冲危险。在紧急情况下，自动液压猫道也可作为猫道使用[7]。

（2）二层台自动排管系统。

在修井作业中，二层台自动排管系统（图 2.1.2）可代替井架工，实现管具在吊卡与指梁之间的自动传送、排放[8]。该系统主要由动力二层台总成、自动排管机械手总成组成，其中动力二层台框架和猴台加装了轨道和齿条，用于自动排管机械手行走；每个指梁端部增设

图 2.1.1 自动化液压猫道

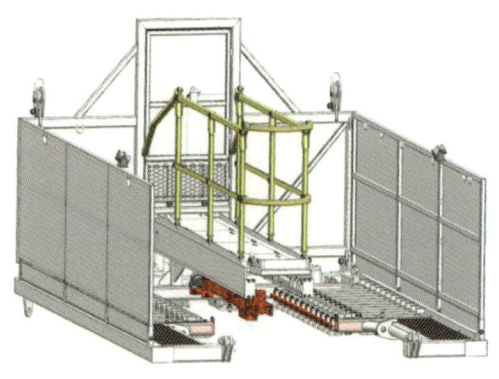

图 2.1.2 二层台排管系统

自动挡销,由步进电机控制开合,防止立根意外倾倒滑出。自动排管机械手安装在动力二层台猴台上,用来代替井架工进行排管作业。自动排管机械手主要由行走小车、回转机构、联动臂(包括固定臂、中间臂、末端臂、夹爪机构),共3个自由度,可以实现伸缩、回转、行走和抓取动作。分别由卧式安装伺服电动机、立式安装伺服电动机、电推缸、夹紧伺服电动机驱动机械手的平移、旋转、伸缩、夹紧动作,实现管具在吊卡与二层台指梁之间的自动排放。

2.1.2.3 修井顶驱

修井顶驱(图2.1.3)采用电动机驱动液压动力钻具,带动齿轮组啮合传动,输出旋转动力,驱动钻具旋转作业,具有零输出、软启动、抗反扭矩等功能,可按负载扭矩变化,自动改变转速,不易卡钻。修井顶驱系统由顶驱本体和液压泵站组成。其中,修井顶驱本体主要由提升短节、壳体、输入系统、平衡扭矩系统、变速装置、输出系统水龙头鹅颈管及密封装置组成。液压泵站由配电箱、控制顶驱正反转的开关、电动机及液压泵4部分组成,为顶驱设备提供动力。修井作业机配套修井顶驱,通过采取适当的措施,比如合理设计井下作业管柱降低管柱自身负荷,应用液压增力及机械震击等方式提升活动解卡载荷,采用专用高效钻磨工具,提升钻磨效率,弥补扭矩不足等,能够实现低负荷、低扭矩条件下的解卡打捞、磨套铣整形[9]。

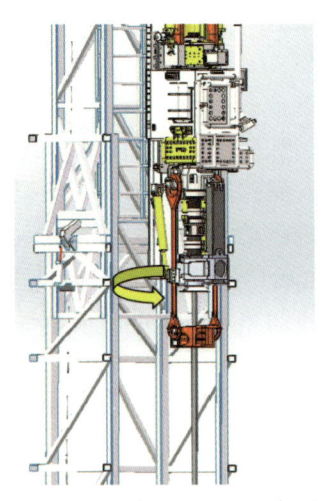
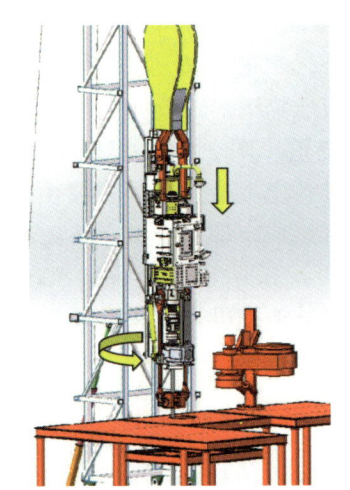

(a)顶驱主轴旋转完成钻杆上端上扣　　(b)游车下放,顶驱驱动旋转钻进作业

图 2.1.3 修井顶驱

2.1.3 国外修井机新进展

国外主要以传统柴油驱动及液压动力修井装备为主,配套动力水龙头等辅助设备,自带随车作业平台,具备"拆装方便、搬迁快捷、作业高效"等特点。主要生产商有美国

NOV公司、Schramm公司、意大利Drillmec公司、加拿大Tesco公司、挪威MH公司等。

美国NOV公司C系列修井机最大钩载2000kN，采用自走或拖挂式底盘结构、下沉式驾驶室，绞车辅助刹车采用钳牙式刹车盘或伊顿刹车，大修作业配置850kN或1200kN拖挂式动力水龙头、无机械转盘，动力主要采用柴油发动机，作业、行走共用动力源。其主要技术参数见表2.1.1。

表2.1.1 美国NOV公司C系列修井机主要技术参数

机型		3C	4C	5C	6C	7C/7T
绞车型号		D300	D500	D500	D700	D700
最大钩载/kN		625	1050	1250/1500	1500/1750	1750/2000
发动机功率/hp[1]		300	425	525	630	775
井架型号		72′—125	102′—200	104′—250 108′—250 108′—300	108′—300 112′—300 117′—300	117′—350 117′—400
名义修井深度/m	$2\frac{7}{8}$in 油管	3049	5183	6098	6707	7622
	$4\frac{1}{2}$in 油管	—	1524	1982	2439	3040

意大利Drillmec公司修井装备最大钩载2500kN，核心产品主要有R系列自走/拖挂式修井机、DG系列液压钻修机。其中，MR3500—MR4000采用卡车底盘，布置紧凑、外形小巧，满足快速转场要求；MR5000—MR6000采用无绷绳结构；MR8000—MR9000采用发动机或电机动力，配置液压顶驱，适应低温环境作业；HMDR1000修井机是高机动性沙漠修井机。DG系列液压钻修机采用全液压设计，容易实现自动化修井机，钻压和转矩恒定；直立液压伸缩式井架，集成先进机械臂式动力水龙头；集装箱式模块化设计；自动化程度较高；配置持续控制钻修井参数的系统。

2.2 带压作业机新进展

带压作业机是在井口不放喷、不压井的情况下，实施起下管杆、旋转作业的特殊设备，全液压驱动，液压油缸取代绞车举升，液、电集中控制，适应多工况、多区域作业。经过几十年的发展，目前带压作业机已广泛应用于陆地油气水井和海上平台[10]。

带压作业机按照结构，一般分为辅助式带压作业机和独立式带压作业机。辅助式带压作业机依靠修井机或钻机的配合，辅助控制管（杆）运动和输送，完成带压作业，不需要全程带压作业，适用于中低压井。独立式带压作业机依靠设备自身的功能，能够独立完成带压作业，是全过程带压作业，适用于海上、沼泽、山地等运输不方便的地区和高压井。独立式带压作业机根据结构的不同，又可分为吊臂式和集成式两种。吊臂式带压作业机依靠设备自身的吊臂总成（俗称杆总成、拔杆），实现扶正和输送管（杆）功能；集成式带压作业机动力及控制系统与底盘车系统集成在一起，依靠设备自身的起升系统（井架、绞车、天车、游车、大钩、举升液缸、加压液缸、加压吊卡等）实现控制管（杆）运动和输送功能。

---

❶ 1hp=745.7W。

2.2.1 国内带压作业机新技术

目前,国内带压作业机正在向气井带压、自动化等方向发展,装备功能持续完善,作业能力不断提升,作业范围也越来越广。2019年底,中国石油共有气井带压作业机15套,提升能力主要以760kN为主,工作压力小于35MPa。截至2022年底,气井带压作业机数量增至65套,增长了333%,国产设备占比由10%提高至80%,设备最大提升能力提高至1100kN,工作压力提高至105MPa,可满足井深6000m、压力50MPa的作业能力。下面介绍2种具有代表性的带压作业机。

(1)独立式气井带压作业机。

随着国内气井数量逐年攀升,为满足气井带压作业需求,摆脱气井带压作业机全部依赖于进口的困局,中国石油长城钻探工程有限公司研制成功国内首台自主知识产权的GW-DYD独立式气井带压作业机(图2.2.1),实现了以下创新。

①首创内置直卡式双向自锁卡瓦,提升了夹持可靠性。卡瓦组整体结构为密封式,几何尺寸较小,可达到闸板防喷器耐压等级,可以安置于控制系统中的任意合理位置。卡瓦体利用摩擦角与自锁现象原理,采用三斜面X形排布自锁式结构,可起到防顶防落作用,增大了夹持的可靠性。

②首次在带压作业机上创新应用差动液压技术,使带压作业机的举升速度提高一倍以上。差动增速回路技术,在不增加装机功率的前提下,可使液压缸的举升速度提高一倍,降低装机功率30%。

③创新应用多泵独立控制技术,实现了液缸起下速度三级控制。利用多泵独立控制技术,可使举升系统的动力供给由2组泵变成1组泵,再配合差动插装阀的液压控制技术,可实现低、中、高三个等级的速度控制,解决了独立式带压作业机在解卡、载荷大等工况下不同速度需求的问题。

图2.2.1 独立式气井带压作业机

④创新固定卡瓦和游动卡瓦互锁机制,实现了无间歇控制。固定卡瓦和游动卡瓦具有互锁功能,可以避免在操作过程中由误操作、误碰等行为而导致固定卡瓦和游动卡瓦同时松开所产生的窜管和掉管事故,增加作业的安全性。

(2)自动化气井带压作业机。

由于天然气具有易燃易爆的特性,气井的井口压力一般较高,因此气井带压作业的风险较大,严重制约了其健康、安全、快速发展。自动化气井带压作业机(图2.2.2)能够实现高空作业平台无人化、远程操控自动化、连续作业高效化,显著提升作业安全和作业时效,拓展带压作业范围[11]。

自动化气井带压作业机主要结构系统包括自动化接箍探测装置、自动化单根提放系统、油管扶正和居中系统、自动化上卸扣系统、子系统间自动交互和动作互锁功能系统、数据采集存储分析远传系统、中央处理模块。通过以下4个方面的控制程序确保自动化作业安全[12]。

①卡瓦互锁控制：通过液压互锁、载荷转移、位移传感器及程序控制，实现卡瓦本质互锁，保证带压作业本质安全。

②防喷器互锁：通过压力传感器、位移传感器及逻辑控制，实现防喷器互锁，保证带压作业环空密封系统安全。

③一键关井：一旦出现紧急情况，通过一键关井，关闭所有半封闸板防喷器、卡瓦、平衡泄压阀。

④紧急关井：一键关闭剪切和全封闸板防喷器。

该装备能够实现油管取放、油管输送、油管翻转、油管扶正、油管上卸扣、接箍识别、接箍定位、管柱起下、环空压力控制等全部作业过程的自动检测和自动控制，实现了带压作业自动化。

图 2.2.2　自动化气井带压作业机

2.2.2　国外带压作业机新进展

北美带压作业起步早，带压作业机的主要生产厂家有 NOV、ISS、CUDD、CRW、Snubco、Snubbertech 等，提升载荷 400~2700kN，作业压力 140MPa。带压作业机类型丰富，包括迷你型、独立式、辅助式、长冲程、电动带压作业机等多个类型，可针对性的选用对应设备开展带压作业施工。北美大约有 400 套左右的在役带压作业设备，其中美国 325 套左右，加拿大 75 套左右。

CRW 公司是 NOV、CUDD 等公司带压设备的主要制造商，根据用户需求定制化开发 225K、340K、460K、600K 大吨位独立式液压修井装备。近 10 年累计开发液压修井装备 80 余套，主要应用于高压油气井作业，以短冲程独立式、低矮型设备为主，液压卡瓦、液压转盘、旋转卡瓦、高压旋转座均形成系列化，具备最大承载 2700kN、最大扭矩 30kN·m 部件制造配套能力。

在带压作业配套装置方面，形成转盘、旋转卡盘、自动钻磨系统、封闭转盘等装置，提升设备钻磨能力和安全性；形成自密封装置，保证管柱清洁度，降低对卡瓦夹持能力的影响；配套全行程扶正装置，实现管柱全行程扶正，提高高压下管柱安全系数及效率。

在带压作业自动化方面，远程操控的带压作业设备为液压控制，油管或钻具由机器手臂协助完成，上卸扣由卡瓦和旋转机构完成。整个系统被各类数据收集反馈，由计算机按照程序进行分析，在控制室中，仅需一个操作手即可完成作业。

2.3　连续管作业机新进展

连续管作业机在业内有着"万能作业机"的美誉，具备可连续起下、带压作业等优势，广泛应用于油气田修井、钻井、完井、测井、压裂、采油等作业，在油气田勘探与开发中发挥越来越重要的作用[13]。自 1977 年我国引进首台连续管作业机以来，经过多年的攻关研究以及推广和应用，连续管已成为油气田开发作业中不可或缺的装备。

连续管作业机主要由注入头和导向器、连续管、滚筒和软管滚筒、防喷系统、动力与控制系统、监测系统与作业分析软件以及运载装置和随车起重机等组成[14]。根据滚筒运输形式的不同，可分为车装式、拖装式和橇装式三种，车装式连续管作业机又可以细分为一体式、两车装式、两车一橇式连续管作业机等。拖装式连续管作业机可细分为两拖挂式、一拖一车式连续管作业机等。橇装式连续管作业机可细分为一车一橇式、两车一橇式和全橇装连续管作业机等，全橇装连续管作业机多用于海洋平台、人工岛等。

2.3.1 国内连续管作业机新技术

（1）超深井连续管作业机。

针对新疆、塔里木等油田道路通行条件和井场条件较好的地区超深井作业需要，成功研制的 LG680/50T-8000 连续管作业机，采用一拖三橇结构，滚筒+控制室同车，动力独立形式，保留"三点一线"的操作习惯。塔架承载能力达到 500kN，可保证注入头长时间停留在井口作业。采用框架式新结构半挂车与下沉式滚筒结合，解决大管径连续油管装置国内运输难题，实现 ϕ50.8mm 连续油管作业能力到达 8000m 以上。

（2）复合连续管钻机。

按照连续管钻井与常规钻杆钻井兼容使用的需要，成功研制 LZ900/73 复合连续管钻机（图 2.3.1），整机采用电液系统自动化控制[15]。注入头最大提升能力 900kN，ϕ73.0mm 连续管容量 3500m，最大钩载 1125kN，井架高度 26m，ϕ73.0mm 钻杆大修深度 4500m。该钻机既可以使用连续油管进行钻井，也可以使用常规钻杆进行钻井，同时具备起下常规油管和下套管的功能，实现连续油管侧钻全过程，无需修井机和小型钻机配合，大幅降低修井和钻井成本。

图 2.3.1 复合连续管钻机

（3）连续管采油修井一体化作业机。

常规游梁式抽油机有杆举升方式能耗高、杆管偏磨严重，生产成本高，传统接单根杆（管）作业方式效率低、安全环保控制难[16]。按照一套作业机既满足连续管电泵采油管柱与装置起下作业，又能适应冲、刮、洗、捞等多种连续管常规作业的要求，将无杆泵举升与连续油管作业技术集成融合,成功研制 LG180/60-1700 连续管采油修井一体化作业机,突破了多管柱夹持、缠绕、井口密封及快速转换等关键技术,提高注入头、滚筒的多功能适用性,实现一套装备适用钢制连续油管/非金属敷缆连续油管两种管材作业,满足修井与采油作业两种作业工况。

(4)自动化连续管作业机。

自动化连续管作业机是对常规液控作业机功能的全覆盖升级,通过电液控制和总线传输开发有数字化人机交互式干式操控平台,手动模式面板旋/按钮数量少、防误操作性高、作业状态参数直观显示,自动模式井身结构自适应一键巡航和自动应急处置,降低对人工的依赖[17];注入头与滚筒协同联动速度闭环运算系统,最低稳定速度 0.02m/min 可控,满足了钻磨工况对超低速稳定性的需求。

(5)电驱自动化连续管作业机。

如图 2.3.2 所示,中国石油江汉机械研究所有限公司研制的拥有自主知识产权的电驱自动化连续管作业机,采用一车装高度集成,主要由配电及控制室、辅助液压系统、电驱滚筒、自升式井架、电驱注入头、防喷器、防喷盒等组成。连续管始终插于注入头内无需导进/导出,配置的自升式井架可实现注入头前后、左右、上下、倾角多自由度无线遥控调节,便于井口就近对接,实现整机快速拆装,施工过程吊装零成本。注入头与滚筒电动直驱,采用伺服驱动控制器对电机实时闭环精准控制,实现大范围无极调速和超低速稳定控制。全干式操控平台,数字化人机交互系统,作业状态和施工参数显示直观。整机手/自动切换控制,手动模式操控极简,自动模式全方位故障诊断、异常工况主动防御、一键自动巡航,安全可靠[18]。

图 2.3.2　电驱自动化连续管作业机

2.3.2　国外连续管作业机新进展

国外连续管作业机主要生产商有 NOV Hydra Rig(海德瑞公司)、Stewart&Stevenson(双 S 公司)、Foremost 公司等。由于北美道路条件对连续管作业机的尺寸、质量限制小,北美的连续管作业机以拖装最为常见。

海德瑞(NOV Hydra Rig)公司是全球最大的连续管作业机生产商,于 1975 年生产第一套连续管作业机。至今已生产约 1300 套连续管作业机,拥有车装、橇装、拖装等多种结构的连续管作业机,其中注入头最大提升力为 140000lb(630kN),最大装载 ϕ66.7mm 连续管 9000m。

Foremost 公司是世界上第一个生产连续管钻机的公司,于 1997 年成功设计并制造第一套复合式连续管钻机，既可应用常规钻杆进行钻井、下套管等，也可使用连续管进行钻井和作业。Foremost公司目前生产的注入头最大提升力为200000lb（900kN）。

参考文献

[1] 雷群，李益良，李涛，等.中国石油修井作业技术现状及发展方向[J].石油勘探与开发，2020，47（1）：155-162.

[2] 王树森，田燕，朱建祥.对未来车载修井机发展的分析与研究[J].中国设备工程，2021（11）：39-42.

[3] 刘占鹏，陈洪光，许益民，等.ZJ40/2250DBT沙漠快移拖挂钻机的研制[J].石油机械，2018，46（10）：28-32，38.

[4] 陆彦博.车载无绷绳电动修井机稳定性分析[J].中国设备工程，2019（18）：95-96.

[5] 黄继庆，林文华，史永庆，等.XJ900DB新型网电修井机的研制与应用[J].石油机械，2018，46（2）：89-94.

[6] 付莹，王江萍，郭冬，等.XJ1100Z油电双动力修井机绞车系统设计及起升系统特性分析[J].机械工程师，2017（6）：58-60.

[7] 彭长江.自动化猫道设计在石油钻机上的应用研究[J].中国设备工程，2023（24）：119-121.

[8] 王贺，孙宝京，杜汉松，等.修井机二层台排管系统动力学分析与研究[J].石油石化物资采购，2022（23）：71-74.

[9] 陈俊廷.应用修井顶驱开展大修工艺技术研究与应用[J].化学工程与装备，2018（1）：158-161.

[10] 张东平，张建，纪风杰.带压作业装置技术发展[J].石油矿场机械，2016，45（8）：27-30.

[11] 张晓军.BYJ90/70-DQ2-QJ1独立式气井带压作业机设计与应用[J].中国设备工程，2020（15）：81-83.

[12] 王鑫，王丰良，赵志成，等.DYJ80型自动化带压作业机研制及应用[J].石油机械，2023，51（7）：104-112.

[13] 胡强法，朱峰，吕维平，等.中国石油连续管作业技术进展及发展建议[J].石油科技论坛，2022，41（3）：77-85.

[14] 刘寿军.国产连续管作业机的研究现状及应用[J].焊管，2023，46（7）：29-37.

[15] 张富强，刘寿军，刘平国，等.LZ900/73-3500型连续管复合钻机研制[J].石油矿场机械，2022，51（3）：33-40.

[16] 柳庆仁，于东兵，杨高，等.新型一体化连续管作业机辅车研制及应用[J].石油矿场机械，2022，51（2）：72-76.

[17] 段文益，马青，孟繁强，等.连续管作业机自动控制系统研究[J].石油机械，2017，45（9）：42-47.

[18] 张豪臻，章传国，郑磊.连续油管发展现状与趋势[J].焊管，2022，45（3）：25-31.

3 井筒完整性检测技术

井筒完整性是指在油气水井中通过综合应用管理和技术手段形成有效的井筒屏障来避免泄漏风险，其贯穿于钻井、试油、完井、生产、修井、弃置的全生命周期[1]。井筒的完整性一旦遭到破坏，可能造成关井停产和安全事故，同时会对生态环境造成危害。因此，定期进行井筒完整性检测与评价，快速查明异常并及时采取预防和治理措施，是提高油气水井寿命、降低勘探开发成本的重要手段。针对具体情况，制定合理方案，优选检测技术，准确进行检测（对于一些疑难问题需要使用多种方法、多次检测），并将检测结果与地质等情况结合，做出准确判断，为井筒治理时机和手段的选取提供准确的参考依据。

3.1 井筒完整性检测技术简介

井筒管柱损伤和固井封隔失效是井筒完整性失效的两个重要方面，因此可以将井筒完整性检测分为井筒管柱检测和固井质量检测。按照测量原理，井筒完整性检测的仪器通常采用机械、电磁、声波、放射性、光学等物理方法[2]。井筒完整性检测技术从不同侧面反映了油气水井井筒完整性，见表3.1.1。此外，分布式光纤可以实现全尺寸连续性监测。

表3.1.1 井筒完整性检测技术主要类型与应用范围

检测类型	检测技术		检测井筒	检测方式	应用范围
井筒、管柱检测	多臂井径+磁成像	国产多臂井径	套管	常规	通过多臂及磁成像解释，对油（套）的穿孔、腐蚀、结垢等进行精细评价
		MIT24+MTT	油管、套管	常规、带压	
		MIT40、60+MTT	套管	常规、带压	
	多层管柱分析	MID-S	过油管、油管、套管	常规、带压	对油（套）等多层管柱的断裂、穿孔、腐蚀、结垢等进行评价
	可视化测井	井下电视	油管、套管	常规、带压	通过高亮光源，直观、实时成像显示管柱内壁图像
固井质量检测	多扇区	SBT（六扇区）		常规	进行成像解释固井质量，能有效识别微环空、窜槽
		RBT（八扇区）		常规	
	成像	AUI		常规	
		RCB\RCD		常规	

3.2 井筒管柱检测技术

机械力学检测和电磁检测在井筒管柱检测中占有重要地位，超声回波测量也有一定的应用。机械力学检测技术有多臂井径成像测井仪、套管应力磁记忆测井仪。电磁检测技术有漏磁通测量、涡流测量和脉冲涡流测量等 3 种方法，电磁探伤测井仪采用脉冲涡流测量技术。光学检测技术利用井下摄像仪在井下摄像进行管柱检测。下面重点介绍多臂井径成像、电磁探伤测、井下摄像 3 种井筒管柱检测技术。

3.2.1 多臂井径成像检测技术

多臂井径成像测井仪利用独立位移传感器对套管内径进行测量，每个井径臂的变化情况全部传输到地面，通过数据处理可提供井筒内壁立体图、展开成像图、截面图，最大、最小、平均井径、井斜和相对方位等[3-5]。

3.2.1.1 仪器结构及测量原理

如图 3.2.1 所示，多臂井径成像仪由传感器、测量臂、上下扶正臂等几部分组成。其测量原理是电动机拖动测量臂、扶正臂的打开与收拢，仪器的测量臂由弹簧支撑，沿管柱内壁运动，当管壁有变形时，测量臂随井壁的变形而收张，从而带动测杆的轴向移动，每个测量臂都对应一个传感器，测量臂的位移变化直接反映到相应的传感器上，将这些位移量处理、编码、传送至地面，由地面数据处理系统将其还原成像。

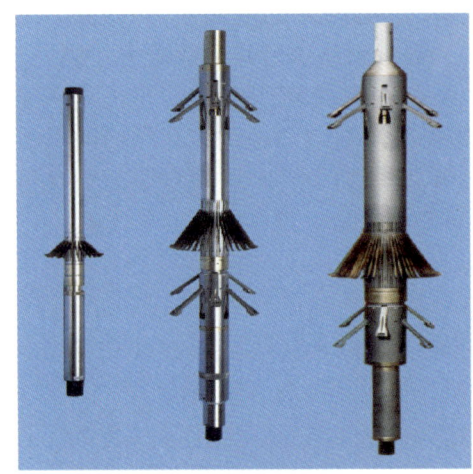

图 3.2.1　多臂井径成像仪

3.2.1.2 测量特点及技术指标

多臂井径成像测井通过测量多臂井径、井斜、相对方位等参数，可以直观成像显示管柱内壁的腐蚀、结垢、弯曲变形、断裂、孔洞等损伤的几何形状。目前，常用的井径成像测井仪主要包括 24 臂、40 臂和 60 臂三种型号，不同数量测量臂仪器尺寸存在差异，臂数越多，尺寸越大，满足不同套管尺寸需求。其主要技术指标见表 3.2.1。

表 3.2.1　三种型号臂井径成像仪技术指标

技术指标	24 臂		40 臂		60 臂
	标准臂	延长臂	标准臂	延长臂	标准臂
外径 /mm	43	43	73	73	102
耐温 /℃	175	175	175	175	175
耐压 /MPa	100	100	100	100	120
半径测量精度 /mm	±0.76	±0.76	±0.76	±1.27	±0.76
半径测量分辨率 /mm	0.076	0.127	0.076	0.127	0.08
测量范围 /in	$1\frac{3}{4}$—$4\frac{1}{2}$	$1\frac{3}{4}$—7	2.9—$7\frac{1}{2}$	2.9—$9\frac{5}{8}$	4.02—10

此外，还有 16 臂小直径三维成像测井仪，包括 ϕ36mm 和 ϕ28mm 两种尺寸规格，ϕ36mm 的 SMAC16-36 成像仪器，集成 GYRO 应力方位系统，可以分别在油管内或套管内指示油套管损坏情况和变形方位，判断应力方向；ϕ28mm 的 SMAC16-28 成像仪器，可以通过套损发生后的变形油管通道对套管变形进行测量。

3.2.1.3 适用条件

多臂井径成像测井对井筒内介质无要求,测前需要刮削洗井,保证井内无凝油及结蜡,以提高测量结果的准确性。24臂井径成像测井仪可过油管带压进行测量,40臂、60臂成像仪器外径大,因此需起出油管测量。测井时在多臂井径仪上下加扶正器,需保证仪器居中,对于井斜大于60°的井,仪器居中不好,测量精度会有所降低。

多臂井径成像测井只能识别管柱内壁损伤情况,对于管柱外壁的情况无法判断。个别损伤可能由于覆盖率或者分辨率未达到等原因未能检测出,因此通常根据工程要求与电磁探伤等测井方法组合使用效果更佳。

3.2.1.4 典型应用

(1)精准检查套损。

××井射孔作业时射孔枪井下炸断卡在井内。打捞施工失败后,使用钻削工具将卡枪磨落入井底成为鱼顶。如果强硬作业,工具会对套管造成损坏,要求进行多臂井径成像测井检查套管状况,为后期措施提供依据。

如图3.2.2所示,40臂井径成像测井显示该井在2834.7m和2838.4m两处严重切环,已经磨断套管形成泄漏(红色代表扩径,蓝色代表缩径,绿色代表正常管径,扩径颜色由绿色逐渐变为红色,扩径变大颜色越红;同理缩径颜色由绿色逐渐变为蓝色,缩径越明显颜色越蓝)。基于此结果,分析后进行了相应的套管修补措施,实际应用效果良好。

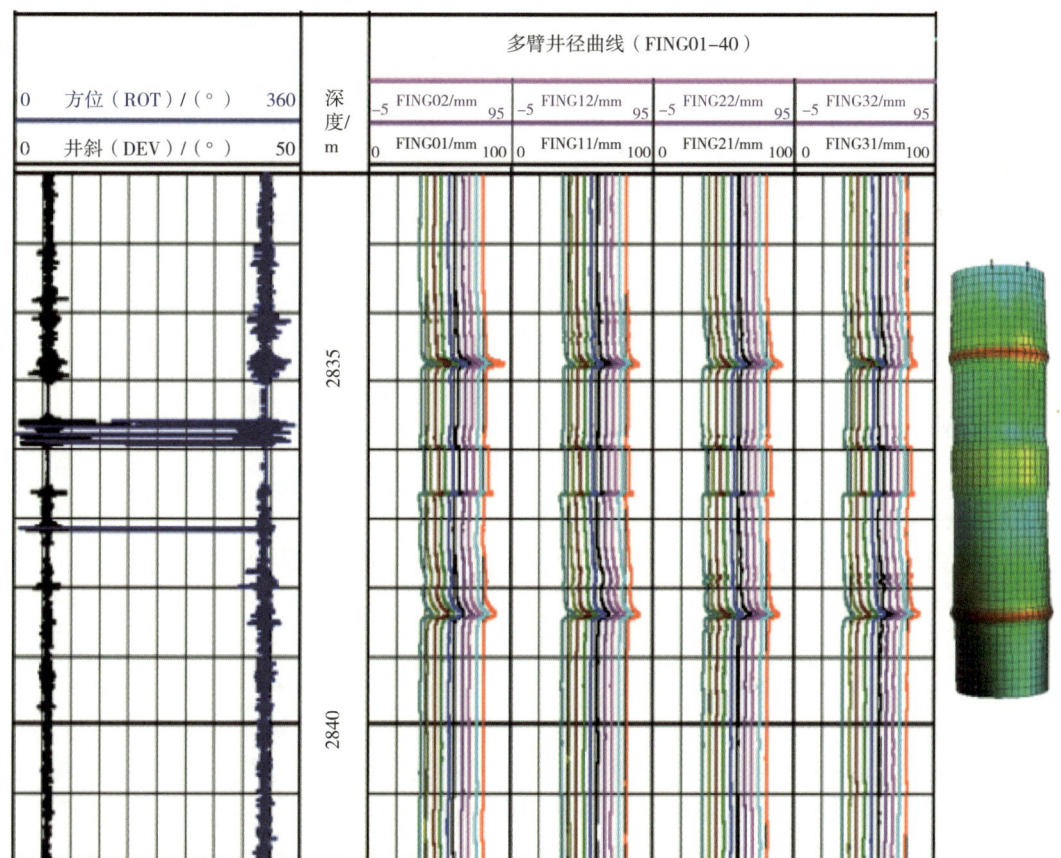

图3.2.2 套管破损曲线及三维成果图

（2）检查扭曲变形。

××井井内管柱上部为油管,采用24臂井径成像测井仪过油管测量油管以下的套管情况。如图3.2.3所示,该井在2963~2968m套管严重扭曲变形。

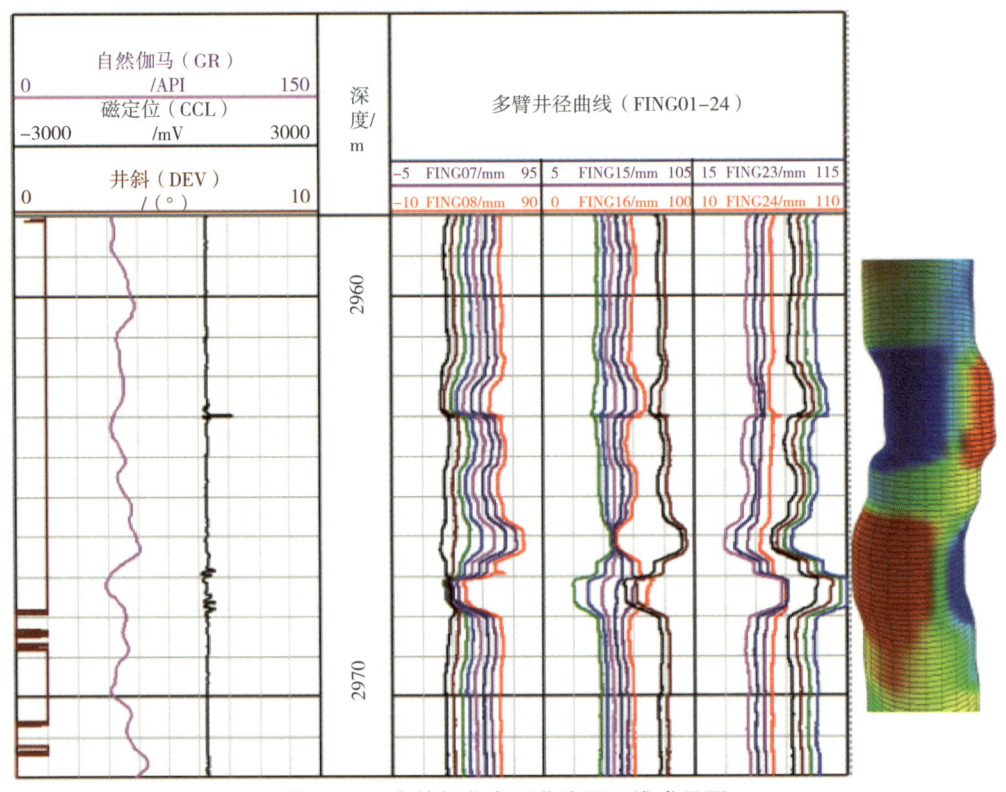

图3.2.3　套管扭曲变形曲线及三维成果图

（3）检查射孔位置。

××井为检查射孔位置进行24臂井径成像测井,如图3.2.4所示,测井曲线和成像图上能明显看出该井三段射孔位置及孔眼排列情况。

3.2.2　电磁探伤检测技术

电磁探伤测井是基于电磁感应原理发展起来的一种新型工程测井,具有代表性的是俄罗斯生产的MID-K和MID-S两种型号电磁探伤测井仪。与MID-K测井相比,MID-S电磁探伤测井仪增加了井周扫描功能,测量精度更高,误差更小[6-10]。下面主要介绍MID-S电磁探伤测井技术。

3.2.2.1　仪器结构及测量原理

MID-S电磁探伤仪器主要由上部扶正器、磁保护套、电子模块和自然伽马探头、纵向探头、扫描探头、温度传感器、下部扶正器等构成（图3.2.5）。其工作原理是测井时给发射线圈提供一个恒定的正负直流脉冲,接受线圈记录产生的随时间变化的感应电动势。如果油套管存在缺陷或者厚度变化时,产生的感应电动势也会发生变化,根据这个变化进行计算分析,就可对管柱的裂缝、孔洞和工具位置等进行有效判断。

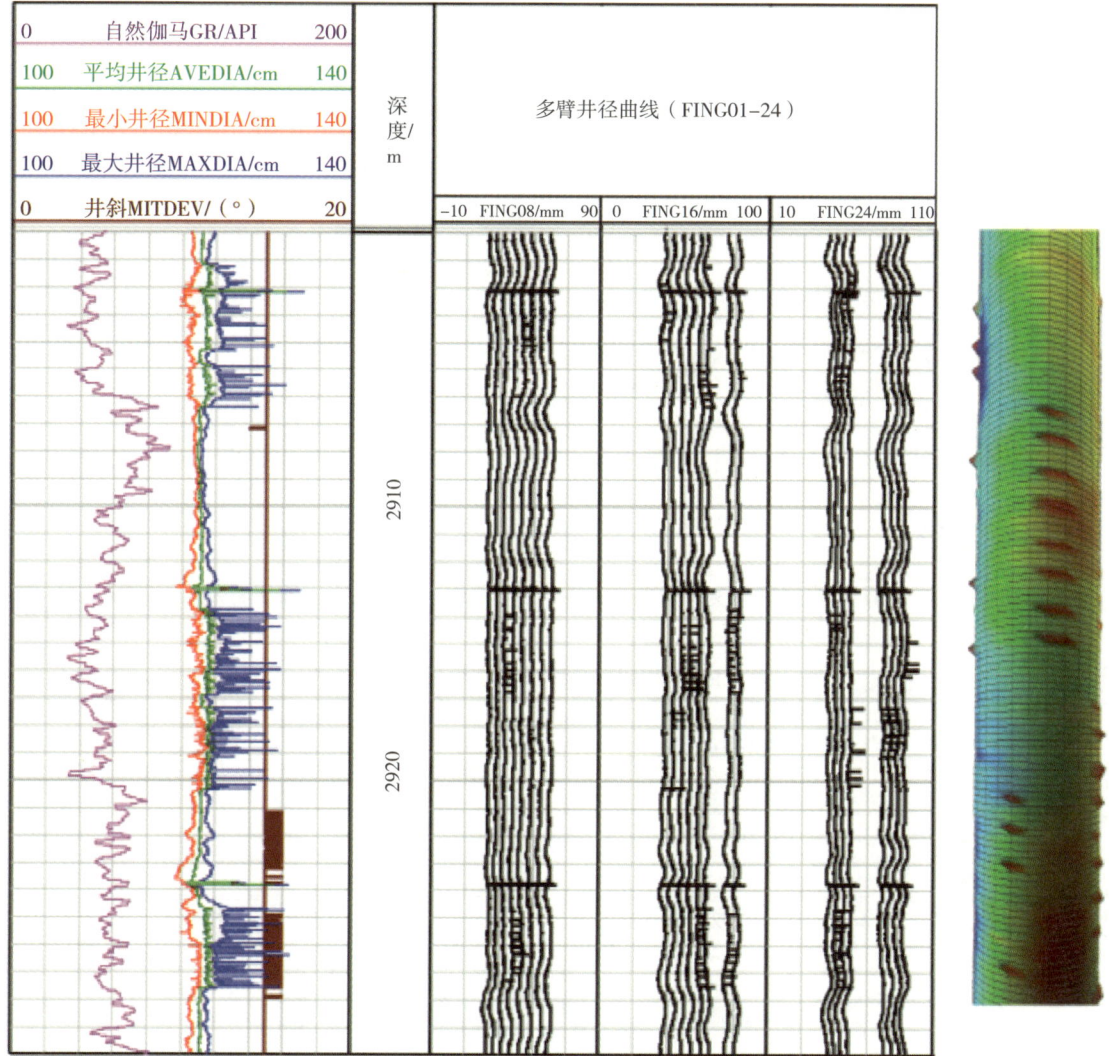

图 3.2.4　射孔位置检查曲线及成像图

如图 3.2.6 所示，该测井仪有两种结构和原理都一样的纵向探头和横向探头，不同的就是纵向线圈的线径、匝数比横向的大得多，具体表现为纵向探头测量范围较大而横向探头测量范围较小。纵向探头主要探测多层管的结构，探测管柱纵向上的损伤；横向探头主要探测内层管柱横向损伤并确定损伤是否对称。

3.2.2.2　测量特点及技术指标

电磁探伤测井仪的直径小，可过油管探测套管损伤；可测量多层管柱，分别计算双层管柱壁厚，评价双层管柱的损伤情况，如套管的变形、错断、弯曲、孔眼及裂缝、腐蚀等；准确指示井下管柱结构、工具位置，如套管扶正器等。电磁探伤测井不受井内流体及管壁上的结垢、石蜡、水泥块等非铁磁性物质的影响，与多臂井径成像测井结合可综合判断管柱内外壁损伤情况。电磁探伤测井仪的主要技术指标见表 3.2.2。

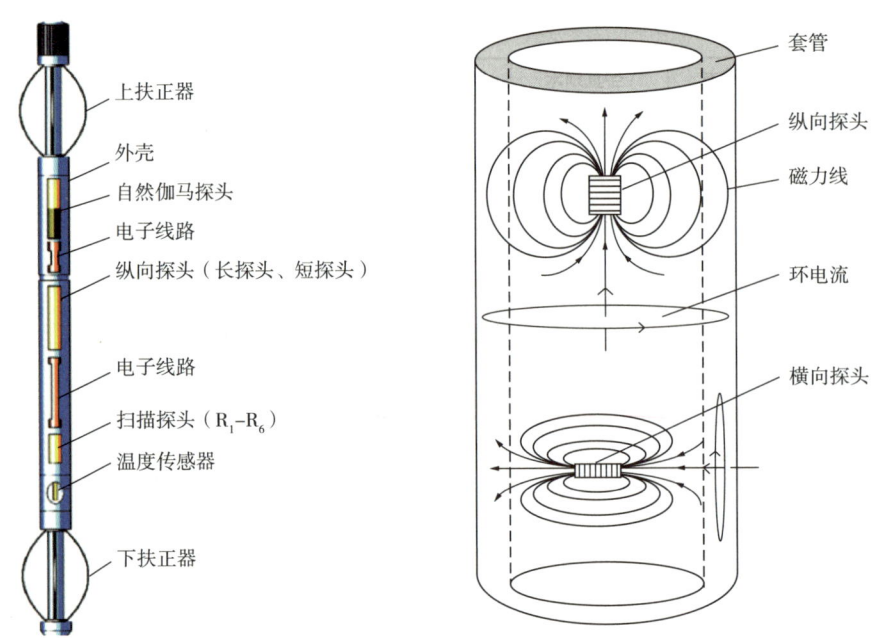

图 3.2.5　MID-S 电磁探伤测井仪器结构图　　图 3.2.6　DID-S 电磁探伤测井仪原理图

表 3.2.2　电磁探伤测井仪主要技术指标

型号	井下仪器外径 /mm	最大压力 /MPa	最高温度 /℃	探头数量 /个	测量套管的数量	测量单层套管厚度 /mm		两层套管测量的最大厚度 /mm	仪器适用范围 /mm
						最小	最大		
MID-S	42	140	175	9	1~2	3	16	25	62~324
MID-K	42	140	175	5	1~2	4	16	25	62~324

型号	套管壁厚测量基本误差 /mm		双层管柱壁厚测量基本误差 /mm			可以发现的最小纵向裂缝 /mm			可以发现的最小横向裂缝
	单层 2.5in 管柱	单层 5in 管柱	通过油管测量 5.5in 套管	5in 过 7.5in 套管测量	套管 5in 在 10in 套管中	油管 2.5in	套管 5in	通过油管测量 5.5in 套管	
MID-S	±0.3	±0.4	±0.4	±0.7	±0.5	20	30	70	1/6 周长
MID-K	±0.5	±0.7	±0.5	±1.5	±1.5	30	40	70	1/4 周长

3.2.2.3　适用条件

电磁探伤测井适用多种直径管柱的损伤检测，提供双层管柱厚度评价；可过油管进行油、套管的技术现状检测；适用于气、液、气液混合等多种流体介质环境以及不停止油气开采情况下的测量，不受管壁上的结垢、石蜡、水泥块的影响，常与多臂井径成像仪配合使用，综合解释管柱情况。

由于电磁探伤测量的是管柱平均厚度，因此不能精确测量管柱损坏类型和几何形状，无法确定损伤类型及损伤程度。对于工程上未确定漏失或者没有多臂井径资料的井，电磁探伤区分腐蚀和穿孔具有多解性；由于精度问题个别损伤识别不出，无法判断井下特殊工具损伤。

通常电磁探伤测井仪器与多臂井径成像测井仪组合，以多臂井径成像测井精细描述套管变形和内壁腐蚀损伤，以电磁探伤测井重点反映套管外壁损伤、管壁厚度变化以及外层套管损伤，在套损检测中可起到很好的效果。

3.2.2.4 典型应用

（1）油套管接箍及井下工具的识别。

如图3.2.7所示，电磁探伤曲线图上可以指示出油套管及井下工具的位置。油套管的接箍在次生感应电动势曲线上呈现明显尖峰状高值，在损伤谱上表现为细鲜红的颜色，在深度分布上与实际的油套管长度一致。另外，在短探头的次生感应电动势曲线上，对于多层管柱的接箍，只有最里层的接箍信号反应明显，而且能指示连接处的间隙（高尖峰中的低刺状降低），而外层的接箍信号反应不明显。井下工具由于其厚度不同，在感应电动势曲线上有明显显示，结合其他测井资料可判断其深度。

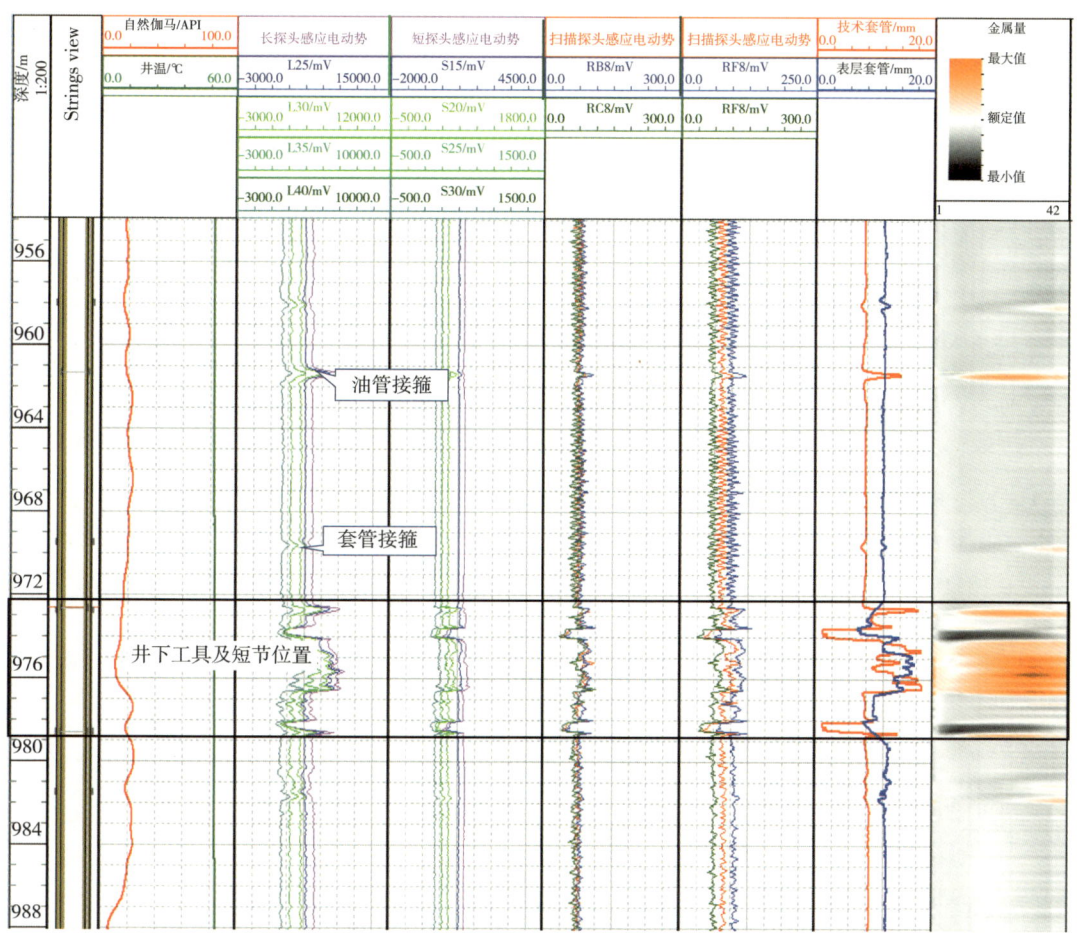

图3.2.7 识别油套管接箍及井下工具位置图

（2）检查油套管等金属管柱本体部位损伤。

通过对各探测器记录的感应电动势时间衰减谱的分析和数据处理，可以评价油套管等金属管柱本体部位的损伤情况并计算金属管柱的壁厚。××井为了解井下管柱的情况，进行电磁探伤测井。如图3.2.8所示，在1110~1111m井段电动感应式曲线出现明显衰减特征，表明该处套管有损伤，计算厚度也出现了明显的厚度变薄。

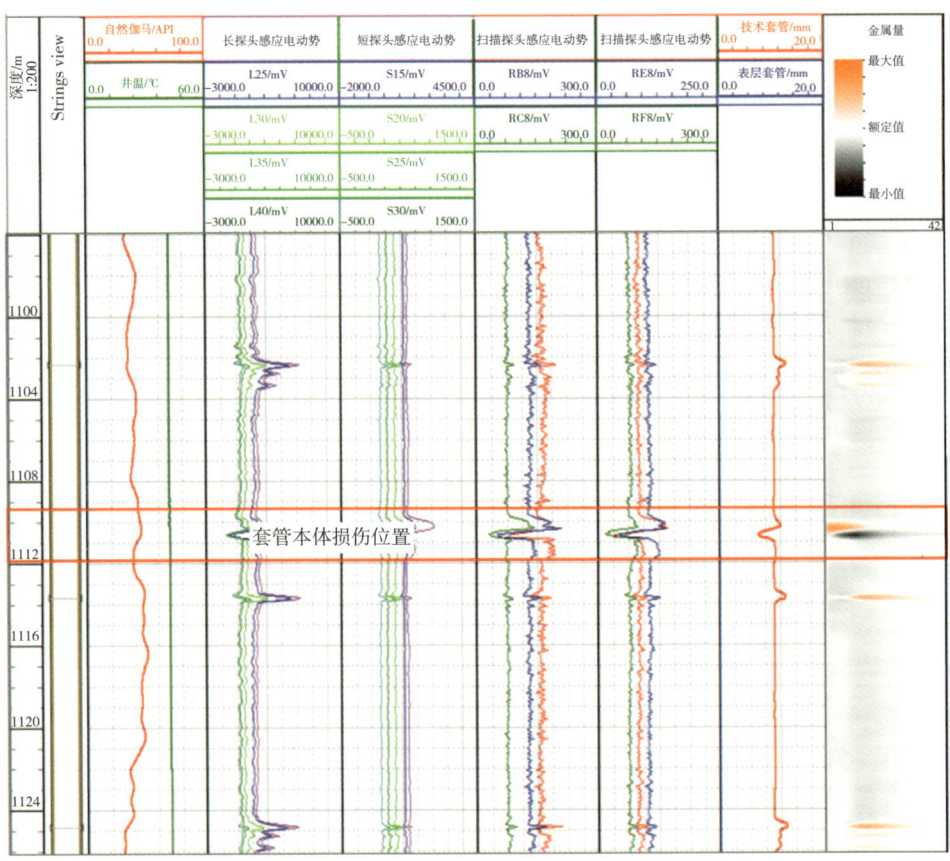

图 3.2.8 ××井电磁探伤检测套管损伤图

（3）与多臂井径结合精准评价套损。

××井怀疑井下管柱有破损，进行多臂井径成像与电磁探伤测井组合进行检查。如图 3.2.9 所示，测量后发现多臂井径和电磁探伤曲线在 703.8~705.6m 均显示套管穿孔。

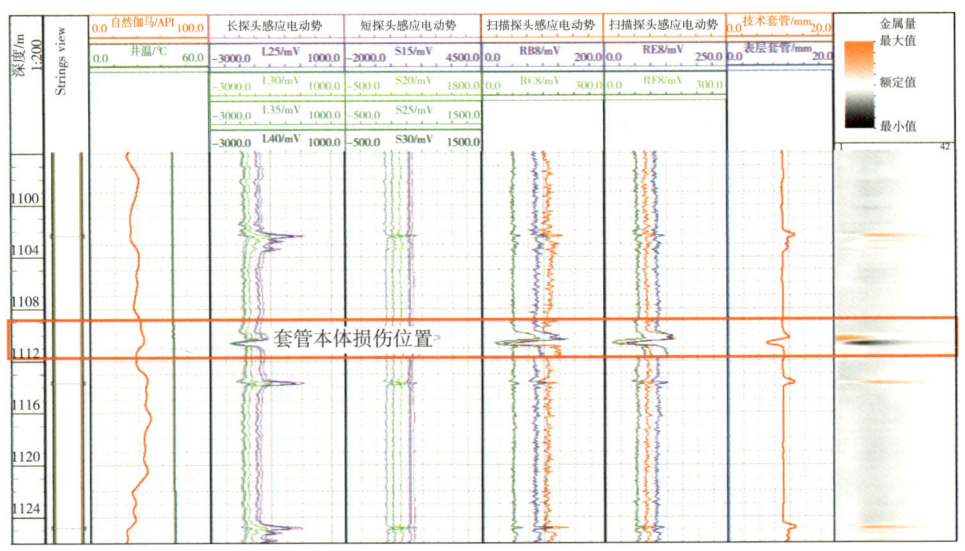

图 3.2.9 ××井多臂井径和电磁探伤测井解释成果图

3.2.3 井下摄像测井技术

油气井可视化检测技术是基于现代井下高清视频采集、编码、存储以及测井电缆高速传输技术的井下视频检测装备、工艺、分析评价方法的总称。第一代为20世纪60年代推出的模拟井下电视,其核心技术特征是模拟视频,采用特制的同轴测井电缆或光电复合测井电缆传输;第二代为20世纪90年代推出的鹰眼井下电视,其核心技术特征是数字图像,采用通用单芯电缆传输,帧率低、延迟大;第三代为2010—2020年推出的可视化测井装备,其核心技术特征是彩色全帧率高清视频,采用电缆高速传输,高清视频存储[11-12]。下面重点介绍的VLT-Macro慧眼可视化井下摄像电视测井技术,属于第三代井下电视测井技术。

3.2.3.1 仪器组成与测量原理

VLT-Macro慧眼可视化井下摄像电视测井仪的工具串包括成像短节(带扶正器)、电池转接头、电池短节、滚轮扶正器、柔性连接器等(图3.2.10)。其原理是采用高清晰光学摄像头,在井下实时拍摄、传输高清彩色图像,随着电缆的运行,可清晰反映井筒内不同位置管柱内壁情况。

图3.2.10 VLT-Macro慧眼可视化井下摄像电视测井仪

3.2.3.2 测量特点及技术指标

VLT-Macro可视化测井仪器获取井筒360°全景高清彩色视频,对视频图像进行深度校准、图像增强、失真校正等处理,可将井筒360°全景射孔图像展开成平面图像。其主要测量技术指标见表3.2.3。

表3.2.3 VLT-Macro慧眼可视化井下摄像电视测井仪技术指标

外径/mm	长度/m	质量/kg	耐温/℃	最高耐压/MPa	存储容量/GB	最高图像分辨率/px	帧率/fps
75	2.02	22.3	−20~150	100	64	1280×960	1~30

具有如下特点:

(1)采用180°超广角高清摄像机,摄像镜头覆膜,最大程度避免井内油泥/沉砂影响;

(2)采用前/后置高亮LED双光源,前置亮度可调;

(3)图像传输可以实现连续图像实时传输到地面;

(4)工作方式,电缆直读(单芯、多芯)、存储式、电缆+直读三种模式。

3.2.3.3 适用条件

可视化测井是基于可见光成像技术,因此对井筒内介质的透光性有一定的要求。在井筒介质方面要求观测区域介质是透明、无色的,理想的应用条件是井壁清洁的空井筒、井液为清水或者油水分层良好,井液浊度要求不大于50NTU。在井筒处理方面要求测前通井、冲砂、洗井,保证仪器通过性,改善井液透光性。井口附近也要进行处理,防止井口油污或脂类污染镜头,导致无法正常显示图像。

3.2.3.4 典型应用

VLT-Macro慧眼可视化井下摄像电视测井能够辨别管柱内壁腐蚀、破损等静态损伤，也能够发现漏失、产液等动态变化，主要应用于油套管完整性检测、找水找漏、落鱼成像检测、井下工具检测、射孔检测等方面。

（1）油套管完整性检测。

进行油套管状况的检测，可以直观显示套损、腐蚀结垢、裂缝、套漏、接箍状况等，为油套管完整性检测提供直观证据。图3.2.11为油套管完整性检测测井处理成果图，直观显示了套管横向断裂、横向裂缝、纵向切缝、套损、腐蚀结垢、接箍冲蚀套漏等情况。

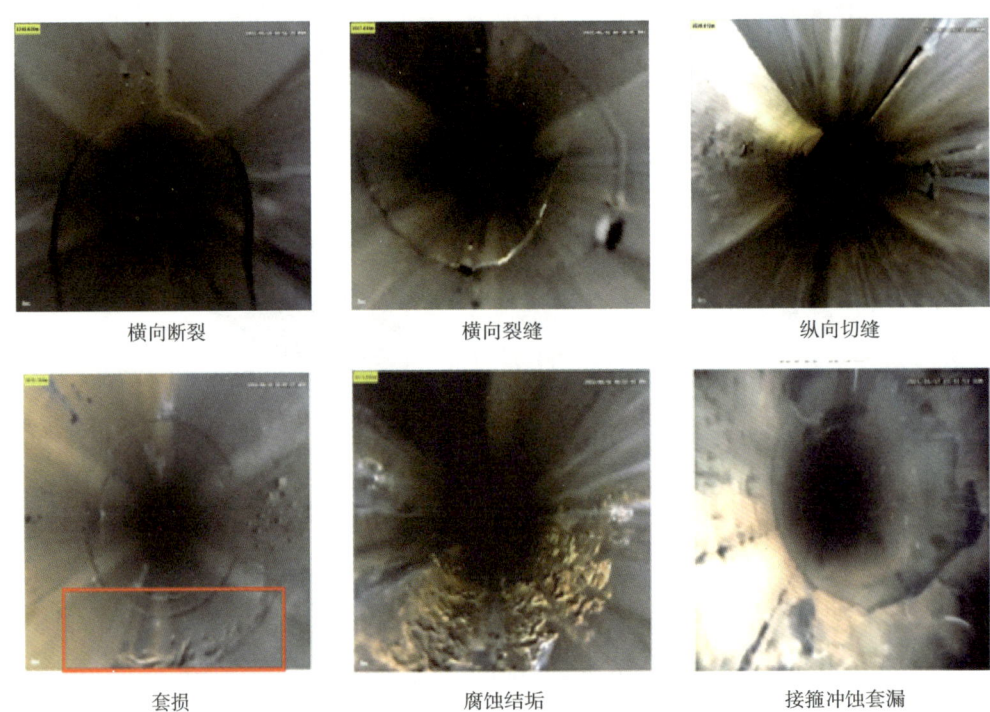

图 3.2.11　油套管完整性检测测井解释成果图

（2）射孔检测。

图3.2.12为射孔检测测井解释成果图，直观显示了射孔孔眼形态及射孔冲蚀情况的同时，还可对射孔方位进行分析。通过对射孔深度、形态检测，射孔孔眼孔径、面积、冲蚀面积等数据测量并进行统计分析，可分析射孔冲蚀等情况。

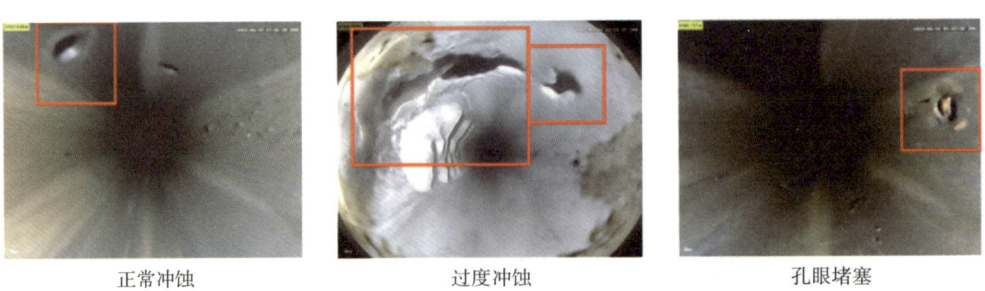

图 3.2.12　射孔检测测井解释成果图

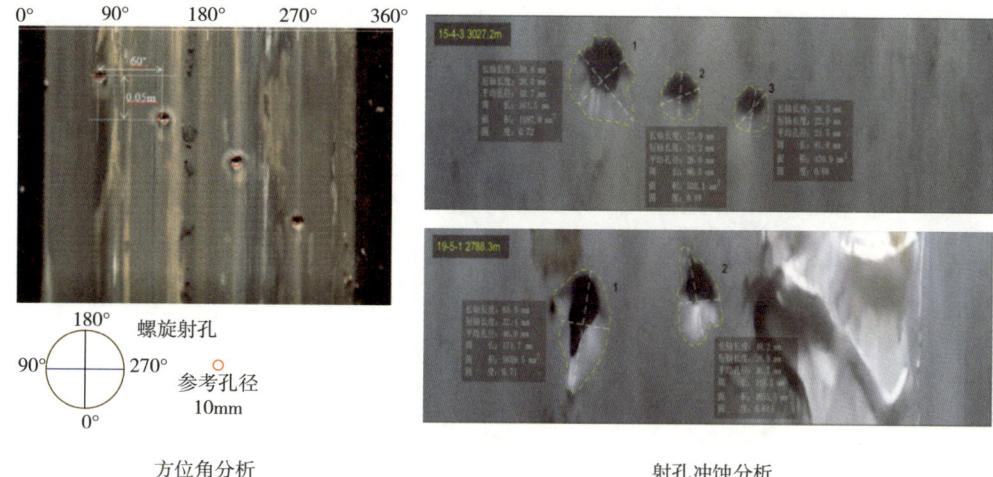

方位角分析　　　　　　　　　　　射孔冲蚀分析

图 3.2.12　射孔检测测井解释成果图（续图）

3.3　固井质量检测技术

套管外的水泥环必须满足支撑套管和层间水力封隔 2 项基本要求。声波测井在固井质量检测中占绝大多数，可分为水泥胶结类测井和水泥声阻抗类测井 2 大类。首先问世的是利用在套管中传播的兰姆波对称模式探测水泥环质量的水泥胶结类测井，继而是水泥声阻抗类测井。为解决轻质水泥固井评价难题，近年来又发展了超声斜入射基于兰姆波反对称模式的过套管声波成像测井。此外还发展了基于放射性的伽马密度固井质量测井仪[2]。下面重点介绍扇区水泥胶结测井、扇区水泥密度测井、套后扫描成像测井、超声波扫描成像测井 4 项技术。

3.3.1　扇区水泥胶结测井（RCB）技术

扇区水泥胶结测井仪除了具有常规水泥胶结测井仪声幅/变密度的功能外，还可以给出套管外水泥胶结状况的直观图象，可以分辨出水泥环径向与纵向的局部缺失、空隙以及胶结的不均匀性，是检查固井质量和找漏找窜等工程测井的重要测井仪器[13-16]。

3.3.1.1　仪器组成及测量原理

扇区水泥胶结测井仪的原理保留了常规声幅/变密度仪器测井的功能，并增加了扇区测井方法。如图 3.3.1 所示，仪器包括电子线路和声系两大部分，其中声系包括 2ft 源距的 8 个独立扇区以及一个常规声幅/变密度发射器和两个接收器，源距分别为 3ft 和 5ft。

扇区水泥胶结测井仪具有标准的 3ft 声幅和 5ft 全波列变密度显示，该仪器还记录 2ft 源距的 8 个扇区声波幅度。对于源距 2ft 的 8 个独立扇区，采用 8 对收发探头，且一一对应，发射探头发射 100kHz 声脉冲，接收探头接收波列中首波幅度，每一组探头探测范围为 45°。根据这 8 个扇区的声幅可做出套管外水泥分布的剖面图，并可计算 8 个扇区中的平均声幅、最大声幅、最小声幅，来进行固井质量的评价。

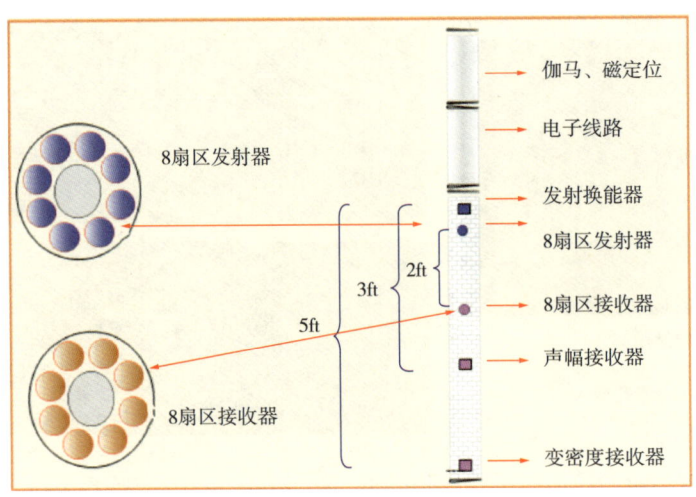

图 3.3.1　扇区水泥胶结仪器结构示意图

3.3.1.2　测量特点及技术指标

扇区水泥胶结测井仪具有直读缆测和存储式测井两种模式，存储容量大，能够获取固井质量的大数据，存储式扇区仪器能完成各种场景大斜度井和水平井的测井任务；可实现多个扇区对水泥胶结质量更精准的评价；仪器外径小，能满足小井眼固井质量的评价；耐温耐压力高，能够满足高温高压的测井要求。扇区水泥胶结测井仪测量技术指标见表 3.3.1。

表 3.3.1　扇区水泥胶结测井仪测量技术指标

技术参数	技术指标
最大温度/压力	175℃/140MPa
最大抗拉	20t
供电要求	输入电源：缆测电压 180VAC~260ACV，频率 50Hz±2Hz
	存储电池电压 72V DC±10V DC
配接地面系统	CPLog
源距	扇区 1.5ft、3ft、5ft
外径	70mm
接口	31 芯插座（CPLog 接口）
通讯方式	CAN 总线
数据下载	USB
最高测速	550m/h
采样适用范围	114.3~244.5mm（推荐范围 114.3~190.5mm）

3.3.1.3　适用条件

扇区水泥胶结测井仪既适用于新井的固井质量评价，又适用于老井的固井质量评价。RCB 的 3ft 接收探头记录第一界面套管的首波幅度随深度变化的曲线，以此计算在水泥胶结套管中实测的首波幅度的衰减率，得到第一界面的胶结指数。5ft 接收探头记录的是全波列的曲线，它可以定性分析反映第二界面胶结质量好坏。当第二界面胶结好时，在 VDL 中有明显清晰的地层波明暗条纹。VDL 曲线中有弱的套管波和强的地层波时，证明两个界面都胶结良好。对于地层间窜槽，如果是由于水泥和地层之间胶结不好所致，CBL 无法测量出来。VDL 根据地层波和套管波的明暗条纹定性的判断窜槽层段。

3.3.2 扇区水泥密度（RCD）测井技术

水泥密度测井仪采用放射源放射出的伽马射线通过介质（钻井液式修井液、钢管、水泥环、地层）的散射，被分区的探测器所接收，通过计算获得水泥环平均密度、套管厚度、套管偏心等固井质量参数[17]。

3.3.2.1 仪器组成及测量原理

水泥密度测井仪自上而下由上扶正器、转接头、电子线路、探头、外壳、铅屏蔽体、下扶正器、源杆及减振器组成。采用放射性源，装有 3 组探头。源距为 0.21m 的伽马探测器用于测量套管壁厚；源距为 0.42m 的伽马探测器组有 6 个伽马探头，在同一平面内沿 360°方位均匀分布，用于探测不同方位管外环空的介质密度；源距为 0.72m 的伽马探测器用于地层对比和校深。该探测器还可用于探测套管偏心程度，对测井资料进行处理可以得到套管外充填物质密度和套管壁厚，并可计算出套管偏心率。

3.3.2.2 测量特点及技术指标

扇区水泥密度测井仪通过水泥环密度变化的测量，对沟槽、孔洞的解释具有独特的优势，并且该测量方式受双层套管、微环隙、沟槽、快速地层等影响较小，有利于提高解释评价结果的准确性。扇区水泥密度测井仪技术指标见表 3.3.2。

表 3.3.2 扇区水泥密度测井仪测量技术指标

技术参数	技术指标
最大温度/压力	175℃/140MPa
仪器最大直径	外壳外径 ϕ70mm
	外壳内径 ϕ58.4mm
	外壳壁厚 5.8mm
工作电源	直流：DC58V±20V
	交流：220V±22V
	频率 50Hz±1Hz
	仪器功率 < 5W
测量精度	填充密度 ρ±0.05g/cm^3；套管厚度 h±0.2mm
测量范围	填充密度 ρ1.0~2.0g/cm^3；套管厚度 h5~20mm；套管外径：102~140mm（4~5.5in）
仪器使用源	铯 137 伽马源—250 毫居里，0.662MeV
源距	水泥密度道（406.5）mm，套管厚度道（204.1）mm
探头数量	1 个套管厚度探头，6 个密度探头

3.3.2.3 适用条件

水泥密度测井仪是一种综合仪器，可同时监测固井质量和套管技术状况，不仅用于常规固井还用于充气充填混合物固井的评价。

3.3.2.4 典型应用

RCD 与 RCB 或 CBL/VDL 技术结合，可以精细评价管外水泥充填状况，识别不同方位的水泥缺失、槽道、孔洞，评价套管技术状况、套管损伤状况以及判断管外扶正器位置或者高密度物质等情况。

典型应用：准确评价套管井挤水泥作业效果。

××井是一口气井，对固井质量工艺要求较高，在挤水泥前后进行了两次 RCB/RCD 测井。如图 3.3.2 左半部分所示，在挤水泥作业前，RCB 资料的 CBL、VDL 及扇区幅度分析，该段水泥胶结差，同时 RCD 资料的 6 条密度计数率值高且发散，显示该段几乎没有水泥充填，扇区胶结成像图（不同颜色的色阶表示不同的水泥胶结情况，蓝色代表没有水泥胶结）清晰显示第一界面水泥胶结差，水泥充填图像直观显示环形空间水泥量非常少，未能达到固井质量要求。如图 3.3.2 右半部分为挤水泥后进行的第二次测井，由 RCB、RCD 解释评价该段水泥胶结好、充填好，成像图显示环形空间存在大量水泥且充填均匀。

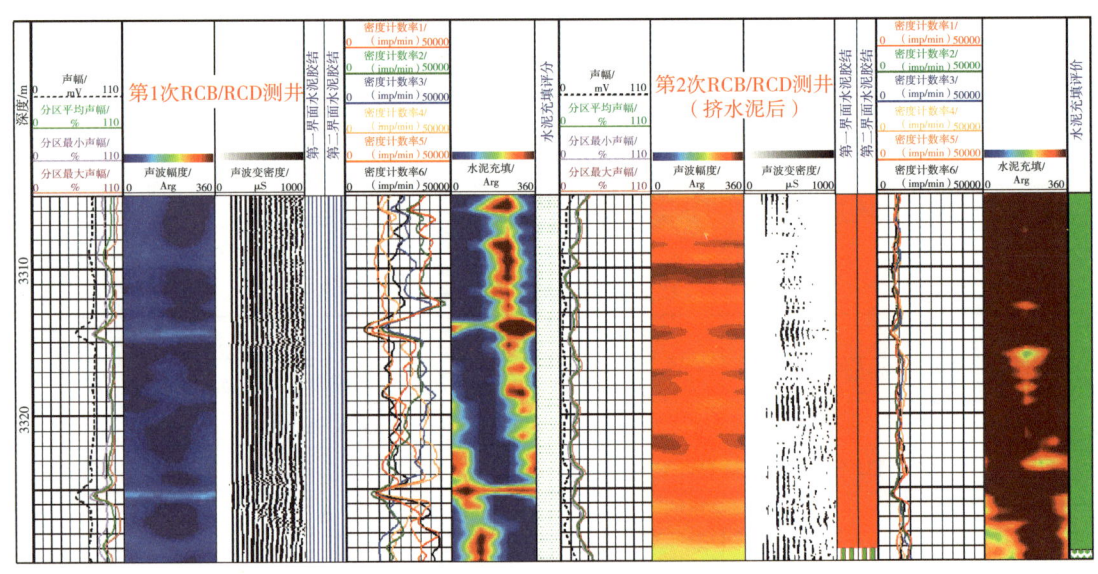

图 3.3.2　××井 RCB/RCD 评价挤水泥效果

3.3.3 超声波成像测井技术

超声成像测井通过采集测量套管谐振波的方式来进行固井质量评价和管柱质量检测。超声换能器既是发射器，又是脉冲回波接收器，通过在套管内壁垂直发射高频短声脉冲引起套管厚度共振。通过套管谐振波来推算出与套管外壁介质的声阻抗，进而可以判断出该介质的类型；根据回波幅度、时间和共振频率判断管柱内壁光滑度和套管半径，计算套管厚度[18]。目前，超声成像测井仪器使用较多的有 IBC（套后扫描成像测井）、CAST（超声波扫描成像测井）。

3.3.3.1 套后扫描成像（IBC）测井技术

IBC 套后扫描成像测井仪是斯伦贝谢公司研发的一款套后成像仪器[19-20]，采用超声脉冲回波与挠曲波成像技术相结合，实现对套管环空环境的描述以及对不同类型水泥固井质量的评价。全方位测量覆盖整个套管圆周，可发现水泥环内的窜槽，了解套管的居中情况和水泥厚度。测井数据以三维方式显示，可直接观察套管腐蚀或变形、内径和壁厚变化，验证入井管串结构。

（1）仪器结构及测量原理。

如图 3.3.3 和图 3.3.4 所示，IBC 套后扫描成像测井设备置于一个旋转探头内，包含 4 个换能器。脉冲回波声波阻抗测量采用有这 4 个换能器的旋转短节进行。超声波换能器垂直放置于仪器的一侧，用于生成和检测脉冲回波，而另外 3 个换能器（1 个发射器，2 个接收器）位于仪器的另一侧，成一定角度斜向排列，用于测量挠曲波衰减信号。

图 3.3.3　IBC 仪器结构示意图

IBC 套后扫描成像测井通过对超声波脉冲回波和挠曲波这两种波场相互独立的测量，实现评价不同类型水泥，包括传统水泥浆和重水泥以及最新的轻质水泥和泡沫水泥。

测井时超声波换能器向套管发射一个稍微发散的波束，使套管转入共振模式。探头以 7.5r/s（减速马达 3.2r/s）的速度对套管进行扫描，提供一个 5°或 10°的方位分辨率，从而在每个深度产生 36 个或 72 个独立波形。这些独立波形经过处理后可从初始回波中获得套管厚度、内径和内壁光滑度数据，从信号共振衰减中生成有关水泥声阻抗的方位图像，评价水泥胶结情况；从波形幅度和时间及共振频率中获得套管厚度、内径和内壁光滑度数据，从而可评价套管腐蚀和变形情况。

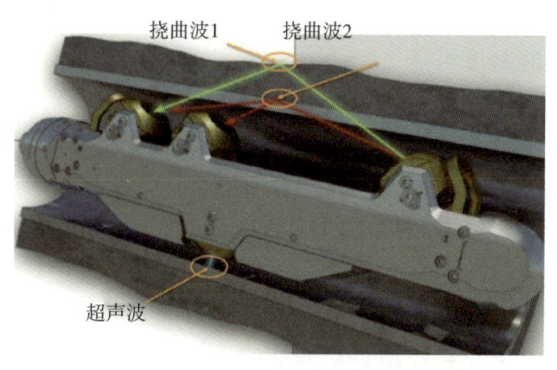

图 3.3.4　IBC 旋转探头示意图

挠曲波发射器同时发射高频脉冲波束，在套管内激发挠曲振动模式，挠曲波以一定角度发射，在第一界面和第二界面均有反射，通过分析两个接收器接收到的波群幅度，得到挠曲波衰减情况。套后为低密度或污染水泥时，挠曲波衰减最大，而液体和高密度水泥挠曲波衰减最小，测量结果受井筒流体的声阻抗影响大；挠曲波衰减值受井筒流体的声阻抗影响较小，降低不确定性，计算套管居中度。

（2）测量特点及技术指标。

IBC 套后扫描成像测井可提供第一界面的高可信度固井质量评价，包括窜槽识别（方位、宽度和长度）、水泥返高确定、混浆状态判断、是否水力沟通和封隔判断；提供第二界面成像，包括套管居中度和水泥环厚度测量、区分高低边窜槽，分析形成原因，改善问题层固井作业、测量环空物质速度、区分领浆、尾浆或混浆；提供套管腐蚀磨损定量评价，可同时测量内径和壁厚，内外壁各种腐蚀变形和磨损。主要技术指标见表 3.3.3。

表 3.3.3　IBC 套后扫描成像测量技术指标

技术参数	技术指标
最大工作温度/压力	177℃/138MPa
套管尺寸	4.5in（最小通过限制：4in），14in（取决于井筒流体类型和密度）
探头外径	IBCS–A：3.375in（8.57cm） IBCS–B：4.472in（11.36cm） IBCS–C：6.657in（16.91cm） IBCS–D：8.74in（22.19cm）
最大测井速度	标准分辨率（6in，每10°采样）：823m/h；高分辨率（0.6in，每5°采样）：172m/h
测量范围	最小套管壁厚：0.38cm；最大套管壁厚：2.01cm
纵向分辨率	高分辨：1.52cm（0.6in）；高测速：15.24cm（6in）
探测深度	套管和环空到 3in

（3）适用条件。

IBC 套后扫描成像测井适用于 ϕ114.3~558.8mm 套管、油基和水基井液，常规探头适用的最大水基井液密度为 1.9g/cm^3、油基井液密度为 1.6g/cm^3，增强型探头适用的油基井液密度可达 2.35g/cm^3，水基井液可更高。

测前设计需要输入井筒尺寸、套管尺寸和壁厚、井筒内流体密度和类型、套管外流体密度和类型等参数，确定使用探头尺寸和类型、超声波和挠曲波采集时窗的大小等。测井要求井液内无气泡、油泡，固体颗粒含量小于 3%，套管内壁干净。井筒内流体密度和类型对解释结果准确性影响大。

（4）典型应用。

IBC 套后扫描成像测井目前主要应用于以下三个方面：高精度固井质量评价，精准套管完整性评价，套管居中度测量及管外扶正器识别。

①高精度固井质量评价。

结合声阻抗和挠曲波衰减，固液气相态直观解释环空周向和纵向水泥胶结质量及层间封隔，识别微间隙和小窜槽，判断水力沟通通道。如图 3.3.5 所示，某井段为低密度（1.3g/cm^3）水泥，声幅测井对低密度水泥的识别能力较弱，此段 CBL–VDL 评价第一和第二界面固井质量为差；但 IBC 通过挠曲波衰减大、声阻抗低可以区别低密度水泥和液体填充，IBC 解释结论此段固井质量为好。

②精准套管完整性评价。

IBC 还可对油套管内、外壁腐蚀、破损、变形和磨损进行定量评价。图 3.3.6 中从套管内半径图和套管壁厚上均显示该段套管良好，未发现有明显的套管损伤和变形，但其固井质量较差，存在管外窜槽。如在 2824~2864m 井段，固液气三相图显示液相占比较大且连续，说明该处固井质量差，有窜槽通道。

③套管居中度测量及管外扶正器识别。

图 3.3.7 显示该段双层套管，第二道指出 1496~1511m 井段套管居中度（红线）仅有 40% 左右，套管居中差。在水平段和双层套管段中套管偏心是造成固井质量差的重要原因，建议增加扶正器使用数量以保障套管居中，提高后续井固井质量。

3 井筒完整性检测技术

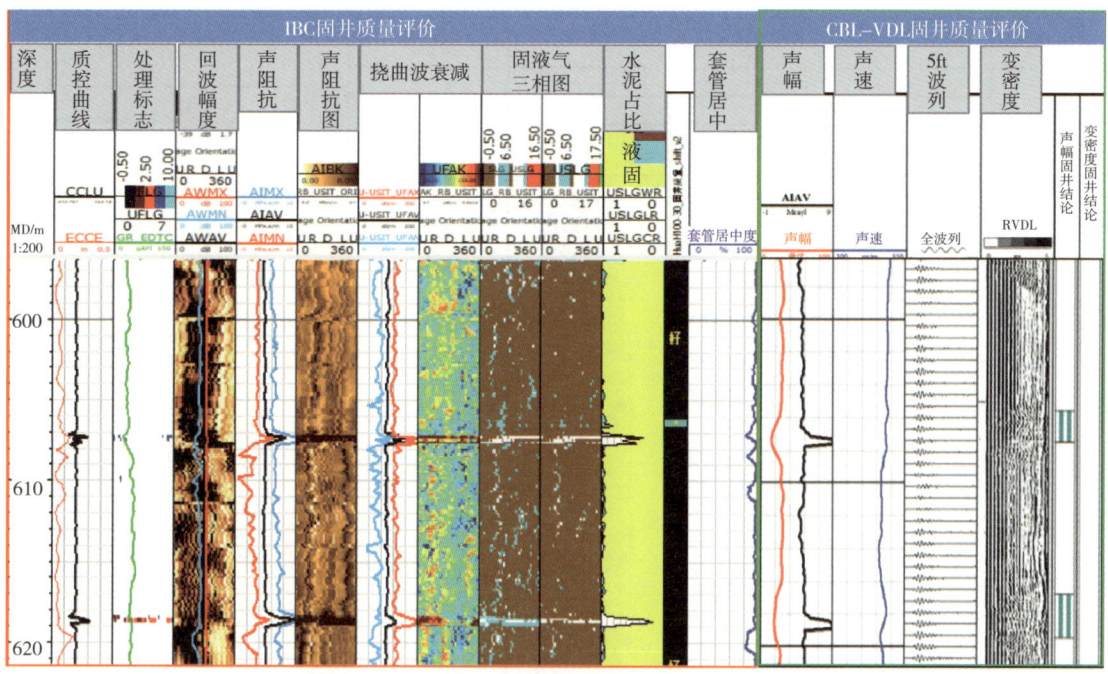

图 3.3.5　IBC 在超低密度水泥段固井质量评价成果图

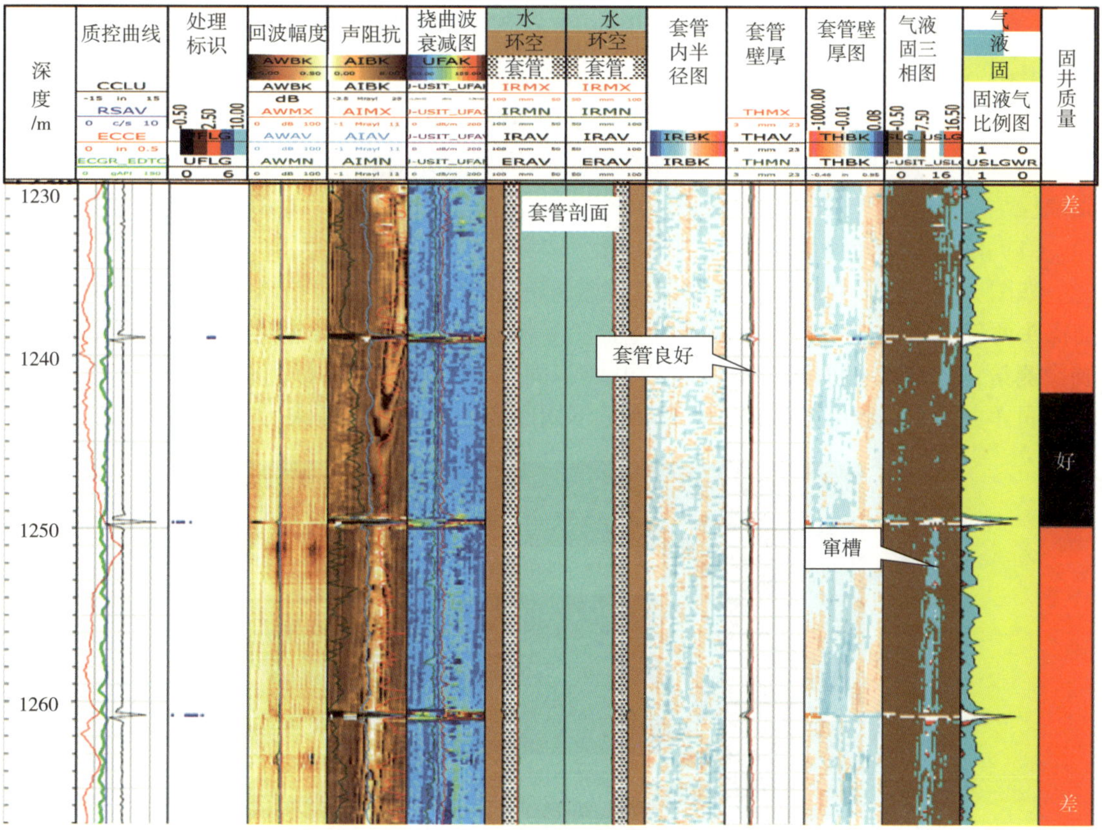

图 3.3.6　IBC 固井质量及套损检测评价成果图

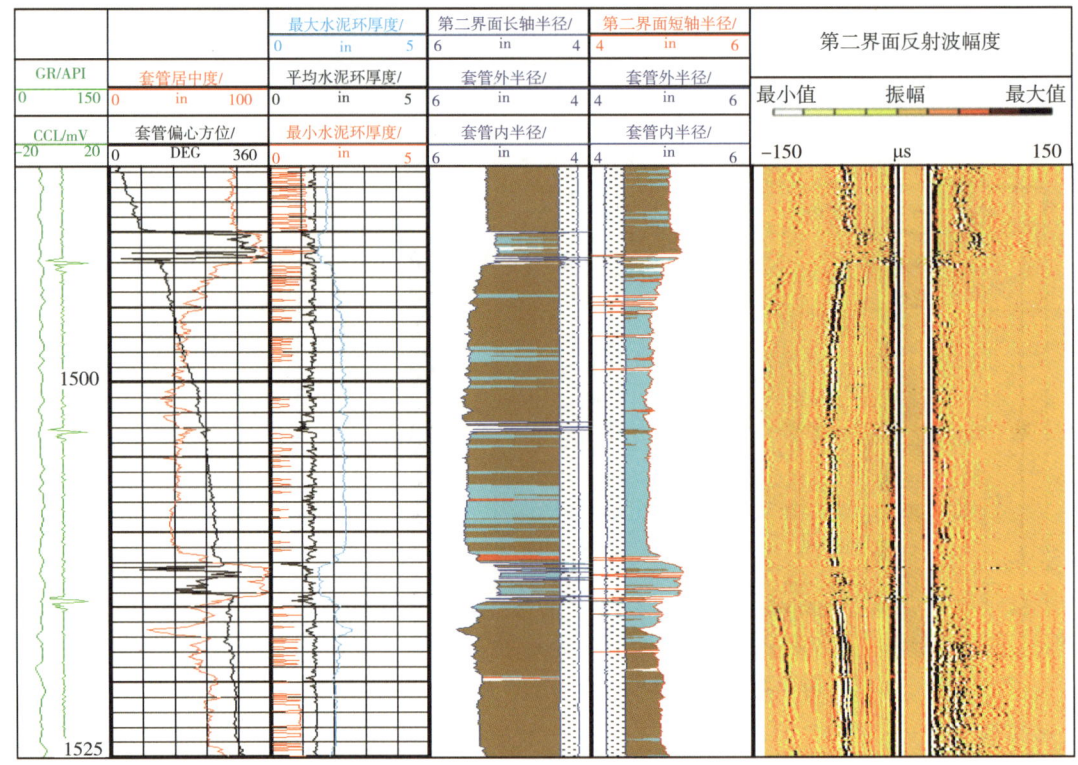

图 3.3.7 IBC 套管居中度检测成果图

3.3.3.2 超声波扫描成像（CAST）测井技术

CAST-V、CAST-F、CAST-I 超声波扫描成像测井仪是哈利伯顿公司研发的套后成像系列仪器，其中 CAST-I 井周声波扫描成像测井仪是经历了两代升级改造后的新一代成像仪[21]。

（1）仪器结构及测量原理。

如图 3.3.8 所示，CAST-I 主要由 2 个超声波换能器组成，即钻修井液传感器和旋转扫描探头两部分组成。钻修井液传感器主要测量钻修井液声速。聚焦超声波传感器主要负责成像测量，安装在扫描探头上，通过更换不同尺寸的扫描头可以适应不同尺寸的井眼条件；同样更换不同频率的换能器，以满足不同厚度规格的套管需求。

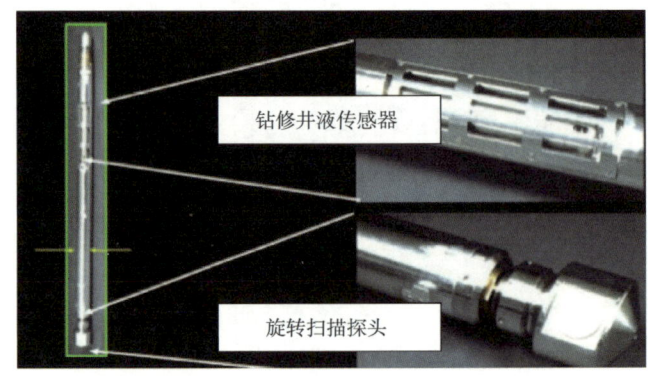

图 3.3.8 CAST-I 超声波扫描成像仪器结构示意图

CAST-I超声波扫描成像仪采用超声波旋转扫描的测量方式，用一个可旋转换能器发射高频声脉冲，对井筒表面进行360°扫描。换能器在线路的控制下既发射又接收脉冲，沿井筒纵向和径向采集大量信息，这些数据经处理后生成直观的井眼图片。CAST-I测井有套管井和裸眼井测井两种测量模式，套管井模式提供套管厚度和水泥胶结评价。

（2）测量特点及技术指标。

CAST-I高分辨率的成像功能可以提供套管内径、内壁光滑程度、壁厚以及套管内壁纹理、套管形变等信息，还可提供第一界面固井质量评价，精确测量水泥胶结质量以及是否有水泥窜槽，能对水泥环中的裂缝及缺陷进行图像显示，但不评价第二界面情况。CAST-I超声波扫描成像仪主要技术指标见表3.3.4。

表3.3.4 CAST-I超声波扫描成像仪测量技术指标

技术参数	技术指标
最大温度/压力范围	177℃/137.9MPa
套管尺寸	4.5~22in（114.3~558.8mm）
仪器外径/长度/重量	3.33in（92.2mm）/17.9ft（5.5m）/143kg（316lb）
垂直分辨率	0.3in（7.62mm，套管测量模式）
套管厚度计算范围	0.20~1.0in（5~25.5mm）
准确度	±0.5MRayl（兆瑞利，阻抗），±0.05in（内径）

（3）适用条件。

CAST-I超声波扫描成像测井对井筒流体介质没有特殊要求，盐水、清水、油均可，油基钻井液最大密度1.68g/cm³，水基钻井液最大密度2.16g/cm³。测井时需居中测量，井液内固体含量太高或固体沉淀，可能会导致探头转不动，井液密度超出仪器指标可能导致误差增大；即使在最有利的条件之下，要想利用脉冲回波技术将井液和水泥区分出来，钻井液和水泥石之间的声阻抗差异通常也必须大于0.5Mrayl。

（4）典型应用。

CAST-I井周声波扫描成像测井主要应用于固井质量精细评价，能直观、定量识别空洞、沟槽等水泥胶结缺陷，对水泥缺陷结构中的充填物质（气、水）和微环隙进行识别，对水泥石的强度和封固性能进行更全面的分析评价；还可以对套管腐蚀情况与剩余壁厚进行精细评价，使用360°全覆盖扫描成像测井模式，可对套管的偏心程度进行定性分析；水泥环检测模式可以提供固井质量、窜槽等信息。

①固井质量评价。

通过计算得到套管后水泥环的声阻抗，利用声阻抗评价套管后水泥分布状况以及胶结质量。如图3.3.9（a）所示，确定水泥返高位置在2696m；图3.3.9（b）红色框显示环空水泥有零星流体存在，评价第一界面水泥胶结为中等；图3.3.9（c）红色框显示环空水泥有连续流体存在，评价第一界面水泥胶结差。

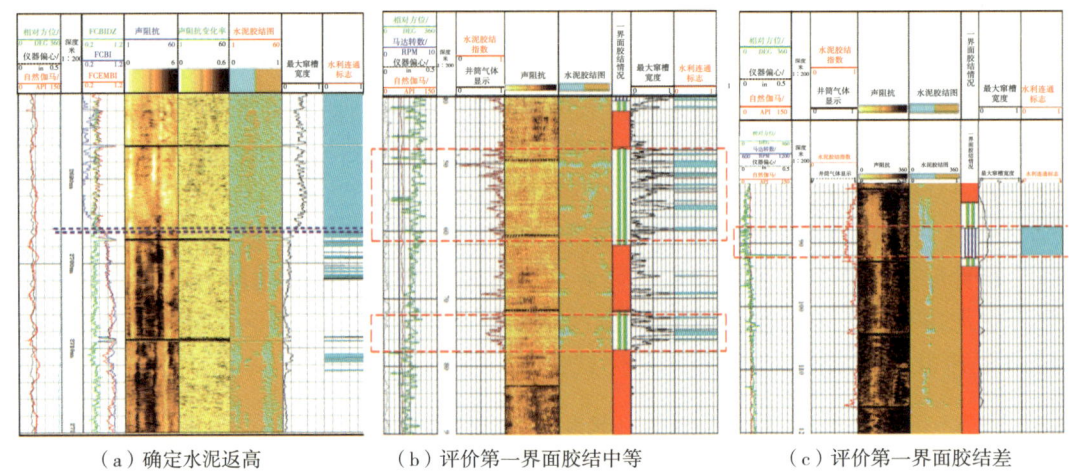

(a) 确定水泥返高　　　　(b) 评价第一界面胶结中等　　　　(c) 评价第一界面胶结差

图 3.3.9　CAST 固井质量检查解释成果图

②管柱质量评价。

如图 3.3.10 所示，在 1900~1901m 井段存在套管变形，有多处漏失连片迹象，破损点为 1900m。

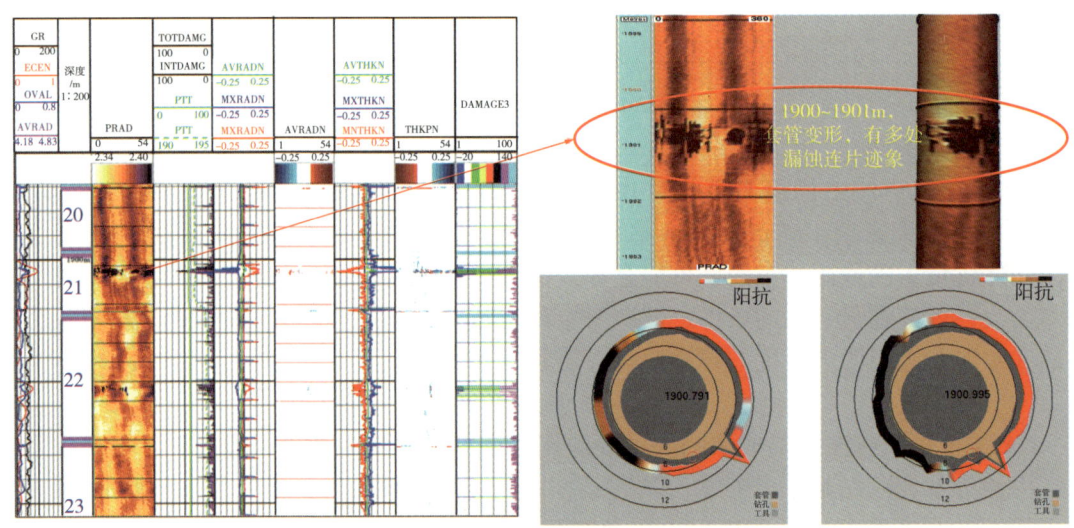

图 3.3.10　CAST 管柱质量检查解释成果图

3.4　分布式光纤测井技术

分布式光纤传感技术是一种伴随光纤通信技术发展而来的新兴地球物理测井方法，以光为载体、光纤为媒质、感知和传输外界信号，用于实时测量空间温度、声波振动，已广泛应用于油气田动态监测中，尤其是漏、窜监测方面[22-25]。

针对套损井及复杂井况无法连续性检测、精确查找漏点的难题，利用基于拉曼散射的分布式光纤温度传感（DTS）测井技术和基于瑞利散射的分布式光纤声波传感（DAS）技术，实时连续监测整个井筒不同位置的温度场分布以及声波振动信号，捕捉泄漏点气液流动微弱变化，通过光纤数据分析处理技术以图形形式评价井筒泄漏点与泄漏程度，综合考虑地质条件因素，可实现井筒完整性快速精准诊断，为后续井筒修复提供数据支撑，提高修井效率。

3.4.1 监测原理与系统组成

目前，在油气行业应用最为成熟的是分布式光纤温度传感（DTS）测井技术，分布式光纤声波传感（DAS）测井技术近几年也得到越来越多的重视和发展。

3.4.1.1 分布式光纤监测原理

（1）分布式光纤传感基本原理。

地面脉冲激光器以一定脉冲宽度向光纤发射光脉冲，由于入射光在进入光纤中传播时，受到光纤本体材料分布不均匀、结构分布不规整等影响，传播方向具有很大随机性，从而出现光在各个方向的散射现象，其中小部分散射光沿光纤路径返回并被接收器记录，即为背向散射光（图3.4.1）。在这一过程中，一旦温度或应变等外界事件扰动光纤使其产生局部变形，作为传感元件的光纤本身将携带被扰动和未被扰动的背向散射光返回地面信号接收器，从而实现分布式传感监测。据此，可通过背向散射光返回信号接收器的时间来判断事件发生的位置，通过背向散射光强度或振幅的变化量来量化事件发生的严重程度。

光的背向散射可以分为弹性背向散射和非弹性背向散射两大类。光的弹性背向是由光纤光学性质折射率的微小变化引起的，特点是散射前后能量保持不变，即入射光与散射光的频率和波长保持一致，而相位发生变化，如瑞利散射。光的非弹性背向散射是指光纤分子运动或热运动导致的散射，特点是散射粒子内部结构或能量发生变化，具有一定的频移量，如布里渊散射和拉曼散射。

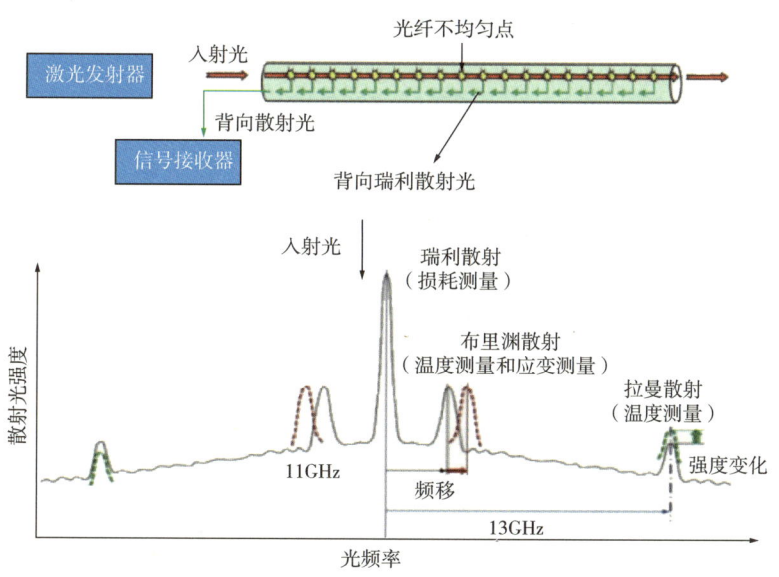

图 3.4.1 分布式传感光纤监测原理示意图

在工程上应用的分布式光纤传感技术基于不同光学效应的传感技术可以检测不同的物理参量。基于瑞利散射的光纤传感技术工程上主要用于检测振动与声波信号，而基于布里渊散射的光纤传感技术工程上主要用于应变与温度的双参数测量，基于拉曼散射的光纤传感技术工程上主要用于温度的测量。

（2）分布式光纤温度监测原理。

分布式光纤温度监测主要依据光的背向拉曼散射温度效应和光纤的光时域反射原理（OTDR）（图3.4.2）。利用拉曼散射光中的斯托克斯光对温度不敏感，反斯托克斯光的强度则随温度变化的现象。

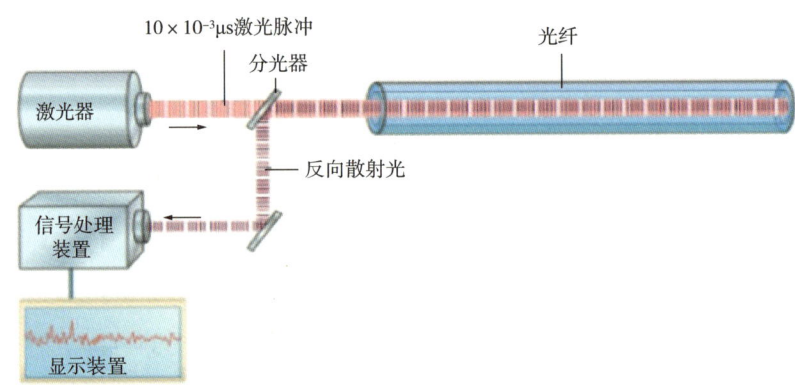

图 3.4.2　DTS 光纤监测原理示意图

反斯托克斯与斯托克斯信号的比值与散射介质的温度成正比，通过感应技术对二者的强度进行对比来计算温度；位置的确定是基于光时域反射技术计算散射信号所对应的光纤位置，从而实现分布式温度、位置信号的精准反馈。

（3）分布式光纤声波监测原理。

分布式光纤声波监测主要依据光的瑞利散射相位敏感效应和光纤的光时域反射原理，通过探测沿传感光纤各点的瑞利散射光的相位变化来得到所需检测的物理量（如声波、振动等）的变化（图3.4.3）。

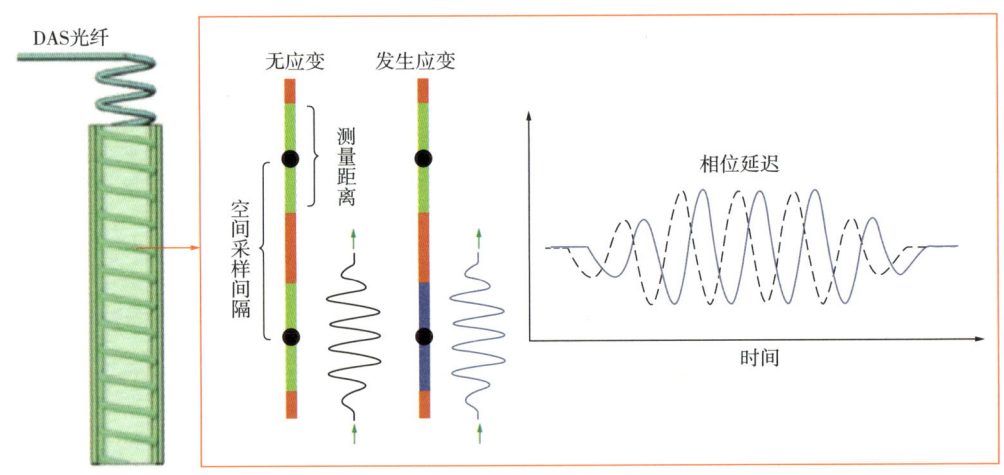

图 3.4.3　DAS 光纤信号接收原理图

瑞利散射是光与物质发生的弹性散射，其波长、频率不发生变化，对温度不敏感，散射前后相位发生变化。由于光纤在空间中的连续分布，可以定量检测到空间上任意一点发生的物理量的变化，从而实现分布式传感测量。

3.4.1.2 分布式光纤测量系统

分布式光纤测量系统由地面计算机、信号模块和光纤构成（图3.4.4）。地面激光器发出脉冲激光，经光纤传播后，由激光采集器接收背向散射信号并进行信号处理，再通过专用算法软件进行数据筛选、数据瀑布可视化、数据能量分频、数据能谱变化等可视化处理和分析，结合单井信息、地质资料，形成综合解释成果，从而实现测量与监测。

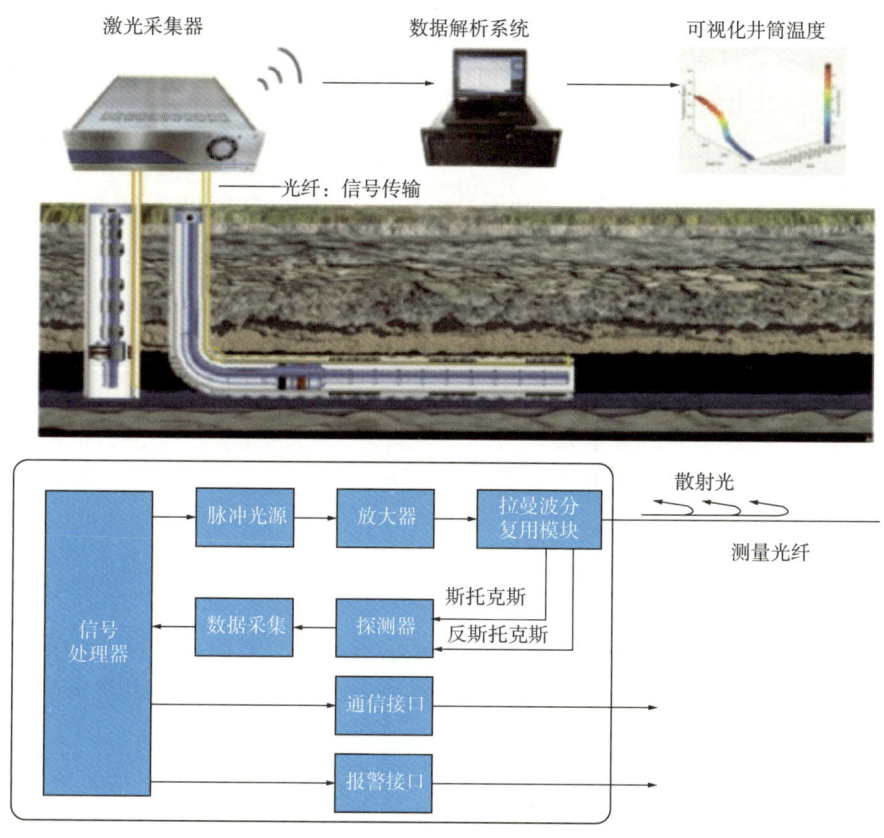

图 3.4.4 分布式光纤测量系统

3.4.2 监测特点及技术指标

分布式光纤准确感知光纤沿线上任意时间和任意一点的信息，是一种全尺寸连续性监测，解决了传统点测方式漏检的问题；光纤本身既是测量传感器也是数据传输介质，因此利用传感系统可以与光通信网络自由组网，通过与计算机网络连接，实现远程自动监测和诊断；同时，具有灵敏度高、抗电磁干扰、抗腐蚀、高可靠性、低作业成本等特点。DTS、DAS 的主要技术指标见表 3.4.1 和表 3.4.2。

表 3.4.1 分布式光纤温度传感（DTS）测井主要技术指标

测量距离 /km	测量时间 /s	测量精度 /℃	分辨率 /℃	测量范围 /℃	空间分辨率 /m	定位精度 /m
10	2	±1	0.2	−40~300	1	1

表 3.4.2 分布式光纤声波传感（DAS）测井主要技术指标

测量范围 /km	采样分辨率 /m	空间分辨率 /m	采样频率 /kHz	声压灵敏度 /dB	最小探测声压 /Pa	动态范围 /dB
>5	1	1~10	<10	−150	≤ 0.1	>90

3.4.3 适用条件

分布式光纤测井具有广泛的适用性，可以永久式、半永久式、插入式安置于油气井内。永久式安装是将光纤固定在套管表面，并用水泥浆永久封固，该方法的优点是在修井过程中不存在干扰，电缆的耦合性强，因此获得的数据质量高。半永久式安装是在生产油管表面捆扎光缆，分为光缆平行捆扎和光缆缠绕捆扎，该方法不仅安装灵活方便，同时也可以与其他监测光缆同时捆扎在油管表面。插入式安置是将光缆置于生产油管内部，可通过光缆下放、钢丝作业或者连续油管作业下入，进行单次和多次监测。

目前光纤初期安装成本较高，在井斜角较大层段光纤安装与固定的难度大。如何避免光纤在射孔时不被破坏是保证光纤可以进行全井段、全生命周期监测的另一重要问题。光纤对轴向应变较为敏感，在光纤安装时应选择合理的部署方式与位置，以获得更符合实际的光信号。因此，针对不同的监测需求以及工况环境，考虑安装复杂性、可重复使用性及数据精确度等因素，选择合适的井下光缆安装方式。

3.4.4 典型应用

分布式光纤测井可以实现全井段温度和振动信号的即时录取，能够连续反映在测量时间段内的异常信息，可以实施短时间或长时间过程监测，动态反映漏失或窜槽的过程，精准确定发生位置，并通过时域温度、振动信号的变化分析漏失路径。

以某储气库井为例，A 环空压力最高达 27.0MPa，B 环空压力最高达 24.5MPa。环空压力监测历史反映，A 环空与 B 环空的压力变化趋势不同，A 环空与 B 环空之间没有直接关联性；C 环空与 B 环空的压力变化趋势一致，说明 C 环空与 B 环空之间可能存在较通畅的漏失通道。该井通过分布式光纤进行环空带压检测，明确了 A 环空、B 环空、C 环空带压的源头来自生产管柱封隔器的漏失，B 环空、C 环空带压均是由 A 环空逐级渗漏导致。通过检测识别该井造成各环空带压的泄漏位置、路径及气源，为该井治理提供准确信息。

具体检测情况如下：

C 环空放压后的检测结果如图 3.4.5 所示，通过放压前后 C 环空振动信号叠合对比发现在 69m 以上信号出现异常，在该深度以上技术套管固井质量较差，存在窜通通道，漏失应发生在 69m 处，由 B 环空向 C 环空漏失。

当 B 环空放压，测量 B 环空漏失点，图 3.4.6 为 1∶43、1∶53、1∶45、1∶54 这 4 个时刻检测到的振动异常信号，分别在 2510m、2580m、2680m 振幅发生异常，异常信号的发生具有瞬时特点，反映在上述深度发生间歇性漏失。2860m 为该井油管封隔器位置，该深度至储气层井段，在测量期间未发现异常振动信号，说明在油管封隔器以下油层套管水泥环密闭性好，没有发生窜通。因此，井口 B 环空带压是套管接箍发生间歇性渗漏导致的。

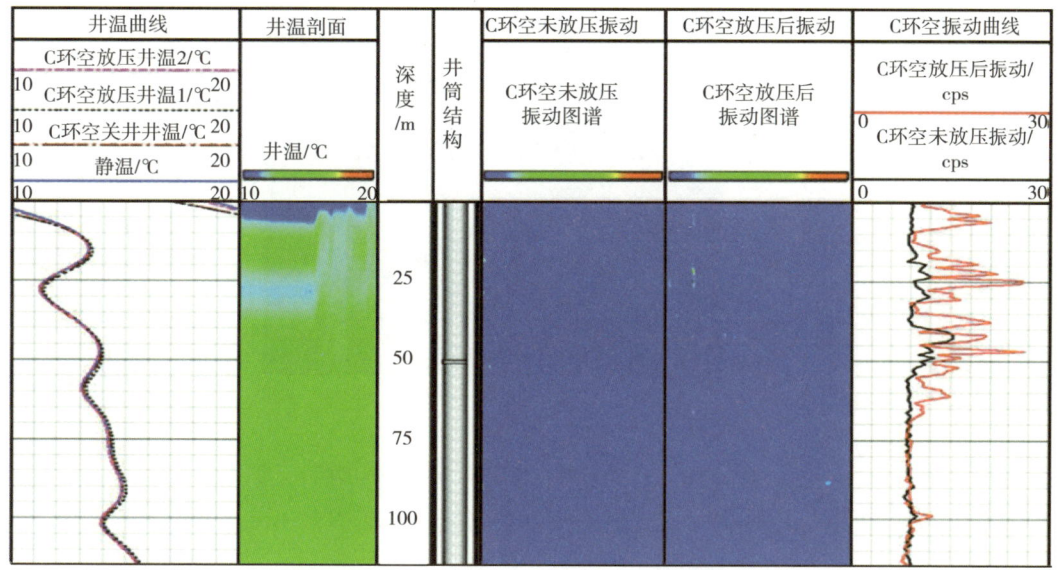

图 3.4.5 C 环空放压后的检测结果图

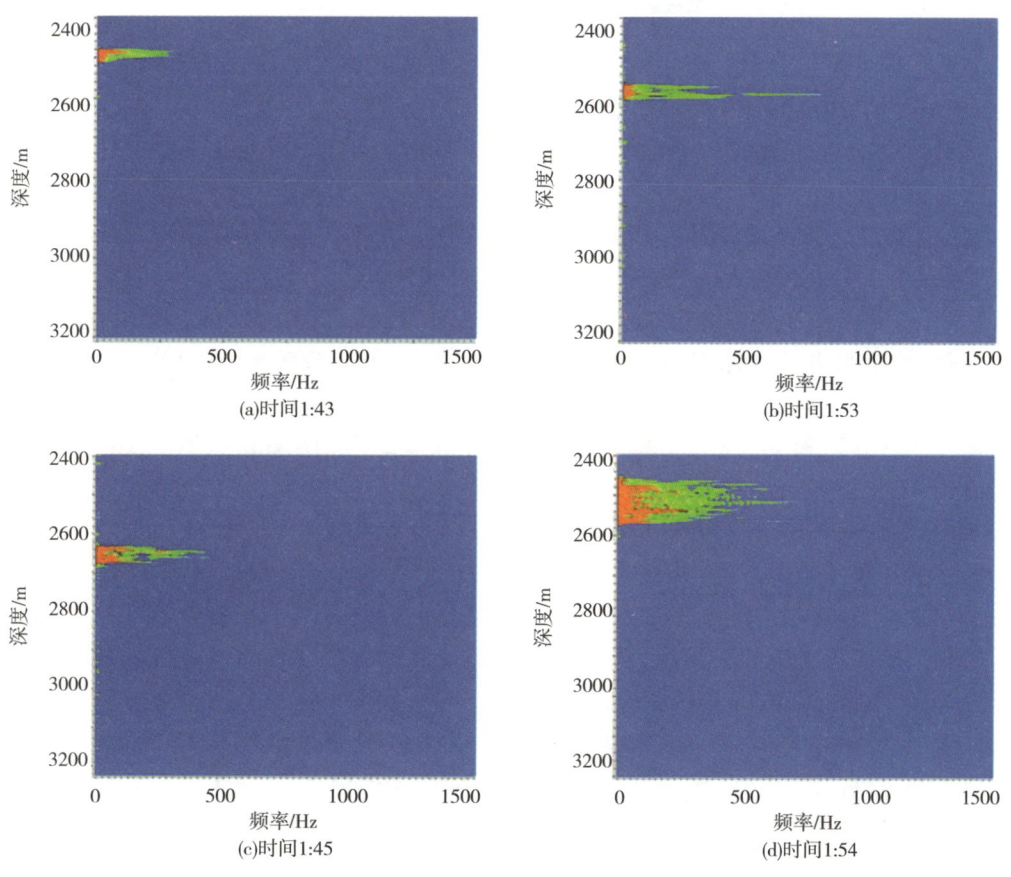

图 3.4.6 B 环空放压振动信号异常检测图

图 3.4.7 为 A 环空放压振动异常信号检测图。对比放压前后的异常振动信号发现,在 2806m 油管封隔器位置发生持续性漏失,这是造成 A 环空带压的主要原因。

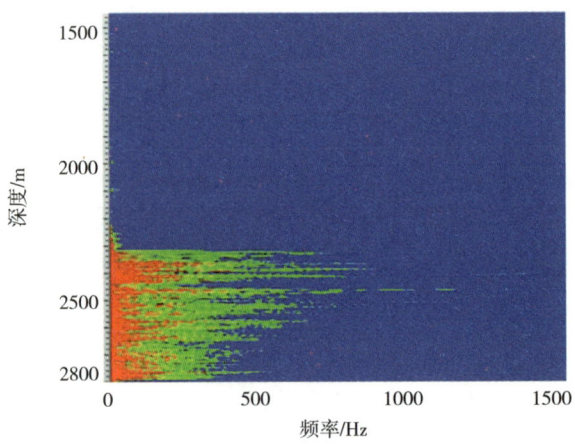

图 3.4.7　A 环空放压振动信号异常检测图

参考文献

[1] 陈绪龙，牛步能，杜旭，等.井筒管柱完整性测井评价技术的应用优化 [J].测井技术，2022，46（4）：487-492.

[2] 吴铭德，乔文孝，魏涛，等.油气井封固性测井述评 [J].测井技术，2016，40（1）：1-11.

[3] 李刚，朱广亮，王永康，等.多臂井径成像测井技术及在克拉玛依油田的应用 [J].新疆石油地质，2011，32（2）：190-192.

[4] 李玉泉.多臂井径成像测井仪改进及应用 [J].石油管材与仪器，2018，4（2）：66-69.

[5] 姚志中.四十臂井径成像测井在普光气田的应用 [J].断块油气田，2012，19（5）：678-680.

[6] 严正国，赵琳，王飞，等.电磁探伤测井技术及其进展 [J].石油仪器，2012，26（6）：41-43，103.

[7] 靳海华.石油测井套管电磁探伤技术 [D].西安：西安石油大学，2014.

[8] 黎明，邱金权，金鑫，等.新型电磁探伤 MID-S 测井技术套损检测研究 [J].石油仪器，2012，26（4）：4-6，101.

[9] 刘子平，姚声贤，李官华，等.新型多层金属管柱电磁探伤成像测井技术及应用 [J].天然气工业，2009，29（1）：51-54，136.

[10] 崔延庆，王倩，李晓卫.油气储层裂缝电磁探伤测井技术优化 [J].粘接，2023，50（7）：128-131.

[11] 严正国，张斌山，谭哲宇，等.VideoLog 可视化测井系统在套管错断检测中的应用 [J].石油工业技术监督，2019，35（6）：43-46.

[12] 张家田，郑向秀，吴银川，等.可视化测井技术的发展、装备及应用 [J].测井技术，2018，42（5）：489-496.

[13] 占庆.扇区水泥胶结测井仪器研制与应用 [D].长春：吉林大学，2015.

[14] 李世平，李建国，于东. 国内固井质量检测技术发展现状分析 [J]. 石油钻探技术，2008（5）：84-86.

[15] 徐拥，丁邦春，邱毅，等. RBT扇区水泥胶结评价测井在苏里格气田的应用 [J]. 石油管材与仪器，2016，2（2）：79-83.

[16] 吴恩明. 八扇区声波测井仪的改进及应用 [J]. 石油管材与仪器，2016，2（3）：82-84.

[17] 邹振巍. 扇区水泥胶结密度测井技术及应用 [J]. 电大理工，2016（1）：8-9.

[18] 章俊燕. 超声波技术在成像测井仪中的应用 [J]. 舰船电子工程，2005（4）：92-95.

[19] 汤宏平，张海涛，李高仁，等. IBC套后成像测井在水平井中的应用 [J]. 石油天然气学报，2012，34（8）：88-93，98，166.

[20] 唐宇，王环. 斯伦贝谢公司套后成像测井技术 Isolation Scanner（IBC）[J]. 测井技术，2011，35（4）：307.

[21] 普明闯，孙利国，康晓泉，等. 声波扫描成像（CAST）资料在国外X油田套管井中的应用 [J]. 石油天然气学报，2010，32（6）：412-414，542.

[22] 王刚. 基于光纤传感的油水井套管形变监测技术研究 [D]. 济南：齐鲁工业大学，2021.

[23] 李晓蓉，刘旭丰，张毅，等. 基于分布式光纤声传感的油气井工程监测技术应用与进展 [J]. 石油钻采工艺，2022，44（3）：309-320.

[24] 宁卫东，陈金宏，朱涵斌，等. 分布式光纤储气库井找漏技术应用 [J]. 测井技术，2022，46（5）：638-642.

[25] 张兴彦. 分布式光纤监测技术在注水井窜漏监测中的应用 [J]. 测井技术，2023，47（4）：516-520.

4 修井工具

经过多年的发展，修井工具系列不断完善，已形成打捞类、倒扣类、检测类、切割类、震击类、整形类、加固类、辅助类等[1-3]。面对日趋复杂的套损形势，常规修井工具已无法满足需求，为此国内外相继开展技术研究，针对复杂落物打捞和套损井修复等难题，研制了针对性强、效率更高的系列工具，在套损井修复治理等大修作业中发挥了重要作用，为保障油气水井的正常生产提供了有效的技术手段。

4.1 打捞类工具

打捞是修井作业中的重要工序之一，打捞作业约占修井工序的一半以上。井下落物种类繁多、形态各异，归纳起来主要有管类落物、杆类落物、绳类落物、小件落物和井下仪器工具类落物。当油气水井出现落物影响生产时，需针对不同落物的特点采用不同尺寸规格的打捞类工具进行打捞处理。本节简要描述了常规打捞工具的类型及用途，阐述了组合式打捞工具和液压可退式打捞工具，着重介绍了局部反循环打捞篮、半开式强磁打捞器、复合式鱼顶修整打捞器、井下液压增力装置、电动打捞工具等新型打捞工具。

4.1.1 常规打捞工具

常规打捞工具主要有锥类打捞工具、矛类打捞工具、筒类打捞工具、钩类打捞工具、小件落物打捞工具等五大类，具体的工具及用途见表 4.1.1。

表 4.1.1 常规打捞工具类型及用途

工具类别	工具名称	用途
锥类打捞工具	公锥	是从油管、钻杆、套铣管、封隔器、配水器、配产器等有孔落物的内孔进行造扣打捞的工具
	母锥	是从油管、钻杆等管柱落物外壁进行造扣打捞的工具，可对无内孔或内孔堵死的圆柱形落物进行打捞
矛类打捞工具	滑块卡瓦捞矛	由上接头、矛杆、滑块、锁块及螺钉组成，根据滑块数量不同，分为双滑块和单滑块，双滑块捞矛还可根据需要，加工成双面对称、斜面较短、斜度较大的特殊类型，可进行倒扣作业
	可退式捞矛	由芯轴、圆卡瓦、释放环和引鞋组成，抗拉负荷高，抗冲击负荷大，抓住落物后，可根据需要方便地退出落物
	分瓣捞矛	由上接头、锁紧螺母、导向螺钉、芯轴、卡瓦、冲砂管等零件组成，主要用于在套管内打捞脱落于井内的油管接箍
	抽油杆接箍捞矛	主要用来打捞上部带有抽油杆接箍的各种抽油杆柱。打捞过程中打捞头靠弹簧的胀力压入到落鱼上部的抽油杆接箍中实现对扣，然后借芯轴弹开打捞头，咬紧接箍实现打捞
	提放式可退捞矛	提放式可退捞矛不需转动工具管柱，一放一提既可释放落鱼，是小修作业常用的打捞工具之一

续表

工具类别	工具名称	用途
筒类打捞工具	卡瓦捞筒	卡瓦捞筒是卡住油管、钻杆、接箍接头或油管外加厚部位外壁而实现打捞的一种外捞工具,可进行倒扣作业
	可退式捞筒	分为篮式卡瓦和螺旋式卡瓦两种。抓住落物后,可根据需要方便地退出落物
	短鱼顶打捞筒	分为可退式和不可退式两种。主要用于鱼顶距卡点很近或者鱼顶在接箍以上距离较短的油管、钻杆、抽油杆本体的打捞,一般鱼头露出 50mm 以上就能有效捞取落物
	弯鱼头打捞筒	主要用于套管内打捞呈弯扁形(即形成扁圆形)鱼头的落井管柱,在不需修整鱼顶的情况下可直接进行打捞
	活页打捞筒	又名活门打捞筒,由上接头、活页总成、筒体组成,用来在油套环形空间里打捞鱼顶带台肩或接箍的小直径杆类落物,如完整的抽油杆、带台肩和带凸缘的井下仪器等
	抽油杆打捞筒	按结构分为篮式卡瓦式和螺旋卡瓦式,按使用方式分为可退式和不可退式,是专门用来打捞断脱抽油杆的工具
	提放式打捞筒	按使用方式分为可退式和不可退式,一放一提既可释放落鱼,是小修作业常用的打捞工具之一
钩类打捞工具	内钩/外钩/组合钩	主要用于打捞井内脱落的电缆、落入井内的钢丝绳等绳缆类落物,包括内钩、外钩、内外组合钩及单齿钩、多齿钩、活齿钩等多种类型
小件落物打捞工具	强磁打捞器	以一定形状和体积的磁钢(永磁、电磁)作成磁力打捞器,用来打捞在钻井、修井作业中掉入井里的钻头巴掌、牙轮、轴、卡瓦牙、钳牙、套管碎片等小件铁磁性落物的工具
	正/反循环磁力打捞器	
	一把抓	由上接头与筒身焊接而成,齿形根据落物种类设计,为保证抓齿的弯曲性能,材料一般为低碳钢,专门用来打捞井底不规则的小件落物,如钢球、阀座、螺栓、螺母、刮蜡片等
	开窗捞筒	由筒体与上接头两部分焊接而成,筒体上开有 2~4 排梯形窗口,在同一排窗口上有变形的窗舌,内径略小于落物最小外径。当落鱼进入筒内并顶住窗舌时,窗舌外胀,其反弹力紧紧咬住落鱼本体,上提钻具,窗舌卡住台阶,将落物捞出
	三球打捞器	由筒体、钢球、引鞋等零件组成,是专门用来在套管内打捞抽油杆接箍或抽油杆加厚台肩部位的打捞工具

4.1.1.1 组合式打捞工具

为提高打捞作业效率和成功率,将不同的打捞工具进行组合[4],形成系列组合式打捞工具。

(1)组合式捞矛。

组合式捞矛是针对井下落物不同部位内径尺寸,将不同规格的打捞矛组合而成,可以提高打捞效率。

(2)组合式捞筒。

组合式捞筒是针对井下落物不同部位外径尺寸,将不同规格的捞筒组合而成。例如,通过将打捞抽油杆本体的捞筒与打捞抽油杆接箍或台肩的捞筒组合在一起,构成组合式抽油杆打捞筒,在不换卡瓦的情况下,实现在油管内打捞抽油杆本体或打捞抽油杆台肩及接箍。

(3)杆式磨铣公锥/杆式磨铣捞矛。

将杆式磨鞋与公锥或捞矛组合,形成杆式磨铣公锥或磨铣捞矛,一趟工序即可实现内孔堵死的圆柱形落物的打捞,提高打捞效率。

(4)套铣母锥/套铣捞筒。

将套铣筒与母锥或捞筒组合,形成套铣母锥/套铣捞筒,一趟工序实现落物套管环空堵死的圆柱形落物套铣打捞。特别是当油套环空沉砂,或落鱼鱼顶弯曲破裂、变形严重,导致常规母锥无法引入落鱼时,套铣式外捞工具具有特别实用的效果。

4.1.1.2 液压式可退双滑块捞矛

液压式可退双滑块捞矛主要应用于水平井水平段管式落物的内打捞。

（1）工具结构。

液压式可退双滑块捞矛主要由与液缸连接的接头和滑套、与接头连接的活塞和设有斜面滑块的矛杆、活塞与滑套之间的弹簧及矛杆连接的扶正挡块等组成。

（2）工作原理。

当工具进入落鱼内腔时，受落鱼外壁作用，处于最大状态的滑块受顶，带动滑块上行并压缩弹簧，直到矛杆全部进入落鱼内腔，落鱼外壁与挡块接触，此时上提打捞管柱，在弹簧作用下，滑套下行带动滑块下移，直到滑块咬住落鱼内壁，上提完成打捞过程。在落鱼因某些原因卡死而不能继续打捞时，下放打捞管柱，在打捞管柱中注入修井液，向下推动活塞使滑套和滑块相对上行，滑块处于最小状态时捞矛即可释放退出。

（3）主要技术参数。

液压式可退双滑块捞矛的性能参数见表4.1.2。

表4.1.2 液压式可退双滑块捞矛性能参数

规格/mm	外径/mm	最小内径/mm	抗拉强度/kN	打捞范围/mm
50.8	47/50.8	6	140	35~38
63.5	57	10	280	50.8~54
76.2	73	10	380	57~60.3
88.9	79	10	380	67~70
101.6	92	10	380	79~82

4.1.1.3 液压式可退卡瓦打捞筒

液压式可退卡瓦打捞筒主要应用于水平井水平段落物的外打捞。

（1）工具结构。

液压式可退卡瓦打捞筒的调节块螺纹连接在筒体壁上，液压连杆与卡瓦总成螺纹连接，卡瓦总成置于引鞋总成内，在调节块与液压连杆之间安装有弹簧，液压连杆上端设计成多个呈圆柱体的分叉，分叉向下分别插入与之配合的筒体内壁端面上的油路孔道内，并形成活塞作用。筒体内壁上开有导流孔，导流孔上端与上接头中心相通，下端与孔道相通。

（2）工作原理。

打捞时，下放引鱼入引鞋总成，鱼顶推动卡瓦总成压缩弹簧上行，并与引鞋总成斜面分开，直至卡瓦总成上端面与筒体下接头端面接触，迫使卡瓦总成外胀，落鱼引入。上提卡瓦总成在弹簧力的作用下与引鞋总成的斜面贴合并夹紧落鱼，随着上提力的增加，卡瓦总成内夹紧力也增大，使得卡瓦总成的打捞螺纹吃入落鱼，实现打捞。需要退出时，钻具下击，使卡瓦总成与引鞋总成的斜面分开，然后在油管内注入高压液体，通过导流孔流入孔道并作用在液压连杆的分叉活塞上，推动分叉活塞上行，带动液压连杆与卡瓦总成上行，卡瓦总成夹紧力变小松开落鱼，边打压边上提管柱，就可以顺利释放退出。

（3）主要技术参数。

液压式可退卡瓦打捞筒的性能参数见表4.1.3。

表 4.1.3　液压式可退卡瓦打捞筒性能参数

规格 /mm	外径 /mm	最小内径 /mm	抗拉强度 /kN	打捞范围 /mm
50.8	47/50.8	10	140	21~24
53.98	54	10	250	24~27
57.15	57	10	280	36.5~39.5
76.2	67	10	280	47.5~50.8
82.55	82.5	10	600	50.8~55
101.6	114.3	10	600	73~79

4.1.2　新型打捞工具

4.1.2.1　局部反循环打捞篮

井筒漏失及大斜度井、水平井水平段的打捞存在碎屑上返困难、极易造成卡钻等问题，常规的修井液正反循环方式无法兼顾施工成功率和生产效益，使其成为大修施工中棘手的生产难题[5]。局部反循环打捞工具能够在井下改变循环方式，直接在井底构成局部循环，将碎屑收集至打捞工具内，尤其适用于打捞井底质量较轻、碎散落物的工具，如螺母、射孔子弹垫子、钳牙、碎散胶皮、钢球、阀座等，也可抓获柔性落物，如钢丝绳等。

（1）工具结构。

如图 4.1.1，局部反循环打捞篮由上接头、筒体总成、阀体总成、篮筐总成、铣鞋总成等部件组成。筒体含有环形通道的桥式工作筒，外筒下部有多个方向向下成一定斜度的水眼，上部有四个尺寸较大并与内筒相连通的水眼，构成由内向外的局部反循环通道。阀体总成在内筒体顶部，由阀罩、阀座、阀闸等组成。篮筐总成由筐体、外套、捞抓、轴销、弹簧等组成，安装在筒体底部，筐体四周装有 6~8 个捞爪，能绕轴销在筒体向上旋转 90°，依靠弹簧自动复位。

图 4.1.1　局部反循环打捞篮

（2）工作原理。

未投球时，循环液体通过内筒水眼进行正循环。投球后，循环液体通过内外筒环形空间及小水眼进行局部反循环。当工具下至鱼顶洗井投球后，钢球入座堵死正循环通道，迫使液流改变方向，经环形空间穿过向下倾斜的小孔进入工具与套管环形空间向下喷射，液流经过井底折回篮筐，再从筒体上部的四个连通孔返回，形成工具与套管环空的局部反循环通道，实现对落物的打捞。

（3）主要技术参数。

局部反循环打捞篮的性能参数见表 4.1.4。

表 4.1.4　局部反循环打捞篮性能参数

型号	标称外径 /mm	打捞最大直径 /mm	钢球外径 /mm	连接螺纹	井眼尺寸 /mm
φ101	101	63.5	23	NC26	105~114
φ114	78	28	28	NC31	117~127

续表

型号	标称外径 /mm	打捞最大直径 /mm	钢球外径 /mm	连接螺纹	井眼尺寸 /mm
φ123	123	90.5	28	NC31	130~140
φ146	146	111	34	NC38	155~165
φ159	159	121	34	NC46	168~187
φ200	200	154	42	NC50	212~241

4.1.2.2 半开式强磁打捞器

半开式强磁打捞器用于打捞在作业中掉入井里的卡瓦牙、钳牙、套管碎片等小件铁磁性落物，具有结构简单、操作方便、性能可靠、体积小质量轻等优点。不仅能进行正反循环，还可以旋转拨动井底落物，使落物更易吸附在磁块上，改善打捞效果。

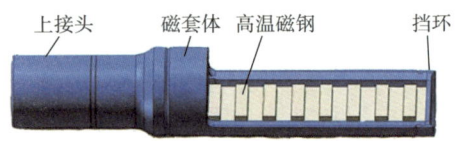

图 4.1.2 半开式强磁打捞器

（1）工具结构。

如图 4.1.2 所示，半开式强磁打捞器主要由上接头、磁套体、高温磁钢、挡环组成。接头螺纹连接相应的管柱，挡环托住磁铁的底面，磁铁用于吸附被磁化的落物。

（2）工作原理。

当工具下至鱼顶后，通过正反循环冲洗落物，配合提放、转动管柱拨动落物，增加磁体与落物的接触面积，使落物更有效吸附在强磁上。

4.1.2.3 复合式鱼顶修整打捞器

复合式鱼顶修整打捞器适用于管柱弯曲折断、鱼顶变形等情况，克服了其他工具在修整鱼顶过程中易偏磨鱼顶造成套管损坏的缺点。整形后可继续下放钻具，在牙套进入落鱼内部后抓住落鱼，无论落鱼是自由状态或遇卡状态均可使用。

（1）工具结构。

复合式鱼顶修整打捞器主要由接头、外筒、芯轴、牙套、松开环、冲锤、连接筒、引鞋组成。

（2）工作原理。

利用钻具自重或施加一定钻压使引锥反复冲胀落鱼鱼顶，使鱼顶修整复原，然后从落鱼内腔进行打捞。该工具主要特点如下：①可以一次完成修整鱼顶和打捞落鱼工序；②修整鱼顶和打捞落鱼时工具与落鱼接触面积大，有外筒保护鱼顶，能够保证打捞效果；③根据需要可释放落鱼、安全退出工具，避免井下事故复杂化。

4.1.2.4 井下液压增力装置

井下液压增力装置通过改变打捞管柱的受力方式，在卡点位置通过液压产生大吨位拉力提拉落鱼，直接将解卡上提力作用在井筒内卡点位置，不受井身结构的限制，解决水平井、大位移井、超深井等由于修井机提升能力或钻具抗拉强度有限导致上提解卡拉力小，以及井筒摩阻大导致地面施加的拉力向下传递困难、沿程损失大的难题[6-7]。

（1）工具结构。

如图 4.1.3 所示，井下液压增力装置主要由液压锚定器、液压增力器组合而成，其中液压增力器主要由上接头、多级增力机构、花键套、花键轴和加压球座机构组成。

(2)工作原理。

将可退式打捞工具接在液压增力装置下部,随打捞管柱下入,捞住鱼顶后缓慢上提,从油管内缓慢加压,液压锚锚爪张开,锚定在套管壁上,外管相对套管壁固定不动;同时压力通过中心管上的传压孔推动多级活塞产生向上推力,继续增加压力直至销钉剪断,内外管产生相对移动,对落鱼产生向上的上提力。

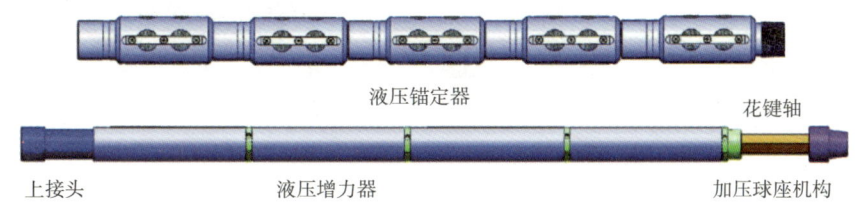

图 4.1.3 井下液压增力装置构成图

(3)主要技术参数。

液压增力装置的主要技术参数见表 4.1.5。

表 4.1.5 液压增力装置主要技术参数

最大外径 / mm	最小外径 / mm	总长度 / mm	工作行程 / mm	工作压力 / MPa	最高工作温度 / ℃	适用套管内径 / mm
114	30	6618	600	≤ 35	150	121~124

液压大小、活塞级数和活塞面积,决定了液压增力装置所产生上提力的大小,可按下式计算:

$$F = p(nA - A_0) \times 10^3 \quad (4-1-1)$$

式中 F——液压拉拔力,kN;
　　　n——活塞级数;
　　　p——井口油管压,MPa;
　　　A——活塞面积,mm^2;
　　　A_0——内管上端部面积,mm^2。

五级液压缸串联液压增力装置泵压与上提力对应值见表 4.1.6。

表 4.1.6 五级液压缸串联液压增力装置泵压与上提力

泵压 /MPa	10	15	20	25	30	35
上提力 /kN	291.65	437.47	583.30	729.12	874.95	1020.77

4.1.2.5 电动打捞工具

Welltec 公司开发了一种完全由地面控制的电动打捞工具(图 4.1.4),可用于回收桥塞、打捞作业、重新定位井下落鱼等[8],为电缆井下打捞作业开辟了新领域。

(1)工作原理。

该工具可实现与打捞工具的实时数据通信,在需要时可以随时电动激活工具上的键或卡瓦可以缩回,从而实现在不需要起出的情况下的进行打捞、释放和再打捞。该电动释放打捞工具,提供了一种信息丰富条件下进行打捞作业的方法。

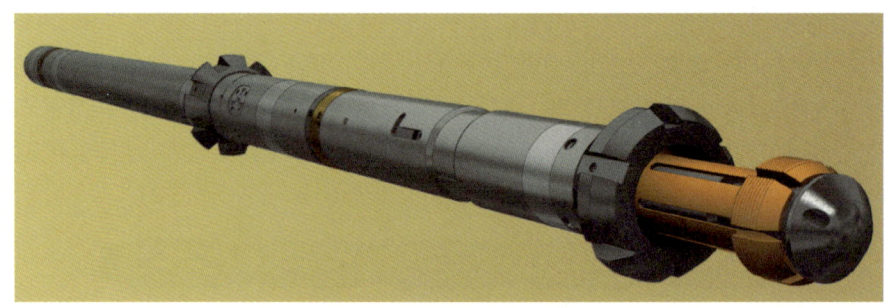

图 4.1.4　电动打捞工具

（2）主要技术参数与特点。

该工具长度 2.2m，外径 ϕ92mm，安全工作载荷 540kN，最大工作压力 69MPa，耐温 177℃，净重 70kg，打捞范围 22~508mm。具有高精度、高提拉、轻便等特点，可最大限度减少非生产时间，解决以往打捞作业中主要依靠现场人员经验存在的盲目性。

4.2　震击类工具

震击类工具可在卡点附近产生一定频率的震击，有助于被卡管柱和工具的解卡。震击器按工作状况可分为随钻震击器和打捞震击器，按震击原理可分为液压震击器、机械震击器和自由落体震击器，按震击方向可分为上击器、下击器和双向震击器。加速器按工作状况可分为随钻加速器和打捞加速器，按加速方向可分为上击加速器、下击加速器和双向加速器，按原理可分为机械加速器和液压加速器。本节简要描述了目前常见震击类工具类型及用途（表 4.2.1），重点介绍了双向液压震击器和连续震击解卡工具。

表 4.2.1　常规震击类工具名称及用途

工具类别	工具名称	用途
机械式震击工具	开式下击器	开式下击器是一种机械震击工具。可对遇卡管柱进行反复震击，使卡点松动解卡；当提拉和震击都不能解卡时，还可以转动使可退式打捞工具释放落鱼。下击器与机械内割刀配合使用时，可使内割刀得到一个不变的预定进给力，保证内割刀进刀平稳
	润滑式下击器	也叫油浴式下击器，是闭式下击器的一种。这种下击器是向鱼头突然施以下砸力，根据使用需要也可以产生向上的冲击力，实现活动解卡。润滑式下击器可作为预防性措施连接在打捞、钻井、试油等工具管柱中，能够传递足够的扭矩并承受很大的钻压。另外，连接有润滑式下击器的工具管柱，利用其下击力可在井口将打捞工具从落鱼中取出，这是润滑式下击器的主要优点之一
	地面下击器	地面式下击器是装在钻台上，对遇卡管柱施加瞬间下砸力的一种震击类工具。它主要用于钻柱解卡作业、驱动井内遇卡无法工作的震击器及解脱可释放式的打捞工具
液压式震击工具	液压式震击器	液压式震击器，主要用于处理深井的砂卡、盐水和矿物结晶卡、胶皮卡、封隔器卡以及小型落物卡等情况。尤其在井架负荷小，不能大负荷提拉钻具时，震击器的解卡能力更显得优越。该工具配合加速器使用也适用于浅井施工
	液体加速器	液体加速器是与液压震击器配套使用的工具，它利用硅机油的可压缩性来储存能量，对处于突然释放状态下的液压震击器的芯轴施以力和加速度，从而增加震击器的撞击效果。连接在钻杆上的加速器同震击器一样可传递正扭矩、反扭矩，可承受上载荷、下载荷，但是加速器必须同上击器一同连接在钻柱上，决不能独立使用

4.2.1 双向液压震击器

双向液压震击器一般与加速器配合使用，震击器的延时装置使拉伸的能量存储在加速器和伸长的管柱上，当能量释放时会产生很大的冲击力，产生震击效果，使被卡工具松动解卡，双向液压震击器可进行上击和下击双向震击操作[9]。

（1）工具结构。

如图4.2.1所示，双向液压震击器主要由上接头、上芯轴、浮动活塞、延时阀组、油室外筒、油室芯轴、注油接头、外筒、限位接头、限位套、下芯轴等组成。

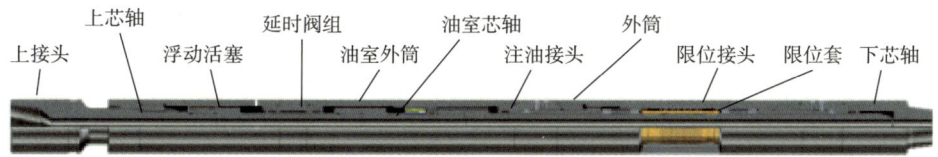

图 4.2.1 双向液压震击器结构示意图

（2）工作原理。

工具内部充满一定黏度的流体，工作时在拉力或推力作用下使流体通过严格控制间隙的机构，黏性流体通过细微间隙时会有延时作用，流体压力升高积蓄能量，当计量机构移动到外筒限位后，流体流动间隙会突然增大，积蓄的能量瞬间释放产生震击力。

（3）主要参数及性能特点。

外径 $\phi 73$mm、总长度1827mm、工作压力2.5~17.5MPa、排量80~320L/min、抗拉强度335kN、最高工作温度200℃，上震击模式震击频率2~20Hz、下震击模式震击频率3~17Hz，上震击模式震击力150kN、下震击模式震击力60kN。该工具具有以下特点：

①以液压为动力源，采用液压力与弹簧力协同作用的方式，达到连续震击的目的，切换工具提拉或下压状态即可快速转换向上和向下两种震击模式；

②在一定排量作用下，每秒震击频率达2~20次，与活动管柱只能震击一次的常规震击器相比，震击频率高，解卡成功率高；

③与常规双向液压震击器相比，该工具内部不需注入配套震击专用的液压油，工具内部纯机械机构，无高精度的液压延时机构，耐温性能好，可靠性高，适用范围广。

4.2.2 连续震击解卡工具

连续震击解卡工具是一种在液力作用下可产生低频且连续的上击或下击脉冲的打捞型震击器。低频且连续的上击或下击脉冲，对井下解卡十分有用尤其对砂卡特别有效。

（1）工具结构。

连续震击解卡工具主要由上接头、震击离合部分、镖阀、活塞顶杆部分、上下弹簧、下接头等组成。

（2）工作原理。

高压液体通过管柱进入震击器时，首先通过镖阀阀芯，由于镖阀阀芯出水孔突然缩颈，产生压差，水力推动镖阀阀芯压缩镖阀弹簧并向下运动，至活塞顶杆头部，封堵活塞环形阀座，并推动活塞顶杆下行压缩上下弹簧。当镖阀下行至一定距离后，由于镖阀下端与活塞顶杆上端的空腔内压力骤升并与镖阀上端压力平衡，导致压缩的镖阀弹簧迅速回弹复位，活塞顶杆在上下弹簧的弹力作用下上行并撞击镖阀体，产生振动。在高压流体的作用下，液压连续震击器不断重复上述动作，实现连续振动。

（3）主要参数及性能特点。

液压连续震击器耐温150℃、工作压差35MPa、振动频率1Hz，提供的震击力为100~150kN，具有结构简单、振动力可靠、震击效果明显的特点。

4.3 套管刮削类工具

利用刮削器对套管内壁进行刮削，消除套管壁水泥、硬蜡、盐垢及炮眼毛刺，已成为一种必不可少的工序，其目的在于提高工具下入和作业成功率（例如封隔器的坐封成功率等），尤其在下井工具与套管内壁环形空间较小时，更应充分刮削。本小节重点介绍胶筒式套管刮削器、弹簧式套管刮削器、防脱式套管刮削器和旋转刮管器。

4.3.1 胶筒式套管刮削器

胶筒式套管刮削器用于修井作业中对套管内壁上的死油、死蜡、射孔孔眼毛刺、封堵及化堵残留的水泥、堵剂等的刮削、清除。

（1）工具结构与工作原理。

胶筒式套管刮削器主要由壳体、胶筒、冲管、刀片等组成。下入套管之后，由于胶筒的弹力使刀片紧贴套管内壁，给刀片施加一定的初压力。工具下行时各刀片的主刀刃沿套管内壁向下运动，对内壁脏物进行刮削。因在360°圆周范围内均有刀片主刀刃的作用面，而且每一方向从下至上均有三具刀片产生重复的刮削作用，因而能将套管内壁脏物刮净，并依靠洗井液将脏物冲洗出地面，完成刮削作用。

（2）性能特点。

①胶筒式套管刮削器采用耐油橡胶材料，耐温不低于90℃，硬度为70±5HRC；

②其特点是用硬橡胶制成的胶筒支撑刀片，确保套管刮削器自由外径大于套管内径，进入套管后利用硬橡胶的弹性使刀片紧贴套管进行刮削；

③井内脏污尺寸较大，硬度较高，可采用旋转方式进行刮削。

（3）主要技术参数。

胶筒式套管刮削器的性能参数见表4.3.1。

表4.3.1 胶筒式套管刮削器性能参数

型号	刀片伸出最大外径/mm	刮削范围/mm	水眼直径/mm	壳体外径/mm	接头螺纹
GX102J	92	88~90	21	75	NC26
GX114J	108	96~104	21	85	NC26

续表

型号	刀片伸出最大外径/mm	刮削范围/mm	水眼直径/mm	壳体外径/mm	接头螺纹
GX127J	119	106~116	25	95	NC26
GX140J	130	117~127	35	111	NC31
GX146J	136	125~134	35	111	NC31
GX168J	158	146~156	38	127	$3\frac{1}{2}$REG
GX178J	168	148~164	38	140	$3\frac{1}{2}$REG
GX194J	180	166~178	38	140	$3\frac{1}{2}$REG
GX219J	208	191~203	63	178	$4\frac{1}{2}$REG
GX245J	233	215~228	63	178	$4\frac{1}{2}$REG
GX273J	261	248~261	89	229	$6\frac{5}{8}$REG

4.3.2 弹簧式套管刮削器

弹簧式套管刮削器用于清除残留在套管内壁上的水泥块、水泥环、硬蜡、各种盐类结晶和沉积物、射孔毛刺以及套管锈蚀后所产生的氧化铁等，以便畅通无阻地下入各种下井工具。

（1）工具结构。

针对胶筒式套管刮削器的胶筒易损坏问题，将胶筒式结构改进为弹簧式结构，设计形成弹簧式套管刮削器。主要由壳体、刀板、刀板座、固定块、螺旋弹簧、内六角螺钉等组成。

（2）工作原理。

刮削器装配后，刀片、刀板自由伸出外径比所刮削套管内径大 2~5mm 左右。下井时，刀片向内收拢压缩弹簧筒体，最大外径则小于套管内径，可以顺利入井。入井后，在弹簧的弹力作用下，刀片、刀板紧贴套管内壁下行，对套管内壁进行切削。每一次往复动作，都对套管内壁切刮一次，这样往复数次，即可达到刮削套管的目的。

（3）性能特点。

①特点与胶筒式相似，只是刀版是靠弹簧支撑的；

②刀片一面为弧形的表面，其上有螺旋形的勾槽和条形刀片，两端有锥体，可使刀板顺利通过每个套管接箍；

③刀板两端与大方形槽之间有四个三角形的区域，从而保证了刀版内外两面不致因循环介质的压力而影响刮削器正常工作。

（4）主要技术参数。

弹簧式套管刮削器的性能参数见表4.3.2。

表4.3.2 弹簧式套管刮削器的性能参数

型号	刀片伸出最大外径/mm	刀片伸出最小外径/mm	刮削范围/mm	水眼直径/mm	壳体外径/mm	接头螺纹
GX114T	107	94	96~104	15	90	NC26
GX127T	120	104	106~116	18	100	NC26

续表

型号	刀片伸出最大外径/mm	刀片伸出最小外径/mm	刮削范围/mm	水眼直径/mm	壳体外径/mm	接头螺纹
GX140T	133	115	117~128	25	110	NC31
GX146T	139	120	122~134	25	110	NC31
GX168T	162	137	140~156	25	130	$3\frac{1}{2}$REG
GX178T	170	146	148~166	30	136	$3\frac{1}{2}$REG
GX194T	186	162	165~180	30	136	$3\frac{1}{2}$REG
GX219T	212	185	191~206	30	142	$4\frac{1}{2}$REG
GX245T	238	210	216~231	56	200	$4\frac{1}{2}$REG
GX273T	268	240	248~259	56	228	$6\frac{5}{8}$REG

4.3.3 防脱式套管刮削器

防脱式套管刮削器用以清除井下套管和其他管类内壁上的水泥块、硬化泥浆、石蜡、射孔毛刺、套管锈蚀后所产生的氧化物及下钻头或打捞工具过程中造成的毛刺、刻痕等。相比弹簧式套管刮削器,由于加装了防脱式结构,在刮削过程中更加安全和稳定。

(1)工具结构。

防脱式套管刮削器主要由主体、板弹簧、左、右刀片,挡环、螺钉等组成,如图4.3.1所示。

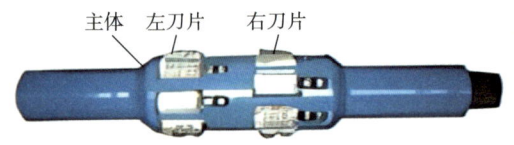

图 4.3.1 防脱式套管刮削器结构示意图

(2)工作原理。

入井后,在弹簧的弹力作用下,刀片、刀板紧贴套管内壁下行,对套管内壁进行切削,上下往复刮削时,左旋刀片直接上提和右旋刀片直接下放过程中所受到的径向分力可旋松接头螺纹。但由于左右刀片同时安装在同一主体上,使接头螺纹旋松的力被抵消,故该结构具有防脱的特性。

(3)性能特点。

①工具最大外径比要刮削的套管内径尺寸大;

②刀片的俯视投影包容360°整圆,重叠率不低于1.10,刀片在旋转和不旋转的情况下均能刮削净360°整圆的套管内壁;

③刀片分布均匀使筒体受力均匀,刀片耐用度高;

④具有防脱的特性,这也是该种刮削器区别于其他种类刮削器的显著特点。

(4)主要技术参数。

防脱式套管刮削器主要技术参数见表4.3.3。

表 4.3.3 防脱式套管刮削器主要技术参数

规格	FTQ-102	FTQ-127	FTQ-140	FTQ-168	FTQ-178	FTQ-219
最大外径/in	$3\frac{1}{8}$	$3\frac{3}{4}$	$4\frac{3}{8}$	5	$5\frac{1}{2}$	7
长度/in	$19\frac{11}{16}$	$21\frac{21}{32}$	$21\frac{21}{32}$	$27\frac{9}{16}$	$27\frac{9}{16}$	$29\frac{1}{8}$

续表

外径 /in	13/16	1	$1\frac{1}{8}$	$1\frac{1}{2}$	$1\frac{1}{2}$	$2\frac{15}{32}$
套管尺寸 /in	$4\frac{1}{2}$，$4\frac{3}{4}$	$5\frac{1}{2}$	$5\frac{3}{4}$，6	7	$7\frac{5}{8}$，8，$8\frac{1}{2}$	9，$9\frac{5}{8}$，10
连接螺纹	$2\frac{3}{8}$REG	$3\frac{2}{8}$REG	$2\frac{7}{8}$IF	$3\frac{1}{2}$REG	$3\frac{1}{2}$REG	$4\frac{1}{2}$FH

4.3.4 旋转刮管器

旋转刮管器用于刮除套管内壁的钻修井液、小块金属等残留物。同时该旋转刮管器可以和其他钻具组合同时配合使用，既能完成预定的工作，又能清洁井眼，从而节约施工成本。例如在钻水泥塞管柱结构中连接旋转刮管器，能够实现一趟管柱同时钻塞和刮削。

（1）工具结构。

旋转刮管器主要由工具本体、主轴（随钻具转动部分）和不旋转、整体浮动并自锁的刮擦部分组合，如图4.3.2所示。

图4.3.2　旋转刮管器结构示意图

（2）工作原理。

弹簧的弹力作用下，刀片紧贴套管内壁，正常刮削时，在高性能旋转轴承作用下，工具本体及主轴可以一起随钻杆连续、自由旋转，不仅能够对套管360°全覆盖刮削，也能增加环空返速和降低套管的磨损。

（3）性能特点。

①可连续、自由旋转，转速120r/min以上正常工作；
②具有高性能旋转轴承套，旋转处采用高强合金衬套，大大延长产品使用时间；
③最大限度紧贴套管，每一块刮刀片可以互换，方便拆装，方便保养。

（4）主要技术参数。

旋转刮管器主要技术参数见表4.3.4。

表4.3.4　旋转刮管器主要技术参数

型号	本体外径 / mm	刀片伸出最大外径 /mm	刀片伸出最小外径 /mm	水眼直径 / mm	刮削范围 / mm	接头螺纹
GX178	146	167	152	30	154~165	NC38
GX245	210	223	213	57	215~221	NC50

4.4　整形打通道工具

套损井主要损坏形式主要有套管破裂、套管外漏、套管变形及套管错断4种类型。常规套管变形井可以通过挤胀和磨铣方法使其通径恢复到原通径的95%以上。近年来，针对整形和磨铣打通道难题，研发了液压变径滚珠套管整形器、提拉式多级整形器，以及双向锻铣刀、液压肘节磨铣工具等新型系列打通道工具，大幅度提高了疑难井治理效率和成功率。

4.4.1 常用整形工具

常用的整形工具包括挤胀类、磨铣类,详见表 4.4.1。

表 4.4.1 常规整形工具表

工具类别	工具名称	尺寸/mm	适用套管尺寸/mm
挤胀类	梨形胀管器	92~162(2mm 为一级递增)	114.3~177.8
	旋转震击式套管整形器	92~160(2mm 为一级递增)	114.3~177.8
	偏心辊子整形器	86~220	114.3~244.5
	三锥辊整形器	92~160(2mm 为一级递增)	114.3~177.8
磨铣类	笔尖铣锥	73~105/110/114/118/120	139.7
	长锥面铣锥	105/110/114/118/120	139.7
	铣锥短节	105/110/114/118/120	139.7

4.4.2 新型整形工具

4.4.2.1 液压变径滚珠套管整形器

液压变径滚珠套管整形器通过径向扩张和滚压的方式修整变形套管。

(1)工具结构。

如图 4.4.1 所示,主要由上接头、活塞缸、活塞、弹簧、接头、挤胀体、钢珠组成。

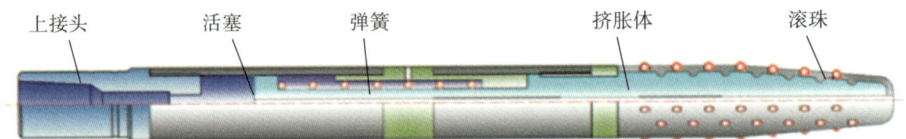

图 4.4.1 液压变径滚珠套管整形器结构示意图

(2)工作原理。

泵压作用在被若干活塞联合推动的中心管及挤胀体上,迫使钢珠沿着挤胀体上的斜坡径向向外扩张至预定尺寸,开启转盘旋转工具,利用钻压不断前冲回旋,通过钢珠自由旋转挤胀变形部位,达到整形目的。停泵泄压后由于各组弹簧的作用致使活塞带动中心管和挤胀体回到原位(同时钢珠回位处于自由状态)。

(3)性能特点。

①可正接,也可以反接,可以单独使用,也可以多级使用。

②当胀头反向接入时,需要配套使用液压拉拔装置,将胀头从套变段的下端强力拉出,此时液压滚珠均处于最大外径的轨道上。

③多级接入使用可针对长套变段一趟管柱进行整形,对 S 变形段有扩径校直的作用。

(4)主要技术参数。

液压变径滚珠套管整形器主要技术参数见表 4.4.2。

表 4.4.2　液压变径滚珠套管整形器主要技术参数

工具长度 /m	最大钢体外径 /mm	最大工作压力 /MPa	最大整形力 /t	使用温度 /℃	适用套管尺寸 /mm
10	116	30	150	≤ 130	139.7
15	154	40	150	≤ 150	177.8

4.4.2.2　提拉式多级整形器

传统的下行整形修复方式容易出现整形段套管弯曲及整形过程中易造成套管外水泥环损坏，出现窜层现象等问题，为此研制了提拉式多级整形器[10]，将上提力转换成径向扩张力，整形锥体从工具内涨出碾压变点实现套管整形。

（1）工具结构。

如图 4.4.2 所示，提拉式多级整形器主要由上接头、中心轴、套筒、尼龙套、整形锥体、压缩弹簧、限位套、缸桶、活塞等组成。

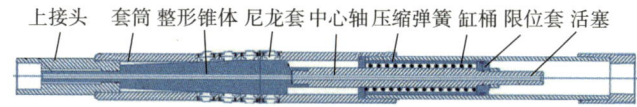

图 4.4.2　提拉式多级整形器示意图

（2）工作原理。

利用钻杆将该整形器下至套损位置，套筒遇变形受阻向上滑动，整形锥体在中心轴的作用下收回，提拉式多级整形器此时为最小外径，当通过套损位置时，在压缩弹簧的推动下套筒还原，上提管柱，中心轴向上运动使整形锥体支撑出来与套管变形面接触，将纵向力转变为横向力，整形锥体与中心轴的接触方式为面接触，能够提供较大的整形力，而外面凸起部分为凸面球状，与套管接触面积较小，从而使作用在套管变形处的压强较大，使变形恢复，达到整形的目的。

（3）性能特点。

①提拉式多级整形器采用自下而上的整形方法，利用修井机能够提供较大的上提力，无论套管在任何部位发生变形都能实现整形。

②施工过程中，上提力均匀平稳，整形器设计有液压解卡功能，不会出现卡死在套管中的情况发生，保证了施工安全可靠。当提拉式多级整形器上提遇卡阻无法取出时，可通过地面打压，利用中心轴通道过流产生压差，并作用于活塞上，使其上行，并带动套筒向上运动，回收整形锥，避免整形器卡死在套管内。

③提拉式多级整形器共分两级，原理相同，分别适用于不同变径的套管（图 4.4.3）。如果套管变径直径小于 115mm，可利用两套提拉式整形器组合，并对变点依次进行整形。即首先利用 1 号提拉式整形器对变点整形，使套管内径可以让 2 号提拉式整形器通过，继续下放 2 号提拉式整形器至变形处以下，然后上提，直至套管变形处直径恢复至 122mm 以上，达到整形目的。

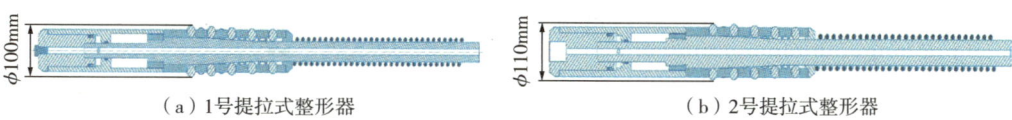

（a）1号提拉式整形器　　　　　（b）2号提拉式整形器

图 4.4.3　两级提拉式多级整形器示意图

（4）主要技术参数。

提拉式多级整形器的主要技术参数见表4.4.3。

表 4.4.3 提拉式多级整形器主要技术参数

直径 /mm	适用套管变径范围 /mm	最大上提力 /kN	解卡压力 /MPa	适用套管尺寸 /mm
100	104~115	800	3	139.7
110	110~122	800	3	139.7

4.4.3 新型打通道工具

新型打通道工具分冲胀类、磨铣类、锻铣类、水力喷磨类四大类，详见表4.4.4。本节将重点介绍串珠冲胀式笔尖、高效偏心凹底磨鞋、芯轴引领磨铣磨鞋、液压肘节磨铣工具、双向锻铣刀5种新型高效打通道工具。

表 4.4.4 新型打通道工具表

类别	名称	工具特点及功能
冲胀类	串珠冲胀式笔尖	串珠式结构，逐级冲胀下断口，为旋转磨铣创造条件
	厚壁笔尖打通道	壁厚强度高，找通道、下击同步进行
磨铣类	钻铤制磨铣笔尖	引领磨铣，强度高，不易折断
	长引领笔尖铣锥	工具尺寸系列化，可实现60~114mm找扩一体化施工
	芯轴引领磨铣磨鞋	芯轴找通道后引领磨铣，磨铣过程中芯轴不动铣锥动，避免芯轴折断
	梨形配套铣锥	提高弯曲段磨铣通过性，避免磨铣开窗
	高效偏心凹底磨鞋	凹底式结构在搭到下断口套管时迫使套管向心运动；偏心式结构能增加旋转扫磨范围
	特制引子磨鞋	引子较短，起到引领作用，不易折断
	特制凹底铣柱	修整断口以上套管变形部位，切削下断口套管及鱼头
	液压定径喇叭口	打压后工具能够扩张，增大磨铣范围
	液压肘节磨铣工具	打压后磨头向外偏移，增大磨铣范围，扫磨半径最大可达205mm
锻铣类	双向锻铣刀	能够从断口向上锻铣套管，向下推磨修整下断口
水力喷磨类	水力喷磨磨鞋	携砂液经磨鞋高速喷出，喷磨下断口套管及落物，打开通道

4.4.3.1 串珠冲胀式笔尖

串珠冲胀式笔尖的笔尖部位找通道进入断口后串珠部位可以实现锉磨扩通道，为旋转磨铣创造条件，解决了常规冲胀工具需逐级下入，施工时效差的问题，是通径30mm以上的套管错断井找、打通道施工中必不可少的一种工具。

（1）工具结构与工作原理。

主要由接头、滚珠冲胀部分、笔尖组成。笔尖找通道插入断口后，在笔尖不提出断口的行程范围内，用串珠的合金逐级锉磨断口，第一级串珠通过后加深至第二级串珠，用相同方法锉磨，直至达到通径要求。

（2）主要技术参数。

串珠冲胀式笔尖主要技术参数见表4.4.5。

表 4.4.5　串珠冲胀式笔尖主要技术参数

串珠组外径 /mm	本体直径 /mm	接头螺纹	本体材质	最大承受拉力 /kN
60~（70~80）	60	NC26	42CrMo	300
73~（92~98）	73	NC31	42CrMo	450

4.4.3.2　高效偏心凹底磨鞋

高效偏心凹底磨鞋主要用于小通径或无通径错断井磨铣打通道施工，通过扫磨修整下断口套管，提高笔尖找通道成功率。相比于常规磨鞋，其偏心结构增加了扫磨范围，适用于套管偏移距离 108mm 以内的丢鱼井。

（1）工具结构与工作原理。

高效偏心凹底磨鞋主要由上接头、本体、下切削齿、水眼、侧切削齿组成，如图 4.4.4 所示。通过下、侧切削齿分别对下断口套管进行切削磨铣，偏心式结构可以使扫磨范围扩大到 134mm，凹底结构在扫磨下断口套管时迫使套管向心运动，避免套管向外偏移，提高找通道成功率。

（2）主要技术参数。

高效偏心凹底磨鞋主要技术参数见表 4.4.6。

图 4.4.4　高效偏心凹底磨鞋

表 4.4.6　高效偏心凹底磨鞋主要技术参数

接箍外径 /mm	接头螺纹	水眼直径 /mm	磨鞋最大外径 /mm	最大磨铣范围 /mm
105	NC31（210）	10	120	134

4.4.3.3　芯轴引领磨铣铣锥

芯轴引领磨铣铣锥是一种旋转导引式一体化找、打通道铣锥，用于裸眼段小通径错断井打通道施工。该工具有效解决了常规整形打通道工具在冲胀和磨铣过程中尖部易折断造成套管开窗，通道丢失的问题。尤其适用于断口横向位移实时变化的活性错断井找打通道施工。

（1）工具结构与工作原理。

主要由铣锥体、弹性挡圈、活塞用 Y 形密封圈、液压气动用 O 形密封圈、密封套、螺套、挡圈、垫圈、外套、内套和芯轴导引笔尖等组成。该工具在笔尖铣锥的基础上加以改进，引领笔尖通过内部轴承与工具本体连接，磨铣过程中引领笔尖保持静止，有效避免笔尖憋折。

（2）性能特点。

目前笔尖最小尺寸可达到 35mm，磨铣部分最小尺寸 45mm，可实现 50mm 以上的错断口一次磨铣整形扩径至 114mm，极大地提高了错断井整形打通道效率，同时避免了折工具、套管开窗等复杂情况的发生。

（3）主要技术参数。

芯轴引领磨铣铣锥主要技术参数见表 4.4.7。

表 4.4.7　芯轴引领磨铣铣锥主要技术参数

笔尖外径 /mm	接头螺纹	铣锥体最大外径 /mm	铣锥体最小外径 /mm
35	NC31	114	45

4.4.3.4 液压肘节磨铣工具

液压肘节磨铣工具是一种可大角度弯曲扩径磨铣、切削套管鱼头、打开套损通道的磨铣工具。在严重错断、上下断口横向位移大的套损井中使用，能有效增加横向磨铣面积。适用于套管偏移距离 245mm 以内的错断丢鱼井。

（1）工具结构。

主要由上接头、合金喷嘴、分流阀、O 形密封圈、V 形密封圈、本体、复位弹簧、活塞、导向螺钉、销轴、磨鞋体等组成，如图 4.4.5 所示。

图 4.4.5 液压肘节磨铣工具结构示意图

（2）工作原理。

工具下到断口处后，开泵循环修井液，由于喷嘴的限流作用，使液流通过分流阀推动活塞，迫使活塞向下移动，并推动磨铣头向外张开进行铣磨，完成作业后，停止循环修井液，活塞在弹簧力的作用下向上移动，同时磨铣头自动收拢，即可从井眼起出工具。

（3）性能特点。

①磨鞋体形状采用独特的单臂巴掌型结构，通过调换不同长度的磨鞋体，来调整不同的扩张磨铣直径。

②磨鞋体的外侧母线开有沟槽，并焊接高效合金颗粒，保证磨铣过程中外径不缩径。

③磨鞋体下部焊有高效合金颗粒，形状为切削型，通过齿高的不同确保切削高效。

④磨鞋体开有特殊的曲折流道，保证液流顺利通过，实现磨鞋体冷却及岩屑上返。

⑤磨鞋体与本体的连接采用销轴连接并配有锁紧螺帽，保证磨鞋体能够围绕销轴转动且收放自由。

⑥本体上设有导向螺钉，活塞开有导向沟槽，确保活塞锥部能沿正确的轨迹与磨鞋体锥面移动，从而推动磨鞋体径向扩张磨铣。

⑦磨鞋体与活塞接触部位采用高频淬火处理以保证其局部硬度，提高耐磨、耐冲蚀性能，延长使用寿命。

（4）主要技术参数。

液压肘节磨铣工具主要技术参数见表 4.4.8。

表 4.4.8 液压肘节磨铣工具主要技术参数

工具型号	连接螺纹	本体外径 /mm	磨铣头张开时最大外径 /mm
$\phi 120 \times \phi 410$	NC31	$\phi 120$	$\phi 410$
$\phi 118 \times \phi 330$	NC31	$\phi 118$	$\phi 330$
$\phi 116 \times \phi 326$	NC31	$\phi 116$	$\phi 326$

4.4.3.5 双向锻铣刀

双向锻铣刀用于小通径或无通道错断井锻铣打通道施工。该工具在逆向锻铣刀的基础上，增加了向下磨铣套管的功能，既可以在断口处向上铣切套管，也可以向下推磨修整下断口。配合液压滚珠扶正器使用，确保工具在断口以上完好套管内居中扶正，锻铣平稳、高效。

（1）工具结构与工作原理。

主要由上接头、密封圈、本体、分流阀刀座、刀体等组成。工具下到上断口处后，开泵循环，液流迫使活塞向下移动并推动锻铣刀片向外张开，上提挂刀后铣切上断口；当上断口锻铣至预定深度后可以下放钻具推磨修整下断口，停泵后，活塞总成在弹簧力的作用下向上移动，刀片自动收拢，即可从井眼提出工具。

（2）性能特点与主要技术参数。

通过液流压力推动芯轴向下运动，使藏在芯轴蜗处的滚珠顶出，具有扶正功能；锻铣刀片向外胀开切割铣磨断口，可向上或向下进行双向切铣修磨断口。双向锻铣刀主要技术参数见表 4.4.9。

表 4.4.9 双向锻铣刀主要技术参数

工具型号 /mm	连接螺纹	本体外径 /mm	刀片张开时最大外径 /mm	工具总长 /mm
137.7	NC26	114	166	1400
	NC31	118	180	
177.8	NC38	140	210	
244.5	NC50	200	285	1445

4.5 套管补接补贴工具

随着油气水井生产，套管腐蚀、穿孔、变形、断脱等现象逐渐发生。为满足井筒承压和恢复生产的需求，套管补接补贴工具的应用逐渐增多，性能逐步提升。

4.5.1 套管补接工具

4.5.1.1 铅封注水泥套管补接器

铅封注水泥套管补接器是在更换井下损坏套管时，连接新旧套管，使之保持内通径不变并起到密封作用的一种补接工具。该工具除利用铅环压缩变形的一次密封之外，还可以注水泥固井，用水泥进行二次密封。

（1）工具结构与工作原理。

主要由上接头、外筒、引鞋、卡瓦座、螺旋卡瓦、控制环、铅封总成等组成。引鞋扶正套管，螺旋卡瓦外径扩张，螺旋卡瓦内径扩大，螺旋卡瓦外螺纹锥面与卡瓦座内螺旋锥面产生径向夹紧力。卡瓦齿尖嵌入管壁，注水泥至设计返高，提起管柱坐封，待水泥凝固后卸去拉力负荷，钻掉管内的水泥塞。

（2）主要技术参数。

铅封注水泥套管补接器的主要技术参数详见表 4.5.1。

表 4.5.1 铅封注水泥套管补接器的主要技术参数

型号	补接器外径 /mm		补接套管公称直径 /mm	循环通道面积 /mm²		抗拉载荷 /kN		总长 /mm	
	1 型	2 型		1 型	2 型	1 型	2 型	1 型	2 型
TBJ-Q89（$3^1/_2$）	133	—	89	758.1	—	602.1	—	1400	—
TBJ-Q102（4）	146	—	102	752.5	—	613.9	—	1420	—
TBJ-Q114（$4^1/_2$）	165	185	114	741.6	2447	605.1	978	1420	1420
TBJ-Q127（5）	171	195	127	806.4	2661	630.6	1032	1440	1440
TBJ-Q140（$5^1/_2$）	189	210	140	871.2	2880	595.3	1112	1483	1483
TBJ-Q146（$5^3/_4$）	197	219	146	900	3000	624.7	1160	1445	1445
TBJ-Q148（$6^5/_8$）	219	238	148	1080	3636	652.1	1262	1473	1473
TBJ-Q178（7）	232	252	178	1152	3802	717.8	1338	1473	1473
TBJ-Q194（$7^5/_8$）	251	—	194	1259	—	784.5	—	—	—
TBJ-Q219（$8^5/_8$）	283	—	219	1602	—	998.3	—	—	—
TBJ-Q244（$9^5/_8$）	303	—	244	1415	—	881.6	—	—	—

4.5.1.2 封隔器型套管补接器

与铅封注水泥套管补接器相比，封隔器型管套补接器结构简单、加工难度小，操作更为容易和方便。

（1）工具结构与工作原理。

图 4.5.1 封隔器型套管补接器

如图 4.5.1 所示，主要由抓捞机构和封隔机构组成。封隔器式补接器进入卡瓦，密封圈完成抓捞，卡瓦咬紧井下套管。同时，双唇式密封圈内径封住套管外径，外径封住筒体内壁，从而封隔了套管的内外空间。

（2）主要技术参数。

封隔器式套管补接器的主要技术参数详见表 4.5.2。

表 4.5.2 封隔器套管补接器的主要技术参数

型号	工具外径 /mm	接头螺纹 /in	使用规范及性能参数	
			许用最大拉力 /kN	补接套管规格 / in
TBJ-F114	146	$4^1/_2$	1281	$4^1/_2$
TBJ-F127	159	5	1281	5
TBJ-F140	173	$5^1/_2$	1417	$5^1/_2$
TBJ-F146	179	$5^3/_4$	1130	$5^3/_4$
TBJ-F168	202	$6^5/_8$	1130	$6^6/_8$
TBJ-F178	213	7	1243	7

4.5.2 套管补贴工具

4.5.2.1 液压密封补贴工具

液压密封补贴工具主要用于错断、破损和腐蚀等套损井修复、封堵高含水层、封堵射孔段调层等[11]。

（1）工具结构。

液压密封补贴工具主要由丢手机构、下胀头、下密封管、中心管、补贴管、上密封管、上胀头、动力液缸等组合。

（2）工作原理。

利用液压传递原理将地面泵车提供的压力，通过动力液缸内的导压孔作用于活塞上，活塞向上运动，缸体相对向下运动，产生两个大小相等、方向相反的作用力，推动上胀头、下胀头工作，将加固管两端的特制胀体挤贴到套管完好处，达到密封和悬挂的目的。

（3）性能特点。

①采用密封悬挂的原理，即只是将连接在补贴管两端的密封管胀开即可，对原井套管的要求不是很苛刻。

②坐封压力比较小，作业施工时的地面压力只需15~20MPa，常规泵车即可施工，工艺的实施是比较安全的。

③工具坐封的原理简单，只要补贴管柱能下到井内预定位置，工艺的安全性不会因为套管的变形或水泥环的胶结程度而有所影响。

④补贴管和密封附件全部采用特制的高强度金属结构，其热膨胀系数与原井套管一致，而强度远远高于原井套管的强度，管柱基本不受温度影响，即不受井深和注汽温度的影响。

⑤由于补贴完井管柱结构的特殊性，可以提供一些专用工具对补贴管柱进行打捞，即具有可打捞性，这也是不同于其他补贴方式的显著特点。

（4）主要技术参数。

液压密封补贴工具技术参数见表4.5.3。

表4.5.3 液压密封补贴工具的主要技术参数

原井套管尺寸/mm	工具的最大外径/mm	补贴管外径/mm	补贴管内径/mm	密封压力/MPa	贴补长度/m
139.7	ϕ110	ϕ115/ϕ98	ϕ115/ϕ98	15	任意
177.8	ϕ152	ϕ154/ϕ138	ϕ154/ϕ138	15	任意
244.5	ϕ218	ϕ218/ϕ197	ϕ218/ϕ197	15	任意

4.5.2.2 燃气动力密封补贴工具

燃气动力密封补贴工具的密封和悬挂原理与上述液压密封补贴工具基本相同，不同之处在于其利用火药爆炸提供动力，具有技术成熟、工艺简便、成本低、施工周期短、可打捞等优点[12]。

（1）工具结构。

如图4.5.2所示，燃气动力密封加固器主要由起爆器、推进剂、活塞杆、活塞缸、锚定机构、衬管、解脱机构等组成。

（2）工作原理。

在管柱中投放投棒，撞击点火，利用气缸内的火药燃烧产生的高温高压气体作为动力，推动活塞运动，带动中心拉杆与活塞外缸套做上下相对运动，拉杆和缸套的轴向力转化为锚体的径向力，在极短时间内使锚体由弹性变形向永久性塑性变形转变，达到锚体和套管过盈配合，实现密封和悬挂。

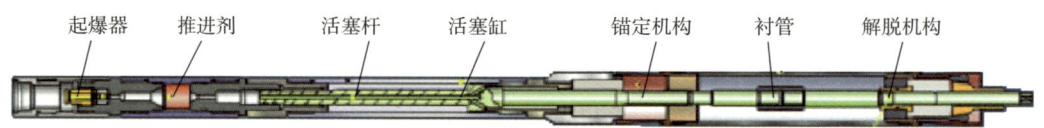

图 4.5.2　燃气动力密封加固器结构示意图

（3）主要技术参数。

燃气动力密封补贴工具技术参数见表 4.5.4。

表 4.5.4　燃气动力密封加固技术参数

套管规格 /mm	套管壁厚 /mm	补贴管规格 /（mm×mm）	补贴后通径 /mm
139.7	6.2	118×5、120×5	108、110
139.7	7.72	118×5、114×5	108、104、102
139.7	9.17	114×5	104、102
139.7	10.54	114×5	104、102
146.0	7	120×5	110
168.3	8.94	146×5、139.7×6.2	136、127.3
168.3	10.59	139.7×6.2	127.3
168.3	12.06	139.7×6.2	127.3
177.8	8.05	152×5	142
177.8	9.19	152×5	142
177.8	10.36	152×5	142
177.8	11.51	152×5	140

4.5.2.3　膨胀管补贴工具

膨胀管补贴工具在错断、破损和腐蚀等套损井修复、封堵高含水层、封堵射孔段调层压裂、高温注汽井的套损修复等领域已成熟应用。美国亿万奇公司目前扮演着全球膨胀管技术领导者的角色，膨胀管产品尺寸系列涵盖 $\phi 88.9\sim406$mm，适用于 $\phi 114.3\sim473.1$mm 套管。目前，在全球陆地、海滩和深水完成了 2000 多次、共计长度超过 50×10^4m 的膨胀管施工作业，作业成功率超过 95%。近几年，国内外膨胀管补贴工具的耐高压等性能显著提升，成功拓展应用到页岩油气水平井井筒修复、井筒重构重复压裂等领域。

（1）工具结构与工作原理。

如图 4.5.3 所示，膨胀管补贴工具主要由下封头、压力腔、膨胀锥、密封环、膨胀管、可膨胀螺纹等组成。膨胀管补贴工具中的膨胀管是一种由特殊材料制成、具有良好塑性的金属钢管，下入井内后在液压或机械外力的作用下膨胀锥在膨胀管内运动，同时保持应力在膨胀管屈服极限之下，使膨胀管产生永久塑性变形，将管胀大并紧密贴合在外部破损套管的内壁，实现锚定与密封（图 4.5.4）。

膨胀管密封加固涉及复杂的金属塑性变形力学问题，其成功应用依赖于膨胀管管材、膨胀锥、密封与悬挂、连接等多个关键技术环节的有机协同[13-14]。

①膨胀管管材。

膨胀管在井下被径向膨胀，并在严酷的井底环境中服役，这些都对膨胀管管材的技术性能提出了很高的要求。要求管材能够满足膨胀过程中的力学性能要求，具有足够的强度、良好的塑性变形能力，在腐蚀性介质中膨胀前后均具备一定的抗腐蚀性能，管材机械性能均一、应力集中尽可能低、几何尺寸精度高等。从膨胀管技术诞生至今，对膨胀管管材的研究主要分为两个方面：一是对正在使用的石油套管钢材进行筛选或者热处理改性；二是研制开发满足膨胀管性能要求的新材料[11-12]。

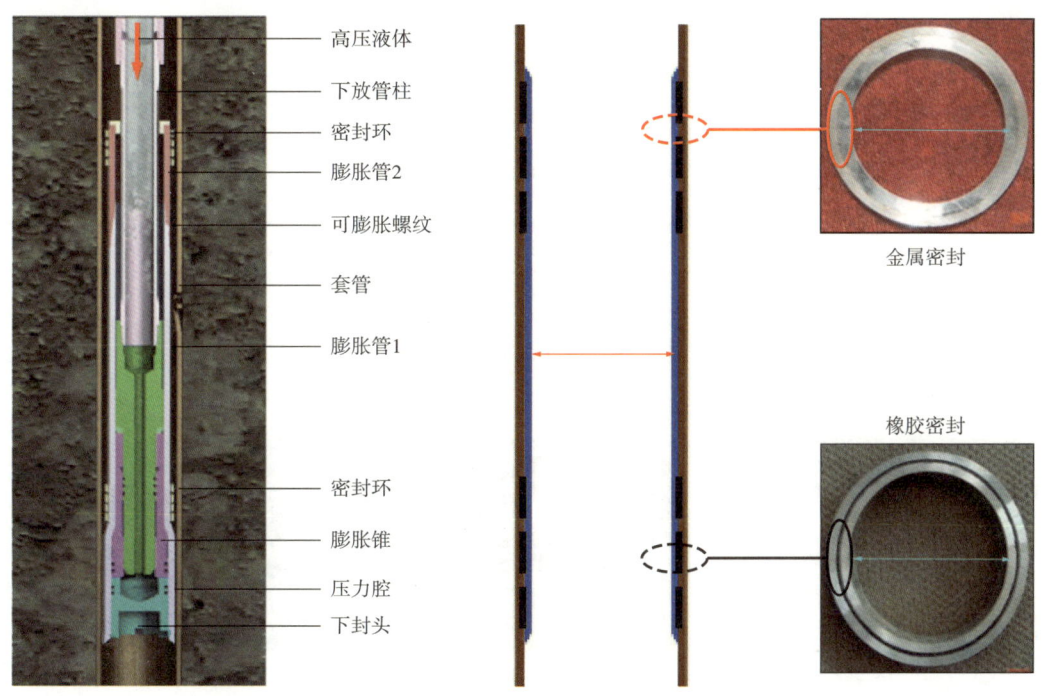

图 4.5.3　膨胀管补贴工具　　　　图 4.5.4　膨胀管补贴橡胶和金属密封

前期国内外均开展了膨胀管材料的研究，结果表明目前部分套管材质可用作膨胀管材料，如 K-55、L-80、N-80、S-95 和 P-110 级套管，并且膨胀后管材的性能可以达到 API 标准要求。国外亿万奇公司开发了 LSX~80 专用膨胀管管材，具有良好的机械性能和塑性变形性能，同时国外还开发了含铬成分的抗腐蚀合金膨胀管，在管材形式上以直缝焊管为主。为降低膨胀工具与膨胀管内壁之间的摩擦，专用的膨胀管内表面有固体润滑涂层，以降低膨胀压力并有助于提高膨胀作业的稳定性。在提高膨胀管性能方面，新日铁公司在其专利中公布了一种膨胀管管材，其碳的质量分数控制在 0.03%~0.14% 之间，严格控制合金元素的添加量，并加入铌、镍、钼、铬、铜、钒等合金元素，同时制定了淬火加高温回火的热处理工艺，其内径膨胀率大于 20%。Long Star 和 V&M 公司也都已经开发出自己的实体膨胀管系列产品，膨胀变形量超过 25%。美国钢铁公司在其申请的美国专利中提及了该公司使用的一种超低碳钢制造的实体膨胀管，膨胀率可达 30% 以上。

ZP 系列膨胀套管为国内自主知识产权的膨胀套管产品。ZP05 和 ZP06 不锈钢系列膨胀套管不仅具有高强度与高塑性，且耐腐蚀性好。ZP08、ZP09 双区钢 ERW 膨胀套管机械性能优良，适用于不同井况。ZP 系列膨胀套管材料性能见表 4.5.5。

表 4.5.5　ZP 系列膨胀套管材料性能

项目		高强塑膨胀套管 ZP05		高强塑膨胀套管 ZP06		ERW 膨胀套管 ZP08		ERW 膨胀套管 ZP09	
		膨胀前	膨胀后	膨胀前	膨胀后	膨胀前	膨胀后	膨胀前	膨胀后
屈服强度 /MPa		365	560	345	550	460	580	450	500
抗拉强度 /MPa		950	960	650	660	610	650	500	510
延伸率 /%		61		55		30		25	
壁厚均匀度 /mm		<1		<1		<0.3		<0.3	
耐压能力 / MPa	内压	60		50		50		45	
	外压	30		25		25		20	
类别		无缝管		无缝管		焊缝管		焊缝管	
材质		不锈钢		不锈钢		双区钢 ERW		双区钢 ERW	

②膨胀锥。

膨胀锥是膨胀管补贴加固技术中的一个重要工具，先后出现了实体膨胀锥、液压滚动膨胀锥和变径膨胀锥[15]，如图 4.5.5 所示。

（a）实体膨胀锥　　　　　　　（b）液压滚动膨胀锥　　　　　　　（c）变径膨胀锥

图 4.5.5　三种类型膨胀锥

a. 实体膨胀锥。

实体膨胀锥的膨胀方式以液压方式为主、机械拉拔方式为辅；其优点是结构为实心的，结构简单，基本不存在厚度强度问题，操作方便，能够提供足够大的径向膨胀力；不足之处就是锥体外径大小是定值，且大于上部未膨胀套管的内径，在膨胀作业时如果遇到井径不规则等原因导致无法进行膨胀作业时，只能将锥体留在井内。

b. 液压滚动膨胀锥。

液压滚动膨胀锥的膨胀方式是液压和机械两种动力，液压主要提供滚轮组的径向动力，使滚轮向管壁施加径向力，同时膨胀工具沿自己的轴心旋转，由机械动力提供膨胀工具的周向扭矩。液压滚动膨胀锥弥补了诸多实体锥膨胀的不足之处，在未膨胀作业时膨胀锥是处于收缩状态（外径较小），膨胀锥的伸缩部件对材料要求、表面处理、表面精度要求都很高，加工难度大，费用高，限制了液压滚动膨胀锥的推广应用。

c. 变径膨胀锥。

变径膨胀锥的径向膨胀是通过互相交错设置的六个膨胀锥片之间的相对运动、互相挤胀来实现的，如图 4.5.6 所示。变径膨胀锥主要由 2 组能够相对运动的膨胀块组成，包括 3 个上膨胀块和 3 个下膨胀块。3 个上膨胀块在周向呈间隔 120° 中心对称分布，3 个下膨胀块与 3 个上膨胀块周向错开也呈间隔 120° 中心对称分布，各个膨胀块之间通过面一面配合，通过外力控制膨胀块在面上发生相对滑动，来调整整个变径膨胀工具的形状、尺寸。若对膨胀工具施加轴向拉力，膨胀工具将径向收缩，外径变小；若施加轴向推力，则膨胀工具将径向胀大，外径变大。

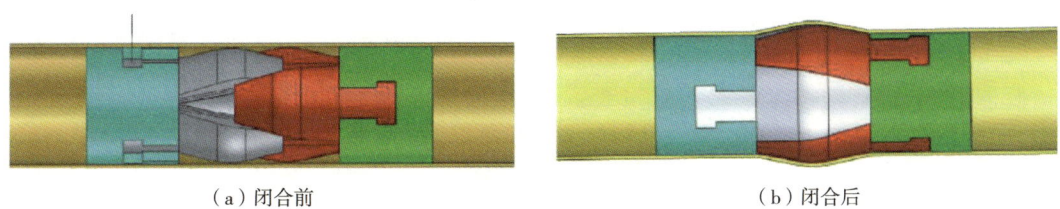

（a）闭合前　　　　　　　　　　　　　　（b）闭合后

图 4.5.6　变径膨胀锥闭合前后结构

变径膨胀锥具有以下特点：

变径膨胀锥外径可以收缩和胀大，使得膨胀工具在通过较小的井段后，可以进行较大的膨胀作业。在膨胀作业过程中膨胀工具仍然可以根据压力控制实现再次收缩、胀大，进而实现膨胀管分段膨胀，为选择性地解决井下多点复杂情况提供可行的技术方案。

变径锥膨胀套管技术突破了原有膨胀套管技术的不足之处，能够实现按工程需要调整膨胀锥的外径尺寸，也可以根据需要调整膨胀锥在井段中的位置，膨胀作业自主性增，更能有效地解决井下复杂情况。

③密封与悬挂。

根据地层地质条件、加固井段套管材质、套管规格和后期开发需要，通过改变膨胀管外部胶筒和金属环的数量和分布，采用特定的方式进行组合排列，使膨胀管悬挂锚定于某个预定的井眼深度位置，并确保加固井段的稳定性和密封性。

通常可分为常规壁厚膨胀管橡胶密封与悬挂、薄壁大通径膨胀管橡胶密封与悬挂、高温橡胶密封与悬挂、金属密封与悬挂[16-19]。近年来研发了金属+橡胶复合密封结构，其特点是补贴后性能稳定，不易脱落，可承受体积压裂加砂的冲击，具备高承压特性，承压可达 90MPa 以上，耐温高达 350℃，达到了非常卓越的密封效果。

④膨胀管的连接。

长井段膨胀管作业要求膨胀管柱上的所有膨胀管接头在膨胀前、膨胀过程中以及膨胀后都能保持结构和密封完整性，且要求接头部位与管体平齐。广泛应用于油套管的螺纹接头，无法满足这些要求。

在膨胀管技术发展初期，曾经不得已而采用了直接把套管焊接起来的方法来代替套管螺纹接头。目前，国外研究出了专门的膨胀管接头，其密封形式已经由最初的弹性密封发展到现在的金属对金属密封。亿万奇公司与 V&M（以前的 Grant Prideco）公司合作涉及了一种特殊的膨胀管接头，取名为 XPC 膨胀接头（图 4.5.7）。XPC 接头能够在历经膨胀扩径的大变形之后依然保持其机械和水力的密封性。设计了一个起保护作用的连接套，以避免入井过程中对膨胀管接头薄壁端的刮削而导致膨胀过程中的连接失效。同时利用其内部的 O 形密封圈，可以在膨胀前、膨胀中、膨胀后各个时期都提供最大的压力完整性。

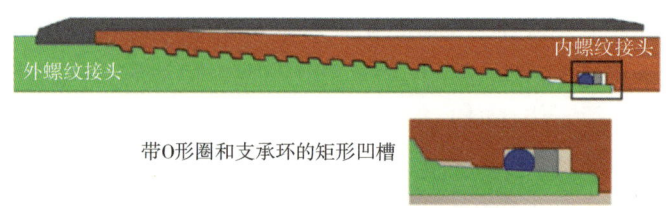

图 4.5.7　XPC 膨胀接头结构图

（2）主要技术参数

膨胀管补贴工具技术参数见表 4.5.6。采用橡胶+金属的复合密封方式（图 4.5.6），耐温达到 350℃，适用于 139mm 套管的 φ102 和 φ108 型膨胀管补贴工具密封压力达到 90MPa 以上。

表 4.5.6　膨胀管补贴工具技术参数

工具规格	适应套管规格		补贴后达到的内径/mm	补贴长度	性能指标		
	外径/mm	壁厚/mm			施工压力/MPa	密封压力/MPa	机械性能
φ108	139.7	7.72	107	根据需要	30~50	≥50	API 钢级 J55、N80
φ108		9.17	104	根据需要	30~50	≥50	
φ108		10.54	98	单根：12m	40~60	≥90	
φ102		12.7	94	单根：12m	40~60	≥70	
φ102		12.7	94	单根：12m	50~65	≥90	
φ146	177.8	8.05	145	根据需要	25~40	≥50	
		9.19	142				
φ194	244.5	11.99	200	根据需要	20~30	≥50	

4.6　套磨铣工具

在复杂井治理中，经常遇到鱼顶破碎、落物卡死、砂埋等多种情况，必须借助于套磨铣工具来进行处理，最终使井筒恢复畅通。

4.6.1　套磨铣材料和铺焊工艺

套磨铣工具的各种功效主要是依靠敷焊在其上的切削材料，常用切削材料见表 4.6.1。

表 4.6.1　套磨铣常用切削材料

名称	硬度/HRA
YD 合金	80~90
碳化钨	62.9
Wc-Co 优化硬质合金，优化 Ni 基合金材料为基础（星型合金材料）	91.0~92.0
Wc-Co 优化硬质合金，优化 Cu 基合金材料为基础（低成本高硬度合金材料）	91.0~91.5
陶瓷	90.5~91.5

敷焊工艺主要是堆叠焊接敷焊层，主要是分为三种结构[20]：

（1）大颗粒硬质合金敷焊层，效果直接焊接简单高效；

（2）小颗粒硬质合金/大颗粒硬质合金敷焊层，适于5mm以上厚磨铣层；

（3）铜合金过渡层/硬质合金颗粒敷焊层，适于改善合金敷焊结合性。

4.6.2 磨鞋

磨鞋是用底面堆焊的耐磨切削材料去磨碎井下落物的工具，如磨碎钻杆、钻具等落物。常用磨鞋主要包括平底磨鞋、凹底磨鞋及领眼磨鞋，见表4.6.2。特制磨鞋主要包括偏心磨鞋、引子磨鞋、导向磨鞋、防偏磨磨鞋，见表4.6.3。

表4.6.2 常用磨鞋

名称	尺寸/mm	用途
平底磨鞋	100~140（2mm级差）	依靠其底面的YD合金（或其他耐磨材料）去研磨井下落物，如磨碎钻头、牙轮、通径规、卡瓦牙、冲管、钻具接头、深井泵配件、封隔器、配水器以及较长的钻具等落物
凹面磨鞋	100~140（2mm级差）	凹面磨鞋的底面为5°~30°凹面角，磨削井下小件落物以及其他不稳定落物，如钢球、螺栓、螺母、炮垫子、钻杆、牙轮等
领眼磨鞋	100~120（2mm级差）	进入落物内的锥体或圆柱体将落物定位，然后随着钻具旋转磨削落物

表4.6.3 特制磨鞋

名称	用途
偏心磨鞋	偏心磨鞋结构设计，最大限度修整断口
引子磨鞋	引领磨铣扩径，避免打通道开窗
导向磨鞋	能够进行稳定的导向磨削
防偏磨磨鞋	通过侧面滚珠减少本体对套管的磨损

磨鞋类工具可根据使用需求，从尺寸、合金类型、焊接方式、布齿形式、保径功效等方向进行优化设计，从而加工出最适合的磨鞋。下面介绍多刀翼领眼磨鞋和双向水眼自动换向磨鞋2种新型磨鞋。

4.6.2.1 多刀翼领眼磨鞋

针对传统领眼磨鞋磨铣速度慢、使用时间短、机械性能差、工具磨损大等问题，将原来的平底领眼磨鞋改成多刀翼刮刀式的结构，并且改进了合金的材质和铺焊排列方式，领眼部分设计成刮刀式结构并铺设合金齿，提高通内腔的磨鞋效率[21]。

（1）工具结构。

多刀翼领眼磨鞋主要由内孔、磨鞋本体、刀翼本体、扶正翼、硬质合金柱等组成。

（2）技术特点。

①满足强度及铺焊合金齿的要求，把刀翼厚度从原来的15mm左右降低至不超过10mm，使翼板尽快消耗掉，露出新的合金，提高磨铣效率。

②刀翼外侧厚度比内侧薄，外侧优先磨损，与套管接触面为"斜坡"，增加了接触面积，提高了稳定性和磨铣速度，"斜坡"接触面也有利于将磨活的套管接箍带出，提高作业效率。

③优化选择磨鞋的尺寸，相对于套管接箍过赢1mm左右，配合恰当尺寸的扶正器，避免环形槽出现。

④对磨鞋下部的扶正部分优化设计，磨铣管柱尽量平稳。

⑤采取可更换扶正器，根据套管磅级不同选用不同扶正器尺寸，增加磨铣稳定性。

⑥合金齿的优化选择。选择硬度、抗冲击性能好的柱状、纽扣状取代块片状合金齿，提高切削磨铣效率。

4.6.2.2 双向水眼自动换向磨鞋

传统磨鞋采用正向或者反向单一水眼设计，如果要切换磨鞋水眼方向将起下管串增加时效。双向水眼自动换向磨鞋，集反向水眼磨鞋与正向水眼磨鞋的优点于一体[22]。反向水眼可提供向前拖拽力，增加碎屑运移能力，正向水眼能保证桥塞的正常钻磨，有效解决螺旋锁定与钻压传递的问题，提高施工效率。

（1）工具结构。

如图4.6.1所示，双向水眼自动换向磨鞋主要是由反向水眼短节、流道换向短节、花键及磨鞋短节构成。其中在流道换向短节的中心杆上有球座，堵塞球与球座的结合、分离来实现流道的转换。

（2）工作原理。

磨鞋内部有流道转换装置，其流道变化是通过与井底桥塞接触，加钻压时进行切换。在没接触桥塞时，堵塞球座于球座堵塞中心杆，磨鞋水眼呈旁通状态（图4.6.1红色流线）；与井底桥塞接触时处于加压状态，中心杆上移，将堵塞球顶出球座，完成流道切换，流体从中心杆通过，从磨鞋顶部水眼喷射出（图4.6.1绿色流线），进行正常的钻磨作业。

（3）性能特点。

集反向水眼磨鞋与正向水眼磨鞋的优点于一体。反向水眼可提供向前拖拽力，增加碎屑运移能力，正向水眼能保证桥塞的正常钻磨，有效解决螺旋锁定与钻压传递的问题，提高施工效率。

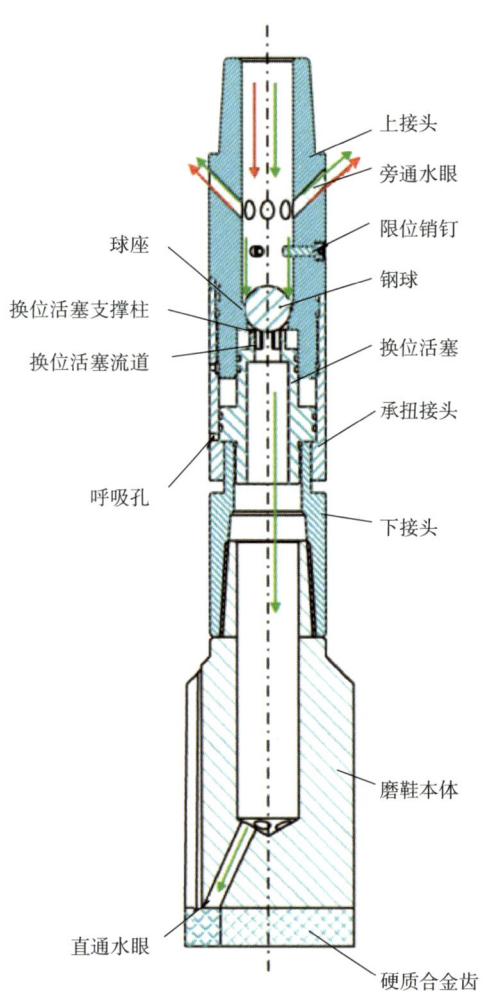

图4.6.1 双向水眼自动换向磨鞋示意图

（4）主要技术参数。

双向水眼自动换向磨鞋技术参数见表4.6.4。

表4.6.4 双向水眼自动换向磨鞋技术参数

外径/mm	水眼直径/mm	总长/mm	工作温度/℃	抗拉强度/kN	旁通换位排量/(L/min)
80~106	16	555	150	255	300~400

4.6.3 套铣筒

套铣筒是与套铣鞋联合使用的套铣工具,其功能除旋转钻进之外,还可以在套管内用来进行冲砂、冲盐、热洗解堵、修整落物鱼头,套管外进行破岩、收引等。常规套铣筒的主要技术参数见表 4.6.5。为满足大修特殊工况需要,改进形成了多种特制套铣筒,见表 4.6.6。

表 4.6.5 套铣筒技术参数

型号	外径 /mm	内径 /mm	壁厚 /mm	最小使用井眼 /mm	最大套铣尺寸 /mm
TXG114	114.3	97.18	8.56	120.65	80.90
TXG127	127.0	108.62	9.19	146.05	101.60
TXG140	139.7	121.36	9.17	152.4	117.48
TXG146-1	146.05	130.21	7.92	161.93	127.00
TXG146-2	146.05	128.05	9.00	161.93	120.65

表 4.6.6 特制套铣筒

名称	作用
高效扩断口引收套铣筒	对弯曲错断严重的套管起扩径作用,在切入下断口后起向管内扩径作用
加重套铣筒	通过增厚提高质量,提高浅部套铣速度
无接箍套铣筒	一体化套铣筒,降低循环摩阻,增强循环协砂能力

4.6.4 套铣鞋

套铣鞋是用来破碎套管外水泥环及套管外岩石专用的套铣工具。套铣鞋由接箍、本体、牙块构成,牙块可根据套铣需求进行设计。根据齿形可分为复合片套铣鞋和圆弧齿套铣鞋;根据套铣鞋的形状可分为喇叭口形套铣鞋和一般套铣鞋;根据套铣鞋的作用可分为水泥环套铣鞋、非封固段套铣鞋、放气管及管外封隔器扶正器套铣鞋和断口专用套铣鞋等。取换套套铣鞋技术参数表见表 4.6.7。

表 4.6.7 取换套套铣鞋参数表

套铣鞋名称	外径 /mm	用途
八尺套铣钻头	290/245	常规套铣鞋
复合片套铣钻头	290/245	复合片提速钻头
犁形套铣钻头	290	常规套铣钻头
五齿套铣钻头	290/245	套铣非封固段
滚珠套铣钻头	290/245	套铣非封固段
喇叭口形套铣钻头	290/315	套铣管外水泥环
放气管套铣钻头	245	剥离放气管套铣专用套铣钻头
水泥环套铣钻头	290	水泥封固段专用套铣钻头
高效保径套铣钻头	290/245	套铣保证套铣井眼直径不缩径

4.7 切割类工具

切割类工具是处理井下管柱卡阻和取换套施工的重要工具。对于被卡的管类落物或需要修复的套管,用其他方式无法处理时,常用切割类工具处理。切割类工具包括机械式割刀、水力式割刀、聚能切割、电动切割以及热熔切割工具,其工具特点见表4.7.1。

机械式割刀包括机械式内割刀和机械式外割刀,机械式内割刀适用外径尺寸 ϕ60.3~152.4mm,机械式外割刀适用外径尺寸 ϕ33.3~139.7mm。本节将重点介绍水力式割刀、聚能切割、电动割刀以及热熔切割4种切割工具。

表 4.7.1 切割类工具及特点

类别	名称	工具特点
机械式割刀	机械式内割刀	是从套管、油管、钻杆内部进行切割的一种机械式切割工具。如配接打捞矛时,可与内割刀一起提出井外,不需单独打捞,也可单独下打捞工具捞出被割下的落鱼
	机械式外割刀	常与套铣管连接,能快速有效地从管子外面割断和取出切下的管子。适用于从管外切割的套管、油管和钻杆等,采用弹簧自动进给的特点,可避免拉力过大而毁坏刀具事故的发生
水力式割刀	水力式内割刀	从管柱内部切割,通过高压流体切割管材,需要比较大的液动压力,可切割硬度比较高的管材
	水力式外割刀	从管柱外部切割,通过高压流体切割管材,水力式外割刀安全高效、容易控制
聚能切割	聚能切割工具	从管柱内部切割,使用射孔弹切割后的断口外端向外凸出,外径稍有增大,断口端面基本平整、光滑,可不必修整
电动切割	电动切割工具	从管柱内部切割,仪器外径小,电缆输送,通过地面控制系统发送指令,进行管内切割,具有施工工艺简单,精确定位,效率高,地面设备投入少,切割过程安全的优点
热熔切割	热熔切割工具	从管柱内部切割,热熔切割可以精准控制,在油套管间距很小的情况下切割或穿孔,不伤靶管之外的其他管柱;切割或穿孔面整齐,无翻卷或膨胀,有助于后续作业

4.7.1 水力式割刀

水力式割刀是一种靠液压推动的切割工具,分为水力式内割刀和水力式外割刀,分别用来从管壁内部和外部切割各种规格的油管、钻杆和套管。切割后靠刀片形成的卡爪将割断的管柱打捞上来。水力式割刀切割平稳、迅速、容易控制,广泛应用于切割遇卡管柱或修切破裂鱼头等井下作业。

(1)工具结构及工作原理。

水力式内割刀由上接头、本体、活塞、喷嘴、弹簧、刀体等组成(图4.7.1)。当水力式内割刀下入到预定切割位置时,泵入高压液体,推动活塞压缩弹簧使活塞杆下行,从而活塞杆下端推动三个割刀片向外张开与套管内壁接触,张开的三个割刀片随钻具旋转进而切割套管。当活塞运行至预定位置(提前设定)时,泄压阀总成自动泄压,井口显示泵压突然下降,则表明已切割至预定位置。

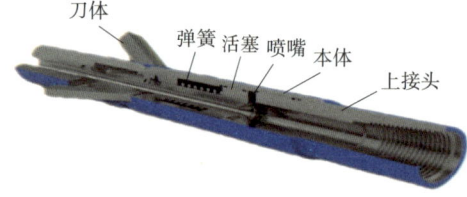

图 4.7.1 水力式内割刀

如图 4.7.2 所示，水力式外割刀由筒体部分、进给机构、切割机构、限位机构等 4 部分组成。当水力式外割刀用套铣管下至井内预定切割位置时，开泵并逐渐加大排量，在分瓣活塞上下压力差作用下剪断剪销，进刀环下行推动刀头向里转动抵住落鱼。此时开泵循环，旋转钻柱，分瓣活塞上下压力差连续推动进刀环使刀头连续进刀切割，直到割断落鱼。当割断落鱼后，上提钻具，由于分瓣活塞靠胶皮箍的作用始终抱住落鱼本体，因此在起钻中分瓣活塞会顶住落鱼的台肩将落鱼与割刀一起取出。

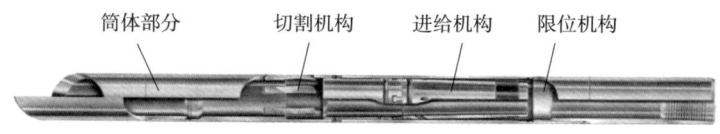

图 4.7.2　水力式外割刀

（2）主要技术参数。

水力式内割刀和水力式外割刀的主要技术参数见表 4.7.2 和表 4.7.3。

表 4.7.2　水力式内割刀主要技术参数

型号	接头螺纹		切割落鱼外径 /mm			轴向推刀力 / kN
	推荐	允许用	油管	套管	钻杆	
ND-J（S）60×□	19/16 抽油杆螺纹	—	60.3	—	60.3	3~6
ND-J（S）73×□	1.900TBG	—	73.0	—	73.0	
ND-J（S）89×□	$2\frac{3}{8}$TBG	1.900TBC	88.9	—	88.9	
ND-J（S）102×□	$2\frac{3}{8}$TBG	—	101.6	—	—	4~10
ND-J（S）114×□	NC26	—	114.3	114.3	114.3	
ND-J（S）127×□	NC31	$2\frac{7}{8}$TBG	—	127.0	127.0	
ND-J（S）140×□	NC31	$2\frac{7}{8}$TBG	—	139.7	139.7	
ND-J（S）168×□	NC38	—	—	168.3	—	
ND-J（S）178×□	NC46	$4\frac{1}{2}$FH $3\frac{1}{2}$REG	—	177.8	—	
ND-J（S）193×□	NC46	NC50	—	193.7	—	
ND-J（S）219×□	NC50	$5\frac{1}{2}$FH	—	219.1	—	
ND-J（S）245×□	NC50	$6\frac{5}{8}$REG	—	244.5	—	
ND-J（S）273×□	$6\frac{5}{8}$REG	—	—	173.0	—	10~30
ND-J（S）298×□	$6\frac{5}{8}$REG	—	—	198.4	—	
ND-J（S）340×□	$6\frac{5}{8}$REG	—	—	339.7	—	
ND-J（S）406×□	$6\frac{5}{8}$REG	—	—	406.4	—	
ND-J（S）473×□	$6\frac{5}{8}$REG	—	—	473.1	—	
ND-J（S）508×□	$6\frac{5}{8}$REG	—	—	508.0	—	
ND-J（S）762×□	$7\frac{5}{8}$REG	—	—	762.0	—	20~50
ND-J（S）914×□	$7\frac{5}{8}$REG	—	—	914.4	—	
ND-J（S）1524×□	$6\frac{5}{8}$REG	—	—	1524.0	—	

注：J（S）表示机械式（或水力式）；□表示由制造厂自行确定的工具外径。

表 4.7.3 水力式外割刀主要技术参数

型号	推荐接头螺纹	切割落鱼	提升落鱼能力 / kN	剪销剪断力 / kN	轴向推刀力 / kN
WD–J（S）33×□	$4\frac{1}{2}$CSG	33.3mm 油管	5	6~10	3~8
WD–J（S）60×□	$4\frac{1}{2}$CSG	60.3mm 油管	10		
WD–J（S）73×□	$5\frac{1}{2}$LCSG	73.0mm 油管	10–16	8~15	
WD–J（S）89×□	$5\frac{1}{2}$LCSG	88.9mm 油管	10–21		
WD–J（S）102×□	7LCSG	101.6mm 油管	20–28	10~20	10~30
WD–J（S）114×□	7LCSG	114mm 钻杆或油管	21		
WD–J（S）127×□	7LCSG	127.0mm 钻杆	20–41		
WD–J（S）140×□	$8\frac{3}{8}$LCSG	139.7mm	20		

注：J（S）表示机械式（或水力式）；□表示由制造厂自行确定的工具外径。

4.7.2 聚能切割工具

聚能切割工具是在聚能射孔弹的机理上发展应用起来的专用切割工具系列[23]，在遇卡管柱经最大上提负荷处理仍无法解卡的情况下或无反扣钻具操作取出的情况下，可一次性收回卡点以上管柱。

（1）工具结构与工作原理。

主要由上转换接头、点火接头、延生杆等部件组成。炸药产生的高温高压气体沿下端的喷射孔急速喷出，因喷孔是沿圆周方向均布，孔小且数量多，高温气体喷出将被切割管壁熔化，高压气体则进一步将其吹断，高温高压气体在环空与修井液等相遇受阻而降温降压，完成切割。

（2）性能特点。

当雷管引爆后，会产生高温高压喷射流体，能够快速切割油管，切割后的油管呈喇叭口状，聚能切割的缺点是药量难以精确控制，可能会伤害邻管。

（3）主要技术参数。

挠性油管、油管、钻杆和套管聚能切割工具主要技术参数见表 4.7.4。

表 4.7.4 聚能切割工具主要技术参数

聚能切割工具				使用范围				
工具名称	外径 / mm	耐压 / MPa	耐温 / ℃	外径 / mm	壁厚 / mm	线重 / (kg/m)	钢级	管材名称
挠性油管切割工具	18.24	70	160	25.40	2.60	1.26	VHS75	挠性油管
	24.08			31.75	2.41	1.80		
	30.15			38.10	2.77	2.41	P110	油管
油管切割工具	34.92	140	200	48.26	3.81	4.32		
	39.69			52.39	3.96	5.06		

续表

工具名称	聚能切割工具			使用范围				
	外径 / mm	耐压 / MPa	耐温 / ℃	外径 / mm	壁厚 / mm	线重 / (kg/m)	钢级	管材名称
油管切割工具	42.86	140	200	60.32	4.83	6.99	P110	油管
	43.64							
	46.04					6.92		
	51.59			73.02	5.51	9.50		
	57.15					9.67		
	65.88			88.90	6.45	13.84		
	68.58							
钻杆切割工具	60.32	110	200	88.9	11.40	23.06	G105	钻杆
	74.61			114.30	8.56	24.70		
	84.14	80		127.00	9.19	29.01		
套管切割工具	92.07	62	200	114.30	7.37	20.09	N80	套管
	101.60	115		127.00	9.19	26.78		
	114.30			139.70	10.54	34.22		
	120.65				6.98	23.06		
	136.52	90	160	152.40	9.72	34.22		
	139.70	60		177.80	11.51	47.62		
	152.40	100			10.36	43.15		
	155.57	70		193.67	9.52	44.19		
	184.15			219.07	12.70	65.54	P110	
	207.96	55		244.47	13.84	79.69		

4.7.3 电动切割工具

电动切割工具由于仪器外径比较小,可通过电缆输送工具在油管和钻杆内进行切割,克服了常规机械切割效率低、精度差、自动化程度不高和控制难等弊端[24-25]。

(1) 工具结构。

如图 4.7.3 所示,电动切割工具主要包括地面控制软件、地面通信单元、上接头、井下电控及通信单元、空心主轴电机、补偿油箱、锚定执行系统动力总成、刀头偏转机构动力总成、锚定执行系统以及切割执行系统。该工具通过单芯电缆送入井内,地面直流稳压电源为井下工具供电,地面控制软件控制井下工具各部分协同工作,并对切割过程实时监测。单芯电缆还提供双向载波通信通道,实现井口和地面的数据互联。

(2) 工作原理。

电动切割工具入井至预定深度之后,操作控制软件启动锚定功能,指令信号通过电缆传输到井下电控及通信单元,启动锚定执行系统动力总成驱动锚定系统工作,将工具支撑在管柱的轴心位置。确认锚定后，发送空心主轴电机启动指令，电机一部分动力通过行星齿轮减速器减速后驱动刀头基座旋转，另一部分动力通过齿轮传动驱动切割片旋转。

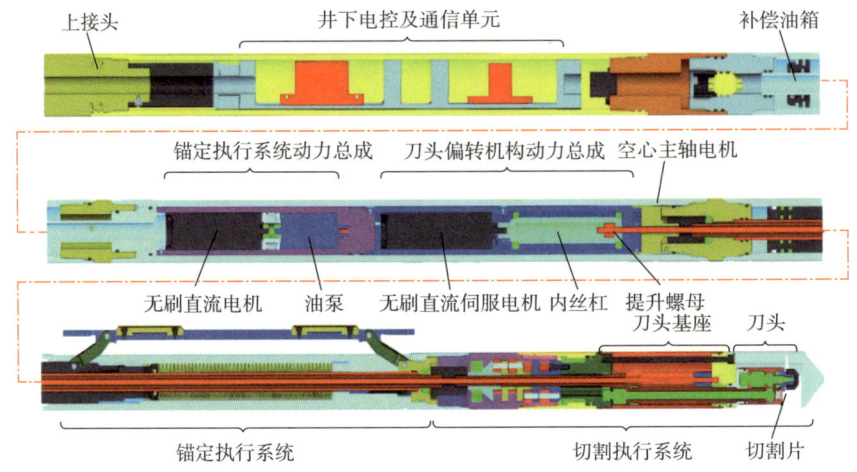

图 4.7.3　电动切割工具结构示意图

当主轴电机启动正常后，井下电子控制单元向地面发送切割准备就绪信号。当地面控制软件接收到准备就绪的信号之后，可设定切割半径、切割进给速度以及切割转速等信息，并启动管柱切割指令。井下电子控制单元接到切割指令后，启动刀头偏转机构动力总成，按照要求摆动刀头，控制切削进给量的同时逐步扩大切割半径，直到完成切割作业。当完成切割作业后，下达收刀指令，刀头偏转机构动力总成控制刀头收回头部防护罩内，然后收回支撑臂，至此完成整个切削作业流程。

（3）性能特点。

电动切割主要解决常规大修解卡作业前需反复倒扣、多次打捞、施工效率低和劳动强度大的问题。电动切割技术的成功应用，提高了大修施工作业效率，拓宽了井下油管切割技术手段。

（4）主要技术参数。

电动切割工具主要技术参数见表 4.7.5。

表 4.7.5　电动切割工具的主要技术参数

仪器直径/mm	仪器长度/mm	仪器耐温/℃	仪器耐压最大承受压力/MPa	适用切割管柱直径/mm	管柱供电方式	电缆	工作电压/V	最大工作电流/A	调速方式
54	5250	150	140	73~102	直流适配	7芯	直流 30~660V 可调	5A	电压调节，地面控制

4.7.4　热熔切割工具

热熔切割工具（又称径向切割炬，RCT），可用于连续油管、套管、钻杆的切割[26-27]。

（1）工具结构。

如图 4.7.4 所示，热熔切割标准工具串组合主要包括磁性节箍定位仪（CCL）、加重杆，点火头（THG）、径向切割炬本体（RCT）、压力平衡锚杆（PBA）等组成。磁性节箍定位仪（CCL），对切割工具串进行校深定位，确保切割深度精准无误；点火头（THC）内部有电发热线圈，地面供电用于激发下部 RCT 工具引爆；压力平衡锚（PBA），通孔的空心管结构，连接在工具串底部，利用流体动力学原理来保证切割过程中工具串的平稳性，有效防止工具上窜，确保切割精准无位移；加重杆用于克服盘根盒盘根的摩擦力和井内压力产生的上推力使切割工具可以到达预定深度。

（2）工作原理。

RCT 井下工具短节装有铝热剂，通过电缆将地面装配好的工具传送至井内预定深度，地面供电，点火头引爆并激发 RCT 后，在 RCT 内部发生剧烈但可控的氧化还原反应后，释放出巨大热量，并产生高温高压等离子体。切割工具内压增高，超过井内液柱压力，切割工具喷嘴上的滑套下滑，喷嘴暴露在井筒中，等离子体通过特殊设计的切割器喷嘴喷射到被切割管体上，高温、高速等离子体中的研磨性微粒利用喷砂效应极速冲蚀管体，瞬间将管柱切断（25ms 以内）。

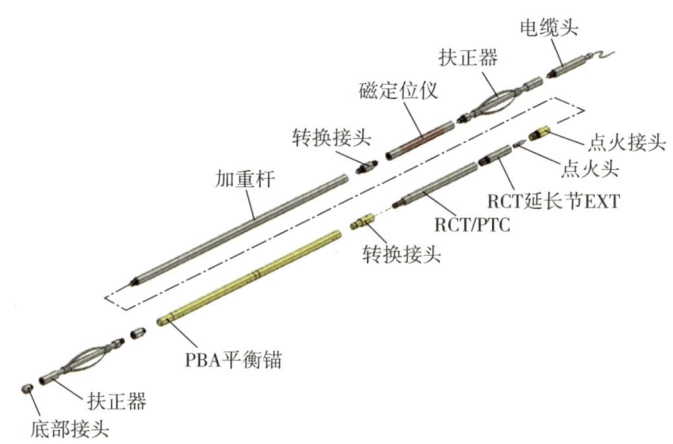

图 4.7.4 RCT 切割标准工具串组合（不带锚定器总成 EMA）

（3）性能特点。

热熔切割工具属于非民爆物品，不受民爆物品运输管制限制；切割工具外径小，切割无需过提管柱，不受材质、压井液影响，能应对复杂管柱结构，切口规整不膨胀、不翻卷，不会形成喇叭口，不伤害邻管。通常开泵泵送可以将切割工具下到位，如果不能泵送则可采用连续油管输送，尤其适应大斜度井、水平井。

（4）主要技术参数。

热熔切割主要技术参数见表 4.7.6。

表 4.7.6 热熔切割的主要技术参数

工具外径 /mm	适用温度 /℃	适用压力范围 /MPa	适用切割管柱
19			31.75mm、38.1mm 连油
35			52.38mm、60.3mm 油管、73mm 钻杆
25	0~260	0~70/（0~105 正在地面测试）	50.8mm 连油
43			73mm 油管（壁厚 5.5mm）
51			88.9mm 油管（壁厚 ≤ 7.34mm）

4.8 倒扣工具

倒扣是通过旋开井内遇卡完整管柱（或落井遇卡管柱，亦或井内余留的遇卡管柱）的某连接螺纹，并起出该螺纹以上管柱的工艺方法，在解卡打捞、取换套等大修作业过程中广泛应用。倒扣工具是修井作业中处理遇卡钻柱、管柱而采取倒扣时常用的专用工具。本节重点介绍机械式倒扣器、液压打扣器和倒扣打捞矛。

4.8.1 机械式倒扣器

机械式倒扣器及可倒扣捞矛、捞筒，在无反螺纹钻具及钻杆情况下使用，可以完成遇卡管柱所需要的倒扣作业[28]。打捞工具既可倒扣，又可退出，特别适用于倒扣扭矩不太大的遇卡管柱。

（1）工具结构。

如图4.8.1所示，主要包括接头连接部分、坐卡部分、换向部分、锁定部分等四大部分。

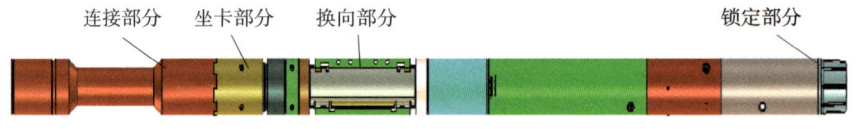

图4.8.1 机械式倒扣器结构

（2）工作原理。

机械式倒扣器依靠行星齿轮机构传动，输入和输出的速比为1∶1.88，输入扭矩小于输出扭矩，这样在井口上施以较小的扭矩，便可使井下获得较大的倒扣扭矩。由于输入扭矩小于输出扭矩。因此，钻杆的扭转变形小，钻杆的反弹力也小。在倒不开扣，提拉不动的特殊情况下，可以随时退卡提出。

（3）性能特点。

通过机械式倒扣器可以把上部钻杆的顺时针旋转运动变为下部工具的逆时针旋转运动，从而实现倒扣动作。在管柱遇卡提不动、割不成的情况下，使用倒扣工具能很方便地将油管或钻杆的连接螺纹松开，从而实现管柱分段打捞。

（4）主要技术参数。

机械式倒扣器主要技术参数见表4.8.1。

表4.8.1 机械式倒扣器主要技术参数

项目	DKQ95	DKQ103	DKQ148		DKQ196
外径/mm	95	103	148		196
内径/mm	16	25	29		29
长度/mm	1829	2642	3073		3073
锚定套管尺寸（内径）/mm	99.6~127	108.6~150.4	152.5~205	216.8~228.7	216~258

续表

项目		DKQ95	DKQ103	DKQ148		DKQ196
抗拉极限负荷 /kN		400	660	390	890	1780
扭矩值 /（N·m）	输入	5423	13558	18982	18982	29828
	输出	9653	24133	33787	33787	53093
井内锁定工具压力 /MPa		4.1	3.4	3.4	3.4	3.4

4.8.2 液压倒扣器

常规倒扣作业，依靠转盘或顶驱输出倒扣扭矩，倒扣扭矩通过钻柱传递到鱼顶实现落鱼的倒扣。在深井超深井中，由于钻具沿程磨阻大，倒扣扭矩传递到井下损失较大，井口钻具承受的扭矩也比较大。液压倒扣器与内捞或外捞工具相结合，待抓牢落物后，可以通过地面管柱打压[29]，通过液压作用，在井下输出倒扣扭矩，实现对落鱼的倒扣，而上部打捞钻柱不承受扭矩。

（1）工具结构。

液压倒扣器主要有锚定机构、复位弹簧、止推环、齿条式换向机构、活塞等组成（图 4.8.2）。

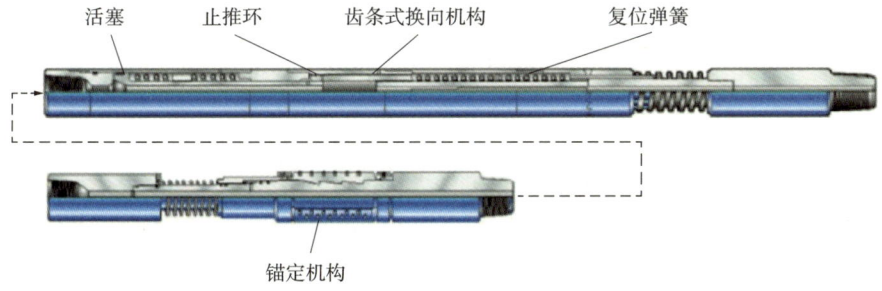

图 4.8.2 液压倒扣器示意图

（2）工作原理。

当管柱打压后，活塞下行，推动齿条式换向机构迫使配合的螺旋副（倒扣器）外筒产生正向转动的扭矩。但由于上面锚定机构卡瓦伸出锚定到套管上，倒扣器上部外筒无法转动，因此迫使输出轴产生反向转动实现倒扣。当一个活塞行程完成后，地面停止打压，止推环锁紧，活塞在复位弹簧作用下回位。地面继续打压开始下一个行程，直到压力降低，倒扣成功。

（3）性能特点。

通过地面液压操作，液压倒扣器动力部分产生左旋扭矩，此扭矩直接从倒扣器锚定部分传递给落鱼，使落鱼左旋，卸开落鱼管柱上的螺纹，实现了不旋转管柱进行倒扣施工，解决了水平井、斜井及丛式井旋转管柱扭矩过大、传递扭矩困难等难题。

（4）主要技术参数。

液压倒扣器主要技术参数见表 4.8.2。

表 4.8.2 液压倒扣器主要技术参数

外径 /mm	螺纹类型	适用套管 /mm	输出扭矩 /（N·m）
114.3	3 1/2REG	139.7mm	11100
142.9	3 1/2IF	177.8mm	18500

4.8.3 倒扣打捞矛

倒扣打捞矛从落鱼的内部进行打捞倒扣，当捞住落鱼后需要在井内释放时，也可以实现释放，并能进行洗井循环，主要用于打捞和倒出井下钻杆、油管等管状遇卡落鱼。

（1）工具结构。

由上接头、打捞杆、限位套、定位螺钉、限位环和卡瓦组成。

（2）工作原理。

当卡瓦接触落鱼时，卡瓦与矛杆开始产生相对移动，卡瓦从矛杆锥面脱开，矛杆继续下行，花键顶着卡瓦上端面，迫使卡瓦缩进落鱼内。由于卡瓦直径大于落鱼内径，分瓣卡瓦受向内压力，靠其反弹力，卡瓦紧贴在管壁上，下放到位后，指重表回降时，开始上提钻具，此时卡瓦、矛杆的内外锥面贴合，产生径向胀紧力，实现打捞。若此时再旋转钻杆，便产生力矩，力矩将通过上接头的牙嵌花键套上的内花键传到矛杆上均布的三等分键再传给卡瓦和落鱼，便可实现倒扣。

（3）性能特点。

倒扣打捞矛用于打捞钻杆、油管及圆柱形空心状落物，可洗井，可倒扣、可退鱼，操作方便、打捞成功率高。

（4）主要技术参数。

倒扣打捞矛主要技术参数见表 4.8.3。

表 4.8.3 倒扣打捞矛主要技术参数

规格 / mm	工具外径 / mm	打捞内径 / mm	引锥直径 / mm	接头螺纹	提拉负荷 / kN	倒扣扭矩 / （kN·m）
118	118	122-124	85	NC31	840	15

4.9 封隔类工具

所谓封隔类工具，即是为了满足油气水井某种工艺技术目的或技术措施需要的井下分层封隔的专用工具。目前，各类封隔器基本能够满足当前试油、采油、注水和油层改造等各类工艺需求。

4.9.1 常规封隔器介绍

20 世纪 60 年代，我国便开始了封隔器工具的研发，八九十年代便已形成规模和标准。

目前，封隔器的主要类型可分为自封式封隔器、压缩式封隔器、水力扩张式封隔器、组合式封隔器、特殊用途封隔器以及桥塞封堵工具，具体情况见表4.9.1。

表 4.9.1 封隔器类型划分及代表性型号系列统计表

封隔器类型		代表型号系列
自封式封隔器		Z331型封隔器
压缩式	支撑压缩式	胜利Y111、大庆Y111和新疆Y111等系列
	卡瓦压缩式	大港Y221/Y221/Y415/Y245/Y425、玉门Y221、胜利Y211/Y221、大庆Y221/Y445和江汉Y441
	水力压缩式	胜利Y341/Y342、大庆Y141/Y344、四川Y344、玉门Y341/Y344、江汉Y341/Y345
水力扩张式封隔器		大庆K344系列
特殊用途封隔器	裸眼封隔器	K341系列
	套管外封隔器	TFS114-340系列
	压缩式锚瓦液压提放封隔器	Y541系列
	热力压缩式封隔器	辽河Y361-152
	自膨胀封隔器	YZF系列、SZF系列
桥塞		新疆Y453、Y455（3）系列、大庆QFHSZQS-111、大庆FHQS-111型、DTJSZQS-111大通径速钻型

4.9.2 修井常用及特殊专用封隔器

为满足日益复杂的修井技术需求，不断研发更新了各类封隔器产品。从现有大修工艺入手，着重介绍近五年来各项工艺工序中常用的封隔工具。

表 4.9.2 在用工艺所用封隔器及其封隔类工具

封隔工具名称及类型	功用
Y445-114型封隔器	示踪用丢手封隔器
K344-114（95）型封隔器	查套验漏封隔器
ϕ114mm裸眼封隔器	裸眼封堵
水泥承留器	永久封堵工具
液力丢手封隔注入工具	永久封堵工具
WBM电缆桥塞	储气库井封堵
自膨胀封隔器	裸眼封堵及储层改造

4.9.2.1 示踪用丢手封隔器

该封隔器可用于机采井不压井起下管柱，还可用于试油、封堵底水，代替悬空水泥塞等。在取套施工中，连接丢手接头及钻铤，作为悬挂固定工具，对套损井段套管进行示踪加固，防止套磨铣施工过程中损伤套管、丢失鱼头。

（1）工具结构。

主要由丢手滑套、丢手锁套、解封管等部件组成。示踪管柱组合：丝堵（或导锥）+ϕ105mm钻铤×8m+ϕ73mm油管短节+Y341-114或Y445-114封隔器+丢手接头。

（2）工作原理。

封隔器坐封作业时，需通过油管向内打压，当压力达到17~21MPa时，压力突然降为0，封隔器完成坐封，上提管柱，丢开送封工具。封隔器解封时，将封隔器打捞工具下到距离封隔器鱼顶以上2~3m时开始冲砂，边冲洗边缓慢下放打捞工具，打捞爪抓锁鱼顶，上提即可解封。

（3）性能特点。

①不存在中途丢手问题，封隔器只有在完成坐封并将已坐封的封隔器加压一定重力后，压差式丢手活塞才能启动。

②由于丢手活塞采取面积差的结构形式，即使在管柱下端为一密闭腔的情况下，也能够顺利实现封隔器丢手，且丢手压力低，丢手压力稳定；采用压差式丢手活塞结构，不用投球也可实现封隔器的顺利丢手。

③内管连接配套工具可以完成多级封隔器的同步坐封，简化了作业管柱结构，减少了作业强度。

④采取机械助解脱卡下椎体的解卡方式，增大了解卡方式，提高了解卡动力，提高了解卡成功率。

（4）主要技术参数。

示踪用丢手封隔器的主要技术参数见表4.9.3。

表4.9.3　Y445-114型封隔器主要技术参数表

参数	最大外径/mm	最小外径/mm	长度/mm	试验压力/MPa	最大工作压力/MPa	质量/kg
Y445-114	114	50.3	1380	35	18	56
扶正器	114	58	325	—	—	12.15
打捞器	90	20	350	—	—	8.5
通杆	48	21~35	2150	—	—	—
253筛管	73	—	1365	—	—	—

4.9.2.2　查套验漏封隔器

该封隔器主要用于注水、酸化、压裂、找窜和封窜等工艺。在修井过程中主要通过"双封单卡"方式进行套管串验漏、挤注封堵等作业。

（1）工具结构。

如图4.9.1所示，主要由上接头、垫环、硫化芯子、胶筒、中心管、O形胶圈、胶筒座、滤网罩、下接头等部件组成。验漏管柱组合：丝堵＋油管＋封隔器＋油管＋喷砂器＋油管＋封隔器＋油管。挤注管柱组合：反向单流阀＋油管＋封隔器＋喷砂器＋油管＋封隔器＋油管。

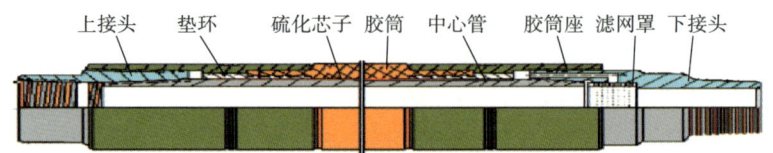

图4.9.1　K344系列封隔器结构示意图

（2）工作原理。

封隔器下入井下设计深度后，地面泵入高压液体，经滤网过滤罩、下接头的孔眼和中心管的水槽作用在胶筒内腔。当压力大于油管和套管环形空间的压力，在压差的作用下胶筒胀大将油套管环形空间封隔。解封时只需泄掉油管内的高压，使油管与油套环形空间的压力平衡，胶筒依靠本身的弹力收回便可解封。

（3）性能特点与主要技术参数。

该封隔器容易扩张和收缩，即易座封和解封；耐温150℃，承压差大，残余变形小；对井眼适应性强，可用于套管变形井和裸眼井的工艺措施中。主要技术参数见表4.9.4。

表4.9.4 K344系列封隔器主要技术参数表

封隔器型号	总长/mm	最大外径/mm	最小通径/mm	胶筒型号	坐封压力/MPa	工作压力/MPa
K344-114	910	114	62	KZ110-7-15	0.5~0.7	12
	870		55	KZ114-5-50	1.3~1.5	50

4.9.2.3 永久封堵工具

水泥承留器主要用于对油、气、水层进行临时性封堵或二次固井，通过承留器将水泥浆挤注进入环空需要封固的井段或进入地层的裂缝、孔隙，以达到封堵和补漏的目的。

（1）工具结构。

如图4.9.2所示，主要由上端卡瓦总成、上锥体、锁环、橡胶套、承留环、下锥体、下端卡瓦、中心管、阀体等部件组成。

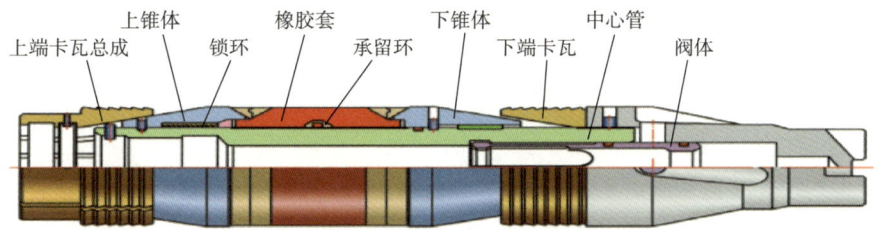

图4.9.2 水泥承留器示意图

（2）工作原理。

其原理是利用坐封工具（电缆或油管传输液压）产生的推力作用于上卡瓦，拉力作用于释放栓，通过上下锥体对密封胶筒施以上压下拉两个力。在一定拉力范围内，水泥承留器上下卡瓦破裂并镶嵌在套管内壁上，胶筒膨胀并密封，完成坐封。当拉力持续上升达到一定值时，释放栓被拉断，坐封工具与水泥承留器脱离，此过程完成丢手。再次将插管工具插入承留器中打开阀体，即可进行挤注水泥作业。

（3）性能特点。

①结构简单、易下，采用电缆或液压坐封，能可靠的坐封在各种钢级套管；
②棘轮锁环保持坐封负荷，保证压力变化下仍可靠密封；
③单胶筒和平滑的金属背圈组成可靠的密封系统；
④整体式卡瓦避免中途坐封且易于钻除；
⑤压力平衡阀的开、关由地面控制，从而更方便、可靠。

4.9.2.4 液力丢手封隔注入工具

该工具是连接在井内管柱上的一种集注入、封隔、丢手功能为一体的工具,是完成注入、分层压裂封隔、分层酸化、堵水等施工工艺管柱中的常用工具。施工中遇阻需要起钻时,可启动丢手接头的丢手功能,以保全钻具,再利用修井工具对残余工具进行打捞;在封堵工艺中实现丢手后可进行其他作业。

(1)工具结构与工作原理。

主要由上、下接头、滑套、锁块、剪钉、滑杆和封隔器总成等组成。通过投入钢球,地面加压,液体从中心管经单流阀进入压缩胶筒,使其径向扩张,完成封隔座封。逐级提高压力,确保工具完全坐封,将球座打掉,然后进行挤水泥作业。挤注施工完成后上提管柱,剪断丢手剪钉,完成丢手。

(2)性能特点。

该工具在施工中遇阻需要起钻时,可启动丢手接头的丢手功能,以保全钻具,再利用修井工具对剩余工具进行打捞;在封堵工艺中实现丢手后可进行其他作业。

(3)主要技术参数。

液力丢手封隔注入工具主要技术参数见表4.9.5。

表4.9.5 液力丢手封隔注入工具主要技术参数表

适用套管内径/mm	钢体最大外径/mm	最小内通径/mm	坐封压差/MPa	额定工作压差/MPa	额定工作温度/℃	解封载荷/kN	螺纹类型
121.36~124.26	φ114	φ58	18~22	25	≤90	40~70	2 7/8TBG

4.9.2.5 桥塞

桥塞主要用于对油、气、水层进行临时或永久性封堵,具体可配合用于生产井封窜、堵水、压裂、酸化等施工。

(1)工具结构与工作原理。

如图4.9.3所示,主要由释放环、整体卡瓦、三件胶筒等部件组成。利用坐封工具(电缆或油管传输液压)产生的推力作用于上卡瓦,拉力作用于释放栓,通过上下锥体对密封胶筒施以上压下拉两个力,在一定拉力范围内,桥塞上下卡瓦破裂并镶嵌在套管内壁上,胶筒膨胀并密封,完成坐封。当拉力持续上升达到一定值时,释放栓被拉断,坐封工具与桥塞脱离,此过程完成丢手。

图4.9.3 WBM系列电缆桥塞示意图

(2)主要技术参数。

WBM系列电缆桥塞主要技术参数见表4.9.6。

表4.9.6 WBM系列电缆桥塞主要技术参数表

套管尺寸/mm	桥塞尺寸/mm		工作套管内径/mm		坐封力/kN	最高作业压差/MPa
	外径	总长	最小	最大		
60.30	43.43	215.90	47.42	53.52	58.97	70
73.00	53.34	239.52	57.91	62.00		

续表

套管尺寸 /mm	桥塞尺寸 /mm		工作套管内径 /mm		坐封力 /kN	最高作业压差 /MPa
	外径	总长	最小	最大		
73.00	54.86	239.52	57.91	65.10	58.97	70
88.90	69.85	315.93	72.82	82.75		
101.60	79.25	334.77	84.84	94.79	113.4	
114.30	88.90	381.00	97.18	103.89		
114.30	94.23	381.00	99.57	115.82	136.08	
127.00						
139.70	107.70	374.65	116.33	128.19		
146.10						

注：桥塞外径为最大外径，即锁环背圈处外径；总长指中心体上端至引鞋末端长度。

4.9.2.6 自膨胀封隔器

自膨胀封隔器是采用遇油（水）自膨胀橡胶材料制造胶筒的封隔工具，与传统机械式封隔器相比，具有作业简便、裸眼适应性好、成本低的优点，主要用于分段完井、控水堵水、储层改造等应用。

（1）工具结构与工作原理。

自膨胀封隔器结构如图4.9.4所示，主要由接箍、自膨胀胶筒、限位环、基管等组成。当该封隔器下井安装完成后，自膨胀胶筒遇水或者油后膨胀，座封完成。当油管管体内端开始通入高温油体或者注入蒸汽时，油管管体受热后发生伸缩形变。当油管管体伸缩时，会带动限位环和中部限位套相对两个自膨胀胶筒上下移动，此时自膨胀胶筒两端的复位弹簧会被拉伸或者压缩，从而抵消油管管体对自膨胀胶筒的拉力，让油管管体可以再自膨胀胶筒内端上下活动，不会破坏座封的稳定性。

图4.9.4 自膨胀封隔器示意图

（2）性能特点。

自膨胀封隔器是一种依靠密封单元与井壁的过盈和工作压差式密封的自封式封隔器，其密封过程分2个阶段：胶筒在受到井壁约束的情况下持续吸液膨胀，胶筒和井壁之间产生了一定过盈，橡胶的反弹力给井壁一定的初始压力，从而产生了预密封作用，即初始过程。初封后的胶筒在验封过程中受压差作用，会整体向压力低的一侧变形，随着压力增大，胶筒变形量越大，其与井壁的接触盈利也就越大，产生的密封效果就越好。

（3）主要技术参数。

遇油/水自膨胀封隔器的主要技术参数见表4.9.7。

表 4.9.7 遇油／水自膨胀封隔器

型号（油）	YZF-73		YZF-89		YZF-101	YZF-114	YZF-127	YZF-140	YZF-178
型号（水）	SZF-73		SZF-89		SZF-101	SZF-114	SZF-127	SZF-140	SZF-178
基管公称直径/mm	73		89		101	114	127	140	178
最大胶筒外径/mm	146	110	146	110	146	146	207	207	207
胶筒长度/mm	1000、2000、3000、4000、5000、6000								
最大钢体外径/mm	146	110	146	110	146	146	207	207	207
使用最大井径/mm	160	130	160	130	160	160	224	224	224
遇油膨胀时间/d	12	12	12	12	12	12	20	20	20
遇水膨胀时间/d	7	7	7	7	7	7	12	12	12
（油）工作温度/℃	120、150								
（水）工作温度/℃	120								

参考文献

[1] 吴奇. 井下作业工程师手册 [M]. 北京：石油工业出版社，2017.

[2] 何登龙. 油田常用井下工具与修井技术 [M]. 北京：石油工业出版社，2017.

[3] 徐成均. 井下作业修井技术现状及新工艺的优化 [D]. 大庆：东北石油大学，2010.

[4] 平恩顺，李岩崎，樊震刚，等. 组合式整形打捞筒的研制 [J]. 油气井测试，2023，32（2）：49-52.

[5] 王方祥，赵增权，李龙，等. 涡轮负压式局部反循环打捞工具的设计 [J]. 中外能源，2020，25（7）：49-53.

[6] 平恩顺，赵庆杰，马克然，等. 液压复合解卡工艺技术 [J]. 油气井测试，2024，33（1）：32-36.

[7] 平恩顺，王瑞泓，樊震刚，等. 液压增力解卡打捞装置的研制及应用 [J]. 钻采工艺，2022，45（3）：99-103.

[8] Abdesselam Y A, Tazairt R, Dulic A. Increased Production and Restored Wellbore Access Using E-Line Milling Technology, With Enhanced Health, Safety and Environment[C]// SPE Nigeria Annual International Conference and Exhibition. Onepetro, 2018.

[9] 平恩顺，张明晰，裴东东，等. 连续油管解卡高频双向震击器研制与现场试验 [J]. 钻采工艺，2024，47（1）：144-148.

[10] 张金钟. 提拉式多级整形器的研究与应用 [J]. 采油工程文集，2016（2）：61-63，104.

[11] 黄满良，刘世强，张晓辉，等. 套损套变井加固补贴工艺 [J]. 石油钻采工艺，2005，（S1）：85-86，89，98.

[12] 郝富昌，刘士军，张宝晶，等. ϕ110mm 燃气动力密封加固器的研制 [J]. 石油天然气学报（江汉石油学院学报），2005（S6）：951-953.

[13] 张建兵，赵海洋. 油气井膨胀套管技术 [M]. 北京：石油工业出版社，2015.

[14] Caccialupi A, Benzie S A, Filippov G. Use of Coiled Tubing Deployed Expandable Technology in Sidetrack Drilling Operations[C]//2012 SPE Coiled Tubing & Well Intervention Conference and Exhibition: Society of Petroleum Engineers, 2012: 1-5.

[15] 刘言理, 聂上振, 齐月魁, 等. 套损井多次补贴用可变径膨胀锥设计与性能分析[J]. 石油钻探技术, 2017, 45(5): 78-83.

[16] 黄守志, 杨晓莉, 李涛, 等. 基于铜密封的耐高温膨胀管套管补贴技术[J]. 科学技术与工程, 2015, 15(2): 202-205.

[17] 曾立桂. 火驱稠油井膨胀管补贴技术研究与应用[J]. 石油机械, 2017, 45(4): 90-93.

[18] 李涛. 高温高压套损井膨胀管修复技术[J]. 石油勘探与开发, 2015, 42(3): 374-378.

[19] 强杰, 齐月魁, 刘雪光, 等. 膨胀管补贴技术在大港油田的应用研究[J]. 石油机械, 2021, 49(9): 105-112.

[20] 车家琪, 王旱祥, 张砚雯, 等. 磨粒布齿角度对旋进式修井磨鞋工作特性影响规律[J]. 石油学报, 2023, 44(10): 1727-1738.

[21] 李洪方, 石磊, 林家昱, 等. 多刀翼领眼磨鞋的设计与应用效果[J]. 重庆科技学院学报(自然科学版), 2020, 22(3): 41-43.

[22] 刘志尧, 姚志广, 卢秀德, 等. 双向水眼自动换向磨鞋的研制与应用效果评价[J]. 钻采工艺, 2023, 46(3): 117-122.

[23] 刘刚, 曹阳, 熊昕东. 小切割弹切割修井技术及应用[J]. 西部探矿工程, 2012, 24(3): 72-73, 80.

[24] 赵传伟, 张辉, 吴仲华, 等. 井下管柱电控切割工具的研制与试验[J]. 石油机械, 2020, 48(12): 117-122.

[25] 叶文勇, 胡东锋, 王思凡. 井下电驱切割油管工具研究与试验[J]. 石油机械, 2023, 51(2): 93-100.

[26] 周刚, 饶志刚, 刘润, 等. RCT精准切割技术在修井作业中的应用[J]. 石油石化物资采购, 2022(16): 67-69.

[27] 徐太保, 肖泽蔚. 径向切割技术在海上气田修井作业中的应用[J]. 石油工业技术监督, 2020, 36(12): 1-5.

[28] 席仲琛, 张永红, 曹欣. 机械倒扣器在水平段倒扣打捞作业中的应用[J]. 钻采工艺, 2017, 40(2): 102-104.

[29] 徐克彬, 马昌庆, 邹余明, 等. 液压倒扣器在水平井、斜井修井中的应用[J]. 石油机械, 2010(9): 56-58, 88.

5 常规大修工艺技术

常规大修技术主要解决油气水井落物卡阻、套管变形和错断、套漏修复、封堵封窜等问题。国外油气藏地质条件普遍较好，开发方式简单、层系单一，套管变形轻微、落物种类少，修井难度相对较小。国内各油气田井网层系复杂，多种驱替方式并存，控压差和防水窜难度大，导致井筒环境日益复杂，套损井数量居高不下，疑难井比例逐年增加[1]。近几年，常规大修领域围绕现场实际问题，加大攻关力度，在解卡打捞、套管整形、套管补贴加固、堵漏封窜、取换套、疑难套损井打通道、废弃井永久性封井等工艺技术方面取得了一些新进展，常规大修技术水平不断提升，严重套损（通径 70mm 以下）错断井打通道等疑难复杂大修作业成功率得到大幅提升。

5.1 解卡打捞工艺技术

解卡打捞是通过一系列技术方法解除工艺管柱卡阻并选用合适打捞工具将井内落物捞出的一项综合性修井工艺技术。经过多年的研究，目前已形成标准化、系列化打捞工具和工艺技术。

5.1.1 解卡工艺

井下卡阻一般可分为砂卡、蜡卡、水泥凝固卡、落物卡和套损卡五类。选择解卡方法时需分析卡阻类型和位置。常用解卡方法有清蜡解卡法、活动管柱法、倒扣法、切割法、震击法、套磨钻法（图 5.1.1）、负压抽吸震击法、液压复合解卡法等[2]。下面重点介绍套磨钻法、负压抽吸震击法、液压复合解卡法 3 种解卡工艺。

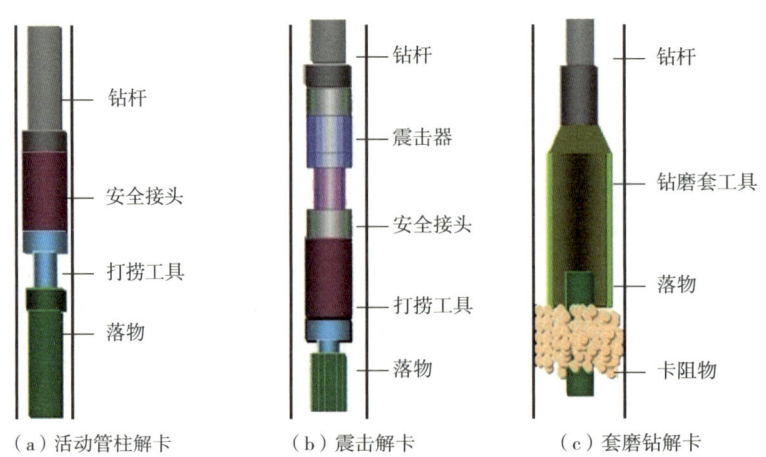

图 5.1.1　常见解卡方式示意图

5.1.1.1 套磨钻法解卡

(1)管柱结构与工艺原理。

套磨钻法解卡的管柱结构自下而上:套磨工具+安全接头+(打捞杯)+(扶正器)+钻杆+方钻杆。其工艺原理是将卡点以上的管柱取出,然后用套铣筒套铣被卡管柱和井壁之间的环空卡阻物,使被卡管柱解卡。当套管内径小或被卡管柱直径较小时,可用磨鞋将被卡管柱连同卡阻物一同磨掉,配合磁铁打捞器或反循环打捞篮捞净碎铁屑。

(2)技术要求。

①选择适宜的套铣、磨铣工具,其外径应小于套管内径4~6mm,连接螺纹完好,水眼畅通。

②套铣、磨铣过程中送钻均匀,观察钻压、扭矩及泵压变化,无进尺、泵压升高或憋泵、蹩钻等时,应停钻,上提钻具并及时分析原因。

③套铣、磨铣完成后应大排量循环洗井,将井内砂粒、铁屑等杂物返至地面。

5.1.1.2 负压抽吸震击法解卡

(1)管柱结构与工艺原理。

负压抽吸震击法解卡的管柱结构自下而上:打捞工具+高频对撞器+震击器+钻杆。其工艺原理是配合打捞管柱向井内注入氮气等低密度介质,使井筒产生局部负压,同时返排过程中使用震击器辅助震击实现解卡的方法。适用于大直径工具砂卡井。工艺流程如图5.1.2所示。

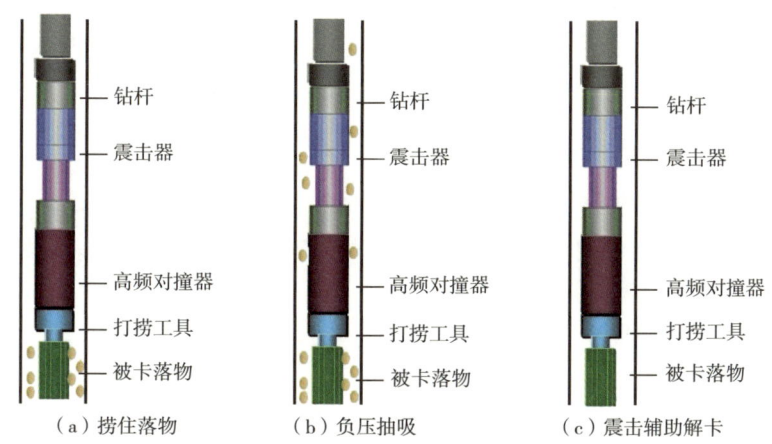

图 5.1.2 负压抽吸震击解卡流程

(2)工艺流程。

①下负压抽吸震击管柱捞住落物。

②连接地面管线。自井口至地面旋塞阀+冲砂弯头+高压水龙带(承压35MPa以上)+三通(旁通过闸门接管线至泵车,直通过单流阀接管线至氮气储能罐)。

③交替向井内注入氮气及清水,氮气和清水通过对撞器产生高速射流形成负压区,使落物泥砂在地层压力驱动下向上抽吸返排。

④在泥砂返排中配合震击器辅助震击实现解卡。

5.1.1.3 液压复合解卡

(1)管柱结构与工艺原理。

如图5.1.3所示,液压复合解卡的管柱结构自下而上:可退式捞矛/可退式捞筒+安全接头+震击器+加速器+液压增力器+锚定悬挂器+循环阀+油管。其工艺原理是应用液压增力打捞器并配套震击器、加速器等工具，形成液压复合解卡工艺，具备液压增力解卡和液压增力震击解卡两种功能；采用锚定悬挂器和液压增力器替代了上提负荷，可快速提供上提拉力和上提速度，降低了地面负荷要求，小吨位设备也具备大力震击解卡的能力[3]。

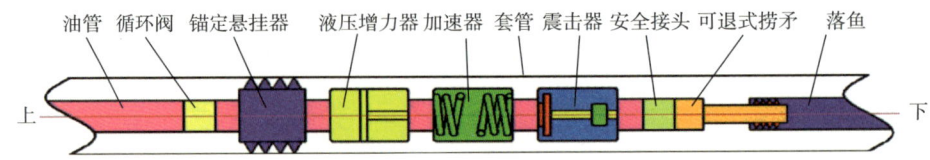

图 5.1.3 液压复合解卡工艺管柱

（2）工艺流程。

①进行常规上提震击解卡。缓慢上提负荷打开震击器，然后过提负荷，如未解卡将管柱下压原悬重，使震击器关闭，反复进行常规上提震击解卡。

②进行液压增力解卡。震击器打开状态下（但不再起作用），通过油管正打压将锚定悬挂器锚定在套管内壁；然后逐级提高压力至工作压力，液压增力器多级增力机构上行通过可退式捞矛提拉落鱼，如遇压力突降，表明落鱼已经移动，则可判断解卡成功。

③进行液压增力震击解卡。将管柱下压原悬重，使震击器关闭（复位），以最大排量快速打压至工作压力，使液压增力器快速带动加速器，打开震击器。

④反复循环多次使用两种功能的复合解卡工艺，直至解卡成功，打捞出落鱼。

5.1.2 打捞工艺

对于管类、杆类、绳缆类、小件落鱼等落物已形成标准化、系列化打捞工具，也可根据井内落物情况现场自制专用打捞工具。本节重点介绍电泵井打捞、射孔枪打捞、组合式解卡打捞 3 种工艺。

5.1.2.1 电泵井打捞

（1）特色方案。

如图 5.1.4 所示，电泵主要由电缆、分离器、保护器、泵和电动机等组成。电泵井的结构复杂，其打捞存在内捞无通道、外捞工具尺寸受限等问题。

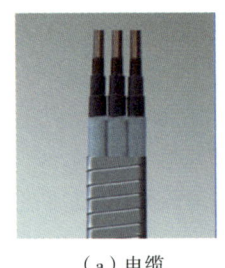 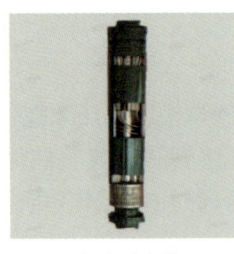  

（a）电缆　　　　　（b）分离器　　　　（c）保护器　　　（d）泵、电动机

图 5.1.4 电泵组件实物图

按照电泵井不同组件尺寸，设计了专用打捞工具（表 5.1.1），应用清蜡解卡、管内切割、套铣解卡、逐段打捞等工艺技术，实现高效打捞电潜泵。

表 5.1.1 电泵井组件规格及推荐打捞工具表

电泵井组件	规格	推荐打捞工具
测压阀	外径 ϕ90mm、长度 400mm	接箍捞筒（ϕ89mm）、母锥（ϕ62mm~97mm）
单流阀	外径 ϕ89mm、长度 200mm	接箍捞筒（ϕ89mm）、母锥（ϕ62mm~97mm）
离心泵	外径 ϕ101mm、长度 6000mm	母锥（ϕ107mm）
分离器	外径 ϕ98mm、长度 800mm	特制母锥（ϕ103mm）
保护器	外径 ϕ98~100mm、长度 600mm	特制母锥（ϕ103mm）
电动机、捅杆	外径 ϕ114mm、长度 6~7m	定位套铣筒（ϕ100mm）、特制母锥（ϕ103mm）、捞矛（ϕ58mm）、捞矛（ϕ95mm）

（2）工艺流程。

①采用连续管在油管内洗井清蜡，洗井至电动机以上。采用 70℃以上的热水反循环热洗清蜡，泵压 10~18MPa，排量 0.2m³/min，有注入量方能洗通。

②在电动机以上或卡点位置以上合适位置切割油管和电缆。将切割后的以上管柱整段取出，避免电缆落井造成井况复杂。

③如有电缆落井，采用活齿外钩、内钩、组合钩等工具捞净电缆。如电缆堆积成饼状，用 ϕ58mm 小螺杆钻进后再下活齿外钩打捞。

④采用 ϕ100mm 定位套铣筒套铣电机 15~20cm，清理电动机上部环空。

⑤采用加工特制的 ϕ103mm 母锥，打捞电机上接头。

⑥下 ϕ58mm 捞矛打捞电机内部组件；下 ϕ95mm 捞矛打捞电动机壳体。

5.1.2.2 射孔枪打捞

（1）特色方案。

射孔枪外环空间隙小，厚壁套铣工具不适用，创新研制变径套铣头、波浪套铣头和双级扣套铣筒等高强套铣组合工具，套铣头与套铣筒采用螺纹连接，更换方便。套铣过两级射孔枪连接接头，对套铣出的射孔枪进行倒扣，实现枪身不散、整体打捞。工艺流程如图 5.1.5 所示。

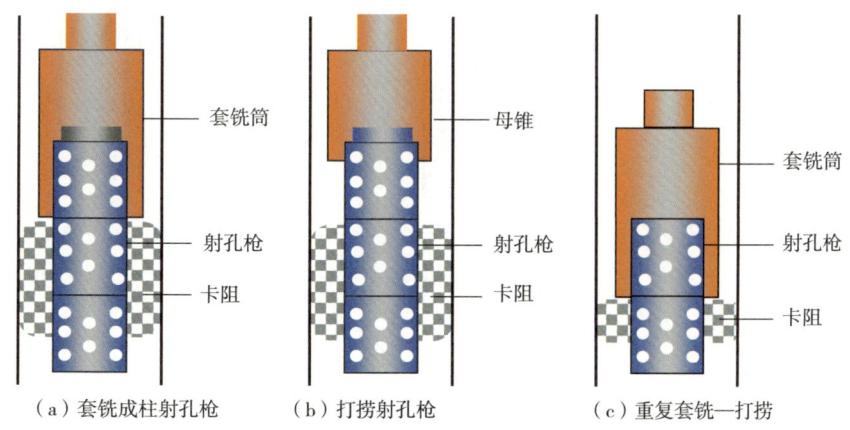

图 5.1.5 射孔枪打捞工艺流程

套铣管柱自下而上为可拆卸薄壁高效套铣头 + 双梯内外螺纹连接薄壁套铣筒（2 级）+ 安全接头 + 钻杆 + 方钻杆；打捞管柱自下而上为打捞工具 + 安全接头 + 钻杆。

（2）工艺流程。

①下套铣管柱预探卡点，若未卡长度大于1柱枪身，则成柱倒扣打捞射孔枪。

②如果卡点深度在一柱射孔枪长度内，则采取套铣技术措施，套铣至井内第一柱射孔枪以下1m，倒扣打捞射孔枪。

③重复以上步骤直到落物全部捞出。

④如果有散件落物，采用套铣头+开窗捞筒的套捞一体化管柱进行打捞。

5.1.2.3 组合式解卡打捞

（1）特色方案。

通过创新研发套铣打捞组合接头、外双级扣螺纹连接冲砂套铣筒、套铣筒下端双级扣连接套铣头等工具，实现一次套铣打捞施工，其成本低、效率高、免焊接，目前已广泛应用于压裂砂卡及吐砂井。工艺流程如图5.1.6所示。

（2）管柱结构。

常规套铣外捞管柱结构自下而上为套铣头+套铣筒+母锥+套铣筒+接头；复杂井外捞管柱结构自下而上为套铣头+套铣筒+母锥+套铣筒+套捞一体接头（内连接水眼捞矛或活齿外钩）。具体管柱结构，应结合现场情况灵活调整。

（3）工艺流程。

①根据现场需要连接一定数量的套铣筒，套铣冲砂直至卡点深度，以满足倒扣打捞需求。

②下放管柱，利用母锥、捞矛或活齿外钩进行打捞，期间可以继续大排量冲砂活动管柱，如需进行内循环冲砂，则可通过排量转换棒改变冲砂液流向。

③重复以上步骤直到落物全部捞出。

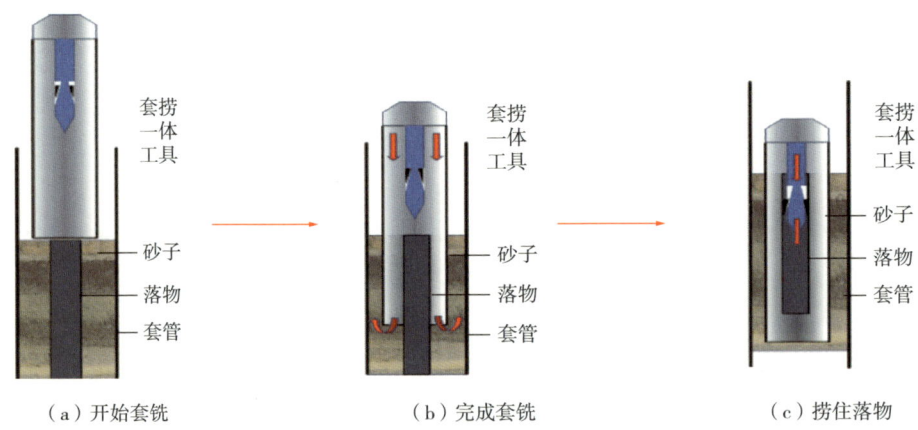

图 5.1.6 套铣打捞工艺流程图

5.2 套管整形工艺技术

套管整形是一种通过整形工具使变形套管扩径恢复通径的工艺技术，主要有机械整形、液压整形和爆炸整形三大类。机械整形工艺技术主要包括冲胀碾压整形工艺和磨铣扩径整形工艺,其中冲胀碾压整形工艺常用工具有梨形胀管器、旋转震击整形器、偏心辊子整形器、三锥辊套管整形器[4]。各种套管整形工艺技术的优缺点见表 5.2.1。下面重点介绍磨铣扩径整形、液压整形、机械液压复合整形工艺技术。

表 5.2.1 各种套管整形工艺优缺点对比表

工艺类型	优缺点
梨形胀管整形	优点是施工操作简便、价格低廉;缺点是要完成套管变形部位的整形复位作业,通常需要从小到大依次更换不同型号的锥头,所以必须不断起钻和更换梨形锥头作业,并且采用梨形胀管器整形对套管变形部位及其管外水泥环的损伤极大
旋转震击整形	通过旋转钻柱来实现对工具提供震击力,与梨形胀管整形相比,不需要反复不断起放钻柱和更换锥头,就可实现连续进行冲击修井作业,达到修复变形套管的目的;其缺点是对于变形量较大的套损井也需要多次起放钻柱;且需要熟练的操作技术和始终开启泵进行循环冷却,操作不当或冷却不到位都很容易造成整形工具的破坏,使修复成本增大
偏心辊子整形	与梨形胀管整形相比,极大地降低了起下钻柱和更换锥头的次数,不存在卡钻和顿井口等安全隐患问题。每次整形复位都可恢复到套管原始通径尺寸的 98% 以上,若操作娴熟老练,工具尺寸选择合理,则可恢复到套管原始通径;其缺点是只适用于变形套管通径在 100mm 以上的套损井,且由于在整形过程中偏心轴所受弯矩较大,容易发生断裂现象,因而现场很少使用
三锥辊整形	对修复套管、管外水泥环有很好的保护作用,不但套管内壁不会出现刮磨损伤现象,而且对管外水泥环也不会被挤压而破坏;其缺点是锥辊和销轴很容易断裂,因此现场也较少使用
滚珠整形	其缺点主要是滚珠在锥形外套上的槽沟里不断滚动并且循环,这样很容易使得滚珠在套管变形量较大的地方进行打滑并出现滚珠脱落现象;在整形过程中该整形工具通过变形井段,回收时可能会出现卡住该整形工具而造成卡钻事故,因此不太适宜对较大变形套管进行连续整形
磨铣扩径	常规的梨形磨鞋和铣锥,在有套变的情况下,修套磨铣的过程中容易将套管磨坏造成套管开窗,同时需要牺牲套管原始壁厚及影响套管强度,施工复杂、周期长、费用高
爆炸整形	存在炸药的量很难把握,极大地增加药量爆炸对套管造成损伤,甚至出现报废的现象;引爆方式选择困难,因为引爆方式的选择正确与否,决定了整形修复的效果的好坏;炸药、雷管属于易燃易爆危险品,在贮藏、运输和施工中都不排除存在一定的危险性

5.2.1 磨铣扩径整形工艺

5.2.1.1 常规磨铣扩径整形工艺
(1)管柱结构与工艺原理。

磨铣扩径整形的管柱结构自下而上:磨铣工具+扶正器+安全接头+钻铤+钻杆+方钻杆。其工艺原理是在一定转速和钻压下,利用磨铣工具的硬质合金切削掉套管变形或错断通径小的部分,达到快速恢复套管内通径尺寸的目的。

磨铣扩径工具主要分为磨鞋、铣鞋、铣锥三大类,其中磨鞋扩径工具主要有平底、凹底、领眼、梨形等形式磨鞋;铣鞋扩径工具主要有复合式、刮刀式和外齿式等形式铣鞋;铣锥扩径工具主要有锥式、柱式和组合式等形式铣锥。

(2)工艺流程。

①将大于变形套管 2mm 的磨铣工具下至变形套管以上 1~2m,记录管柱悬重,开泵循环,预探变形套管顶点,并在钻柱方余长度做好记号。

②上提后缓慢下放钻具,磨铣变形套管壁,逐渐打开通道。当工具能顺利通过,反复划眼,直至无夹持力后,更换下一级差磨铣工具,直至最后一级磨铣扩径结束。

5.2.1.2 扶正磨铣套管整形工艺

针对常规磨铣修套工具在磨铣过程中容易将套管磨坏造成套管开窗的问题，开展了扶正磨铣套管整形工艺研究[5]，研制的扶正磨铣套管整形器的扶正部分确保在修套过程中不走斜、不开窗，使套管得以修复。

（1）结构与工艺原理。

扶正磨铣套管整形器主要由磨铣、扩径磨铣和扶正三部分组成。其中磨铣部分主要由镶有硬质合金块的锥形铣鞋组成；扩径磨铣部分主要由扩径磨铣块、芯轴锥体、径向弹簧和芯轴组成；扶正部分主要由弹簧、扶正块和滑套组成。

其原理是当扶正磨铣套管整形器下放到套变位置时，连接好方钻杆转动管柱正循环冲洗磨铣，管柱带动锥形铣鞋转动，磨铣整形套变位置。当压力达到设定值后，因芯轴的内通径小，入井流体通过时产生增压节流作用，对芯轴端面产生径向推力，压缩径向弹簧推动芯轴向下移动。在芯轴锥体的斜面作用下推动扩径磨铣块向外扩张，外径变大对套管内壁进行扩径磨铣并起到辅助扶正作用。此时扶正块在弹簧的作用下支撑在套管内壁上，滑套因扶正块的作用不旋转，对工具起到轴承支撑扶正作用。当磨铣整形通过后停泵，流体对芯轴端面产生的径向推力消失，径向弹簧推动芯轴上行，带动芯轴锥体上行，扩径磨铣块回缩，上提管柱起出工具。

（2）工艺特点。

①扩径磨铣部分是扶正磨铣套管整形器的关键部件。当锥形铣鞋磨铣通过后，扩径磨铣块开始磨铣套管变形部位。由于芯轴前端是锥形结构且芯轴内腔通径小，对磨铣液体产生节流作用，推动芯轴下移，将扩径磨铣块推出，推出的径向大小决定于地面泵压力和弹簧的双重调节，这样就可以根据井的磨铣具体情况，随时灵活调节。

②对变形套管磨铣做到"温和"磨铣，再利用扶正块和滑套的轴承支撑扶正作用，来减小和限制钻具弯曲产生的增斜力。

③扩径磨铣块锥形铣锥磨过后，再进一步扩径修整磨铣，并有辅助扶正的作用，确保锥形铣鞋按钻具磨铣设计轨迹，始终处于套管内，确保套管不开窗。

（3）工艺流程。

①将扶正磨铣套管整形器连接在管柱最下端。

②离套变位置1~2m后，开泵正循环冲洗，缓慢旋转并缓慢下放管柱。当悬重有下降显示，表明工具已加压到套变位置。

③转动管柱并正循环冲洗，平稳钻压5~30kN，转速60~100r/min，保持泵压6~10MPa，排量20~25m³/h。

④磨铣进尺0.5m左右时，上提管柱重复划眼磨铣，反复几次后，再无遇阻显示，重复步骤③和④。

⑤磨铣至下放管柱无明显遇阻显示，洗井至进、出口一致，起出管柱。

5.2.2 液压套管整形工艺

液压套管整形可有效提高修复套管的效率、降低修复套管的成本。下面介绍液压滚珠变径套管整形、液压分级变径套管整形、液压辊旋变径套管整形3种工艺[6-7]。

5.2.2.1 液压滚珠变径套管整形工艺

（1）管柱结构与工艺原理。

液压滚珠变径套管整形工艺管柱由滚珠变径整形器、液压增力装置、液力锚定装置、泄压装置组成（图5.2.1）。

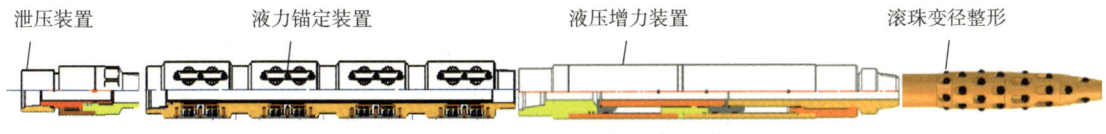

图 5.2.1 套管液压滚珠变径整形管柱结构示意图

其工艺原理主要有两个方面：一是将工艺管柱下入套变位置处，通过地面打压，液力锚定装置锚住套管。与此同时，液压动力装置产生向下动力载荷，推动滚珠变径整形器对套变处实施整形；二是当滚珠变径整形器下至套变处时，在液压增力装置向下推力作用下，滚珠沿斜槽向上，产生向外张力，迫使变形套管向外扩张，达到整形目的。

（2）工艺流程。

①将适宜的整形器下至变形套管以上1~2m，降低钻具下放速度，记录管柱悬重，轻探遇阻，根据夹持力情况判断引锥部分能否进入变形点。要求整形前需充分循环冲砂，尽量减少井内杂物；下入过程中确保螺纹上紧、上牢，打压过程中无刺漏现象。

②使引锥部分进入变形点，打压锚定后逐渐提高泵压，推动整形器挤胀套管，稳压后，上提管柱打开液压开关，泄压至0后，重复本操作，直至通过变形点。工具最大外径通过变形段后，要稳压3~5min，确保整形效果。

5.2.2.2 液压分级变径套管整形工艺

液压分级变径套管整形工艺是在液压滚珠变径套管整形工艺基础上，将不同外径尺寸的滚珠变径整形器进行串联，可实现一趟管柱对套变处进行逐级整形，具有整形范围大、施工工序简化等特点，大幅度降低作业成本。

整套工具管柱组成与液压滚珠变径套管整形工艺相似，唯一不同的是变形整形器，其分级变径整形器进一步扩大了滚珠变径整形器整形范围，主要有两部分构成，上整形体和下整形体，整形体采用滚珠变径整形器原理设计，上下整形体由螺纹连接，工作时用管柱将套管整形装置送到井下套变部位，利用管柱施加压力，推动套管整形装置向下移动。

5.2.2.3 液压辊旋变径套管整形工艺

液压辊旋变径套管整形工艺与前两种整形工艺相似，不同的是将滚珠变径器变成辊旋变径整形器，辊旋变径整形器主要由上接头、中心杆、挡帽、外套筒、扶正弹簧、定位轴及辊子构成。其中辊子为短圆柱辊子，柱体具有一定弧度，可贴合套管内壁，保证套管不被辊子所损伤。

5.2.3 机械液压复合整形工艺

针对梨形胀管器整形技术难应用于近井口井段、液压整形技术单次整形的长度有限等问题，将梨形胀管器工艺和液压套管整形工艺相结合，创新了机械液压复合套管整形工艺技术[8]。

（1）管柱结构与工艺原理。

机械液压复合套管整形工具主要由高强度合金钢多级胀头、加长管柱（选配）、液压增力器、水力锚、安全泄压装置等部分组成（图 5.2.2）。

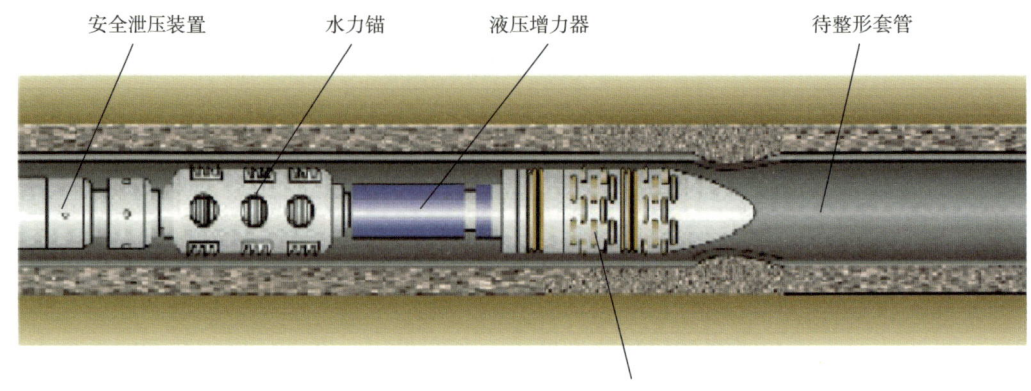

图 5.2.2　机械液压复合套管整形工具示意图

其工艺原理是：地面开泵打压，当泵压大于压力阈值时，水力锚锚爪张开并锚定在套管的内壁上，液压增力器对高强度合金钢多级胀头施加垂直向下的作用力，高强度合金钢多级胀头内的芯轴杆向下运动，使径向活塞沿径向挤胀同时胀头本体向下运动对缩径井段进行修复。当泵压小于压力阈值，管柱即能下行的情况，将高强度合金钢多级胀头当作梨形整形器使用，利用管柱的重量机械整形。

（2）工艺特点。

①采用高强度合金钢多级胀头，该胀头由圆锥引鞋胀头、高强度钢珠、多级圆柱本体、提升短节等构成，依靠径向活塞推力使套管发生塑性变形，利用工具径向密布的钢珠对发生塑性变形的套管进行碾压，将其修复成圆形。工具分为三级，每级直径相差 2mm。

②为了避免锚定管柱下入射孔井段，高强度合金钢多级胀头上面连接了一段加长管柱。加长管柱为钻铤、钻杆等高强度管材，加长管柱长度根据实际情况决定（原则是水力锚爪不能通过套管射孔顶界）。

5.3　套管补贴加固工艺技术

及时有效地封堵和加固破损的套管是保证油气田持续开发和生产的重要技术措施。近年来，膨胀管补贴加固技术由于具有内径缩径小、承压高、寿命长，长井段补贴、连接简便、无需充填其他介质，适应性强、修复性高、加固性好等特点[9-10]，得到了越来越广泛的应用。常规膨胀管补贴加固施工工艺包括井眼准备、通井、定径刮管、下膨胀管、打压胀管、钻下丝堵、试压等步骤。近几年，为满足日益复杂的套管补贴加固的需求、提高施工效率，膨胀管补贴加固工艺不断创新。下面重点介绍薄壁大通径膨胀管补贴工艺、胀捞一体膨胀管补贴工艺和异径管膨胀补贴工艺。

5.3.1 薄壁大通径膨胀管补贴工艺

随着以射孔段封堵、套管漏失修复、井筒腐蚀穿孔封堵为代表的油井老井井筒修复工作日益增多，传统膨胀管补贴存在补贴后通径小（以内径 ϕ124.26mm 套管为例，补贴后通径在 ϕ108mm 左右），导致常规完井工具难以下入、无法在补贴段以下二次补贴等弊端，为此研发了一种薄壁大通径膨胀管技术[11-12]，完善了膨胀管补贴工艺技术体系，为老井二次开发提供了新的大通径井筒修复手段。

（1）管柱结构。

薄壁大通径膨胀管补贴管柱结构自下而上主要包括多级液缸底堵、泄压开关、外置多级液压缸、外置膨胀锥、下中心管、安全接头、上中心管、锁紧器、锚定器组、提升短接、接箍等。膨胀锥往上、锁紧器以下的中心管和锁紧器之外套有未膨胀的膨胀管管体，未膨胀的膨胀管管体外的特定位置带有多道橡胶或软金属悬挂密封圈。

与原有的内置胀锥型膨胀管相比，本薄壁大通径膨胀管补贴装置采用了外置膨胀锥结构设计，取消了常规膨胀管补贴所需的胀锥发射腔和底堵部分，膨胀管管体直接坐在膨胀锥锥面上，依靠膨胀锥底部的液缸推动胀锥上行胀开膨胀管。该项设计可以充分利用待补贴段井眼内径、最大程度上加大膨胀锥尺寸，实现补贴后补贴段通径最大化。

（2）工艺原理。

将预制好悬挂密封圈的膨胀管通过中心管连接，坐于多级液压缸上的膨胀锥锥面上，采用单向锁紧器将膨胀管固定于膨胀锥和中心连接管之间。该薄壁大通径膨胀管的整个胀管补贴过程，可大致分为对挤胀管和锚定胀管两步：

①对挤胀管：由井口经送入管柱内向多级液缸内打入高压液体，利用打压时多级液压缸中心杆产生的回缩力带动膨胀锥和多级液压缸上行，对膨胀管产生向上的挤压力。因单向锁紧器固定于膨胀管上端口，与中心连接管产生向下的锁紧作用，限制膨胀管不能上移，在膨胀锥和锁紧器之间，对膨胀管形成对挤作用。随着注入液体压力不断升高，液缸对膨胀锥的上推力加大，因膨胀锥锥面对膨胀管本体的扩张作用，促使膨胀锥将膨胀管本体胀开，并紧贴于套管内壁上。当液压缸带动膨胀锥上行一个行程后，停泵泄压，单向锁紧器解锁；继续上提液压中心杆至一个行程长度，进行二次打压胀管，完成第二阶段补贴作业；如此反复多次，直至多级液压缸中心杆不能再被提出一个完整行程为止。

②锚定胀管：当多级液压缸中心杆不能完全拉出时，地面正转油管 15~20 圈，单向锁紧器与膨胀管本体倒扣松开，继续上提管柱将多级液压缸中心杆再次拉出一个完整行程；继续打压胀管，因单向锁紧器上端连接有锚定器，打压的同时，锚定器锚爪伸开并锚定于套管内壁上，对中心连接管具有悬挂作用，使中心连接管不能下移，又因下部膨胀管经多次膨胀已完全贴合并固定于套管内壁上，膨胀管本体无法上移，多级液压缸带动膨胀锥完成全部膨胀管胀管过程。

（3）工艺特点。

①选用不锈钢材料 ZP05 作为补贴管的管体材料。该管材具有抗拉强度高（其经 8% 膨胀，膨胀前后均接近 1GPa）、屈强比（屈服强度与抗拉强度的比值）低（膨胀前 0.38、膨胀后 0.58）、延伸性能好（膨胀前后均在 40% 以上）等诸多特点，表现出了良好的强塑

性和加工硬化性能，有效解决了常规膨胀管不耐腐蚀、易生锈的缺点，满足了薄壁（壁厚约 4mm）、大通径（补贴后通径比原套管内径减少要 ≤ 8mm）膨胀管补贴的技术需求。

②通径大、上下通径一致。对于内径为 ϕ124.26mm、ϕ121.36mm 的基础套管，施工后补贴段的通径分别在 ϕ116mm、ϕ114mm 以上，抗内压能力与经传统方式补贴后持平，有效满足了常规井下工具的后续下入需求，且没有传统膨胀管补贴后存在的原胀锥腔的细脖子，实现了真正意义上的套管大通径补贴修复。

③施工压力低、与补贴段的井深无关：正常施工压力 12~18MPa，最大施工压力 25MPa；胀管时上部管柱保持不动，管柱悬重对施工压力无影响。

④一趟管柱下井即能完成全部胀管补贴；因没有下封头装置，无须钻铣或打捞。

⑤设有安全接头，卡胀时液压缸及胀头与上部管柱可以分离，并能脱离膨胀管，对于处理膨胀管和打捞落井液压缸的工序，相对简单可靠。

⑥首次大通径膨胀管补贴后，可进行下部套管损坏井段的二次膨胀管补贴，弥补了传统膨胀管首次补贴后不能进行再次补贴的缺陷，抗内压能力与经传统方式补贴后持平。

（4）工艺流程。

①确定膨胀管长度及待补贴井段的上下端位置后，若井筒破损或封堵段无缩径或变形，先用与补贴段等长的通井规通井，至补贴段以下为止，后下入定径刮洗器在补贴段上下各 5m 井段反复刮洗；若补贴段存在缩径或变形，则需先钻铣或整形至原井筒通径以上，后再下入定径刮洗器反复刮洗相应井段。

②在井口分别连接组配及下入该薄壁大通径膨胀管补贴装置。

③采用外加厚油管将整个膨胀管组合装置准确下至设定的膨胀管补贴下端口位置，保持原悬重不动，将油管和井筒灌满清水，使管柱内外压力平衡。

④启动泵车注入高压流体，当泵压稳定在某一数值和井口连续少量返水后，说明液压缸已完成第一个胀管行程。泄压归零，按设定高度（一个液压缸带动膨胀锥上行行程）上提管柱；后继续开泵打压，待泵压稳定且井口再次连续少量返水后，液压缸完成第二胀管行程，再次停泵泄压，按设定高度（一个液压缸带动膨胀锥上行行程）上提管柱；继续多次打压—返水—停泵泄压—上提管柱流程，直至上提管柱遇阻、多级液压缸中心杆不能再被提出一个完整行程，完成对挤胀管作业阶段。

⑤正向旋转油管管柱使单向锁紧器与膨胀管本体倒扣松开，按设定高度（一个液压缸带动膨胀锥上行行程的剩余距离）上提管柱后，继续打压—返水—停泵泄压—上提管柱流程，直至井口突然大量返水，上提管柱超过设定高度，说明已完成膨胀管全部胀管过程。

⑥将井内液压缸胀管系统和油管管柱提出井筒。

⑦若部分射孔段未封闭，下封隔器对补贴井段关井试压；若射孔段已全部封闭，则全井筒试压。

⑧通井验证通过性。

5.3.2 胀捞一体膨胀管补贴工艺

常规膨胀管补贴技术在现场作业之后需要下入工具磨铣掉底堵，以保证井眼畅通。在一些特殊的井中是不允许有任何落物掉入井底的，而一些油田的修井作业条件相对较差，普遍采用螺杆钻，导致磨铣时间太长。为提高作业效率，降低作业成本，研制了胀捞一体化膨胀管补贴技术，如图 5.3.1 所示。膨胀锥与光杆相连，当膨胀过程结束后，光杆恰好卡在底堵上，将具有收缩功能的底堵提出膨胀管，实现膨胀提捞同时进行。具体来说，其利用的是弹簧抓的收缩原理，将其卡在膨胀管发射腔内台阶处，使底堵只能单向移动，实现可捞功能。

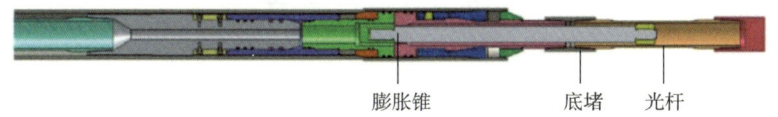

图 5.3.1 胀捞一体化膨胀管结构

5.3.3 异径管膨胀补贴工艺

异径井筒上部套管尺寸较大，下部套管受尾管悬挂器等工具结构限制尺寸较小，存在一个明显的台阶。为了解决套管在变径位置修复难度大、成功率低的难题，同时考虑后续压裂及生产需求，采用膨胀管补贴技术对异径套损井筒进行修补。常规膨胀管技术只能对单一内径套管进行补贴，因此需要进行多次补贴作业完成异径套管修复，这就对膨胀管的质量和施工精度要求极高，某一点的误差都可能导致整个补贴作业的失败。此外，对于错段位置上下套管不居中以及上下套管内径相差较大等情况，该方案也不适用。鉴于双次膨胀补贴方案使用条件受限，设计了一种异径井筒专用补贴工具[13-16]，同时具备补贴两种不同尺寸套管的能力，通过一次补贴即可完成异径井筒的修复。

（1）管柱结构。

如图 5.3.2 所示，异径管膨胀补接工具主要由 2 个尺寸不一的膨胀锥、直径依次增大的小膨胀管、过渡管和大膨胀管 3 段管体组成。

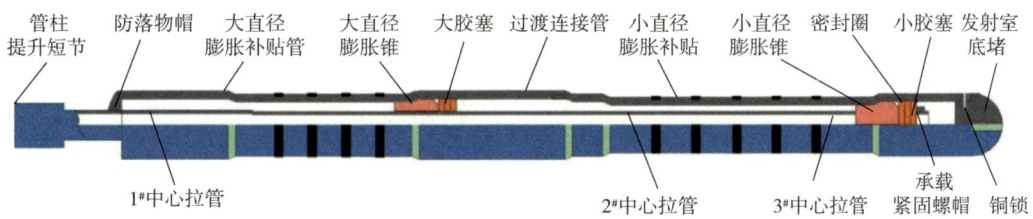

图 5.3.2 异径管膨胀补接工具结构图

（2）工艺原理。

其工艺原理可分为以下 3 个阶段：

①小直径补贴管膨胀补贴。通过地面打压，当发射室内压力达到工作压力后液压推动小直径膨胀锥上行实现补贴。大直径膨胀锥内置在（大直径）膨胀补贴管内与中心管存在间隙，受膨胀管尺寸限制保持不动。

②过渡连接管部分。过渡连接管两端与两种不同尺寸的膨胀补贴管相连接，过渡连接管内径大于小直径膨胀锥，当小直径膨胀锥进入过渡连接管内，高压液柱压力突降。通过上提管柱带动小直径膨胀锥继续上行，泵压开始上升表示小直径膨胀锥嵌入到大直径膨胀锥下部大胶塞内。

③大直径尺寸膨胀管补贴。此时，通过打压和上提管柱使大小膨胀锥同时上行，实现上部套管的补贴。

5.4 堵漏封窜工艺技术

随着油田进入中后期开发，由于油藏、地质、工程等条件的变化及油水井的自然老化、各种增产、增注措施的实施，套管漏失、套外窜槽等现象普遍存在，因此需要对该类井进行堵漏封窜。相比与套管补贴等机械封堵方式，利用化学堵剂进行封堵的最重要优势在于后期通过钻塞等方式能恢复套管内通[17-18]。

5.4.1 封堵工艺

通过挤注管柱向窜漏层位、孔道以一定的压力及排量挤入高强度堵剂，待堵剂凝固后，将井筒内多余堵剂钻磨掉，实现堵漏封窜的目的。根据井况的不同，可选用油管挤入法、封隔器法等方法。

油管挤入法适用于窜漏层位复杂或套管破损不易下入封隔器。采用注悬空水泥塞的方式将待封层与下部层段隔开，油管下至待封层后自管内注入堵剂，当堵剂挤至管柱根部时，关套管闸门将堵剂挤入待封层。挤完堵剂后，正反替清水至待封层，关油、套闸门带压候凝。

常规封隔器封窜管柱自下而上由单流阀、球座、节流器、水力扩张式封隔器和油管组成。当窜漏层位以上的油层少时，可采用由下往上挤堵剂的方法，在下部的射孔段以上注悬空水泥塞或坐封可钻可捞桥塞，露出待封层。封堵时正挤堵剂进入待封层位，达到封窜堵漏目的。

水泥承留器封窜管柱自下而上为水泥承留器、投送挤注工具和油管组成。在待封堵层段下提前坐封好可钻可捞桥塞，避免堵剂伤害其他层。将水泥承留器坐封在待封堵层段以上。由下而上挤注堵剂，挤注完成后上提油管关闭阀体，清水充分循环洗井，替出管内堵剂，关井带压候凝。

5.4.2 堵剂

常用的堵剂主要有水泥类、颗粒类、树脂类、冻胶类、凝胶类、沉淀类等，其优缺点见表5.4.1，在应用堵剂时应考虑实际需求进行堵剂类型的优选。

表 5.4.1 常用堵剂优缺点对比情况

堵剂	优点	缺点	成本
水泥类	强度大、适用各种温度	只能在近井地带使用，不易进入中低渗透层，有效期短	低
颗粒类	适用于封堵高渗透、特高渗透地层	容易沉淀、强度低	低

续表

堵剂	优点	缺点	成本
树脂类	抗温抗盐性能好、强度高、有效期长	固化时间不好把握，固化前对水、酸、碱及表面活性剂的伤害敏感	较高
冻胶类	使用比较方便，通过调整反应物浓度封堵不同地带的地层	不能应用于高温高盐的地层，稳定性较差	较高
凝胶类	能够在高温下保持稳定	胶凝时间短，只能应用于近井地带。胶凝后能够在流动的水中微溶，影响强度	较高
沉淀类	耐高温高矿化度，来源广，成本低，效果好，易解堵	施工工艺复杂，参与人员多，施工周期长，易造成井下伤害	较高
三相泡沫泡沫凝胶/冻胶	工艺简单，成本低，滤失量小，伤害小，安全可靠；泡沫凝胶/冻胶稳定性及机械强度良好	存在气源不足和施工工艺复杂的问题	较高

近年来，随着技术的不断提高，化学封堵技术有了较大的进步，封堵材料的品种也不断增多[19]，下面重点介绍新型树脂型堵剂和压差激活密封剂。

5.4.2.1 新型树脂型堵剂

化学堵漏主要包括无机胶凝材料（如水泥堵漏剂）或热固性树脂（如 TPD 堵漏剂）。常规化学堵剂由于漏失段进入或驻留难、与套管和地层胶结强度低、承压不能满足高压要求等原因，导致成功率不高、适应性和安全可靠性差。近几年，最新研制成功一种热固性树脂（T&TS）[20]，在封堵管外窜槽、炮眼/套管本体封堵、套管裂缝/螺纹封堵、废弃井封井等方面发挥了重要作用，展示出良好的应用前景。

（1）封堵机理。

T&TS（图 5.4.1）是一种有机环保无固相液体树脂类材料，由环氧树脂和化学固化剂组成的二元体系，其密度和黏度可通过添加剂进行调节，在压差作用下进入裂缝或孔隙地层，通过不同种类和剂量的添加剂，可在设定"时间"和"温度"固化后实现封堵。

图 5.4.1 T&TS 树脂堵剂

T&TS 封堵机理如下：

①进入机理。T&TS 无固相纯液态，具有良好的渗透性，特别是黏度可调，在一定压差作用下能进入到炮眼、环套水泥环之间的空隙，甚至能渗入到套管螺纹内。

②驻留机理。其密度可调，堵漏时将密度调整到和地层压力系数值接近。在压差作用下进到微缝后，通过精准控制挤注压力和挤注量，且 T&TS 进入微缝后在井筒温度作用下吸热微膨胀也增加了流动阻力，从而实现在微缝处的驻留。

③固化胶结机理。T&TS进入微缝后，组分中的有机结构带有大量的活性基团，在井温下吸热发生胶联反应实现固化，固化体具有很高的本体强度和界面胶结强度，且在吸热固化过程有稳定的体积微膨胀，进一步增加了本体与微缝结构的预应力；活性剂中的改性橡胶、耦联剂可提高固化体与地层、水泥石的胶结强度，改善界面性能，增加固化体结构的致密性和韧性，进一步提高固化体与界面的胶结强度。

（2）性能指标。

T&TS高强度树脂主要性能参数见表5.4.2。

表5.4.2　T&TS高强度树脂主要性能参数表

可调密度范围/(g/cm^3)	可调黏度范围/cP	温度调节范围/℃	固化后抗温/℃	固化体抗压强度/MPa	固化体抗拉强度/MPa	固化体弯曲强度/MPa	渗透率/mD
0.7~2.5	10~2000	−9~150	320	> 77	60	45	非渗透

（3）技术特点。

①固化安全可控。可根据封堵点温度和所需施工时间，通过调整不同种类和不同剂量的添加剂，可精确控制固化时间（几分钟至几小时），实现安全直角稠化固化封堵。

②渗入能力好。该材料为无固相液体，能深入地层、水泥环、套管螺纹等裂缝及微裂缝。

③封堵能力强。固化体的抗压强度、弯曲强度等性能优于常规封堵材料（树脂固化后受压时会变形但不开裂，压力消失后又恢复原状）。

④黏结性能优良。固化体具有弹塑性，能与第一界面（套管）、第二界面（地层）紧密黏结。在带压状态下将凝固后的树脂开展位移实验，加压至45.35MPa均未产生位移，证明树脂与地层黏结性良好。

⑤化学性能稳定。不和水、油、钻井液等混融；当其余物质附加用量小于50%，不影响其性能。

⑥环保无污染：通过实验室检测、化验，未检测出甲醛、苯等有害气体，符合相关环保检测要求。

5.4.2.2　压差激活密封剂

压差激活密封剂是一种新型密封流体，具有类似人体"创口血液凝固"的仿生效果，仅在漏点压差作用下发生固化反应，自适应封堵泄漏孔隙，在油气井密封修复中尤其是环空带压处理中应用效果良好[21-25]，展现出广阔的应用前景。

（1）密封机理。

压差激活密封剂是一种由胶乳粒子和分散介质组成的多相流体。作为分散相的胶粒具有规则形貌，其内层是由疏水链、亲水链通过共价键交联形成的高分子聚结体，而外层是包裹内核的液膜，由亲水端水化作用及亲水缔合作用形成的高黏水层。如图5.4.2所示，压差激活密封剂在微缺陷的自适应密封过程，主要包括复合液滴力学活化与胶核化学聚结2个阶段。

在第1阶段，即液滴活化阶段，漏点压差可以产生冲击作用，导致环境液体中的水化胶粒变形甚至破碎，造成胶粒"笼状"水层剥离，胶核暴露。在泄漏孔隙中，胶粒去水化行为表现：①在漏缝入口，射流作用造成胶粒壁面撞击、旋转或摆动，导致胶粒发生形变甚至破碎，破坏水化层；②在漏缝内部，当剪切应力超过水化胶粒与内壁的黏附力时，产生黏滑运动，造成胶粒壁滑破裂，使表层水膜剥离。

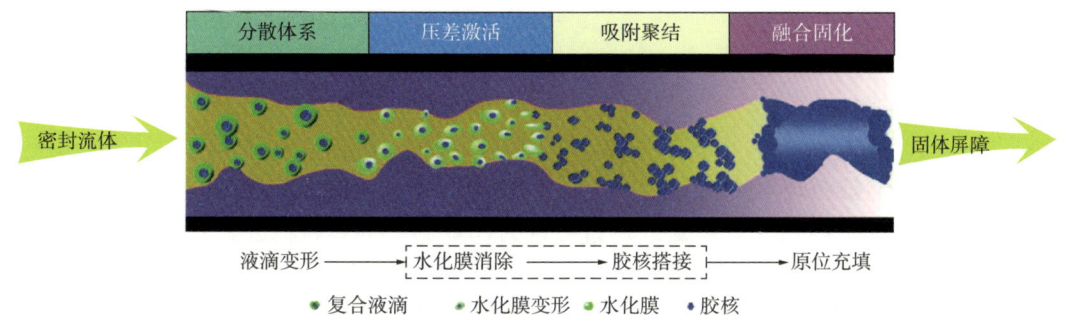

图 5.4.2　压差激活密封剂在微缺陷中的自适应密封过程

在第 2 阶段，即化学聚结阶段，活化胶核一方面可在孔隙内碰撞堆叠，增强与孔隙内壁的挂阻作用；另一方面胶核外层分子链通过氢键或分子间作用力互相扩散或多链结吸附，形成具有一定韧性的弹性体填充微缺陷空间。此外，生成的弹性体在压差挤压作用下进一步发生物理脱水，弹性体经压实变得更致密，不仅促进融合固化，也可提高固体屏障承压能力。

以上构成了压差激活密封剂自适应封堵的力学—化学耦合模型主要内容。此外，粒子外层羧基与金属具有良好黏接性，可进一步增强与漏缝内壁的胶结性，强化固体屏障的密封效果。

（2）性能指标。

压差激活密封剂主要性能参数见表 5.4.3。

表 5.4.3　压差激活密封剂主要性能参数表

颜色	状态	黏度/ （mPa·s）	pH 值	密度/ （g/cm³）	堵后承压/ MPa	耐温/ ℃	拉断延伸率/ %
乳白色	液体	<15	6~8	1.02	>150	<190	400

（3）技术特点。

①施工作业简单。无需精确找到漏点位置，只要找到漏点泄漏范围即可，可以多漏点、大跨度一次性覆盖进行堵漏；采用钻杆、油管、连续管等循环注入设备均可，注入不限压、不限排量。

②设备要求简单。需求的设备少，仅需泵车和液罐，施工时间短，一般三天内完成施工。

③施工风险低，利于后期处理。该封堵剂为低黏度液体，易泵送，仅在漏点凝固，多余堵剂仍保持液态，不会阻塞液压系统、管线及液体输送系统；堵漏后井筒不留塞，免钻塞、不缩径。

④化学性质稳定，承压高、耐温高。该堵剂在传送过程中不反应，不受传输时间、环境温度和压力的影响，其密封特性仅取决于漏点性质和位置。堵剂固化生成物为柔韧性固体，耐酸碱、耐油、有弹性、密封有效期长；堵后承压高，现场实际施工承压已达到 96MPa，顺利完成后期压裂作业；耐温 180℃。

⑤无腐蚀、无毒性。该堵剂无腐蚀（中性），不会对套管、电子元件系统、金属密封件等造成危害；无毒性，作业过程中不会对人员造成伤害。

5.5 取换套工艺技术

取换套工艺能够不改变井身结构、不影响开发过程中其他工艺措施的实施，修复后的套损井的内通径可以得到完全恢复，是目前较为彻底的一种套管修复方式，主要应用于严重错断井、变形井、破裂外漏等套损井。"十二五"以来，以大庆油田为例，累计取换套905口井，直井取套最深达到1138m，工艺成功率在95%以上。其中，定向井取换套24口，最大套铣深度561.7m，最大套铣井斜12.3°，成功率达100%，修复后的油水井内径恢复率为100%，密封承压为15MPa，能够满足各种分采、分注措施的要求[26-27]。

5.5.1 常规取换套技术

取换套技术是采用专用的套铣工具，钻铣套管周围的水泥环及部分岩石，使套管呈自由状态，然后将套管损坏点以下适当部位的套管取至地面，通过对扣或补接器补接进行新旧套管的对接，如图5.5.1所示。

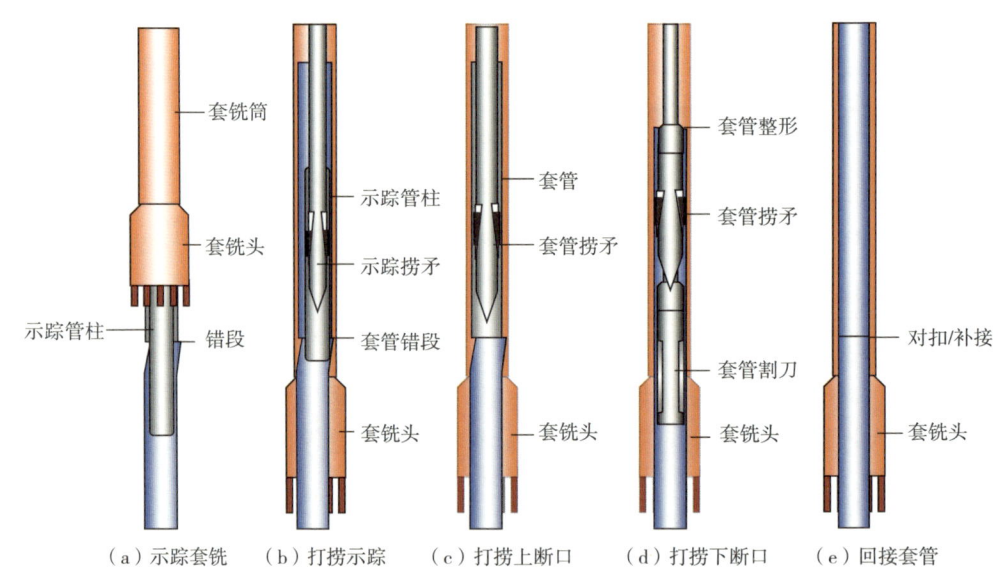

（a）示踪套铣　（b）打捞示踪　（c）打捞上断口　（d）打捞下断口　（e）回接套管

图5.5.1　取套工艺流程

在浅层取套技术的基础上，近年来研制了高强度套铣钻具，完善了钻具结构，解决了鱼头示踪及引导技术，完善了套管对接技术、修井液体系，采取倒扣、切割、打捞、套损部位示踪或套铣引入修鱼等工艺措施，形成了深部取换套技术，适用于井深1200m以内、通径大于60mm并带有管外封隔器及扶正器的套损井。

5.5.1.1　高效套铣技术

套铣过程中应用犁形套铣头和高效保径套铣头（图5.5.2），可有效避免泥岩段套铣钻头泥包和封固段套铣效率低的问题，套铣参数见表5.5.1。常规套铣头、犁形套铣头、高效保径套铣头的套铣效率见表5.5.2。

（a）犁形套铣头　　　　　　　　（b）高效保径套铣

图 5.5.2　高效套铣头

表 5.5.1　套铣参数

套铣井段	钻压 /kN	转数 /（r/min）	排量 /（m³/min）	备注
裸眼段	20~80	120~150	1.3~1.6	低钻压，保障循环通畅，防止蹩钻，提高强化钻头冲刷
封固段	30~100	100~120	≥ 1.3	高钻压，高排量，提高水泥环破碎能力及岩屑返出能力

表 5.5.2　套铣头套铣效率

钻头类型	常规套铣头	犁形套铣头	高效保径套铣头
裸眼段平均套铣速度 /（m/d）	73.2	79.6	135
封固段平均套铣速度 /（m/d）	17	24.6	32.6

5.5.1.2　水泥环破击技术

在以往取换套施工中，若遇到油层套管在表层内不居中的封固井，采用常规套铣方式极易引起套管切削、钻具损坏，施工效率相对较低，一旦发生表层磨损，则易造成环境污染，且治理修复难度加剧。在管外套铣施工前，通过管内破击扩张预套井段，使环空交界面脱离、水泥环形成微裂缝，进而降低管外套铣破岩难度，这种由"单纯的套管外磨铣方式"向"套管内、外双向破岩模式"的转变，破解了中深部取换套提速提效关键制约因素之一，实现了套铣效率由 0.25m/h 提升到 1m/h，较常规途径提效 3 倍以上[28]。该工艺的关键在于套管水泥破击器。

（1）工具结构与工作原理。

套管水泥环破坏器主要由主轴、上下限位轴承、活塞、内衬套、内轴承、扶正块、外套筒、下接头等组成。

液力膨胀式水泥环破碎器在使用时，接在钻具下端，当通过地面泵建立正循环时，可更换喷嘴达到改变水眼截流面产生不同压降，从而达到控制活塞的侧向推力的目的，使活塞与套管水泥环紧密贴合并施加侧向压力，最终实现破坏水泥环的目的。具体情况如下：

图 5.5.3（a）为工具下入井筒内原始状态，地面开泵工作液流经水眼形成压差激活内腔活塞后形成推靠力，工具产生偏心，此时如图 5.5.3（b）所示，活塞伸出工具挤压套管，破坏环空水泥环，同时在钻具的旋转作用下，工具在套管内壁进行周向运动；内衬套与外套筒间内轴承安装有径向轴承，轴承以滚动形式运动，不仅可以降低摩擦力还可有效

对套管外水泥环"碾压"。偏心工具在进行径向运动的同时,在钻具的上提下放中可以增加与套管内壁的接触,从而大幅度破坏水泥环。

当工具受到侧向力偏心后,随钻具呈螺旋状运动,其受力状态分析如下:工具在偏心作用下给套管内壁一个侧向力,同时套管则给工具一个反作用力,并依次由外套筒传递给内轴承、内衬套、活塞,而活塞只在横向受一个径向力;工具因钻具上提受到来自套管的轴向摩擦力,摩擦力先作用于内轴承的外套筒,接着又传给内轴承两头的上下限位轴承,限位轴承则在凸出块的约束下将轴向摩擦力传到主轴上;内衬套部件被作为一个缓冲件,用来承载工具旋转时巨大的径向扭矩,从而减缓活塞径向高扭和轴向的抗拉力,以延长工具寿命,减少工具维修时间。

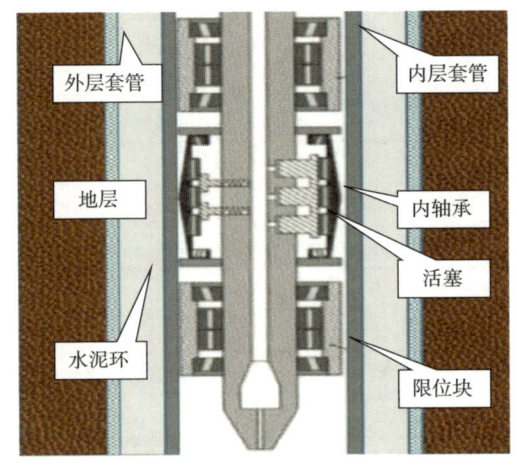 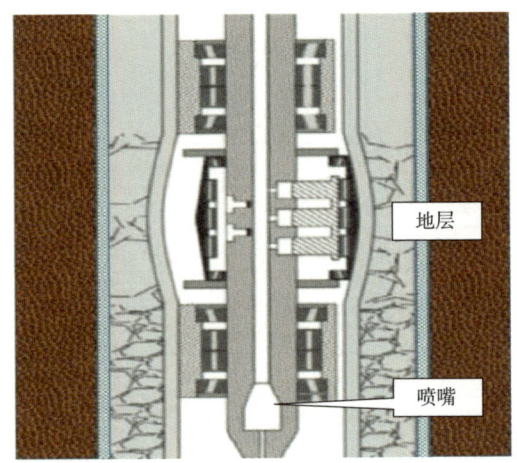

(a)原始状态　　　　　　　　　　(b)激发状态

图 5.5.3　水泥环破坏器工作示意图

(2)技术特点。

①通过水泥环震击器,环空水泥环被"碾压"后,增加了自由套管长度,缩短了套管套铣作业时间,降低了铁屑阻卡钻具风险;

②在使用低配置钻修机作业时,降低了对作业机具钩载的要求和作业操作费用;

③该工具为纯机械原理,现场维护、保养和更换配件简单,易于操作且成本低。

5.5.2　定向井取换套技术

在定向井中,由于和常规直井井眼轨迹不同,造斜段和弯曲段易切割套管,甚至造成鱼头丢失,导致很多定向井造斜井段以下损坏的套管不能进行取换套修复[29]。为此,通过研制定向井专用配套工具,满足了定向井取换套的需求。

(1)技术难点。

由于定向井身结构的特殊性,与常规直井相比,取换套技术存在较大的施工难度和风险,主要表现在:①定向井井眼曲率大,而套铣筒刚度大,套铣时套铣筒通过性差,套铣管柱蹩跳严重,易将套管打断打散;②套铣头紧贴套管一侧,容易造成切削套管,甚至造成鱼头丢失;③套铣筒与井壁接触面积大,易造成粘吸卡阻套铣筒;④倾斜裸眼井段地应力集中，易坍塌砂埋套铣筒，且环空大，返砂困难，易憋漏地层或砂卡；⑤下断口套管紧贴套铣筒壁，偏心距较大，引入难，对扣补接难。

（2）管柱结构。

定向井取换套基本管柱结构自下而上：套铣头＋扶正器＋变向短节＋套铣筒＋变向短节＋扶正器＋套铣筒。需要按照不同井眼曲率条件，配套扶正器和变向短节数量。

（3）关键工具。

①滚珠防切套铣头。为防止套铣头对套管的磨损、切削而导致鱼头丢失，采用下部外齿周边带倒角和滚珠的扶正机构。其中滚珠能够自由滑动，实现在套铣过程中点接触，减少套铣头内刃与套管的接触面积，能够有效防止套铣头在通过弯曲井段时，发生蹩钻，套铣头切削套管，造成鱼头丢手。滚珠防切套铣头如图 5.5.4 所示。

②滚珠收鱼套铣头。用于处理套损部位，实现下部套管引入，是专为严重套损井套铣引入和防丢鱼设计的配套工具。刀体上镶有滚珠，能自由滑动，避免套铣头和套管的摩擦接触，减少摩阻，并具有很好的扶正作用，保证在套铣头通过弯曲段时不蹩钻，防止套铣头切削套管，造成鱼头丢手。滚珠收鱼套铣头如图 5.5.5 所示。

③轴套防切套铣头。采用内部滑动轴套扶正结构替代滚珠支撑方式，避免滚珠与套管直接接触发生切削套管现象，同时利用双排刀齿结构提高套铣速度。轴套防切套铣头如图 5.5.6 所示。

图 5.5.4 滚珠防切套铣头　　图 5.5.5 滚珠收鱼套铣头　　图 5.5.6 轴套防切套铣头

为保证轴套式扶正结构有效提高定向井取套能力，通过理论计算，对内置扶正结构进行设计和分析，见表 5.5.3。

表 5.5.3 扶正块个数计算表

扶正块高度 /cm	计算的最少扶正块个数 / 个	最少扶正块个数优化 / 个	确定的扶正块个数 / 个
1.5	3.16	4	4
1.25	3.51	4	4
1	3.97	4	4
0.75	4.64	5	6
0.5	5.75	6	6
0.25	8.21	9	10

通过理论计算，确认轴套结构中扶正块高度和宽度是影响定向井的主要因素，通过调整扶正块高度和宽度，可改变定向井取套能力。

④变向短节。采用球面连接结构，可以沿任意方向旋转1.5°，实现套铣管柱柔性弯曲，提高套铣管柱与井眼和套管之间相容性，达到套铣管柱跟随井眼轨迹套铣的目的。

⑤滚珠扶正器。为克服定向井弯曲段管柱通过困难、套管自由状态下过度贴合套管、套铣筒摩擦力过大，从而损伤套管，滚珠扶正器的设计采用在本体四周内部装有滚珠，滚珠个数为8个，每个滚珠直径为16mm，凸起部分为2mm，同时能自由滑动，不但起到扶正作用，而且将摩阻降到最低。

⑥轴套扶正器。采用轴套内扶正方式替代滚珠支撑结构，降低摩阻，保护套管。同时加长工具本体，外置螺旋扶正块，目的在于提高套铣管柱与套管和井眼两者间的相容性，克服套铣管柱过分贴合井壁，造成刮磨套管现象。

⑦套管补接引鞋。该工具用于套管对接，其原理是通过工具引鞋找鱼头，利用引鞋内壁控制，使对接管柱与鱼头通过旋转逐渐拧牢，实现新旧套管对接。

5.5.3 无示踪取换套工艺

取换套工艺关键在于"示踪保鱼、内割取套"，示踪管能引导套铣鞋、回接工具等顺利通过下断口，对套铣管起到引入、纠偏的作用，可以防止鱼顶丢失，提高取套成功率。但对于部分油层套管发生弯曲或严重错断的套损井不具备下示踪管的条件，套铣头极易切断原套管，导致套管鱼顶丢失，进而造成工程失败且无法恢复井口，井口失去屏障，油气无控制地上升至地表，可能造成井喷等安全环保事故[30]。为此，研发了"四防套铣法"工艺，避免了套铣鞋误切套管，引导套铣管、防止丢鱼，解决裸眼段无示踪取换套施工的难题，丰富了严重套损井的修复方法。

5.5.3.1 无示踪套铣丢鱼分析

在无示踪管柱的情况下，当套铣头套铣至弯曲段或套管破裂段时，该处套管强度弱、套管轴线偏离井筒中心线；套铣头沿井筒中芯轴线下行，套铣头铣鞋开始切削套管[图5.5.7（a）]，当铣鞋偏切或骑在套管断口上切劈套管，预示着可能丢鱼[图5.5.7（b）]；油层套管被切断后，下部套管断口鱼顶失去支撑偏向裸眼井壁一侧，被套铣头强行挤入裸眼井壁，套铣头也在反向推力作用下偏离原井筒中心线进入新的裸眼井段，造成完全丢鱼[图5.5.7（c）]，如果没有及时发现丢鱼并采取补救措施，将会导致取换套工艺失败。

（1）常规平头套铣鞋切削能力强、速度快，套铣时能通过返出铁屑情况监测切削套管的程度，但返出铁屑的时间滞后，无法及时做出准确的判断。

（2）套铣施工中发生丢鱼后，现场需要制作各种类型的拨钩，通过降低钻压和转盘转速进行拨入和重新找回鱼头；由于套管残破，鱼头被套铣头和套铣管挤入并压实在裸眼井壁中，拨钩蹩钻严重，现场案例证明，难以找回鱼头。

（3）变形套管被切削后端面不规则，即使已经到达套铣终点，也只能采用铅封注水泥套管补接器或封隔器型套管补接器回接套管工艺，补接器在缺少引导的前提下，很难抓住不规则套管鱼头，造成套管回接失败。

因此，解决套铣管和套铣头的扶正问题，及早发现套铣鞋切削套管本体，以及采取措施将套管鱼顶引入套铣管，是无示踪裸眼取换套工艺成败的关键。

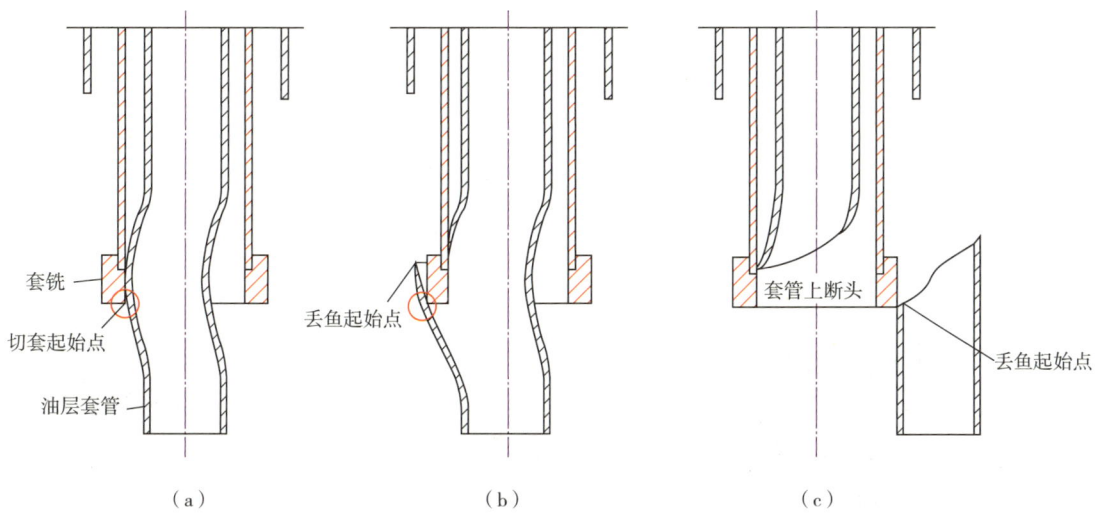

图 5.5.7　无示踪套铣丢鱼过程

5.5.3.2　"四防套铣法"关键技术

（1）工艺优化。

①套铣施工初期采用小尺寸套铣管（ϕ193mm）扶正套损点上部的套管串［图5.5.8（a）］，降低套管径向摆动幅度，防止偏切。

②套铣至变形段以后，更换切削能力低的波浪套铣鞋［图5.5.8（b）］，降低套铣速度，切削套管时蹩钻、跳钻严重，地面能及时发出警示信号，防误切，保护鱼顶。

③套铣鞋内部设计成"喇叭口"结构，引导套管鱼顶进入套铣管，防盲切。

④对于油层套管错断严重的井段，设计加工导引套铣鞋，利用端面拨叉发挥找鱼、拨鱼和引鱼功能，边套边找鱼、保鱼，防止鱼头滑出［图5.5.8（c）］。

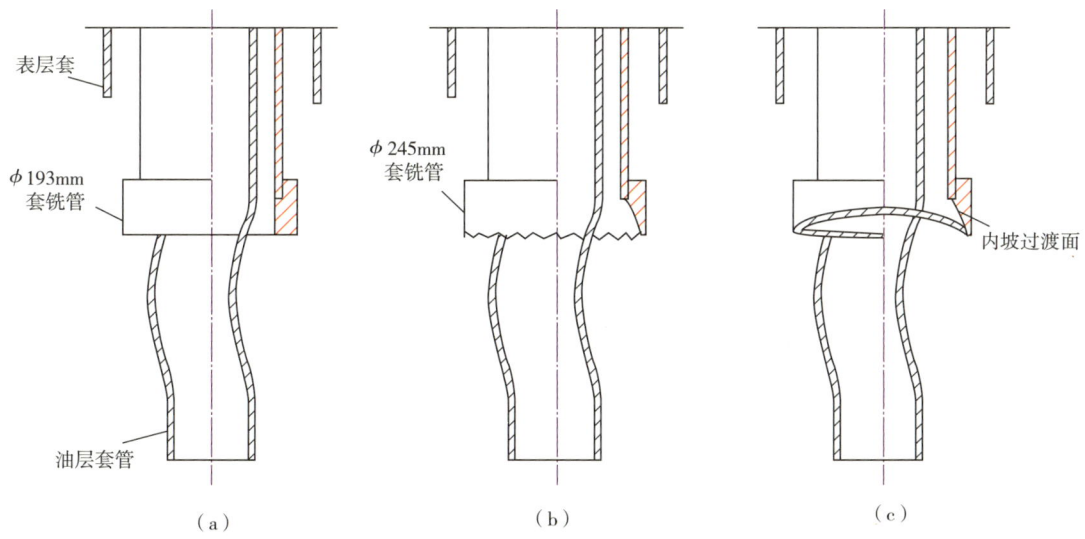

图 5.5.8　"四防套铣法"示意图

（2）工具配套。

①套铣鞋。

按照工艺要求和井下工况，设计加工不同功能的套铣鞋。常规套铣鞋切削能力强、效率高，可有效节省施工时间［图5.5.9（a）］；波浪套铣鞋端面为起伏外倾的波浪齿形，切削能力差，切削套管时蹩钻、跳钻严重，地面显示明显，起到预警和保护鱼顶功能［图5.5.9（b）］；导引套铣鞋利用端面拔叉发挥找鱼、拨鱼和引鱼功能［图5.5.9（c）］，套铣鞋端面内腔设计成1∶4的锥度并铺设硬质合金，实现变形套管鱼顶的引入和收口，缺点是过鱼顶后对套管接箍造成磨损。

（a）常规套铣鞋　　　　　　（b）波浪套铣鞋　　　　　　（c）导引套铣鞋

图 5.5.9　套铣鞋类型

常规套铣鞋、波浪套铣鞋、导引套铣鞋如图5.5.9所示，其技术特征见表5.5.4。

表 5.5.4　套铣鞋技术特征

工具名称	典型特征	外径/mm	内径/mm	工艺特点
常规套铣鞋	端面平齐	285	220	切削能力强，效率高，易切套管
波浪套铣鞋	端面为波浪齿，端面内部锥度1∶4	285	220	切削能力差，蹩跳钻反应强，切削预警
导引套铣鞋	端面为正旋引鞋，端面内部锥度1∶4，铺焊硬质合金	285	220	切削能力中等，导引找鱼

②短节安装工具。

通过套铣时转盘扭矩的变化或在套铣管内下入工具的深度，判断套管鱼头已经被引入套铣筒后，由于方钻杆长度大于套铣管长度，此时如果将方钻杆和套铣管接头提出转盘面，卸开方钻杆连接套铣管单根，井下套铣管内的套管鱼头易滑出套铣鞋，待接完单根继续加深套铣时，难以将鱼头重新引入套铣筒，可能出现侧劈套管的情况，造成再次丢鱼。因此，设计加工出快拆式导流管，当需要加装套铣管单根时，在钻台下利用合页铰链打开导流管，卸开方钻杆，加装一定长度的套铣管短节继续套铣，直到短节累计长度大于方钻杆长度，提出方钻杆连接套铣单根，确保套管鱼顶一直含在套铣管内。套铣短节设计成可以传递大扭矩的马牙粗螺纹，方便链钳在钻台下对方钻杆和套铣管短节快速上扣和卸扣。

③过程控制。

过程控制关系到施工的成败，在裸眼段套铣过程中，需要及时观察套铣管串的进尺和受力情况，套管严重变形的井段进尺明显变慢，返出修井液伴有铁屑，要及时更换合适的套铣鞋；当波浪套铣鞋出现明显的蹩钻、跳钻现象并伴有转盘不均匀的异响时，传递为误切信号,需要及时调整钻压和转盘转速;套铣过弯曲段或引入鱼头后,不能盲目起钻,需要经常在套铣管内探鱼顶,确保没有丢鱼。防切、保鱼和引鱼伴随整个套铣过程。

5.5.4 疑难井取换套工艺

针对打不开通道的疑难井,创新应用防丢鱼预判、高效套铣、管外示踪找鱼和吊打扩径收鱼等技术,确定最优找、收鱼深度,实现取套时效和成功率大幅提升。

5.5.4.1 纵向扩径收鱼工艺

纵向扩径收鱼工艺主要适用于横向位移小于150mm套管错段、变形、鱼头变点同步井。

(1)工艺原理。

如图5.5.10所示,利用肯纳合金喇叭口形套铣头中肯纳合金的高效切削套管能力,使其在套铣收鱼过程中,迫使下部套管随着套铣,不断切削收引至套铣筒中。

(2)工艺流程。

①套铣至断口附近。下套铣管柱,自下而上为套铣头+套铣筒+方钻杆。套铣捞出上断口,为换钻收鱼做准备。

②换钻,更换肯纳合金喇叭口形套铣头。下示踪管柱,管柱自下而上为钻杆笔尖+大直径短接+正扣钻杆。换钻过程中,按要求循环划眼,保证井壁稳定性、井眼通畅,预防卡钻。

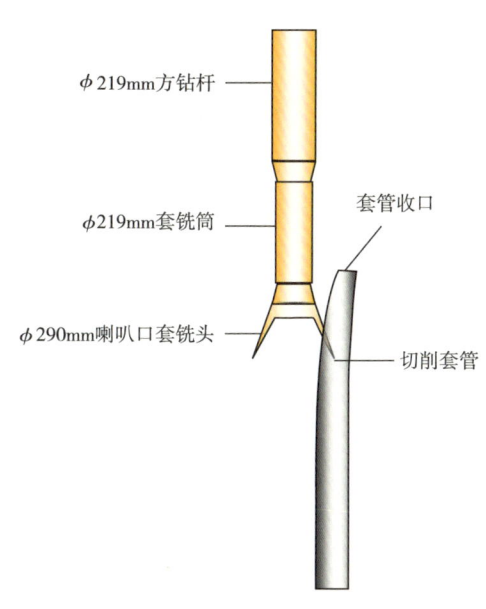

图 5.5.10 纵向扩径收鱼原理图

③套铣收鱼。下收鱼管柱,自下而上为肯纳合金喇叭口形套铣头+套铣筒+方钻杆。采用肯纳合金喇叭口形套铣头尖端收引切削套管。钻压10~20kN,转速40~90r/min,每套铣50cm选用贴合套铣筒内径打印1次,依据打印情况判断收鱼情况,全程钻具不得提出鱼头,以防再次丢鱼。

5.5.4.2 管外示踪找鱼技术

管外示踪找鱼技术主要适用于横向位移小于300mm、纵向扩径收鱼无效的疑难井。

(1)工艺原理。

如图5.5.11所示,通过小直径钻头高转速低钻压吊打,使其轨迹贴合套管轨迹,将其作为示踪管柱,配合肯纳合金喇叭口形套铣头,进行引领示踪套铣,利用肯纳合金切削套管形成切口,再起出示踪管柱,继续切削套管,直至完全切开套管,实现套管收引。

(2)工艺流程。

①高转速低钻压套铣。上提喇叭口形套铣头至变点以上2~5m,下入套铣管柱(结构自下而上)PDC或牙轮钻头+正扣钻铤+正扣钻杆+方钻杆。钻压5~20kN,转速40~90r/min,过程中可按需更换钻具尺寸。

②管外示踪。依据现场情况直接下放至井内或重新下示踪管柱。套铣时,套管铁屑反出增加且进尺变慢,则按需下入示踪管柱。

③示踪套铣收鱼。下套铣收鱼，管柱结构自下而上为喇叭口形套铣头＋套铣筒＋旋塞阀＋方钻杆，通过示踪引领套铣切削套管，当有蹩钻或套管铁屑返出现象，继续套铣 30cm 切开一部分套管后，起出示踪管柱，继续套铣收鱼，直至收鱼成功。钻压 10~20kN，全程观察扭矩，铁屑返出情况；每套铣 50cm 打印 1 次，判断收鱼情况；收鱼成功后，喇叭口形套铣头不得提出套管鱼头，以免套管偏移再次丢鱼。

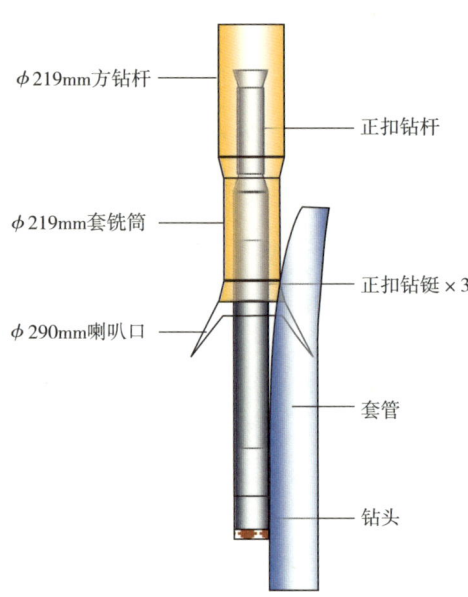

图 5.5.11　管外示踪找鱼技术原理图

5.5.4.3　吐砂井刚性屏蔽筒治理技术

吐砂井刚性屏蔽筒治理技术主要针对经区域降压、层位封固等工艺处理无法继续施工的严重吐砂井[31]，适用于浅部吐砂深度不大于 150m 且无表层套管井。

（1）工艺原理。

如图 5.5.12 所示，通过应用 ϕ339.7mm 和 ϕ219mm 双层套铣钻具，配合高密度钻井液携砂、压稳、平衡地层流体，借助外部套铣筒屏砂，实现浅部无表层套管严重吐砂井治理。

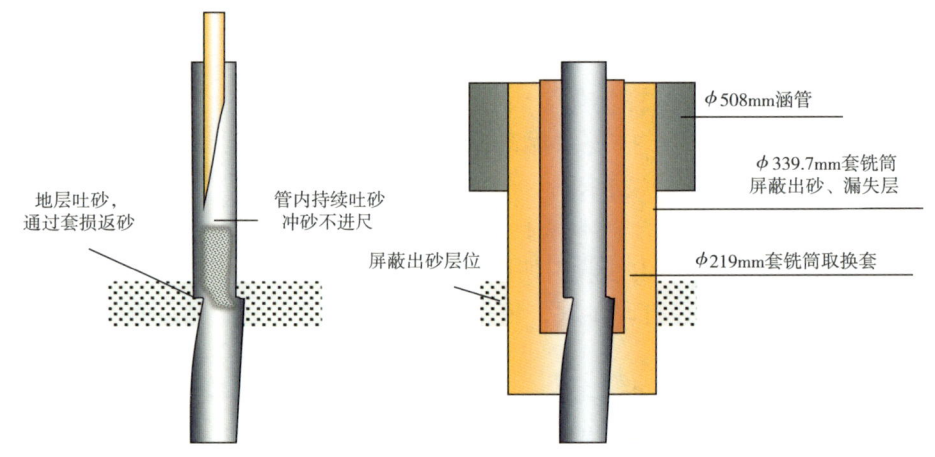

图 5.5.12　吐砂井刚性屏蔽筒治理技术原理图

（2）工艺流程。

①套铣准备。涵管连接导流槽，为套铣循环做准备。

②一次套铣。下屏砂套铣（结构自下而上）套铣头＋变螺纹短节＋套铣筒＋变螺纹转换接头＋套铣筒＋旋塞阀＋方钻杆，套铣至出砂层位后，下丢管柱通过大尺寸钻具屏蔽吐砂漏失。套铣进尺慢且出砂量大，应适当增加修井液密度，提高排量加压套铣。

③二次套铣。下取换套套铣（结构自下而上）套铣头＋套铣筒＋旋塞阀＋方钻杆，套铣至取套深度以下 2~5m，执行取换套施工。若返砂严重无进尺，则再次实施一次套铣措施，通过短起下放措施，尽量套铣加深后，循环水泥浆进行水泥浆封固后，再次执行二次套铣施工。

5.6 疑难套损井高效打通道技术

针对通道小于 $\phi50mm$ 及无通道套损井，攻关了以逆向锻铣、扩径磨铣为核心的打通道技术，根据不同套损类型，固化形成了 6 种打通道工艺，详见表 5.6.1。下面重点介绍逐级冲胀磨铣打通道、恒定钻压扶正磨铣打通道、水力喷射打通道、液压大角度磨铣四项工艺技术。

表 5.6.1 固化形成 6 种打通道工艺和 1 项标准

套损类型		形成的工艺	应用效果	适用性
交互层无通道井	多点变形无通道	分级分段挫磨铣打通道	应用 151 口井，打通道成功率 93.8%	没急弯、完全错开且下断口不闭口
	多点剪切错断无通道	上下断口扩径修整打通道	应用 21 口井，打通道成功率 66.0%	
嫩二段无通道井	单点变形无通道	裁弯取直打通道	应用 98 口井，打通道成功率 84.7%	
	单点错断无通道	逆向锻铣打通道	应用 24 口井，打通道成功率 75%	
夹有落物无通道井	变形套管包裹油管无通道	原井管柱引领冲胀打通道	应用 18 口井，打通道成功率 67.0%	
	变形套管包裹大直径落物无通道	正向扶正磨铣打通道	应用 21 口井，打通道成功率 9.5%	

5.6.1 逐级冲胀磨铣打通道

对于通径 $\phi30mm\sim\phi70mm$ 的错断井，创新研制串珠式冲胀锉磨组合工具，逐级冲胀锉磨下断口，为引领旋转磨铣创造条件，成为通径 $\phi30mm$ 以上错断井打通道的必要手段。

（1）工艺原理。

针对笔尖等找通道工具插入到下断口但通道仍未打开或恢复原套管内通径的套损井，利用钻杆本体铺焊的硬质合金球面锉磨下断口套管，当一级串珠锉磨通过断口后再尝试使用下一级串珠锉磨下断口，直至恢复套管内通径到满足旋转磨铣扩通道的条件。

（2）工艺流程。

逐级冲胀磨铣打通道的主要工艺流程，如图 5.6.1 所示。

5.6.2 恒定钻压扶正磨铣打通道

针对局部弯曲且下断口套管未丢失的套损井，提出强制扶正磨铣打通道思路，通过高效磨鞋、液压滚珠扶正器等关键工具，优化管柱结构和参数，实现弯曲套管高效切磨打通道、免开窗。

（1）工艺原理。

液压滚珠扶正器在泵压 10MPa 以上外径将增大到 123mm，磨铣过程中随着进尺增加逐步调整管柱结构，既能保证液压滚珠扶正器始终在好套管处扶正，又能使切削工具在无套管段得到扶正保护，在"双保险"作用下达到理想的扶正效果。

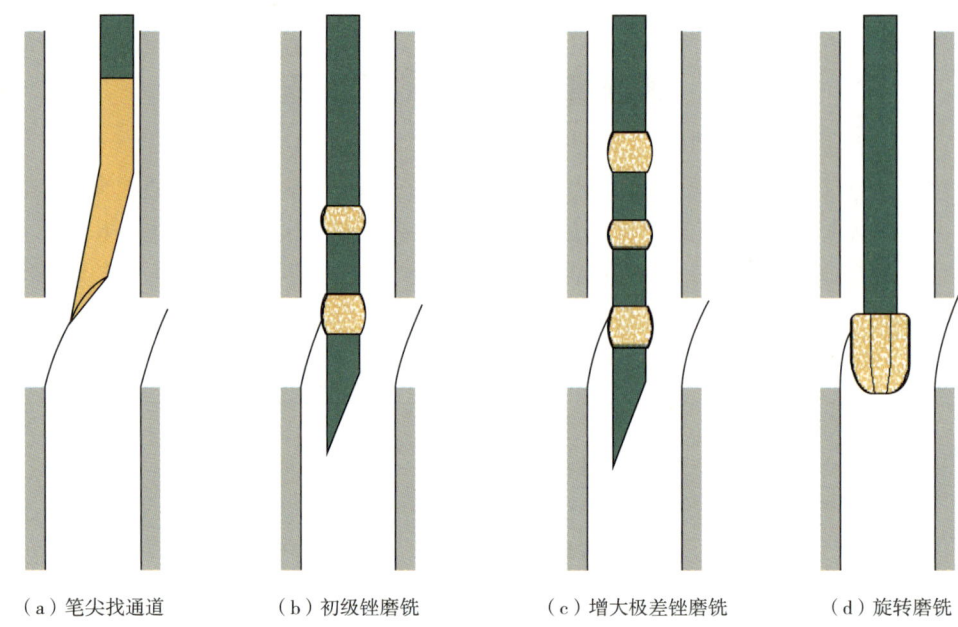

(a)笔尖找通道　　(b)初级锉磨铣　　(c)增大极差锉磨铣　　(d)旋转磨铣

图 5.6.1　串珠锉磨铣工艺流程图

（2）工艺流程。

①修整断口以上套管。采用铣柱或铣锥短接修整（也可以组合应用），对套变点以上套管的变形部位进行旋转磨铣反复修套。修套时，循环排量大于 $0.4m^3/min$；修套后，上提、下放管柱夹持力小于 5kN。

②检测修套效果。采用通井规及铅模来检测修套效果，校对下断口的深度和形态。接近断口时下放管柱速度控制在小于 5m/min；遇阻后加压 20~30kN；不得重复打印，断口以上提放管柱夹持力小于 5kN 为合格。

③强制扶正磨铣打通道。磨铣时控制钻压 5~10kN，转速 60~100r/min，每 20~50cm 进行铅模打印，检测出口铁屑情况，当断口通道达到 73mm 以上时进行下步找通道施工。

5.6.3　水力喷射打通道

针对包裹落物和弯曲错断井打通道难题，借鉴水力喷射压裂和粒子冲击钻井技术原理，开展了水力喷射打通道技术研究[32]，为该类套损井打通道提供了新方法，大幅度提升了成功率和施工时效（图 5.6.2）。

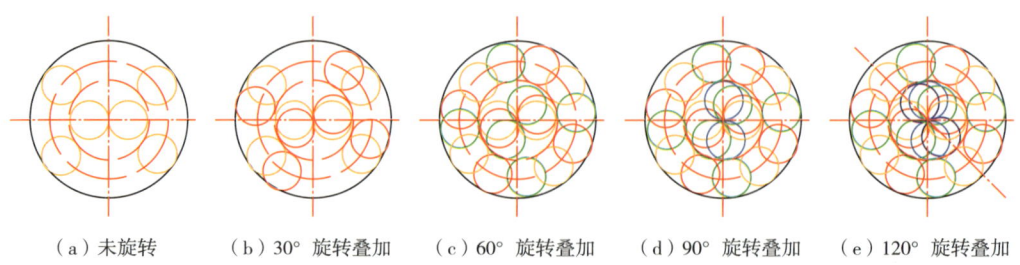

(a)未旋转　　(b)30°旋转叠加　　(c)60°旋转叠加　　(d)90°旋转叠加　　(e)120°旋转叠加

图 5.6.2　喷射平面破坏面积示意图

（1）工艺原理。

利用压裂车组高压泵将带有石英砂的液体泵入油管，经特制水力喷射工具将压强转换为速度，即给液体中的砂粒以动量。该动量与套管或落物接触时，动速度突然降为零，此时含砂射流以冲量做功，从而将套管或落物破坏，实现打开通道的目的。

（2）工艺流程。

①下水力喷射管柱。管柱结构自下而上为水力喷射工具＋外加大油管短节＋扶正器＋外加大油管短节＋扶正器＋外加大油管。外加大油管密封性好，实现稳压泵入携砂液，钻铤及扶正器稳定管柱。

②连接地面管线。从井口至地面为变扣接头＋高压旋塞＋活动弯头＋高压直管＋三通（旁通接高压旋塞，并连接钢制管线至循环池）＋钢制管线（内径不小于62mm，承压不小于35MPa）＋压裂车组，管线做好锚定。关闭井口高压旋塞，对井口至压裂车组间管线及闸门进行试压。

③水力喷射施工。打开防喷器半封闸板和井口高压旋塞，正循环至清水后加砂进行水力喷射施工。排量2.0m³/min，砂比7%，现场依据实际情况调整喷射时间；过程中观察泵压及返砂返屑情况，泵压不能超过30MPa；喷射结束后，用清水充分循环洗井；通过铅模打印或可视测井判断喷射效果，断口通道达到73mm以上后可进行下步找通道施工，如图5.6.3所示。

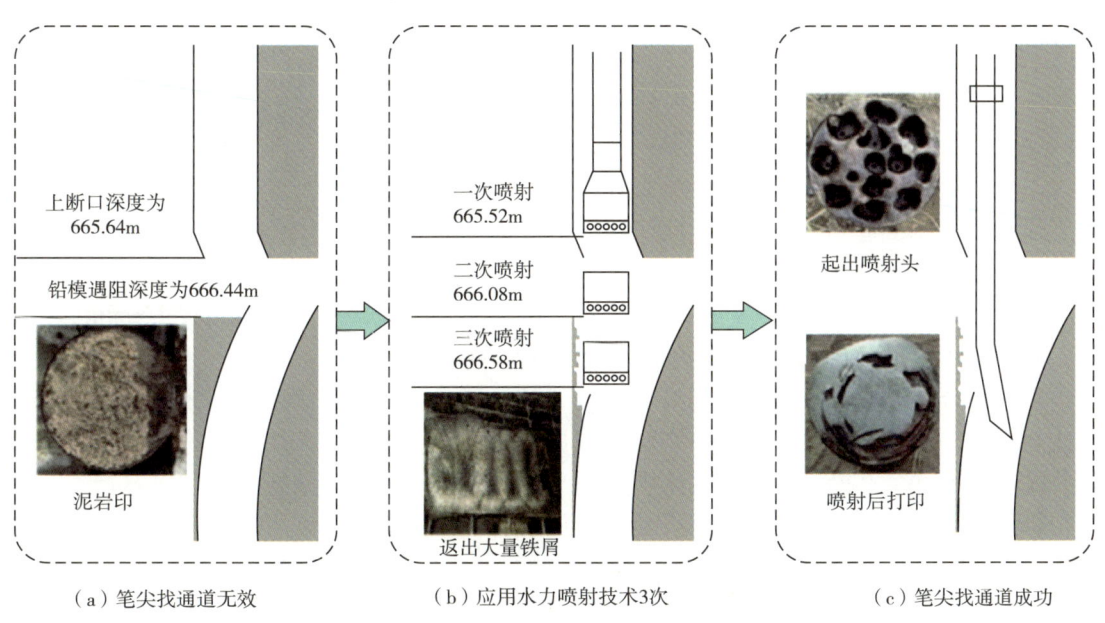

图5.6.3 水力喷射打通道示意图

5.6.4 液压大角度磨铣技术

对于上下套管完全错开的套损井段，提出利用液压大角度磨铣技术进行局部扩径磨铣修正下端口套管的思路，打开处于弯曲、闭口状态的下端口通道，为下步找通道和扩通道工具顺利进入下断口创造条件[33]。

（1）工艺原理。

液压大角度可弯磨铣工具通过泵车产生液压动力推动活塞，使工具前端磨鞋体按照设计轨迹运动，产生大角度弯折，从而将磨鞋体横向有效磨铣面积扩大，通过钻具转动带动磨鞋体做圆周运动对下断口套管进行磨铣切削，从而达到修整下断口套管鱼头、打开通道的目的（图5.6.4）。

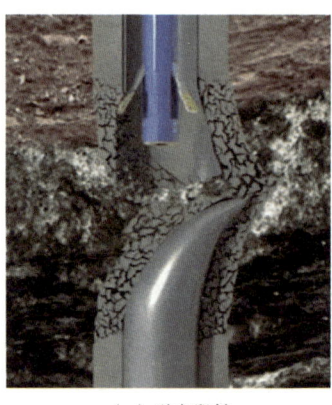 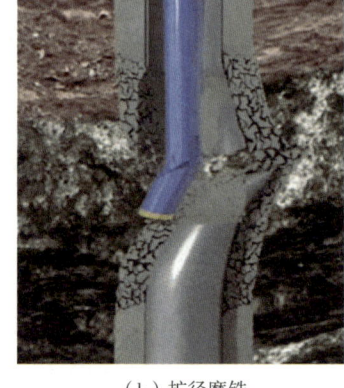

（a）逆向段铣　　　　　　　　（b）扩径磨铣

图 5.6.4　液压大角度磨铣工艺原理图

创新研发的液压大角度可弯磨铣工具未工作时最大外径为 ϕ118mm，磨鞋体弯折至最大角度时工具工作外径为 ϕ410mm，磨鞋体长端面直径 ϕ140mm、短端面直径 ϕ120mm，采用高效硬质合金颗粒铺焊，颗粒齿面锯齿间高度差为15mm。

（2）工艺流程。

①下弯笔尖找通道。多次找通道无效，通道丢失。

②逆向锻铣上断口套管。利用逆向锻铣刀沿上断口底部向上逆向锻铣，根据施工井实际井况特征确定向上锻铣套管的长度，一般情况下第一次锻铣套管长度在0.5~2m左右。锻铣完毕后该井段不会存在碎套管皮子，锻铣完的裸眼井段井径可达到 ϕ160mm 以上。施工参数：钻压5kN，转速60~80r/min，排量0.6m³/min。

③扩径磨铣。下入液压大角度可弯磨铣工具至锻铣后上断口深度，缓慢下放使磨鞋体通过上断口，开泵逐渐提高泵压使磨铣头偏移，缓慢上提管柱，无遇卡现象则旋转管柱角度或提高泵压再次上提，有遇卡现象则判断工具正常工作；利用液压大角度可弯磨铣工具对上断口、下断口之间的裸眼井段扩径；反复旋转下放液压大角度可弯磨铣工具直至接触下断口，上提0.2m后进行磨铣。施工参数：钻压5~10kN，转速40~80r/min，排量不小于0.4m³/min，泵压5~8MPa。

④下入笔尖成功插入下断口，找通道成功。

5.7　废弃井永久性封井工艺技术

废弃井是指因无法继续利用或无利用价值，以及其他指令性原因等永久性废弃，并按程序履行了报废审批手续或批准核销的油、气、水井。废弃井永久性封井的总体要求：井屏障应能防止地层流体从井筒内、各层套管环空和套管外水泥环运移至淡水层或地表；井屏障应能防止地表水进入井筒并窜入淡水层；封井措施应满足工艺可行及施工安全；封堵工具、封堵材料等应满足永久性封堵要求[34]。

5.7.1 常用封堵工艺

常用封堵工艺包括注塞法、机械塞法、套管外封堵法和取套封堵法，详见表5.7.1。

表5.7.1 常用封堵工艺

封堵工艺		工艺内容
注塞法	循环注塞法	采用钻杆、油管或连续管内注入封堵材料，循环并顶替封堵材料，控制井内封堵塞在设计位置，上提管柱至安全位置侯凝形成封堵塞
	挤注注塞法	确定地层吸液能力后，挤注封堵材料至目的井段，使之进入地层、套管受损处或套管外环空形成封堵塞，并控制井内封堵塞在设计位置
机械塞法		通过电缆、油管或钻杆下入桥塞、水泥承留器、永久性封隔器等机械封隔工具至目的井段，同时在机械塞顶注上水泥塞提供第二道密封
套管外封堵法	套管锻铣封堵法	下入套管锻铣工具至目的井段将套管截断，磨铣掉一定长度套管后扩眼清除该井段套管环空水泥环，并在该井段注入封堵材料重新建立井屏障
	射孔补注封堵法	下入射孔工具对目的井段进行射孔，然后对射孔段挤注封堵材料，实现环空补固或建立环空局部井屏障
取套封堵法		采用切割或倒扣方式，取出一段井内套管，再对取套井段采用注塞法重新建立井屏障

5.7.2 永久屏障的封堵处置

目前废弃井封堵主要参考标准是SY/T 6646—2017《废弃井及长停井处置指南》、Q/SY 01028—2019《天然气井永久性封井技术规范》以及其他一些安全环保规定[35-36]。废弃井封堵一般自下而上进行，应至少设置三道永久屏障，即封堵所有与生产套管联通层段的第一道屏障、封堵井筒的第二道屏障、封堵地表层的第三道屏障。

5.7.2.1 封堵所有与生产套管联通的层段——第一道屏障
（1）无产层裸眼井段的封隔。
对于裸眼完井井段（即未下套管且与上部套管相连的井段）不存在生产层、注水层或处理层时，用下列方法之一进行封隔处置。
①顶替处置：如图5.7.1所示，水泥塞在套管鞋上下的厚度至少应为各30m。当裸眼长度小于30m时，水泥塞总厚度至少为50m。根据油藏性质和裸眼井段长度，也可在整个裸眼井段内注一个水泥塞。
②水泥承流器处置：如图5.7.2所示，在套管鞋以上位置下一个水泥承流器，向水泥承流器下面挤水泥进行封堵，水泥浆的量应填满水泥承流器以下套管及套管鞋以下30m的裸眼井段，且留在水泥承流器上部的水泥塞厚度应不少于50m。
③桥塞处置：在套管鞋以上15~30m处坐封一个机械桥塞，并在其上注厚度不小于50m的水泥塞。

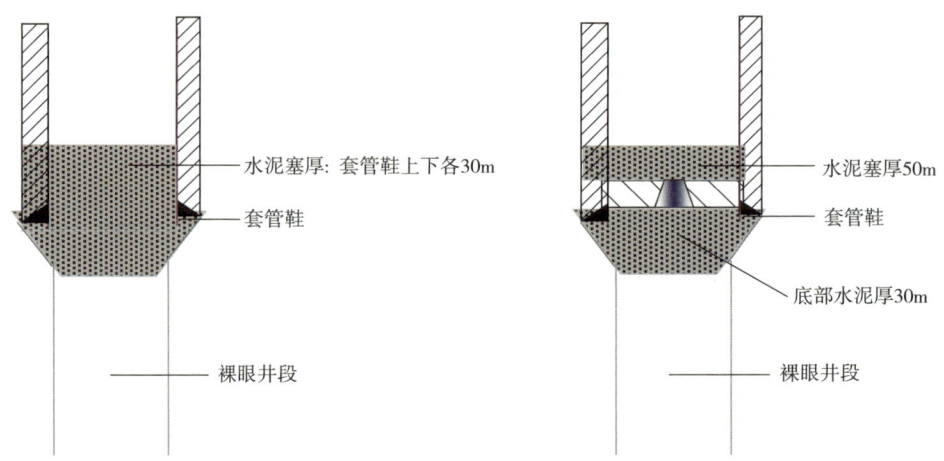

图 5.7.1　水泥塞封堵裸眼井结构示意图　　图 5.7.2　水泥承留器封堵裸眼井示意图

(2) 有产层封堵作业。

如图 5.7.3 所示，在裸眼井段里对已开采的或未开采的可采储层、注水层等要进行封堵，可注一个跨层的悬空水泥塞。如果淡水层裸露，应在淡水层的下面注一个水泥塞。水泥塞厚度应从封堵层以下至少 30m 到封堵层以上至少 30m。在可能导致油气层间串槽的井段或是地层渗透性很差的长井段处，可在该井段顶部注一个厚度不小于 50m 的水泥塞。

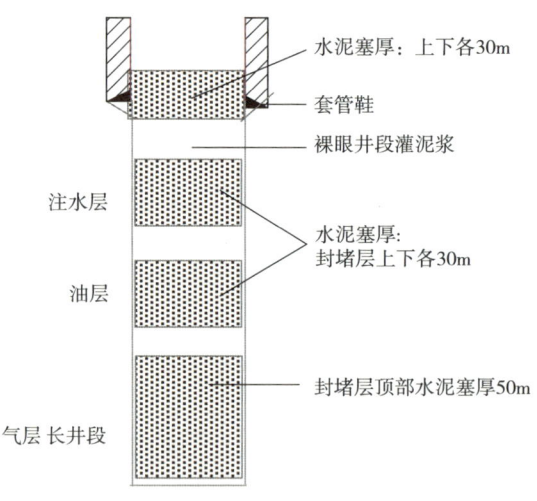

图 5.7.3　裸眼井段内封堵作业示意图

(3) 有套管井段的处置。

①封堵射孔井段：为防止地层流体进入井筒并通过套管运移，应对已射孔的生产层或注水层（或层段）进行挤注封堵。施工时应考虑井眼大小，地层特征和储层压力等。如图 5.7.4 所示，在射孔孔眼以上至少 15m 处下入水泥承流器或可取式封隔器等方式，向炮眼里挤水泥来封堵射孔井段（封堵半径 0.5~2m），水泥浆的用量应满足水泥承流器或封隔器以下至少 30m 的套管内容积和封堵处理范围内的水泥浆用量，并在其上留一个厚度至少 50m 的水泥塞。

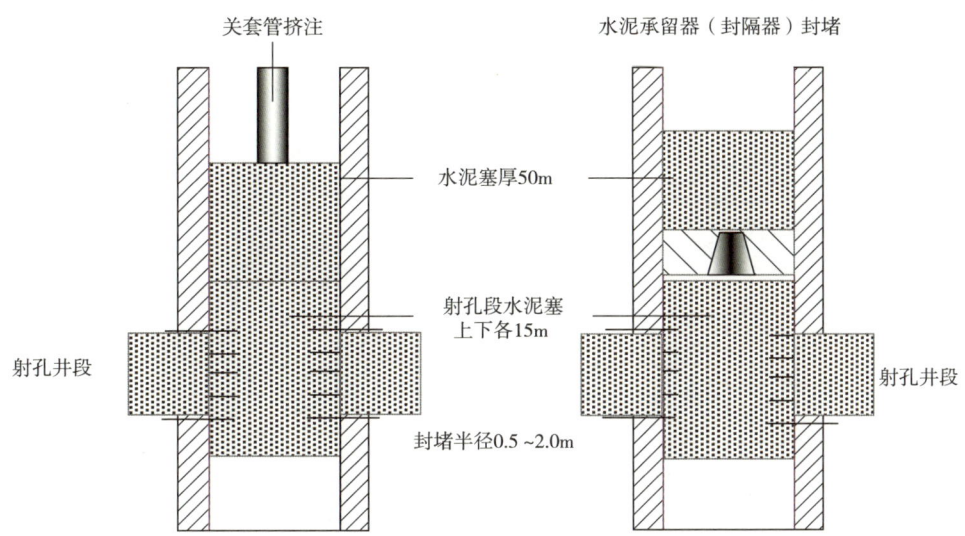

图 5.7.4 挤注封堵示意图

②封堵余留套管：余留套管是当套管被切割后，在井内剩余的那一部分。封堵时从剩余的套管或剩余套管外的环空，对余留套管进行封堵。依据余留套管以下的流体是从环空流出或注入环空的情况，封堵余留套管。

③顶替处置：如图 5.7.5 所示，从余留套管内至少 30m 到上一级套管内或裸眼内至少 30m 的位置注一个悬空水泥塞。

④挤水泥处置：如图 5.7.6 所示，在余留套管的上一级套管以上至少 15m 处，下一水泥承留器或挤水泥封隔器，并向工具下部挤水泥。水泥浆的用量应大于挤水泥工具以下套管的内容积加上 15m 余留套管的内外的体积，并在其上应注一个厚度不少于 50m 的水泥塞。

当余留套管下部地层没有油气运移或漏失时，可用循环注塞法来封堵余留套管；若在余留套管中地层产液或有漏失时，则应采用挤水泥法。

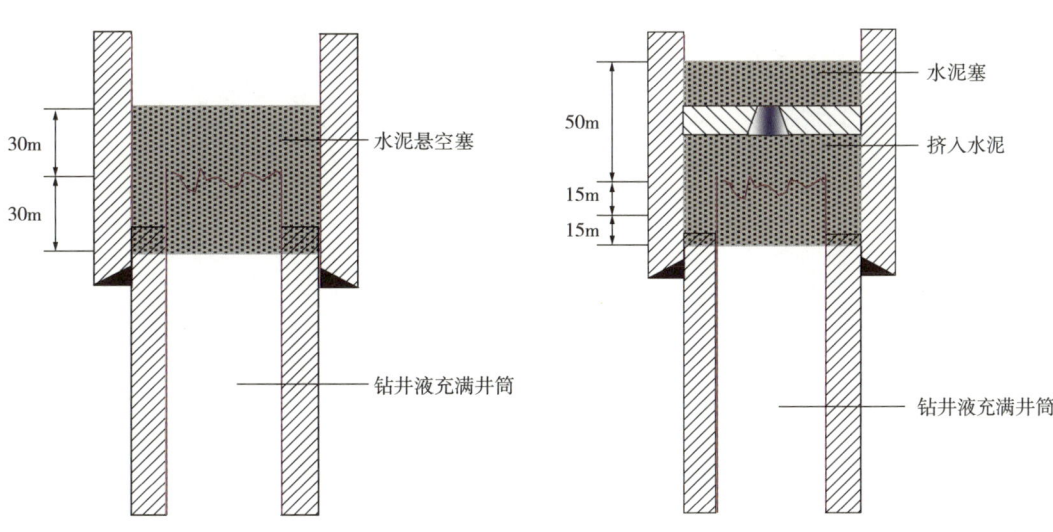

图 5.7.5 用水泥封堵余留套管示意图　　图 5.7.6 用水泥承留器封堵余留套管示意图

（4）气井层段的处置。

①常规气井产层封堵。

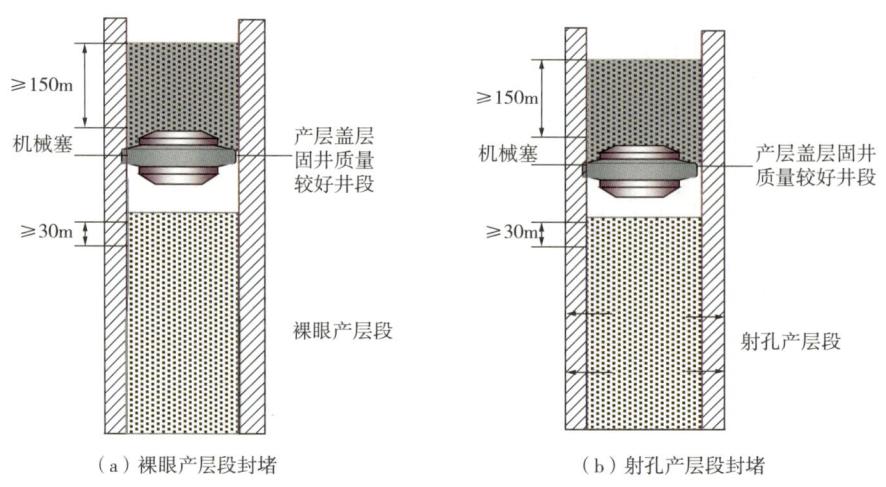

图 5.7.7　常规气井产层段封堵示意图

②高压、高含硫气井产层封堵。

应检测油层套管固井质量，若生产期间井筒长期处于酸性腐蚀环境，应检测油层套管腐蚀情况。裸眼段产层封堵，水泥塞应封堵至套管鞋以上不小于 150m（水泥塞面宜高于该产层顶界）其上采用机械塞法加固封闭产层，机械塞宜坐封于产层盖层固井质量较好井段，机械塞上水泥段塞厚度不小于 150m，如图 5.7.8 所示。

产层上部盖层段油层套管固井质量不合格可能导致层间窜流时，封堵产层水泥塞面设计井深宜预留油层套管环空井屏障重建条件，并对产层上部盖层段油层套管采用锻铣封堵或射孔补注封堵材料等方式重新建立产层油层套管环空井屏障，锻铣封堵长度宜不小于 30m；采用机械塞法加固封闭，机械塞宜坐封于产层盖层固井质量较好井段，其上水泥段塞厚度不小于 150m，如图 5.7.9 所示。

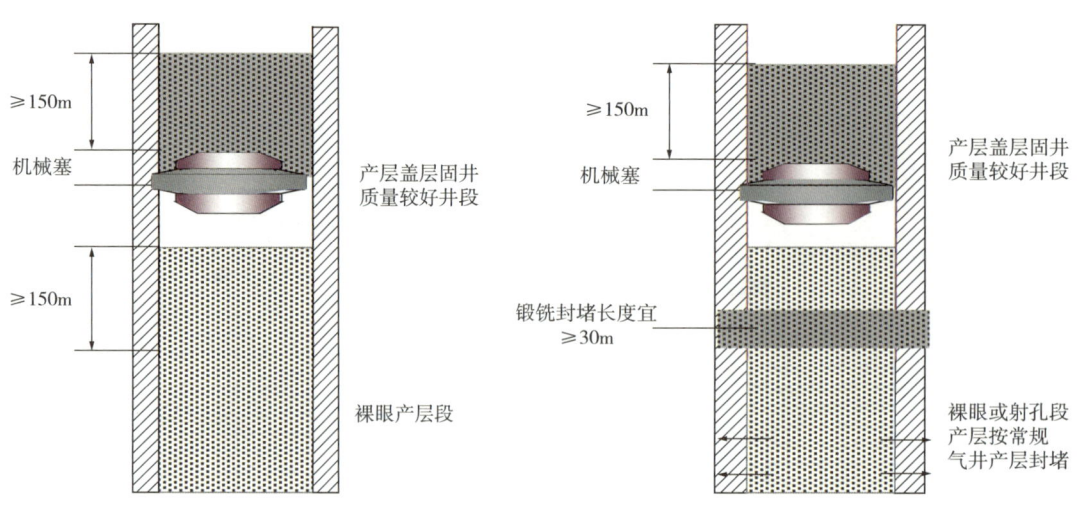

图 5.7.8　裸眼段产层封堵示意图　　图 5.7.9　产层盖层油套固井质量不合格产层封堵示意图

5.7.2.2 封堵井筒——第二道屏障

（1）封堵套管外有水泥井段。

应清楚套管外的关键性层段，然后 在套管中跨过已挤过水泥的关键性井段，注一个悬空水泥塞进行封堵，其厚度应为关键性井段上下各30m。此外，若有淡水层存在，还应在最下面的淡水层底部15m以下注一个厚度至少50m的水泥塞。

（2）封堵套管外无水泥的井段。

①一次挤水泥处置：在没有水泥固结的长井段，在关键井段射孔，向炮眼里挤水泥，水泥浆用量以能在套管内形成至少50m厚的水泥塞，同时满足套管外的漏失量和邻近地层表面的渗漏为宜。

②分层挤水泥处置：在关键层段的上方、下方分别射孔、挤水泥进行封堵。施工时保证所需的足够的水泥量和足够高的泵压。在分层挤水泥作业后，确保水泥浆的体积在套管内留一个厚度至少50m的水泥塞。当有些关键层段需要封堵，用循环水泥法不可行或不现实时，则分层挤水泥。

③循环水泥处置：当井眼条件允许循环水泥封堵时，在水泥返高顶部附近，没有水泥固结的套管处进行射孔，通过套管和井眼环空循环水泥进行封堵。

（3）封堵套管鞋。

①套管外有水泥固结处置：当生产套管外被水泥固结到表层套管鞋以上至少有30m时，在生产套管内，表层套管鞋以下30m到管鞋以上30m井段位置处注一个厚度至少60m的悬空水泥塞。

②套管外无水泥固结处置：当生产套管外没有水泥固结到表层套管鞋以上至少30m时，则管鞋的封堵可采用（封堵套管外无水泥的井段）所描述的方法之一进行封堵，同时在挤水泥或顶替水泥后，在生产套管内留一个厚度至少50m的水泥塞。

（4）封堵淡水层。

①套管外有水泥固结处置：从淡水层最底部以下至少30m到淡水层的底部，注一悬空水泥塞来隔离淡水层。

②管外无水泥固结处置：管外无水泥固结的井封堵淡水层应遵循以下原则。

在套管外没有被水泥固结的地方，通过射孔并挤水泥对淡水层底部进行封堵（见封堵射孔井段）。封堵淡水层的另一种方法是切割并拔出套管，然后根据（封堵余留套管）或依据（无产层裸眼井段的封隔）的方法进行封堵。如果可行，最好是将余留套管以上的井眼全部用水泥充填满；

当生产套管外没有水泥固结时，封堵淡水层底部的建议方法是在对每一种方法的相关问题和风险分析的基础上，如果淡水层在表层套管外，且不拔出生产套管，则应保证在表层套管鞋处已被封堵（见封堵套管鞋），当然，封堵淡水层底部后，也可以注一个表层水泥塞。

如果井段过长或者存在需要严格区分各淡水层之间的水质差异等其他原因时，适当地（或按相关标准或法规的要求）在长井段内部增加一个水泥塞。

5.7.2.3 封堵地表层——第三道屏障

封堵地表层应遵循以下原则：

（1）表层水泥塞是从地面以下6~15m到地面注的一个悬空水泥塞，是用来防止地面

水进入废弃井井眼的。在注表层水泥塞之前,应确认淡水层已被有效地封隔,且井眼内的流体是静止的;

(2)注完表层水泥塞后卸掉井口,将留在井眼内的任何工作管柱都应从地面以下1~2m处(如果有特殊要求,则可能要更深)割掉;

(3)割掉管柱后,如果环空无水泥,则应用水泥浆填满这些空间。

5.7.3 高危废弃井永久性封井工艺

上述标准及规定推荐了一些习惯性做法及硬性要求,可以满足一般废弃井封堵的需要,但对于高危废弃井的封堵工艺并没有进行详细的阐述和说明。高危废弃井大都位于环境敏感地区,如水库、居民区、工业区、沿海滩涂、储气库区等高危地区,因完井时间较长,大部分井均存在不同程度套损、套变、套漏等情况,有的废弃井井筒内还可能存在压力异常层、高含气层、高含硫化氢气层等。

高含硫化氢井封堵、储气库井封堵将在第 8 章和第 9 章进行详细介绍。这里重点介绍针对疏松砂岩油藏和海上高危废弃井储层封堵而开发的多级粒径组合防漏失堵剂和胶乳、超细颗粒高强度堵剂,以及封堵工艺优化[37-38],提高了高危废弃井永久性封井的质量和安全性。

5.7.3.1 多级粒径组合防漏失堵剂

浅层、极浅层低压易漏失疏松砂岩油藏油层在开发后期由于地层出砂形成大孔道,地层非均质性强,水泥浆易窜流、漏失,造成废弃井储层封堵成功率低、效果差,为此研制了多级粒径组合防漏失堵剂。多级粒径组合防漏失堵剂主要应用于浅层、极浅层低压易漏失疏松砂岩油藏高危弃置井储层封堵,可有效减少堵剂沿特高渗透带或大孔道窜流,保障弃置井封堵的均匀性和质量

(1)多级粒径组合防漏失堵剂配方。

多级粒径组合防漏失堵剂主要由颗粒固结剂、超细水泥、纤维和多功能悬浮剂按一定比例组成,见表 5.7.2。

表 5.7.2 多级粒径组合防漏失堵剂材料优选表

组分名称	平均粒径	功能
颗粒固结剂	0.3~1.0mm	可固结的无机颗粒,可以起到堵塞地层中大的孔隙及裂隙,防止堵剂大量进入油层
纤维	1~6mm	防止堵剂大量进入油层,同时提高堵剂韧性
超细水泥	9μm	主体封堵颗粒材料,凝固后具有较高的本体强度和粘接强度
多功能悬浮剂		悬浮固体颗粒,改善堵剂流动性能,调节堵剂固化时间的作用

(2)多级粒径组合防漏失堵剂性能。

室内采用可视砂床漏失评价仪装置,在装置底部装入 0.4~0.8mm 石英砂,分别将 G 级油井水泥浆,纤维水泥浆,多级粒径组合防漏失堵剂倒入,加压 0.7MPa,每 5min 测堵剂漏过砂子的体积,记录数据。体积越大,表明堵剂在模拟储层驻留能力越差,防漏失效果越差,见表 5.7.3。

相比于 G 级油井水泥和纤维水泥浆,多级粒径组合防漏失堵剂在漏失 15min 后,堵剂在漏层表面已形成低渗透屏蔽带,漏失速率明显减缓,0.5h 漏失量与水泥类堵剂相比漏

失量降低 40% 以上，表明多级粒径组合防漏失堵剂具有较好的快速暂堵防漏失能力。

配制多级粒径组合防漏失堵剂，70℃水浴常压养护 3 天，用抗压强度测定仪测抗压强度大于 20MPa 以上，可以满足浅层、极浅层高危地区弃置井封堵工艺要求。

表 5.7.3 砂床漏失性能评价对比实验

序号	堵剂类型	占比 /%（质量分数）	0.5h 漏失量 /mL
1	G 级油井水泥浆	64	83
2	纤维水泥浆		68
3	多级粒径组合防漏失堵剂		41

5.7.3.2　胶乳—超细颗粒高强度堵剂

海上等高危地区封井对封堵质量要求高，常规的水泥挤封、注塞难以满足长期有效的要求，存在较大的安全隐患。要求堵剂有较高的强度、良好的韧性及防气窜性能，以减少地层应力变化对堵剂的影响。

（1）胶乳—超细颗粒高强度堵剂配方。

胶乳、超细颗粒堵剂主要由胶乳聚合物、超微细颗粒、助流剂、防气窜剂和缓凝剂组成。通过室内大量实验研究确定了 70℃条件下胶乳、超细颗粒堵剂的配方：超微细颗粒 FHK+20% 胶乳聚合物 +5% 助流剂 SYZ+3% 缓凝剂 BXF-200L+6% 防气窜剂 FQC+ 淡水。

（2）胶乳、超细颗粒高强度堵剂性能。

以胶乳、超细颗粒堵剂配方为基础，对其稠化时间、抗压强度、抗折强度、气测渗透率等性能进行了评价。

①采用高温高压稠化仪，在 70℃、20MPa 条件下对研发的堵剂稠化时间进行了评价。实验结论为在 70℃，20MPa 下胶乳、超细颗粒高强度堵剂稠化时间大于 250min，可以满足弃置井封堵施工安全要求。

②配置胶乳、超细颗粒高强度堵剂，置于 70℃水浴条件下常压恒温养护 3 天，采用抗压强度试验仪对堵剂的抗压强度进行了测定。实验结论为 70℃水浴养护 3 天后，胶乳、超细颗粒高强度堵剂抗压强度达到 35MPa 以上，可以满足高危地区弃置井封堵永久性安全要求。

③将相同固液比条件下的 G 级水泥与胶乳、超细颗粒堵剂的抗折强度进行了对比评价。实验条件均为 70℃恒温水浴养护 3 天后所测，抗折强度可达到 7MPa 以上，是普通水泥类堵剂的 2 倍以上。

④利用气相渗透率测定仪对胶乳、超细颗粒堵剂的防气窜性能进行了室内评价实验，并将其与普通 G 级水泥浆、超细水泥堵剂进行了对比（表 5.7.4）。

表 5.7.4 乳胶、超细颗粒堵剂气测渗透率评价实验

堵剂名称	密度 /（g/cm³）	气测渗透率 /mD				
		岩心 1	岩心 2	岩心 3	岩心 4	平均
G 级水泥浆	1.85	4.32	3.12	2.55	2.09	3.02
超细水泥堵剂	1.70	0.21	0.29	0.32	0.14	0.24
乳胶—超细颗粒堵剂	1.90	0.01	0.05	0.02	0.01	0.023

注：实验条件 70℃恒温、常压养护 3 天。

从上表实验结果可以看出，胶乳—超细颗粒堵剂固化后的气相渗透率明显小于普通 G 级油井水泥和目前常用超细水泥堵剂，这表明胶乳、超细颗粒堵剂具有优良的防气窜性能。

⑤将配置好的胶乳、超细颗粒堵剂倒入养护模型中，放入 70℃、20MPa 的条件下养护，根据不同的养护时间来测量抗压强度的变化（表 5.7.5）。

表 5.7.5 胶乳、超细颗粒堵剂强度衰退评价实验

序号	密度 /（g/cm³）	养护时间 /d	抗压强度 /MPa
1	1.89	3	35.8
2	1.88	30	35.7
3	1.89	60	35.2
4	1.90	90	35.4

胶乳、超细颗粒堵剂固化后具有较好的强度抗衰退性能，胶乳作为复合添加剂之一的组剂，其主体还是超细水泥堵剂，在长期养护下强度衰退非常缓慢，可以认定为长期有效。

5.7.3.3 高危废弃井封堵工艺优化

高危废弃井封堵工艺在执行相关标准的基础上，对已射开储层，根据储层性质不同，封堵采用多级粒径组合防漏失堵剂和胶乳、超细颗粒材料高强度堵剂，以提高封堵半径和封堵强度，从源头切断天然气的来源，提高堵剂抗应力变化能力，并结合井筒高质量封堵提高弃置井的安全性。

（1）采用清洗剂清洗套管壁，提高堵剂和水泥塞与套管的胶结强度；

（2）采用先替后挤、带压候凝工艺挤注多级粒径组合防漏失堵剂和胶乳、超细颗粒材料高强度堵剂，防止堵剂反吐，提高堵剂与地层的胶结质量；

（3）井筒留 200~300m 堵剂塞，克服水泥塞防气窜能力差的缺陷；

（4）井筒选合适位置下桥塞，注水泥塞与机械封堵相结合，提高井筒封堵质量；

（5）对于固井水泥返高较深的井选择井段进行二固处理。

5.8 常规大修工艺技术实践与认识

5.8.1 射孔枪打捞

5.8.1.1 基本情况

××井油层套管为 ϕ139.7mm，钢级 J55，人工井底 1128.23m。落鱼为 ϕ102mm 两级炸膛射孔枪，经多次磨铣、套铣至深度 1080.2m 处套铣不动，多次打捞均拔脱捞空。下 ϕ105×300mm 钻杆捞矛接头，反复向下顿击落鱼多次，下击不动。打铅印印痕显示落物为破损射孔枪枪身。

5.8.1.2 技术难点

（1）两级炸膛射孔枪，前期经多次磨铣、套铣至深度 1080.2m 套不动，多次打捞均拔脱捞空，反复顿击落物多次，落物下击不动，卡阻严重。

(2)射孔枪枪身长,整体打捞难度大。
(3)射孔枪硬度高,普通套铣工具磨铣慢。

5.8.1.3 技术对策

射孔枪打捞整体思路是下加长套铣筒套铣,套铣过两级射孔枪连接接头,然后对套铣出的射孔枪进行整体打捞。套铣深度应大于一级射孔枪,尽量实现枪身不散、整体打捞。

5.8.1.4 施工过程

(1)打印:ϕ116mm水眼铅模循环冲洗打印,打印深度1081.53m,起出铅模印痕为ϕ77mm环圈印。

(2)打捞:下ϕ118mm筒子笔尖罩落物枪身,遇阻深度1081.72m,多次转方向深度一致;起出筒子笔尖,尖上有豁口;下ϕ107mm开口母锥,深度1081.53m反复打捞无显示,捞空。

(3)套铣:套铣筒外径ϕ121mm、内径ϕ105mm、长4.22m,上接循环打捞杯,进行了4次套铣。第1次遇阻深度1081.53m,套铣3h至井深1082.35m,进尺0.51m,起出套铣筒,套铣头磨损严重,筒子里面有0.5m痕迹。第2次套铣4h至井深1082.66m,进尺0.31m,起出后钨钢磨平,筒子里有0.94m痕迹。第3次套铣4h至井深1083.11m,进尺0.45m,起出后钨钢磨平。第4次套铣4h至井深1083.76m,进尺0.65m,起出套铣头钨钢磨平。

(4)下螺旋捞筒:下ϕ102mm螺旋捞筒正下,试捞,活动管柱,最高42t拔脱,起出捞出射孔枪接头1个。

(5)套铣:下套铣头(外径ϕ121mm、内径ϕ105mm、钨钢部分ϕ103mm)和套铣筒(外径ϕ121mm、内径ϕ107mm、长4.98),深度1081.64m,循环套铣共进尺1.87m,再套无进尺。起出,套铣头钨钢磨没,内壁划痕深。

(6)打捞:

①下ϕ102mm螺旋捞筒,深度1082.07m,捞住,活动管柱,最高负荷拔至32t拔脱,捞出射孔枪身1.04m。下开口ϕ107mm母锥,深度1082.42m,循环造扣打捞,蹩钻严重,反劲大,深0.2m,捞出射孔弹夹0.7m(8个弹壳)。

②下开口ϕ107mm母锥,深度1079.94m(深度浅了2.68m,分析射孔枪内弹夹被拽出),循环造扣打捞,蹩钻严重,反劲大,至井深1080.09m,起钻,捞空,引鞋处裂开。

③下ϕ121/105mm套铣头焊ϕ105/98mm母锥焊ϕ118/108mm筒子开两排开窗,套铣进尺5cm,不进,蹩钻,起出。下小钻杆,头焊接2.8m光杆,光杆前头处焊两个钩子,深度1080.16m,反复旋转找方向,回探,深度一致起出,捞空。下ϕ118/108mm×3m笔尖壁窗筒子,深度1080.16m,反复旋转找方向,顿击,深度一致,再顿击倒扣调冲程订筒子6次,深30cm,上提有100kN夹持力,回探深度1077.8m,浅2.36m,匀速上提,前2根负荷都在350kN左右,起出,笔尖壁窗处打卷,尖部15cm断。下ϕ120-95mm/850mm套铣筒,接循环捞杯,深度1080.74m,循环套铣,蹩钻严重,进尺0.27m至井深1081.01m,起出,筒子里含5个弹壳,折断的筒子尖带出,捞出内带出大量碎铁屑及弹托碎片。

④下ϕ105mm开口母锥,深度1081.04m,反复循环造扣,蹩钻严重,起出,母锥内捞出7个弹壳。下开口ϕ105mm母锥,深度1081.19m,循环造扣,蹩钻严重,反劲大,进尺0.2m,至井深1081.39m,起出,捞空,母锥内腔0.2m处有刮痕。

⑤下ϕ120~95mm套铣筒,接循环杯,深度1080.74m,循环套铣,蹩钻严重,进

尺0.39m，至井深1081.13m，起出，筒子里含9个弹壳。下φ120-95mm套铣筒，接循环杯，深度1081.14m，循环套铣，蹩钻严重，进尺0.47m，至井深1081.61m，捞出6个弹壳。（共捞出弹壳44个）。下φ120-95mm套铣筒，深度1081.56，m，循环套铣，蹩钻严重，进尺0.42m，至井深1081.98m，起出，筒子里含8个弹壳及弹托。下φ120-95mm套铣筒，接循环杯，深度1082.69m，循环套铣，进尺0.41m蹩钻严重，至井深1083，起出，捞出1个弹壳枪身碎片4块。下φ121/105/4950mm套铣筒，1082.8m，套铣进尺0.87m，至1083.67m，无进尺，起出，套铣筒内带出射孔枪身一段0.2m。下φ120-103mm/4950mm套铣筒，接循环杯，深度1082.8循环套铣，进尺0.87m，放20kN钻压后无进尺，至井深1083.67m，起出，套铣筒内含0.2m长的射孔枪身。

⑥下φ120-103mm/4950mm套铣筒，接循环杯，深度1083.67，循环套铣，蹩钻严重，进尺0.43m至井深1084.1m，起出，筒子内带出射孔枪身三块。下φ120-103mm套铣筒，接循环杯，深度1084.03，循环套铣，蹩钻严重，进尺1.23m至井深1085.26m，起出，套铣头磨损严重。

⑦下φ102mm/3m螺旋加长捞筒，打捞深度1084.32m，捞住倒扣，起出加长捞筒，捞出射孔枪身0.94m。下φ120-103mm套铣筒，接循环杯，深度1084.55m，循环套铣，蹩钻严重，进尺0.7m至井深1085.25m憋压15MPa，起出。

⑧下φ105mm开口母锥，深度1084.77m试提，无显示，循环造扣，下行0.22m，起出，捞出0.7m枪皮子。下φ105mm开口母锥，深度1085.04m。试提，无显示，循环造扣，下行0.18m，起出，捞空。

⑨下φ120-103mm套铣筒，接循环杯，深度1085.2m，循环套铣，蹩钻严重，进尺0.35m，至井深1085.55m，起出。下φ120-103mm套铣筒，接循环杯，深度1085.27m，循环套铣，蹩钻严重，20kN钻压后无进尺，上提，有10t夹持力，继续套铣，加至3t，共进尺2m后下行，加深钻杆3根，至井深1096.54m，不进。起套铣筒，套铣筒尾部带出射孔枪身约0.7m，及完整射孔枪1节，射孔枪身没有炮眼（这节枪身有22弹）。

5.8.1.5 结论与认识

本次施工创新应用了系列可拆卸薄壁高强套铣头、薄壁内外螺纹连接套铣筒、开场捞筒/母锥组合打捞工具，实现了高效套铣、打捞，仅用21天打捞出全部射孔枪，施工效率提高30%。主要认识如下：

（1）射孔枪枪身强度高，常规套铣工具进尺慢，效率低，应采用高强度材质制成的磨铣工具，提高磨铣效率。

（2）散落的射孔弹和射孔弹托打捞难度大，应用套铣头+开窗捞筒的方式实现套捞一体，提升打捞效率。

5.8.2 压裂砂卡解卡打捞施

5.8.2.1 基本情况

××井油层套管为φ139.7mm，人工井底1256.6m，压裂施工前未发现套损。2021年起出原井注水管柱，下压裂管柱压裂遇卡，活动范围0~1m，决定倒开上部管柱终止施工。井内落物为φ73mmN80外加厚油管30根、φ73mmN80外加厚短节14根、φ55.5mm工作筒 1 件、安全接头 1 件、K344-115 型封隔器 6 级、大砂量喷砂器 5 级、$\phi 73mm$ 丝堵 1 个，下入原井 $\phi 73mm$ 油管 75 根，完井深度 722.09m。

5.8.2.2 技术难点

（1）工具外径尺寸大、封隔器不易解封：环空间隙小，外捞空间受限，需要逐步分解内捞、甚至套磨方可解卡，难度大。

（2）工具结构多元：同一口井使用的喷砂器、滑套座结构不同，无专用工具和打捞经验；封堵开关器顶部下 14cm 处有回弹性挡板，限制工具打捞。

5.8.2.3 技术对策

原井油管打印落实鱼顶情况，如管柱没有被砂埋，采用滑块捞矛打捞。如管柱被砂埋，则①卡距上采用套捞一体组合工具套铣冲砂打捞，或多根组合套铣冲砂打捞；②卡距内采用短接组合套铣冲砂打捞及带孔螺纹抓打捞喷砂器。

5.8.2.4 施工过程

（1）打印：下 $\phi 114mm$ 铅模打印 732.44m，印痕为加大油管接箍印。

（2）打捞：多次采用 $\phi 58mm$ 滑块捞矛活动倒扣打捞，捞出加大油管 15 根，最后一根油管尾部磨亮，判断已到砂面。

（3）套捞一体化：套捞一体化工具组合由套捞一体接头、$\phi 56mm$ 水眼滑块捞矛、双级螺纹套铣筒、双级螺纹套铣头、双级螺纹引鞋组成。套捞一体接头外双级螺纹连接冲砂套铣筒，套捞一体接头内螺纹连接 $\phi 56mm$ 水眼滑块捞矛，套铣筒下端双级螺纹连接双级螺纹套铣头，在对砂埋的油管套铣冲砂结束后，继续下放套铣冲砂管柱，套捞一体接头内螺纹连接的水眼滑块捞矛下放至油管内，进行倒扣打捞，完成套铣冲砂打捞一体化施工。

（4）连续套铣：该井封隔器以上砂埋油管 12 根，针对多根油管砂埋，为更大地提高施工效率，通过安全卡瓦连接两根套铣筒进行套铣冲砂打捞，连续套铣冲砂 20m 后，下放打捞，捞住油管后上提采用合适的负荷倒扣，打捞出套铣冲砂后的两根油管。

（5）卡距内的油管及油管短接的处理：以往打捞卡距内的油管及油管短接，因卡距内油管短接一口井依据射孔层位会有多个尺寸，多采用先下套铣后再下打捞，或将母锥焊接在套铣筒上，套铣冲砂后再倒扣打捞，缺点是单独套铣冲砂打捞工序繁琐，冲砂后再下打捞因时间间隔井段内会继续返砂，还会将落物砂埋，套铣母锥捞住落物后，无法大负荷活动管柱，并且每次需要将母锥割开才能卸掉油管或油管短接，既耽误时间又损坏工具增加施工成本。针对以上卡距内的单根油管及油管短接的套铣冲砂打捞难题，设计加工出 1m、2m、4m、9m 的双极螺纹套铣筒，根据油管记录卡距内的油管短接的长度，选择合适的双极螺纹套铣筒连接，可以满足卡距内任意长度的油管及油管短接的套铣冲砂打捞，并且拆卸方便，工具可重复使用，既缩短了施工周期，又节约了施工成本。

（6）井内喷砂器的处理：因喷砂器接头内有钢球，阻挡螺纹抓打捞，加工出带孔螺纹抓，打捞时先冲砂将钢球含入螺纹抓底部的孔内，下放使螺纹抓压片工作抓住油管接箍内螺纹，完成打捞。

（7）通过以上工具的合理组合打捞，在最短的时间内将井内落物全部捞出。

5.8.2.5 结论与认识

套捞一体化组合工具，解决了冲砂打捞工具排量受限、套铣冲砂打捞工序衔接等问题，并且拆卸方便，避免了焊接等停时间及焊接断裂风险，实现了套捞一体、多根组合套捞、卡距内任意组合套捞。工具优化组合及创新，节约了施工成本，杜绝了工程事故发生，缩短了施工周期，提高了生产时效。

5.8.3 无通道套损井取换套

5.8.3.1 基本情况

××井油层套管为 ϕ139.7mm，人工井底 1236.9m。2016 年铅模查套证实 960m 处套管破裂，内径 ϕ105mm；2017 年铅模查套证实 421.41m 处套管错断，内径 ϕ84mm；2018 年铅模查套证实 429.5m 无通道，为泥岩印。施工前井内 ϕ73mm 油管 32 根，落物 ϕ73mm 油管 82 根。

5.8.3.2 技术难点

（1）该井是一口典型横向大位移无通道错断井，管内经大修施工反复找打通道无效。

（2）前期多次修井，均未成功治理，对断口造成了一定的破坏，增加了后续施工难度。

（3）井内落物深度不详，过断口打捞难度极大。

5.8.3.3 技术对策

针对找鱼空间受限的问题，研制加工专用找鱼工具，增加找鱼半径。对于无法有效收鱼的情况，应用生根收鱼技术，即按照原井眼轨迹定向钻进至触碰套管，索引套铣至钻进深度以上 5m 为止，然后更换肯纳合金喇叭口或局部扩张收鱼套铣头，进行鱼头收引。

5.8.3.4 施工过程

5.8.3.4.1 第一阶段（套铣收鱼阶段）

喇叭口形套铣头套铣收鱼。ϕ315mm 喇叭口形套铣头套铣收鱼，套铣至 423.78m，套铣收鱼未收到下部套管，继续套铣可能将套管别到更远处。

（1）打印：ϕ118mm 铅模打印，深度 421.23m 无加持力，起出印痕为，套管变形印，最小通径 107mm，未打到最小点。

（2）套铣打捞：下 ϕ315mm 八齿套铣头，套铣至井深 420m，期间打捞 3 次，共捞出套管 38 根，最后一根套管变形大段弯曲，带出一个夹扁的套管节箍。判断是地层偏移挤压，导致套管偏移较大最终从套管螺纹处断脱。

（3）套铣收鱼：下 ϕ315mm 喇叭口形套铣头套铣收鱼，套铣收鱼过 422.3m 下断口套管头至 423.78m，下 ϕ160mm 铅模打印，深度 423.6m，无明显印痕，判断收鱼无效。

施工分析：套铣收鱼过套管头时（422.3m），无铁屑上返现象，且打印深度无套管印痕，判断套管横向位移大，套铣收鱼无效，尝试在套铣筒内用大角度笔尖找通道。

5.8.3.4.2 第二阶段（管外找通道阶段）

上提喇叭口形套铣头后，尝试采用管外找通道方式，分别采用反复划眼、笔尖找通道、侧向切鱼等方式找通道，但因套管偏移量大，施工均无效。决定采用管外示踪找鱼技术，先用 ϕ118mm 三刮刀钻铣至遇阻后，再用 ϕ127mm 钻杆做示踪，使用啃纳合金喇叭口形套铣头收鱼。

（1）笔尖找通道（无效）：①下 ϕ73mm 钻杆笔尖 + 钻铤 2 根，深度 421.1m，反复旋转找通道，未找到。②下 ϕ60mm 钻杆笔尖 + 钻铤 2 根，深度 423.47m，多次旋转角度找通道，未找到。③调整铣头位置至414.78m，用 ϕ60mm 笔尖+钻铤两根，反复旋转角度找通道深度423.61~424.35m，未找到。

（2）旋转打印：下 ϕ160mm 铅模+弯钻杆，反复上提下放旋转打印，印痕无明显印痕，侧面有切削的划痕。印痕分析：铅模正面无明显套管印痕，侧面有轻微竖直的划痕，说明在旋转打印过程中，正面铅模未打到套管，可能在旋转时侧面刮碰套管，套管横向偏移量大，继续笔尖找鱼意义不大。

（3）套铣侧向切鱼（无效）：下 ϕ315mm 喇叭口形套铣头，于深度为424.28m循环套铣，尝试侧向切套管，套铣过程中，无明显铁屑蹩钻现象，套铣切鱼无效。施工分析：ϕ315mm 喇叭口形套铣头，424.28m循环套铣无蹩钻、铁屑，说明下部套管已偏离原轨迹过远，继续加大工具尺寸收鱼意义不大。

5.8.3.4.3 第三阶段（管外示踪找鱼阶段）

通过管外示踪找鱼技术，于套管侧向进行钻眼示踪，索引啃纳合金喇叭口形套铣头侧向切开套管，建立通道，再配合套管内外修整打捞方式，完成整体鱼头收引，实现正常套铣钻进。但因丢鱼位置在裸眼段（422.3m），且距离水泥返高（886.6m）较远，判断可能需要钻铣较长的深度。

管外示踪过程简析：通过高转速低钻压钻进建立示踪，钻进至遇到套管后，下入在断口处加大的示踪管柱，如钻铤、外衬套管管柱。下入啃纳合金喇叭口形套铣头套铣，由于套管同大直径示踪挤在一起，套铣过程中会一边啃套管一边啃示踪。在套铣至断口后，过程中出现蹩钻有铁屑现象后，继续加压套铣进尺0.5~1m后（切开套管），起出示踪管柱（不得动套铣管柱以免提出收鱼断口），继续加压套铣3~4m（进一步切割套管收鱼），打印验证收鱼情况。

（1）高转速低钻压钻铣：下 ϕ105mm 三刮刀钻铣，由深度422.53m，钻铣24.06m，至446.59m处无进尺，起出发现三刮刀，发现有明显磨损痕迹。

痕迹分析：三刮刀磨损严重，通过工用具同印痕大小进行比对，判断三刮刀磨损印痕为油管，管外示踪找鱼技术直接打到套管内油管，第一步钻眼成功找到下部套管。

（2）下示踪管柱：①下 ϕ127mm 钻杆+ϕ105mm 钻铤至深度426.5m无法下至最深点446.59m；②下 ϕ73mm 正扣弯钻杆+钻铤+5in钻杆至426.7m无法下至最深点；③下 ϕ73mm 弯钻杆笔尖+钻杆，成功下至446.59m。

施工分析：判断因井眼轨迹弯曲变形，管柱无法有效下至最深点，只有形状角度一致类似的管柱才能下入，而 ϕ127mm 钻杆、ϕ105mm 钻铤相比 ϕ73mm 钻杆更硬且角度不一，在尝试下入多次均无效后，决定采用 ϕ73mm 反扣钻杆作为示踪，但在套铣收鱼过程中管柱存在脱扣风险。

（3）套铣收鱼：① ϕ290mm 啃纳合金喇叭口形套铣头套铣收鱼至447.33m，套铣收鱼过程中，有上返的铁屑且有蹩钻现象。期间下捞矛、母锥、公锥打捞无效；②下 ϕ160mm 铅模打印深度425.52m，印痕为套管皮茬印，说明套铣收鱼成功。

工具分析：ϕ290mm 啃纳合金喇叭口形套铣头，侧向有切削齿，相比普通喇叭口形套铣头有更好的侧向切削套管能力。

施工分析：套铣收鱼至427.8m后起出井内示踪，继续套铣至447.33m，打印验证，套铣深度同打印深度不同步，分析套铣收鱼成功。

5.8.3.4.4 第四阶段（修整套管头，打捞阶段）

收鱼成功，尝试打捞井内落物及错断点以上套管，但因井内套管皮子多，且套管损坏严重，经过多次磨套铣，反复打捞，终于成功打捞出井内全部落物。

（1）打捞套管、油管（无效）：①下 ϕ175mm 母锥打捞套管，深度 425.58m，造扣打捞无效；②下 ϕ118 笔尖铣锥+三滑块捞矛，深度 427.06m，捞矛无法插入套管；③下 3m 长改制母锥，造扣深度 426.8m，起钻捞空；④下 3m 长改制母锥打捞，造扣深度 427.09m，起钻捞空。施工分析：因套管变形严重，井内通道未完全打开，期间打捞套管、油管均未到达有效深度，打捞无效。

（2）修套管头，打捞套管、油管（无效）：①下 ϕ155mm 平磨，接正螺纹钻杆，深度 426.76m，循环磨铣进尺 1.6m，至井深 428.36m。②下 ϕ160mm 铅模打印，深度 427.24m，印痕为套管。③下 ϕ105mm 犁形铣锥+钻铤 3 根磨铣，深度 428.37m，磨铣通过加深至 437.46m，当作示踪管柱，起套铣筒 3 根，卸掉退扣接头，接套铣筒划眼至 446.3m，起示踪管柱。④下 ϕ118mm 三滑块捞矛打捞套管，深度 434.42m，捞空。施工分析：套管损坏严重，导致滑块捞矛无法捞住，尝试打捞井内落物。

（3）打捞油管（无效）：①下 ϕ58mm 长杆磨鞋，遇阻深度 444.32m，上下提放顿击 2 次后通过，磨铣加深至 446.35m，无进尺。②下 ϕ58mm 钻杆捞矛打捞，深度 444.32m，遇阻无法通过。③改变管柱弯曲度，下 ϕ58mm 油管捞矛打捞，深度 444.38m，无法通过。④下 ϕ118mm 犁形铣锥整形，遇阻深度 444.52m，磨铣无进尺。施工分析：444.52m 处磨铣无进尺，此处应为落鱼头，所以落物并未下落到人工井底，并且落鱼头部有套管皮子阻挡，导致管内打捞方法打捞无效。⑤下自制加长母锥（外径 120mm 开口 105mm），深度 434.04m 反复换方向无法通过套管鱼头。⑥下开口 ϕ97mm 自制母锥（外径 114mm）深度 434.2m 无法进入套管鱼头起钻。⑦下 ϕ185mm 凹底磨鞋深度 434.18m 磨至 434.49m。⑧下 ϕ160mm 铅模打印，深度 434.49m，印痕为不完整套管印。

施工分析：下母锥遇阻深度 434.04m，联合之前下铅模打印 427.24m 套管，判断 427~434m 套管损坏，且 434m 处断开，存在收口闭合现象，导致打捞工具不易下入。

（4）修整套管、打捞油管：①下 ϕ105mm 犁形铣锥，通过套管鱼头加深至 446.92m，磨铣不进尺，起钻。②下 ϕ73mm 笔尖铣锥+ϕ120mm 铣锥短接对 434.49m 进行冲胀整形，整形成功通过，加深至 447.09m。③下 ϕ58mm 长杆磨鞋，深度 447.06 磨铣不进尺，起钻。④下 ϕ73mm 长杆磨鞋，深度 447.09 磨铣不进尺，起钻。施工分析：整形通过变形套管，但下部落鱼头应有掉落皮子阻挡，尝试长杆磨鞋掏碎皮子后打捞，但磨铣无效，转外捞。⑤下开口 ϕ97mm 母锥，打捞深度 447.09m，捞出油管 7 根。⑥下丝扣抓循环打捞，深度 514.2m，捞空。⑦下 ϕ58mm 捞矛打捞，深度 514.6m，捞出全部落物。下报废管柱至 1236m。

5.8.3.4.5 第五阶段（2 次分段报废，治理连通水）

下报废管柱至 1236m。正循环水泥浆 11.5m³。因浅层连通水窜通导致溢流，下压井管柱至 426m，正循环密度 1.85g/cm³ 钻井液 48m³，控制住溢流。下套管至井深 432.68m，正循环密度 1.9 g/cm³ 水泥浆 38.8m³，报废成功。

5.8.3.5 结论与认识

该井是一口典型裸眼段横向大位移的无通道错断井。经大修施工，反复磨套铣、找打通道治理无效后，转取套施工。通过套铣收鱼、管外找鱼、管外示踪找鱼等方式，最终成

功收引下断口,建立通道完成套管收引,经磨套铣打捞后,实现无落物报废,成功报废,助力区块的投产工作。主要认识如下:

(1)经大修施工找打通道无效井,横向位移较大,管内找打通道意义不大,直接采用套铣收鱼方法,收引下断口。

(2)套铣收鱼无效,则采用管外找鱼方式,尝试找下断口,若无效,则采用管外示踪找鱼方式。

(3)管外示踪找鱼前,注意提前确认好丢手接头、钻铣管柱等工具,一是要确保钻铣的管柱平直,示踪管柱能有效下入;二是要确保套铣收鱼时不上提管柱。

(4)找到下断口后,应先对下断口进行整形,应选用定位套铣平磨或凹磨,以免磨铣出套管皮子,影响打捞施工。

5.8.4 复杂井况废弃井处理

5.8.4.1 基本情况

××井油层套管为 ϕ139.7mm,人工井底2629.6m。2018年活动解卡提出 ϕ75.9mm 平式油管43根带接箍,鱼顶为油管外螺纹。下 ϕ75.9mm 螺旋可退捞矛,于405m遇阻,捞空。下 ϕ62mm 油管变扣,于407.5m遇阻,提出变扣,发现一侧划痕明显,下 ϕ110mm 铅印406.5m遇阻打印,最小缩颈至 ϕ101mm;下 ϕ90mm 铅印407.5m遇阻,最小缩颈至 ϕ81mm。下 ϕ62mm 加厚油管17根+ϕ50.3mm 油管30根+ϕ50.3mm 油管接箍,448m未遇阻,提出全部管柱,最底部5根 ϕ50.3mm 油管弯曲严重。下24臂测井仪,404m遇阻。全井测吸收量:压力4MPa,吸收量 $1m^3/4min$。

5.8.4.2 技术难点

该井有两口注水井连通。原井油管鱼顶与油套重叠(深度在410m),无法判断封隔器是否解封。经前期施工验证,套变位置在405~407m处,且油套破裂弯曲套变严重,故无法按常规标准进行暂闭地层。

(1)本井表套下深仅55.4m,套管破裂弯曲位置远远深于表套,在108~537m之间,套铣井段长,油套变形弯曲多,因套管破裂多年,井筒水进入浅表地层,管外受浸泡时间长地层易垮塌,易造成卡钻。

(2)修井过程中,打印及24臂测井仪结果显示多处缩径变形,套管破裂弯曲,存在劈鱼、骑鱼、跑鱼复杂风险,套铣难度大,同时碎屑/块落入套管内外,容易造成后期倒扣打捞及套管回接困难。

(3)套铣过程中需要更换套铣鞋,存在跑鱼风险。

(4)由于油套弯曲缩径变形等,切割刀无法深入切割。部分取套后,套管鱼顶不规则、原井油管暴露于 ϕ219mm 套铣管内而在 ϕ140mm 油套之上。本井原有生产管柱(带两个封隔器)断脱落井,鱼顶深度不详,后期打捞解卡施工难度大。

(5)板三、板四、滨二、滨三地层吸收量小,挤水泥封堵泵压高,上部套管承压能力小,需要保护。

5.8.4.3 技术措施

(1)针对套铣过程黏卡问题,采取以下技术措施:①配备振动筛、除砂器、离心机等固控设备，进行修井液净化处理，保证净化修井液，确保修井液性能稳定。②取换套套铣施工时，泵注设备提高循环排量及携砂能力。根据套铣地层和套铣弯套管的不同井况，选择合适的循环排量，保障有效清理井筒和井壁稳定。如出现停泵，及时启动备用泵进行循环，或者及时通知司钻上下活动管柱；如修井机出现故障不能活动管柱，必须钻井泵不停循环；严防次生事故复杂的发生。

（2）针对跑鱼、劈鱼问题，本井选用寿命长、耐磨材质的 $\phi 256mm$ 喇叭口形套铣鞋及配合使用 $\phi 219mm$ 无接箍套铣管大大降低了劈鱼、骑鱼、跑鱼的风险。

（3）针对打捞原井油管及套管问题，采取以下技术措施：①打捞套管过程中，由于套管破损严重，套管鱼顶变形，无法采用常规外捞及内捞工具，因此选用 $\phi 180mm \times 2.5m$ 过套管母锥，避开变形套管位置，成功捞出井内破损套管。②打捞原井油管时，因前期套铣施工，油套环空之间有套管碎片落在油管鱼顶周边，原井油管又卡在套管内相互制约，原井油管与套管之间间隙过小，无法采取外捞方式打捞，打捞困难极大，因此尝试采用下公锥（$\phi 30\sim 80mm$）在原井油管与套管间隙处进行造扣打捞，最终成功捞出原井油管及套管。

（4）针对滨二、滨三层封堵问题，采取以下技术措施：①采用 $\phi 110mm TMR$ 型机械式水泥承留器挤水泥封层同时保护套管，将水泥承留器坐封在封堵层位的上部，通过旋转管柱脱开坐封工具，然后将插管插入桥塞，即可对目的层进行挤封，挤注后提出插管，单流阀自动关闭，可立即进行反洗井。②采用超细水泥挤封射孔井段：超细油井水泥平均粒径仅 $7\mu m$，是常规 G 级水泥的 1/7 左右，最大颗粒直径下降了约 $60\mu m$，使堵剂具有良好的流动性和穿透性，封堵半径更大。由于地层渗透率低，普通水泥很难进入地层，因此封堵材料以超细水泥为主。

5.8.4.4 施工过程

第一阶段（判断鱼顶及套变位置修胀阶段）：

通过探鱼顶、通井、打印及修胀套管，为后期取换套施工做准备。

（1）探鱼顶：下油管探鱼顶，至深度 407.42m。起出末根油管底部 1.5m 本体处存在轻度弯曲。

（2）通井：下 $\phi 116mm$ 通井规，至深度 405.55m。起出通井规无变形，外壁有划痕。

（3）打印：下 $\phi 114mm$ 铅印，打印深度 406.00m。起出铅印底部最下缩至 $\phi 111mm$。

（4）通井：下 $\phi 98mm$ 通井规，通至 407.27m。检查最后一根油管底部约 0.8m 本体处，油管与通井规连接处存在轻度弯曲，通井规底部缩至 $\phi 94mm$，外壁有划痕。

（5）修胀套管：下钻杆带 $\phi 94mm$ 扩张式整形器，胀套井段 406.46~407.56m。

施工分析：通过采取以上手段对鱼顶进行初步判断，套变最浅位置高于油管鱼顶深度，且通过修胀套管仍不能满足油管鱼顶的打捞要求，因此考虑后续采取套铣、取换套方式进行处理，以满足原井油管柱打捞要求。

第二阶段（取换套阶段）：

（1）取换套施工准备：上循环罐、固控设备，安装取换套设备。

（2）暂封地层：正挤入稠修井液 $16m^3$，深度 381.5m。

（3）安装承重防喷器：切割井口环形钢板，焊接表套法兰，安装承重防喷器。

（4）割套、打捞套管：下套管内割刀，切割油套，捞出 $\phi 139.7mm$ 套管 1 根半。

（5）套铣、打捞：下 ϕ219mm 套铣管，底带 ϕ256mm 套铣鞋套铣，套铣井段 41.12~616.88m。中途下捞矛打捞，捞出 ϕ139.7mm 套管 38 根半。

（6）打印：下 ϕ150mm 铅模打印，深度 410.69m。起出铅印底部不规则半圆形，圆内径 63mm，外径 73mm。

（7）打捞：下 ϕ180mm 反螺纹母锥打捞，捞深 411.34m。捞出 ϕ139.7mm 套管 1 根半。

（8）打印：下 ϕ158mm 铅模打印，打印深度 423.55m。起出铅印，检查铅印底部半圆形，圆内径 141mm，外径 150mm。

（9）通井：下 ϕ114mm 橄榄型通井规，通至 477.03m。起出通井规完好。

（10）打捞：下公锥打捞，深度 477.62m。捞出套管 13 根（公锥底部交替起甩出油管 2 根）。

（11）回接套管：下 ϕ178mm 对扣头回接套管，深度 551.72m。井筒整体试压合格。

（12）坐环形钢板：拆承重防喷器，上提套管坐环形钢板，安装采油树四通、2FZ18-35 防喷器。

施工分析：在长井段套铣过程中，为降低摩阻和有效克服变形油层套管对套铣管的损伤，采用分段打捞油层套管后再继续套铣的方式，满足了套铣、取换套的施工。

第三阶段（打捞原井管柱及恢复井筒畅通阶段）：

（1）打捞：下捞矛打捞原井油管，起出原井管柱及工具。

（2）冲砂：下笔尖，清水正循环，顿冲井段 2484.01~2484.66m，后无进尺。

（3）打印：下 ϕ116mm 铅模打印，打印深度 2484.66m。起出铅模，底部无明显印痕。

（4）钻冲砂：下螺杆钻，底带 ϕ116mm 六棱钻头，钻冲砂井段 2484.66~2561.73m。

（5）通井、管柱试压：下通井规+中间球座，通至水泥面深度 2561.73m。油管试压合格，起出。

（6）刮削：下套管刮削器，刮削至 2561.73m。

施工分析：对恢复后的油层套管内实施油管柱打捞，顺利捞出原井全部管柱，并进行冲砂、通井、刮削等工序，为后续封堵、封井施工铺平了道路。

第四阶段（挤注封堵及封井阶段）：

（1）验套、试吸收量：下 Y221-114 封隔器，坐封深度 2175.03m，对套管反试压合格。正挤清水测试滨二、滨三、板三、板四层位吸收量，加深管柱，坐封深度 2394.8m，正挤清水测试滨二、滨三层位吸收量。

（2）挤封滨二、滨三层：下 ϕ110mmTMR 型机械式水泥承留器，坐封深度 2365.0m。正挤密度为 1.7g/cm^3 超细水泥浆 5.0m^3，起管反洗多余水泥浆，起管柱关井候凝。

（3）探水泥面：加深管柱探水泥面，水泥面深度 2310.19m。

（4）挤封板三、板四层：下 ϕ110mmTMR 型机械式水泥承留器，坐封深度 2165.0m。正挤密度为 1.7g/cm^3 超细水泥浆 7.5m^3，起管反洗多余水泥浆，起管柱关井候凝。

（5）探水泥面：加深管柱探水泥面，水泥面深度 2094.33m。

（6）注井筒水泥塞（1777~1977m）：下笔尖至 1977.00m。正注 G 级油井水泥浆 2.5m^3，起管反洗多余水泥浆，起管柱关井候凝。

（7）探水泥面：加深管柱探水泥面，深度 1768.57m，合格。

（8）电测：自然伽马测井，井段 300~600m。

（9）射孔、二固：下油管底带 102 枪、封窜弹，对油套外环空二固注水泥浆，关井候凝。

（10）探水泥面：探水泥面 380.03m，合格。

（11）注水泥浆：完成笔尖深度 200m，注水泥浆候凝。

（12）探水泥面：探水泥面深度 2m，合格。

（13）注水泥浆：对油层套管外与表套环空二固：正挤 1.85g/cm³ 油井水泥浆 4.0m³。

（14）处理井口：井口挖 2.0×2.0×2.0m 方坑。切割井口各级套管。井口加焊 10mm 厚钢板焊封。配置密度 1.85g/cm³ 的水泥浆 4.0m³ 灌注井口。

（15）收尾：井口填土、加注标识、恢复地貌。

施工分析：通过对射孔段以上套管进行试压验证合格后，对滨二、滨三层和板三、板四层分别采用机械式水泥承留器进行了挤注，合格后分段进行了井筒注水泥塞施工，完成了井口处理、恢复了地貌。

5.8.4.5 结论与认识

（1）充分的开井观察及停注周边连通注水井、挤稠钻井液暂封地层等措施可消除井控风险。

（2）选用寿命长、耐磨材质的 $\phi 256mm$ 喇叭口形套铣鞋及配合使用 $\phi 219mm$ 无接箍套铣管一次成功套铣至 616.88m，可以推广使用。

（3）在打捞鱼顶变形的套管时，使用过套管母锥捞筒效果可靠一次打捞成功，非常规打捞工具要做好储备。

（4）一体式水泥承留器等新型工具的使用提高了施工质量，节约了施工周期和工作量。

（5）采用技术成熟的超细水泥堵层成功率较高。

参考文献

[1] 雷群，李益良，李涛，等．中国石油修井作业技术现状及发展方向 [J]．石油勘探与开发，2020，47（1）：155-162．

[2] 罗超，陈喜河，张卫贤，等．套铣穿越打捞一体化技术的研究和应用 [J]．油气井测试，2012，21（4）：44-46，77．

[3] 平恩顺，赵庆杰，马克然，等．液压复合解卡工艺技术 [J]．油气井测试，2024，33（1）：32-36．

[4] 何登龙，朱艳华，贾广生．油田常用井下工作与修井技术 [M]．北京：石油工业出版社，2017．

[5] 杜光胜，朱海英，李秀竹．扶正磨铣套管整形器的研究与应用 [J]．石油机械，2013，41（8）：81-82，86．

[6] 何正彪．油水井套管整形技术研究 [J]．清洗世界，2020，35（12）：93-94．

[7] 金传杰．液压滚珠整形器整形缩径套管力学分析及结构优化 [D]．大庆：东北石油大学，2022．

[8] 范加兴.机械液压复合套管整形工艺技术的研究与应用[J].钻探工程，2021，48（8）：78-82.

[9] 张建兵，赵海洋.油气井膨胀套管技术[M].北京：石油工业出版社，2015.

[10] 许学健.实体膨胀管技术在修井中的研究与应用[D].青岛：中国石油大学（华东），2011.

[11] 汪海，徐兴平，温盛魁，等.套损井大通径膨胀薄壁管补贴修复技术研究[J].石油机械，2017，45（10）：98-102.

[12] 刘雨薇，任勇强，张伟，等.薄壁大通径膨胀管技术及其现场应用[J].天然气勘探与开发，2023，46（3）：92-98.

[13] 杜聪，刘宝振，石义，等.异径管膨胀补接工具研发与现场应用[J].石油工业技术监督，2024，40（1）：61-64.

[14] 唐明，滕照正，吴柳根，等.膨胀套管螺纹连接技术研究[J].钻采工艺，2016，39（5）：58-61，104.

[15] 张炜.膨胀套管联接技术及加工工艺研究[D].西安：西安石油大学，2013.

[16] 王宇.膨胀套管螺纹力学性能研究及特殊螺纹设计[D].成都：西南石油大学，2017.

[17] 冯雪龙，寇明富，熊寿辉，等.套管漏失封堵技术探讨[J].钻采工艺，2018，41（2）：127-129.

[18] 李江波.濮城油田封窜堵漏体系的研究与应用[D].青岛：中国石油大学（华东），2015.

[19] 郭钢，李琼玮，周志平.聚合物树脂在套管堵漏中的应用[J].油田化学，2019，36（4）：755-760

[20] 王纯全，李美平，赵常青，等.新型环氧树脂在四川壳牌区块弃井项目的应用[J].钻采工艺，2019，42（5）：110-112.

[21] 许林，蒋孟晨，许洁，等.复合压差激活密封剂的设计及其封堵性能[J].天然气工业，2020，40（3）：107-114.

[22] 蒋孟晨，许林，程现华，等.压差激活密封剂的制备与应用[J].油田化学，2021，38（2）：216-222.

[23] 幸雪松，许林，冯桓榰，等.压差激活密封剂的制备、密封性能及机理研究[J].钻井液与完井液，2019，36（6）：789-794.

[24] 许林，刘书杰，许明标，等.压差激活密封剂的微缺陷自适应修复行为及机理[J].石油学报，2021，42（5）：686-694.

[25] 郭丽梅，肖淼，刘举祥.压差激活密封剂[J].钻井液与完井液，2015，32（1）：65-68+102.

[26] 刚晗.大庆油田修井工艺技术回顾及展望[J].石油规划设计，2019，30（1）：19-25.

[27] 刘国军，兰中孝，田友仁，等.大庆油田 ϕ139.7mm 套管井深部取换套技术[J].石油钻采工艺，2004，（3）：34-37，83-84.

[28] 陈国宏，吴占民，贺占国，等.一种液力膨胀式水泥环破碎器的研制及应用[J].石油工业技术监督，2024，40（3）：64-68.

[29] 于法浩.定向井专用取套工具结构优化及取套能力研究[D].大庆：东北石油大学，2015.

[30] 张宏峰.无示踪裸眼取换套工艺研究及现场应用[J].石油地质与工程，2023，37（2）：118-122.

[31] 张磊. 刚性屏蔽方式治理浅层套损吐砂技术 [J]. 化学工程与装备, 2021, (10): 145-146, 33.

[32] 林亮. 水力喷射打通道技术研究与应用 [J]. 采油工程, 2022, (4): 39-46, 84.

[33] 于千. 液压大角度磨铣整形技术的开发与应用 [J]. 化学工程与装备, 2022, (6): 184-185, 188.

[34] 张绍槐. 关停井与报废井的井筒完整性 [J]. 石油钻采工艺, 2018, 40 (6): 749-763.

[35] GB/T 43672—2024, 油气田开采废弃井永久性封井处置作业规程 [S].

[36] Q/SY 01028—2019, 天然气井永久性封井技术规范 [S].

[37] 邹小萍, 齐行涛, 刘贺, 等. 高危地区弃置井封堵技术研究与应用 [J]. 石油工业技术监督, 2018, 34 (11): 11-13.

[38] 齐行涛. 多级粒径防漏失高强度堵剂研究与应用 [J]. 石油工业技术监督, 2018, 34 (7): 5-7.

6 水平井大修技术

随着水平井钻井技术和完井技术的逐步完善，水平井在开发薄油层、低渗透油藏、裂缝性油藏、底水或气顶活跃油藏等方面展示出了显著优势，可大大增加泄油面积、延缓水锥和气锥的推进速度，延长油井寿命，提高采收率。特别是近年来，页岩油气的大规模开发推动了水平井应用更为广泛，水平井井深越来越深、水平段长度也越来越长。常规油气藏水平井水平段长度一般为200~500m，页岩油气水平井水平段长度已达到1500~2500m[1]。由于水平井井眼轨迹复杂、完井井身结构多样、压裂增产改造级数多且规模大，给水平井大修带来了很大的技术挑战。

6.1 水平井主要故障类型和特性

6.1.1 水平井主要故障类型

受地层出砂、岩层滑动等地质因素，高压注水/汽、酸化压裂等工程因素，结垢、化学等腐蚀因素的影响，水平井井下故障复杂时常发生。下面重点介绍具有代表性的稠油水平井套损类型和页岩气水平井常见故障复杂类型。

6.1.1.1 稠油水平井套损类型

水平井技术在稠油、超稠油区块大规模推广应用，取得了显著的开发效果，但热采水平井套损井数量快速增长，矛盾日益突出[2]。根据某东部油田热采水平井套损统计，按照套损类型划分，套管变形比例为59%，其中弯曲变形比例34%、缩径变形比例25%；套管漏失比例为41%，其中套管破裂比例16%、套管错断比例13%、穿孔漏失比例11%、套管外窜比例1%。

6.1.1.2 页岩气水平井常见故障复杂类型

随着生产时间的延长，受地质、工程以及地震等自然灾害影响，页岩气水平井开发生产中出现的故障复杂情况越来越多，主要涉及压裂改造、钻塞、生产测试等阶段[3]。压裂改造阶段主要发生套管变形、电缆落井、工具落井，钻塞阶段主要发生连续管卡、工具串卡、工具落井，生产测试阶段主要发生管柱堵塞和卡钻、油管穿孔、油管落井。

以川渝某三个页岩气区块为例，截至2020年共压裂水平井726口，发生套管变形198口。三个页岩气井区块套变率分别达到19.86%、37.8%、21.65%，平均套变率为27.01%。工具、仪器遇卡落井事故多发生在储层改造、钻塞期间，包括泵送及射孔工具落井、钻塞卡钻、连续管卡钻等。生产管柱卡钻、落井故障多发生在生产阶段。随生产时间延长，井内生产管柱受细菌、硫化氢、二氧化碳等有毒有害气体、流体腐蚀、井筒出砂等，易出现管柱腐蚀穿孔、断脱、卡钻故障，严重影响气井正常生产。以某页岩气区块为例，2014年至今已下各类不同型号管柱 620 口，2019 年开始检管修井作业至今，已检管 212 口，其中腐蚀穿孔 150 口、油管本体腐蚀 50 口、油管腐蚀断 9 口、砂堵检管 3 口。

6.1.2 水平井的特性

水平井与传统直井和定向井的区别就是井斜角达到或趋近 90°，井身是有一定长度的水平段。在水平井故障处理过程中，受井身结构和井眼轨迹限制，井下管柱和工具的工作状态发生根本变化，冲砂、打捞、钻磨、修套、找漏堵漏等难度加大[4]，常规直井技术不能满足水平井大修需求。

（1）斜井段、水平段管柱不居中，受钟摆力和摩擦力影响，加之流体流动方向与重力方向不一致，井内砂粒（地层出砂或压裂砂）在水平段形成砂床，容易卡管柱或者工具串，常规找漏工具下入困难，水平段修井液流态发生变化，对修井液性能及循环参数提出更高要求。

（2）施工管柱在水平段与井壁或套管接触面大，摩阻增加，拉力、扭矩、钻压传递损失大，解卡打捞困难。

（3）套铣、磨铣工艺难度大，作用力不居中导致套管壁磨损问题突出，套管保护难度大。

6.2 水平井冲砂捞砂技术

水平井由于井眼轨迹的特殊性，相较于传统直井和定向井，更容易发生地层出砂和压裂后吐砂问题。由于产液中存在砂子，将严重磨损抽油泵，出现砂卡、管柱砂卡、产层砂埋等现象，严重影响油气井的正常有序运行，造成产量降低甚至停产。为了改善油井生产，通常需要对水平井进行冲砂或捞砂作业。

6.2.1 技术难点

6.2.1.1 水平井积砂特点

当油层出砂或压裂砂回流之后，砂子会紧跟产液流进井筒中，一些体积大的砂子会先沉降在水平段的较低位置处而形成长井段的砂床，一些体积较小的砂子会紧跟产液流进垂直井段中，常常会因为过流面积增大而导致流动速度不断减小，一些砂粒会继续沉降，在造斜段中产生砂桥。因此水平井沉砂的特点为：在造斜段有大量小颗粒砂子存在，形成砂桥；在水平段分布不均匀大颗粒砂子，形成砂床。

6.2.1.2 主要技术难点

（1）水平井段携砂能力差。

冲砂液在油套环空流速偏差很大，井眼低边的流速很低，携砂能力下降，易导致管柱被卡。冲砂管柱平躺在水平井段，造成井眼高低边的油套环空大小不等，使井眼高边油套环空的阻力较小，而低边的油套环空阻力较大。因此，冲砂液在井眼高边流速较高，携砂能力强,而在井眼低边流速低,携砂能力弱。

(2)存在管柱遇卡风险。

冲砂管柱下入过深,砂子在冲砂液带动下在某个位置逐渐堆积较多,发生砂卡;不连续作业或中间停泵时,砂子会发生二次沉积,形成砂桥,造成砂卡事故;当某个点位冲砂不彻底或发生轻微砂卡时活动管柱,油管接箍携带砂子再次堆积,同样容易造成砂卡。

(3)低压漏失地层冲砂困难。

油气井开采中后期,地层压力降低、漏失严重,冲砂作业的过程中会出现冲砂液只进不出或者出液量远小于进液量的现象,这时油套环形空间与油管难以建立循环,导致冲砂液不能将砂粒携带到地面,最终导致冲砂失败,并且将砂粒携带至地层,对地层造成严重伤害。

6.2.2 常用冲砂捞砂方法

现场常用的冲砂工艺主要为水力冲砂,适用于地层不漏失或轻微漏失、能够建立循环的井[5-6]。按照循环方法可以分为正冲砂、反冲砂和正反冲砂,其优缺点对比见表6.2.1。

表 6.2.1 三种冲砂方式对比

冲砂方法	基本原理	优缺点
正冲砂	冲砂液沿管柱内流向井底,由环空流向地面	具有排量大,砂床、砂桥的冲洗效果较好等优点。缺点是上返速度慢,携砂力弱,大粒砂子不易被带出,并且停泵后砂子会下沉,容易出现卡钻的风险;排量过大而造成的地层泄漏量过大,易污染地层
反冲砂	冲砂液由环空流向井底,由管柱内返出地面	相比正冲砂,具有上返速度较快、能够有效地减少卡钻问题等优点。缺点是冲刷能力弱,砂床、砂桥不易被破坏,达不到除砂目的
正反冲砂	先用正冲砂将砂堵冲散后立即改反洗,将悬浮砂粒冲出	该冲砂方式结合了正冲、反洗的优点,利用正反冲砂法必须在井口安装管汇,在转换冲砂的方法同时快速开关阀门,进而保障冲砂效率。缺点是管柱不能带水动力涡轮钻具等工具

按照冲砂管柱,分为油管冲砂和连续管冲砂。常规油管冲砂管柱组合为倒角油管+安全接头+冲砂工具,为防止砂子形成砂床、卡埋钻具,可在管柱组合中加装减阻器。油管冲砂以反循环为主、正冲反洗为辅。

6.2.3 新型冲砂捞砂工艺

水力冲砂效果受流体性质、流体速度、井眼尺寸、钻柱偏心情况、岩屑颗粒性质、沉积物渗透率和通井速度等因素影响,需要根据储层特点以及压力状况进行水力冲砂方法的选择与参数设计。经过不断发展,目前已经形成了多种新型冲砂捞砂工艺技术,下面重点介绍密闭连续冲砂、连续管冲砂、同心连续管真空清砂、氮气泡沫冲砂、文丘里负压捞砂工艺技术。

6.2.3.1 密闭连续冲砂

(1)工艺原理。

冲砂液经进液孔进入工作腔,由井下换向器进入油管,经尾部增压管增压,冲向砂层。被冲起的砂粒由冲砂液携带沿冲砂管柱与套管之间的环空上升到地面,由井口四通排出。随着冲砂作业不断进行,砂面逐渐降低,当需要接单根时,泵继续工作,只需用吊卡将管柱坐在井口，接完后继续冲砂，从而实现不停泵密闭连续冲砂作业。

（2）技术优势。

①密闭连续冲砂工艺从根本上解决了常规油管冲砂时冲砂液回流、卡钻风险、冲洗液用量大、冲洗时间过长和无法实现密闭冲砂作业等问题。

②密闭连续冲砂工艺由于形成了密闭系统，冲砂液可循环利用，减少了冲砂液的用量，能有效地抑制冲砂作业中突发的井喷事故，满足环保要求。

6.2.3.2 连续管冲砂

（1）工艺原理。

连续管冲砂工艺是在连续管的端部安装洗井工具，洗井液通过连续管泵入井内，由洗井工具增压，产生高压射流冲蚀搅动砂粒，环空上返流体将井内砂粒带至地面，随着连续管的不断下入，砂面逐渐降低，最终完成冲砂洗井作业。针对不同的井况，形成了四种连续管冲砂管柱，见表6.2.2。

表 6.2.2 四种连续管冲砂管柱及适用井况

序号	工艺管柱	适用井况
1	连续管 + 光管削笔尖	细小岩块
2	连续管 + 旋转冲洗工具	小岩块、泥岩
3	连续管 + 卡瓦连接器 + 破岩工具	中型岩块
4	连续管 + 卡瓦连接器 + 双瓣单流阀 + 丢手 + 双向震击器 + 螺杆钻具 + 磨鞋	大岩块

（2）技术优势。

①无需起出作业井内原有管柱。

②连续管冲砂洗井无需连接管柱，可以带压连续作业，对地层伤害小且洗井效率高。

③作业成本比常规洗井作业降低25%~40%。

④可配套液力马达、旋流冲砂器，解决泥岩破碎难题，实现高效破岩。

⑤连续管设备易于安装、机动性强，占地面积约为常规作业的三分之一，可进行快速作业。

⑥对水平井有针对性，适用于水平井快速高效冲砂作业。

6.2.3.3 同心连续管真空清砂

（1）工作原理。

同心连续管真空清砂技术是在普通连续管冲砂技术的基础上发展起来的，主要针对重油、低压水平井和大位移井进行高效冲砂。连续管真空清砂装置由喷射泵与同心连续管两部分组装而成。其工作原理是井内底部的射流泵在冲砂水流入同心连续管内管后被水利效应激发为工作状态。因此，局部负压在井底形成，抽吸效应使得内管不断地被砂子所填充，然后将冲砂水经过井内自身的环空上返至地面。因为管柱设计的环空空间受到限制，受此影响环空中的液流流速较快，砂子会被迅速地带往地面。因此，此技术不仅能做到快速施工，而且还为低压水平井提供了改进的砂清除技术。

（2）技术优势。

①将同心连续管作为1条辅助的流体通道，在稳定、平衡压力下进行连续冲砂作业；

②对洗井液要求较低，可根据井况优选，避免了因洗井液渗入地层造成的地层伤害。

③系统中没有活动部件，减少了工具的腐蚀磨损和堵卡，提高了作业安全性。

④同心连续管形成的独立环空通道尺寸较小，洗井液返速较高，避免了速度盲区造成的砂粒沉积。

⑤不会在井底产生高压，适用于低压水平井和大位移井清砂，且工作液不需要混氮，大大降低了作业成本。

6.2.3.4 氮气泡沫冲砂

（1）工作原理。

氮气泡沫冲砂所用的冲砂钻具和常规冲砂钻具基本相同，区别在于冲砂介质变为泡沫流体，泡沫流体是气液两相，流动时外力要克服气液两种分子之间的摩擦力。由于两种流体界面间的分子阻力和气体的表面张力比纯气体和纯液体大得多，因而泡沫的黏度很大（可高达100mPa·s以上）携砂能力更强。

（2）技术优势。

①冲砂初期少量泡沫进入岩石孔隙，产生气阻效应，阻止了流体的继续进入，保护油气层。

②根据油层压力设计调节泡沫液密度，由于液柱压力与油层压力接近，因而漏失显著降低，能够有效保护储层。

③由于泡沫流体黏度大，其悬浮能力是水的10倍以上，因此携砂能力强。

6.2.3.5 文丘里负压捞砂

（1）工作原理。

如图6.2.1所示，文丘里负压捞砂工具主要由上接头、堵头、喷射衬套、喷嘴、动力管、收集筒、过滤器、隔离筒、下接头、阀瓣、阀座、隔环、扭转弹簧等组成。根据文丘里效应，修井液通过喷嘴产生高速射流且形成局部反循环，在筒体内产生负压，可将井底沉砂或套铣鞋（钻头）磨碎的岩屑或铁屑吸入收集筒内过滤、储存[8]。

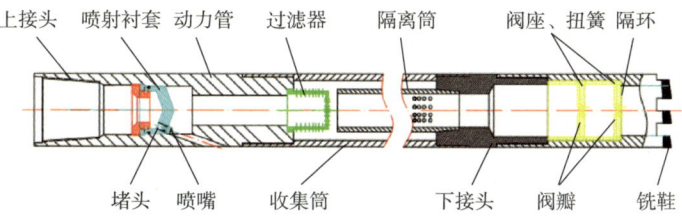

图6.2.1 文丘里负压捞砂工具示意图

工具的关键是喷嘴的选择，在应用中可根据泵注设备、循环压降情况选择喷嘴大小。在压力可允许的情况下，尽量选择直径较小喷嘴，以获取更好的使用效果。

修井液流经喷嘴产生的压降：

$$p_b = \frac{0.8\rho Q^2}{C^2 n^2 \pi^2 d^4} \quad (6-2-1)$$

式中 p_b——修井液流程喷嘴产生的压降，MPa；

Q——修井液排量，L/s；

d——喷嘴直径，mm；

n——喷嘴数量；

C——喷嘴流量系数，常取 0.98；

ρ——修井液密度，g/cm³。

不同的排量在不同的喷嘴产生不同压降，为了获得更好地捞砂效果，选择合适的喷嘴和排量。

捞砂钻具组合（从下至上）：捞砂钻头（或铣鞋）+（钻铤+钻杆）+储砂筒+文丘里负压发生器。为了防止钻具水眼堵塞，推荐在文丘里负压捞砂工具之上安装旁通阀。根据井下情况选择捞砂钻头，钻头搅动并过滤砂粒，阻止大颗粒砂粒通过钻头。

（2）技术优势。

①适用于存在一定漏失量常规冲砂不能作业的井；

②不仅能够捞砂还能处理井下小件异物；

③与打捞工具配合使用能够达到捞砂和打捞落鱼双重效果。

6.3 水平井解卡打捞技术

水平井解卡打捞工艺主要是针对水平井弯曲段和水平段内落物实施的一项解卡打捞工艺。由于水平井的特殊性，常规直井的解卡方法已不适用，同时由于水平井井下受力复杂，无法准确计算卡点位置和确定倒扣时的中和点，因此应根据水平井不同的卡阻类型及落鱼情况，采取不同的解卡打捞工艺。

6.3.1 水平井解卡打捞技术难点

6.3.1.1 水平井阻卡类型

水平井在修井过程中常见的阻卡类型有以下几种：

（1）小件落物卡阻。井内落入小件落物，如钳牙、钢球、螺帽、吊卡销子等，造成堵塞或卡阻管柱。

（2）工艺管柱断脱卡阻。射孔、生产、酸化、压裂、找堵水等工艺管柱在受到套变、砂卡、蜡卡等作用下，造成管柱断脱落井内并被砂埋，或小件落物、电缆等嵌入而造成的管柱卡阻。

（3）井下工具卡阻。井内各种工艺管柱中的下井工具，如封隔器、水力锚、支撑卡瓦等失灵、失效而使工具坐封原位不能活动，致使管柱卡阻。

（4）套损卡阻。套管出现变形、破裂、错断等，使工艺管柱中的大直径工具卡阻。这种井况将随着水平井开发时间的延长而日渐增多，将成为水平井大修的重点。

6.3.1.2 主要技术难点

由于水平井井身结构的特殊性，常规解卡打捞工具无法满足水平井的要求。

（1）由于弯曲段刮碰严重，对所有下井工具都要进行防刮碰设计加工；

（2）由于鱼头在水平井中不居中，需要设计加工专门的导入和收引工具；

（3）由于工具在水平井的受力状态发生变化，常规滑块式打捞工具失效，需设计加工其他形式的打捞工具；

（4）由于水平井受力复杂，不但工具需特殊设计加工，而且工具强度要求高，同时具有保护套管的作用。

6.3.2 专用工具及工艺选用原则

针对水平井的特殊性，研制了可退可倒捞矛、滚珠扶正磨铣等15种专用工具（表6.3.1）。研究形成水平增力解卡、震击解卡、套铣倒扣解卡等解卡打捞工艺，有效提高水平井解卡打捞成功率[4]。

表6.3.1　水平井解卡打捞工具表

序号	名称	与常规工具的区别（特殊性能）
1	打压滑块可倒捞矛	打压推动滑块捞获落物，适用于水平段的打捞
2	液压可退可倒捞矛	靠内部液压连动机构实现打捞和退出
3	可退可识别捞矛	捞后改变水眼大小，通过泵压判断是否捞获，适合打捞少量落物
4	液压可退可倒捞筒	靠内部液压连动机构实现打捞和退出
5	可退式铣磨捞筒	内外导角，防挂碰，保护套管；内部修鱼打捞
6	倒扣捞筒	内外导角，防挂碰，保护套管
7	测试仪器专用捞筒	打捞测井仪器，收引内外导角，防挂碰，保护套管
8	凹底磨鞋	滚珠扶正，外导角
9	定位套铣筒	滚珠扶正，外导角、自带引鞋、内定位
10	鱼顶修整器	引入磨铣修整，滚珠扶正，外导角
11	扶正器	点接触扶正，螺旋水槽，栽钨钢柱防磨
12	管柱减阻接头	将管柱滑动摩擦变为滚动摩擦，有效减少管柱阻力
13	整形工具	转动碾压整形，受力均匀，防偏磨
14	铅模	带护罩，短头，防挂碰
15	安全接头	抗扭矩大，上下外导角

在解卡打捞方法选择方面，明确了以下选用原则：直井段采用活动管柱、倒扣、套磨铣、震击解卡，斜井段采用切割、倒扣、套磨铣解卡，水平段采用液压增力、倒扣、切割、套磨铣解卡。具体实施时，应根据水平井不同的卡阻类型及落鱼情况，采取不同的解卡打捞工艺。

6.3.3 新型水平井解卡打捞工艺

下面主要介绍水平增力解卡打捞、液压震击解卡打捞和套铣解卡打捞工艺技术。

6.3.3.1 水平增力解卡打捞

水平增力解卡打捞工艺适用于各种管柱断脱滑落至弯曲段或水平段被卡，或是生产、压裂等管柱被砂卡在水平段内的情况。

（1）工艺原理。

水平增力解卡打捞工艺是利用液压增力器将大钩的垂直拉力转变成水平拉力并具有增力效果，二力共同作用实现解卡。如图6.3.1所示，水平增力解卡管柱结构自上而下为：钻杆或油管+斜坡钻杆或倒角油管+随钻震击器（选择使用）+扶正器+液压增力器+扶正器+安全接头+打捞工具。

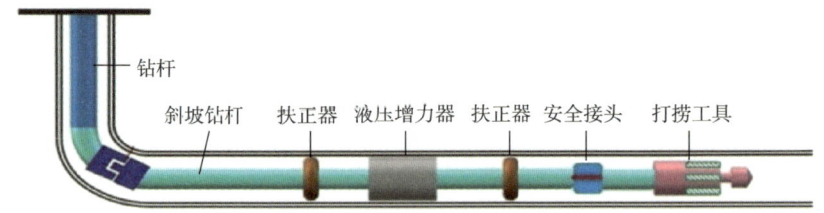

图 6.3.1 水平增力解卡管柱结构示意图

（2）工艺过程。

①下入液压增力解卡打捞工艺管柱，捞住井下落物。

②上提管柱，使整个管柱承受拉力作用。

③开泵加压，打开液压增力器的套管锚定装置，将打捞管柱锚定在套管上（此后上部管柱可不受力）。

④继续加压，液压增力器自身产生向上拉力（增力部分采用多级串联结构，根据所需拉力的不同最多可达 6 级），解卡力为二力之和，解卡后落鱼上移。管柱内打压，应控制最高压力不超过液压增力器的额定工作压力、打捞管柱抗内压强度和当量拉力小于增力器下部钻具强度最小值的 80% 三者中的最小值。

⑤完成一个工作行程后释放管柱内压力，套管锚定器自动收回，此时上提管柱，使液压增力器各部分复位，继续重复以上过程，直至井下落物完全解卡。

6.3.3.2 水平井震击解卡打捞

震击倒扣解卡打捞工艺技术主要适用于管柱掉井或被卡管柱结构复杂或被砂埋砂卡难以一次性震击解卡的复杂管柱阻卡型故障的解卡打捞。

（1）工艺原理。

震击倒扣解卡打捞工艺是针对水平井钻压传递困难的情况，采用倒装钻具结构或配合下击器共同作用震击解卡。倒装震击管柱自上而下为：钻杆+加重钻杆（或钻铤）+斜坡钻杆+减阻器+扶正器+震击器+安全接头+打捞工具。

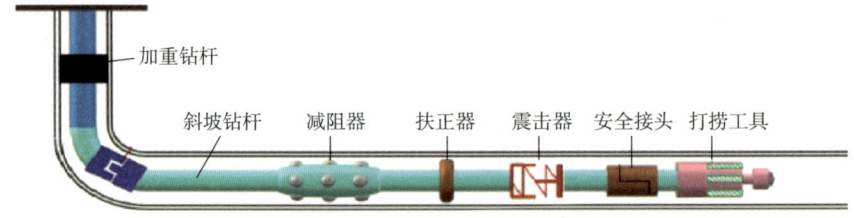

图 6.3.2 倒装震击管柱结构示意图

对一次震不开的，可采用倒扣类工具，进行逐段震击倒扣解卡打捞。管柱结构与上述倒装震击管柱结构相似，只是打捞工具采用可倒扣打捞工具。

（2）工艺过程。

①下入液压震击解卡打捞工艺管柱，斜坡钻杆位于水平段和弯曲段，防止刮碰套管，加重钻杆或钻铤位于直井段，抓获井底落鱼。

②利用倒装钻具易于传递钻压的特点进行活动、震击，直至解卡；下放悬重 50~100kN，过提载荷 200~300kN，可根据现场实际情况调整。

③若仍不能解卡则倒扣，将倒开部分捞出，再进行震击、倒扣打捞，直至将井底落物全部捞出。

6.3.3.3 水平井钻磨铣解卡打捞

钻磨铣解卡主要适用于砂卡管柱或小件落物等其他外来物体掉井后在环空中将管柱卡死的情况。一般在活动、震击等无效的情况下，最后实施的有效解卡打捞方法。

（1）工艺原理。

采用水平井专用钻磨铣工具和相应工艺管柱对被卡落鱼或其他障碍物进行破坏性处理，消除卡阻状态实现解卡，现场多结合倒扣实施打捞。

采用转盘或顶驱驱动套铣，采用倒装钻具结构，便于施加钻压和减少整个管柱的摩阻力。管柱结构自上而下为钻杆＋加重钻杆（或钻铤）＋斜坡钻杆＋减阻器＋扶正器＋安全接头＋钻磨铣工具。

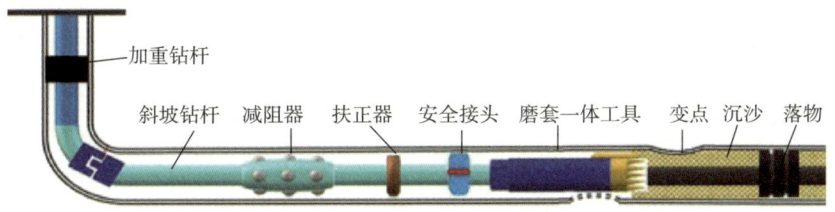

图 6.3.3 钻磨铣管柱结构示意图

水平井由于在造斜段、水平段的钻具摩阻大，在管柱中加入了减阻器，其采用轴承式减阻，减阻套与套管内壁接触，而本体与钻杆一起旋转，从而在减阻套和本体之间产生摩擦，对保护钻杆和套管防磨损有良好的效果。

在钻磨铣时，既可采用动力钻具驱动，也可采用复合驱动（旋转＋动力钻具）。采用动力钻具驱动利于保护套管，安全性高；采用复合驱动技术既可以减少管柱对套管的摩擦，具有一定保护套管的作用，又可以提高钻磨铣的工作效率。

（2）工艺过程。

①下入工艺管柱，加重钻杆或钻铤应加在井斜角小于 30° 的井段内。

②管柱下至距鱼顶 2~3m 时，开泵循环冲洗鱼顶。

③钻磨铣施工过程中，送钻要均匀，实时观察管柱悬重、泵压及井内压力变化情况，推荐鱼顶加压 20~50kN，排量应满足井下动力钻具要求；钻磨铣一段距离后，加大排量循环洗井 1.5~2 倍井筒容积，确保碎屑能充分循环上返，保证鱼头清洁，避免卡钻。

④复合钻进时，应严格控制转盘转速，如转速过快，会使动力钻具和传动轴机构的离心力增大，使寿命缩短，螺杆外壳本体的高速转动还容易造成壳体断裂。

6.4 水平井修套技术

针对水平井出现的套管变形，分析了套算变形的主要原因和主要技术难点，简要介绍了常规水平井修套工艺，重点阐述了页岩油水平井液压挤胀整形修套和页岩气水平井防偏磨高效磨铣修套新工艺。

6.4.1 水平井修套技术难点

6.4.1.1 套管变形主要原因

通过套管变形水平井的测井解释曲线、斜井段和水平段套管受力分析及储层地质特性等因素的综合研究，套管变形主要有以下3种原因。

（1）固井质量差，承压能力不足。施工过程中，当压裂施工压力超过套管挤毁压力时，该压力沿固井质量差的部分传递到上部套管，产生套管变形。

（2）由于水平井井身结构的特殊性，套管在斜井段弯曲，长期受压应力和拉应力的影响，在大斜度井段中间部分极易发生套管变形。

（3）地层发生变形，挤压套管，从而造成套管变形。一方面水平井产量高，吐砂严重，使地层岩石骨架遭到破坏，上覆盖层在一定空间范围内失去岩层的支撑或支撑力变小，地层产生垂向变形，挤压套管，产生套管变形；另一方面，在大型体积压裂过程中，压裂液沿着某条通道进入天然裂缝，使裂缝内孔隙压力提高，当达到临界值时，激发天然裂缝滑动，进而造成套管变形[9]。

6.4.1.2 主要技术难点

与直井相比，水平井的井身结构特殊，井斜大、水平段长，导致常规直井修套工具和工艺难以满足水平井修套要求，施工难度大。

（1）扭矩、拉力和钻压传递损失大，管柱磨阻影响大。

（2）井眼曲率大，大直径刚性工具上提、下放困难，纵向冲胀难度大。

（3）工具入井后紧贴套管内壁下侧，不居中，修套过程中易偏磨出套管。

6.4.2 常规水平井修套工艺

目前，常用的修套技术主要有液压挤胀整形修套和磨铣打通道修套[10-11]。

（1）液压挤胀整形修套。

滚珠整形是目前较为先进的整形工具。首先，滚珠整形器的整形过程属于准静态过程，套管的应变变化缓慢；其次，滚珠与套管变形部位为线接触，这就加大了套管与滚珠的接触面积，从而增大了整形的修复力，套管在轴向力和扭矩的同时作用下产生塑形变形，提高了套管整形效果；再次，机械振动小，对套管和水泥环有很好的保护作用。水平井整形依靠常规的加载方式很难到达变形点处，需采取液压加压的方式。因此，液压滚珠变径整形工艺是水平井套管整形最佳的整形方式之一。

液压滚珠变径整形工艺在常规油井水平井有较多应用，主要整形对象为J55、N80等低钢级、常规壁厚套管。近几年，针对P110钢级套变水平井，攻关研制的液压滚珠整形工具，在现场试验中可将套管从105mm整形至117mm。

（2）磨铣打通道修套。

针对变形量大、套管错断等严重套损情况，多年来发展了偏心磨铣、领眼磨铣、恒定钻压磨铣等打通道工艺，主要应用于直井中。水平井磨铣打通道修套时，除了考虑磨铣工具的切削性、耐磨性及强度性能，还要重点考虑如何在结构设计上能够适当降低工具的入井阻力、防止套管开窗事故的发生。

在工具设计方面，磨铣工具设计滚珠或滚柱结构，可适当降低工具在大井斜段和水平段的摩阻力；磨铣工具优化设计导流槽，使其具有更大的导流通道，更强的导流能力；设计的磨铣工具应具有一定的径向或周向活动能力，当磨铣工具角度不对存在套管开窗趋势时，通过其径向或周向活动性能改变磨铣工具的受力情况，从而在一定程度上防止偏磨套管。

在工具优选方面，应根据套管损坏及完井管柱的不同情况，合理使用不同类型的磨铣工具，如滚子平底磨鞋、领眼磨鞋、活动引子磨鞋、高效铣锥等；选用滚珠扶正器、扭矩式专用万向节等水平井专用工具，以尽量减小磨铣施工时遇到的阻力。

在钻压参数优选方面，磨铣时应采用合理的钻压，钻压要小于钻柱第一次弯曲临界钻压值。施加的钻压大于临界钻压值时，下部钻柱失稳而发生弯曲，易造成磨铣工具倾斜，从而增大开窗的可能性。

6.4.3 新型水平井修套工艺

近年来，随着页岩油气开发力度加大，生产时间延长，受地质、工程及地震等自然灾害影响，页岩油气水平井出现各类故障复杂情况[12]，在液压挤胀整形修套和防偏磨高效磨铣修套方面取得了重要进展。

6.4.3.1 液压挤胀整形修套

页岩油水平井压裂后套变缩径严重占比最大。由于套变井段深、井斜大（80°以上）、套管壁厚（10.54mm）且强度高（钢级TP125V），采用液压滚珠变径整形存在诸多不足。为此，改进研发了扩张式胀管整形器以及配套工具，实现了页岩油水平变形套管内径的整形恢复，避免了压裂丢段。

（1）液压滚珠变径整形的不足。

①滚珠碎裂变形落井。滚珠胀管器胀头锥形面上排列一定数量的钢质滚珠，胀套时滚珠在锥面槽内自下而上滚压套管，为了提升胀套修复能力，滚珠设计硬度都比较高，受挤压时易碎裂落井；同时，滚珠槽受到滚珠挤压变形，造成滚珠挤出落井。滚珠大量碎裂、脱落现象在常规直井施工中比较普遍，如果脱落滚珠及碎片堆积在页岩油水平井下部封堵桥塞上，将会导致投产时连续管磨铣底部桥塞受阻。

②工具串受力不均憋断。页岩油水平井套管变形段一般在A靶点或断层附近，井斜角大，井眼轨迹复杂，内径变形不规则。胀套工具串总长度达到10~15m，工具之间为螺纹刚性连接，在液缸下推力作用下，胀管器胀头无法准确找正井眼，工具串轴向和径向受力不均匀，有憋断落井的风险。

③套管回弹有效期短。目前页岩油气水平井所用套管壁厚均大于常规套管，采用TP125V级或更高级别钢材，强度大、弹性应变能力强，胀管器挤压力卸载后回弹量大于常规材料。锥形胀头最大外径段通过变形点后，变形套管回弹卡住胀管器，更为严重的是常规液压整形修复后，套管短期内回弹恢复原先变形状态，造成生产管柱卡钻。

（2）液压扩张式胀管整形。

针对页岩油水平井特殊的井身结构和条件，为克服液压滚珠变径整形的不足，改进并研发了扩张式胀管整形器以及保径短节、柔性短节、减阻接箍、减阻短节等配套工具。其管柱组合自下而上为扩张式胀管器+保径短节+（螺旋刮削器）+柔性短节+动力杆+多级液压加力器（增力液缸）+水力锚组+泄压阀+水力锚组+震击器+加速器+18°斜坡钻杆。由于变形套管的塑性回弹和井下大直径工具较多，液压胀套施工过程中不可避免地会发生卡工具现象。因此，除加装减阻工具降低井壁的摩擦阻力外，还在工具串顶部加装震击器和加速器。

采用上述管柱组合后，胀头的抗外挤能力得到加强，工具串挠度大，胀头可以自动找正防止劈裂，消除变形套管塑性回弹，辅助工具可以提升管串的解卡能力，提升液压胀套技术的工艺适应性，延长整形修复的有效期。

①扩张式胀管器。

如图 6.4.1 所示，由芯轴和扩张牙片组成，芯轴外部和分瓣式扩张牙片内侧设计成 6°~8° 锥度斜坡。套管整形时，多级液压加力器的动力杆推动扩张头芯轴下行，推动扩张牙片径向挤胀缩径套管进行修复，将常规滚珠胀头的滚珠点接触转变成分瓣式牙片面接触，扩张牙片强度大、受力均匀，多级液缸可以设计更大的下推力，以助于缩径套管恢复。胀头通过变形点后，复位弹簧带动扩张牙片回缩，开始下一个胀套行程。

图 6.4.1　扩张式胀管器

上接头　　复位弹簧　　扩张牙片　　芯轴

②保径短节。

如图 6.4.2 所示，连接在扩张式胀管器后部，外径和胀管器胀头最大直径保持一致。胀管器通过变形点后，带动保径短节继续下行，短节上的钢珠对扩张过的套管进行滚压，增大套管的塑性形变，消除套管的回弹应力，滚压作用还能提升变形段套管表面硬度，防止修复后套管短期内回弹，修复有效期长。变形套管的修复主要靠扩张头的挤压作用，降低了对滚珠强度的要求，同时滚珠在原位转动滚压，避免了因滚珠槽受力变形造成滚珠落井。

③柔性短节。

柔性短节如图 6.4.3 所示，由柔性钻杆单根丝扣连接而成，单根长度 0.15m，活动关节角度 0°~4.5° 可调，额定扭矩 25kN·m，抗拉强度 1200kN。套管整形时，每个活动关节在液压加力器缓慢下压力的作用下，角度发生变换，引导扩张式胀管器找正井眼，柔性短节增加了工具串的挠度，避免工具串受压时由于刚性高导致蹩断。

图 6.4.2　保径短节

图 6.4.3　柔性短节

④减阻接箍和减阻短节。

减阻接箍（图6.4.4）和减阻短节（图6.4.5），分别安装于工具串中和管柱大斜度井段，以降低工具串和管串与套管之间的摩擦阻力，并助于扶正工具串，提升管串的脱困能力。

图6.4.4　减阻接箍

图6.4.5　减阻短节

6.4.3.2　防偏磨高效磨铣修套

页岩气开发过程中套管变形是共性问题，套变点具有从趾端到跟端逐渐变多的分布特点。套变的主要形式是剪切和挤压变形，套变点多且变形较严重，井内情况复杂。常规油气井使用的 $\phi 139.7$ mm 套管内径为 $\phi 121.36$ mm 或 $\phi 124.$mm，页岩气水平井使用的是 $\phi 139.7$ mm 厚壁套管（壁厚12.7mm或12.34mm）作为生产套管，对应的内径为 $\phi 114.3$ mm 或 $\phi 115.02$ mm。受套管尺寸、井眼轨迹等的限制和影响，常规钻具和井下工具难以满足页岩气水平井大修的技术要求。

（1）专用钻具。

目前常用的 $\phi 73$ mm 钻杆，接箍外径大（$\phi 105$ mm），在页岩气水平井中使用时环空间隙小，导致施工泵压高，激动和抽汲压力大。针对页岩气水平井大修常规钻具不适应的问题，设计了专用 $\phi 73$ mm 非标钻具（表6.4.1），接箍外径缩小至 $\phi 95.25$ mm，适量降低了接头抗拉强度。与 $\phi 73$ mm 常规钻具相比，环空间隙扩大了1.9倍，环空与钻具内截面积比由 26∶100 提高至 60∶100，有效降低摩阻、激动和抽汲压力，减少地层漏失，现场应用效果良好。

表6.4.1　专用 $\phi 73$ mm 非标钻具与常规钻杆性能参数对比

规格	钢级	本体部分				接箍部分				线重/(kg/m)	扭矩/(N·m)
		外径/mm	壁厚/mm	内径/mm	抗拉强度/kN	螺纹类型	外径/mm	内径/mm	抗拉强度/kN		
$2\frac{7}{8}$in 常规	G109	73.02	9.19	54.64	1335	NC31	105	50.8	1335	16.61	21932
$2\frac{7}{8}$in 非标	G109	73.02	9.19	54.64	1335	WMT29	95.25	46.5	1000	15.5	17545

（2）磨铣工具及工艺。

根据页岩气水平井井筒及套管变形特点，研制了专用球形磨鞋、引杆铣锥等磨铣工具，优化了磨铣工艺，在现场试验中取得了较好的应用效果。

①优化工具长度，以短工具为主。较短的工具能够有效地克服水平井的结构限制，降低摩擦阻力，避免了在大斜度井段磨铣修套时出现钻压施加不上的问题。在页岩气水平井修套过程中，磨铣工具主要是以长度较短的球形磨鞋和引杆铣锥为主，球形磨鞋长度控制在0.3m左右，引杆铣锥的长度控制在1m以下。

②优化磨铣工具YD合金排齿，增大其变化性。初期使用的引杆铣锥主要采用碎YD合金堆叠的焊接方式，在施工中出现YD合金易破碎和脱落的问题。针对该问题，通过在铣锥返屑槽的受力面使用柱状和条状YD合金，改变受力位置YD合金的排布，增强了其

耐磨度，提高了磨铣修套的效率。

③优化磨铣参数。根据引杆铣锥和球形磨鞋的不同工具特性，优化磨铣钻压和转速等参数。引杆铣锥采用轻钻压、中低转速，防止磨铣中突然出现反扭矩过大而造成工具损伤的问题；球形磨鞋由于强度较高，施工中可以适当加大钻压，提高转速，在处理井底碎皮子等杂物时效果良好。

6.5 水平井找漏封堵技术

断块油藏、非常规油气藏开发，套管受到地质因素、工程因素以及生产措施的影响，容易产生破漏。水平井套管破漏井数量呈逐年递增的趋势，而且井况逐渐恶化，治理难度越来越大，急需进行精准可靠的找漏封堵，使其恢复正常生产，充分挖掘开发潜力。

6.5.1 主要技术难点

水平井套管破漏多呈现出长井段破漏、多段破漏等特征。针对水平井套管破漏，必须要先通过合适的找漏方式，明确漏失位置、漏失类型，了解漏失机理，才能采用对应的解决措施进行有效解决[13]。与直井相比，水平井找漏封堵面临的问题更为复杂，对套管破漏位置定位不精确，破漏形状、方位等不能定量判断且不直观。

（1）常用套管找漏方法包括机械方法和测井方法两类；机械方法存在使用的封隔器容易意外提前坐封、需要多次起下管柱、无法一次找全找准且只能确定最靠上的漏点、不能有效反映多个漏点的情况等问题；测井方法在水平井中应用面临的主要问题是依靠自重难以将电缆和测井仪器下至水平段。

（2）由于水平段的特殊性，给封堵施工带来很大难道，常规的封堵技术和工具无法完全应用到水平井封堵。例如，水泥浆是最常用的封堵剂，由于水平井封堵作业的井下工具、管柱结构与直井有较大差别，堵剂难以准确放置，常规封堵过程中填砂、冲砂、挤水泥浆、钻水泥塞等工序复杂，施工成本高，施工风险大，直井的常规封堵技术应用到水平井难以达到合格封堵要求。

6.5.2 水平井找漏封堵工艺

6.5.2.1 双封隔器找漏工艺

在现场作业过程中，由于方法简单、直接、有效，应用封隔器进行试压找漏较为普遍。使用单个封隔器只能确定泄漏位置的上界，精准确定泄漏位置的下界比较困难，故采用双封隔器的找漏工艺，可以多次施工，坐封、解封方便，减少了起下管柱次数，提高了效率，同时还可以确定不同压力下漏失量。常用的找漏封隔器有支撑式封隔器、止瓦式封隔器、扩张式封隔器等。其主要施工工艺要点如下：

（1）对于水平井，采取从上到下的方法，由井口开始找验至射孔顶界。将管柱下到油层套管水泥返高深度，从下往上每次验证时管柱提到原管柱深度的1/2，直到找到漏点上界为止。确定漏点下界时，下双级封隔器至漏点上界，验证后，下放管柱逐步找漏点至下界。

（2）双封隔器之间卡距视井漏失情况适当选择确定，一般初次找漏先用100m左右的大卡距，可以先将双封隔器管柱下至造斜以上，验封，如果漏失向上查漏，找出漏层顶界。然后根据大卡距在漏层顶界以下找验漏，初步确定漏点深度位置，而后第2次下入缩小卡距到10m以内再次确定漏点具体位置。

（3）验漏时录取漏点深度、漏失井段、漏点注入量及泵压、管柱漏失量等重要数据。

（4）通过在不漏的位置卡封来验证封隔器的密封性。

6.5.2.2 测井找漏工艺

常用的测井方法找漏技术有井温测井、噪声测井、同位素示踪测井、流量测井、硼中子寿命测井、螺旋式测井等[14]。近年来，多臂井径成像测井、电磁探伤测井、井下摄像测井、分布式光纤测井（详见第3章井筒完整性检测技术）等的较为先进的漏点检测技术在水平井中应用也越来越广泛。为解决水平井测井仪器的顺利下入问题，发展形成了管具（油管或钻杆）输送、水力输送、爬行器输送和连续管等水平井电缆测井工艺，其优缺点见表6.5.1，在现场应用时根据实际情况综合考虑选择使用。

表6.5.1 水平井常用电测工艺技术优缺点对比分析

输送方式	工艺简介	工艺优缺点
管具输送	先后研制出了保护套式、直推式、湿接头式三种水平套管井测井工艺，统称"管具输送法"测井工艺	优点：使用电缆旁通且采用管柱（钻杆或油管）输送仪器下井，具有仪器下深可靠、推力大、测井成功率高。 缺点：只能起出存储装置回放数据后，才能判断数据的合格性；钻具连接时的振动或起下钻的波动或通过狗腿及井斜较大的井段，工具易受冲击；为保障作业质量，趋下钻速度
液力输送	设计液力输送专用工具，借助泵车等设备，靠"水力"作用将井下仪器输送至水平段预定深度位置，然后利用绞车牵引上提电缆和井下仪器完成测井的工艺技术	优点：突破了密闭注水加压的技术瓶颈，座封井口后，仪器在密闭状况下测井，井筒环境保持稳定，测井资料品质有较大改善；测井过程中不再动用管具，大大降低劳动强度，缩短测井作业时间。 缺点：水力循环通道必须下过测量井段；所有测井参数的录取只能在油管内进行；不适用于大直径的测井仪器（仪器直径一般小于43mm，仪器质量一般不大于70kg）
爬行器输送	爬行器及井下仪器串到达大斜度段遇阻后，通过地面系统给井下爬行器供电，利用爬行器将井下仪器输送至水平段预定深度位置，完成有关测井参数录取等测井任务	优点：克服了井眼弯曲使测井仪器难以下放的困难，同时也提高了测井的质量和可靠性；实施更快捷、更经济；信号实时传输，操作灵活性强。 缺点：受地面设备控制，下放速度较慢；工具串长度较长，对于狗腿度或井斜较大的井况，易遇阻受限；若工具串落井，复杂情况处理繁琐，需特制打捞工具；需空井作业，井控风险高
连续管输送	将测井电缆预置到连续管内，测井时将测井仪器连接在连续管底端的电缆头上，并与连续管固定后，利用液压绞盘及井口特殊进行装置控制下井，将测井仪器推送至水平目的层段后，上提测井仪器完成测井	优点：测井工具起下平稳，可实现多种测试速度完成测试项目；测井数据采集成功率更高，可快速便捷的更换不同测井仪器；可带压和密闭情况下施工作业，保持压力平衡；无需井架、钻杆、油管等辅助设备，连续管安装方便快捷；可建立起井筒的循环，通过注入氮气，促动生产测井所需要的流动或在射孔前降低井筒液柱压力。 缺点：设备多，需占较大场地；作业准备及收尾耗时较长；作业费用较高

6.5.3 水平井封堵工艺

水平井封堵方法主要包括机械封堵和化学封堵两类。常用的机械封堵主要是套管补贴加固工艺，包括膨胀管补贴、波纹管补贴、爆炸补贴和套管加固等工艺。化学法封堵是利用化学堵剂的化学作用对目的井段进行封堵，常用的化学堵剂见 5.4 节。

水平井套损漏失位置可发生在不同的井斜位置，堵漏治理方式应根据破漏段深度、破漏段长度、破漏段井斜、破漏段是否有溢流、出砂以及破漏井后期生产潜能等多方面进行综合衡量，以确定最佳治理工艺。下面重点介绍热采水平井套管补贴工艺、水平井水泥封堵工艺和水泥浆与特种聚合物堵剂体系复合封堵工艺。

6.5.3.1 水平井套管补贴工艺

热采水平井与直井在完井方式、下入方式和注汽方式等方面存在较大的不同，管柱预应力差别较大，在直井中成熟应用的套破治理技术不能完全适应稠油水平井的需要。为此，研究设计了热采水平井套管加固技术工艺[15-16]，实现了高温环境下的可靠密封与悬挂，满足了水平井高温注汽生产需要。

（1）工艺原理。

如图 6.5.1 所示，水平井套管补贴工艺管柱由液压动力工具、补贴管、上下密封管、胀头和丢手总成等组成。工作时，首先利用钻杆或油管带动全部管柱一起下入井内到达预定补贴位置。工具到位后正循环洗井，然后投球加压，液压动力工具开始工作，液缸带动拉杆上移，作用力分别作用于上下胀头上，胀头分别撑开上下膨胀密封管，并使之与井内套管挤压锚定在一起形成密封和悬挂，达到对漏失套管封堵和修复的目的。继续升高压力，当连接丢手球座和丢手锁爪的剪钉达到设计压力时剪断，丢手锁爪的锁爪收回泄压，然后上提管柱，完成加固。

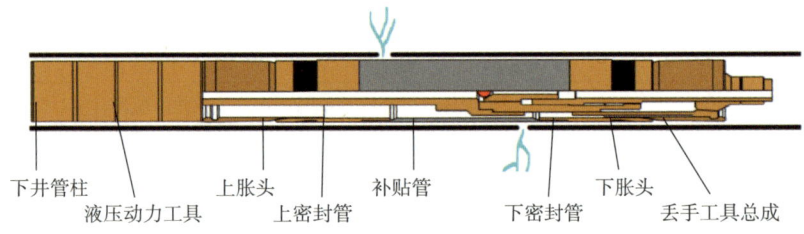

图 6.5.1 套管液压补贴工艺管柱

（2）工艺特点。

① 耐高温密封结构设计。针对热采水平井的水平方向和高温的特点，进行了结构工艺设计，采用耐高温金属填料密封方式，既能够适应热采水平井高温的特点，又具有结合面积较大，铆定力强，密封强度高的优点。

② 液压锁爪悬挂丢手（图 6.5.2）。针对水平段的特点，丢手结构部分设计采用锁爪锁紧方式，液压丢手。当压力达到剪断丢手剪钉的压力值时，中心管带着挡套相对于锁爪下行，丢手锁爪的锁爪得以收回，上提管柱，即可完成丢手，解决了丢手后锁块容易脱落的问题，提高了丢手成功率，也更适合于水平井段的使用。

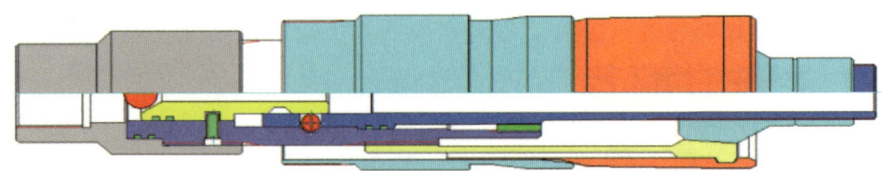

图 6.5.2 液压锁爪悬挂丢手工具示意图

③液压增力补贴。液压加固增力器采用串联大推力液缸设计，主要由上接头、油缸、中心管、活塞、柱塞及下接头等组成，为整个补贴加固提供液压动力。

（3）主要技术指标。

热采水平井套管补贴加固技术参数见表6.5.2。

表6.5.2 热采水平井套管补贴加固技术参数

参数	套管规格	
	φ177.8mm	φ139.7mm
额定工作压力 /MPa	18±2	18±2
补贴管内径 /mm	140	102
补贴管长度 /m	8	8
耐压力 /MPa	25	25
耐温 /℃	400	400

6.5.3.2 水平井水泥封堵工艺

水平井封堵作业往往面临很多复杂井况，常规水泥浆体系已不能满足要求，需要合理优化水泥浆体系以满足特殊井况和复杂地层的需要。

（1）浅井和低温井：注入水泥浆难以凝固，适当添加促凝剂或早强剂配置成触变水泥浆，缩短水泥浆初凝时间并增加早期强度。浅层地层压力低，水泥浆静液柱压力易导致漏失或压裂地层，可通过添加减轻剂降低水泥浆密度减小液柱压力。

（2）井温在120~250℃的深井：常规油井水泥初凝时间大大缩短，水泥石强度也严重降低，必须选择耐高温水泥和高温稳定性好的各种外加剂。

（3）热采井、地热井：井温通常大于300℃，热采井要承受高温蒸汽腐蚀，地热井含盐量高、腐蚀强，且高温使底层破裂产生裂缝。水泥浆外加剂更加复杂，需要添加硅粉或使用高铝水泥来增强水泥耐温性能、抑制强度衰退。

（4）易漏失井段：易漏失地层采用触变水泥、膨胀水泥、低密度水泥、纤维水泥进行封堵，水泥进入地层后，流动迅速阻力增大，封堵松散地层。

（5）敏感性地层：封堵盐水层、盐膏层时，选用适当含盐水钻井液以接近地层浓度，水敏地层添加页岩抑制剂防止黏土矿物膨胀。

（6）小井眼井段：由于水泥浆的流动环空较小，通常以紊流状态顶替，因此在设计水泥浆时要添加分散剂，并控制水泥浆沉降和失水量。

（7）气窜井段：气体渗透会使水泥石形成窜流通道，起不到封堵效果。采用胶乳水泥、微硅水泥能降低水泥浆和水泥石渗透率，抑制气体渗透。

（8）套管微间隙渗漏：普通油井水泥部分颗粒粒径较大，无法进入微信间隙，超细水泥粒径只有普通水泥的五分之一，可用来封堵套管微缝与螺纹泄漏。

6.5.3.3 水泥浆与特种聚合物堵剂体系复合封堵工艺

针对套管接箍漏失、管外微裂缝、低渗透层等复杂井况堵漏，研究形成了水泥浆与特种聚合物堵剂体系复合封堵工艺，充分发挥各自优势，应用于水平井井筒周围局部封堵，提高了复杂井况的封堵成功率[17]。

（1）单独使用水泥或特种聚合物堵剂封堵的不足。

水泥封堵因其成本较低、适应性强等优点广泛应用于水平井封堵作业，但是由于水泥浆体系中较大的固相颗粒不易进入地层，普通油井水泥难以进入微小缝隙，挤水泥作业施加的压力会使水泥浆在炮眼以及孔道和裂缝处脱水，形成滤饼，低速挤入的过程注入压力随注入量的增加升高，当井口显示压力升高到一定值并对地层保持一定时间的压力稳定，水泥凝固后即可成功封堵地层。但在封堵长井段或者渗透性差、套管微裂缝的井时，水泥颗粒可能在近井地带或套管内部某处聚集，上部水泥浆先期脱水而阻止水泥浆继续向下流动，使挤水泥井段上部炮眼附近被水泥堵塞，而下部炮眼没有水泥。严重时还可能卡住管柱，造成施工事故。后期的钻塞施工还会导致炮眼处凝固的水泥石脱落，缩短了封堵有效期或者封堵失败。

特种聚合物堵剂体系由于没有固体颗粒，不存在失水的情况，并且在地层温度下，黏度小于 1mPa·s，流动阻力低于水，在较低的流动压差下即可在多孔介质中流动。如果地层渗透性较好或在封堵裂缝地层时，只使用特种聚合物堵剂进行封堵很难建立起较高挤注压力，当井深较深时且漏失严重时，井内液柱压力会使堵剂体系全部漏失，造成封堵失效。或者由于地层非均质性使堵剂沿较大孔道突进，而小孔隙无法被有效封堵，造成封堵失败。大量使用堵剂面临价格较高昂等问题。

（2）水泥浆与特种聚合物堵剂体系复合封堵工艺。

改复合封堵工艺采用水泥浆预充填与特种聚合物封口进行封堵。即先对封堵目的层最大限度挤注水泥浆，封堵地层大孔隙，当建立起所需要的挤注压力后，保持一段时间压力稳定，反循环洗出井内剩余的水泥浆。随后挤入特种聚合物堵剂，封堵水泥浆无法进入的微小孔隙，井筒预留堵剂覆盖全部目的层段，最后钻穿堵剂塞。起到"封口"效果的特种聚合物堵剂无需很大的用量即可起到很好的封堵效果。

①产品系列。

开发了系列特种聚合物堵剂产品，以满足不同井况的需求。中温 PAC 系列，最高耐温 180℃；耐高温 HT 系列，使用温度 180~300℃；添加加重材料，密度可达 2.6g/cm^3；加入分散材料可减少堵剂的漏失，用于浅层、裂缝地层、漏失严重井的封堵。

②现场施工堵剂配制优化。

在现场施工中，通过控制固化引发剂的加量，准确控制固化时间，满足不同地层温度的井的封堵需求。

a. 针对垂深浅、井温低（<50℃）的井，由于地层温度低，井筒温度升温较慢，且地层压力较低，堵剂容易发生漏失，可以适当缩短堵剂体系的固化时间至 45~60min。

b. 当封堵目的层垂深较深，井温较高（通常 60~90℃），地层温度可使井筒温度回升较快，应适当延长堵剂体系固化时间至 2~2.5h。

c. 封堵段地层温度大于 90℃，由于井深较深，泵入堵剂和顶替液时间较长，为防止意外情况发生，应预留较多的安全时间，固化时间应大于 3h，必要时添加固化抑制剂。

特种聚合物堵剂凭借其无固相的优点，无论任何形状、大小的缝隙都很容易进入，而且强度高、耐腐蚀，封堵有效期长，可以完成很多水泥无法封堵成功的油水井封堵。但如果单独使用特种聚合物进行封堵，很难建立起较高挤注压力，当井深较深时且漏失严重时，井内液柱压力会使堵剂体系全部漏失，造成封堵失效，或者由于地层非均质性使堵剂沿较大孔道突进，而小孔隙无法被有效封堵，造成封堵失败。大量使用堵剂还面临价格较高昂等问题。

6.6 水平井大修实践与认识

水平井大修往往需要综合应用多种技术手段，才能最终实现大修目的。下面以电潜泵生产管柱打捞、被卡射孔枪打捞、被卡连续管打捞为例，介绍水平井大修的现场实践与认识情况。

6.6.1 水平井打捞电潜泵生产管柱

6.6.1.1 基本情况

以××水平井为例，该井造斜点2944.06m，人工井底3701m。小修检电泵，起电泵管第9根时电缆卡，与油管不同步，打卡子起管柱，起第68根时遇卡，负荷由216kN增加至240kN，继续起至第73根时负荷增加至400kN（原井电缆未断开，共起出电泵管柱73根，电缆卡子20个），待大修。

井内管柱结构：防掉器×0.20m+电泵机组×22.0m+ϕ73mm平式油管3根×28.82m+单流阀×0.10m+ϕ73mm平式油管1根×9.63m+泄油器×0.10m+ϕ73mm平式油管178根×1719.51m+防脱器×0.10m+ϕ73mm平式油管24根×231.25m+变扣×0.20m+ϕ73mm外加厚油管13根×124.49m。

该井原井管柱周围有整根电缆及脱落的电缆卡子，起管柱过程中逐渐堆积，缠绕在油管外部，形成阻力，造成电泵管柱遇卡。前期大修打捞工具选择不合理，造成钻具与油管重合。该井在ϕ177.8mm套管内打捞ϕ73mm油管，选用未带引筒的滑块捞矛，在活动解卡过程中，滑块捞矛从管柱窜出，油管与捞矛脱开，油管首先落井。钻具瞬间解卡后上窜，下落时造成吊卡活门开（吊卡上下锁销折），钻具落井。在钻具落井过程中，在强大的冲击力作用下，滑块捞矛与油管撞击先发生重合，然后造成7根钻具与油管重合。井内管柱为：防掉器×0.20m+电泵机组×22.0m+ϕ73mm油管3根×28.82m+单流阀×0.10m+ϕ73mm油管1根×9.63m+泄油器×0.10m+ϕ73mm油管45根×416.76m+滑块捞矛×1.2m+安全接头×0.54m+短节×0.9m+ϕ73mm反扣钻杆3根×28.44m+ϕ73mm反扣钻杆×0.64m。

表6.6.1 前期大修简况

序号	工序	前期大修简况
1	活动解卡、电缆脱落、打捞油管和电缆	小钩提电缆，大钩提管柱350kN活动解卡，起出ϕ73mm加厚油管11根时，电缆脱（电缆接头处脱开），共起出电缆120m，活动管柱起出ϕ73mm加厚油管2根+ϕ73mm平式油管9根，负荷增至460kN，活动解卡无效，倒扣起出ϕ73mm平式油管13根，采取下活页外钩捞鱼顶上的电缆，再下捞矛或捞筒捞油管，活动解卡无效后倒扣起出的方式，共下外钩28趟，下捞矛16趟，卡瓦捞筒2趟捞获油管118根。共计捞出ϕ73mm加厚油管13根+ϕ73mm平式油管153根，电缆约1240m；电缆卡子约70~80个（电缆卡子磨碎）
2	解卡钻具落井	下入滑块捞矛+安全接头+短节+ϕ73mm反扣钻杆124根进行打捞，深度1190.4m，负荷300~350kN起钻62根，提第63根时负荷增至500kN，活动解卡脱落。下入滑块捞矛+安全接头+短节+ϕ73mm反扣钻杆64根进行打捞，深度614.5m，负荷300~350kN活动解卡起出钻杆16根，第17根钻杆提出约4m，管柱突然滑扣脱落，钻具上窜，下落时造成吊卡活门开（吊卡上下锁销折），钻具落井。落井管柱：电泵机组+ϕ73mm平式油管53根+滑块捞矛+安全接头+短节+ϕ73mm钻杆48根

续表

序号	工序	前期大修简况
3	打捞落井钻具	下光钻杆 129 根对扣捞获，800kN 活动解卡未开，倒扣起出 ϕ73mm 反扣钻杆 119 根。井内剩余管柱：电泵机组 + ϕ73mm 平式油管 53 根 + 滑块捞矛 + 安全接头 + 短节 + ϕ73mm 钻杆 58 根。 下母锥 27 趟，套铣筒 3 趟，打印 2 次，捞出 ϕ73mm 反扣钻杆 49 根。剩余管柱：电泵机组 + ϕ73mm 平式油管 53 根 + 滑块捞矛 + 安全接头 + 短节 + ϕ73mm 钻杆 9 根。 换 ϕ89mm 钻杆，下母锥打捞倒扣，起出 ϕ73mm 反扣钻杆 2 根
4	打捞油管	下母锥捞出油管 3 段（3.9m、3.7m、0.45m，共长 8.05m）+ 油管接箍 1 个
5	打铅印	下铅模打印，印痕分析为油管皮，深度 1638.46m
6	磨鱼顶	下磨鞋修鱼顶，进尺 0.27m，至深度 1638.73m
7	套铣、打捞	采用套铣一根，打捞倒扣或液压解卡方法，共捞出钻杆 3 根，鱼顶为钻杆接箍，深度 1668.12m。下 ϕ153mm 套铣筒 3 次，套铣进尺 9.2m，深度 1677.32m，出口有铁屑，粉末状。后无进尺起出，捞杯中有铁块和铜线。下液压解卡工具至 1668.12m，打捞捞获，上提 400kN，水泥车打压 25 MPa 开，起出捞获钻杆 1.57m
8	套铣	下 ϕ153mm 套铣筒 4 次，从 1677.32m，套铣至 1677.45m，上提后无法放回至原位置，重复套铣，起出套铣筒，套铣头合金脱落，出口有铁屑，粉末状。捞杯中有铁块和铜线，大小长短不一
9	磨铣	下 ϕ153mm 裙边磨鞋 3 次，凹底磨鞋 1 次，磨铣进尺 7.24m，H：1676.93m，鱼顶为钻杆本体，无进尺起出
10	套铣	下 ϕ153mm 开口套铣筒（内径 ϕ120mm，长 2.0m）至 1677.21m，反循环洗井 8h，正循环洗井 2h，出口无铁屑，捞杯中有铁屑约 2kg，呈片状和丝状。甩钻、交井

该井原井管柱周围有整根电缆及脱落的电缆卡子，起管柱过程中逐渐堆积，缠绕在油管外部，形成阻力，造成电泵管柱遇卡。该井在 ϕ177.8mm 套管内打捞 ϕ73mm 油管，选用未带引筒的滑块捞矛，在活动解卡过程中，滑块捞矛从管柱滑脱，部分油管与捞矛落井，滑脱瞬间上部管柱上窜，下落时造成吊卡活门开（吊卡上下锁销折），钻具落井。在钻具落井过程中，在强大的冲击力作用下，滑块捞矛与油管撞击先发生重合，然后造成 7 根钻具与油管重合。

6.6.1.2 技术难点

前期大修进行了打捞、磨套铣作业，目前井内捞矛工具串（滑块捞矛 + 安全接头 + 钻杆短接 + ϕ73mm 反扣钻杆 3 根半）与油管重叠挤压变形，下部 43 根油管弯曲变形，环空中电缆堆积造成阻卡，落物最下端为电潜泵组。前期大修作业后期下套铣筒套铣无进尺，下磨鞋进行磨铣作业，造成落物鱼顶上堆积大量的碎块、碎屑。本次大修的主要难点体现在：

（1）使用磨鞋和套铣筒处理鱼顶时有卡钻和出套的可能性。

（2）井内油管弯曲变形严重，捞出部分油管后，电缆堆积在鱼顶上，打堆成团，很难打捞，ϕ73mm 油管在井内可能是有部分卸扣的状态，造成打捞效率低，大量脱落的电缆卡子和碎电缆堆积在油管环空，造成套铣困难，套铣钻杆和油管重叠段时管皮上窜到套铣筒本体时造成卡钻。

（3）捞获油管后上提钻具时电缆堆积再次造成卡钻，打捞电潜泵组时将电潜泵倒散。

（4）强磁打捞器、套铣筒等工具外径较大，大量的碎管皮子及电缆铠甲，堆积在悬挂器以上及部分 ϕ127mm 筛管内，容易发生卡钻事故。ϕ127mm 套管内的钻井液由于长时间未流动，性能极差，容易造成憋压，堵水眼等问题。

6.6.1.3 技术对策

（1）落物重合段：以"含一套一"为目标，将 ϕ73mm 钻杆含入套铣筒本体内，套铣掉弯曲变形的油管，且使用外径 ϕ156mm 的套铣头，防止油管管皮上串造成卡钻事故，套铣筒上部连接 6 根 ϕ120mm 钻铤保证钻压能够准确施加在鱼顶，套铣进尺达到一根钻杆长度后再进行倒扣打捞。该步骤钻具组合为磨套铣工具 + ϕ120mm 钻铤 6 根 + ϕ89mm 钻杆。

（2）油管及电潜泵：捞获油管后上提若遇卡，则逐步倒扣打捞至电缆堆积造成的卡点处，此时使用复合打捞筒对油管和电缆同时打捞达到解卡的效果。该步骤钻具组合为磨铣工具 + ϕ120mm 钻铤 6 根 + ϕ89mm 钻杆，打捞工具 + ϕ89mm 钻杆。

（3）筛管内杂物：使用 ϕ60.3mm 钻杆接特制工具（板式强磁打捞器、局部反循环打捞篮、套铣筒等）分段冲洗打捞井内杂物。该步骤钻具组合为工具 + ϕ60.3mm 钻杆 + ϕ89mm 钻杆。

6.6.1.4 施工过程

（1）落物重合段。

使用局部反循环打捞篮、板式强磁打捞器及套铣筒 + 捞杯的工具组合，清理鱼顶及环空的碎屑碎块。使用正扣钻杆处理重合段时共加工 38 个特殊尺寸套铣头，1 个板式强磁打捞器，2 个捞杯。

在套铣过程中油管管皮、碎块上窜至套铣头上部易造成卡钻，使用 ϕ156mm 套铣头进行套铣作业，有效防止管皮及大块碎屑上窜，套铣筒上部连接两只捞杯捞获部分无法随修井液携带出井口的碎屑。在套铣筒内部带出大量的管皮子，捞杯中带出大量电缆皮子、铜线及碎铁屑，并且将弯曲钻杆夹带出井筒，套铣过程中将井内钻杆 + 捞矛管柱组合含入套铣筒内，带出井筒打捞成功。

（2）油管及电潜泵。

常规工具不满足打捞要求，首先使用板式强磁打捞器对鱼顶进行清理，然后使用 ϕ156mm 套铣筒处理井内弯曲破损的油管及管皮，达到了满足打捞的条件。使用内置捞矛的复合式打捞筒、倒钩式套铣筒、组合外钩打捞矛和开窗捞筒等工具，共捞获 ϕ73mm 油管 43 根、电潜泵组及井内全部电缆，完成了井内全部落物的打捞工作。

实际施工中使用正扣钻杆捞获井内落物后上提遇卡，活动解卡无效，捞获油管在公扣处断开，后改用反扣钻杆进行倒扣打捞，并且在打捞前使用套铣筒进行套一捞一的施工方法，这样虽然能够保证捞获油管，但是在套铣和倒扣时将油管倒散，经过多趟套铣打捞工序才能将井内油管全部捞获，施工效率有所影响。

（3）筛管内杂物清理。

施工中先使用 ϕ156mm 套铣筒，将堆积在悬挂器以上堆积较实的管皮子、电缆铠甲等套活后，再使用板状强磁打捞器进行打捞。使用外径 ϕ102mm 套铣筒配合外径更小的 ϕ60mm 钻杆进行施工，使钻杆和套管间的间隙最大化。施工中提高上下活动钻具的频次，上提遇阻不大力上提钻具防止卡死，接方钻杆在循环状态下上下活动钻具避免卡钻现象。对堆积在悬挂器口及 ϕ127mm 套管内的管皮子等进行套铣，多次带出管皮子、封隔器牙子、防掉器等。

在通井过程中，采取一柱一循环的方式，分多次调节修井液性能的方法。最大程度地减小了 ϕ127mm 套管内的旧钻井液对通井造成的影响。最后多次使用 ϕ102mm 板式强磁打捞器，对井底进行彻底清理，保证了大修完成后采油工作的顺利进行。清理悬挂器时套铣筒无进尺，起出后发现捞杯中铠甲皮较多，因此选择使用反循环打捞篮及强磁打捞器对悬挂器口进行清理，然后使用小直径工具通悬挂器，找到通道后再次对悬挂器口进行处理，最终捞获悬挂器口堆积的大块杂物，使得通井工具能够顺利进入 ϕ127mm 筛管内逐步通井到井底。

6.6.1.5 结论及认识

该井共计下打捞管柱 34 次，使用套铣筒套铣 79 次，使用卡瓦捞筒、滑块捞矛、组合捞筒 16 次捞获全部油管，使用板式强磁打捞器 11 次清理井底捞获电缆铠甲皮和套铣碎屑。主要认识如下：

（1）大修作业过程中存在以前主要问题：对鱼顶情况掌握不足，没有及时的下强磁打捞鱼顶碎屑；套铣过程中耐心不足，套铣转数过快发生蹩钻跳钻，减少套铣头使用寿命；上反扣钻具过早，倒扣使下部油管松扣，上提解卡时出现脱扣现象，影响打捞进度；悬挂器口的杂物过多，处理悬挂器口的工具选择不合适，影响施工进度。

（2）下步改进方向：复杂井施工前认真分析井下情况，了解上次作业情况，制定合理的施工方案，分析潜在隐患和动态隐患通过优化技术规避隐患；井下落物复杂情况采用套铣打捞方式，套铣头外径应合理选择；弯油管打捞如常规工具无效果采用暗窗式捞筒；电泵机组没有专用打捞工具，根据本井施工经验暗窗式打捞筒效果显著；处理悬挂器口时不应盲目地硬磨硬套，而是应根据返出物准确分析没有进尺的原因，选择适合的工具、工序逐步进行清理，实现打开通道的目标；ϕ127mm 筛管内循环洗井时不能盲目冒进，根据现场实际施工情况，每进尺 2~3 根就充分循环一次，循环过程中上下活动钻具，不能长时间停止钻具在某一深度，防止卡钻，上提遇卡时应以上下活动钻具解卡为主，严禁大力上提钻具。

6.6.2 水平井打捞落井电缆技术实践

6.6.2.1 基本情况

以 ×× 井为例，该井实际完钻井深 4784.0m，水平段长度 749.0m，采用 ϕ139.7mm 生产套管固井完井，固井水泥返至井口，压裂采用可溶桥塞分段射孔压裂工艺，共分 17 段。在进行第四段射孔施工时，由于地质条件影响，无法达到预期压裂效果，决定酸化地层后直接进行第四段施工。射孔工具串从上至下为：CCL 仪器 +3.0m 射孔枪 +2.0m 射孔枪 + 可溶桥塞。本段可溶桥塞深度为 4458.0m，两簇射孔深度分别为 4445.50~4448.50m、4449.13~4451.13m。

射孔枪泵送到预定射孔位置，推塞过程最高排量为 1.6m³/min，上提定位点火。此时张力为 5.7kN，桥塞点火正常，等待 5min 上提电缆 3.81m，此时电缆张力为 8.2kN。通过监听判断射孔枪起爆正常，点火前后张力均为 8.2kN，均无异常现象。在点火完成后，上提电缆时张力逐渐增长，疑似管串遇卡。

通过查找原因，排除电缆在阻流管处遇卡后，断定枪串在井内遇卡。现场采用缓慢上提、下放电缆的方式进行解卡处理，最高张力涨至 12.0kN 时，无解卡现象。期间通过压裂车从小排量 0.4m³/min 开始泵送，逐步加大排量至 1.35m³/min，井内压力 54MPa，工具串仍无法解卡。

继续使用压裂车从小排量 0.6m³/min 逐步加大排量至 3.0m³/min 泵送 5min，观察张力变化，无明显解卡显示，停止泵送。最后决定采用拉脱电缆弱点方法进行解卡，拉伸张力从10.0kN逐渐增至32.0kN时（此时电缆张力已将电缆自重清零处理），仍然无法解卡。

采用泵入2.4m³酸液，进行酸化溶解处理2h后，现场进行解卡处理。起电缆张力至23.0kN时，电缆解卡。通过测曲线和张力显示，判断工具串还在井内，上提起出电缆后发现，井内剩余550.0m左右电缆和射孔工具串。初期判断井内落鱼位置井斜角度范围为86.0~91.4°，属于水平井段，初期判断落物情况如图6.6.1所示。

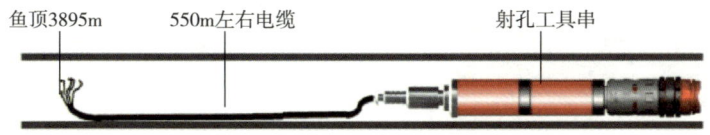

图6.6.1　初期判断井内落物示意图

6.6.2.2　技术难点

（1）由于电缆自身较软的特性，在井筒内多呈现弯曲、缠绕、堆积的复杂形态，采用钩类打捞工具打捞，捞获后，捞不实，易脱落，打捞成功率低；

（2）采用套磨铣的方式打捞，堆积电缆易跟转，套磨铣效率低，难度仍很大。

6.6.2.3　技术对策

本井由于在压裂施工过程中出现的电缆落井事故，井底压力高，首先需采用油嘴控制放喷，降低井内压力，并注意观察井口是否产气，若产气则讨论压井方案，压井后再实打捞作业。

根据初步判断落井电缆情况及保护套管的原则，设计采用液压扶正器＋内钩捞矛打捞落井电缆。内钩捞矛接头处设计有隔环，避免管柱下深过多，落井电缆卡管柱。根据打捞出电缆情况，采用液压扶正器＋套铣筒，或者仪器打捞筒打捞剩余电缆及工具串。如果电缆余长超过10.0m，继续下入三齿捞钩进行打捞，打捞方法同上。如果电缆余长小于10.0m，下入套铣筒，进行打捞。如果井内没有电缆，则下入ϕ73mm仪器打捞筒进行打捞，直至将井内落物全部捞出。若无法打捞剩余工具串，则将工具串推至人工井底。打捞出全部落物后，下通井管柱通井至施工井段。

6.6.2.4　施工过程

根据打捞方案，进行了7次打捞作业，完成了落井电缆的打捞。

（1）第1次打捞。

第1次打捞管柱组合为三齿内钩打捞工具＋液压扶正器＋钻杆。管柱在深度3865.0m遇阻，反复尝试上下活动管柱无效后，决定连接动力水龙头，边转动管柱边开泵循环，管柱通过遇阻位置。

继续下钻杆两根，在此过程中有三次遇阻情况发生，通过上下活动管柱通过遇阻点，增加钻杆至第三根（入井深度4.8m）时再次遇阻，指重从420.0kN降至350.0kN，遇阻深度约为3891.0m，使用动力水龙头转动管柱后决定起管柱。

起出第一趟打捞管柱后，打捞出电缆约0.5m，分析可能在起管柱过程中发生电缆脱落现象，决定再次下捞矛进行打捞。

（2）第2次打捞。

第2次打捞管柱组合仍为三齿内钩打捞工具＋液压扶正器＋钻杆。下钻杆至遇阻位置，指重从430.0kN降至400.0kN左右，旋转管柱后准备起钻。管柱起出井口，打捞出电缆约 0.2m，电缆外层铠装电缆完全破损。

（3）第 3 次打捞。

第 3 次打捞管柱组合为加长三齿内钩打捞工具 + 液压扶正器 + 钻杆。重新加工的打捞工具，将捞矛长度加长至 1.3m，增加倒钩数量，下钻杆至遇阻位置（约为 3893.0m），指重从 430.0kN 降至 390.0kN 左右，旋转管柱后准备起钻杆，没有任何捞获。

（4）第 4 次打捞。

第 4 次打捞管柱组合为弹簧式外钩捞筒 + 液压扶正器 + 钻杆。弹簧式外钩捞筒可将电缆收纳至桶内，内捞钩将其缠住，弹簧式外钩捞筒原理如图 6.6.2 所示。当下入第 414 根钻杆时遇阻，遇阻深度 3904.5m，遇阻吨位 12.0kN。正转钻杆 10 圈并缓慢下压，吨位由 460.0kN 降至 390.0kN，起出管柱发现捞筒内有两块胶皮及部分碎屑颗粒。

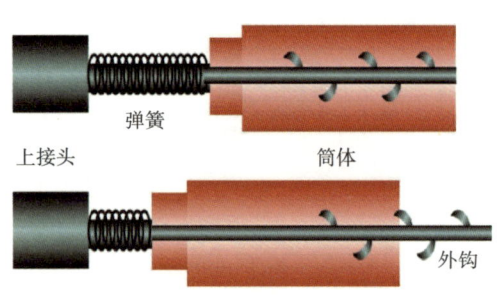

图 6.6.2 弹簧式外钩捞筒原理示意图

（5）第 5 次打捞。

第 5 次打捞管柱组合为内钩捞筒 + 液压扶正器 + 钻杆，内钩捞筒如图 6.6.3 所示。将内钩捞筒下至遇阻位置（3904.4m）后，连接动力水龙头，将吨位压至 370kN 左右，反复起下、旋转管柱，管柱通过遇阻点，再加深三根钻杆后（3941.97m），将吨位压至 400kN 左右，起下、旋转管柱多次后，起出管柱，没有捞获。

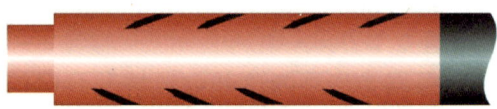

图 6.6.3 内钩捞筒示意图

（6）第 6 次打捞。

第 6 次打捞管柱组合为外钩 + 液压扶正器 + 钻杆。下底部带外钩的打捞管柱，下入 φ73mm 正扣钻杆第 418 根时遇阻（深度 3942.53m），遇阻吨位 12kN。正转钻杆 10 圈并缓慢下压，吨位由 460kN 降至 350kN，遇阻深度未变，起管。起出后发现，打捞出电缆缆芯 0.23m。

（7）第 7 次打捞。

第 7 次打捞管柱组合为磨铣反循环打捞篮 + 液压扶正器 + 钻杆。磨铣反循环打捞篮的底部锯齿状引鞋，可进行小吨位遇阻磨铣作业；引鞋上端为捞篮，防止落物脱落；捞篮内部焊有捞钩，用于缠绕较长的电缆和存储打捞落物。

下底部带磨铣反循环打捞篮的打捞管柱，累计下入第 418 根时遇阻（深度 3942.53m），遇阻吨位 12.0kN。正循环冲洗遇阻位置，用密度 1.30g/cm³ 的压井液 30.0m³ 正循环洗井 1.5h，平均泵压 14.0MPa，排量 0.38m³/min，管柱深 3942.53m，洗至出、进口液相对密度一致。期间使用动力水龙头旋转并下探管柱 2.0m，管柱悬重由 460kN 降至 340kN。起出管柱发现，打捞篮内有 10 余段电缆。经过丈量最长 0.25m，最短 0.13m，累计长度约 2.0m。经查看，电缆只剩内铠和缆芯。

通过第 7 次打捞结果分析，井内电缆已破损严重，非完整的整根电缆。因此继续采用设计的磨铣反循环打捞篮进行打捞作业，并进一步改进了磨铣反循环打捞篮，加长筒体尺寸，同时优化了施工参数（泵压、排量、动力水龙头扭矩及下放管柱速度等），尽可能一趟管柱多打捞破损电缆。

采用设计的磨铣反循环捞篮打捞出剩余全部破碎电缆外铠及缆芯。工具串未完全卡死，将工具串推至人工井底后，使用强磁反循环打捞篮清理井筒内剩余电缆杂物，最后下通井管柱通井至人工井底。

6.6.2.5 结论及认识

（1）在整个打捞过程中，初步分析电缆是完整的，所以采用的打捞工具为捞钩。考虑到电缆落在水平段内，因此前几次均采用内钩工具进行打捞，收获不大，效果不明显，仅打捞出部分碎断的电缆。在水平井打捞工具不完善的情况下，需要根据井况设计、制作打捞工具；在落井电缆破损比较严重的情况下，传统及特制的内、外钩打捞工具均无法顺利打捞出电缆。

（2）根据前6次处理解卡过程和打捞结果分析，在井内电缆腐蚀、破损严重时，无法按整根电缆进行打捞。通过设计磨铣反循环打捞篮，优化工具结构尺寸和施工参数，可成功打捞出破损严重的电缆。

（3）磨铣反循环打捞篮可根据水平井落井电缆等绳类落物长度，加长或缩短筒体长度，从而减少打捞次数，为水平井电缆打捞事故处理提供了技术储备。

6.6.3 水平井打捞枪身技术实践

6.6.3.1 基本情况

以××井为例，该井为水平井，造斜点2930m水平段斜长1495m，人工井底5345.15m。压裂施工期间，射孔枪遇卡，电缆过载拔断，射孔枪及部分电缆掉落在水平段，后经连续管打捞成功后上提至5146.88m遇卡，上提至330kN活动解卡未果，液压丢手后提出连续管。井内落物为ϕ73mm丢手下半部分（0.28m）+ϕ73mm低速螺杆钻具（1.50m）+ϕ88.9mm变扣（0.23m）+ϕ95mm可退式捞筒（0.52m）+ϕ73mm磁定位接头（0.38m）+ϕ86mm钨钢加重杆（1.6m）+ϕ88.9mm射孔枪身（5.7m）+ϕ97mm桥塞坐封工具（4.85m），鱼顶位置5144.35m，待大修解卡打捞后恢复压裂。

6.6.3.2 技术难点

（1）水平段长、摩阻大，不易起下钻具和传递钻压及扭矩。
（2）套管内径小，落物外径大，属非常规，打捞工具需特制加工。
（3）落物附近有钢丝绳，打捞过程要防止钢丝绳上窜造成复杂。

6.6.3.3 技术对策

打捞原则：施工过程保护好油层不受伤害，有利于修复后的稳产及高产；打捞施工应越处理越简单，而不应复杂化。

工具选用原则：（1）选择工具接头及配合接头的最大外径与预捞管柱外径基本一致，有利于对中抓捞落物。（2）内捞时工具端部有引锥，外捞时工具端部有拨钩，外表面无死台阶，防止挂卡现象发生。（3）无需大力解卡打捞落井管柱时，选用与落井管柱尺寸一致的钻柱。这样，偏心距和中心线与井下一致，有利于抓捞落物。（4）为了降低钻具在斜井段和水平段的摩阻，可以加入金属降阻剂，在下部钻柱外部形成一层隔膜，使钻柱与套管壁隔离，有效降低摩阻。

6.6.3.4 施工过程

（1）打印。下 ϕ105mm 铅印 ×0.35m+ϕ73mm 特制反扣钻杆 251 根 ×2401.99m + 转换接头 + ϕ73mm 反扣钻杆至 4669.11m 遇阻，下压 30kN 仍遇阻，上提再次下放无法到原位，接方钻杆大排量洗井，泵压 10MPa，排量 400L/min，出口返出褐色沉淀物，洗井后下放可通过遇阻点，后分别在 4724.77m、4815.3m 遇阻，上提后下放仍无法到原位，均采用洗井方式通过，洗井彻底，停泵观察井内稳定，提钻 4815m 提出 ϕ105mm 铅印，检查铅印完好，未见明显印痕。

（2）打捞。下 ϕ95mm 液力释放式打捞筒 ×0.9m + ϕ73mm 特制小接箍钻杆至 5048.2 和 5097.6m 遇阻，旋转上提下放通过，继续下钻至 5117.8m 遇阻，配置 0.3% 金属减阻剂循环，动转盘下钻至 5146.82m 遇阻。打捞：下压 50kN，上提钻具悬重无明显增加。多次打捞上提均无明显悬重增加显示，提钻提出液压卡瓦打捞筒，筒内捞获一截钢丝电缆 ×0.3m。

（3）打捞。下 ϕ102mm 自制套铣捞筒 ×2.25m+ϕ73mm 特制小接箍反扣钻杆至 5150m，洗井两周，泵压 12MPa，排量 400L/min，上提下放记录悬重，调整泵压至 10MPa，下放钻具至 5150.6m 遇阻，下压 20kN，泵压未见变化，动转盘旋转 13 圈，悬重回弹，继续下放，每下压 20kN，旋转 8~18 圈，恢复悬重，继续由 5155.5m 套铣，泵压 13MPa，排量 400L/min，钻压 20~50kN，转速 40r/min，套铣至 5165.3m 进尺缓慢，继续套铣至 5167m，上提无挂卡，下放至 5165.3m 仍遇阻，提钻检查，提钻提出 ϕ102mm 套铣捞筒，捞获 ϕ73mm 丢手下半部分 +ϕ73mm 低速螺杆钻具 ×1.50m+ϕ88.9mm 变扣 ×0.23m+95mm 可退式捞筒 ×0.52m。

（4）打捞。下 ϕ102mm 自制开窗捞筒 ×2m+ϕ73mm 特制反扣钻杆至 5167m 遇阻，循环洗井，配置浓度 0.3% 减阻剂，循环两周。套铣：由 5167m 套铣，泵压 13Mpa，排量 400L/min，钻压 20~30kN，转速 40r/min，套铣至 5167.5m 进尺缓慢，上提无挂卡，提钻提出 ϕ102mm 开窗捞筒，捞获 ϕ73mm 磁定位接头 ×0.38m+ϕ86mm 钨钢加重 ×1.6m，带出约 1m 电缆。

（5）打捞。下 ϕ102mm 自制开窗套铣捞筒 ×2.4m+ϕ73mm 反扣特制钻杆至 5226m 开泵循环洗井，由 5226m 套铣，泵压 12MPa，排量 450L/min，钻压 30~40kN，转速 40r/min，泵压上升至 16.5MPa，轻压套铣至 5228m，悬重无明显增加，泵压下降至 15.5MPa 提钻检查，提钻提出开窗捞筒，捞获射孔枪身 ×2.4m + ϕ97mm 桥塞坐封工具上半部分 ×0.85m 及电缆钢丝绳 ×8m。

（6）打捞。下 ϕ108mm 自制开窗捞筒 ×1.8m 至 5228m，洗井一周，下放至 5229m 遇阻，动转盘，引落鱼入鱼腔，将落鱼引入鱼腔至 5231.83m，泵压由 9.5MPa 上升至 13MPa，上提钻具，悬重无明显增加，泵压由 13MPa 下降至 12MPa 后不降，提钻检查，提钻 5232m 提出开窗捞筒，捞获桥塞坐封工具、桥塞推筒及电缆 4m，全部打捞完毕。

6.6.3.5 结论及认识

（1）本井 139.7mm 油套内径 115.52mm，使用外径 ϕ73mm、接箍 ϕ88.9mm 的小接箍特制钻杆，有利于套铣施工后的井底碎屑上返。

（2）修井液内加入金属减阻剂，可降低施工中钻具与井壁之间的摩阻，有利于钻具提拉力和扭矩的传递。

（3）由于待打捞枪身外径 ϕ88.9mm，与套管内径间隙较小，使用薄壁套铣管、薄壁开窗捞筒是解决本井枪身打捞的关键。

（4）套损井出砂，先通过增加循环液密度与黏度控制出砂，以及提高清砂能力，为打捞建立基础。

（5）长井段套铣打捞，每次套铣倒扣应适当留出余量，以防劈开油管或后续引鱼困难。

6.6.4 水平井打捞被卡连续管实践

6.6.4.1 基本情况

以××井为实例，该井连续管拖动压裂，下管至3608m处遇阻，冲砂至人工井底3880m，上提连续管至3491m时出口大量返砂，提至3149m处载荷激增至350kN，5次解卡未成。剪管，井内余留连续管3148m，带冲砂工具。

6.6.4.2 打捞难点

（1）ϕ50.8mm连续管是在冲砂作业过程中上提发生砂卡，由于处理事故时未从丢手接头处丢手，存在连续管大段砂卡，且卡点不明的问题。

（2）ϕ50.8mm连续管部分管身处于该井造斜段和水平段，导致鱼头贴边，存在引鱼困难，套铣冲砂过程中套断连管的风险。

（3）在水平段循环冲砂过程存在井漏，导致砂子上返速度下降，易再次发生砂卡的风险。

（4）由于被卡连续管在造斜段和水平段，切割捞筒上提切割时受到摩阻影响，提拉力传递困难，切割难度加大。

6.6.4.3 技术对策

（1）针对造成连续管卡钻的地层砂，可采取"倒角铣鞋"或锯齿铣鞋+油管的钻具组合，分段将连续管与套管环空的砂子及异物套铣干净，分段下切割捞筒进行切割打捞。

（2）若连续管鱼顶贴边，则下入套铣冲砂工具或切割打捞工具需装配引鞋，便于通过旋转钻具将连续管鱼顶引入工具内部。若连续管鱼顶被破坏，则需要使用凹磨修复鱼顶。

（3）在水平段冲砂过程中若发生井漏，影响冲砂效果，需通过植物性堵剂进行堵漏，直到循环上返速度能将砂子带出地面即可。

（4）切割打捞时，提前将金属减租剂循环至井筒内，降低切割管柱与井壁之间的摩阻，提高切割成功率。

6.6.4.4 施工过程

（1）打印。下ϕ95mm铅印×0.13m+ϕ73mm外加厚油管1根×9.45m至8.19m遇鱼顶，加压15kN打印，提出ϕ95mm铅印，印痕显示为连续管断口，最大直径50mm，鱼顶变形不规则。

（2）磨修鱼顶。下ϕ93mm套铣筒×0.13m+ϕ73mm外加厚油管1根×9.45m至8.22m，多次尝试套铣无法引入鱼腔。下ϕ95mm凹磨至8.19m遇阻，磨铣鱼顶：钻压5~10kN，转速50~60r/min，泵压5MPa，排量400L/min，由8.19m磨铣至8.22m，提出ϕ95mm凹磨。

（3）套铣连管。下ϕ93mm喇叭口+ϕ73mm外加厚油管至井口以下8.22m引入鱼腔，加深油管至1222.19m遇阻，连接方钻杆，套铣：泵压8MPa，排量350L/min，洗井一周，套铣过程中存在漏失，漏失量 4m³/h，提出 φ93mm 喇叭口。

（4）分次打捞连管。

下 φ85mm 切割捞筒 ×0.87m+φ73mm 外加厚油管 1 根 ×9.45m，加深钻具至 8.22m 引入鱼腔，继续加深钻具至 11.91m 遇阻，进行切割打捞，提出 φ85mm 切割捞筒，捞获 φ50.8mm 连管 ×7.5m。

下 φ85mm 切割捞筒 ×0.87m+φ73mm 外加厚油管 ×9.31m 加深钻具至 15.72m 引入鱼腔，加深钻具至 16.76m 遇阻，进行切割打捞，提出 φ85mm 切割捞筒，捞获 φ50.8mm 连管 ×4.59m。

下 φ85mm 切割捞筒 ×0.87m+φ73mm 外加厚油管 2 根 ×18.76m 至 20.31m 引入鱼腔，加深钻具至 1209.94m 遇阻，进行切割打捞，提出 φ85mm 切割捞筒，捞获 φ50.8mm 连管 ×1197.85m。

下 φ85mm 切割捞筒 +φ73mm 外加厚油管 127 根 ×1200.61m 至 1209m 遇阻引入鱼腔，继续加深钻具至 2160m 遇阻，进行切割打捞，悬重增加 45kN，提出 φ85mm 切割捞筒，捞获 φ50.8mm 连管 ×957.43m。

下 φ85mm 切割捞筒 ×0.98m+φ73mm 外加厚油管 106 根 ×1004.56m+ 转换接头 0.31m+φ73mm 特质钻杆 119 根 ×1149.08m 至 2160m 引入鱼腔，加深钻具至 2572.79m 遇阻，进行切割打捞，提出 φ85mm 切割捞筒，捞获 φ50.8mm 连管 ×413m。

（5）套铣冲砂。

下 φ93mm 喇叭口 +φ73mm 外加厚油管 64 根 ×607.09m+ 转换接头 ×0.31m+φ73mm 特质钻杆 203 根 ×1959.89m 至 2573m 遇阻，引入鱼腔，套铣冲砂：泵压 8MPa，排量 350L/min，套铣至 2826.32m 遇阻，上提钻具至 2810m，连接方钻杆，循环洗井一周，泵压 15MPa，排量 450L/min，井内漏失量为 3m³/h。

（6）堵漏。

用随钻堵漏剂改性植物纤维、CMC-HY、MAN101 配置质量浓度为 10%，黏度 46s 的堵漏液 50m³，正循环堵漏，泵压 9MPa，排量 400L/min，井内漏失量降至 2.8m³/h。

用随钻堵漏剂改性植物纤维 8t、CMC-HY2.4t、MAN101 1.6t 配制浓度为 10%，漏斗黏度 46s 堵漏液 80m³，正循环堵漏，泵压 9MPa，排量 400L/min，边循环边堵漏，井内漏失量 2.6m³/h，继续调配堵漏液，用随钻堵漏剂改性植物纤维 3t、CMC-HY0.9t、MAN101 0.6t 配制质量浓度 10%，漏斗黏度 46s 的堵漏液循环堵漏，井内漏失量降至 2m³/h。

用随钻堵漏剂改性植物纤维 3t、CMC-HY0.9t、MAN101 0.6t 配制质量浓度为 10%，漏斗黏度 46s 的堵漏液循环堵漏，漏失量由 2m³/h 降低至 1.6m³/h。

（7）套铣冲砂并观察砂面。

加深钻具至 2815.21m 遇砂面，由 2815.21m 冲砂至 2910m，泵压 9MPa，排量 400L/min，井内漏失量 1.2m³/h，出口返出压裂砂，循环洗井干净。上提钻具至 2580m，观察砂面 4h，复探砂面至 2910m（未出砂），继续由 2910m 冲砂至 2939.26m，泵压 12MPa，排量 400L/min，出口返出压裂砂，井内漏失量 7.8m³/h，循环洗井一周，提钻至 2580m。

（8）堵漏。

用随钻堵漏剂改性植物纤维 3t、CMC-HY0.9t、MAN101 0.6t 配制质量浓度为 10%，漏斗黏度 49s 的堵漏液循环堵漏，漏失量由 7.8m³/h 降至 5.2m³/h。

用随钻堵漏剂改性植物纤维 4t、CMC-HY0.4t、MAN101 0.4t 配制质量浓度为 10%、漏斗黏度 48s 的堵漏液循环堵漏，漏失量降至 4.8m³/h。

（9）打捞连管。

下 ϕ85mm 切割打捞筒 ×0.97m+ϕ73mm 外加厚油管 64 根 ×607.04m+ 转换接头 ×0.31m+ϕ73mm 特质钻杆 242 根 ×2336.51m 至 2947.5m 遇阻，用金属降阻剂 180L 配制质量浓度为 4.5% 的金属减阻液正循环至井内，顶替修井液 7m³，静置 2h，继续在 400~800kN 活动切割，活动 4h，在悬重增加至 810kN 时切割成功，悬重增加 20kN，提出 ϕ85mm 切割打捞筒，捞获 ϕ50.8mm 连管 ×398.17m。

（10）套铣冲砂。

下 ϕ93mm 引斜 ×0.21m+ϕ73mm 外加厚油管 23 根 ×217.7m+ 转换接头 ×0.31m+ϕ73mm 特制钻杆 282 根 ×2722.94m 至 2947.66m 遇阻，引入鱼腔，加深钻具至 2950.8m 遇阻，由 2950.8m 冲砂至 3145.81m，泵压 15MPa，排量 450L/min，出口返出压裂砂，漏失量为 2m³/h，大排量循环洗井干净，加深钻具至 3195.03m，提出 ϕ98mm 引斜。

（11）打捞连续管及冲砂工具。

下 ϕ85mm 液力可退式卡瓦打捞筒（底部喇叭口 98mm）×0.82m+ϕ73mm 特制钻杆 327 根 ×3157.41m 至 3168.65m 遇鱼顶，引入鱼腔打捞，上提悬重增加 10kN，提出 ϕ85mm 液力可退式卡瓦捞筒，未捞获。

下 ϕ85mm 切割打捞筒 ×0.98m+ϕ73mm 外加厚油管 23 根 ×217.7m+ 转换接头 ×0.31m+ϕ73mm 特制钻杆 305 根 ×2944.95m 至 3172m 遇鱼顶，引入鱼腔，加深钻具至 3322m 遇阻，提出 ϕ85mm 切割打捞筒，捞获 ϕ50.8mm 连续管 198.15m+ϕ73m 连续管接头 ×0.2m+ϕ83mm 液压丢手 ×0.48m+ϕ73mm 转换接头 ×0.2m+ϕ73mm 重载马达头总成 ×1.05m+ϕ73mm 多孔冲洗头 ×0.26m。

6.6.4.5 结论及认识

（1）水平井施工需在修井液内加入金属减阻剂，可降低施工中钻具与井壁之间的摩阻，有利于钻具提拉力和扭矩的传递。

（2）发生井漏时需采取措施堵漏，防止因井漏造成砂子上返不及时导致卡钻或漏转喷的井控风险。

（3）为提高切割打捞筒切割连续管的效率及长度，需及时更换切割刀片以及每次切割之前要进行套铣冲砂。

参考文献

[1] 唐庚，唐诗国，吴春林. 页岩气水平井修井技术 [M]. 北京：石油工业出版社，2019.
[2] 刘万勇. 热采水平井套损机理研究及对策 [J]. 中外能源，2014，19（1）：58-61.
[3] 严攀. 页岩气水平井压裂过程中套管变形机理研究 [D]. 北京：中国石油大学（北京），2018.
[4] 杨令彦，艾教银. 水平井大修工艺技术 [J]. 采油工程，2017（2）：34-39，84.
[5] 王高磊. 长水平段冲砂洗井技术及工具研究 [D]. 荆州：长江大学，2023.

[6] 冯定, 王高磊, 巨亚锋, 等. 冲砂洗井技术研究现状及发展趋势 [J]. 石油钻探技术, 2023, 51 (3): 1-8.

[7] 李松岩, 李兆敏, 孙茂盛, 等. 水平井泡沫流体冲砂洗井技术研究 [J]. 天然气工业, 2007 (6): 71-74, 154.

[8] 冯治锋, 梁永恒, 张楠, 等. 一种新型连续负压清砂工具设计与应用 [J]. 钻采工艺, 2020, 43 (6): 132-133, 136.

[9] 连威. 页岩气井套管变形与水泥环失效机理及控制方法研究 [D]. 北京: 中国石油大学 (北京), 2021.

[10] 赵婷婷. 水平井套管变形及液压整形复位力学分析 [D]. 大庆: 东北石油大学, 2016.

[11] 陈广超, 张成江, 刘海明. 磨铣打通道技术在C3-21井的应用 [J]. 复杂油气藏, 2011, 4 (1): 84-86.

[12] 张宏峰. 页岩油水平井压裂后变形套管液压整形技术 [J]. 石油钻探技术, 2023, 51 (5): 173-178.

[13] 周威. 水平井找漏堵漏卡封技术研究 [D]. 成都: 西南石油大学, 2016.

[14] 常孝森. 水平井的生产测井工艺方法研究 [D]. 青岛: 中国石油大学 (华东), 2014.

[15] 伊伟锴, 刘金荣, 吕芳蕾, 等. 热采水平井套管补贴加固工具研制与应用 [J]. 石油矿场机械, 2012, 41 (11): 61-63.

[16] 李敢. 热采井漏失套管液压补贴加固技术研究与应用 [J]. 石油机械, 2014, 42 (12): 116-118.

[17] 张弦. 水平井水泥封堵作业施工方案优化研究 [D]. 青岛: 中国石油大学 (华东), 2017.

7 超深井大修技术

超深井是指垂深超过6000m的井。美国1949年钻成了世界第一口6255m超深井。国内于1976年在四川油气田完钻了首口超深井（女基井，井深6011m），标志着我国超深井的开始。1978年，在川西北中坝构造钻成的关基井是国内首口超过7000m的超深井（井深7175m）。自2000年以来，随着勘探开发向深层超深层进军，超深井逐步增加，井深纪录也不断突破[1-2]。针对超深、高温、高压、井眼小、井身结构及完井管柱多变、投产工艺复杂等特点，近年来通过不断攻关，形成了以高效大修作业技术、小井眼大修技术、大修作业减载技术、完井封隔器打捞技术等为代表的超深井特色大修技术。

7.1 超深井大修技术难点

7.1.1 超深井主要故障类型

随着完井深度的增加，入井的工具和管柱更加复杂化，井筒环境更加恶劣，作业过程中井下发生故障复杂的概率明显增加，出现封隔器卡钻或异常坐封、作业管柱形变或断落、试采工具管柱堵塞、射孔枪被掩埋或卡钻、套管损伤等故障，处置难度大、风险高、周期长。在某区块近5年完成超深井解卡打捞12口井，平均每井次损耗时间1581h；其中5口井发生钻具或工具断裂次生复杂，4口井因为长时间处理无进展而终止作业。

7.1.2 主要技术难点

（1）小钻具或工具易发生断裂事故。

超深井通常采用ϕ139.7mm及以下尾管完井，修井钻具仅能选用ϕ73mm及以下的小钻杆+ϕ89mm钻铤组合，连接螺纹多为NC26，接头抗扭不足10kN·m，安全系数低，易发生钻具、工具断裂等事故。如JT1井（完钻井深7766m，ϕ127mm尾管射孔完成），首层射孔酸化测试联作，测试封隔器下部尾管断裂落井且射孔枪卡钻，倒扣打捞时发生钻具脱扣4次、公扣断裂2次；ST7井ϕ127mm尾管内射孔枪卡钻，在打捞期间发生ϕ89mm钻铤断裂2次；ST8井测试封隔器卡钻打捞期间发生钻杆滑扣2次。

（2）高温环境下作业液易发生沉淀导致卡钻。

超深井多属于高温地层，通常超过140℃（如TT1井完钻井深6450m，井底温度高达203℃），作业液在高温环境下会使有机高分子化合物处理剂更易发生降解或交联作用，同时温度越高越抑制黏土的分散性。如果作业液抗高温稳定性变差，则会导致作业液减稠、失水过大或增稠、固化，甚至丧失流动性，作业液密度越高发生的概率越大，由此造成管柱堵塞或卡钻等复杂，如压井液在套管壁结块导致完井封隔器中途异常坐封，压井液固相沉积导致射孔枪管柱在尾管内卡死，压井液受钙浸稠化致使钻水泥塞管柱卡埋等事故时有发生。另外因尾管内使用的钻具水眼小，作业液流动性变差后导致循环泵压非常高，不得不降低排量，会造成大井眼段的碎屑携带能力不足，进一步增加了卡钻发生概率。

（3）修井工艺受限且修井周期长。

超深井发生井下故障复杂后，尾管内落鱼与套管的间隙小，修井工艺的选择极其受限，如果落鱼堵塞、掩埋卡死，仅能采取磨铣或套铣工艺，发生钻屑卡钻、工具断裂等次生复杂概率增大。因处理复杂的深度较深，往往一趟起下钻将耗时3~5天，起下钻次数越多修井周期越长，大大增加作业成本，因此提升超深井修井效率至关重要。

（4）超深井地层压力高井控风险大。

超深井多为高压井，地层压力系数最高的超过2.40，属于典型"三高井"。超深井的油层套管均是多段回接、小尺寸尾管悬挂完成，回接筒、悬挂器等处成为全井段抗压能力的最薄弱处，常会发生压力窜漏；试油管柱、生产管柱结构复杂，井筒环境条件恶劣，修井过程中存在井底圈闭压力释放、套管超压、管柱堵塞不能建立循环通道等情况，特别是管柱解卡过程中一旦发生溢流，管柱不能提出井口或不能下放至钻台面的情况下，则会出现关井条件受限，后期处理困难。

7.2 高效大修作业技术

提升作业效率、缩短作业周期是超深井修井的重要考虑因素。目前，主要从三个方面入手：一是次生复杂的预防，降低次生复杂，避免不必要的工作量；二是设计优选高效修井工具，提高修井时效；三是运用一体化打捞技术，减少起下钻次数，缩短作业周期。

7.2.1 次生复杂的预防

修井过程中发生的次生复杂比本身原始复杂更难处置，往往会出现复杂套复杂、事故套事故的情况，造成修井作业周期成倍增加，甚至导致修井失败或油气井报废。例如，JT1井首层试油过程中，在小井眼内倒扣打捞油管发生2次钻具脱扣的次生复杂，在处理次生复杂过程中，又再次发生钻铤断裂、钻杆脱扣、接头断裂等次次生复杂，期间多次倒换正反扣钻具，采用倒扣、磨铣、套铣等方式处理耗时75天，井内落鱼不减反增，最终终止打捞放弃产层，封闭上试。因此次生事故的预防显得尤其重要。

常见的次生复杂主要表现为工作管柱或修井工具断落及卡钻。管柱或工具断裂的本质原因是操作时施加的载荷超过屈服强度导致拉断或挤毁、螺纹受损滑脱、超扭矩折断、管体因腐蚀或穿孔强度减弱等。卡钻的主要原因为作业液固相沉积、工具附件脱落、钻屑环空堆积，工具或套管形变等。预防次生复杂主要注意以下几方面。

（1）修井管串组合或工具选择设计要得当。

管柱在处理过程中，在任何情况下应具备循环、压井条件，漏失井应具备堵漏功能。

若管柱在起下、打捞、钻磨等出现异常时，不能有效循环，则会因不能有效携带沉砂或钻屑而发生卡钻，更致命的是无法排后效或压井作业使井控风险增大；若钻具组合外径与井眼尺寸间隙太小或太大，井内沉砂或碎屑则更容易堆积卡钻。

修井管柱组合中通常应设计旁通循环滑套，在打捞或钻磨过程中若遇管柱堵塞或不通，则可以投球打开循环通道建立循环，确保满足冲砂循环和井控安全的需求。作业液循环时，上返流速应满足携带沉砂和钻屑的能力。根据作业液类型的不同，最低上返流速的要求不同。通常使用钻井液的上返流速应不小于0.5m/s，使用无固相或清水的上返流速应不小于0.8m/s，流速越大效果越好，循环排量计算参考公式（7-2-1）。

$$Q \geqslant vV_s \tag{7-2-1}$$

式中　Q——循环排量，L/s；

　　　v——上返流速，m/s；

　　　V_s——上返流道每米容积，L/m。

（2）修井液应选择抗高温稳定性能好的作业液或无固相作业液。

超深井一般井底温度较高、井筒环境复杂，对修井液的稳定性能要求更为严格，修井液应具有长时间（10天以上）的悬浮稳定能力，以满足在高温、长时间静止条件下的修井作业要求，并且具有较强的抗污染（H_2S、CO_2、储层改造液、水泥浆等）能力，与产层流体或其他作业流体接触后长时间、高温高压下性能保持稳定，以降低固相沉淀卡钻或堵塞发生的概率。

无固相作业液具有固相含量低、稳定性能优等特性，因此推荐优先考虑无固相作业液。在国外主要以甲酸盐体系无固相作业液为主，最高密度可达2.30g/cm³（甲酸铯），适应环境温度200℃以上，但是甲酸铯矿产资源主要在国外，价格昂贵，推广有限。鉴于此，国内通过相关研究，采用不同类型或数量的可溶解性复合盐（如溴化锌、溴化钙、氯化钙等），可配成密度范围在1.06~2.30g/cm³的无固相液，适应环境温度可达170℃以上。

（3）修井用管柱尽量选用高钢级、高强度钻具。

钻具抗扭强度往往取决钻具连接接头的强度，为降低钻具断裂等次生复杂风险，钻具应优先选择双台阶设计的高抗扭或超高抗扭接头，如DS、HT、XT等新型螺纹类型，尤其是小钻杆或钻铤，其中DS螺纹类型可与NC螺纹类型互换连接。

与API钻杆NC螺纹类型接头相比，高抗扭接头的抗扭强度可提高30%~40%，超高抗扭接头的抗扭强度可提高70%~80%。目前高抗扭接头主要有双台阶设计的DS螺纹类型、HT螺纹类型，超高抗扭接头主要有双台阶密封设计XT螺纹类型、楔形螺纹设计WT螺纹类型、双线螺纹设计的Turbo Torque螺纹类型等。常用小钻杆强度参数见表7.2.1。

表7.2.1　小钻杆强度参数

钢级	公称外径 in	公称外径 mm	管体壁厚/mm	接头						管体				单根重量/kg
				连接螺纹 螺纹类型	外径/mm	内径/mm	抗扭屈服强度/(kN·m)	抗拉强度/kN	紧扣扭矩/(kN·m)	抗扭屈服强度/(kN·m)	最小抗拉强度/kN	挤毁强度/MPa	内压强度/MPa	
G105	2³⁄₈	60.3	7.11	NC26	85.7	44.5	7.04	1100	4.8	11.85	860.7	149	151	95
G105	2³⁄₈	60.3	7.11	DS26	85.7	44.5	12.4	1100	7.2	11.85	860.7	149	151	95
S135	2³⁄₈	60.3	7.11	DS26	85.7	38.1	12.8	1140	7.7	15.32	1106	192	194	100

续表

钢级	公称外径 in	公称外径 mm	管体壁厚/mm	接头 连接螺纹螺纹类型	接头 外径/mm	接头 内径/mm	接头 抗扭屈服强度/(kN·m)	接头 抗拉强度/kN	接头 紧扣扭矩/(kN·m)	管体 抗扭屈服强度/(kN·m)	管体 最小抗拉强度/kN	管体 挤毁强度/MPa	管体 内压强度/MPa	单根重量/kg
S135	$2^7/_8$	73	9.19	DS26	88.9	38.1	13.6	1690	8.2	28.2	1700	205	205	158
S135	$2^7/_8$	73	9.19	XT26	88.9	41.3	18.3	1554	11.7	28.2	1716	205	205	162
S135	$2^7/_8$	73	9.19	27/8 REG	95	31.8	14.3	1980	8.6	28.1	1715	192	194	168
S135	$2^7/_8$	73	9.19	NC31	104.8	50.8	17.9	2152	10.7	28.2	1700	192	194	158
G105	$3^1/_2$	88.9	9.35	NC38	127	61.9	35.3	1691	18.06	35.25	1692	133	136	212
S135	$3^1/_2$	88.9	9.35	NC38	127	54.0	45.2	2174	21.56	45.21	2174	171	175	216

（4）做好管柱强度的校核和操作参数的控制。

修井过程中操作参数控制值不当，极易导致井下故障复杂。例如，在进行复杂处理时，管柱超过设计校核的允许强度，导致管柱拉断、扭断；参数仪显示误差大或根本没有参数仪，导致上提负荷过大、扭转圈数过多；钻磨铣作业钻压不平稳，蹩跳严重，管柱和工具承受冲击负荷导致管柱受损；循环时排量过低或作业液性能较差，不能有效携带沉砂发生卡钻；工作管柱、工具发生腐蚀或疲劳受损，强度降低等。

因此次生故障复杂的预防除修井常规技术要求外，其关键是做好管柱强度的校核和操作参数的控制。在钻磨铣或上提下放操作管柱时，为防止管柱断裂或扭断，其基本原则是使管柱最薄弱点承受的拉力或扭矩不超过其相应允许值。为了安全起见，一般取1.125的安全系数，即允许值的80%。管柱的抗拉屈服强度计算参考公式（7-2-2），抗扭强度计算参考公式（7-2-3）。

$$F_{允许} = 0.6895 \times 10^{-2} AS_g \quad (7\text{-}2\text{-}2)$$

式中 $F_{允许}$——管柱允许抗拉强度，kN；
A——管体的截面积，mm²；
S_g——钢级数字，如钻杆钢级S135，取值135。

$$M_{允许} = \frac{\delta}{\sqrt{3}} \frac{\pi D^3}{16}(1-\alpha^4) \quad (7\text{-}2\text{-}3)$$

式中 $M_{允许}$——允许扭矩，N·m；
α——内径与外径的比值；
δ——管体最小屈服强度，Pa；
D——外径，m。

在对管柱进行旋转解卡或打捞造扣时，管柱承受的扭矩 M 可以通过扭矩表直接读数，也可按公式（7-2-4）计算管柱的允许扭转圈数 n 来综合确定。

$$n = \frac{16M}{G\pi^2}\left(\frac{l_1}{D_1^4 - d_1^4} + \frac{l_2}{D_2^4 - d_2^4} + \cdots\right) \quad (7\text{-}2\text{-}4)$$

式中　　n——管柱允许扭转圈数，无量纲；

M——允许扭矩，N·m；

G——钢材剪切模量，80×10^9 Pa；

l_1、l_2——第一种、第二种管柱的段长，m；

D_1、D_2、d_1、d_2——第一种、第二种管柱外径、内径，m。

7.2.2　高效高强度修井工具

7.2.2.1　高强度套铣鞋

超深井受井筒与落鱼的尺寸的限制，环空间隙小，套铣鞋应具备高强度抗扭、抗拉特点，常常采用整体式加工。铣齿选用硬质合金或碳化钨等特殊合金与本体对焊而成，工具表面氮碳氧复合处理，具有表面硬度高、耐磨性好、寿命长等优点，整体抗扭应大于 15kN·m，结构如图 7.2.1 所示。实践表明高效整体式套铣鞋 1 只可完成 9Cr1Mo 材质封隔器套铣，完成 2 只可钻式桥塞套铣；对射孔枪、油管等环空清砂套铣速度不小于 0.5m/h、单只套铣进尺能力不小于 20m。

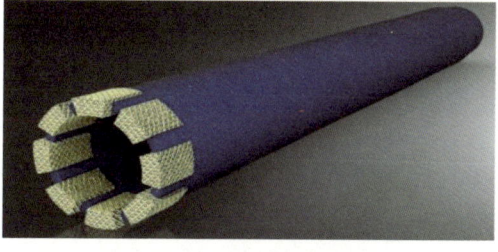

图 7.2.1　高效整体式铣鞋

7.2.2.2　高效磨鞋

磨鞋主要用于钻磨、清除井内的桥塞、金属落物或其他障碍物，由本体和堆焊的硬质合金或其他耐磨材料组成。高效磨鞋的高性能是通过添加硬质合金或特殊合金实现的，合金性能直接影响磨鞋的钻磨效果。高效磨鞋一般选用 YG 系列合金，多层立式铺焊，具有较高的硬度、较强的抗冲击性能和自锐功能，使用寿命长。磨鞋底面和侧面设计过水槽，并在底面水槽间焊满硬质合金或其他耐磨材料，如图 7.2.2 所示，高效磨鞋磨铣卡埋的金属管柱磨速可达到 0.3~0.6m/h，单只寿命进尺超过 30m，单只磨鞋可完成常规非可钻式封隔器的钻磨。

 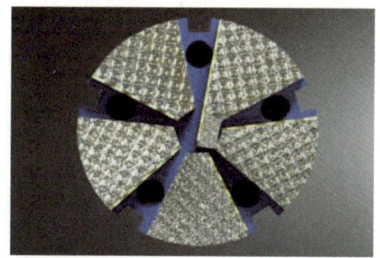

图 7.2.2　高效磨鞋

7.2.2.3　大范围尺寸打捞工具

常规的可退式捞矛、捞筒打捞适应落鱼尺寸范围一般不超过 ±1.5mm，但超深井小井眼内的工作管柱或工具往往比较复杂，形成落鱼后的结构部件以非常规尺寸居多，因此采用常规标准的打捞工具去处理会因落鱼尺寸偏差大导致打捞失败，为提升打捞成功率，通常设计打捞工具的卡瓦范围允许 ±3mm 及以上，使之具有更高的容错率。

7.2.3 套捞一体化技术

套捞一体化技术，集合了套铣和打捞等多种工艺功能，可以实现一趟完成落鱼的套铣和打捞，使处置效率提升 1~2 倍[3]。主要有封隔器套捞一体工具、桥塞套捞一体工具、套捞复合一体工具等。

7.2.3.1 封隔器套捞一体工具

封隔器套捞一体工具主要用于一趟钻完成对完井封隔器的磨铣、打捞处理，以提高修井效率。如图 7.2.3 所示，封隔器套捞一体工具主要由高强度分体式套铣筒、可退式倒扣打捞矛和连接限位调节机构组成。由于完井封隔器下部结构设计有磨铣延伸筒，其内径比其他部位内径大得多，能提供足够的活动间隙空间容纳可退式倒扣打捞矛，以降低钻磨过程中捞矛发生卡钻的风险。

图 7.2.3　封隔器套捞一体工具

工具入井后，加长的打捞矛通过封隔器中心管并进入磨铣延伸筒，然后加压旋转，上部的套铣鞋即可实现封隔器套铣，捞矛在延伸筒内可自由转动。封隔器的锚定卡瓦套铣完成后，上提至中心管位置即可实现一趟钻打捞封隔器及下部管柱。

对于没有连接磨铣延伸筒的完井封隔器，工具入井后下压使卡瓦入落鱼内腔后再上拉，卡瓦涨开卡定在封隔器内壁上，再轻缓正转，打捞矛可从 L 形槽中退出，捞矛将不随管柱转动，继续加压实现套铣封隔器。当封隔器套解卡铣完成后，上提旋转即可实现打捞封隔器及下部管柱。考虑到这种情形的处理存在套铣过程中碎屑掉入鱼腔内，可退式捞矛卡瓦可能被碎屑卡死，或套铣无进尺提钻换铣鞋时无法丢手的风险，因此推荐先套铣再打捞方式。

7.2.3.2 桥塞套捞一体工具

桥塞磨铣作业时，上卡瓦钻除后一般即可解除约束，继续磨铣因桥塞会下行且发生自由转动而导致磨铣失效，无法彻底清理。桥塞套捞一体工具内设置打捞机构，如卡瓦、打捞螺纹及打捞指等，如图 7.2.4 所示。套铣桥塞过程中，桥塞芯轴进入套铣工具打捞部位时，因内径有锥形面，上提钻具时桥塞芯轴将被夹持在工具内，即实现打捞。

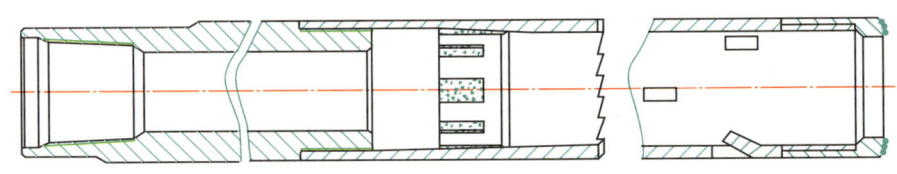

图 7.2.4　桥塞套铣打捞一体工具

7.2.3.3 套捞复合一体工具

套捞复合一体工具是在套铣鞋上分别与开窗捞筒、钢丝捞筒、滑块捞筒、母锥等打捞工具进行不同组合，可以完成套铣、修鱼与打捞联合作业。

打捞一根被沉砂卡埋油管柱或射孔枪，采用套铣+倒扣交替打捞成功率较高，但弊端是起下钻趟数多、周期长，若设计套捞复合一体工具，减少起钻次数，即可节约 1/2~1/3

的作业周期。该工具在套铣管上部腔体内设置倒扣工具，如反扣母锥、倒扣捞矛等倒扣类工具（与上接头加工一体，也可分开采用梯形扣连接），可以实现套铣与倒扣一次完成，如图7.2.5所示。套捞一体工具下到位后，按套铣作业正常套铣被埋卡的管柱，当管柱鱼顶到达铣筒顶部的倒扣母锥时，充分循环冲洗鱼顶，然后进行加压造扣打捞，实施倒扣作业。

打捞腐蚀落鱼、鱼顶严重变形的落鱼或者油管碎块、杂物等，常规工具成功率极低，选用大范围套铣母锥是有效的处置工具，大范围套铣母锥由大内径套铣鞋和大范围母锥组成，如图7.2.6所示。大内径套铣鞋内径大，容易引入鱼顶，套铣修鱼后，鱼顶进入设置为1∶10或1∶8等大锥度打捞螺纹的大范围母锥内，很快就接触到打捞部位实现打捞。所以大范围套铣母锥可以较大限度地保护鱼顶，同时也可完成打捞作业。

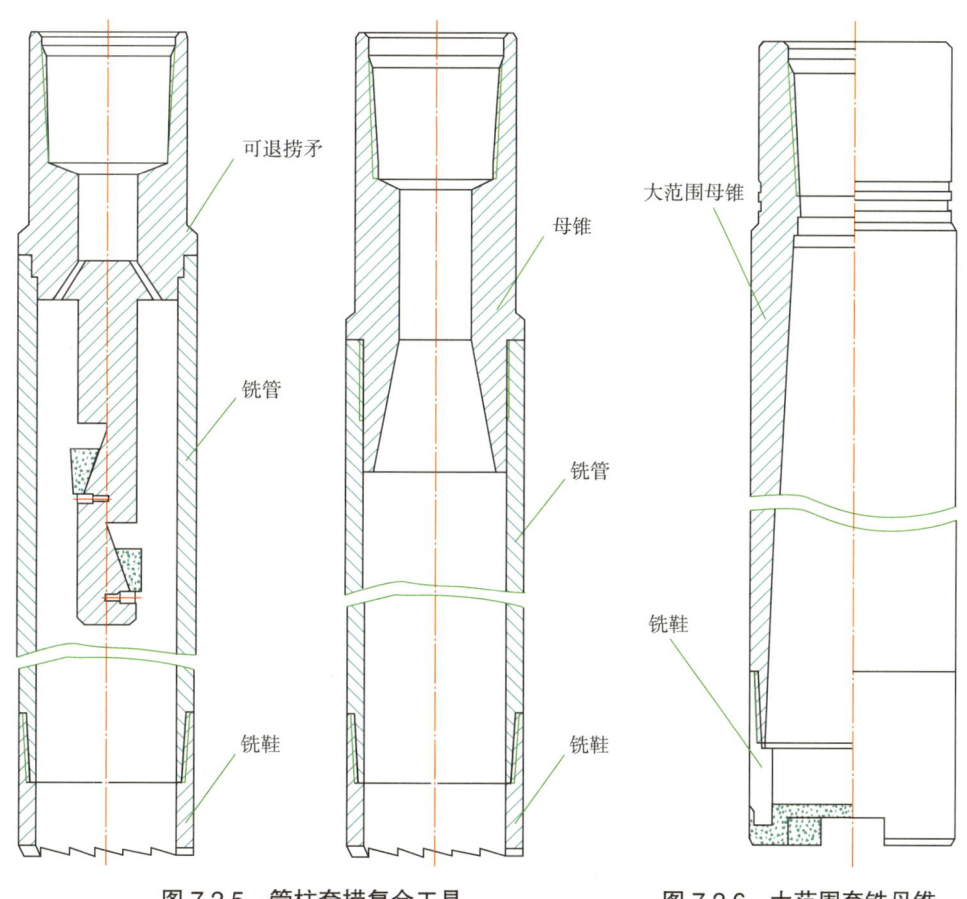

图7.2.5　管柱套捞复合工具　　　　图7.2.6　大范围套铣母锥

7.3　超深井小井眼大修技术

超深井修井的主要难点是小井眼内的故障复杂处理，与常规修井技术相比较，不仅修井工艺及工具的选择均受限，而且起下钻时间长、效率低，易发生次生复杂事故。

因此必须针对性优化修井工艺，选用高强度修井钻具，可采用分段切割、套（磨）铣+打捞结合、螺杆钻具分流等特色技术，同时辅助高效磨铣工具、一体化打捞工具、管柱减载技术等综合应用，以提升修井成功率及处置效率。

7.3.1 分段切割工艺

7.3.1.1 工作原理

超深井的生产管柱或试油管柱一般都带有单个或多个大直径工具，工具管串结构复杂，包括封隔器、水力锚、射孔枪、测试阀等。因工程或地质需求，需要将该类管柱全部或部分取出，但管柱中的封隔器等大尺寸工具卡钻后，卡点位置可能是最上一个封隔器或工具，也可能是下部的任何一个封隔器或工具。常规修井方法是先建立循环压井，然后采用倒扣、钻磨、套铣、打捞等方法交替处理，直至起出全部管柱。但倒扣作业会使卡点以上管柱的每一连接扣均有可能被倒开，甚至将井下管柱串"拆成"多段，增加了起下钻趟数，作业周期长，为此采用分段切割工艺可以提高修井效率和成功率。

分段切割工艺是对所有可能存在卡点附近以上的管柱处，从下自上逐一分次切割后，再从上至下分段打捞各段管柱的作业过程。管柱切割后可快速打捞出卡点以上的未卡管柱。

APR测试联作管柱从下至上主要由射孔枪+筛管+油管+筛管+油管+RTTS封隔器+APR测试工具+油管+伸缩短节+油管组成。封隔器和射孔枪均卡钻，则先下切割工具至射孔枪顶部（切割点1）附近进行第一次切割，再下切割工具在封隔器上部（切割点2）附近进行第二次切割，然后依次起出封隔器之上的管柱、解卡打捞封隔器，封隔器解卡后能把下部数百米油管同时起出来；最后再针对性打捞射孔枪。采用分段切割工艺可减少起下钻次数，提升修井成功率，缩短修井周期。

7.3.1.2 切割工艺的选择

管柱切割目前主要采用聚能切割弹或化学切割弹，通过电缆或连续管送入至切点位置，其工艺成熟可靠，但缺点是切割弹主要成分为炸药或化学品，属民爆危险品，需办理准运证及地方公安部门现场监管，制约了施工时效，另外大斜度井段或在高密度压井液中下入切割弹较困难，有时很难达到预计目的。鉴于常规切割弹的缺点，优选采用热熔切割工具（详见第四章第七节），尤其适用于超深井。

7.3.2 套铣+打捞工艺

超深井小井眼内最常见的是封隔器、射孔枪、工作油管等卡钻，管柱环空和水眼常被沉砂、钻屑、钻井液材料等掩埋、堵塞，修井工艺优先推荐采用套铣、打捞交替进行处理。

7.3.2.1 大直径工具卡钻的处置

大直径工具卡钻最常见是封隔器、水力锚等工具遇卡。处理方法是首先下入整体式套铣鞋进行套铣，解除上卡瓦或锚定的约束，然后下可退式捞矛或捞筒进行打捞即可捞获被卡工具和下部管柱。套铣后的打捞通常不宜采用倒扣工艺，倒扣容易把工具拆散，增加打捞难度，因此推荐内打捞方式。打捞前视情况可先下入柱状铣杆清理鱼头内腔后再打捞工具，钻具组合推荐（从下自上）：

套铣钻具：整体式套铣鞋+安全接头+单流阀+捞杯+钻铤+捞杯+钻杆；

打捞钻具：可退捞矛（或捞筒）+单流阀+钻铤+震击器+加速器+钻杆。

注意：(1)整体式套铣鞋的设计应尽可能增大铣鞋内径，以减少套铣切削量，提高套铣效率，外径小于套管内径3~6mm，铣齿采用高效合金片镶嵌，有效套铣筒长度超过工具长度（一般1.5~2.5m），抗扭达到15kN·m以上。(2)套铣的钻具组合上推荐带2~4只随钻捞杯，便于携带钻屑清洁井筒，降低次生卡钻风险。

7.3.2.2 射孔枪卡钻的处理

射孔枪卡钻的主要原因是固相沉积或枪体、套管变形所致，因环空间隙小且被沉砂填充掩埋，一旦被卡则无法直接打捞，因此处理方法是先套铣后再打捞交替结合进行处理，即每套铣完一根或以上射孔枪后，再下入母锥造扣、倒扣打捞，交替进行直至完全处理。期间应严格控制管柱施加扭矩、提升负荷等施工参数，防止发生钻具扭断次生复杂事故。钻具组合推荐（从下自上）：铣鞋+铣管（1~2根）+转换接头+安全接头+单流阀+捞杯+钻铤+钻杆。

注意：套铣工具采用高强度薄壁铣管，推荐铣管外径小于套管内径3~6mm，管体壁厚不小于8mm，连接螺纹类型推荐梯形螺纹类型。铣管不宜过长，在确保套管的通过性下能套铣完2~3根射孔枪即可。

7.3.2.3 油管卡钻且水眼堵塞的处理

工作油管或完井管柱被砂埋卡钻且水眼堵塞，其内打捞方式受限。若在大套管内，可以先下匹配的套铣筒对环空沉积物套铣后，再用外打捞倒扣类工具（如倒扣捞筒或母锥等）处理。但超深井尾管内径通常以ϕ106mm或ϕ102mm为主，完井工作油管以ϕ73mm为主（接箍外径ϕ89mm），环空间隙小，油管接箍外径较大，如果直接套铣，接箍极易脱落，形成大块铁皮，次生卡钻概率增大，因此需要分三步处理。

第一步下入大头公锥倒扣处理油管接箍，扭矩控制在8kN·m内；第二步下入匹配的铣筒套铣油管本体外环空的沉淀，套铣进尺为油管本体的长度；第三步下母锥或可退式倒扣捞筒、倒扣打捞出油管本体。如此循环直至打捞完全部落鱼。

注意：(1)钻具组合上推荐带2~4只随钻捞杯，便于清理铁屑。(2)上述方法需要三趟钻，周期较长，推荐反扣套捞一体工具，可节约1/3~1/2作业周期。

7.3.3 螺杆钻具分流技术

钻磨水泥塞或桥塞等时，常辅助采用螺杆动力钻具。超深井尾管内径小，所使用的螺杆钻具通常为ϕ95mm及以下的小尺寸螺杆动力钻具。小尺寸螺杆动力钻具的额定流量低，不能满足上部大套管内循环携砂要求，容易发生卡钻。如果直接提高排量，势必造成螺杆动力钻具超负荷工作而磨损加快，甚至发生损坏、抽筒、断落等次生复杂。为此，需采用钻具分流技术，即在螺杆动力钻具上部安装一只分流阀，分流阀侧面设计有一个或多个分流孔，正循环时可进行大排量作业。作业液经分流阀分流后，一部分流体流经螺杆动力钻具驱动马达工作，另一部分液体从分流孔上返，这样既可以满足螺杆钻具正常工作的要求又可以解决上部大套管环空大排量携砂问题。管柱结构如图7.3.1所示。

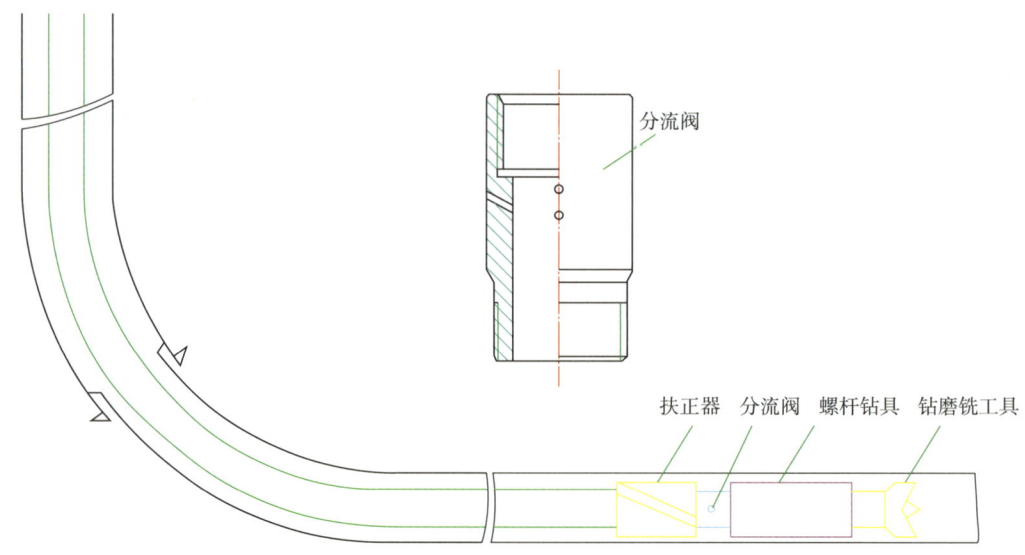

图 7.3.1 井下动力钻具钻磨铣管柱结构

7.4 大修作业减载技术

随着高温高压超深油气井的开采数量持续增加,超深井大修作业面临常规修井机载荷不足、钻具安全系数低和作业成本高等问题,为此提出并开展了大修作业减载技术研究。一方面通过在井下大修作业管柱中加入液压增力装置(详见第四章第一节)、液压倒扣器(详见第四章第八节)等,来增大施加于井下被卡落鱼的拉力、震击和扭转等解卡力,而此类解卡力不作用在上部钻具,可以减少上部钻具的载荷。另一方面采用轻质高强度钻杆替代传统的钢质钻杆,来减轻地面大钩载荷,提高安全系数[4-5]。目前发展了特殊轻质高强度钢钻杆、铝合金钻杆、钛合金钻杆三种轻质高强度钻杆。

钢、钛合金和铝合金基本力学参数见表 7.4.1。

表 7.4.1 钢、铝合金和钛合金基本参数

材料	密度 / (g/cm³)	弹性模量 / GPa	剪切模量 / GPa	泊松比	管体硬度 HRC
钢	7.85	210	79	0.27	
钛合金	4.54	110	42	0.28	34.5
铝合金	2.78	71	27	0.30	

7.4.1 高强度钢钻杆

传统的 G105、S135 钻杆由于安全系数低、拉力余量低等原因已经难以满足超深复杂井的作业需求,而 V150 钻杆作为一种新型高强度钻杆由于其高强度及经济性在油气田开发领域备受关注[6]。

参照国家标准 GB/T 223.74—1997《钢铁及合金化学分析方法 非化合碳含量的测定》对 V150 钻杆试样的化学成分进行分析测试，分析结果见表 7.4.2 所示。对比试验结果与行业标准 SY/T 5561—2014《钻杆》允许值可以发现，有害元素含量均控制在标准允许的范围内，符合标准规定要求。V150 钻杆中含有大量 Mo、V 和 Ni 等元素，Mo、V 元素可以提高钢的热处理稳定性，起到细化晶粒和析出细小碳化物及弥散分布的效果，Ni 的存在可以有效提升钢的强度，同时又保持良好的韧性并增加材料的耐腐蚀能力。这些高含量元素使得 V150 钻杆具有优异的强度表现，其力学性能得到了比较大的改善。

表 7.4.2　V150 钻杆试样化学成分　　　　　　　　　%（质量分数）

元素	C	Si	Mn	P	S	Cr	Mo	Ni	Ti	Nb	Cu	V	Al
检测结果	0.240	0.300	0.470	0.009	0.001	1.010	0.710	0.600	0.020	0.020	0.070	0.120	0.024
SY/T 5561—2014				≤ 0.030	≤ 0.030								

以某油田典型井身结构为例，开展了 V150 钻杆井下使用性能研究。该井套管结构为 $10\frac{3}{4}$in（273.05mm）+$7\frac{5}{8}$in（193.67mm）+$5\frac{1}{2}$in（139.7mm）悬挂 +$4\frac{3}{4}$in（120.65mm）裸眼，井深为 8225m。分析条件为修井液密度 1.20g/cm³，钻压 40kN（探底），作业管柱摩阻 200kN，打捞解卡拉力余量 300kN。

该井拟设计的原 S135 钻具组合的轴向载荷及抗拉校核结果见表 7.4.3。$3\frac{1}{2}$in（ϕ88.90mm）+$2\frac{7}{8}$in（ϕ73.02mm）S135 钢钻具组合（钻具长度 8225m），钻具自重 1258kN（考虑浮力）。一旦作业过程中遇卡，需进行解卡作业，作业管柱安全系数最小为 1.16，不满足现场要求作业管柱安全系数不小于 1.3；解卡作业最大钩载达到 1784kN，XJ850 修井机最大载荷 2250kN，XJ850 修井机最大安全提升载荷为 1800kN，已经接近修井机最大安全钩载极限。若采用大尺寸的 4in（ϕ101.60mm）+$3\frac{1}{2}$in（ϕ88.90mm）S135 钢钻具组合，则大钩载荷远超过 XJ850 修井机极限载荷，只能用钻机进行修井作业，而钻机日作业费用约为 XJ850 修井机的 4 倍，作业费用和人员消耗更大。因此 S135 钻具对于超深井修井作业存在安全系数低、修井机钩载不足和作业费用高等问题。

表 7.4.3　S135 钻具组合的轴向载荷及抗拉校核

分析工况	钻具外径/mm	钢级	壁厚/mm	钻具长度/m	抗拉校核		
					最大钩载/kN	抗拉强度/kN	抗拉系数
提钻	88.9	S135	8.35	2025	1484	2180	1.40
	73.02	S135	9.19	6200	1103	1710	1.47
下钻	88.9	S135	8.35	2025	1084	2180	2.31
	73.02	S135	9.19	6200	703	1710	1.91
旋转钻进	88.9	S135	8.35	2025	1284	2180	1.61
	73.02	S135	9.19	6200	903	1710	1.80
解卡打捞	88.9	S135	8.35	2025	1784	2180	1.16
	73.02	S135	9.19	6200	1403	1710	1.16

为了保证作业安全，同时满足修井机载荷，拟采用 V150 高强度钻具替代原有的 S135 钢钻具进行作业，选用更大尺寸且薄壁厚的 4in（ϕ101.60mm）+$3\frac{1}{2}$in（ϕ88.90mm）V150

钻杆组合，该钻具组合的轴向载荷及抗拉校核结果见7.4.4。由表7.4.4可知该套钻具自重1017kN（考虑浮力），作业管柱安全系数最小为1.41，完全满足现场要求；解卡作业最大钩载达到1717kN，XJ850修井机最大载荷2250kN，XJ850修井机最大安全提升载荷为1800kN，未超过XJ850修井机安全提升载荷。由于V150出色的材料性能指标，采用V150高强度钻具组合搭配XJ850修井机能有效解决超深井修井作业中钻具抗拉安全系数低、修井机负荷高等难题。

表 7.4.4　V150 高强度钻具组合的轴向载荷

分析工况	钻具外径 / mm	钢级	壁厚 / mm	钻具长度 / m	抗拉校核		
					最大钩载 / kN	抗拉强度 / kN	抗拉系数
提钻	101.6	V150	8.38	3225	1417	2540	1.70
	88.9	V150	8.35	5000	902	2428	2.56
下钻	101.6	V150	8.38	3225	1017	2540	2.37
	88.9	V150	8.35	5000	502	2428	4.59
旋转钻进	101.6	V150	8.38	3225	1217	2540	1.98
	88.9	v150	8.35	5000	702	2428	3.29
解卡打捞	101.6	V150	8.38	3225	1717	2540	1.41
	88.9	V150	8.35	5000	1202	2428	1.92

7.4.2　钛合金钻杆

钛合金钻杆是由钛合金管体与钛合钻杆接头摩擦焊接而成。根据 GB/T 41343—2022《石油天然气工业　钛合金钻杆》，钛合金钻杆钢级包括 TD95、TD105 和 TD120。钛合金钻杆密度是钢质钻杆的 57%，而屈服强度与钢质钻杆接近。钛合金钻杆和钢质钻杆性能参数[7]，见表 7.4.5。

表 7.4.5　钛合金钻杆和钢质钻杆性能参数

钻杆类型	规格		加厚形式	螺纹类型	管体外径 / mm	管体壁厚 / mm	管体内径 / mm	接头外径 / mm	外接头内径 /mm	计算重力 /（N/m）
	in	mm								
钛合金钻杆	$2\frac{3}{8}$	60.32	EU	NC26	60.32	7.11	46.1	85.7	44.5	6.83
	$2\frac{7}{8}$	73.02.	EU	NC31	73.02	9.19	54.64	104.8	50.8	10.49
	$3\frac{1}{2}$	88.9	EU	NC38	88.9	9.35	70.2	127	61.9	14.06
	4	101.6	EU	NC46	101.6	8.38	84.84	152.4	82.6	15.64
钢质钻杆	$2\frac{7}{8}$	73.02.	EU	NC31	73	9.19	54.64	104.8	50.8	158
	$3\frac{1}{2}$	88.9	EU	NC38	88.9	9.35	70.2	127	53.8	216
	4	101.6	EU	NC40	101.6	8.38	84.84	108.7	57.15	236

根据钻杆极限下深计算公式（7-4-1）计算，钛合金钻杆减载效果显著。同等钢级情况下，钛合金钻杆极限下深为钢质钻杆的 2 倍。例如，与钢质钻杆相比，7000m 钛合金钻杆在清水中减载达到 42.3%，在密度 2.0g/cm³ 压井液中减载达到 50.8%。

$$H = \frac{\sigma_{\min} A}{q(1-\frac{\rho_m}{\rho_d})K_s}$$

（7-4-1）

式中 H——最大下深，m；

$\sigma_{\min}$——钻杆材料最小屈服强度，MPa；

A——管体截面积 mm^2；

q——钻杆计算重力，N/m；

ρ_m、ρ_d——分别为修井液密度和钻杆密度，g/cm^3；

K_s——安全系数，取 1.5。

7.4.3 铝合金钻杆

铝合金的密度仅为 2.7g/cm^3，几乎只有钢密度的 1/3，其减载非常显著。但是铝合金材质密度低，抗磨性能差。为保证接头的耐磨性和强度，铝合金钻杆接头采用钢接头，通过螺纹连接将铝合金管体与钢接头连接而成。

根据 GB/T 20659—2017《石油天然气工业 铝合金钻杆》，铝合金钻杆的材质包括四种合金系列，最小屈服强度分别为 325MPa、480MPa、340MPa、350MPa。铝合金钻杆管体材质见表 7.4.6。

表 7.4.6 铝合金钻杆管体材质

合金系列	Al-Cu-MG	Al-Zn-Mg	Al-Cu-Mg-Si-Fe	Al-Zn-Mg
最小屈服强度 /MPa	325	480	340	350
最高操作温度 /℃	160	120	220	160

注：表中给出的合金力学性能的实验温度为 21℃ ±3℃；最高操作温度下暴露 500h 导致其屈服强度降不低于室温材料强度的 30%

GB/T 20659—2017 规定了铝合金钻杆技术规范，修井常用的铝合金钻杆技术规范见表表 7.4.7。

表 7.4.7 内加厚铝合金钻杆规范

管体尺寸			管体线重计算线重		钻杆接头			连接螺纹	
外径 /mm	壁厚 /mm	内径 /mm	平端 /(kg/m)	加厚端增加 /(kg/m)	外径 /mm	内径 /mm	线重 /(kg/m)	接头	管体
73	9	55	5.07	1.55	95	44	14.5	NC26	TT63
90	9	72	6.41	2.05	108	54	16.5	NC31	TT82
103	9	85	7.44	5.83	120.6	68	21.0	NC38	TT94

铝合金钻杆接头采用钢制接头，钢制接头质量约占钻杆质量的 20%。Al-Zn-Mg 合金系列 7000m 外径 ϕ90mm、壁厚 9mm 铝合金钻杆在清水或 2.0g/cm^3 压井液中管柱浮重分别为 364kN 和 159kN，与外径 ϕ88.9mm、壁厚 9.35mmG105 钢钻杆相比，减载 72.4%~85.9%。

铝合金钻杆虽然质量更轻，减载效果比钛合金钻杆更加明显，但是铝合金管体耐磨性低，需要钢质接头连接，而且铝合金钻杆屈服强度也比较低，使用受到一定限制。

7.5 完井封隔器管柱打捞技术

超深井普遍采用完井封隔器完井。完井封隔器通常为双向锚定永久式封隔器,且管柱没有循环压井通道。这类完井管柱的解卡打捞,关键在于封隔器上部油管柱的处理和磨铣解卡打捞封隔器及其下部油管[8-11]。

7.5.1 上部管柱处理

永久封隔器依靠液压坐封,双向卡瓦锚定。锚定密封与封隔器上端依靠螺旋螺纹连接,棘齿机构锁定,右转管柱可以使锚定密封脱开封隔器[图7.5.1(a)]。因此,上部管柱处理,首先采用正转管柱倒开锚定密封,如果不能顺利倒开,则采取切割起出切割位置之上管柱[图7.5.1(b)],然后再解卡打捞出锚定密封之上全部管柱。

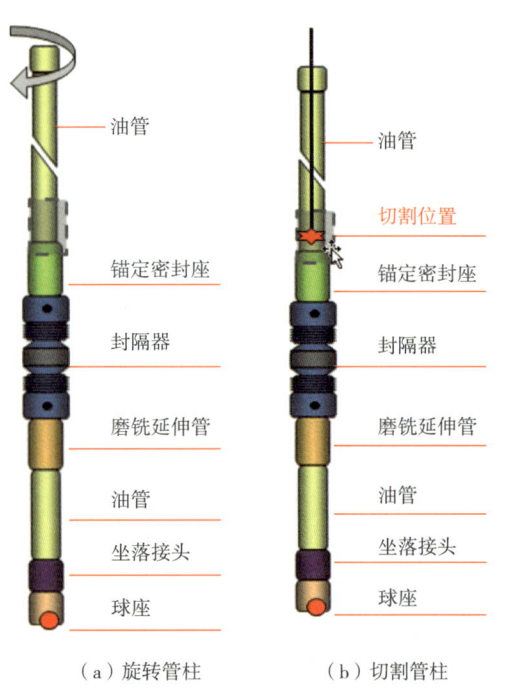

(a)旋转管柱　　(b)切割管柱

图 7.5.1　完井封隔器上部管柱处理

7.5.1.1　倒开锚定密封起出

倒开锚定密封直接起出上部管柱钻具是最简单的方法。完井封隔器管柱完井时,受封隔器下部尾管重力、浮力、坐封力和鼓胀效应的影响,封隔器坐封后锚定密封可能承受较大轴向拉力。在锚定密封承受较大轴向拉力情况下,直接上提倒扣无法倒开锚定密封。因此,为顺利倒开锚定密封,必须加深管柱调整,准确找到锚定密封的中和点后,再合理控制扭矩或圈数倒扣。

上部管柱通常为气密封油管,根据管材屈服极限,油管本体抗扭强度和扭转圈数分别按式(7-2-3)和式(7-2-4)计算。通常倒扣最大扭矩不宜超过最大上扣扭矩的2倍,对于ϕ88.9mm钢级125的油管,一般将扭矩控制在最高8kN·m内,管柱是安全的。倒扣程序如下所述。

(1)方钻杆连接油管柱,上扣连接油管挂螺纹,上提管柱,观察悬重变化,当油管挂刚刚提离采油四通悬挂台阶时,停止上提,记录悬重。

(2)继续上提方钻杆,求取管柱伸长量与悬重增量的关系;调整中和点使锚定密封略微受拉(使油管挂距离坐挂台阶0.40m内)。

(3)启动转盘,观察扭矩变化,控制扭矩5kN·m内,并控制单次扭转圈数,按扭转圈数计算;反复操作,直至扭矩不增,悬重下降,上提悬重管柱自由,完成锚定密封解除。

(4)如果多次操作,锚定密封不能顺利倒开,可以适当增加扭矩至8kN·m,并控制管柱扭转圈数。假设全部连接螺纹全部紧扣到位,给定倒扣扭矩 5kN·m,如果锚定密封不能转动,则全部管柱扭转圈数为 16.87 圈;最大控制扭矩 8kN·m,则控制圈数为 27.0 圈。

7.5.1.2 切割油管起出

气井生产多年,完井管柱在井下工况恶劣,再加上油管挂的限制,倒开锚定密封存在一定难度。如果增加扭矩仍然倒不开,则采用电缆切割工艺将锚定密封之上的油管切割起出。

电缆切割是采用电缆下入切割弹至管柱预定位置,点火后将管柱切断。切割位置选择在卡点之上,尽量靠近卡点并避开油管接箍。切割时选择合适切割工艺,其切割断口要相对规则,以致不影响后续打捞入鱼。

切割油管通常在安装采油树下进行,如果回接至钻台面切割,则需在装井口防喷器前先在直管挂下增加适当调整短节,待完成井口装置安装后再将油管挂提出至钻台面。油管切割以后,倒出油管挂以上全部接头和短节,再连接方钻杆上提油管柱,遇卡则向上活动管柱,切割位置完全断开后则可顺利起出切割点上部油管柱。

7.5.2 完井封隔器及下部管柱打捞

完井封隔器上卡瓦一旦被磨除,也就解除了上卡瓦对封隔器的约束,捞住封隔器上提即可捞出封隔器及其下部管柱。打捞工艺通常有两种:一是套铣打捞一体工艺,即磨铣打捞一趟钻完成;二是先磨铣再打捞。

7.5.2.1 套铣打捞一体工艺

永久封隔器上卡瓦磨除后,继续磨铣封隔器可能下落,造成封隔器中心管和外筒脱离,增加打捞难度。套铣打捞一体工艺可以实现磨铣打捞一趟钻完成,钻具组合为套铣打捞一体工具 + 随钻捞杯 + 回压阀 + 钻铤 + 震击器 + 钻铤。

封隔器套捞一体工具主要由高强度分体式套铣筒、可退式倒扣打捞矛和连接限位调节机构组成。捞矛配置与封隔器下端内腔内径匹配的卡瓦,用于打捞封隔器下端内壁,并配置足够长度,使捞矛能够通过封隔器内并完全进入磨铣延伸筒,因为磨铣延伸筒内径大,捞矛可以自由转动。没有磨铣延伸筒的完井封隔器,捞矛设置换位机构,捞矛抓牢封隔器再磨铣时,捞矛卡瓦不随钻具转动而转动;停止磨铣上提钻具无法提出封隔器,可以继续下放磨铣,也可以正转退出落鱼。

磨铣打捞操作程序:

(1)下入封隔器回收系统至封隔器顶部,开泵循环。缓慢下放钻柱,让捞矛进入封隔器内,继续下放管柱,使捞矛完全通过封隔器,进入磨铣延伸筒。再上提管柱,直到捞矛抓住落鱼。

(2)下放钻具,捞矛再次进入磨铣延伸管,继续下放钻具

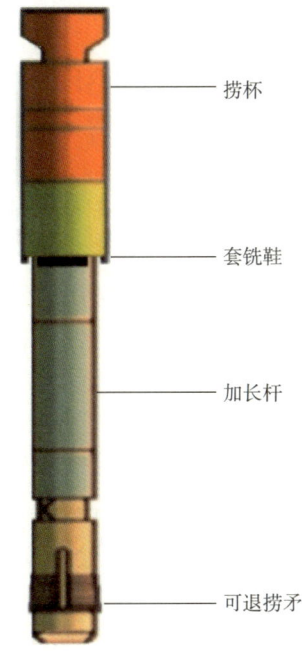

图 7.5.2 套铣打捞一体工具

直到磨铣鞋接触封隔器。然后上提管柱 0.3m 左右，开泵循环，启动转盘，缓慢下放管柱开始磨铣。磨铣过程中严密监测钻压、扭矩、进尺和钻速变化。

（3）封隔器上卡瓦磨完后，继续磨铣，磨除胶筒，彻底循环，排除圈闭天然气，确保井控安全。

（4）可试探性打捞。如果遇挂卡，则可以活动解卡；解卡无效则退出落鱼。退鱼操作如下：下放钻柱，使卡瓦不再承受拉力，正转钻柱 0.5~1 圈，再缓慢上提即释放出落鱼。

（5）下放捞矛使其通过封隔器进入磨铣延伸筒，继续磨铣直至下卡瓦磨除，此时封隔器可以向下移动，停止转盘，上提管柱使卡瓦抓牢封隔器内壁，继续上提即可捞出封隔器及下部管柱。

7.5.2.2 先磨铣再打捞工艺

套铣打捞一体化工具可一趟钻完成封隔器套铣打捞，但是其缺点是磨铣过程中捞矛可能损坏，也可能因为碎屑卡住捞矛导致退鱼困难。因此，先磨铣解除封隔器约束，再打捞也是一种有效的解卡打捞方法。磨铣封隔器产生的铁屑、铁块和胶皮碎块，需要及时清除，否则不仅降低磨铣效率，也容易造成卡钻，因此关键是工具的设计和工艺的优化。

磨铣工具设计应采用优质切削元件，并根据磨铣对象布齿，以提高磨鞋磨铣效率，常有以下几种设计：

（1）高效平底磨鞋。切削元件齿采用优质硬质碎合金齿，堆焊厚度 20~30mm，采用偏心水眼以利于清洁井底和冷却磨鞋。

（2）刀翼式高效磨鞋。切削元件采用硬质合金刀片和碎合金齿，堆焊厚度 20~30mm。不同长度的刀片沿径向布置，刀片刃口也与径向一致；刀片之间堆焊碎合金齿；采用偏心水眼以利于清洁井底和冷却磨鞋。

（3）整体式套铣磨鞋。套铣作业通常需要套铣鞋和套铣管配合，套铣鞋与套铣管螺纹连接处抗扭较低，容易发生断裂事故，特别是小井眼套铣作业。为此，将套铣鞋和套铣管加工为一体，即整体式套铣鞋。整体式套铣鞋可以更好地保障钻具安全，尤其适用于特别适用于封隔器套铣。套铣鞋内径大于封隔器芯轴外径 3mm 左右，以减少磨铣量且保持封隔器芯轴完整性；铣鞋外径小于套管内径 3~6mm，满足循环洗井要求同时防止大块铁屑上返造成卡阻；铣鞋布细齿以尽量减少大块铁屑。

磨铣打捞程序：

（1）磨铣：选用高效磨鞋或套铣鞋，钻具组合：高效磨鞋（高效套铣鞋）+ 随钻捞杯 + 钻具稳定器 + 钻铤 + 钻杆。磨铣参数：钻压 10~30kN，转速 50~80r/min，排量 12L/s。磨铣过程中严密监测钻压、扭矩、进尺和钻速变化，并适时调整。上下卡瓦全部磨除或封隔器向下移动即可停止磨铣，封隔器密封失效后，圈闭气必须有控制地排除。完成磨铣后，适当修整鱼顶，充分循环即可起出磨铣管柱。

（2）清理鱼腔：磨铣产生的碎屑及封隔器残体如卡瓦、隔环等，可能残留在鱼顶和鱼腔内，影响打捞作业，因此有必要清理鱼腔。

（3）震击解卡打捞：封隔器下卡瓦磨除或封隔器向下移动后，打捞作业遇卡的可能性仍然较大。因此，优先选用可退式打捞工具连接震击器进行震击解卡打捞。抓牢落鱼后缓慢上提，遇卡则逐步增加上提负荷反复震击，解卡成功后起出落鱼完成打捞。

7.6 超深井修井典型案例

7.6.1 打捞 TNT 完井封隔器

7.6.1.1 基本情况

××为一口预探超深井，完钻井深 7766.00m，上试茅口组（6155.0~6175.0m），ϕ206.38mm 套管射孔完井（人工井底 6225m）。采用 ϕ156.97mmTNT 完井封隔器（上部连接 RTTS 安全接头）+APR 测试工具进行射孔酸化测试联作，试获高产天然气，关井井口压力 112MPa。测试结束后决定取出测试管柱，二次完井试采茅口组天然气。

7.6.1.2 技术难点

（1）测试管柱采用双向卡瓦的完井封隔器，无法直接上提解封，只能钻磨方式处理，极易发生卡钻、钻具损伤断落等风险；

（2）地层压力高达 130MPa，地层压力系数 2.15，激发 RDS 阀实现井下关井后，封隔器下部井段存在圈闭高压，钻磨作业中的井控风险较高；

（3）高密度钻井液压井后，射孔枪容易被沉淀掩埋卡死，解卡困难。

7.6.1.3 技术对策

（1）采用高强度高效整体式套铣鞋磨铣封隔器，优化参数并针对性解除上卡瓦的约束；

（2）钻磨过程中严格执行井控坐岗制度，发现溢流立即终止磨铣，控压循环排除后效；

（3）管柱打捞组合中连接震击器，增加解卡成功率。

7.6.1.4 施工过程

（1）倒扣处置封隔器上部管柱。

密度 2.32g/cm³ 钻井液压井后，倒开 RTTS 安全接头（油管挂下预置 5.03m 油管短节，恢复井口防喷器组后取出油管挂，连接顶驱灵活调整中和点），起出封隔器上部管柱，井下鱼长 381.06m，鱼顶 5975.05m，鱼底 6176.09m。

（2）套铣打捞封隔器及下部管柱。

①套铣：下部钻具组合：ϕ162.5mm×129mm 整体式套铣鞋 ×3.39m+ϕ142mm 捞杯 +ϕ120.65mm 钻铤 15 根。套铣段 5793.06~5795.73m，套铣 3.5h 进尺 2.65m，完成上卡瓦及封隔器胶筒套铣，发生圈闭压力释放，溢流关井套压 6.8MPa。

②溢流压井：开泵顶通回压阀，求得关井立压 0MPa。从套管挤注钻井液将圈闭气挤入地层，然后控压循环排除气侵，循环压井成功，钻井液密度 2.45g/cm³。

③继续套铣：溢流压井成功后继续套铣至 5795.83m 放空，下放钻具至井深 5805.70m 探到鱼顶，落鱼下行 9.87m，计算鱼底距井底 39.04m，继续套铣无进尺，循环清洁鱼顶，起出套铣管柱。

④打捞：下入可退式卡瓦捞筒带震击器打捞管柱，成功捞出安全接头下接头、封隔器、油管和射孔枪等全部落鱼长 381.06m。

7.6.1.5 结论及认识

（1）该井在对完井封隔器的处理中，采用套铣一趟钻完成完井封隔器卡瓦约束，采用捞筒一趟钻完成封隔器及下部尾管的打捞，全井共用两趟钻完成完井封隔器射孔测试联作管柱打捞，成功率及时效较高。

（2）在超深井磨铣、套铣封隔器过程中，下部有圈闭气释放，极易造成井控溢流事故，必须提前做好预案，及时处置正常后方可继续作业。

7.6.2 打捞THT完井封隔器

7.6.2.1 基本情况

××为一口开发评价井，完钻井深7310m，ϕ177.8mm套管下至6671m，ϕ127mm套管悬挂在6273.17m。2019年12月对该井第Ⅰ层组（7278~7288m）采用测射联作工艺试气，日产气$11.5\times10^4m^3$，日产水$58m^3$，后起测射联作管柱遇卡，解卡无效，经过化学切割、套铣、打捞等措施捞出井内部分落鱼至7154.21m，封闭产层，塞面7148.73m，塞面上落有第Ⅱ层组试油时打掉的ϕ95mm球座。2020年7月对该井第Ⅱ层组（7106~7116m）采用钻杆射孔、THT封隔器完井（坐封位置6218.18~6219.73m），酸化后最高瞬时日产气$2\times10^4m^3$，无法自喷排液，气举无效果。为取得第Ⅱ层油气产能，决定大修起出全部完井管柱进行二次储层改造。2022年7月进行大修，在准备下电缆工具对封隔器上部油管进行RCT工艺切割时，测井电缆及模拟工具起至245m时遇卡落井，连油多次打捞无果，关井油压33MPa，套压4.5MPa，地层压力系数1.05。

7.6.2.2 技术难点

（1）原井试油管柱内切割模拟工具掉落堵塞通道，封隔器上部油管无法完成目标位置切割，若采用倒扣处理油管，大段电缆和工具可能掉落至套管内无法处置；

（2）切割模拟工具上的加重杆为数个钨钢块组合而成不能承压，处置过程中可能折断散落，影响后续的套铣、钻磨，且卡钻风险极高；

（3）双向卡瓦的完井封隔器，无法直接上提解封，只能钻磨方式处理，极易发生卡钻、钻具损伤断落等风险。

7.6.2.3 技术对策

（1）将管内仪器下推压实至封隔器附近，在遇阻位置之上重新切割，始终保持仪器在油管内，争取同封隔器一起打捞出井，避免散落在环空内；

（2）采用"加长套铣筒+整体式高强度高效套铣鞋"套铣封隔器上部环空，尽量不伤及管内仪器；

（3）钻磨过程中严格执行井控坐岗制度，发现溢流立即终止磨铣，控压循环排除后效；

（4）封隔器上卡瓦磨除后，下打捞工具整体解卡全部管柱，打捞组合中连接震击器。

7.6.2.4 施工过程

（1）处理封隔器以上油管。

① ϕ50.8mm连续油管下通井、钻磨、磁性打捞工具，清理油管管壁脏物，起出工具外表吸附大量油泥物，并粘有油管内壁脱落的"滤饼"；

② 使用连续管把RCT切割模拟工具下推至井深6204.2m无进展，已达压实目的；

③使用 RCT 穿孔工具在井深 6201.84m 穿孔，并使用地层水循环压井；

④电缆带 RCT 切割工具在井深 6199.26m 完成切割，起出 637 根油管 +3.15m 油管本体。

（2）处理封隔器上部残余油管及油管内掉落仪器。

①下加长套铣筒至 6183m 遇阻，对井段 6183~6213.7m 进行 3 次套铣作业；

②打铅印确定井深 6196.11m 为油管鱼顶位置；

③下可退式卡瓦捞筒，捞获切割后剩余油管短节 6.45m+ 油管接箍 0.18m；油管内带出电缆 9.20m，残留电缆已全部捞获；

④打铅印至井深 6202.65m 遇阻，证实鱼顶为油管外螺纹，掉落的仪器确认仍在管柱内；

⑤下套铣筒至 6205.34m 遇阻，对井段 6205.34~6213.81m 进行 2 次套铣作业，无进尺，综合判断，已套铣至封隔器顶端异径接头；

⑥下母锥捞获 9.56m 油管 1 根 +1.08m 提升短节 1 根，综合判断鱼顶为模拟通井仪器并部分镶嵌在封隔器中心管内部；

⑦下滑块捞筒 2 趟，第一趟捞获长 7.32m 的模拟通井仪器（原总长 9.03m，剩余 1.71m），第二趟未捞获，根据打捞工具痕迹判断管柱鱼顶上部无仪器，剩余部分掉入封隔器内部。

（3）处理封隔器及下部管柱，捞获全部落鱼。

①下套铣筒至 6213.34m 遇阻，对井段 6213.34~6214.27mm 进行 2 次套铣作业，累计套铣 0.93m 至封隔器胶筒中心位置；

②下高强度可退式捞矛 + 震击器，捞获落鱼后多次活动，封隔器解卡成功，完成全部落鱼打捞。

7.6.2.5　结论及认识

（1）超深井切割油管时，因管柱结构复杂，管内条件恶劣，电缆作业极易发生电缆和仪器卡钻掉落等次生复杂，若处置不当势必导致修井失败。

（2）油管内落鱼在处置过程中应尽量避免掉入环空，以防止增加套磨难度及卡钻风险。

（3）每趟钻处理应仔细论证方案，针对性设计修井工具，正确判断井下状况，精心操作，是本井修井取得成功的关键。

7.6.3　裸眼封隔器分段酸压管柱打捞

7.6.3.1　基本情况

××为一口评价井，2019 年 9 月完钻，完钻井深斜深 6040.00m、垂深 5348.60m。ϕ184.15mm+ϕ177.8mm 油层套管下至 5597.65m，ϕ149.2mm 裸眼钻至 6040.00m。试油期间下入"回插油管 +ϕ147.5 悬挂封隔器（可工具解封，坐封深度 5100.49m）+ϕ141 裸眼封隔器 3 只（管柱下深 6011.13m）"完井管柱进行分段酸化后，经气举、放喷排液未获天然气产能，决定封闭产层侧钻，需打捞起出悬挂封隔器、裸眼封隔器 1 只及部分油管柱至套管鞋以下 30m 左右，为下步侧钻作业创造井筒条件。

7.6.3.2 技术难点

（1）分段酸压管柱存在多个封隔器卡点，直接上提不能解封管柱，若采用常规倒扣、套铣、钻磨等方式交替打捞，起下钻趟数多时效低，还有可能发生次生复杂；

（2）钻磨解封悬挂封隔器及裸眼封隔器，其卡瓦座、锥体、衬套等部件可以随磨铣工具转动，严重影响磨铣打捞效率；

（3）本井是大斜度井，需要下电缆对油管精准定位穿孔和切割，工具下入难度大[12]。

7.6.3.3 技术对策

（1）本井只需处理两个封隔器即达到设计要求，因此采用分段切割工艺，先从下自上分别依次对第 2 个裸眼封隔器之上（套管鞋以下至少 30m 处）及第 1 个裸眼封隔器之上附近切割，然后将悬挂封隔器之上的回插油管正转丢手退出，最后分段打捞出 2 个封隔器及油管。

（2）悬挂封隔器采用配套的专用工具打捞，专用工具进入封隔器后可解除上卡瓦锚定，上提即可解封，封隔器解封后可起出第 2 个切割点之上的管柱。

（3）下可退式捞矛尝试解卡打捞裸眼封隔器和第 1 个切割点间的管柱，如果裸眼封隔器无法解卡，则退鱼再套铣打捞出落鱼。

（4）泵送径向切割（射孔）工艺可解决大斜度井电缆输送工具，方便、快捷实现油管精准射孔和切割。

7.6.3.4 施工过程

（1）2020 年 12 月对油管段 5090.00~5093.00m 采用泵送 RCT 射孔工具穿孔，建立油套循环通道，用密度 1.25g/cm^3 压井液压井成功，井微漏，敞井观察无异常。

（2）2021 年 1 月采用泵送 RCT 切割工具，分别在 5643.49m、5492.00m 处切割油管成功，切割后正转管柱退出回插油管锚定，起出锚定回接管柱（图 7.6.1）。

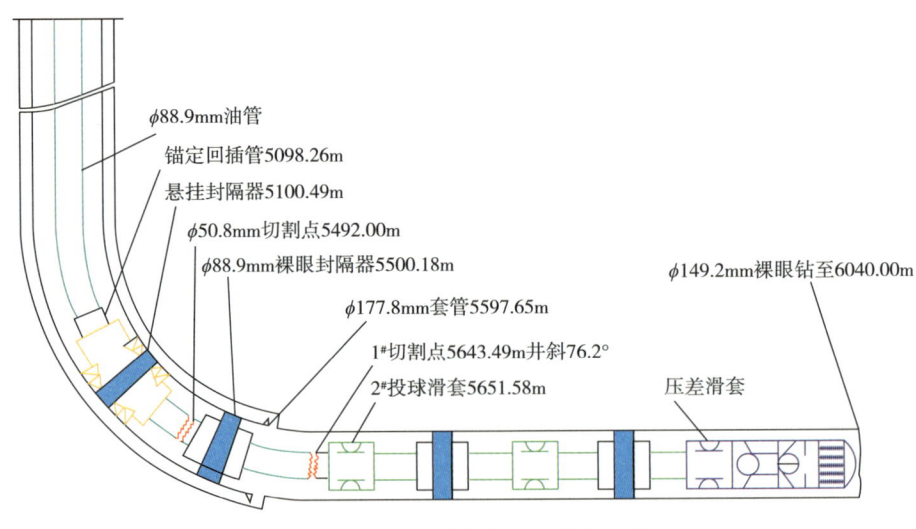

图 7.6.1　××井分段酸压管柱结构

（3）下入悬挂封隔器专用捞矛在井深 5100.05m 打捞悬挂封隔器，上提封隔器解封成功，顺利起出悬挂封隔器及 2# 切割点以上油管，总长 393.76m，计算鱼顶 5492.02m，井斜 78.4°。

（4）下入 ϕ121 mm 铣齿接头至鱼顶进行循环调整钻井液后，下入 LT-T89-146 可退式捞筒带超级震击器打捞，震击解卡成功，捞出 1# 切割点至 2# 切割点之间整段落鱼，长 151.49m，井下鱼顶 5643.51m，满足侧钻要求，打捞结束。

7.6.3.5　结论及认识

（1）本井处理分段酸压管柱的打捞作业共用 2 趟钻（不含处理钻井液），历时 5 天成功捞出 1 只悬挂封隔器、1 只裸眼封隔器和部分油管，共计 545.25m，处理时效高。

（2）采用泵送径向切割工艺操作简单，可以替代连续管内穿电缆复杂的切割工艺，实现大斜度井段及水平段油管切割。

（3）裸眼封隔器及油管存在不同程度的阻卡，直接倒扣、钻磨打捞效率难以保证，分段切割、震击解卡打捞可以捞出整段落鱼，是高效的打捞方法。

（4）本井垂深未达到超深井定义范围，但本案例对类似井况的修井具有重要指导意义。

参考文献

[1] 秦永和. 超深井高效钻完井技术 [M]. 北京：石油工业出版社，2023.

[2] 任生军. 酸性气田超深井修井工艺技术研究 [D]. 成都：西南石油大学，2016.

[3] 孟胜涛，张会权，乔军平，等. 深井组合套管修井工艺 [J]. 油气田地面工程，2011，30（7）：90.

[4] 彭政德，咸亚东，彭先波，等. 超深井修井作业减载技术研究 [J]. 科技和产业，2021，21（9）：43-47.

[5] 黄孝权，石大磊，马天封. 减摩减扭技术在深井套（磨）铣作业中的应用 [J]. 长江大学学报（自科版），2013，10（26）：92-95，6.

[6] 彭先波，马都都，王飞文，等. V150 高强度钻杆在超深井修井作业中的适用性 [J]. 新疆石油天然气，2022，18（3）：25-30.

[7] 康红兵，张强，李晓君，等. 钛合金钻杆在特深井修井作业中的适应性研究 [J]. 石油机械，2020，48（11）：126-131.

[8] 范青. YB29 井超深井修井工艺技术 [J]. 油气井测试，2017，26（4）：39-40，44，77.

[9] 刘伟，张国兴，刘坚，等. 超深井衬管打捞工艺技术 [J]. 石油矿场机械，2008（5）：93-96.

[10] 白晓飞，魏军会，钟建芳，等. 超深井 MFT 封隔器首次打捞工艺 [J]. 西部探矿工程，2021，33（8）：33-36.

[11] 张玫浩，何银达，秦德友，等. 超高压气井套铣打捞 THT 封隔器工艺探讨 [J]. 钻采工艺，2018，41（1）：102-104.

[12] 付建华，邓乐，陈国庆，等. 深井裸眼封隔器分段酸压管柱打捞实践 [J]. 钻采工艺，2023，46（1）：91-96.

8 高含硫化氢井封堵技术

按照 GB 42294—2022《陆上石油天然气开采安全规程》，含硫化氢井是指地层气体介质中硫化氢含量不小于 75mg/m³，高含硫化氢井是指地层气体介质硫化氢含量不小于 30000mg/m³ 的井。中国高含硫化氢天然气资源丰富，主要分布在渤海湾盆地陆相地层的赵兰庄油气田和四川盆地海相地层的渡口河、罗家寨、卧龙河气田，硫化氢含量为 5%~92% 左右。其中，赵兰庄油气田的硫化氢含量92%，硫化氢含量世界第二。

高含硫化氢地层的封堵，不仅涉及人员的生命安全，同时关系到环境破坏、井控设备受损、管材腐蚀等问题[1]。因此，在高含硫化氢井的施工设计和作业时应采取一定的安全措施，做到防患于未然，具有十分重要的意义。美国、加拿大、挪威、阿联酋等国家在高含硫化氢井的治理上有丰富的经验。早期阶段主要采用传统的水泥浆封堵方法来处理高含硫化氢井。20 世纪中叶至末期，随着油气勘探和开发的深入，国外开始引入新型封堵技术，特殊聚合物封堵剂、硫化铁封堵剂、聚合物玻璃封堵剂等新型材料逐渐应用于高含硫化氢井的封堵作业中，提高了封堵效果和作业安全性。近年来，国外针对高含硫化氢井的封堵技术持续创新，新型封堵剂的研发和应用、封堵工艺的优化和改进等方面取得了显著进展，使得高含硫化氢井的封堵作业更加高效、可靠和安全。我国高含硫化氢井的治理起步于 21 世纪初期，近年来逐渐发展形成了井口恢复与再建、全密闭修井、地面综合除硫、抗硫修井液体系、低渗透抗硫水泥浆体系等技术系列。目前，在赵兰庄区块完成高含硫化氢井封堵 10 口，在川渝地区完成高含硫化氢井封堵 30 口，取得了良好的实施效果。

8.1 高含硫化氢井封堵技术难点

为保证高含硫化氢井的封堵长期有效，封堵要求有效封堵储气层位，避免层内、层间以及向井筒内外窜气，正确的封堵方式能够保证永久封堵效果，阻止流体在井内及层间运移，在实际封堵作业中仍然面临诸多难点。

（1）硫化氢泄漏危害。

硫化氢无色，易与水和有机物质相溶，是一种剧毒气体，会对人体机能造成不可逆转的损害，很容易造成人体死亡，其安全临界浓度为 10μg/g。高含硫化氢井一旦泄漏，随着空气中的硫化氢浓度不断上升，不仅会造成大量人畜死亡，还会和金属发生反应产生设备损害。硫化氢气体具有易燃性，高含硫化氢油气井溢流后可能形成易燃气体混合物，一旦遇到火源可能引发火灾或爆炸事故。因此，在封堵过程中需要采取有效的预防措施和应急处理措施，以减少潜在的风险和危害。

（2）井内油套管腐蚀程度难以判断。

高含硫化氢井的井筒内，硫化氢气体的浓度不明，与金属表面发生化学反应，形成硫化物，导致金属材料的腐蚀和损坏，引发腐蚀性裂纹和脆性断裂，这是导致井下设备腐蚀的主要原因之一。同时硫化氢气体通常伴随着高温高压环境，这会增加油套管的腐蚀速度和危害程度。受上述复杂环境影响，通常难以在施工前对井下油套管腐蚀程度进行准确评估，只能参考临井资料或相似井资料。

（3）井口油套管承载能力、井口装置的密封能力情况不明。

时间久远的井或废弃井会存在井口装置完整性缺失等问题，无井口或已残缺，存在沉降在地面以下变形的井口、升高的井口等。多数废弃井井场被占，特别是有的废弃井被直接占压在建筑物下方或圈在业主院内，进井道路、井场都被圈占，存在高风险井控安全隐患和环保事故隐患，实施封堵措施难度大。

井口装置不全的、无井口装置的井通常井口无采气树，油层套管接箍直接坐在环形铁板上，在套管接箍之上焊接盖板（井口帽）封闭。由于长期受井内 H_2S 流体、雨水、空气的综合锈蚀或人为影响，环形铁板、套管接箍、井口帽等部位均遭到不同程度的损坏，而且井口帽下的气体压力不确定，更为严重的是无放压放空通道。

（4）井筒内环境不明，处理难度大。

任何封堵井都需要尽力清除井筒内落物，防止因为遗留问题造成腐蚀和破坏，导致封堵失败。高含硫化氢井历经地壳运动、压力变化、腐蚀等，井筒内环境更加复杂，井下地层压力、井内是否存在漏失、层间封闭情况等，只能在打开井口后才能逐一探明，处理难度较大。且高含硫井封堵必须把安全、环保放在首位。

（5）水泥环的密封完整性难以保证。

封堵井的重点是封堵储层及井筒，要求水泥塞有较低的渗透率，同时要求其必须具有良好的注入性、优良的防气窜性能、较高的封堵强度。高含硫化氢井中，硫化氢的腐蚀可导致水泥环快速破坏，使水泥的抗压强度减小、渗透率增大、胶结强度减小从而失去了对层间流体的封隔作用，造成管外窜流。

在高含硫化氢井封堵作业前，做好口井完整性评价，包括历史资料收集和分析、现场检查、利用测井技术进行油套管质量和固井质量进行检测、压力测试等，在完成上述步骤后，根据具体检测数据和标准，制定封堵方案并完成封堵。

8.2 井口恢复与再建技术

井口装置对压力控制和流动控制有着极其重要的作用。勘探开发初期，高含硫化氢井受开发技术条件的限制，多采用套管帽盲板焊接封井、井口水泥塞封井，因长期腐蚀或老化、人为因素干扰等，井口封井装置存在泄漏的风险，因此需开展井口恢复再建。

8.2.1 井口恢复与再建技术要求

（1）井筒临时封堵。鉴于安装井口和修复换装受腐蚀损坏井口施工时的安全需要，施工前应进行井筒临时封堵，使井内硫化氢产物不会涌出。

（2）井口带压开孔作业。高含硫化氢井井口恢复技术需要解决井内状况不明、有压力或有硫化氢等有毒有害气体泄露难题，以保证作业井控安全以及施工人员生命安全。对于井口装置不完整、套管帽焊接封井、井口水泥塞封井等，需进行带压开孔观察压力、泄压，建立通道。

（3）原井口与临时井口装置有效连接。以形成承重、压力控制和流动控制等，保证施工安全。有些井存在作为末端井口的油层套管接箍内螺纹腐蚀，外表已焊接，不能在其上拧装上扣安装井口，需更换新接箍或进行修扣处理。

8.2.2 井口恢复与再建工艺

井口恢复与再建工艺是为高含硫化氢井封堵作业创建一个临时井口，其工艺主要包括原井口处理（带压钻孔、螺纹修复等）、井口暂堵（冷冻暂堵、工具暂堵、水泥塞暂堵等）及再建井口等。带压钻孔、冷冻暂堵详见 11.2 节。本小节重点绍不动火切割及车扣技术，主要包括水力切割技术和井口车扣技术，对原井口套管进行切割和车扣，安装临时井口及防喷装置，实现井口恢复和再建。

（1）不动火切割技术。

在高含硫井盲板拆除过程中，应用水切割技术可以安全切除井口盲板，避免井口的动火作业。如图 8.2.1 所示，便携式水切割器主要包括切割器、主机（电动增压泵和砂罐），以及附属供水和配电装置等。该装置利用高压流体携带金刚砂（体积百分比 2%~5%）进行圆周切割，具有操作及调整方便等优点。尤其是在有硫化氢的环境下，不需要人员接近施工现场，同时施工过程中不产生火花和静电，在提高安全水平等方面具有突出优势。盲板被切割后的井口情况，如图 8.2.2 所示。

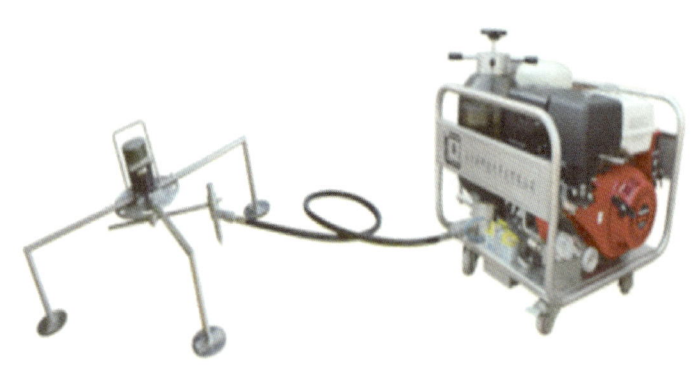

图 8.2.1　RX-D017 型便携式水切割器

图 8.2.2　现场切割

（2）井口车扣技术。

近年来多采用数控车床进行车扣，利用吊车将立式数控车床（图 8.2.3）吊运至井口，对套管外皮进行车削加工出锥度，之后再加工出套管外螺纹（图 8.2.4）。

图 8.2.3　立式数控车床　　　　图 8.2.4　车扣后的套管头

8.3　全密闭修井工艺技术

高含硫井封堵必须把安全、环保放在首位。采用连续管在高含硫环境中进行井筒作业，施工过程中防喷盒一直处于关闭状态，可以充分发挥连续管井口密闭、快速安全等优势，解决采用常规油管（钻杆）修井面临的诸多问题，配合地面除硫系统，可以安全有效地实现高含硫化氢井的井筒处理。其工艺流程，如图 8.3.1 所示。

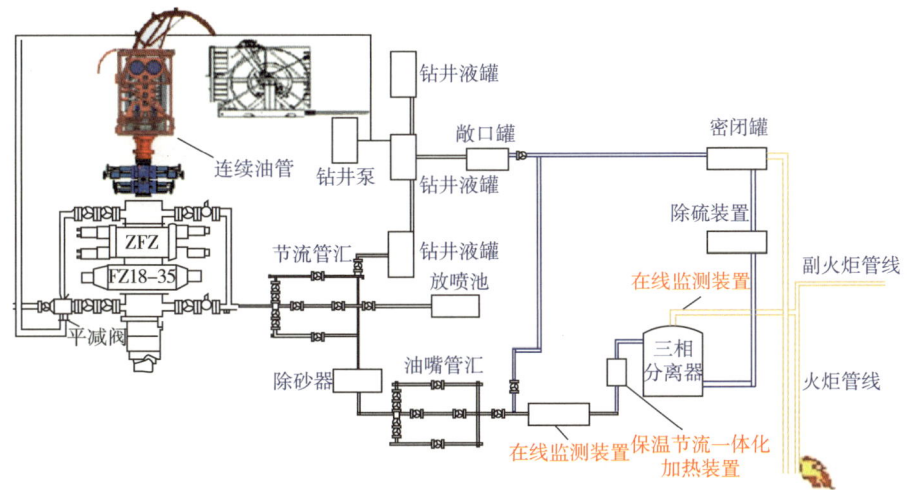

图 8.3.1　连续管通刮钻磨一体化技术工艺流程图

8.3.1　连续管通刮、钻磨一体化技术

采用连续管可以实现井口始终处于密闭状态、不间断的通刮、钻磨作业。相比常规油管（钻杆）通刮、钻磨作业，能有效规避井口塞、浅层塞钻开后圈闭压力突然释放造

成硫化氢泄漏的风险[3]。

连续管通刮一体化管柱为连续管+外卡瓦连接器+马达头总成+通井刮削器+旋转喷射器，对井筒进行通井、刮削一体化作业。连续管钻磨一体化管柱为连续管+外卡瓦连接器+马达头+震击器+螺杆钻具+磨鞋，通过地面设备泵送液体，驱动螺杆钻具带动磨鞋高速旋转，通过调节注入头悬重来控制钻压，对井内水泥塞进行钻磨，同时将碎屑返排出井筒。

8.3.2 连续管注水泥塞技术

连续管注水泥塞技术利用连续管外径小、刚度小、柔性好、无接箍等特点，适用的井型井况较多，尤其对于高含硫化氢、小井眼或存在套管变形等常规油管无法作业的井同样适用，同时展示出无需压井、安全井控风险小、作业速度快等优势，缩短注水泥塞时间[4-6]。

由于连续管自身存在管道长、内径小、上提下放能力有限，致使注替水泥施工时排量受限、泵注压力较高，影响井筒内水泥塞质量，严重时甚至出现"插旗杆"或"灌香肠"等质量事故，具有较大的施工风险。

连续管注水泥前，提前计算出注水泥井段的地层温度，选择合适的水泥浆体系，确保水泥浆的密度、抗压强度、稠化时间、沉降稳定性、失水量、流变性等参数满足施工要求，为确保施工时连续管不被固在井内，稠化时间建议在整个施工时间基础上附加50%，同时考虑水泥浆的降阻性。根据套管尺寸、注水泥段长，计算出需要的水泥浆量，现场配制出密度不小于$1.85g/cm^3$的防硫水泥浆。

综合考虑连续管与套管环空体积、不同尺寸连续管摩阻，不同套管推荐选择不同尺寸连续管进行施工（表8.3.1）。对于井深、注水泥量规模较大的井优先选择大管径连续管。

表8.3.1 不同套管连续管注水泥对应尺寸参数表

套管外径/mm	内径/mm	壁厚/mm	对应连续管尺寸/mm
88.9	76.0	6.45	38.1
114.3	97.18	8.56	50.8、60.8
139.7	121.36	9.17	50.8、60.8
177.8	159.42	9.19	50.8、60.8
177.8	157.08	10.36	50.8、60.8

8.4 地面综合除硫技术

目前除硫工艺的基本原理是化学氧化，即采取氢氧化钠等强碱液体进行周期性洗井，利用酸碱中和方式治理硫化氢，避免有毒有害气体泄漏造成重大事故。根据现场的不同需求，一般采用地面循环中和除硫装置、油气井除硫处理系统、硫化氢燃烧碱水喷淋除硫系统进行地面综合除硫[7-8]。

8.4.1 地面循环中和除硫装置

修井过程中受地层含硫影响，浸入修井液、压井液中的硫化物有 S^-、S^{2-}、H_2S 三种形式，严重危害施工用设备、装置等。地面循环中和除硫技术通过向地面流程中泵注除硫剂或中和液，将油气井产出流体中的硫化物进行中和处理，从而使状态比较活跃的硫化物转变为相对惰性的形态，使硫化氢浓度降至安全范围内。

地面循环中和除硫装置由注入泵、中和槽、监测装置、分流闸门等部分组成。其中，注入泵用于泵出除硫剂，管线用来连接注入泵与注入喷头；中和槽内置搅拌器，促使除硫剂与油气井产生的流体充分反应中和；监测装置连接在流程管汇上，用来监测中和效果和取样；当注入装置出现问题时，关闭注入闸门可将泵注装置与流程断开。

采用高压喷射雾化注入头，利用文丘里液体雾化原理，高效地将碱式碳酸锌、氢氧化钠或氢氧化钙等配制的除硫剂或中和剂以高压雾状喷射方式喷入中和槽内，使其与气液中的硫化氢充分混合反应，析出硫离子。

在修井过程中，井筒内液体在泵车作用下实现定期循环，返出液经过地面循环中和除硫装置后进入储液罐，往复循环即可除去井筒液体中的硫化氢。一般情况下，碱式碳酸锌（除硫剂）的使用浓度为 0.1%~1% 不等。可根据井筒液体中硫化氢含量，调整除硫剂浓度，直至硫化氢含量在安全范围内。

地面循环中和除硫工艺采用井筒修井液中和和地面泵注除硫剂相结合的方法，去除硫化氢有毒气体，可以中和侵入修井液中的硫化氢、残酸等有效消除，使 pH 值不小于 10，并实现修井液的有效循环，硫化氢去除率达 99.5% 以上。

8.4.2 油气井除硫处理系统

油气井除硫处理系统由节流管汇、反应槽及采样管汇、泵注装置、远程数据采集和控制装置、动力装置、分离器及燃烧火把等组成。该系统集取样系统、监控系统、中和系统、控制系统于一体，同时该装置具有自动监测、远程控制、实时显示记录功能。该系统不仅可以进行除硫，同时还可以进行残酸的处理。

系统的硫化氢气体自动安全取样器安装在监测管线中，利用硫化氢和 pH 值监测探头，自动实时监测产出气液中的硫化氢气体浓度或残酸 pH 值。当 pH 值大于安全浓度时，远程自动启动注入泵，通过泵注装置向流程中的气液混合物泵注除硫剂或残酸中和液，通过多级反应除去硫化氢或中和残酸。系统装置使用实时的 PLC 控制器，实现仪表、传感器、动力设备自动协调工作；可实现调速功能，根据实时监测的硫化氢浓度、pH 值，自动控制和调节除硫剂／酸碱中和剂注入量。

该系统可选择两种除硫剂，含乙二醇的氢氧化钠水溶液和 N-甲基二乙醇胺。泵注除硫剂或残酸中和剂的最大泵压 12.5MPa，最大排量 340L/h，日最大除硫量为 3800kg（折成硫化氢质量），日最大中和酸量为 3500kg（折成纯盐酸质量）；装置系统能有效地泵注除硫剂或残酸中和剂，并能使除硫剂或残酸中和剂能与气液中的硫化氢或残酸充分混合反应，反应后保持硫化氢浓度低于 10μg/g，残酸 pH 值为 7~8。

8.4.3 硫化氢燃烧碱水喷淋除硫系统

在含 H_2S 油气井作业现场，为防止 H_2S 和天然气逸散到空气中造成伤害和环境污染，一般是将含 H_2S 的天然气经火把燃放处理。H_2S 燃烧后产生的 SO_2 与 H_2S 一样，也是一种有毒气体，吸入一定浓度的 SO_2 会引起人身伤害甚至死亡。因此，在防护 H_2S 的同时，必须对 H_2S 燃烧后生成的 SO_2 进行处理。

硫化氢燃烧碱水喷淋除硫系统可根据气体浓度自动控制喷淋系统，能有效降低 H_2S 及 SO_2 浓度。其基本工作原理是根据 SO_2 易溶于水以及 SO_2、H_2S 的密度都重于空气的特性，设计采用在燃烧火炬底部置清水（或碱水）+ 喷淋碱水等方式，吸收消减降解中和有毒气体。

该系统 SO_2、H_2S 去除率达 95% 以上，碱水泵排出侧压头为 280kPa，碱水泵电机功率 2.5kW。

8.5 抗硫修井液体系

在高含硫化氢井封堵作业过程中，修井液会时常遭遇地层硫化氢伤害。为解决现场含硫化氢修井液对管材腐蚀、逸散伤害等问题，需进行抗硫性能处理[9]。抗硫修井液体系主要用于含硫化氢井封堵作业过程中的平衡压力压井、循环冲砂、钻磨循环携屑以及封井后井筒滞留的完井保护液，对其固相颗粒等参数要求较低，但要求其具有较好的流动性、密度可调性等，有时还要求与封堵用水泥浆有良好的配伍相容性。

8.5.1 高浓度碱水修井液体系

高浓度碱水抗硫修井液利用其修井液的碱性特性（pH 值 ≥ 10），在满足循环钻磨铣携砂、平衡控制井筒压力、冷却润滑钻头钻具、清洗井筒等功能的同时，能够中和清除液体中的硫化氢。常用于中和酸性地层，降低地层的酸性，减少对井壁和管柱的侵蚀，促进井壁稳定，减少井壁塌陷的风险。

（1）高浓度碱水抗硫修井液主要组分。

高浓度碱水抗硫修井液是由清水和一种或几种碱性盐配成的溶液，其密度由盐的浓度和各种盐的比例确定，常用的碱性盐包括碳酸钠（Na_2CO_3）、碳酸氢钠（$NaHCO_3$）、碳酸钾（K_2CO_3）、碳酸钙（$CaCO_3$）、亚硫酸钠（Na_2SO_3）、乙酸钠（CH_3COONa）、硫化钠（Na_2S）、硫化亚铁（FeS）、硅酸钠（Na_2SiO_3）、磷酸钠（Na_3PO_4）、偏铝酸钠（$NaAlO_2$）、次氯酸钠（$NaClO$）、次氯酸钙 [$Ca(ClO)_2$]、碳酸氢铵（NH_4HCO_3）、硫化铵 [$(NH_4)_2S$]。

（2）高浓度碱水抗硫修井液技术特性。

高浓度碱水抗硫修井液密度范围一般为 1.01~2.0g/cm³，硫化氢吸收量（中和）达到 160mg/L。在碱性修井液中加入不同处理剂，例如增黏剂、降失水剂、增效剂、温度稳定剂、缓蚀剂等，可满足不同功能的修井液需求。例如，加入性能优良的增黏剂，可以提高压井液的黏度,减少压井液的滤失量,提高岩屑的悬浮能力;添加表面活性剂和防腐蚀剂,满足防腐等要求。

8.5.2 硼酸盐抗硫修井液

硼酸盐无固相抗硫修井液体系,既有适宜 pH 值,又能与硫化氢发生清洁反应,无沉淀生成,且能根除硫化氢、避免伤害地层。硼酸盐修井液体系具有较好的高温稳定性,通常用于高温井和含盐地层中,其硼酸盐成分可以有效抑制钙镁硅等矿物的沉淀,保持井眼的通透性。硼酸盐修井液体系还可以用于防止水泥浆的稀释,保持水泥浆的性能和浓度。

(1)硼酸盐抗硫修井液主要组分及作用原理。

硼酸盐抗硫修井液的主要组分为基液 +2%KCl+0.2% 除硫剂 1(过硼酸钠)+(0.3%~0.5%)除硫剂 2(硼砂,pH 值缓冲剂)+0.2%ABS(烷基苯磺酸盐表面活性剂)。采用过硼酸盐和 pH 值保持剂两种新型的防硫化氢处理剂的复配体系,通过氧化还原反应根除体系中的硫,硼砂作为 pH 值缓冲剂,给修井液提供适宜的碱性环境,且抗钙镁能力强,在消耗硫化氢的同时,为整个作业过程提供稳定的碱性环境,防止硫化氢的二次析出;除硫剂过硼酸盐水解生成少量的过氧化氢,过氧化氢与硫化氢发生氧化还原反应生成单质硫。

除硫剂 2 是硼砂,水解后得到氢氧化钠和四羟基硼,氢氧化钠与硫化氢反应生成硫化钠,四羟基硼有一定的螯合作用,能防止钙镁离子结垢。

(2)硼酸盐抗硫修井液技术特性。

硼酸盐抗硫修井液在清洁除硫的同时,具备良好的配伍性,不会沉淀,还具有较低的油水界面张力。使用该修井液,硫化氢吸收量达到了 237.33mg/L,腐蚀速率仅为 0.0056 mm/a,且抗消耗能力强,抗钙能力达到 10000mg/L。

8.6 低渗透抗硫水泥浆体系

H_2S 对封堵水泥塞产生腐蚀作用,水泥塞中的胶结组分遭到破坏,抗压强度下降甚至完全丧失,并诱发地层流体窜流等,从而导致封堵失败,严重时会造成巨大的安全事故。在高含硫化氢井封堵施工中,必须考虑使用低渗透抗硫抗腐蚀水泥浆体系,主要包括抗 H_2S 腐蚀水泥浆、超细水泥抗硫水泥浆、聚合物水泥浆、树脂水泥浆等体系(表 8.6.1)。

表 8.6.1 低渗透抗硫水泥浆体系简表

类型	组分/成分(质量比)	技术参数
抗 H_2S 腐蚀水泥浆	100 份水泥 0~20 份漂珠 5~10 份防腐蚀剂、30~40 份硅粉 0~5 份微硅粉 1~2 份 AMPS 类降失水剂 0.5~1.8 份醛酮缩合物类减阻剂 0.1~1.0 份 AMPS 缓凝剂 1~4 份晶格类膨胀剂 35~60 份清水	密度范围:1.50~1.90g/cm³ 良好的流变性能,稠化时间可调 30d 抗压强度衰退率 < 20% 30d 渗透率增长率 < 15% 30d 水泥石失重量 < 1% 腐蚀率 < 3% 适用温度:120℃

续表

类型	组分/成分（质量比）	技术参数
超细水泥抗硫水泥浆	CaO、SiO_2、Al_2O_3、Fe_2O_3、MgO	密度：$3.00 \pm 0.10 \text{g/cm}^3$ 单位质量：$1.00 \pm 0.10 \text{kg/L}$ 比表面积：$8000 \text{cm}^2/\text{g}$ 左右 平均粒径：4μm 左右
聚合物水泥浆	油井水泥 3%~7%（BWOC）降失水剂 0.3%~2.5% 分散剂 0.2%~0.5% 消泡剂 胶乳 35% 硅粉	密度范围 1.50~1.90g/cm^3 良好的流变性能，稠化时间可调 30d 抗压强度衰退率 < 25% 30d 渗透率增长率 < 10% 30d 水泥石失质量 < 1% 腐蚀率 < 3% 适用温度：120~150℃
树脂水泥浆	基础水泥浆 30% 石英砂 0.8% 减阻剂 SXY 1%~1.5% 降失水剂 SZ1-2 4.5% 树脂 0.55% 固化剂 MT（W/O=4.2） 水	适应温度：90~150℃ 密度：1.75~1.88g/cm^3 API 失水 43mL 24h 抗压强度：1.83MPa 抗腐蚀率：72.5%

8.6.1 抗 H_2S 腐蚀水泥浆体系

常见组分有油井水泥、减轻材料（漂珠）、增强剂、降失水剂、缓凝剂、分散剂、膨胀剂和消泡剂。抗腐蚀水泥浆体系的组分和技术参数，见表 8.6.1。水泥浆可根据现场要求添加或更改部分材料，使其性能达到要求。抗 H_2S 腐蚀水泥浆体系通过加入防腐蚀材料，提高水泥石的抗腐蚀能力。其防腐蚀剂的化学组分包括有己二醇二丙烯酸、咪唑类（丙基咪唑/乙基咪唑）和石英砂等硅质材料。

8.6.2 超细水泥抗硫水泥浆体系

含硫井封堵的超细水泥体系由于超细水泥颗粒小，水化活性高，从而大大提高了水泥石的抗渗性能、抗压强度、抗硫性能。超细水泥本身就具有较高的强度和抗渗透性，加入抗硫化氢添加剂后，增强其抗硫化氢腐蚀的能力，适用于对抗硫化氢腐蚀要求较高的井下环境。超细水泥抗硫水泥浆体系的组分和技术参数，见表 8.6.1。超细水泥抗硫水泥浆一般通过外添加剂，例如降失水剂、缓凝剂、活化剂或者抗腐蚀填充材料微硅，改善其特殊性能，以满足不通工况封堵性能要求。要获得理想的封堵效果，水灰比一般应控制在 0.5 以上。

水泥颗粒的平均粒径为 5~30μm，小于 10μm 的粒子不足，如果粒径均匀，水泥粒子之间的填充性并不好。在超细水泥的配合使用中，加入一定成分的不同粒径的水泥，使超细粒子粗细组合，可使堆积体的孔隙率达到很小的程度，水泥石更均匀、致密。

8.6.3 聚合物水泥浆体系

聚合物能够提高水泥浆的黏结力和柔韧性，增加其抗压强度和耐磨性。聚合物水泥浆体系适用于需要较高黏结力和耐久性的井下封堵和固井作业，有一定的化学腐蚀抵抗能力，要求井内硫化氢含量较低，不适用于极酸和极碱的环境。

聚合物水泥浆体系的组分和技术参数，见表 8.6.1。根据对水泥浆性能的要求，可向水泥浆中加入缓凝剂、促凝剂、膨胀剂、防气窜剂、除硫剂、外掺料等；为防止水泥的收缩，加入一定量的膨胀剂；加入除硫剂及防腐材料，具有抗硫性能，可用于高含硫气井防腐蚀封堵；在水泥中掺入硅粉，可提高水泥的致密度、抗渗透性与水泥强度。

聚合物水泥浆由聚合物与胶乳结合配制而成，聚合物对水泥颗粒的吸附作用和胶乳颗粒对水泥空隙的填充作用这两种机理共同起作用，具有非渗透性强、降失水性好、防气窜性能好、稳定性好、流变性好、抗污染能力强、与外加剂配伍强等优点。

8.6.4 树脂水泥浆体系

在基础水泥浆中，加入环氧树脂和固化剂及缓凝剂、减阻剂、降失水剂，形成树脂水泥浆体系，使封堵水泥具有良好的化学稳定性，其组分和技术参数见表 8.6.1。树脂能够提高水泥浆的附着力和耐化学腐蚀性，适用于对抗化学腐蚀要求较高的井下环境。树脂水泥浆体系通常用于特殊井下作业，如酸性环境或高温高压条件下的封堵和固井。

树脂水泥浆随着水泥的固化而固化，其以有机物膜的形式附着在水泥表面及孔隙上，部分树脂固化后填充在水泥孔隙中，阻止了 H_2S 等酸性介质向水泥的内部扩散，同时在水泥的孔隙中固化胶结或固化后填充在水泥孔隙中，水泥结构致密，降低腐蚀流体在水泥中的渗透率，使腐蚀后的水泥抗压强度损失率和渗透率增长率减小、抗腐蚀率提高。实验表明，水溶性树脂水泥浆体系具有较好的抗 CO_2 和抗 H_2S 腐蚀能力，且稠化时间可调，流动性良好。

8.7 硫化氢远程监控自动报警

油气田现场的硫化氢监控，国内外已经采取了系列有效手段，例如在井场安装高精度、高稳定性的硫化氢监测仪器设备，随时对井内流体和井场内硫化氢进行监测，实时的分析井内流体中硫化氢含量的变化和井场是否有硫化氢泄漏[10]。目前远程监控自动报警系统采用最多的是固定安装监测设备，近年来无线传感器网络也应用到油气井现场硫化氢监测。

8.7.1 固定式硫化氢检测仪

固定式硫化氢检测仪由控制器和探测器组成（图 8.7.1），一般将主机安装在中心控制室，探头则安装在易出现硫化氢泄漏位置，持续监测硫化氢浓度，将信息传输至中心控制室，一旦探头检

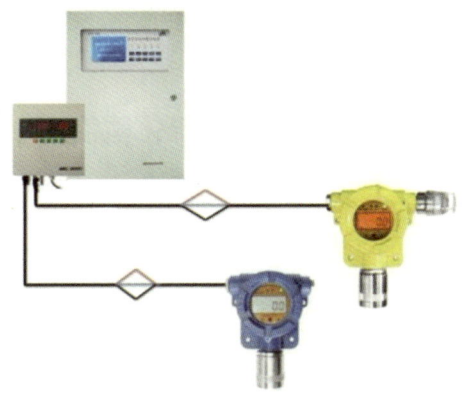

图 8.7.1　固定式硫化氢检测仪示意图

测到硫化氢超过限值范围，即会发出警报，主要模块架构包括四大部分，硫化氢监测探头、控制器、传输设备和声光报警设备。

监测系统能实现以下监测功能：

（1）监测系统探头能实时地对监测所得信号进行传输和分辨；

（2）系统能对历史监测信号进行存储和调用，具有视觉显示功能；

（3）传输模式实现无线网络+有限网络两种模式，提高信号接收器的接收范围及方便程度。

8.7.2 无线网络应用

无线信号传输固定式硫化氢检测仪在固定硫化氢检测仪的基础上增加无线传输功能，现场应用只需给检测仪供电即可，无需布线，便可将现场气体浓度信号通过无线方式传送至后方监控室（图8.7.2）。检测仪采用大屏幕显示多项测量信息，配备遥控器，让客户操作直观明了。其输出信号的方式包括 GPRS、nRF、Zigbee、WiFi，其中 WiFi 硫化氢检测仪适用于现场有无线网络信号的情况，稳定性差，不适合作为高含硫井监测使用。

图 8.7.2　无线信号传输固定式硫化氢检测仪

8.8　高含硫化氢井封堵技术实践与认识

8.8.1　赵兰庄高含硫化氢井治理概况

赵兰庄地区地处华北油田晋县凹陷赵兰庄—南固庄—南柏舍构造带，面积约 800km^2，从 1976 年到 2002 年共钻井 30 口，在钻井、试油过程发现硫化氢显示井 29 口，层位为 Es_4+Ek_1 段，埋深 1873.4~3625m。该地区 H_2S 含量高达 92%~98%，限于当时的工艺技术条件，大部分井采取在井口注水泥和安装井口帽封关井处理。这些井经多年的腐蚀、地质沉降等，陆续出现套管破漏损害等，需要对高含硫化氢井进行治理并封堵。

8.8.2　Z23 井硫化氢治理

8.8.2.1　基本情况

Z23 井是一口位于河北省赵县赵兰庄地区的含硫化氢井，完钻井深 3257.14m。1978 年 9 月在试油时发现第 4 层硫化氢含量 561mg/L，第 5 层水样硫化氢含量 5270mg/L、气样硫化氢含量 875.5g/m^3，第 6 层水样硫化氢含量 6970mg/L、气样硫化氢含量 224.4g/m^3，见试油成果数据表 8.8.1。本井试油结束后封井。修井是为防止硫化氢气体外溢，消除安全隐患，采取打水泥塞永久封堵。

表 8.8.1 试油成果数据表

试油层序	井段 /m	厚度 /m	测井结论	试油日期	试油方式	日产量 油 /t	日产量 水 /m³	硫化氢监测情况
4	2096.0~2098.6	2.6	水层	78.9.7-9.17	定深1000m，抽汲33次	2.89	0.81	硫化氢含量最高时为561mg/L
5	2089.0~2091.0	2	油层	78.10.1-10.8	无初产定深1000m，抽汲33次	6.7	16.7	抽汲时取样，水样硫化氢5270mg/L，气样硫化氢875.5g/m³，发生氢脆钢丝绳断，加重杆落井
6	2089.0~2091.0	2	差油层	78.10.20-11.4	压后抽深800m，抽汲55次	12.5	5.8	试油抽汲取样，水样最高时硫化氢6970mg/L，气样硫化氢224.4g/m³

8.8.2.2 施工难点及技术措施

（1）井筒与大气连通，井筒内有无杂物不详。

技术措施：采取井口冷切割车扣技术，完成井口装置安装。下 ϕ73.02mm 笔尖通井至 77.74m 遇阻，分析认为该深度为原井筒液面位置杂物固结形成盖板所致，换下 ϕ110mm 三棱磨鞋，正循环旋转冲洗通井，每100m采用1.4g/cm³的甲酸盐溶液正循环洗井一次，实时监测硫化氢显示。

（2）通井至1086.51m，除硫装置入口处在线监测到有硫化氢气体显示，且管汇出口返出原油。

技术措施：在线监测硫化氢浓度最高达238μg/g，经两级除硫装置充分中和，出口硫化氢浓度降至0~60μg/g，出口下风向10m处硫化氢浓度0~8μg/g，下风向20m处监测无硫化氢显示。

8.8.2.3 施工过程

为防止该井在洗井替液过程中硫化氢逸出，采取"油气井除硫及残酸液处理装置"除硫。注入浓度5%的碱式碳酸锌溶液，中和后最高硫化氢含量9μg/g，出口检测硫化氢含量3~9μg/g波动，出口下风方向10m处无硫化氢显示。施工过程如下：

（1）第一次用密度1.40g/cm³、pH值8的甲酸盐溶液正循环洗井替原井筒液，出口返出原油约1.5m³。在线监测硫化氢含量最高174μg/g，两级除硫后出口检测硫化氢含量0~60μg/g波动，出口下风方向10m处硫化氢含量0~8μg/g，出口下风方向20m处无硫化氢显示，分离器气管线在线监测无硫化氢气体显示。

（2）第二次用密度1.40g/cm³、pH值10的甲酸盐溶液正循环洗井，开始出口返原油0.3m³，后返出油水混合物，pH值8。泵注装置注入浓度5%的碱式碳酸锌溶液213L，泵压0.27~0.39MPa，注入排量270L/h。中和前最高硫化氢含量238μg/g，中和后最高硫化氢含量97μg/g，出口检测硫化氢含量8~30μg/g波动，出口下风方向10m处硫化氢含量3~6μg/g，出口下风方向20m处无硫化氢显示。

（3）第三次用密度1.40g/cm³、pH值11的甲酸盐溶液8.6m³正循环洗井，出口返出约9.0m³油水混合物，pH值8。泵注装置注入浓度5%的碱式碳酸锌溶液223L，泵压0.27~0.39MPa，注入排量270L/h。中和前无硫化氢显示，中和后无硫化氢显示。出口检测无硫化氢显示，出口下风方向10m处无硫化氢显示。出口下风方向20m处无硫化氢显示。

8.8.3 Z12 井永久封堵

8.8.3.1 基本情况

Z12 井是一口位于河北省赵县赵兰庄地区的含硫化氢井，完钻井身 3700m，为高含硫化氢一级风险井。为防止硫化氢气体外溢，采用连续管注入水泥塞，进行永久封堵。经过带压开孔、冷冻井口、车扣降套、换井口、连续管替浆、磨铣、注暂堵水泥塞、转修井机作业注第一个水泥塞、刮井壁、工程测井、注第二个水泥塞、注第三个水泥塞、装防盗井口等工序，成功封堵。

8.8.3.2 施工难点及技术措施

（1）井口套管结构复杂，井口恢复难度大，井筒和环空是否带压、是否有硫化氢不详。

技术措施：应用带压开孔技术，先后对表套、技套、油套实施径向开孔，证明井筒及各级套管环空均不带压，无硫化氢显示，经冷冻井口后顺利完成了井口修复，安全更换了施工井口。

图 8.8.1 赵 12 井冷冻井口图

（2）井筒内是否有钻井液沉淀物不详，钻井液沉淀段深度不详。

技术措施：为防止硫化氢气体外溢，使用连续管进行全密闭作业。

8.8.3.3 施工过程

（1）带压开孔、冷冻井口、车扣降套。

用 $\phi 25mm$ 钻头对 $\phi 339.7mm$ 表层套管带压开孔，进尺 10mm、放空 30mm，无压力显示，出口火把常燃，放压观察 2h。水泥车向 $\phi 339.7mm$ 表层套管挤注清水 350L 后，泵压至 5MPa，停泵后压力不降，放压至 0MPa，拆钻孔夹具。冷切割工具切割 $\phi 339.7mm$ 表层套管降套。

用 $\phi 30mm$ 钻头对 $\phi 244.5mm$ 技术套管带压开孔，进尺 28mm，无压力显示，出口火把常燃，放压观察 2h。水泥车向 $\phi 244.5mm$ 技术套管挤注清水 50L 后，泵压至 3MPa，停泵后压力不降。放压至 0MPa，拆钻孔夹具，孔内可见固体水泥。冷切割工具切割 ϕ339.7mm 表层套管降套，装环形钢板。

安装 ϕ177.8mm 油层套管轴向带压打孔工具，试压 2MPa，发现钻孔夹具有上窜迹象，反复紧固后多次试压夹具仍有上窜，试压失败，无法进行轴向开孔。

后装 ϕ244.5mm 技套径向带压开孔工具，采用 ϕ25mm 钻头在原 ϕ244.5mm 技术套管孔眼处继续钻进 23mm，钻穿 ϕ244.5mm 套管与 ϕ177.8mm 套管环空水泥塞。试压 15MPa 压力不降合格。继续钻进，对 ϕ177.8mm 油层套管进行开孔，进尺 10mm 放空，无压力显示，开油嘴管汇，过分离器放压，监测硫化氢气体，出口火把常燃，放压观察 2h，未见有毒有害气体。

水泥车向 ϕ177.8mm 油层套管内挤入清水 80L，泵压至 5MPa 压力不降。放压至 0MPa。

安装冷冻盒，加干冰持续冷冻 24h，共挤入胶泥 80L。

对冰塞试压 5MPa、10MPa，15min 压力不降。拆径向带压开孔工具、冷冻盒。冷切割 ϕ244.5mm 套管，装环形钢板。切割 ϕ177.8mm 套管。

（2）换井口后进行连续管密闭作业。

连续管通井，用密度 1.55g/cm^3 甲酸盐溶液 45m^3+ 浓度 5%、pH 值 10 的碱式碳酸锌溶液 45m^3 正循环冲洗至 1570.0m 遇阻，后钻磨进尺 118m，出口返出甲酸盐溶液 + 碱式碳酸锌溶液 + 钻井液固体颗粒混浆，证实遇到钻井液沉淀段。

根据钻井液沉淀段比设计预测深度高了 1378m 的实际，分析认为钻井液沉淀段能够阻止硫化氢气体上窜，且也符合设计要求（通井至钻井液沉淀段即可注水泥）。因此在该深度注暂堵水泥塞后，进行刮壁、测井、注水泥塞等施工完井。

连续管进行注暂堵水泥塞作业时，采用保定 G 级抗硫水泥，注水泥后用甲酸盐溶液洗井，在深度 1624.8m 处对井筒暂堵水泥塞试压 5MPa，30min 压力不降。

8.8.4 总结与认识

赵兰庄区块的高含硫化氢井在治理过程中，优化了治理工艺流程，带压开孔、冷冻换井口、连续管密闭施工、地面密闭重复循环除硫系统等工艺是成功封井的主要保障，强化施工过程的可控性，保证封井施工质量；优化了地面设备设施，细化完善了密闭循环系统，增加了加热装置、重复循环除硫系统，确保出口无硫化氢显示，进一步保证施工安全。

参考文献

[1] 李长忠，李川东，雷英全.高含硫气井安全隐患治理技术思路与实践[J].天然气工业，2010，30（12）：48-52，125-126.

[2] 鲍志强.水切割技术在拆除废弃井井口盲板施工中的应用[J].安全、健康和环境，2015，15（2）：11-12.

[3] 王宏义．高含硫化氢井连续油管带压注水泥塞技术 [C]// 西安石油大学，陕西省石油学会．2019 油气田勘探与开发国际会议论文集．胜利石油工程有限公司井下作业公司，2019：2．

[4] 杜承强，宋文，唐永生，等．连续油管带压快钻桥塞技术研究 [J]．中外能源，2023，28（5）：96-101．

[5] 秦克明．普光气田连续油管注水泥塞施工难点及对策 [J]．西部探矿工程，2018，30（11）：23-26．

[6] 孙海林，白田增，吴德，等．大套变井连续油管带压注水泥塞技术 [J]．油气井测试，2017，26（1）：51-54，77．

[7] 任源峰，宋辉．泵注法除硫装置在含硫气井试气过程中的应用 [J]．石油钻采工艺，2011，33（2）：133-136．

[8] 任源峰，吴志均，张利明，等．油气井除硫及残酸液处理装置的研制与应用 [J]．油气井测试，2017，26（1）：45-48，77．

[9] 董军．新型无固相防硫化氢低伤害修井液技术 [J]．钻井液与完井液，2015，32（2）：23-25，98-99．

[10] 邹荣标，张宇．硫化氢气体的监测及其安全防范措施 [J]．清洗世界，2023，39（3）：64-65，68．

9 储气库修井与封堵技术

储气库主要分为油气藏储气库和盐穴型储气库。油气藏型储气库多由衰竭的油气藏改建而成,这类油气藏经过长时间开发,井口、套管本体及固井质量均存在不同程度安全隐患[1],可能引发套管漏气、层间窜气和环空带压事故,严重威胁储气库的安全。

通过统计国外储气库的215起事故[2],由地面工程设施损坏导致的储气库泄漏事故85起(占比39%),由储层改造和圈闭密封性破坏导致的储气库泄漏事故68起(占比32%),由固井水泥环松动、生产套管形变及腐蚀穿孔等因素导致的储气库泄漏事故45起(占比21%),其他因素导致的储气库泄漏事故占比8%。

9.1 储气库修井与封堵技术难点

9.1.1 储气库井隐患表现

储气库井隐患表现主要有油、套管柱密封失效,固井质量不合格、水泥环胶结差,水泥环封固失效等[3-4]。

(1)油、套管柱密封失效。

油管、套管的螺纹和本体破裂,是导致油、套管柱密封失效的直接原因。螺纹密封失效一般是在高压注采的作业中,承压能力降低导致,或者生产工艺不达标、产品不规范导致。本体破裂的原因一般是高含硫区块或因菌类、矿化度等多种因素,造成管体腐蚀穿孔甚至断裂,或是管柱受到爆轰及内外压差冲击等造成的物理破坏。

(2)固井质量不合格、水泥环胶结差。

①固井过程中,遇到钻井液在井壁上形成的滤饼,特别是虚滤饼层在固井过程中如果清除不干净,影响第二界面的胶结质量,导致水泥环与井壁岩石之间产生微间隙。

②固井过程中水泥浆失重时未压稳地层,气体置换,形成窜槽。

③由于地层承压能力弱、井眼不规则、套管不居中等因素导致顶替钻井液效率差,环空间隙不均匀,在封固过程中形成连续窜槽或层间窜通。

④如果水泥环的杨氏模量大于岩石的杨氏模量,套管内温度及压力发生较大变化时,水泥环很可能会发生拉伸断裂。

(3)水泥环封固失效。

井内条件的变化,包括井内温度变化及地层滑移等,还包括气井中可能存在的H_2S或CO_2等腐蚀性气体,都能造成水泥环的破坏,也会对水泥环造成破坏。CO_2破坏水泥结构的完整性,H_2S能破坏水泥的所有成分,都会导致水泥的抗压强度大幅度衰减,孔隙度大大提高，严重时会导致层间窜通。此外，后续进行的反复注采气，交变应力对水泥环产生额外受力，久而久之水泥环的强度降低，最终出现微间隙或破裂，形成地层与环空的通道。

9.1.2 技术难点

（1）修井期间压力波动较大。

冬夏季天然气用量存在着巨大差异，在采气期地下储气库发挥着"第二气源"的作用。在注气期间，地层压力持续上升，在采气期间，地层压力稳步下降；修井期间，压力处于波动状态，需要与储气库紧密结合，动态调整现场压井液密度。

（2）压井液受气侵影响较大。

由于储气库注采井压力高、气量大，作业过程中压井液受气侵影响较大，导致压井液密度降低带来严重后果，这就要求压井液具有较强的防气侵性能。从储层保护的角度出发，需要采取屏蔽暂堵技术防止压井液漏入储层，为了优化压井液的悬浮性能，保证暂堵剂均匀分布以及提高防漏失效果，就要求压井液具有一定的黏度。

（3）注采管柱复杂。

由于地下储气库担负着天然气季节调峰，以及紧急大排量供气的任务，并且储气库注采井长期处于高压、大气量注采工作状态下，因此在储气库注采完井时，采用了较为复杂的注采管柱。以苏桥储气库为例，注采管柱工具组合包括井下安全阀、流动接头、滑套、封隔器总成、坐落接头等工具，给修井施工带来难度，尤其是永久式封隔器的更换，施工周期长，风险大，且容易造成事故复杂。

（4）建立稳定的井筒压力平衡难度大。

苏桥潜山部分老井的目的层属于潜山裂缝性储层，裂缝宽度较大，非均质性分布，埋深达到4500m，井底温度在150℃以上；地层物性较好，经过前期注采，地层裂缝和孔隙连通性更好，施工过程中气侵严重、压力窗口窄、易漏失，对压井液的密度、黏度、耐温、暂堵等性能要求较高。

（5）复杂老井封堵难度大。

苏桥潜山上的老井大都在井深4000m以上，多数套管为非气密性套管，使用年限较长、射开层位多、套管强度下降、水泥环胶结质量下降、套管外存在窜槽等问题；部分老井已钻穿盖层、储层，破坏了圈闭构造的密封性，为保障储气库注采气期间安全运行，需要采取取换套、锻铣、带压作业、找漏封堵等大修作业[3]。

（6）钻暂闭水泥塞风险高。

储气库井钻除井口水泥塞、浅层暂闭水泥塞易发生井内积聚压力释放造成管柱上顶，井控安全风险大。常规作业需放喷、压井后方能进行施工，且施工周期长、成本高、伤害地层，导致地层压力恢复缓慢，严重影响地下注采单元内的气井产量。

带压钻塞技术（详见11.3节）具有不压井、不放喷、不泄压，可避免油气层伤害、保持地层能量、自动化程度高、缩短施工周期、安全井控有保障等优点，在华北储气库钻除井口水泥塞、浅层暂闭水泥塞中已得到广泛应用。

9.2 暂堵技术

储气库井在进行修井作业之前，为了保证安全，必须对储层进行暂堵，并经循环脱气、保证井内无气体后方可作业。暂堵技术的关键是所用的暂堵剂。为保障储气库在作业后仍能保持原有的储气能力，对暂堵剂降解后、降解物的返排效果也有相对较高的要求。目前，应用的储气库暂堵技术主要包括超分子液体桥塞和纳米凝胶暂堵剂。

9.2.1 超分子液体桥塞

（1）结构特性。

超分子液体桥塞通过地面配置好的低分子溶液（含单体、引发剂和交联剂），在一定条件下聚合并交联形成超分子弹性胶柱，可有效封堵井筒与地层，降低其与地层的连通性。

如图 9.2.1 所示，为超分子液体桥塞实物。该液体桥塞在温度 70~80℃下聚合交联而成。

（2）性能特点。

①注入前黏度低。属于小分子溶液，黏度低，几乎和清水的黏度一致（仅为 1mPa·s），注入性好。

②耐温性能好。图 9.2.2 为将超分子液体桥塞弹性体置于 160℃高温条件下观察不同时间的状态变化。通过实验液体桥塞成胶后在 160℃条件下具有良好的耐高温稳定性，放置 100 天后无脱水、降解、缩小等变化。由图 9.2.3 超分子液体桥塞弹性体 160℃高温前后状态对比得出，超分子液体桥塞具有优良的耐温性。

图 9.2.1 超分子液体桥塞

③耐压性能好。通过对液体桥塞进行承压性实验得出，10cm 的胶体长度，可承压 0.05MPa，折算后其承压性能可达 0.5MPa/m。

④封堵有效期长。在 160℃高温下，100 天后其胶体长度变化仅相差 0.1cm。

⑤快速破胶。添加破胶剂后，可进行快速破胶。

图 9.2.2 160℃下、放置 100 天

（a）高温前状态

（b）高温后状态

图 9.2.3 液体桥塞高温前后状态照片

9.2.2 纳米凝胶暂堵剂

（1）结构特性。

常规的普通树脂类交联型凝胶中，聚合物分子通过交联剂交联而形成的网状结构，平均尺寸一般为十微米至几十微米，如图9.2.4（a）所示。凝胶体系中水与聚合物分子之间的作用力，主要是水分子与聚合物分子中的极性基团之间较弱的分子间作用力。因此，在高温（120~150℃）或剪切应力下，水分子会与凝胶中的聚合物分离，并使聚合物分子收缩甚至降解，造成水与凝胶网状结构分相，凝胶失效。

微米网凝胶，采用具有特殊链状结构的交联剂与环氧树脂聚合物分子交联形成聚合物。该聚合物具有微米网结构，平均尺寸为1μm左右[5-6]，如图9.2.4（b）所示。除了分子间作用力外，网状结构对水分子存在显著的空间位阻效应，极大提高了凝胶体系的强度和稳定性，使其具备耐高温的性能。纳米凝胶通过加入纳米粒子镶嵌在微米网孔眼内，可将凝胶网状结构孔眼尺寸进一步减小，进而提高纳米凝胶的稳定性，如图9.2.4（c）所示。

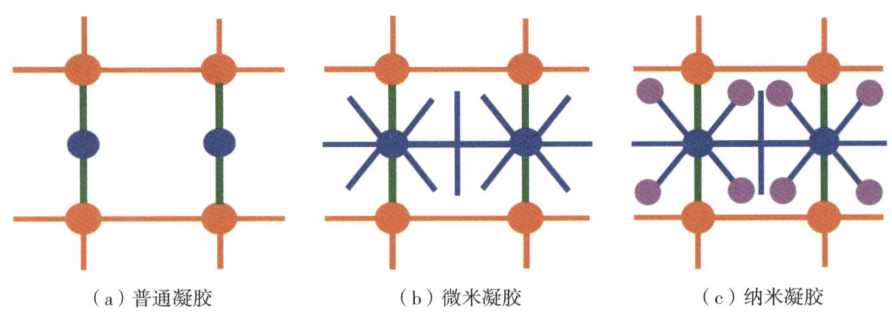

（a）普通凝胶　　　　（b）微米凝胶　　　　（c）纳米凝胶

图9.2.4　普通凝胶、微米凝胶和纳米凝胶网状结构示意图

图9.2.5为常规耐温凝胶和纳米凝胶扫描电镜照片对比。常规耐温凝胶虽然也能形成较均匀的网络结构，但其网状结构较微米网凝胶网状结构孔眼大，稳定性弱。纳米凝胶则形成更为均匀且致密的微米网结构。

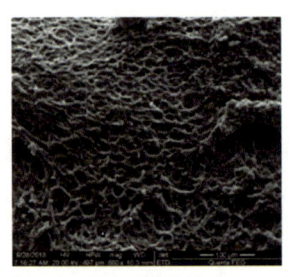 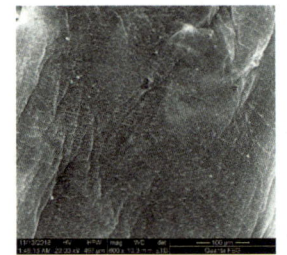 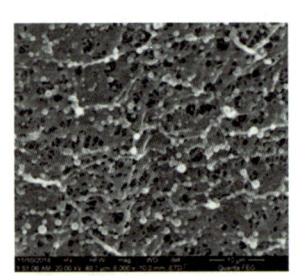

常规耐温凝胶网状结构（100μm）　　纳米凝胶网状结构（100μm）　　纳米凝胶网状结构（10μm）

图9.2.5　纳米凝胶与常规耐温凝胶扫描电镜照片

（2）性能特点。

①成胶前黏度低。黏度50~500mPa·s，注入性好。

②成胶温度可调。根据需要可控制在50~150℃成胶。

③成胶后黏度可控。黏度200~100000mPa·s。

④耐温性能好。耐温可达 180~200℃ 以上,短时接触耐温可达 270~300℃。0.8% 聚合物浓度的纳米凝胶在高温（150℃）下保存 10 天后黏度为 8700mPa·s,且水化率小于 1%。

⑤耐剪切性能好。0.8% 聚合物浓度的纳米凝胶,剪切速率为 10s^{-1} 时,黏度较 1s^{-1} 保持率在 70% 以上。

⑥耐盐性能好。0.8% 聚合物浓度的纳米凝胶与矿化度为 1×10^5 mg/L 的水接触时黏度保持率 50% 左右;采用矿化度为 1×10^5 mg/L 的水配制 0.8% 聚合物浓度凝胶的黏度保持率为 30% 左右。

⑦耐气性好。在高压模型中注入耐温聚合物和交联剂成胶后,注 N_2 加压至 10MPa,恒温 150℃、10h 后,模型腔内压力无变化,胶体结构中无气泡,说明该纳米凝胶能够起到阻隔气体的作用,适用于高温高压气井暂堵。

⑧破胶性能好。根据需要可以利用高温条件逐渐自然破胶,也可以添加破胶剂进行快速破胶。

（3）暂堵工艺。

高温高压气井纳米凝胶暂堵技术,针对不同气井条件形成了纳米凝胶暂堵、纳米凝胶+水膨颗粒暂堵和纳米凝胶+可解堵球暂堵三种工艺[7-8],具有暂堵效果好、施工工艺简单、施工速度快和成本低等优点,可实现高温高压气井不带压作业。

①纳米凝胶暂堵工艺。

如图 9.2.6 所示,向地层注入低黏度纳米凝胶阻止地层气体和井筒压井液交换,然后注入高黏度纳米凝胶封堵完井段井筒。以 × 井为例,该井垂深 4954m,筛管完井,完井段长 230m,地层岩性为裂缝性碳酸盐岩,地层温度 149.8℃,未压井前的井口压力 28MPa。因环空压力高需要重新完井且井下有落物,在修井作业前采

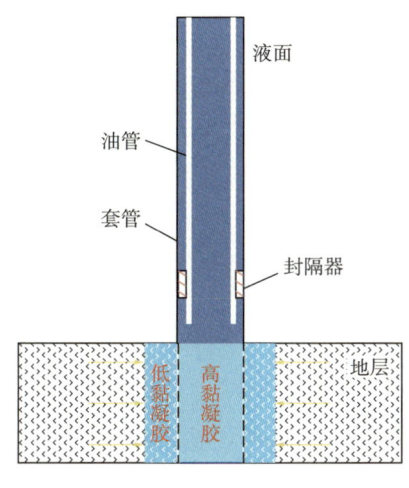

图 9.2.6　高温高压气井纳米凝胶暂堵

用纳米凝胶暂堵,前置 12m^3 低黏度纳米凝胶封堵近井地层,后置 3m^3 高黏度纳米凝胶封堵完井段井筒,共注入 15m^3 纳米凝胶,施工时间 6h。候凝 6h 后,漏失量由暂堵前的 5m^3/h、液面 600m 深,降至暂堵后的漏失量为 0.3m^3/h、液面到井口。

②纳米凝胶+水膨颗粒暂堵工艺。

如图 9.2.7 所示,向地层注入纳米凝胶阻止地层气体和井筒压井液交换,然后注入水膨颗粒封堵完井段井筒。以 × 井为例,该井为一口直井,垂深 4400m,地层岩性为裂缝性碳酸盐岩,地层温度 114℃,未压井前的井口压力 39.3MPa。该井长期存在环空带压情况,井口漏气严重,存在安全风险,需进行完井作业,解决环空带压问题。为了保证完井作业安全,采用纳米凝胶+水膨颗粒复合暂堵。该井注入 25m^3 纳米凝胶和 375kg 水膨颗粒,施工时间 8h。漏失量由暂堵前的 10m^3/h、液

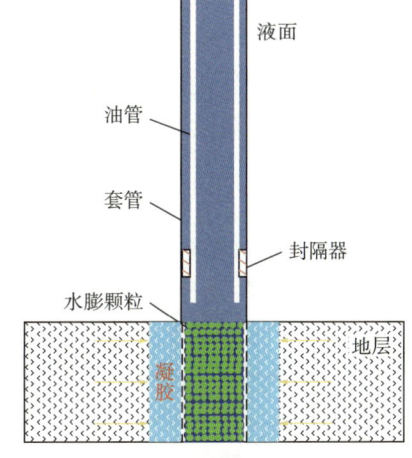

图 9.2.7　高温高压气井纳米凝胶+水膨颗粒暂堵

面 700m 深，降至暂堵后漏失量为 0.2m³/h、液面到井口，修井作业 2 个月期间一直保持有效。

（3）纳米凝胶 + 可解堵球暂堵工艺。

如图 9.2.8 所示，向地层注入纳米凝胶阻止地层气体和井筒压井液交换，然后注入可解堵球封堵完井段井筒。可解堵球根据需要可采用纳米凝胶球、改性氧化铝球等堵球。以 × 井为例，储层为裂缝性碳酸盐岩，射孔完井，射孔井段 4846.0~5027.0m，射孔厚度 111.6m，原始地层温度 154℃。本井预测地层压力为 43.29MPa。修井前采用纳米凝胶 + 可解堵球暂堵。注入 30m³ 高黏纳米凝胶在近井周围形成"隔离带"防止地层气体将井筒中的水置换，同时，投入 2m³ 粒径大于 10mm 的可解堵球封堵完井段井筒，施工时间共 6h。现场注入纳米凝胶并投入堵球后 1h 见效，修井 1 个月期间，无漏失、井口液面保持不降，油套循环井口压力为 5MPa 时漏失速度低于 0.5m³/h。暂堵后长期有效直至注入解堵剂将井筒内堵球溶解，施工快、成本低、效果好。注入的纳米凝胶利用地层高温自然破胶或打破胶剂进行破胶，可解堵球通过注入解堵剂降解。

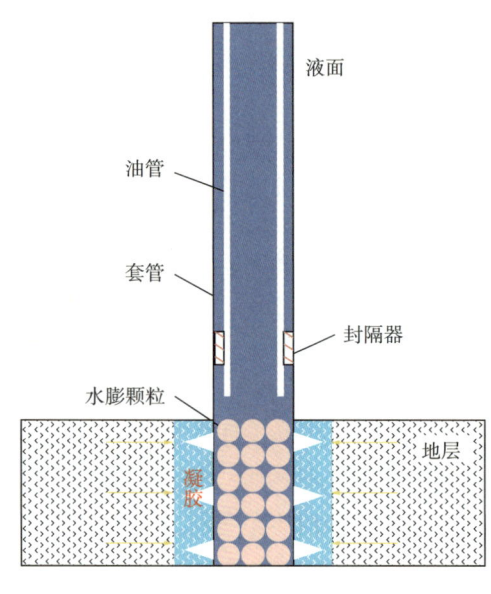

图 9.2.8　高温高压气井纳米凝胶 + 可解堵球暂堵

9.3　完井工具打捞技术

油气田生产过程中的老井、封堵井等，如果井内桥塞或封隔器入井时间较长，在井筒高温高压环境下，其密封胶筒均会发生硬化现象，使得胶筒无法正常收缩并紧贴套管内壁。在完井工具解封上提过程中，会将套管壁上的水垢、铁锈等杂质"刮削"下来并不断积累，最终造成桥塞或封隔器卡阻，无法顺利完成工具解封打捞[9]。

通常采用反复活动管柱及悬吊的方式进行解卡，并附加氮气气举降液面施工，但效果均不理想。在活动管柱过程中，油管疲劳受损，增加了井控风险和出现井筒复杂情况的风险，同时大幅延长施工周期，增加施工成本。

9.3.1　胶筒消融技术

（1）橡胶件硬化原理。

天然橡胶分子链很长，在炼制前成自然排列状态。炼制时，向其中加入了单质硫，硫原子将天然橡胶分子"连接"起来形成了网状结构（图 9.3.1）。硫原子在这里起交联作用，是其周围橡胶分子的交联中心。交联反应温度 130~150℃，反应时间 45~60min，最后在模具中加压制成橡胶件。

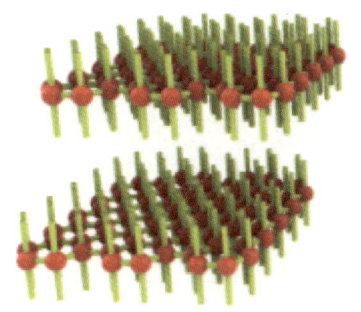
（a）未交联的橡胶分子

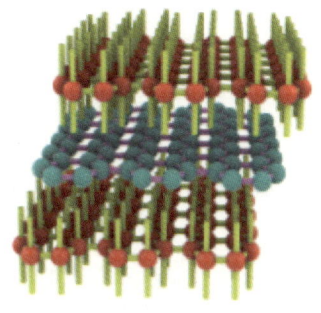
（b）加入硫原子

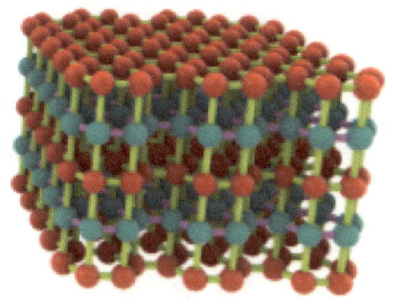
（c）交联后的橡胶分子

图 9.3.1　橡胶的常规交联示意图

（2）橡胶耐腐蚀原理。

正常交联反应得到的橡胶制品，其分子结构呈现规则的网格状（图 9.3.2），可抵御有机分子及氧化剂分子的"侵入"，这也是橡胶制品可以耐有机溶剂和酸碱腐蚀的原因。

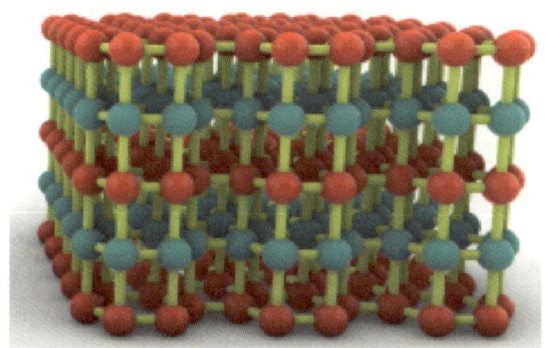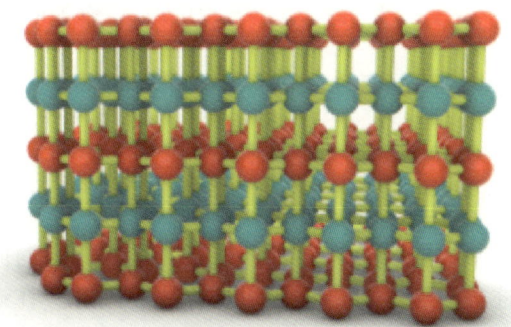

图 9.3.2　交联后均匀紧密的橡胶分子网络示意图

（3）消融剂作用途径。

采用"溶解"与"破坏"相结合的方法，将过度交联硬化的胶筒进行软化消融。"溶解"即让有机溶剂从"薄弱点"侵入橡胶内部，将部分橡胶分子溶解。"破坏"即让强氧化剂从"薄弱点"侵入橡胶内部，与硫原子反应，即把硫原子"消耗"掉，使硫原子失去原有的交联作用，从而"破坏"橡胶分子间的网格结构，最终达到软化橡胶的目的。

（4）施工工艺。

①将消融剂正替至桥塞或封隔器顶部，消融剂用量按照工具顶部 100m 套管容积计算，注意准确计算顶替液用量，顶替液种类可根据井况使用清水或氯化钙溶液。

②关井反应 2h。上下活动管柱，使消融剂流经套管内壁与工具本体间的环形间隙，与胶桶充分接触反应。

③关井反应 4h。上下活动管柱，使工具解封。

④施工中根据现场实际情况可增加活动管柱的频次促进消融剂与胶桶充分接触反应，达到理想的效果。

以 × 井为例，其井身结构如图 9.3.3 所示。储层深度 4611.8~4741.0m，2011 年 6 月

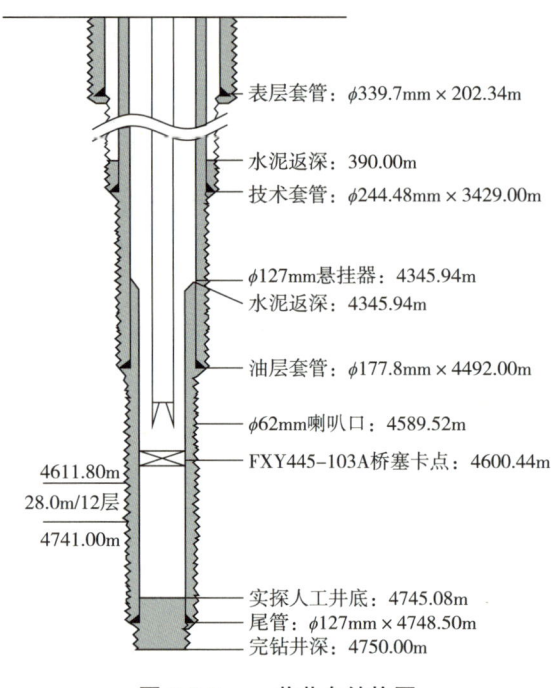

图9.3.3 ×井井身结构图

下入桥塞进行储层封堵,卡点4600.4m,桥塞入井时间8年。测井数据显示,储层中部4676m处的井温为153℃,因此桥塞在井内高温高压环境下,胶筒发生了过度交联和硬化,将影响桥塞打捞施工的顺利进行。现场尝试上提桥塞打捞管柱,载荷达到800kN,超过井内管柱悬重280kN,进一步证明前述判断。

按照100m长度的ϕ127mm套管容积计算,消融剂用量约为$1m^3$,现场配置$1.2m^3$的消融剂,施工中用ϕ73mm油管下入桥塞打捞工具后冲洗捞获桥塞,通过水泥车将消融剂正替至桥塞顶部,顶替液为清水,顶替液用量$13.6m^3$。

关井反应2h后,上下活动管柱使消融剂与桥塞胶筒充分结合。再次关井反应4h,上提后顺利解封桥塞并起出井筒。

9.3.2 芯轴切割技术

进行修井作业时,由于管柱在井下时间长久,特别是有些油井地层出砂严重,造成管柱被填埋,无法正常回收管柱。因此,在遇到以上这些情况时,需要使用切割器材对井下某个深度的管柱或者钻杆上进行切割,使管柱或者钻杆部分提出井内,为后续打捞作业提供支持。

(1)技术原理。

电缆带机械切割工具完成封隔器芯轴的切割,不需要动用炸药等火工品和化学危险品。同时,该技术可以广泛应用于切割套管、油管、钻杆,可以在极端恶劣的条件下切割常规和特殊的金属管材,如图9.3.4所示。

(2)技术特点。

①可切各种类型钢质和合金管材(镀铬);
②无需炸药和化学危险品,易于运输;
③碎屑少,无碎块;
④在保证切开管材的前提下,对其他管材没有伤害;
⑤可以通过小通径去切割大管材;
⑥一次入井,多次切割,节省作业时间。

图9.3.4 机械切割工具图

(3)性能参数。

工具长度5.54m,耐温200℃,工具直径ϕ54mm,耐压140MPa。ϕ50mm刀片适用于切割ϕ73mm~ϕ102mm管材,ϕ60mm刀片适用于切割ϕ102mm~ϕ114mm管材。

以 × 井为例，该井为储气库一口老井，原井为 ϕ73.02mm BGT3 气密封油管 + 完井封隔器工具一套，由于封隔器失封需进行更换。该井封隔器为液压坐封可取式封隔器，需通过切割芯轴实现解封。

施工过程中，首先下入电缆 + ϕ54mm×5.5m 通径规进行模拟通井（与切割工具串成 1：1 比例）；下入电缆机械切割工具串（电缆头 +CCL+ 加重杆 + 电子线路 + ϕ54mm 机械切割工具 + 尾堵），用 CCL 测深模块所得深度与原管柱深度进行对比，通过四次校深以减小误差；调整工具深度后一次性切割成功，顺利起出原井封隔器。

9.4　环空微裂缝带压封堵技术

近年来，油气井环空带压现象越来越普遍，对安全生产十分不利，是石油工业领域共同面临的难题和安全隐患。环空带压的存在不仅会降低油气井采收率，还会对油气田开发的后续作业，如酸化压裂等造成不利影响。油气井环空带压不严重时，井口环空压力监测和放压的成本会逐年上升；严重时甚至造成套管破裂，天然气窜入地表，造成严重井喷事故，导致关井以及整口井废弃，严重危害油田安全生产和生态环境。

如图 9.4.1 所示，环空微裂缝带压封堵技术是根据测井资料，选择射孔井段，挤注无固相堵剂对水泥环微裂缝进行封堵，带压候凝，封堵半径不少于 1.5m，完成环空带压微裂缝治理。

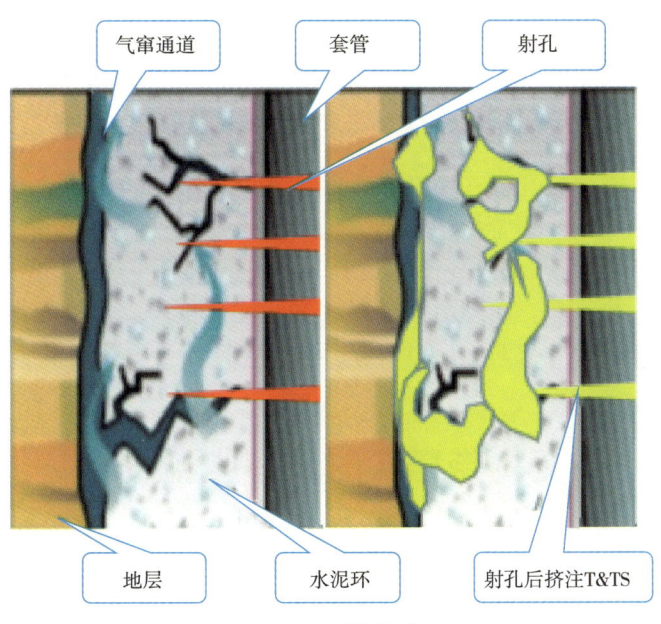

图 9.4.1　封堵原理

环空微裂缝带压封堵通常采用 T&TS 树脂堵剂（详见 5.4 节）。

下面以 × 井为例，介绍其在储气库环空微裂缝带压封堵中的应用。

2013 年 6 月 21 至 12 月 12 日，B 环空带压，最高压力 8.9MPa；2013 年 7 月 19 至 12 月 27 日，C 环空带压，最高压力 6.8MPa。

经 LPT 系统测井检测，分析认为：如图 9.4.2 所示，气体从射孔段或 $\phi177.8$mm 套管悬挂器处进入 B 环空，上行导致 B 环空带压；再上行到 $\phi244.5$mm 分级箍处进入 C 环空，上行导致 C 环空带压，再上行到 $\phi339.2$mm 套管鞋处进入 D 环空，上行导致 D 环空带压。

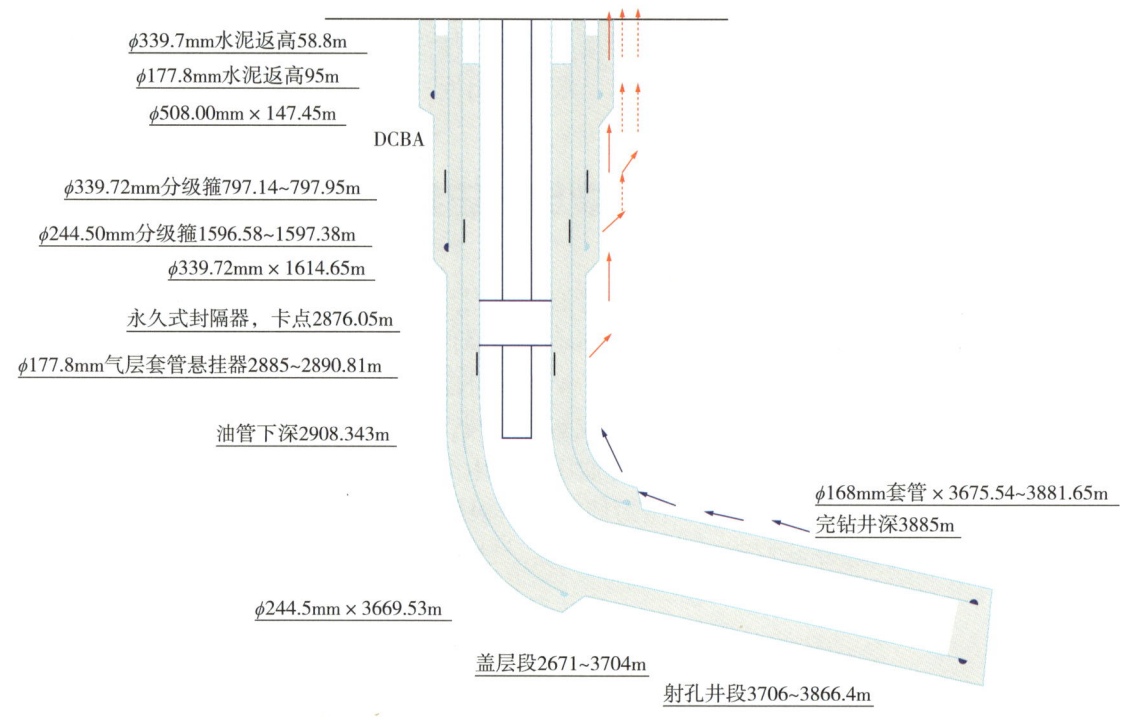

图 9.4.2 × 井井身结构示意图

在治理过程中，选择射孔段：2779~2784m、2908~2913m 均为致密岩层射孔，采用穿透 $\phi177.8$mm 和 $\phi244.5$mm 套管挤堵工艺。治理效果如下：

治理前：B 环空异常高压，最高压力达到 8.9MPa，C 环空、D 环空均缓慢起压，最高达到 6.8MPa，井口关井停产。治理后：通过酸洗、注气生产。日注气量达到 $57.7\times10^4\text{m}^3$，注气油压 28.6MPa，B 环空、C 环空、D 环空压力为 0，环空微裂缝带压封堵效果明显。

9.5 带压实时液面监测技术

环空液面深度数据是气井环空带压风险评价必要的计算参数，因此实时有效监测环空保护液液面位置对环空带压气井的安全生产保障、发现生产异常变化十分重要。声波法由于其在井口测量，具有工艺简单、操作方便、成本较低的优点，广泛应用于生产井的液位监测。基于次声波回声探测的动态液面监测技术，利用次声波不易衰减、也不易被水和空气吸收的特性，采用回声测深的方法，将井筒液面产生的反射声波进行微音器转换、电子电路数字处理，通过自动识别技术定位液面波位置、计算出液面深度[10]。该技术利用无线传输的智能通讯配套技术，配备基于移动 4G 网络通信技术的 PC 端远程数据采集和控制平台，实现了装置远程操作控制，具备连续监测、定时监测、延时监测等功能，在手机端或电脑端即可进行数据实时查询和监测，实现了井筒动态液面智能监测控制和数据实时查询。

（1）技术原理。

该技术基于回声法设计，基本原理为：仪器安装在测试井口，发出的声波测试脉冲沿着油套环空气体介质传播，当遇到油管接箍、音标或液面等障碍物便会产生反射，通过微音器组件接收声波脉冲并将之转化为电脉冲，再经过控制电路进行信号处理，最终形成以时间为横坐标，信号强度为纵坐标的2条液面曲线（高频和低频）。结合曲线上的波峰与波谷位置可确定井内积液深度。高频曲线主要采集油管接箍的反射波，低频曲线主要采集液面和其他较大障碍物的反射波。仪器安装在测试井口，气枪控制阀前端压力为井口压力p_1，调节控制阀后端压力为p_2（$p_1 > p_2+0.5MPa$），开启控制阀，高压气体瞬间释放产生次声波。

（2）装置结构。

耐高压、防爆型井筒动态液面监测装置，室内测试耐压最高达到35MPa，不锈钢防爆箱防爆等级为ExdIIBT4。为实现在井筒带压和无压两种状态下的液面监测需求，设计了氮气瓶发声和套管气发声的双声源通道。为满足现场长期持续监测施工作业需求，还优选配套了可随时更换的16MPa氮气瓶组（发声气源），并优选配套了12V防爆锂电池等供电方式。带压实时液面监测装置结构示意图、结构实物图和装置外观图分别如图9.5.1至图9.5.3所示。

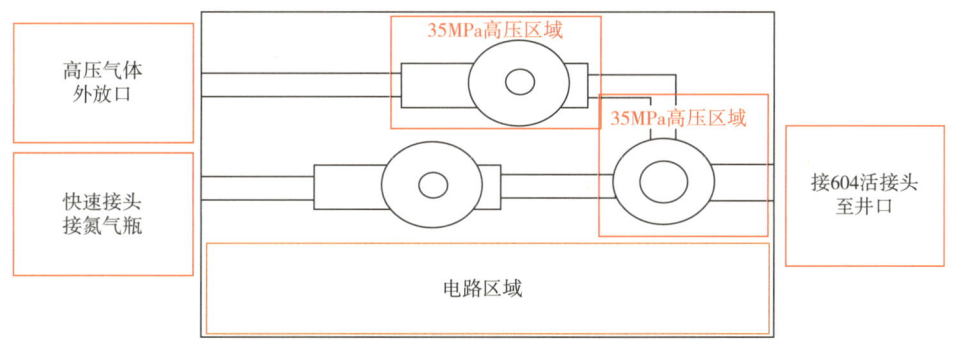

图9.5.1 带压实时液面监测装置结构示意图

图9.5.2 带压实时液面监测装置结构实物图

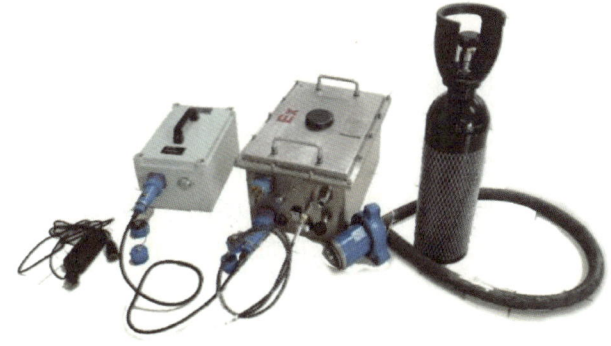

图9.5.3 带压实时液面监测装置

（3）主要技术参数。
①液面测试范围：50~4000m；
②液面测试精度：小于 ±10m；
③井口承受压力范围：0~40MPa；氮气瓶输出最大压力10MPa；
④正常工作压力范围：放气式 0~35MPa；进气式 0~10MPa；
⑤套压测试精度：±1%。
（4）其他参数。
①通信接口：RS232/RS485/LAN/4~20mha mA；
②可短距离无线通信距离（稳定通信）：<100m；
③可选内置 4G 模块，直接数据远传；
④增益范围：0~7；
⑤测试间隔：0~1440min；可定制定间隔定次数任务测试；
⑥标准 Modbus-RTU/TCP 协议；
⑦防护等级：IP65。
（5）工作环境。
①供电电压：AC 220V ± 20% 50/60Hz；内置锂电池（带保温）+ 太阳能供电系统；
②工作温度：-40~+70℃；
③工作湿度：≤ 85%RH（不结露）；
④套压：≤ 40MPa。

9.6　储气库永久封井技术

储气库建库地质构造范围内存在诸多废弃老井，其破坏了储气库的整体密封性，如何治理这些老井，保证油储气库密封完整性，避免注入库内天然气泄漏，降低经济损失，同时消除安全隐患，是建库过程必须解决的关键技术问题。通过整合各类封堵手段，构建多重井屏障，实现储气库井永久封堵，防止井筒漏气、层间窜气及环空窜气，以满足储气库建库地质体完整性的要求[11-12]。根据处理难度的不同，可将储气库永久封井技术分为常规永久性封井技术和复杂老井找眼封堵技术。

9.6.1　常规永久封井技术

（1）技术原理。
首先通过挤注超细水泥、打桥塞等手段封堵储层；然后采用盖层射孔挤超细水泥或温控树脂，锻铣盖层注水泥等手段完成盖层永久封堵；最后打桥塞、注水泥塞、替套管保护液、装井口密封装置等实现一体化永久封井，建立完整井屏障，保障气库的密封性和安全性。完井示意图如图 9.6.1 所示。
（2）工艺流程。
①采用超细水泥最大限度地挤注储气层，带压候凝；下桥塞，并在桥塞上注低渗透微膨胀水泥塞；

②固井质量不合格的井，盖层锻铣封堵或射孔挤超细水泥（温控树脂）；
③油套水泥返高以下注水泥塞；
④注重晶石亚稳定塞、灌注高效缓蚀套管保护液；
⑤浅层水源保护，水层以下注水泥塞；
⑥注井口水泥塞；
⑦安装防盗井口，恢复地貌。

下面以×井为例进行介绍。

基本情况：1980年8月9日开钻，ϕ177.8mm 技术套管下深2896.76m，钻至2942.68~2953.03m 井段因漏失严重发生井喷，经过两次堵漏后于1981年1月14日打水泥塞临时完井，以钻井工程报废井交井。该井两层套管完井，表层套管 ϕ325mm×102.05m，油层套管 ϕ177.8mm×2896.76m。井筒内有两段悬空塞，第一段597.1~1753.93m，厚度1156.83m；第二段1789.58~2050m，厚度260.42m。该井实际完钻井深2953.03m（奥陶系62.53m）。

施工难点：该井为储气库的一口已封堵老井，井口处于带压状态，最高压力达到13.92MPa，存在安全隐患。

封堵经过：放压、冷冻井口→冰塞试压、装井口→带压作业钻除井内两段水泥塞→通井、刮削→下桥塞→钢丝刷清理套管→测井→盖层射孔，下封隔器挤注T&TS封堵→负压测试→注低渗透膨胀水泥塞→注常规水泥塞2个→注亚稳定塞→注套管保护液（高效缓蚀溶液）→下完井管柱、装完井井口完井。该井完井井身结构图如图9.6.2所示。

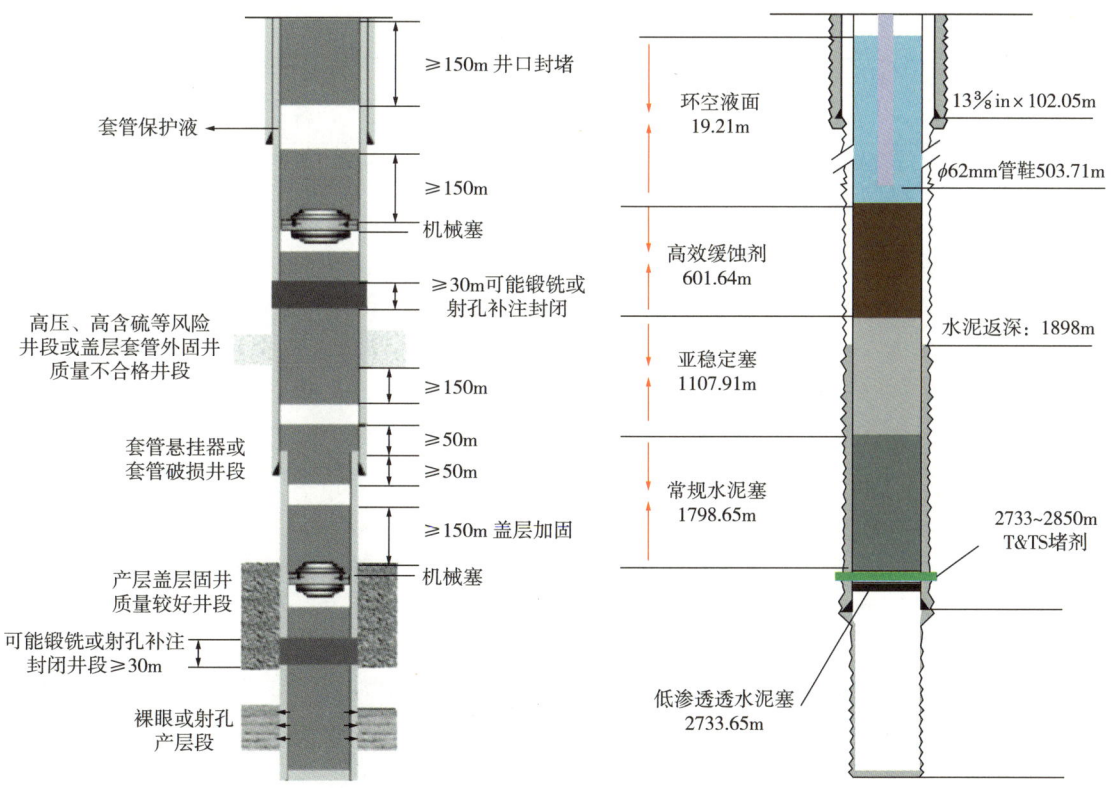

图9.6.1 储气库井一体化永久封井井屏障示例图

图9.6.2 ×井封堵完井井身结构图

9.6.2 复杂老井找眼及封堵技术

储气库核心区复杂老井一般井况复杂多样、基础资料少、封堵要求高，主要存在裸眼井找眼重入难度大、井下落鱼处理难度大、侧钻找眼重入和封堵难度大等难题[13-16]。经过近几年的技术攻关，发展形成了冲划找扩眼封堵、长落鱼钻具封堵、侧钻找眼封堵等复杂老井找眼及封堵技术。

9.6.2.1 冲划找扩眼封堵技术

老井裸眼完井主要是由于没有良好油气显示或钻井过程中井眼坍塌导致弃井，老井年代久远、井眼尺寸非标、表套下深浅、井筒完整性未知、资料缺失，给找眼重入施工带来了一定难度。冲划找扩眼技术是指在裸眼井找眼重入过程中，采用专门的找扩眼工具，达到找到老井眼并扩眼的目的。

使用的找眼工具底部无切削功能，通过工具的水力能量实施无旋转找眼；冲划找眼后，为了清除井壁浮泥饼，避免原井眼坍塌，保证下步施工安全，进行扩眼作业。扩眼工具采用引子式结构设计，工具下端可以连接引子，中端为PDC扩孔钻头，上面为钻杆连接螺纹。导向引子保证钻具进入老眼后，通过给工具施加钻压，转动转盘，扩眼机构切削岩屑，实现对井壁进行扩眼施工。冲划扩眼可分为随钻扩眼和钻后扩眼两种方式。

老井重入找眼、大井眼扩眼、防出新眼等系列专用老井找眼工具，有效解决了老井井眼坍塌、井壁缩径等难题。冲划找眼工具基本参数见表9.6.1。

表9.6.1 冲划找眼工具基本参数

规格	长度/mm	水眼/mm	螺纹类型	钻压/kN	最大抗扭/(kN·m)
197	1500	71	NC50	20~40	26
216	1500	71	NC50	20~40	30
241	1500	71	NC50	40~60	35

以×井为例，该井1964年开钻，1965年因井塌严重，工程报废弃井。该井353m表层套管以下存在2350m裸眼段未下套管和固井。针对该井坍塌后弃置时间久、裸眼段长且无轨迹数据参考、划出新井眼风险极大等难点，制定了一整套复杂井眼重入技术方案。上部地层选用底部无切削功能的找眼引锥，通过工具水马力实施无旋转找眼，下部地层压实程度增强，使用欠尺寸找眼钻头，低转速找眼，一直伴随间断性放空和返出老滤饼的现象，证明未划出新井眼。历经181天成功找眼至2590m，取得了国内首次在馆陶地层中ϕ196.7mm老井眼扩眼至ϕ295mm、成功下入ϕ244.5mm技术套管的突破，按设计完成了对该井盖层及隔层段的下套管固井优质封堵，满足储气库分层建库的需求。

9.6.2.2 长落鱼钻具封堵技术

储气库部分老井在钻井施工中发生卡钻、钻具落井等，导致井下存在长段钻具落鱼，具有钻具落鱼长、埋藏深、井筒坍塌、钻具腐蚀、形变、有漏点、水眼不通畅等特点，通钻具水眼作业面临通不到目的层深度的风险，打捞作业面临丢鱼头等诸多难点。

利用落鱼钻杆封堵技术是指在老井井下有落鱼钻具，并且满足将落鱼鱼顶回接至井口的前提下，通过对落鱼钻具进行射孔并定点挤注封堵剂封堵盖层的一项技术。该技术与

"打捞落物清理井筒再固井技术"相比,不仅降低了施工作业难度,而且大幅度缩短作业周期。其技术要点如下:

(1)恢复落鱼钻具的通过性。

老井落鱼钻具普遍存在钻具结构复杂、内径不统一,通过性差等特点,为达到利用落鱼钻具射孔、封堵盖层的目的,需要采用通、钻、磨、置换钻具等技术手段恢复钻具的通过性。

(2)恢复落鱼钻具的完整性。

对落鱼钻具的完整性进行检测并恢复,使落鱼钻具的承压能力满足挤注压力要求,若落鱼钻具的完整性不足,承压能力无法达到挤注压力要求,需要检测落鱼钻具的管损、漏点位置并恢复落鱼钻具的完整性。

(3)封堵井段的选择。

射孔前需要落实盖层井段的地层坍塌情况,选择在盖层底部、顶部两个地层坍塌不严重的位置进行射孔,使封堵剂能够充分驱替环空空隙、裂缝中的流体,实现对盖层"双隔板"封堵。

(4)封堵材料的选择。

确保封堵材料固化安全可控,渗入能力好,黏结性能优良,封堵能力强。

以×井为例(图9.6.3),该井1975年完钻,完钻井深2845.53m,因井眼坍塌解卡不成功,工程报废弃井,未下套管,井内鱼长2823.47m钻杆,鱼顶8.76m。由于钻具在地下时间长达46年,腐蚀情况严重,打捞和套铣难度较大,且钻杆内未通径,通过性较差,常规工具无法完成施工。

针对该井环空垮塌严重无法打捞全井落鱼、落鱼经长时间浸泡存在多处压力薄弱点,落鱼内存在变径、可使用工具尺寸受限等难点,通过采用连续管通井至钻杆底,钻具内射孔挤注 T&TS 封堵材料,实现了钻头水眼封堵、盖层打隔板和钻具内回填等封堵作业,试压合格,满足储气库运行压力要求。

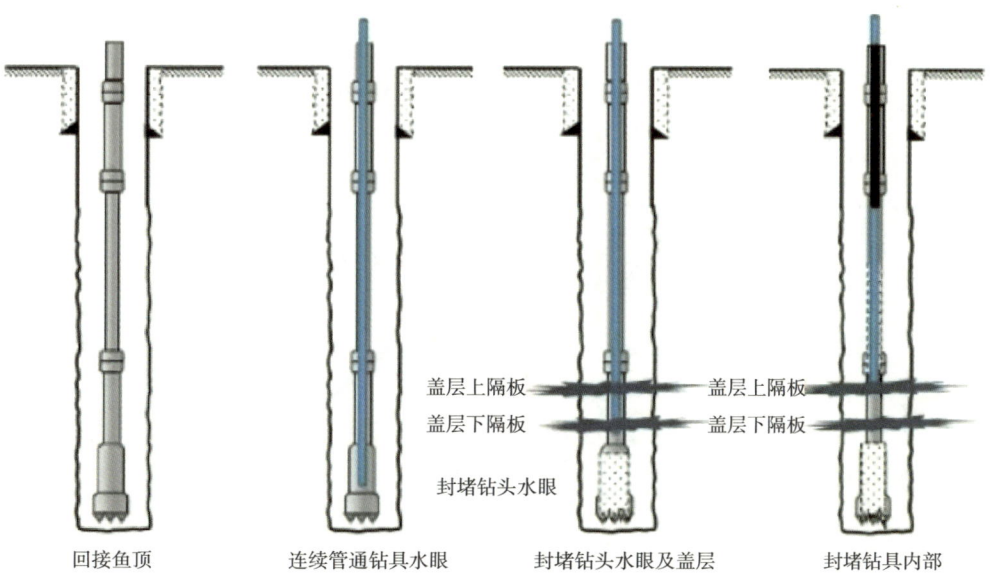

图 9.6.3 ×井封堵示意图

9.6.2.3 侧钻找眼封堵技术

对于井下有两条或者多条落鱼的事故井，并且落鱼无法打捞，弃置的裸眼大多钻穿了储气库盖层，由于井下钻具与周边邻井套管对测量工具存在严重的磁干扰，常规方法无法有效封堵。采用在事故井上部井筒开窗侧钻或打救援井的方式，利用无源磁导向技术，通过井下大电流放电磁定位技术判断落鱼位置，实现老井眼重入完成封堵，或者贴近落鱼钻平行井眼，利用定向射孔技术进行挤注完成封堵，以满足储气库安全运行要求。其技术要点如下。

（1）无源磁导向技术。无源磁导向仪器向地层激发电磁波，同时采集事故井聚集电磁波产生的磁信号，运用特定模型计算两井的位置关系。最大探测距离为60m，距离定位误差小于10%，方位角误差小于3°，跟地层和套管的性能参数关联。

（2）几何导向与磁导向相结合模式，缩短两井距离，磁导向捕捉预处理井落鱼信号，精确落鱼位置。着陆式碰鱼技术，碰鱼前30m以内调整封堵井眼与落鱼井眼方位一致，井斜小于落鱼井眼，位移滞后于落鱼井眼，碰鱼时调整井斜碰鱼。

（3）预处理井与救援井的连通及封堵技术。应用水力喷砂技术及定向射孔技术保证与老井眼的连通，采用阶梯打压、憋压候凝的挤水泥工艺，实现了落鱼井眼环空在盖层上部、中部、下部的有效封堵。

以×井为例（图9.6.4），该井1979年完井，井眼轨迹数据缺失，井下存在两个井眼、两条落鱼，1#井眼落鱼鱼顶深度2144.90m，长度634.56m；2#井眼落鱼鱼顶深度1447.2m，长度1303.95m，两条落鱼均揭开储层，必须全部封堵以确保气库安全。但上部地层井眼垮塌严重，无井眼轨迹数据，且经过爆炸松扣存在鱼顶位置不明，堪称目前国内最复杂封堵井。

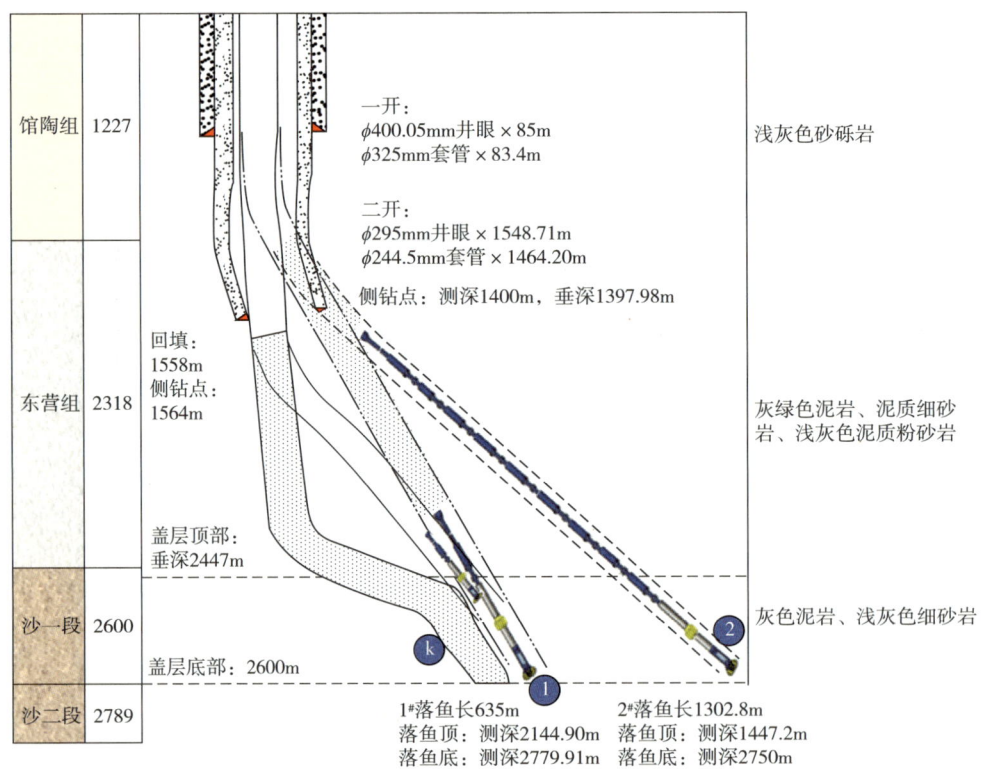

图9.6.4 ×井实现伴行碰鱼井身结构示意图

针对该井井眼垮塌严重、冲划找眼易划出新眼、落鱼打捞难度大、无井眼轨迹资料等技术难点，针对该井无轨迹多落鱼的技术难题，应用无源磁导向仪器加密测量反演落鱼轨迹、纳特级弱磁场信号采集等技术手段实现超远距离定位，精细控制井眼轨迹，克服了伴行过程中小井斜方位变化大、近距离 MWD 仪器磁干扰严重、双落鱼相互干扰等难题，实现了开窗侧钻井眼（救援井）与老井的长井段、近距离伴行钻进，完成无轨迹双落鱼封堵井成功碰鱼。应用磨料射流水力喷砂技术，实现了落鱼钻具的开孔，通过挤注水泥工艺，对落鱼内水眼进行了有效封堵，应用钻杆传输定向射孔技术实现了与老井眼环空的有效连通，采用阶梯打压、憋压候凝的挤水泥工艺，实现了落鱼井眼环空在盖层上部、中部、下部的有效封堵，恢复了井筒盖层的完整性。图 9.6.4 所示为该井实现伴行碰鱼井身结构示意图。

9.7 储气库井治理实践与认识

× 潜山凝析气藏自 2011 年 4 月开始改建地下储气库，设计库容量 $35.0\times10^8m^3$，工作气量 $12.1\times10^8m^3$，垫气量 $22.9\times10^8m^3$，气库运行上限压力 48MPa，下限压力 28MPa。新钻井 9 口，目前共有各类井 19 口，其中注采井 8 口，采气井 4 口。2013 年 12 月 29 日储气库投入运行，已经历七注七采，截至 2021 年 4 月 1 日总累计采气 $22.9\times10^8m^3$，总累计注气 $30.6\times10^8m^3$。下面以该储气库的两口井为例，介绍储气库大修解卡和环空带压治理的实践与认识。

9.7.1 储气库大修解卡

（1）基本井况。

2022 年 × 井在试油过程中通井管柱在 4542.76m 遇卡，需大修解卡。在施工初期，采用常规活动解卡、震击解卡等方式均失败，由于该井井斜角大，采用定点倒扣工艺不易控制管柱，最终采用无爆药切割方式在 4530.72m 切割并起出大部分管柱，随后采用高效领眼磨鞋、各类磨鞋、捞矛等工具成功起出剩余遇卡管柱。

2023 年该井再次大修，施工目的是起出原井管柱，清除井底碎屑（前期大修磨铣作业掉落碎屑，导致连续管无法冲至井底，酸化连通地层），重新下入生产管柱完井并安装采气树，配合酸化解堵。

（2）施工经过。

应用 LCT 切割封隔器芯轴，切割位置 4723.18m，切割后封隔器解卡，起出井内管柱，通至井底后重新下入注采管柱完井。

（3）总结与认识。

①连续管过注采管柱钻除掉落铁块碎屑困难，一是受管柱磨阻影响，不易加压；二是连续管加压易弯曲，在尾管内易开窗，易造成事故复杂。

②井底为筛管，和地层连通，大修作业钻通尾管时可采用旋转防喷器，保障井控安全。

③采用 LCT 切割技术，实现封隔器快速解封，较常规套捞施工，工艺简单，避免复杂。

9.7.2 储气库环空带压治理

(1)基本井况。

×井为一口注采井,2013年2月25日开钻,2013年12月2日完钻,2014年1月19日完井;完钻井深5399.0m(斜深),4723.47m(垂深),最大井斜78.55°(5085.4m)。该井最高日注气量$48.3 \times 10^4 m^3$,最高日采气量$52.8 \times 10^4 m^3$,目前H_2S含量为$18mg/m^3$;2020年3月18日,压力测试过程中测试仪器落井。该井2015年10月20日A环空带压3.4MPa,2019年11月21日A环空压力最高值为39.86MPa;2017年2月4日B环空开始带压,之后呈现缓慢上升趋势,2020年6月加速上升,2020年11月21日B环空压力最高值为36.44MPa。

(2)施工难点。

该井治理前套压为1.5MPa,油/技套间压力为14.7MPa。同时,A/B环空压力无关联,B环空气质检测与储层一致,存在极大安全隐患,需对环空带压进行综合治理。

(3)施工经过。

该井经挤压井、储层暂堵、打捞落井仪器、拆井口安装防喷器、起原井封隔器以上管柱,通井刮削,套铣打捞SABL-3封隔器,井筒完整性复查,T&TS堵漏施工、钻塞、通井刮削下完井、气举排液、放喷等工序,成功完成环空带压治理恢复生产。

(4)总结与认识。

①储层暂堵时,为确保施工过程中的井控安全,针对气库井漏失严重的特点,采用可降解型暂堵液对储层暂堵后,与清水相比有效降低了漏速80%,施工中结合液面监测数据有效地保障了井控安全,有效的推进施工进展,为水平井、大漏失井套铣永久式封隔器建立循环创造条件。

②套铣打捞SABL-3封隔器施工时间较长,原因分析为气库井漏失严重。因前期井漏失返不能建立循环,套铣后的碎屑无法循环出井筒,造成反复套铣,工具合金损耗快,易卡钻,对套铣永久式封隔器极为不利。针对贝克休斯ϕ152mm套捞一体工具在施工中出现的问题,针对性改进,先后设计加工套铣鞋、侧水眼打捞杆、反循环内置捞杯、双滑块捞矛。调整套铣参数,成功捞出SABL-3永久式封隔器。

③采用T&TS堵剂治理环空带压。

采用T&TS低黏切无固相液体改性树脂封堵B环空,共挤注T&TS堵剂3次。

第1次堵漏施工T&TS厚度84.36m,折合$1.63m^3$,现场正注$2m^3$,实际进入B环空及地层$0.37m^3$。第2次堵漏施工T&TS厚度91.2m,折合$1.77m^3$,现场正注$2m^3$,进入B环空及地层$0.23m^3$。第3次堵漏施工T&TS厚度74.6m,折合$1.45m^3$,现场正注$3m^3$,进入B环空及地层$1.55m^3$。

三次挤注施工,累计进入B环空及地层$2.15m^3$,套管正打压20MPa,稳压30min,压力下降0.4MPa。试压合格。前2次由于挤注地层选择不合理,选择的地层为盖层井段,地层孔隙度及渗透率较低,挤注压力高,堵剂难以进入地层。第3次施工,优选地层,顺利挤入堵剂,完成环空带压治理施工。

参考文献

[1] 张俊瑾. 枯竭裂缝型储气库老井封堵技术 [J]. 石油工业技术监督, 2022, 38 (12): 5-8.

[2] 张哲, 徐长峰, 赵勇, 等. 国外枯竭气藏型储气库重大事故经验与启示 [J]. 西南石油大学学报 (自然科学版), 2022, 44 (6): 114-120.

[3] 李国韬, 宋桂华, 张强, 等. 大港地下储气库注采气井修井难点分析及对策 [J]. 天然气勘探与开发, 2010, 33 (1): 80-82, 88, 98.

[4] 范红喜. SU49枯竭气藏改建储气库老井封固质量评价与处置技术研究 [D]. 青岛: 中国石油大学 (华东), 2020.

[5] 张毅, 杨东, 张敏, 等. 微米网凝胶暂堵技术在储气库的应用 [J]. 天然气勘探与开发, 2023, 46 (3): 77-83.

[6] 宋长伟, 李军, 李昊辰, 等. 苏桥储气库高温高压气井纳米凝胶暂堵技术 [J]. 石油钻采工艺, 2022, 44 (3): 354-359.

[7] 李江涛, 陈清, 李军, 等. 三元复合暂堵技术在华北储气库的研究与应用 [J]. 精细石油化工, 2021, 38 (2): 57-62.

[8] 肖国华, 王玲玲, 邱贻旺, 等. 储气库特深井高温封堵工艺技术研究及应用 [J]. 石油机械, 2023, 51 (12): 106-111, 119.

[9] 杨东, 任勇强, 张伟, 等. 桥塞封隔器胶件固卡消融剂研制及工艺应用 [J]. 西部探矿工程, 2024, 36 (4): 34-37.

[10] 张喜明, 樊建春, 代濠源, 等. 环空带压气井液位测试方法改进研究及应用 [J]. 中国安全生产科学技术, 2017, 13 (10): 93-98.

[11] 高晶. 枯竭负压储气库老井封堵技术研究与应用 [D]. 北京: 中国地质大学 (北京), 2021.

[12] 曹洪昌, 王野, 田惠, 等. 苏桥储气库群老井封堵浆及封堵工艺研究与应用 [J]. 钻井液与完井液, 2014, 31 (2): 55-58, 99.

[13] 车阳, 乔磊, 王建国, 等. ×井精准治理技术研究与应用 [J]. 断块油气田, 2023, 30 (2): 347-352.

[14] 胡一鸣, 于晓东, 翁广超. 磁导向钻井技术在井眼重入中的应用 [J]. 天然气勘探与开发, 2022, 45 (3): 57-66.

[15] 王全勇, 王刚, 翁广超, 等. 无磁源导向技术在冀东储气库封堵井中的应用 [J]. 西部探矿工程, 2024, 36 (4): 45-47.

[16] 高玮, 黄中伟, 李敬彬, 等. 储气库救援井水力喷砂定向射孔封井技术及应用 [J]. 钻采工艺, 2023, 46 (5): 47-53.

10 开窗侧钻工艺技术

近几十年来,随着剩余油气挖潜对象的日益复杂、经济效益要求越来越高,开窗侧钻工艺技术不断发展,"工艺复杂、小井眼"已成为其当前最为显著的特征。从井型来看,发展形成了侧斜井(井斜3°以内,相当于直井)、侧钻大斜度井(最大井斜角超过55°)、侧钻水平井(井斜角90°左右并在目的层延伸一定长度)、侧钻分支井/分支水平井(有两个或两个以上的井底)等各种井型。从井眼轨迹来看,具备了侧钻长半径、中半径、中短半径、短半径水平井和超短半径水平井、径向水平井(零半径水平井)等各种曲率半径以及二维、三维剖面的侧钻技术能力。从侧钻井眼尺寸来看,由于我国陆上油气井生产管柱大多在ϕ177.8mm以下,按照各种小井眼定义,在老井里侧钻的井都是小井眼井[1]。

"十二五"以来,复杂工况套管开窗技术取得突破,同时吸纳了小尺寸PDC钻头、螺杆钻具、特制小接箍钻杆、高性能钻井液体系等先进钻井技术,以及随钻测量技术及分析计算技术,侧钻井深越来越深,小井眼侧钻水平井水平段越来越长,并与油气藏工程、采油气工程等油气田开发相关专业整合配套,推动了侧钻挖潜对象由之前的稠油、稀油、高凝油等常规油藏,成功拓展到了低渗透油藏、致密气藏、深层油气藏。围绕复杂油气藏挖潜,特殊工艺侧钻技术也得到了发展,开窗侧钻工艺技术日益完善。

本章重点论述了代表着最新进展的高效套管开窗、小井眼侧钻水平井、超短半径侧钻水平井、侧钻分支井、径向水平井5项技术,以期为老油气田挖掘剩余油气潜力、延缓产量递减、降本增效提供借鉴和参考。

10.1 高效套管开窗技术

如何钻穿原井套管、侧钻出新井眼是开窗侧钻的首要问题。目前,常用的开窗方式有2种,即斜向器开窗和锻铣开窗。开窗方式的选择,主要考虑老井眼的套管尺寸和固井情况、侧钻作业成本和时间、侧钻地质设计要求、地层特点及侧钻工具的侧钻能力等因素。针对复杂工况下的套管开窗难题,研发了一体化斜向器开窗、硬地层斜向器开窗、双层套管开窗、高效锻铣开窗等工具,形成了系列配套技术,大幅度提高了套管开窗的技术水平、作业效率和成功率。同时介绍了国外套管开窗技术的最新进展。

10.1.1 主要技术难点

(1)深层、超深层套管开窗要求高,作业效率低。

深层、超深层套管开窗,由于开窗点深,套管尺寸小、钢级高、壁厚,加之地层较硬,作业效率低,难度大。以辽河油田稠油为代表的浅层侧钻井,原井生产套管以

ϕ177.8mm 为主，套管钢级以 N80、TP100 为主，开窗点深度一般都在 2000m 以内。以苏里格致密砂岩气藏为代表的深层侧钻，原井生产套管为 ϕ139.7mm，开窗深度在 3000m 左右，套管钢级 P110、壁厚 9.17mm。以四川盆地、塔里木盆地为代表的超深层侧钻[3]（开窗点 6000m 以上），由于地层压力和温度的关系，无论是技术套管还是生产套管均需选择高强度套管，套管的钢级高、硬度大，斜向器坐挂困难，对磨铣工具要求高，开窗速度慢。例如，YB1-C1 井在 ϕ193.7mm×TP125S 套管内先后采用了 4 套开窗钻具组合，才完成开窗作业。

（2）硬地层套管开窗难度大。

对于花岗岩、致密砂岩、火成岩等硬地层套管开窗，常规铣锥容易出现损坏过快、进尺缓慢、憋卡钻等问题，甚至导致开窗失败。例如，在辽河油田潜山混合花岗岩硬地层施工的 5 口井，单个铣锥的进尺仅有 0.2m，单井至少需要 7 个铣锥才能完成开窗，并发生了卡铣锥等井下事故复杂，其中 3 口井处理由此引发的事故周期都在 20 天以上。XG7-H208 井采用了 13 个铣锥、2 个斜向器，历时一个多月才完成了开窗作业；XG-ZH101 井历时 12 天使用 14 个铣锥仍未能开窗成功。

（3）双层套管开窗铣锥需穿越两层套管，工况复杂，风险大。

受双层套管的尺寸、壁厚、钢级强度以及两层套管间的间距等因素的影响，使得双层套管开窗窗口长度增长，窗口形成难度增大，侧钻不出技术套管的事故频发，双层套管开窗成功率仅为 50%[5-7]。

（4）深井、小井眼、复杂段、双层套管锻铣风险大，效率低。

套管锻铣首先利用锻铣工具刀片从套管内壁吃入套管，通过钻具的旋转来实现套管切割，然后锻铣工具刀片完全坐在套管上，进行旋转锻铣。常规工具切割套管和锻铣速度均较慢，完全切割断套管通常需要 1.5~2h 以上，套管锻铣速度通常为 0.1~0.3m/h，锻铣 30m 套管需要 10 天以上，甚至 1 个月以上的作业周期，并且井越深、套管尺寸越小，钢级越高，套管切割和锻铣难度越大，严重套变井段的锻铣难度将更大[8]。若锻铣刀片无法回收，还可能造成卡钻事故。

10.1.2　高效斜向器开窗

针对上述难题，研究配套了小尺寸钻头、螺杆钻具、测量仪器、特制钻杆、扩孔工具以及高性能复合盐钻井液、小型化旋转防喷器等，满足了小井眼侧钻水平井施工要求。

10.1.2.1　一体化斜向器开窗

传统的分体式开窗工具需先将斜向器下入进行锚定，然后起钻更换钻具再下入铣锥进行开窗。在深井作业中，每一趟起下钻不仅作业时间长、成本高，而且工人劳动强度大。为提高深井开窗效率、降低成本，研发了一体化斜向器开窗工具。

（1）工具组成。

一体化斜向器开窗工具主要由液压座封总成、斜面总成和开窗悬挂总成组成。其中：液压座封总成主要由液缸、活塞及卡瓦等组成；斜面总成主要由斜面、高压连接管等组成；开窗悬挂部分主要由铣锥、球座、剪销等组成。一体化开窗工具的整体结构如图 10.1.1 所示。

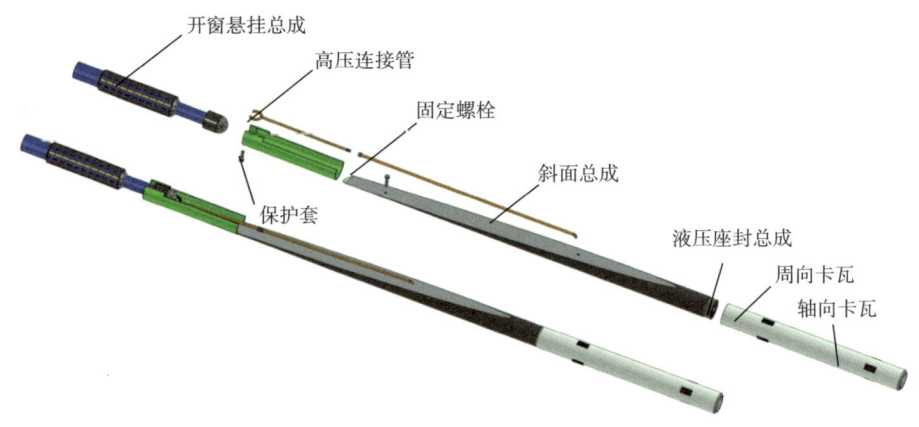

图 10.1.1 一体化斜向器结构示意图

（2）工作原理及特点。

工具下到设计井深后，通过陀螺仪测量斜向器方位，使其斜面对向开窗方位，缓缓开泵泵入液体，通过高压连接管传递到液压坐封总成，推动内部活塞运行，进而推动卡瓦向外伸出与套管内部接触，提高泵压至锚定压力，完成斜向器在套管内的锚定；随后正向旋转铣锥，剪断剪销，完成铣锥丢手，然后进行套管开窗、修窗作业。

该工具具有以下特点：

①一趟钻完成测方位、锚定和磨铣，减少了开修窗起下钻次数，提高了作业效率，特别是在深井中优势尤为突出。

②采用高强度硬质合金铣锥、高抗磨 WC 导斜器斜面，液压、机械双保险丢手，周向、轴向双套卡瓦，保证周向不转动，轴向不窜动，工具可靠性高。

（3）工具系列。

常用的适用于 $\phi 177.8mm$、$\phi 139.7mm$ 和 $\phi 127mm$ 套管的一体化斜向器开窗工具参数，见表 10.1.1。在苏里格致密砂岩气藏区块 $\phi 139.7mm$ 套管侧钻水平井，近两年应用一体化开窗工具 40 余口井，单井开修窗整体时间降低至 5~8h，与分体式相比平均节约 18h。

表 10.1.1 常用一体化斜向器开窗工具参数

适用套管/mm	最大外径/mm	斜面长度/mm	斜面角度/(°)	铣锥长度/mm	铣锥外径/mm	总长度/mm	螺纹类型	坐封泵压/MPa
177.8	152	2570	3	990	154	4540	NC38	>24
139.7	118	1985	3	880	118	3820	NC31	>24
127	105	1825	3	855	105	3350	NC31	>24

注：工具为先置球设计，斜向器里本身已放置球，后期不投球，下钻中途严禁开泵！

10.1.2.2 硬地层开窗

硬地层开窗困难的主要原因是开窗铣锥磨铣材料不能同时有效磨铣套管和硬地层，同时平面斜向器与铣锥的接触面小、磨损快、偏磨严重也是重要的影响因素。为解决上述问题，研制了硬地层专用开窗工具，其工具组成及工作原理，与常规开窗工具基本一致，主要的创新体现为硬地层开窗铣锥和弧面斜向器。

图 10.1.2　硬地层开窗铣锥

主要特点如下：

（1）硬地层开窗铣锥采用天然金刚石粉末、复合片及刀翼式结构，利用磨削及切削相结合的破岩方式，在改善工具寿命的同时大幅提升了破岩能力（单只铣锥进尺由 0.2m 提高到 2m 以上）。

（2）采用弧面斜向器相比传统的平面斜向器（图 10.1.3），铣锥与斜向器的接触由线接触改为面接触，能够减轻斜向器的磨损，同时提高了铣锥的居中度，扶正效果良好。

（a）常规造斜器

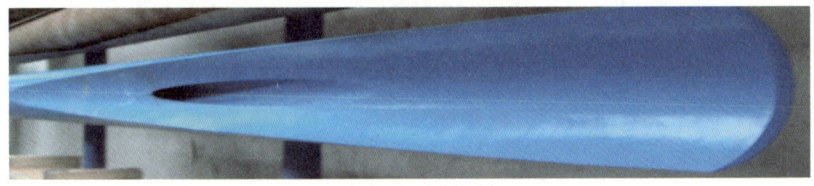

（b）弧面造斜器

图 10.1.3　直面斜向器和弧面斜向器

（3）实现了"低钻压、高转速"安全破岩，不仅有效防止了磨铣工具的快速磨损及先期损坏，还可避免卡铣锥事故的发生，保障施工安全。

目前硬地层开窗工具已形成了适用于 $\phi 139.7mm$、$\phi 177.8mm$、$\phi 193.7mm$、$\phi 244.5mm$ 套管的 4 种规格，在辽河油田兴古、沈北潜山等区块的硬地层中推广应用，其进尺能力、磨铣速度是常规铣锥的 7~10 倍。硬地层开窗铣锥与常规铣锥使用后的对比，如图 10.1.4 所示。

（a）硬地层开窗铣锥

（b）常规铣锥

图 10.1.4　硬地层开窗铣锥与常规铣锥使用后的对比

10.1.2.3 双层套管开窗

目前,双层套管开窗的井越来越多,在总结分析其工况特殊性的基础上,研制了新型高效快速分叉导向式开窗工具,解决常规开窗工具不适应的问题[4-7]。

(1)双层套管开窗工况分析。

双层套管的钢级组合可分为两层套管钢级相当、内硬外软、内软外硬三种形式(表10.1.2)。在现场施工过程中,如遇到内软外硬的套管组合,若采用单只普通复式铣锥开窗,当铣锥穿透内层套管后,其尖部处于双层套管的空隙中,无支撑并且已损伤,切削高强度的外层套管时阻力增大,切削速度大幅度降低,迫使铣锥的尾部过量切削斜向器本体和较软的内层套管。当内层套管被切破至斜向器的有效长度时,斜向器将松动而落井,导致开窗失败(图10.1.5)。

表10.1.2 双层套管井的尺寸、钢级、壁厚的组合

井号	套管	规范/mm	钢级	壁厚/mm
S3-10-06	油层套管	139.7	K-55	6.98
	技术套管	244.5	J-55	8.94
WC2-1	油层套管	177.8	P110	11.51
	技术套管	244.5	T95	11.99
HN1CP	油层套管	139.7	P110	7.72
	技术套管	244.5	N80	10.03
W25-C61	油层套管	139.7	N80	7.72
	技术套管	244.5	P110	11.05
W88-C4	油层套管	139.7	P110	11.05
	技术套管	244.5	P110	11.99

油层套管与技术套管的相对位置存在三种情况:油层套管贴边居左、油层套管居中、油层套管贴边居右(图10.1.6)。油层套管居中是较为理想的工况,也是开窗作业相对容易的一种情况。但实际情况大多是油层套管与技术套管之间存在一定的偏移。

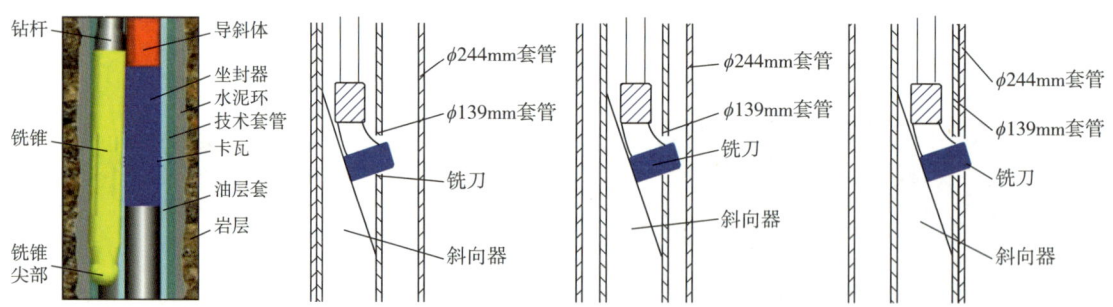

图10.1.5 双层套管开窗示意图

图10.1.6 油层套管相对技术套管的三种特殊位置

油层套管靠右紧贴技术套管时,可以把这种双层套管开窗当成一种套管壁加厚的单层套管开窗,这是最理想的双层套管侧钻位置工况。在该种工况下,斜向器的造斜和导斜能力最强,铣锥的工作量最少,成功率最高。

当油层套管靠左紧贴技术套管时，两层套管间的间距最大，是作业难度最大、成功率最低的一种工况。如果两层套管之间的环空中有水泥环，铣锥在切削完第一层套管后，很有可能会在两层套管的夹层中不断地向下磨铣硬度较软的水泥环，而不是向外切削较硬的第二层套管，尤其是两层套管钢级"内软外硬"的组合，则更容易发生上述可能。由于两套管间距大，斜向器斜面距离第二层套管最远，导致钻具组合刚性不足，其造斜和导斜能力严重下降，致使铣锥无法从第二层套管开窗出去。如果两层套管之间的环空中没有水泥环，当内层软套管开出去后头锥无支撑，就会卡在环空中，出现频繁蹩扭、无进尺现象，无法保证窗口质量，导致开窗失败。

通过上述分析，如果选择在套管间距较小的一侧开窗时，开窗成功率较高，相反，选择在套管间距较大的一侧开窗时，开窗成功率更低。因此，在确定开窗位置时应尽可能选择在双层套管间距相对较小的一侧开窗。

（2）新型高效快速分叉导向式开窗工具。

该工具包括双层套管开窗斜向器、长加强型铣锥和双切削刃强侧切开窗钻头。

斜向器采用双角度复合斜面（3.5°斜面本体与4.0°硬质合金粉末复合斜面，两斜面相交于斜向器中心线），进一步提高双层套管开窗的分叉速度，其有效长度L（斜向器斜面顶部至上卡瓦的长度）大于外层套管下窗口位置，防止开窗钻头在切削内层套管的过程中损伤卡瓦牙使坐封器松动而落井。斜向器体斜面硬度应远大于套管硬度（可达HRC55以上），表面过软则窗口分叉角小，侧钻不出去顺老井眼走的概率较高。

常规开窗铣锥（指单层套管开窗所用铣锥）受损最严重的部位是铣锥球头和铣锥柱面与锥面过渡的肩部。如图10.1.7所示，为提高双层套管（以$\phi 139.7$mm和$\phi 244.5$mm为例）开窗的效率和成功率，进行了如下改进：

图10.1.7　常规铣锥与加长加强型铣锥

①铣锥球头直径增大至100mm。

②将铣锥上部第二级柱形本体长度加长200mm（整体长1.2m），既增强了铣锥过双层套管间隙的能力又降低了窗口轨迹的曲率。

③采用等磨损和等切削原则布齿、齿面结构优化设计和复合超硬材质牙齿，能较好地适应开窗过程的非对称性、非稳定性和形态随机性所形成的断续切削工况，同时增强了抗冲击能力，可实现整个开窗过程的快速切削。

双切削刃强侧切开窗钻头（图10.1.8）的轮廓采用抛物线型曲面轮廓、短保径齿，提供锋利的切削刃，在预开窗口处有较强的侧向切削能力；巴拉斯和异型复合超硬材质切削刃高低布齿结构，增强钻头既切金属又切岩石的能力，交错布齿规律有较好的覆盖率，可有效防止顺双层套管间隙窜走而侧钻不出去的可能性。

图10.1.8　双切削刃强侧切开窗钻头

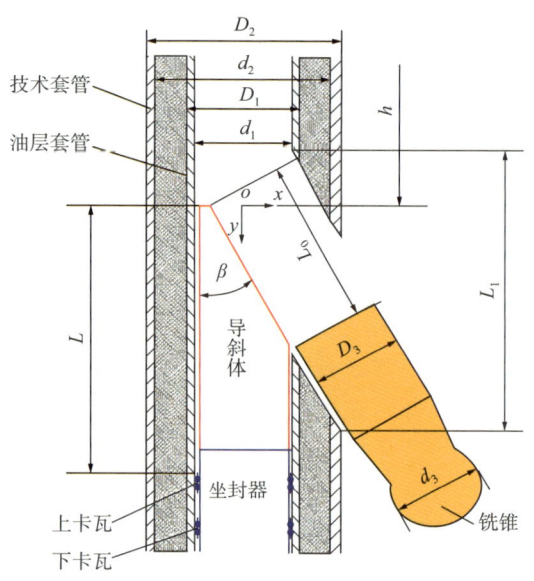

图 10.1.9 双层套管开窗结构示意图

（3）双层套管开窗窗口计算。

双层套管窗口长度是指铣锥底圆自斜向器斜面顶部开窗形成油层套管上窗口到铣锥整体全出技术套管形成技术套管下窗口之间的垂向距离，如图 10.1.9 所示。窗口长度应适中，窗口过短，会影响钻具套管的下入，可能在窗口处发生挂、阻现象；窗口太长，会增加磨铣套管的工作量。根据相似三角形性质，双层套管窗口理论长度的计算公式为

$$L_t = \frac{D_2 - d_1}{2\tan\beta} + \frac{D_3}{\sin\beta} \quad (10\text{-}1\text{-}1)$$

式中 D_2——技术套管外径，m；
D_3——铣锥最大外径，m；
d_1——油层套管内径，m。

为了在双层套管开窗侧钻现场施工作业中合理的施加钻压和转速，必须准确判断开窗过程中开窗钻头所处的位置。双层套管开窗过程有 5 个关键位置：①铣锥接触油层套管并遇阻；②铣锥头部出油层套管并接触技术套管内壁；③铣锥头部二分之一出油层套管并接触技术套管内壁，即"上死点"位置；④铣锥头部二分之一出技术套管，即"下死点"位置；⑤铣锥头部最大外径出技术套管外壁并形成了完整的窗口，即下窗口位置。以上这 5 个关键开窗位置的参数计算见表 10.1.3。

表 10.1.3 双层套管开窗位置参数计算公式

开窗阶段	水平位移 x/m	纵向位移 y/m	开窗钻头纯进尺 L_x/m	井深 h/m
1	$\dfrac{d_1}{2}$	0	0	开窗点 h
2	$\dfrac{d_2}{2}$	$\dfrac{d_2 - d_1}{2\tan\beta}$	$\dfrac{d_2 - d_1}{2\sin\beta}$	$h + Y_2$
3	$\dfrac{d_1 + d_3}{2}$	$\dfrac{d_3}{2\tan\beta}$	$\dfrac{d_3}{2\sin\beta}$	$h + Y_3$
4	$\dfrac{D_2 + d_3}{2}$	$\dfrac{D_2 + d_3 - d_1}{2\tan\beta}$	$\dfrac{D_2 + d_3 - d_1}{2\sin\beta}$	$h + Y_4$
5	$\dfrac{D_2}{2} + D_3$	$\dfrac{D_2 + 2D_3 - d_1}{2\tan\beta}$	$\dfrac{D_2 + 2D_3 - d_1}{2\sin\beta}$	$h + Y_5$

注：h—开窗点井深，m；d_2—技术套管内径，m；d_3—开窗钻头部直径，m；Y_2，Y_3，Y_4，Y_5—开窗钻头在开窗阶段 2，3，4，5 的纵向位移，m。

（4）双层套管开窗参数设计。

①转速设计。

双层套管开窗过程分 5 个阶段：a. 铣锥接触油层套管阶段，铣锥开始磨铣导向器顶部，同时铣锥头直径圆周与油层套管内壁接触磨铣，使套管壁首先被均匀磨出 1 个光滑的接触

圆面，此时采用低钻压、低转速；b.铣锥骑油层套管到"上死点"阶段，此时应采用高钻压、中转速；c.从"上死点"至"下死点"阶段，此时一般应根据转盘负荷和磨铣速度，逐渐增加钻压和转速，采用高钻压、高转速。但是，对于"内软外硬"型套管组合结构，当铣锥底圆刚接触技术套管内壁时，要采取低钻压、高转速增加侧向切削磨铣的方法，使铣锥平稳的通过"上死点"位置；d.从"下死点"至下窗口形成阶段，此时应采用中高钻压、中转速，使铣锥钻头快速越过"下死点"钻入岩层；e.修窗时，转速最大，钻压最小。

②钻压设计。

双层套管开窗作业时，钻压是关键。如果钻压过大，铣锥将提前出套，窗口短，导致下钻头和下套管困难；如果钻压过小，铣锥将出不了套管，严重时可能会将导向器磨掉。此外，在双层套管开窗时，特别要注意的是当铣锥刚接触技术套管时钻压的确定，此时如果不增大钻压，铣锥就出不了技术套管。但对间隙大、"内软外硬"特殊井型双层套管开窗，当铣锥刚接触技术套管时必须减少钻压、增加转速。经过上述定性分析和多年的套管开窗侧钻实践，确定双层套管开窗钻压情况，如图10.1.10所示。

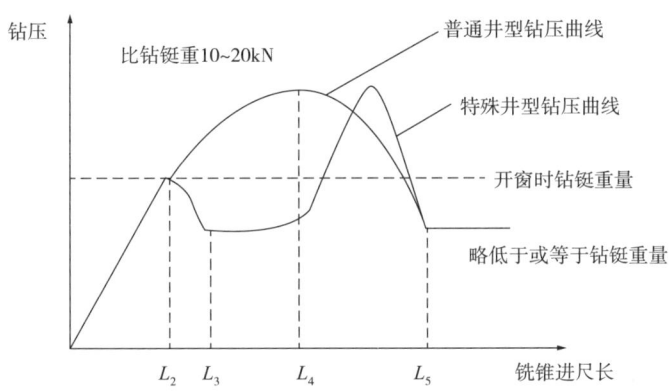

图10.1.10　双层套管开窗时钻压变化情况

为检验钻压大小，还可以根据井口返出的铁屑进行调整，调整依据见表10.1.4。开窗过程中，应注意井内返出物，若出现金属物，应提起反复划铣，整个窗口井段应反复慢速均匀划铣数次，直至无阻卡现象为止。磨铣完毕，应充分循环，直至返出物无铁屑后起钻。

表10.1.4　铁屑状态与钻压的关系

序号	铁屑情况	钻压情况
1	铁屑为小片状	钻压过小
2	铁屑为丝状	钻压适中
3	铁屑为块状	钻压过大

10.1.3　高效锻铣开窗

近年来，为提高锻铣效率和工具使用寿命，在锻铣刀片切削齿材质、形状、布齿等方面进行了改进[8]，研制了高效锻铣开窗工具。

(1)工具组成。

高效锻铣工具主要由盘阀、弹簧、上限位块、长刀片、下限位块、上接头、工具本体、喷嘴、活塞杆、短刀片、下接头组成(图10.1.11)。

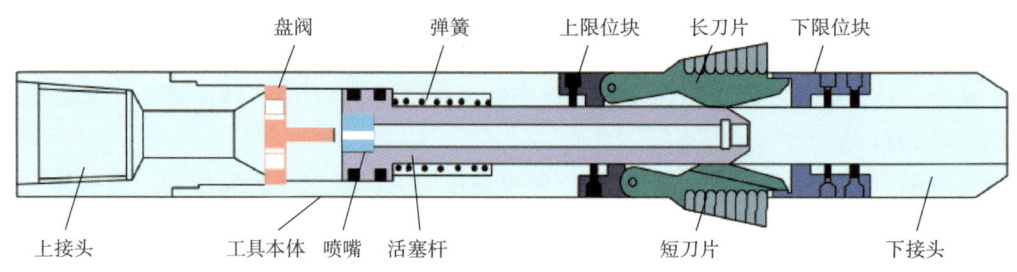

图 10.1.11 锻铣开窗工具

(2)工作原理及特点。

正常入井时刀片处于收拢状态,工具下入指定井深后开泵循环钻井液,钻井液流过盘阀,推动活塞杆压缩弹簧下行,顶开刀片,进行套管的切割和锻铣作业。作业完成后,关泵,弹簧推动活塞杆上行,刀片收拢,取出工具。

该工具具有以下特点:

①切削齿采用进口碳化钨材质,其硬度为9.04HRA,密度为13.05g/cm³,膨胀系数为$6.0\times 10^{-6}K^{-1}$,具有高强度、高稳定性的特点,在高温条件下产生崩齿现象的概率低。

②切削齿的齿形结构采用内凹齿+锐化菱形齿。刀片尖端采用锐化菱形切削齿结构,切割时刀尖更容易刺入套管内壁,最终形成的切削口长度仅为非锐化菱形切削齿的一半。菱形切削齿切割完套管之后,进一步切削套管外的水泥环,直至刀片本体下端限位顶住套管内壁,此时内凹齿部分置于套管顶部,对套管进行磨铣作业,内凹齿结构与套管是点接触形式,优于菱形齿的面接触形式,磨铣效率更高。

③磨铣刀片采用内凹齿+非均匀布齿结构。下入磨铣齿进行锻铣作业时,为防止锻铣时形成连续的长铁屑缠绕工具,引起卡钻,同时也有利于铁屑返排,磨铣刀片上的内凹齿布齿设计了18°仰角。为进一步增强断屑效率,降低连续切削几率,将刀片上的完整齿、$1/2$齿、$1/3$齿、$1/4$齿以相同的布齿仰角不均匀的、非对称的布置每一副刀片上。当钻柱转动时,每转过$1/6$的套管周长,改变一种刮削方式,降低产生长铁屑缠绕的风险。

在现场应用中,高效锻铣与常规锻铣工具相比,锻铣速度提高了近50%,平均锻铣长度提高了近1倍,并在现场应用中创造了一批先进技术指标和纪录。例如,在XG7-H171井完成了ϕ339.7mm 大直径套管、40°大井斜的锻铣施工,在WQ801井成功锻铣ϕ177.8mm 套管50m,在D306井创单刀锻铣ϕ139.7mm 套管35m 的纪录,在SY3井ϕ139.7mm 套管创单井锻铣井段90m(两段锻铣40m+50m)的最长纪录。

10.1.4 国外套管开窗新进展

10.1.4.1 国外斜向器开窗新进展

国外知名服务公司均开发了各自的斜向器开窗工具,例如斯伦贝谢的TrackMaster斜向器侧钻系统(图10.1.12)、贝克休斯的WindowMaster斜向器开窗系统、威德福的

Quickcut套管开窗系统等。其中,斯伦贝谢的TrackMaster斜向器侧钻系统井下工具组合,自下而上分别是液压锚定器、斜向器、双重磨铣工具、下入工具、钻铤、旁通阀等。其中旁通阀允许井液循环,以获得MWD测量数据。一旦斜向器正确定向,旁通阀可以通过液压方式关闭,此时就可以为开窗铣鞋提供循环井液。双重磨铣工具包括领眼磨铣和跟踪磨铣,也可采用包括领眼磨铣、跟踪磨铣及修整套管磨铣的三重磨铣结构。领眼磨铣与斜向器的角度成几何匹配,使铣鞋的切削结构与套管形成最佳啮合,同时又将作用在造斜器工具面上的载荷降到最低;跟踪磨铣是采用硬合金镶齿进一步延长窗口,硬合金镶齿具有将高效套管屑断屑的特点;修整套管磨铣是修饰开窗后的窗口使其达到最佳状态要求,确保后续作业时能顺利下入和回收各组件。

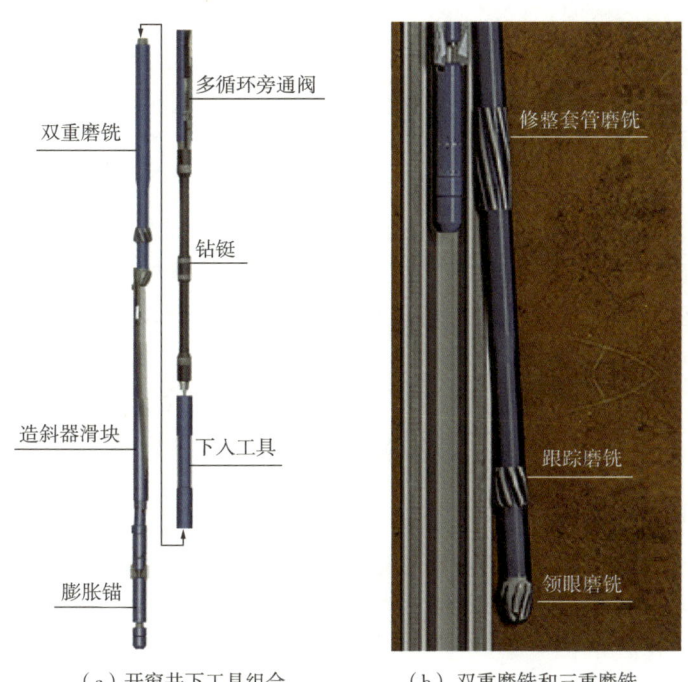

（a）开窗井下工具组合　　（b）双重磨铣和三重磨铣

图10.1.12　斯伦贝谢的TrackMaste斜向器侧钻系统

近年来,国外服务公司从套管开窗作业全流程不断创新,以提高开窗作业效率、可靠性、精准性和窗口质量。下面结合典型应用情况,重点介绍国外高温高压井双层套管开窗、浅层套管开窗、老井三层套管开窗等方面的技术新进展[9-10]。

（1）高温高压井双层套管开窗。

墨西哥湾井的深度约7500~8200m,具有高压、高温和硬地层特征。由于地质或者机械失效,侧钻是很常见的,但通常是在较大套管（ϕ244.5mm、ϕ298.5mm和ϕ339.7mm）内进行。在较小（ϕ177.8mm和ϕ244.5mm）高钢级（例如TAC140）套管侧钻不常见。这种高钢级套管只在墨西哥使用,曾有三次不成功的开窗作业记录（2次陆上、1次海上）。

×井于2020年8月4日完成了钻井作业,完钻井深达到了5364m。在完井阶段,由于ϕ177.8mm尾管因膨胀封隔器的故障而挤毁,导致连续油管在4684m处遇阻。补救方案是在ϕ177.8mm（钢级TAC140）和ϕ244.5mm（钢级P110）双套管中进行开窗侧钻。

对斜向器座封的 4314.93m 处附近进行了测井，测井表明 ϕ244.5mm 套管后面没有水泥，井下温度为 151℃。该井的套管开窗作业，面临双层高钢级套管、ϕ244.5mm 套管后面缺少水泥、窗口附近存在扶正器和接箍等挑战，同时由于开窗时可能旋转停止、振动、井下工具组合扭曲连接的扭断等，增加了磨铣切削结构过早损坏的风险。第一次开窗未成功。

第二次开窗时，在设计阶段，开展了斜向器优选，扭矩摩阻、水力参数、工程参数模拟分析，窗口几何形状建模等，制定了详细的危害分析和风险控制措施。在施工准备阶段，下入平底铣鞋和刮管器，在 4305~4358m 井段反复刮削；在开窗作业中，通过采用优选后的施工参数、钻具组合、工艺措施等，4 趟钻完成了双层套管开窗（2 趟磨铣开窗，2 趟钻导孔）；期间采用了专门的措施更准确地量化了窗口磨铣过程中产生的实际铁屑量，从而准确掌握井眼清洁情况。同时通过全天候的远程监控，确保现场作业与计划相符，出现异常趋势和井下事件时，及时发出警报，并提供专家建议和技术支持，成功完成了墨西哥湾第 1 次高温、高压、高钢级 ϕ177.8mm×ϕ244.5mm 双层套管开窗侧钻。

（2）浅层套管开窗。

在加利福尼亚州，利用现有老井进行开窗侧钻是获取剩余储量的常用方法，降低了地面占地和建井成本，以及对环境的影响，同时不需要获得新井钻井的许可。加利福尼亚州的大多数海上和陆上老井侧钻，要求在井深小于 760m 的浅层进行套管开窗作业。由于钻柱浮重有限、软地层套管背面水泥完整性不好，小型修井机动力水龙头输出扭矩有限，浅层套管开窗具有挑战性。

在对加利福尼亚州 2016 年和 2017 年 100 次连续浅层套管开窗数据进行了分析后，对了开窗工具和井下工具组合进行了改进，主要包括优化并确定 2° 和 3° 斜面的斜向器组合和适用范围、采用楔入式锚定器、降低连接螺栓剪切力、全部采用加重钻杆或钻铤等。在进行广泛的现场测试后，将切削齿从八角形镶块过渡到矩形和方形镶块（图 10.1.13），使磨铣时间更加连续、尺寸损失更小。同时，增加动力水龙头 10% 以上的输出扭矩。2018—2021 年，在相同的地理位置和深度进行了 100 次连续的开窗，一趟钻开窗成功率从 84% 提高到 100%，平均磨铣时间减少了 35%，浅层开窗作业性能改进取得了显著的效果。

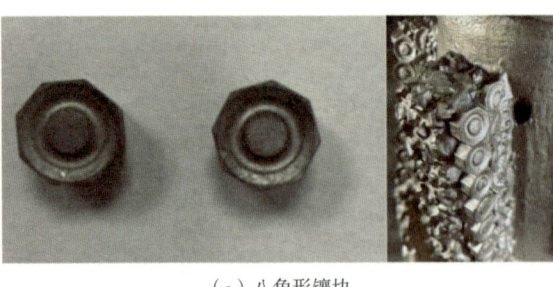 

（a）八角形镶块　　　　　　　　　（b）矩形和方形镶块

图 10.1.13　开窗工具切削齿的优化

（3）老井三层套管开窗。

美国加利福尼亚州 Inglewood 油田的一家公司，计划对一口 1935 年钻成并被封堵的废弃井进行复产，面临主要挑战是在深度仅 172m 情况下，对 ϕ177.8mm、ϕ244.5mm 和 ϕ339.7mm 三层套管开窗。

作业前进行了周密的设计,包括对套管偏心和同心两种情况的模拟分析。作业过程中采用 ϕ158.7mm 的膨胀锚定斜向器和一趟钻双重磨鞋进行磨铣,在磨铣及进入第二、第三层套管的同时,密切关注井深与对应参数(如磨铣速度、钻压和扭矩)的选择,直到将所有三层套管磨穿,后再钻入地层 6m。使用一套钻具组合、一趟钻,操作人员在 3.63h 内完成了三层套管的开窗。之后下入三重磨鞋钻具组合,进行了 0.75h 的井筒清理工作。最终,该井钻至 842m 后完钻,并顺利恢复生产。

10.1.4.2 国外锻铣开窗新进展

贝克休斯公司开发的锻铣工具所有铣鞋切削面均由碳化钨制成,切削齿有各种形状,如圆形、矩形或三角形。目前的设计可以在一趟钻中锻铣 30~40m 的套管窗口。同时针对锻铣过程中需要移除大量的钻屑,配套了专门的移除钻屑的地面工具。

威德福公司推出的双管串锻铣工具,通过对相邻套管串套管的磨铣,快速有效地穿透套管,创造一个岩石到岩石、水泥对地层的良好胶结环境,防止封堵井和弃井中的碳氢化合物迁移和泄露。该工具能够磨铣外径 ϕ177.8mm 到 ϕ244.5mm 和 ϕ346.1mm 的内外套管串。

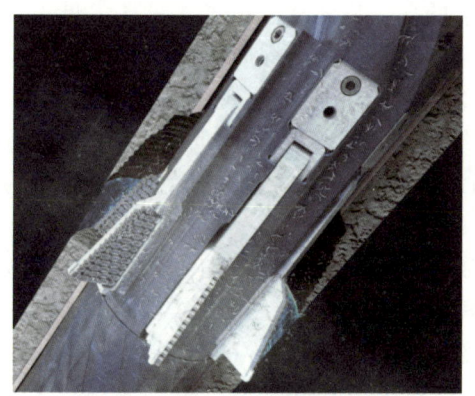 

(a)贝克休斯公司套管锻铣工具　　　　(b)威德福公司套管锻铣工具

图 10.1.14　套管锻铣工具

以海上某井为例。该井前期尝试在 ϕ244.5mm 和 ϕ346.1mm 套管环空回填水泥失败后,决定采用双管串锻铣工具进行锻铣施工,注水泥进行裸眼封堵。利用标准锻铣工具磨铣掉 35m 的 ϕ244.5mm 内层套管,位于底部的液压稳定器在 ϕ346.1mm 外层套管串内膨胀张开使该工具居中;切割刀片将 ϕ346.1mm 外层套管割穿,为后续磨铣做准备;最后再用 ϕ431.8mm 的磨铣刀片,磨铣剩余的 30m 套管段。该工具一次起下钻作业完成双层套管串的锻铣作业,为裸眼水泥塞提供了空间,节省施工周期 4.9 天,并通过减少需磨铣的套管量,最大限度地减少了作业风险。

10.2　小井眼侧钻水平井技术

国内外将井眼尺寸小于 ϕ152.4mm 或全井 60% 以上井眼尺寸为 ϕ152.4mm 的井界定为小井眼。ϕ152.4~ϕ120mm 井眼的钻井工具和工艺已经成熟,ϕ120mm 以下小井眼工具和工艺仍不配套[11]。近年来，在 ϕ139.7mm 套管内开窗侧钻小井眼的井越来越多，并且不断向深层迈进。苏里格致密砂岩气藏埋藏深，ϕ139.7mm 老井套管开窗的平均开窗点深度 3000m 左右，开窗后采用 ϕ118mm 钻头侧钻钻进，平均完钻井深 4300m 左右，在小井眼侧钻水平井方面极其代表性。针对 ϕ118mm 小井眼长水平段侧钻水平井钻井难题，通过地质工程一体化联合攻关，形成了系列配套技术[12-15]，较好解决了机械钻速慢、事故复杂多、周期长等瓶颈问题，已成为老区挖掘深层剩余油气潜力、提高采收率、延缓产量递减的重要技术手段。

10.2.1 小井眼侧钻主要技术难点

10.2.1.1 实施背景

苏里格气田位于鄂尔多斯盆地伊陕斜坡，气田含气层为上古生界二叠系石盒子组 8 段（盒 8 段）和山西组 1 段（山 1 段），储层岩性主要为岩屑石英砂岩、岩屑砂岩以及少量的石英砂岩，气藏主要受控于近南北向分布的大型河流、三角洲砂体带，是典型的岩性气藏，由多个单砂体横向复合叠置而成，属于低孔、低渗透、低产、低压、低丰度的大型气藏。在苏里格气田开展侧钻水平井剩余气挖潜主要有两点地质依据：

（1）河道多期叠置，纵向上多层系复合含气。目前已发现上古生界盒 4 段、盒 6 段、盒 7 段、盒 8 段、山 1 段、山 2 段、太原组、本溪组和下古生界马五$_{1+2}$亚段、马五$_4$亚段等多套含气层段，主产层盒 8 段—山 1 段厚约 100m，分为 3 个砂组、7 个小层、9 套砂体，纵向储量分散，动用程度低。

（2）平面上有效砂体零散分布、非均质性强，剩余储量丰富；含气砂体主要为河道心滩、边滩等，砂体规模小，连续性差，井间动用程度低。

S10 区块位于苏里格气田的西北部，采用一套层系直井开发，基础井网为 600m×1200m 菱形井网，后期在基础井网有利区域井间加密，形成 600m×600m 加密井网，同时开展水平井试验。S53 区块位于苏 10 区块北部，采用两套层系水平井整体开发，采用近似菱形面积井网，井距 600m，水平段长 1000~1200m。

随着开发的深入，一方面富集区井位逐渐饱和，低产老井增多，井位部署及稳产难度加大；另一方面，鉴于储集层纵横向变化快、单井控制储量低等特点，在上述井网下，仍有部分区域含气饱和度较高，形成零散的剩余气富集区，且常规挖潜措施动用难度大。如何提高单井产量，加强剩余气的开采，提高采收率，是气田持续稳产的重大攻关课题。为寻求降低开发成本和挖掘井间未动用储量的有效途径，率先在 S10、S53 区块进行了老井侧钻水平井开发技术的探索和实践。

10.2.1.2 深层小井眼侧钻水平井钻井难题

深层小井眼侧钻水平井由于其自身显著的特征，面临以下主要钻井难题：

（1）环空间隙小、循环压耗高，导致排量受限、携岩困难。

钻具与井眼的环空理论间隙小，导致环空压耗大（环空压耗占循环压耗 75% 以上），泵压高。泵压与排量的矛盾突出，采用高、低排量相互交替，控制泵压，致使钻井效率低、携岩效果差。当排量达到 9L/s 时，泵压达到 25~27MPa，环空易憋堵，极易引发井漏。前期两口先导试验井钻井液漏失共计 548.5m^3，处理时间共计 23 天。

（2）钻井速度慢、周期长、成本高。

适用于 φ118mm 井眼的钻头、螺杆的性能和匹配性差，导致起下钻频繁，单井使用数量多，前期两口先导试验井平均单井使用钻头 12.5 只，使用螺杆 12.5 根。同时小井眼侧钻摩阻扭矩大，钻具柔性大，滑动钻进效率低，机械钻速低。先导试验井钻井周期达到 90 天。

（3）井眼易坍塌、掉块、致使卡钻等事故频发。

石千峰下部及石盒子组井段所含泥岩主要为硬脆性泥页岩，水化周期短，井壁易掉块、坍塌，造成卡钻。两口先导试验井应用有机硅、全油基 2 种钻井液体，均遇到井眼坍塌、掉块复杂情况，处理时间长，耽误大量生产时间。其中，第一口井水平段出现 208m 的井眼坍塌，处理事故时间共计 18 天；另一口井由于掉块、划眼等，处理事故时间共计 16 天。

10.2.2 小井眼钻井配套工艺

针对上述难题，研究配套了小尺寸钻头、螺杆钻具、测量仪器、特制钻杆、扩孔工具以及高性能复合盐钻井液、小型化旋转防喷器等，满足了小井眼侧钻水平井施工要求。

10.2.2.1 小尺寸 PDC 钻头

多年来，118mm 小井眼侧钻主要使用单牙轮钻头和 PDC 钻头。随着个性化设计制作以及复合片等技术的进步，与单牙轮钻头相比，PDC 钻头具有适应性好、耐磨性强、使用寿命长等特点，在侧钻井中的应用规模和占比逐年提升。

小尺寸 PDC 钻头的难点在于施工过程中钻压低，钻压传递效果不理想，进而影响钻头吃入地层能力，且小井眼侧钻水平井复杂情况多为井漏、钻遇泥岩遇阻，易造成切削齿崩碎。通过统计分析苏里格气田老井资料，计算侧钻井段地层岩石力学参数和可钻性级值，结合地层特点和侧钻小尺寸钻头的难点，开展钻头结构优化设计和复合片优选。

在小尺寸 PDC 钻头结构优化设计方面，将外锥、保径和剖面缩短，以便达到机械钻速高、单只进尺长等要求；优化钻头冠部设计，减小单齿井底接触弧长，更为有效的传递钻压、增加钻头吃入地层能力，提升钻头破岩效率；设计浅内锥，减小钻头扭矩波动，增强钻头攻击性；设计大斜度外锥，增加井底自由面，提高整体机械钻速。为了解决 PDC 复合片崩齿等问题，采取 PDC 复合片深脱钴技术、PDC 复合片超高压物理键结合技术、PDC 复合片微观破岩机理解析技术、PDC 复合片三维结构设计与激光雕刻技术，提升了 PDC 复合片的综合性能。最终，设计的个性化 5 刀翼 PDC 钻头（图 10.2.1），提高了钻头切削性能和使用寿命，大幅提高了单只钻头进尺与平均机械钻速，单井平均节约钻头 7 只，节省起下钻 5~6 天。

10.2.2.2 小尺寸螺杆钻具

螺杆钻具是以钻井液（或压缩气体）为动力源的一种井下动力钻具。螺杆钻具由旁通阀总成、防掉总成、马达总成、万向轴总成和传动轴总成五部分组成（图 10.2.2）。钻井液泵输出的钻井液或压缩机输出的压缩气体流经旁通阀进入马达，在马达

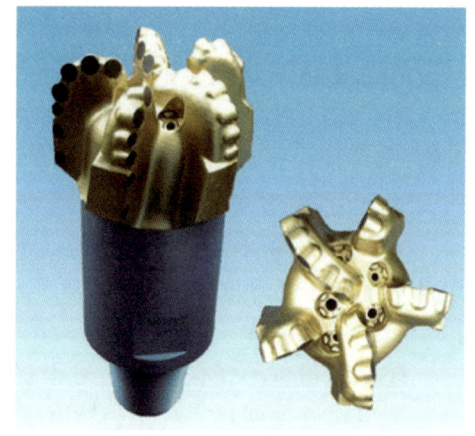

图 10.2.1 5 刀翼 PDC 钻头

进出口处形成一定的压力差，推动马达的转子旋转，并将扭矩和钻速通过万向轴和传动轴传递给钻头，用于侧钻钻进过程中的造斜、定向、纠偏等。

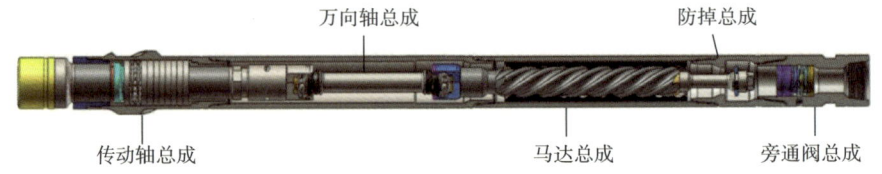

图 10.2.2　螺杆钻具组成结构

近年来，螺杆钻具得创新主要体现在先进的马达设计，包括等壁厚螺杆钻具、高性能马达定子橡胶、耐油基螺杆钻具、壳体耐磨处理技术等。等壁厚定子是近几年螺杆钻具行业最前沿技术之一。常规马达是将橡胶压铸在定子壳体光滑内壁形成的，橡胶衬套内表面是螺旋曲面，橡胶衬套的外表面为圆柱形，黏合于光滑内壁的定子壳体上，橡胶厚度分布不均、抗变形能力低、单级承压小。等壁厚马达是对定子壳体内表面进行机械加工，形成与转子相配合的螺旋曲面，然后在螺旋曲面上压铸橡胶，增大了橡胶与金属的附着面积，橡胶厚度相等（图 10.2.3）。

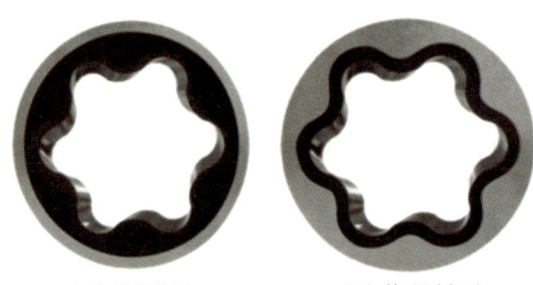

图 10.2.3　常规定子与等壁厚定子对比

等壁厚马达的优点主要包括：

（1）等壁厚定子在运转过程中抗变形的能力好，马达密封性能好、容积效率高、单级承压高，在相同的条件下可以减少马达级数及定、转子间的配合量，在运转扭矩和效率等方面优于常规马达，可改善螺杆钻具性能，提高钻井速度，提高工作效率。

（2）等壁厚定子橡胶溶胀、温胀均匀，能更好地保证马达型线，马达在运转时具有更好的工作性能，可维持长时间高效率钻井，延长螺杆的使用寿命。

（3）橡胶与金属壳体内壁的附着面积增大，不容易脱胶，橡胶收缩均匀，无应力，运转稳定，可增加转速，提高排量，延长使用寿命。

（4）等壁厚马达配合高效导向螺杆钻具结构，可提高随钻测量的精度，在定向钻进和复合钻进时性能稳定、施工精度高。

在苏里格小井眼侧钻水平井推广使用高性能等壁厚螺杆钻具，压耗由常规螺杆钻具的 5MPa 降低到 3MPa，平均使用时间由 52h 提高到 108h（最长使用寿命 136h），提高了 2 倍。

10.2.2.3　小尺寸测量仪器

目前，国内研制配套了陀螺、MWD 测量仪器，基本满足了套管定向开窗、井眼轨迹监测和随钻地质导向钻井需求。

（1）陀螺。

陀螺测量仪不受任何磁信号干扰，可在钻具、油套管等有磁干扰的环境中进行测量，具有测出轨迹数据真实可靠、精度高、测量范围大等特点。陀螺测量仪自 20 世纪 90 年代初期以来，先后发展形成了框架式陀螺测量仪、动调谐式（挠性轴）陀螺测量仪、光纤式陀螺测量仪、固态式陀螺测量仪等。目前现场使用起主导地位的当属固态式陀螺测量仪，随钻式陀螺测量仪国内目前仍处于研发阶段。固态式陀螺连续测量仪通过固态陀螺与先进的数学模型相结合，可进行寻北测量及连续测量。

固态陀螺连续测量仪主要包括脉冲器、磁性测量探管、电池短节、陀螺探管、扶正器、打捞头六个部分。

固态陀螺连续测量仪技术参数见表10.2.1。

表 10.2.1　固态陀螺连续测量仪技术参数

探管外径 /mm	43/48
探管长度 /mm	1315/1500
工作压力 /MPa	100
最高工作温度 /℃	125/175
抗振	1000g，0.5mg
测量模式	寻北模式；连续模式
最大测速 /（m/h）	4000
井斜角 /（°）	范围：0~±90，精度：±0.15
方位角 /（°）	范围：0~360，精度：±1.5（5≤井斜≤60），±2.5（0.5<井斜<5）
工具面角 /（°）	陀螺高边角；范围：0~360，精度：±2
	重力高边角；范围：-180~180，精度：±0.5

（2）MWD测量仪。

MWD测量仪可以实时测量并传输井斜、方位、工具面、温度、伽马等数据，用于定向施工轨迹控制。在小井眼侧钻水平井施工过程中，MWD加入伽马测量短节，可用于判定地层岩性，从而达到确定层位和随钻地质导向的目的。

MWD测量仪由地面设备和井下仪器两部分组成。地面设备，包括电脑、处理箱、司显、盘线、压力传感器、分线盒、绞车传感器、钩载传感器等。

井下仪器按照使用方式，可分为下坐键式和上悬挂式，两者均包括脉冲、探管、伽马测量短节、电池、引斜、扶正器等，主要区别在于脉冲类型及配套的定向接头或者无磁悬挂，如图10.2.4所示。

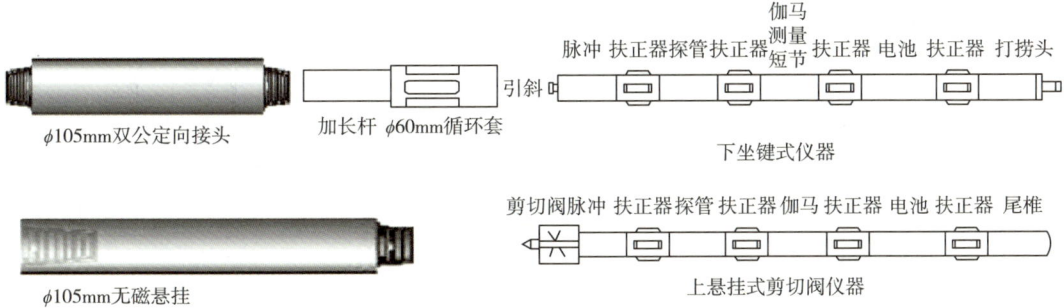

图 10.2.4　MWD 井下仪器

其中，上悬挂式的剪切阀脉冲阀头外径 $\phi63.5mm$，直接挂坐在无磁悬挂内，并使用顶丝固定，避免仪器在无磁内转动。为了有效提高 MWD 仪器在小井眼中使用的稳定性，连接方式均采用航空插头锁死的软连接方式，有效解决仪器虚接问题。如图 10.2.5 所示。

图 10.2.5　软连接方式

下坐键式和上悬挂式仪器的电池、探管、伽马测量短节和传输信号路径及方式基本相同。通过探管采集井斜、方位、工具面等数据、伽马短节采集伽马数据，采集到的数据通过脉冲传输至立压管线，压力传感器采集压差进行编码，以电压的形式经盘线（100m 信号线）传输至地面解码箱，最后经软件处理解码获得井下数据。

不同的是脉冲产生的方式。下坐键式通过控制主阀阀头与限流环处的钻井液流量，往复憋压和泄压产生压差，来实现传输信号的目的，如图 10.2.6 所示。上悬挂式剪切阀脉冲是通过脉冲内部电动机直接带动阀头内部转子旋转和归位调节与定子间的流量来实现憋压和泄压的。当转子归位时，阀头内处于憋压状态产生高压，脉冲受探管控制旋转时，阀头内流量增大，处于泄压状态，如此反复产生压差来传输信号。两者的技术参数见表 10.2.2。

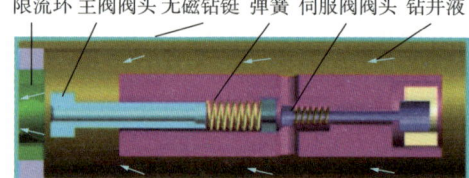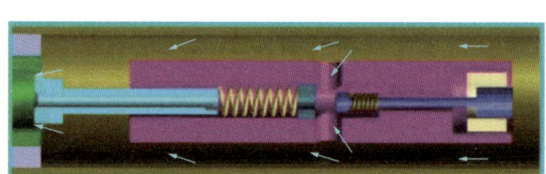

图 10.2.6　下坐键脉冲卸压和憋压原理图

表 10.2.2　小径 MWD 技术参数

仪器类型	下坐键 MWD 仪器	上悬挂剪切阀 MWD 仪器
抗压筒外径	$\phi40/48mm$	$\phi40/48mm$
仪器总长	6.9m（不带伽马测量短节）、8.8m（带伽马测量短节）	6.445m（不带伽马测量短节）、7.635m（带伽马测量短节）
抗压能力	100MPa	162MPa
最高耐温	125℃（常温仪器）、150℃（高温仪器）	150℃
电池工作时间	180h（不带伽马测量短节）、150h（带伽马测量短节）	180h（不带伽马测量短节）、150h（带伽马测量短节）
钻井液性能要求	排量 10~55L/s、含沙量 < 1%、密度 ≤ $1.7g/cm^3$ 黏度 ≤ 140s	排量 10~55L/s、含沙量 < 1%、密度 ≤ $1.8g/cm^3$ 黏度 ≤ 140s
探管精度	井斜 ±0.1°、方位 ±1°、工具面 ±1°	井斜 ±0.1°、方位 ±1°、工具面 ±1°
伽马探管	测量范围：0~500FL_{API} 测量精度：±3API（0~150FL_{API}）±10API（150~500FL_{API}）垂直分辨率：优于130mm	测量范围：0~500FL_{API} 测量精度：±5% 垂直分辨率：173mm
$\phi118mm$ 井眼无磁要求	外径 105mm，内径 62mm	外径 105mm，内径 62mm

10.2.2.4 小接箍特制钻杆

为提高钻井排量和钻压传递效率，有效降低泵压，优选并推广应用了 φ88.9m 特制钻杆（表10.2.3）。与 φ73mm 常规钻杆相比，该钻杆通过对钻杆水眼、接箍、管体外径等的改造，增大了钻杆内径、减小了接箍外径，内压耗降低30%，排量提高 1~2L/s，泵压同比降低 2~3MPa，提高了环空返速，增强了携岩效果（表10.2.4）。

表 10.2.3 φ89mm 钻杆使用性能参数

项目	节箍外径 / mm	管体外径 / mm	管体内径 / mm	接头内径 / mm	抗拉强度 / kN	抗挤强度 / MPa	抗扭强度 / (kN·m)
φ89mm 特制钻杆	102	88.9	70.2	58	2336	176.5	25
φ73mm 常规钻杆	104.8	73	50	47	741~1334	83.7~193.6	15.7~28.2

表 10.2.4 φ89mm 特制钻杆与 φ73mm 常规钻杆排量、泵压对比

钻具型号	造斜段		水平段	
	排量 /（L/s）	泵压 /MPa	排量 /（L/s）	泵压 /MPa
φ89mm 特制钻杆	8	18~19	9.0	20~22
φ73mm 常规钻杆	8	20~21	7.2	22~24

同时，在 15°~90° 的不同井斜条件下，φ88.9mm 特制钻杆的螺旋临界屈曲载荷较 φ73mm 常规钻杆提高了 98.2%~101.6%，基本提高1倍（图10.2.7）。大尺寸钻杆抗弯曲能力提高能够防止钻柱屈曲，确保钻柱为钻头提供有效钻压，提高钻头破岩效率和整体钻井效率。

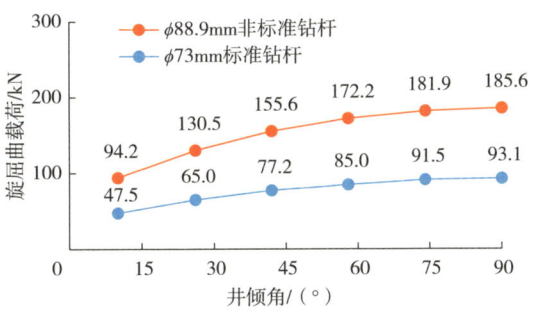

图 10.2.7 φ88.9mm 特制钻杆和 φ73mm 常规钻杆的螺旋弯曲对比曲线

10.2.2.5 小尺寸水力振荡器

针对侧钻水平井定向段易发生拖压、黏卡问题，研制了小尺寸水力振荡器，通过自身产生的轴向振动来提高钻进过程中钻压传递的有效性，降低底部钻具与井眼之间的摩阻。该工具主要由动力短节和振动短节两部分组成（图10.2.8），动力短节由上下接头、马达总成和盘阀总成组成；振动短节由上下接头、花键筒、碟簧和活塞组成。动力短节通过马达带动盘阀产生周期性的压力变化，压力的周期性变化通过振动短节转化为周期性振动力和工具振幅，带动紧贴井壁的钻柱活动起来，缓解拖压。

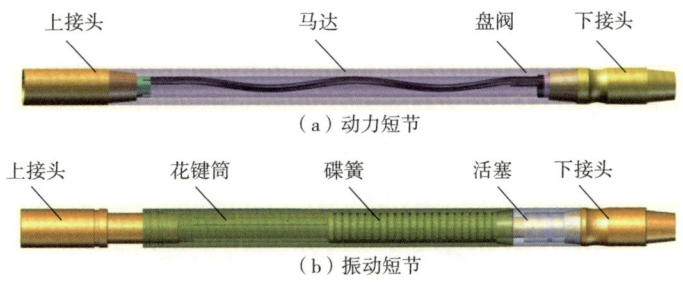

图 10.2.8 小尺寸水力振荡器示意图

该工具的主要优点：（1）在钻进中保持工具面稳定，提高机械钻速。（2）通过自身产生的轴向振动来提高钻进过程中钻压传递的有效性，减少底部钻具与井眼之间的摩阻，在各种钻进模式中，特别是在使用动力钻具的定向钻进中改善钻压的传递，减少钻具组合黏卡的可能性，减少扭转振动。（3）在方位角变化很大的复杂地层中，平稳的钻压有利于钻头工具面调整，确保钻达更远的目的层。

ϕ88.9mm 水力振荡器的振动频率 10~30Hz，适用温度 150℃，工作压降 1.5~2.0MPa（表10.2.5）。目前现场应用 2 口井，平均钻井周期较之前缩短 1~2 天。当工具用于比较弯曲井眼中，或重力集中效应发生在离井底较远井段时，将工具组合在上部钻杆中能最大程度发挥工具功能，一般推荐离钻头 240~300m 位置。

表 10.2.5　水力振荡器参数表

工具尺寸 / mm	推荐流量 / （m³/min）	工作压降 / MPa	频率 / Hz	工作温度 / ℃	最大拉力 / kN
88.9	0.45~0.65	1.5~2.0	10~30	≤ 150	600

10.2.2.6　侧钻小井眼扩孔工具

对侧钻小井眼实施扩孔技术，增大环空间隙，一方面有利于完井管柱的顺利下入和提高固井质量，另一方面可以消除因环空间隙小而引发的各种施工隐患，利于安全钻井。目前，主要形成了液压张开式扩孔工具、偏心扩孔工具、双心 PDC 钻头、液压随钻扩孔工具等。

（1）液压张开式扩孔工具。

液压张开式扩孔工具（图 10.2.9）用于已完钻的井眼扩孔，通过开泵产生的液压推动活塞下移将刀片打开，并对扩孔刀片机械锁定后进行扩孔，停泵后弹簧使刀片复位。该工具的主要优点是承压能力大，扩孔井径值稳定，工作寿命较长。KJ-SY-118 液压张开式扩孔工具适用于 113~120mm 井眼，扩孔井径达到 140~150mm。

图 10.2.9　液压张开式扩孔工具

（2）偏心扩孔工具。

偏心扩孔工具（图 10.2.10）的几何尺寸涉及 3 个相互关联的直径：通过直径、扩孔井径和领眼钻头直径。通过直径是指该工具能够通过的套管或尾管的直径；扩孔直径指的是该工具设计扩到的最终井径；领眼钻头直径是指领眼钻头的名义直径。通过对扩孔刀翼的设计来实现从通过直径到扩孔井径的平滑过渡，使系统更加稳定。偏心扩孔工具采用硬质合金作为支撑，金刚石复合片作为切削齿。其主要优点是本身没有活动部件，避免了扩孔刀翼落井的危险；采取和领眼钻头分体安装的两件式设计，因此对所使用的领眼钻具组合和钻头类型没有限制。其缺点主要是受地层岩性影响较大，所扩井径值不恒定。KJ-PS-118 偏心扩孔工具适用于 116~120mm 井眼，扩孔井径达到 140~150mm。

图 10.2.10　偏心式扩孔工具

（3）一体式微扩孔工具。

一体化微扩孔工具（图 10.2.11）本体上有上、下两组螺旋切削刀翼，均采用微偏心结构设计，当工具随着钻柱旋转时，偏心的刀翼可对井眼进行随钻扩眼和修整。该工具结构简单，无活动零部件，作业可靠，可以实现正划眼、倒划眼作业，可扩出比钻头直径稍大的井眼尺寸（井径扩大 3%~5%）。在苏里格侧钻水平进现场试验 3 井次，实现循环压耗平均降低 8.82%，ECD 平均降低 4.34%，起下钻摩阻平均降低 10.75%，有效降低了环空憋堵、井壁失稳等风险。

图 10.2.11　一体式微扩孔工具

（4）液压随钻扩孔工具。

液压随钻扩孔工具（图 10.2.12）采用液压驱动、投球控制刀翼的伸出和收回[16]。工作时，先投入启动球至启动机构，憋压剪断下剪钉，打开主流体通道和旁通流体通道，主流体继续向下流向钻头，旁通流体驱动刀翼伸出并清洗冷却刀翼。此时钻柱内外环空压差作用在活塞上产生向上推力，驱动机构推动刀翼向外伸出，可根据需要进行随钻下扩、单扩或倒划眼。扩孔结束后可以通过停泵靠弹簧恢复力收回刀翼，刀翼收回困难时可以通过投入解卡球再次形成憋压剪断上剪钉，刀翼解卡机构推动刀翼强制收回。该工具通过投入不同大小的球憋压启动或收回刀翼，形成井口压降，便于直观判断工具刀翼启动或收回动作。KYT140 液压随钻扩孔工具的工作排量不小于 11L/s，工具承压 35MPa，扩眼尺寸 140mm。

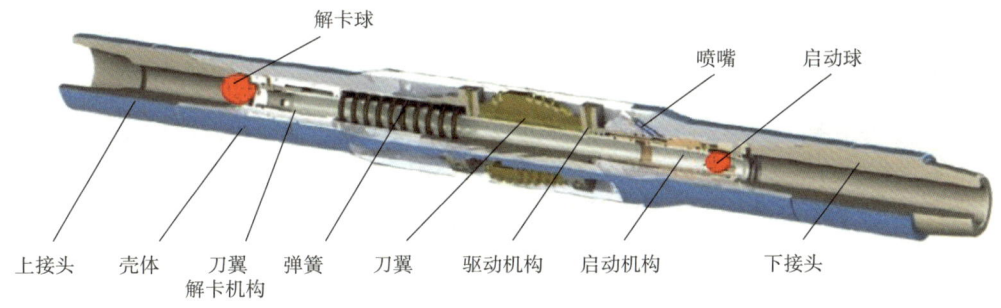

图 10.2.12　液压随钻扩眼器主要结构

10.2.2.7　高性能复合盐钻井液

针对石千峰组及石盒子组泥岩易发生剥落掉块，石盒子组因地层压力系数低及砂岩层微裂缝发育等原因易发生井漏问题，研制出高性能复合盐钻井液体系。该体系通过加入 Y-260、乳化沥青、QS-1、FT-1A 等强化广谱封堵材料，保持封堵剂含量 6% 以上，有效封堵泥岩地层微孔隙以减少滤液侵入地层；采用复合盐加重实现低固相、低钻井液活度、强抑制性能以稳定泥岩井壁（表 10.2.6）。在长泥岩段起下钻作业时，通过泵注高密度钻井液提高静液柱压力以防止井壁失稳等措施，确保侧钻水平井各井段顺利完工。

表 10.2.6　侧钻水平井各段钻井液性能表

钻井液性能		造斜段（石千峰组—石盒子组）	水平段（石盒子组）
常规性能	密度 /（g/cm³）	1.13~1.18	1.17~1.18
	马氏漏斗黏度 /s	38~50	47~55
	滤失量 /mL	<3	<3
	滤饼厚度 /mm	≤ 0.5	≤ 0.5
	pH 值	9~10	9~10
流变性能	初切力 /Pa	1~3	2~4
	终切力 /Pa	2~6	3~8
	塑性黏度 /（mPa·s）	13~18	16~22
	屈服强度 /Pa	5~7	6~10

10.2.2.8　简易控压钻井

窄密度窗口地层钻井时，极易产生井涌、井漏和井壁失稳等复杂工况，导致钻井周期延长，时效降低，成本增高，甚至无法继续钻进导致井眼报废。小井眼侧钻水平井由于环空间隙小，循环压耗高，环空压力波动将更容易超过安全钻井液密度窗口，出现上述复杂工况。控压钻井是解决窄密度窗口安全钻井问题的有效方法，同时也是注水开发区块侧钻停注不泄压安全钻井的重要手段[17]。

（1）小型化旋转防喷器。

侧钻钻机底座低、防喷器组合通径小，无法满足现有旋转防喷器安装要求，同时侧钻井具有成本低、周期短等特点，为此研发了小型化旋转防喷器，形成了配套技术。

小型化旋转防喷器（图 10.2.13）的主要参数：高 0.957m，壳体通径为 180mm，旋转总成最小通径 122mm，静态密封压力 14MPa，动态密封压力 7MPa，与常规旋转防喷器的参数对比见表 10.2.7。

图 10.2.13　小型化旋转防喷器

表 10.2.7　小型化旋转防喷器与常规旋转防喷器参数对比表

技术指标	XK28-7/14 常规旋转防喷器	XK18-7/14 小型化旋转防喷器
整机高度 /m	1.21	0.957
径向最大尺寸 /（mm×mm）	903×616	752×604
壳体主通径 /mm	280	180
壳体净高 /mm	860	768
旋转总成最大外径 /mm	432	318
旋转总成最小通径 /mm	195	122
工作静压 /MPa	14	14
工作动压 /MPa	7	7

（2）典型实例。

以 S10–XX–XXCH 井为例，该井设计井深 4405m，开窗点 2921m，3908~4105m 井段极为复杂，多次发生划眼遇阻、卡钻、憋堵，失返性漏失，历经 3 次填井侧钻仍无法有效解决泥岩段垮塌问题。在第 4 个井眼钻井时使用简易控压技术，整段施工仅轻微渗漏，无划眼等复杂情况，施工周期较老井眼缩短 55.24%。具体情况如下：

①钻进至 3551m，钻遇泥岩，返出细小掉块，立即控压 1MPa，提高井底循环当量密度，（增加当量密度 0.03g/cm³）；②提高钻井排量，采用提高井口套压验证井底承压能力，套压提高 0.5MPa，控压 1.5MPa 钻进发生渗漏，漏失体积为 2.2m³，立即降低套压至零，漏失停止；③钻穿泥岩井段后，短起下验证井壁稳定性，控压 3MPa 短起，发生渗漏，漏失速度 0.2m³/min，共漏失约 2m³，套压降为 2MPa；④控压起钻正常，起钻至 2000m（套管内）后，压加重钻井液，根据压井作业程序和加重钻井液从环空返出的高度，井口控压值分为 3MPa、1.5MPa、0MPa。⑤之后接立柱、测斜等停泵后控压 2MPa，起钻过程中控压 3MPa，下钻控压 3MPa，压井作业时控压 2MPa，未发生异常。

10.2.3 应用情况

截至 2022 年 6 月，S 气田完钻 139.7mm 套管侧钻水平井 42 口，平均井深为 4248.5m、水平段长度为 743.7m、最长为 1000m，平均钻井周期为 36.3 天，完井周期为 53.8 天，砂岩钻遇率达 91%，砂体高钻遇率保障了钻完井提速。2011 年、2012 年在 S10 区块开展两口井试验，平均钻井周期为 63.7 天，平均完井周期为 91.5 天。经过多年技术攻关和现场试验，推广应用阶段平均钻井、完井周期分别降到了 35 天、52.6 天，较初期分别提速 45.1%、42.5%，平均事故复杂率为 4.3%，降低 40.8 个百分点，钻完井技术得到大幅度提升，学习曲线基本形成（表 10.2.8）。

表 10.2.8　苏里格气田侧钻水平井钻井关键参数表

阶段划分	井数/口	完井方式	平均井深/m	平均水段长度/m	平均钻井周期/d	平均砂体钻遇率/%	平均事故复杂率/%
先导试验（2011—2012 年）	2	裸眼完井	4130.2	614.2	63.7	98.9	45.1
探索改进（2013—2015 年）	2	裸眼完井	4168	627	42.2	79.8	21.8
推广应用（2016—2022 年 6 月）	48	裸眼完井	4256	753	35	91.1	4.3
	5	套管完井					
平均/合计	57	—	4248.5	743.7	36.3	91	6.3

10.3　超短半径侧钻水平井技术

油田开发后期老井产量递减，剩余储量开采难度大，挖潜表外未动用储层及厚油层顶部剩余油、提高"三低"及稠油油层的泄油面积、钻穿夹层连通相邻孤立油藏等成为老井稳产的重要手段[18]。超短半径（曲率半径小于30m）侧钻由于其曲率半径比常规水平井的曲率半径更短，具有靶前距短，穿层少，不损失油层等优点，可高效快速地进行老井挖潜。

近年来相继开展了水力喷射式、导向弯管式等多种超短半径水平井技术，由于存在水平钻进距离短，钻进过程中没有井斜、方位监测手段，不能实现井眼轨迹的跟踪调整等问题，无法真正实现储量的精准挖潜，应用受到一定限制，为此研究了可定向超短半径侧钻水平井技术[19]。可定向超短半径侧钻水平井是利用老井眼中的 $\phi 139.7\text{mm}$ 油层套管，在油层部位的套管内开窗侧钻，采用 MWD 随钻监测、多弯角导向螺杆、无磁钛合金钻杆等特制工具仪器，实现随钻精确轨迹调控。

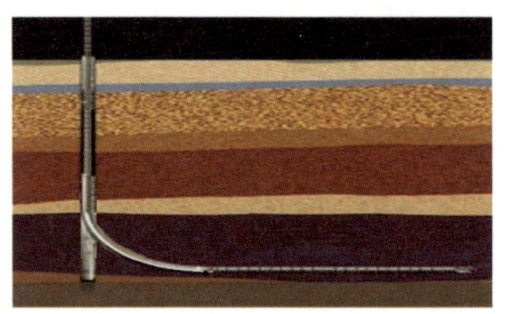

图 10.3.1　超短半径侧钻水平井示意图

10.3.1　主要技术难点

就施工工序而言，超短半径侧钻与常规侧钻基本相同，主要包含井筒准备、斜向器坐封、套管开窗、造斜钻进、水平钻进和完井。其面临的主要技术难点如下：

（1）超短半径侧钻水平井靶前距离小、造斜率高，在超短半径的情况下实现定向钻井是确保该项技术顺利实施的关键。钻杆、定向仪器承受较高弯曲应力的同时还需要承受较大扭矩，对其性能提出了较高的要求。

（2）超短半径完井管串下入困难，影响后期开采。

10.3.2　超短半径定向技术

超短半径侧钻水平井由于造斜段相对较短，要求的造斜率较高。为了避免后期造斜率过高，需要从窗口位置就开始定向钻进。前期造斜时通常利用随钻陀螺进行定向，在达到一定井斜后再采用 MWD 仪器进行定向。造斜段施工要加大测斜频次，并及时与捞取的砂样进行对比，及时进行轨迹调整，尽量在油层中上部入靶。

造斜段钻具组合为：PDC 钻头 + 双弯角螺杆 + 铰链式定向接头 + 座键接头 + 钛合金钻杆（MWD）+ 钛合金钻杆 + 变螺纹接头 + 陀螺定位接头 + 钻杆。水平段钻具组合为：PDC 钻头 + 单弯螺杆 + 铰链式定向接头 + 座键接头 + 钛合金钻杆（MWD）+ 钛合金钻杆 + 变螺纹接头 + 钻杆。

（1）双弯角螺杆。

设计的 $\phi 73\text{mm}$ 双弯角螺杆采用 1°+3° 双弯角结构，上部连接铰链式定向接头，理论造斜率可达 3.5°/m。同时，可根据现场需要调成 3mm、5mm、7mm、8mm 垫片，可进一步提高造斜率，更好地满足造斜要求。通过软件计算及室内试验，小螺杆最大的允许拉力可达 420kN。

（2）双铰链螺杆。

为适应更高造斜率，可采取双铰链螺杆，铰链采用单向定向弯角铰接结构。只能往一个方向弯,这样可以避免上下铰接头角度相反的情况发生,避免摆方位稳不住或者不起方位的情况发生,在钻井过程中需要调整弯角角度无需更换螺杆,并在井口就可完成调试,节省作业时间,提高工作效率。

(3)钛合金钻杆。

利用钛合金优异的力学性能制作的 $\phi 73mm$ 钛合金钻杆,具备质量轻、抗扭高、抗疲劳、耐高温、耐腐蚀等特点,性能参数见表10.3.1。可实现 14.5°/m 的弯曲度,满足了高造斜率对钻杆柔性和强度要求,并为 MWD 工具提供无磁环境。

表 10.3.1 钛合金钻杆性能参数

外径/mm	壁厚/mm	抗扭强度/(N·m)	拉伸载荷/kN	屈服强度/kPa	允许最小弯曲半径/m	允许最大造斜率/(°/30m)
73	9.19	18250	890	758000	10.14	160

(4)小尺寸 MWD。

为适应高造斜率的施工需求,需采取特殊的小尺寸柔性 MWD,仪器坐放在钛合金钻杆内,要求仪器可承受施工所需造斜率,同时需满足螺杆所需排量。研选的 COMPASS 超小井眼 MWD 仪器,外径 $\phi 34.8mm$、耐温 150℃、耐压 100MPa,可承受最大狗腿度达到 108°/30m。能够无线随钻测量,实时上传数据,工作稳定,操作简便,可实现连续施工。

10.3.3 超短半径完井管串下入技术

常规筛管无法下入,国外公司也尝试柔性筛管、割缝筛管等多种完井管串,但仍有大部分井下筛管困难,为此特殊设计了完井管串,以满足超短半径完井工艺要求。

(1)T形限位槽割缝筛管。

如图 10.3.2 所示,设计了具有 T 形限位槽割缝筛管,当正向时可以弯曲,转弯半径为 9m,满足超短半径井高造斜井段下入要求。当反向时不可弯曲,管体上的 T 形筋接触割缝产生拉力,保证反向时筛管处于平直状态。因此,该筛管既能弯曲又具有更高的强度,提高筛管的下入能力。

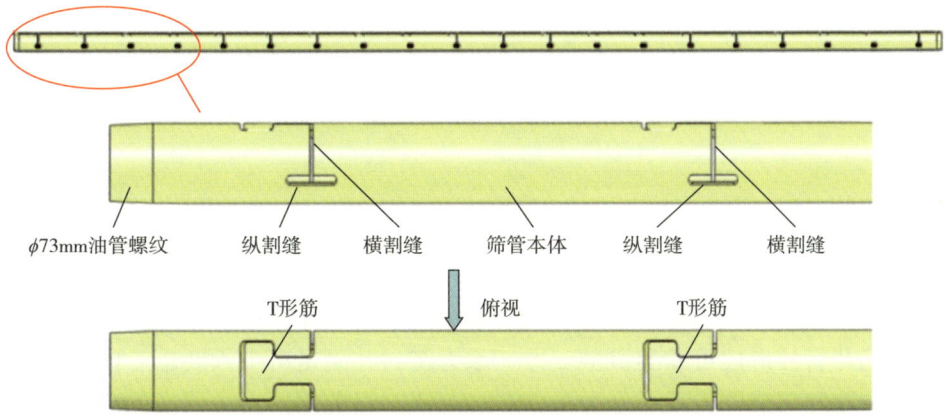

图 10.3.2 T形限位槽割缝筛管示意图

（2）新型暂堵完井管串。

进一步提高了完井管串下入能力和安全可靠性，研究新型暂堵完井管串，管串组合：ϕ73mm引鞋+ϕ73mm新型暂堵筛管（ϕ80.9mm）+遇水膨胀封隔器+液压丢手+ϕ73mm钻杆。将钻杆钻孔后加工螺孔，装入可溶螺钉，由此可满足下钻循环要求。通井时，按照完井管串设计要求，在通井管串下部连接相应长度的暂堵筛管进行通井，通井到底后，通过丢手机构将相应长度暂堵筛管及通井简易钻头留置井底，可溶螺钉在一定时间溶解后，管内、外通道打开，满足后续抽采作业进液需求。

10.4 侧钻分支井技术

分支井技术可从单一主井眼侧钻若干分支井眼，增大井眼与储层的接触面积，成为提高单井产量及油气采收率、降低开采成本的有效技术手段，目前已广泛应用于各类油气藏。一般来说分支井可以大致分为两类，包括新井钻多个分支和老井开窗侧钻多个分支。对于边际、薄层、小区块、透镜状、阁楼等难动用剩余储量，采用新井或常规侧钻井开发可能不具备良好经济价值，在剩余油气分布评价基础上，利用现有大量老井实施侧钻分支井具有显著优势[20-22]。

10.4.1 技术优势

侧钻分支井技术是在侧钻井技术的基础上延伸发展而来，由于可以保留主井眼产量或侧钻更多井眼，与侧钻井相比优势更加明显，主要体现在以下方面：

（1）增加难动用可采储量。相比常规侧钻井，侧钻分支井能够连通更多难动用储层，实现单井储层接触面积最大化，使原本不具备经济价值的储量可投入开发。

（2）增加潜力井数量。老区油气储量日益劣质化，按照常规选井标准的侧钻潜力井逐步减少，分支井在保留主井眼产量的同时可以增加侧钻井眼的额外产量，进而增加开发潜力井的数量。

（3）提高老井资产利用，降低综合成本。由于可以侧钻多个井眼，实现"单井多层、一井多眼、少井高产"的目标，能够更加充分地利用原井筒、井场、道路及地面流程，大幅度降低产能建设成本，尤其在井场条件和海洋平台井槽受限的情况下，优势更加明显。

（4）由于一次建井完成多个井眼施工、钻井数量减少，可进一步降低钻井废弃物及碳排放。

10.4.2 技术难点

侧钻分支井技术关键及难点在于完井，其核心要求是在精准构建主支接口的前提下，对分支井眼完井管柱形成可靠的机械支撑、水力密封并满足可重入要求。国际上依据分支井完井的复杂性和功能性将其划分为TAML1-6S级。目前国内自主研发的分支井完井级别最高为TAML4级，其技术难点及关键技术如下：

（1）开窗斜向器回收难度大。分支井眼完钻后通常需要回收斜向器，实现主井眼重新连通。由于斜向器形状不规则且与套管环空间隙小，其打捞难度往往较高，无法使用常规对扣、打捞筒等打捞工艺，需要针对斜向器结构特点研究专用工具及工艺确保其安全回收。

（2）分支井的可重入特性增加了工艺难度。要实现各井眼可重入首先要构建精准的主、分支重入接口，难点在于如何确保接口处通道完全对正主、分支井眼，其实现工艺也往往是各家分支井系统的最大区别。此外，由于完井后增产、生产测试、修井等施工对重入工艺要求也不尽相同，需要根据工艺要求配备完善、可靠的重入导向技术。

（3）分支井眼完井管柱机械支撑难度较大。对于分支完井管柱的支撑一方面依靠固井承托作用，但是由于对固井质量要求高且随着生产时间增加水泥固结效果可能下降，仅依靠固井并不能完全消除管柱窜动风险。因此，主支接口处管柱必须要有足够的悬挂支撑能力，其难点在于实现可靠悬挂的同时还要兼顾主支接口通道精准构建要求，大大增加了工艺难度。

10.4.3 关键工艺技术

侧钻分支井工艺主要包括开窗及完井，其工艺具备一定的复杂性，四级分支井的核心关键技术主要包括井下定位定向技术、斜向器回收技术、分支井接口支撑及固井技术和选择性重入技术。

10.4.3.1 井下定位定向技术

井下定位定向技术主要用于为分支井开窗及完井作业提供深度和方向基准，此外还可承受开窗钻压、扭矩及分支完井管柱重力。目前，井下定位定向工具主要有锚定坐挂式和回插锁定式。

（1）锚定坐挂式。主井眼完井后在套管内下入带有定位定向机构的锚定工具或膨胀管工具并坐挂，通过斜向器或其他工具底部的导向机构与定位定向机构对接。

（2）回插锁定式。主井眼下套管时将定位定向工具连同套管一起下入井内，后续将斜向器等工具底部的锁定装置回插至相应位置，其定向功能主要通过弧面引导等方法实现。但由于需要在新井下套管前设计好工具的下入深度，因此对于老井的适用性较差。

10.4.3.2 斜向器回收技术

随着分支井技术研发的不断深入，目前已经形成了钩式、母锥、套铣及捞矛打捞等多种回收工艺及工具。其中钩式打捞是在造斜器斜面上开槽，下入捞钩使其入槽然后上提打捞；母锥打捞是下入带裙摆的母锥使其进入斜向器尖部，施加钻压及扭矩造扣后打捞；套铣方式是在斜向器外侧下部设置滑块及护套，下入套铣鞋铣掉护套后滑块弹出并钩住铣鞋内台肩然后上提打捞；捞矛打捞是通过尖形引子引导矛牙进入斜向器中心孔后打捞。

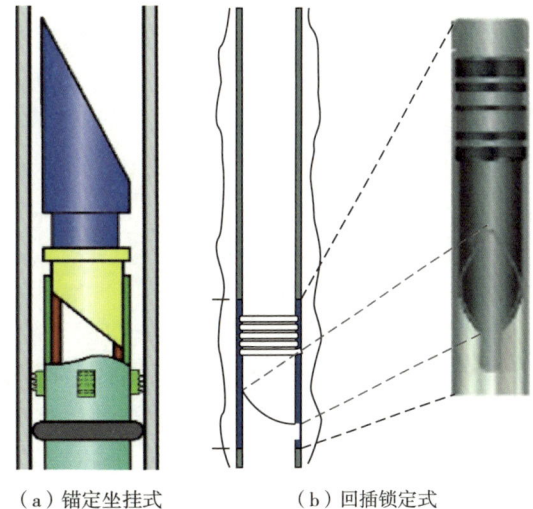

(a) 锚定坐挂式　　(b) 回插锁定式

图 10.4.1　两种定位定向方法

10.4.3.3 分支井接口支撑及固井技术

目前国内普遍采用开孔管柱建立主支接口通道，形成了嵌入式、壁钩式及硬轴式三种分支井完井工艺。

嵌入式完井主要依靠主井眼中的空心斜向器或开孔支撑套为主支接口定向并提供机械悬挂。壁钩式完井通过将开孔悬挂器上的舌板钩住窗口下沿，同时实现开孔对正及机械支撑。硬轴式完井则依靠开孔管柱内硬轴的自重及刚度从开孔位置伸出并插入到空心导斜器中心孔内，迫使开孔与主井眼对正，其机械支撑通过上部锚定工具实现。

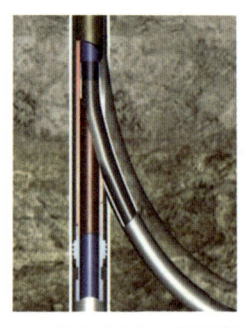 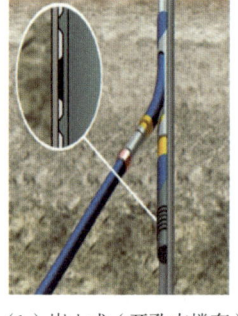 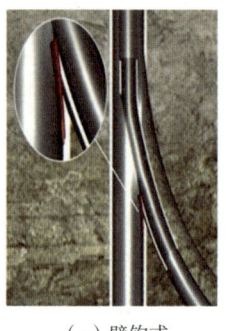 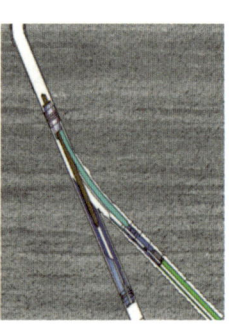

（a）嵌入式（空心导斜器）　（b）嵌入式（开孔支撑套）　（c）壁钩式　（d）硬轴式

图 10.4.2　国内主要分支井完井工艺

分支井固井技术方面，目前普遍采用常规的尾管固井方法，主要包括替量法和复合胶塞碰压法，固井结束需冲洗主眼内的残余水泥浆避免其沉降增加事故风险。

10.4.3.4 选择性重入技术

完井后替液、酸化、压裂、生产、测试及修井施工均需要重入各井眼，可靠的分支井重入技术对于完井后期作业至关重要。目前，分支井重入技术主要分为弯管导向和专用工具导向 2 类。

（1）弯管导向：根据窗口尺寸制作专用弯引头并安装于施工管柱底部，通过旋转管柱使弯引头变换角度进入预定井眼。该方法使用工具单一、操作简单且具备较高的可靠性，但是需要设计遇阻台肩或借助陀螺、MWD 等工具判断重入情况。

（2）专用工具导向：正常情况下管柱在自重作用下易沿井筒低边进入主井眼，据此可在主井眼下入导斜器引导管柱进入分支井眼。但是如果接口处开孔管柱发生变形可采用异径重入法（开孔管柱的开孔宽度小于其内径），大尺寸工具只能进入分支井眼，同理可在分支井眼下入导斜器引导管柱进入主井眼。

10.4.4　应用情况

目前，老井侧钻分支井已成功用于陆上稠油、高凝油、断块、裂缝、低渗等油藏以及海上油田。J17-31-59FP 是我国第一口双分支开窗侧钻水平井，该井开发目的层为古近系莲花油层 6-8 小层（6+7 小层与 8 小之间有 8~10m 隔层），属中孔低渗透、中孔特低渗透高凝油藏，区块产量较低。原井静 17-31-59 是一口老井长停井，实施侧钻水平井动用 6+7 小层，累计产油 3416 t 后停产。在油藏精细描述和剩余油分布规律研究的基础上，实施侧钻双分支水平井实现 6+7 小层和 8 小层同时动用，解决了常规水平井只能开发一个油层的难题，完井初期日产油高达 16t，取得了显著的增产效果。

表 10.4.1 J17-31-59FP 井生产效果对比

井号	井型	累计产油 /t	平均日产油 /t
J17-31-59	直井	1079	1.75
J17-31-59CP	侧钻水平井	3402	2.75
J17-31-59FP	双分支侧钻水平井	16230	7.32

10.5 径向水平井技术

径向水平井技术可在近似"零半径"内完成垂直到水平的转向，并在原井筒不同深度和方向钻出多个数十米的径向井眼，有效解除近地带堵塞，增大采油井泄油半径或注入井波及半径，精准定向注采，调控近井压裂缝向，实现低成本提高单井产量和采收率。目前该技术在老区剩余油挖潜、低渗油藏开采和煤层气开发等方面应用，展示出了诸多优势[23-24]。

10.5.1 技术简介

目前径向水平井技术的发展主要历经了两个阶段，根据套管开窗方式不同，主要可分为锻铣开窗型和铣孔开窗型（图 10.5.1）。由于锻铣开窗型需进行套管整体锻铣和大直径扩孔，施工较为复杂、效率较低、成本较高，使得该类型技术应用上受到了较大限制。为简化施工工序，降低施工成本，近年来发展形成了铣孔开窗型径向水平井技术。与锻铣开窗型径向水平井技术相比，铣孔开窗型微孔径向水平井技术由于采用结构简单、尺寸小的转向器在套管内完成作业，省去了套管锻铣和大直径扩孔，使得作业效率得到大幅提高，近年来应用规模不断扩大。

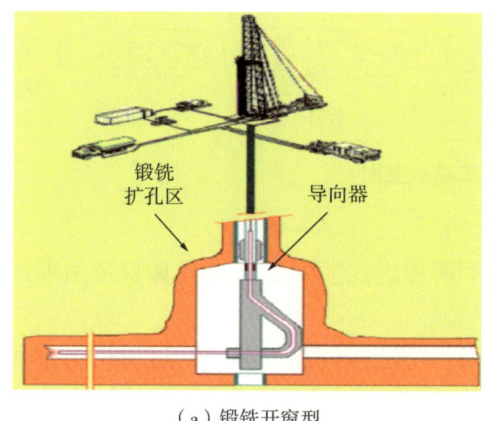

图 10.5.1 两种类型径向水平井对比

新型的铣孔开窗型径向水平井技术工艺原理简单，其核心在于实现该工艺的两大关键技术：一是套管钻孔开窗技术，要求快速有效建立连通地层的窗口；二是微孔钻进破岩技术,要求柔性钻管在超短半径内能实现转向并有效破岩,且不断向前延伸形成径向孔眼。围绕上述关键技术,根据不同的技术路线,中国石油发展形成了万向节开窗高压喷射破岩和刚性液控开窗旋转钻进破岩两大类铣孔开窗型径向水平井技术。

10.5.2 万向节开窗高压喷射径向水平井

该技术采用 φ38.1mm 或 φ50.8mm 连续管作业机,用于 φ139.7mm 或 φ177.8mm 套管井筒作业,钻进距离达到 5~35m,其工具系统主要包含定位导向工具、套管钻孔工具和喷射钻进工具。

10.5.2.1 定位导向工具

该工具(图 10.5.2)由下到上包含引鞋、下扶正器、导向器、上扶正器和可换向锚定器。导向器可提供径向转弯通道,便于套管钻孔工具和喷射钻进工具径向转弯,进行钻孔施工。可换向锚定器用于锚定悬挂导向器,并通过上提下放油管柱,对导向器进行相对方位换向,便于同一层位沿圆周方向作业 2~3 个孔。

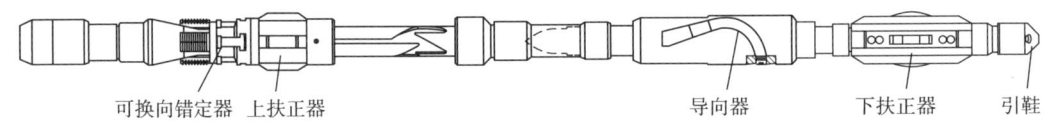

图 10.5.2 定位导向工具示意图

10.5.2.2 万向节套管钻孔工具

该工具(图 10.5.3)由下到上包含钻头、万向节组件、钻压推加器、安全短节、螺杆马达和连接器。钻头为硬质合金刀片,用于套管侧钻开窗。万向节组件给钻头传递扭矩,并在导向器转弯通道中做径向转弯。钻压推加器给钻头施加钻压,便于侧钻切削。安全短节可防止万向节遇卡过载扭断,避免落鱼。螺杆马达给万向节组件提供扭矩,驱动钻头钻孔。连接器将工具与连续管连在一起。

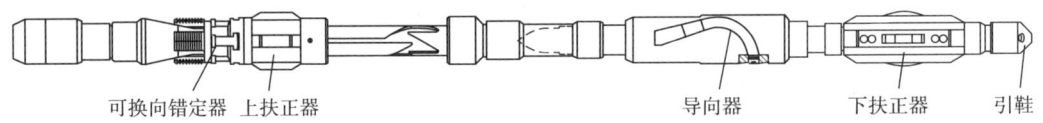

图 10.5.3 套管钻孔工具示意图

10.5.2.3 喷射钻进工具

主要有全流量破岩喷射钻进工具、前后流量平衡步进式喷射钻进工具和自牵引喷射钻进工具等 3 种类型。

(1)针对硬地层的全流量破岩喷射钻进工具为一个液压控制的低速送进机构,推动一根长 2.0~2.5m、前端安装多孔喷嘴的柔性喷管在地层中完成 2.0~2.5m 距离的钻进,可有效穿透近井污染带。

(2)针对中等硬度地层的前后流量平衡步进式喷射钻进工具为一个液压控制的步进式低速送进机构,推动一根长 5~10m、前端安装旋流喷嘴的柔性喷管在地层中完成 5~10m 距离的钻进,可有效穿透近井压降漏斗的距离。

（3）针对疏松储层的自牵引钻进工具的上端短节连接一根 50m 的喷管，喷管前端安装自牵引喷嘴，利用连续管下放钻进，可完成 30m 以上的钻进。

为探索提高油田特殊储层单井产量的新方法，为油田增储上产提供新的技术支持，中国石油在青海油田开展了上述技术的先导试验。历时 2 年，共完成 7 口井 40 个径向分支的作业。通过施工工艺改进和工作参数优化，单孔施工趟数和时间进一步缩短，最大穿透深度超过 30m。其中，5 口油井作业后增产效果明显，作业后 10 日最高日均产量与作业前 10 日日均产量对比，平均增液 276.2%、增油 204.7%；2 口水井总体达到平均增注 50%以上的指标。

10.5.3 刚性液控开窗旋转钻进径向水平井

随着万向节开窗高压喷射径向水平井应用的不断深入，现场也暴露出深井高钢级厚壁套管开窗困难、坚硬地层中喷射破岩效率极低甚至根本无法有效喷射钻进等问题，制约着该技术的进一步发展。为进一步提高铣孔开窗型径向水平井技术的可靠性和适应性，对关键技术和配套工具及装置进行了改进和技术创新，形成了刚性液控开窗旋转钻进径向水平井。

10.5.3.1 刚性液控开窗工具

针对高钢级厚壁套管，研发了一种刚性液控开窗工具（图 10.5.4）。在工作过程中，利用地面泵泵入高压流体，通过液压活塞推动磨铣钻头径向伸出，同时利用液压马达驱动齿轮副带动磨铣钻头旋转，在套管上进行磨铣开窗，开窗完成后活塞在液压作用下带动磨铣钻头一起收回，至此完成一次套管开窗作业。与万向节传动开窗不同，由于其采用扭矩传递和切削进给相分离结构，提高了套管开窗施工的可靠性，开窗孔径更大，此外还实现了开窗状态的实时显示。

10.5.3.2 微孔旋转钻进工具

结合高压喷射钻进系统，针对坚硬地层研发的钻进管串全旋转的微孔旋转钻进工具（图 10.5.5）。在工作过程中，利用地面泵泵入高压流体，通过井下动力钻具驱动半刚性柔性钻管带动微型破岩钻头高速旋转，实现了水力机械联合破岩，提高了破岩能力。此外，研制了适合缆绳作业的配套井下工具系统，可实现利用缆绳起下钻进工具，相比使用连续管，简化了施工设备，提高了施工效率。

图 10.5.4　新型刚性液控开窗

图 10.5.5　微孔旋转钻进技术

目前在辽河、新疆等油田已现场应用60余口井、共1000余个孔，单井最多达25个孔，旋转钻进单孔最长达20m。在油水井近井解堵、辅助压裂酸化、提高近井地带导流能力、沟通局部剩余油富集区等方面进行了应用，效果良好。例如QX长停井中，在原产层实施6个径向井眼后日产油由措施前0t提高到了6.3t，甚至超过该井新井投产日产量；LX1注水井，在原层实施6个径向井眼后，注入压力由措施前8.6MPa降低到4MPa；LX2井是辽河油田首次在探井中用径向钻孔代替常规射孔配合压裂进行储层改造，以利于改造复杂裂缝进而改善储层改造效果，实施了13个径向孔眼后压裂，初期日产油30.4t，连续正常生产，累计产油超过5000t，为目前该致密油区块改造效果最好的一口井。

参考文献

[1] 刘乃震，王廷瑞.现代侧钻井技术[M].北京：石油工业出版社，2009.

[2] 侯博，李录科，张珩林，等.低压低渗透气田 ϕ 139.7mm 套管开窗侧钻水平井钻井液技术[J].石油钻采工艺，2023，45（5）：555-561.

[3] 李涛.超深井高强度厚壁套管开窗侧钻技术难点与对策[J].石油工业技术监督，2022，38（2）：64-67.

[4] 张斌，甘涛，杨琳.双层套管开窗技术在平2井的应用[J].钻采工艺，2018，41（5）：25-27132.

[5] 张德荣，孔春岩，冯文荣，等.双层套管高效快速分叉技术研究及应用[J].西南石油大学学报（自然科学版），2015，37（1）：159-164.

[6] 闫友勇，雷宇，屈志平，等.双层套管开窗关键技术应用[J].石油钻采工艺，2012，34（3）：115-118.

[7] 张德荣，孔春岩，刘春林.双层套管开窗工艺设计[J].钻采工艺，2013，36（2）：30-337.

[8] 苗娟，黄兵，谢力，等.高钢级套管锻铣工具优化及性能评价[J].特种油气藏，2021，28（2）：163-170.

[9] Cruz A, Caballero G, Elías Melo, et al. First Successful Double Casing Window Opening in HPHT Well in MCA[J]. Day 3 Thu, Novermber 17, 2022, 2022.

[10] Emelander T. Efficient and Consistent Sidetracking Operations Lower Production Costs While Minimizing Footprint in Shallow Re-Entry Wells[J]. Day 1 Tue, April 26, 2022, 2022. Western Regional Meeting, Bakersfield, California, USA, April 2022.

[11] 白璟，张斌，张超平.超深超小井眼定向钻井技术现状与发展建议[J].钻采工艺，2018，41（6）：5-8125.

[12] 金广兴.致密砂岩气藏侧钻水平井剩余气挖潜研究及实践——以苏里格气田苏S区块为例[J].中文科技期刊数据库（全文版）工程技术，2021（6）：99-101.

[13] 欧阳勇，刘汉斌，白明娜，等.苏里格气田小井眼套管开窗侧钻水平井钻完井技术[J].油气藏评价与开发，2021，11（1）：129-134.

[14] 叶成林.苏里格致密砂岩气藏小井眼侧钻水平井配套技术发展与展望[J].中国石油勘

探，2023，28（2）：133-143.
[15] 张金武，王国勇，何凯，等. 苏里格气田老井侧钻水平井开发技术实践与认识[J]. 石油勘探与开发，2019，46（2）：370-377.
[16] 陈文博，曹欣，张宁刚. ϕ139.7mm套管开窗侧钻井用随钻扩眼工具研制[C]// 中国石油新疆油田分公司（新疆砾岩油藏实验室），西安石油大学，陕西省石油学会.2022油气田勘探与开发国际会议论文集Ⅲ. 中国石油集团川庆钻探工程有限公司长庆井下技术作业公司，2022：8.
[17] 韩朝辉. 注水区控压钻井技术的发展概况与展望[J]. 西部探矿工程，2022，34（10）：86-88.
[18] 王超逸. 大庆油田超短半径侧钻水平井技术研究及应用[J]. 采油工程，2020（2）：22-2576.
[19] 钟晖. 超短半径侧钻水平井钻完井技术研究与应用[J]. 西部探矿工程，2023，35（12）：37-40.
[20] 邓旭. 长城钻探分支井钻、完井四大核心技术[J]. 石油科技论坛，2010，29（2）：35-37.
[21] 杨文领，王玥，刘洋，等. TAML 4级分支井完井技术在大港油田首次应用[J]. 油气井测试，2022，31（3）：28-33.
[22] 王玥. TAML4分支井完井技术方案与配套工具研究[D]. 青岛：中国石油大学（华东），2015.
[23] 陈智，张友军，费节高，等. 2种国产水射流钻径向孔工具的分析与应用[J]. 石油机械，2018，46（6）：33-37.
[24] 黄志强，陈勋，施连海，等. 微小井眼径向钻孔技术研究新进展及分析[J]. 钻采工艺，2020，43（3）：27-30I0002.

11 带压大修技术

在油气井生产过程中,由于各种原因导致井下落物,管柱腐蚀或井下工具故障等井下事故复杂,不仅影响油气井的正常生产,严重时会造成油气井停产,需要及时恢复生产。因天然气井、油井、注水井等井下环境的复杂性和特殊性,常规修井作业不具备保护储层和环保作业的能力,具有一定的局限性。带压修井技术具有诸多优势,在助力老井挖潜增产、降本增效发挥了重要作用[1-2]。本章重点介绍带压井口处理、带压钻磨、带压注塞、带压锻铣、带压打捞、带压起穿孔管柱、带压切割和倒扣等带压大修技术。

11.1 技术需求与优势

随着气田开发的深入,中国石油长庆油田、西南油气田、塔里木油田、青海油田等主力气田进入了中后期开采阶段,地层压力越来越低。例如,长庆油田90%的气井井口压力介于3~8MPa,主力开发层系地层压力系数介于0.76~0.95;西南油气田石炭系、二叠系、三叠系老气田60%的气井井口压力低于3MPa,地层压力系数介于0.3~0.5;青海涩北气田大部分气井井口压力介于3~7MPa,地层压力系数在0.8以下的井占总井数的91%。这些气田采用常规压井修井时,都面临地层压力低、地层易受伤害、地层产量低、产能恢复难、井控风险较大等问题,大部分气井想修井而不敢修,这是部分气井带病生产甚至提前报废的主要原因。

带压修井不需要压井,避免了压井液的大量漏失,既保护储层不受伤害,又保护了气井产能,且不影响气井的正常采气,很好地解决了"产量"与"修井"的矛盾,是老井挖潜、维持高产稳产的最佳选择。

带压大修具有以下主要技术优势:

(1)保护油气层。对于井口溢流大的井,常规修井需要压井,压井施工就会导致压井液污染地层,压井液中固相颗粒堵塞储层空间,影响单井产量。

(2)保持地层能量,提高和稳定单井日产量。带压作业施工无须单井和邻井放溢降压,不影响区块正常注采开发,地层压力始终保持稳定。

(3)节能减排,保护环境。带压作业施工,减少地层流体外排,减少废液处理成本;地面循环流程全程密闭,有效防止循环液跑冒滴漏。

(4)安全可靠。带压作业设备可以有效预防管柱上顶和异常高压释放,较常规修井更为安全可靠。

(5)与连续管修井相比较,带压作业设备提升负荷和下压能力更高,对于管柱遇阻、遇卡等复杂情况处理更为灵活高效。

(6)作业场地小,仅需较少的基建工程,大幅减少基建成本。例如A7井,井口距民房仅 3m，修井机作业拆迁和基建工作量大、周期长、费用高，利用带压作业机在不拆迁和较少基建情况下就安全快速完成了该井的处置；J1 井，在进井场的唯一一条公路上，地方政府修建的县城饮用水管道横跨在公路上方，且此处道路转弯半径小，修井机无法通过，利用带压作业机在不拆除堡坎扩大转弯半径的情况下就顺利进场完成了该井处置。

11.2 带压作业井口处理技术

带压钻孔与冷冻暂堵技术被誉为带压作业井口配套技术的两姊妹。带压钻孔技术是对有压力的油井、气井、水井井口装置闸阀或管柱实施钻孔，建立泄压或循环通道的作业。冷冻暂堵技术是在需要压力隔离的位置注入暂堵剂，通过冷冻介质低温冷冻，形成冷冻暂堵桥塞来隔离压力，其应用广泛，可用于更换井口、处理管柱憋压或其他需要暂时压力隔离的工况。

11.2.1 带压钻孔工艺

部分老井在完井初期由于没有油气显示或产量不高，只安装了简易井口装置且长期处于关井状态，井口闸阀锈蚀后，无法开关，井内压力不明，甚至有些井口周围被改作他用（如农田、民房等），存在严重的井控风险和安全隐患，需通过带压钻孔获取并泄掉井内压力后进行封井[3]。同时，部分新钻油气井钻遇高压气层后由于设备、工具等问题导致井筒憋压无法按正常程序处理，也需要带压钻孔治理。

目前主流带压钻孔装置为 35MPa 液缸加压式钻孔机，通过主控闸阀与被钻闸阀连接并密封（若钻管柱，则需在主控闸阀前连接螺纹抱箍与管柱连接并密封），依次连接泄压流程及带压钻孔机并且试压。操作过程为：首先打开主控闸阀然后进行钻孔操作，带压钻完孔后反向操作带压钻孔机使钻头收回，关闭主控闸阀，拆除带压钻孔机并安装盲板，打开主控闸阀通过泄压流程泄压（图 11.2.1）。

为了满足高压井钻孔需要，近两年研制了 70MPa 带压钻孔装置（图 11.2.2），该装置具有如下特点：

（1）该装置额定工作压力达到 70MPa，进给方式采用螺纹加压，较之于以往液缸加压的带压钻孔方式，极大地提高了钻孔的稳定性和效率，并延长了钻头使用寿命；

（2）设计的密封抱箍采用弧面浮动井压助封的密封结构，静密封压力达到 70MPa，解决了管柱曲面高压密封问题；

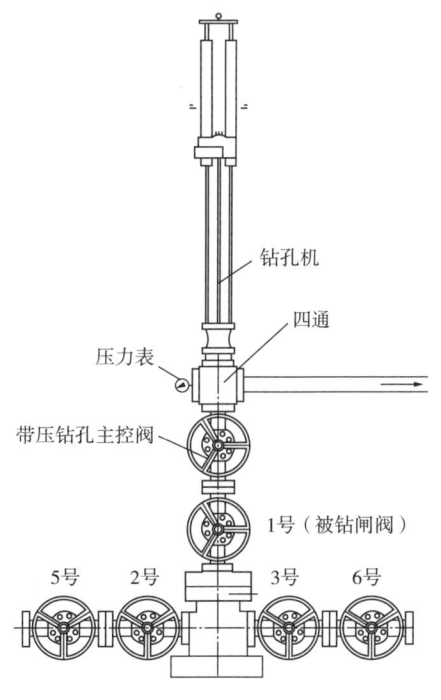

图 11.2.1 带压钻闸阀示意图

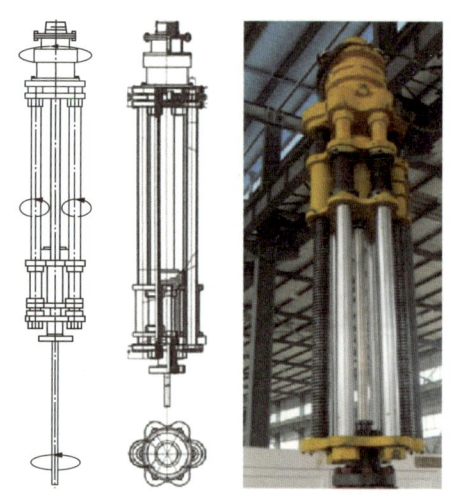

图 11.2.2　70MPa 带压钻孔装置示意图及实物图

（3）钻杆采用镀铬处理，增加小钻杆表面光洁度，提高钻杆及密封件使用寿命，解决了钻杆高压动密封问题。

11.2.2　冷冻暂堵工艺

冷冻暂堵是井口隐患治理的关键技术之一，用以带压更换密封不严、锈蚀严重的井口闸阀、采气树等。由于其不需压井的技术优势，应用范围逐步由老井井口隐患治理向生产井更换井口装置拓展。采用冷冻暂堵方式封隔井内压力，需建立冷冻介质注入通道，所以常与带压钻孔工艺组合使用[4]。

冷冻暂堵技术是指在井口或管柱带压状态下，利用冷冻暂堵装置注入暂堵剂封堵井口和管路，暂时封隔井内压力，实现安全更换泄漏井口装置的技术。如图 11.2.3 所示，通过冷冻暂堵装置的注入系统将暂堵剂注入表层套管环空、油层套管环空和油管内部等空间，然后在套管周围实施降温，采用冷冻剂将套管周围的温度保持在 −70℃左右，由外层套管逐渐向油管内冷冻，直至暂堵剂与套管、油管紧密结合，形成冷冻桥塞，密封环空或油管，从而达到安全解决井口隐患的目的。

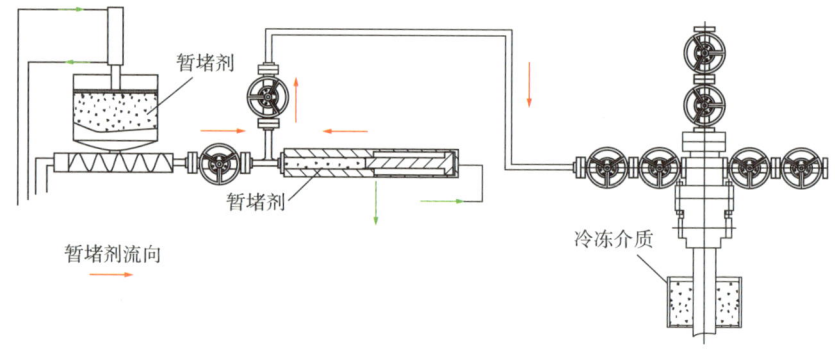

图 11.2.3　冷冻暂堵作业示意图

暂堵剂应具备良好的黏滞性，在井筒中不发生剪切流动，实现井筒封闭；具备良好的吸水性，保证能够产生冻黏效应，承受封闭井内的压力；具备良好的流变性，实现泵送。目前，通常选择以蒙脱石为主要成分的膨润土作为暂堵剂，与水混合形成的浆体最为符合暂堵剂性能要求。

在较低的温度下，暂堵材料和管壁会产生黏结，常用冻黏系数来表示暂堵剂与管柱内壁的黏结强度。室内试验表明，冻黏系数随温度的下降而逐渐增加，达到 −20℃后，冻黏系数基本保持稳定。因此，冷冻温度确定为低于 −20℃。常用的冷冻剂主要有干冰、液氮等。干冰气化时可将环境温度降至 −78℃左右，吸热效率高，且原材料获取方便，固可作为冷冻剂使用。为达到最佳冷冻效果，在实际施工中，通常配合使用相态稳定的甲醇作为热量传导物质，并定时补充冷冻盒中的干冰，以保证连续冷冻。

目前常用的为最大注入压力70MPa的冷冻暂堵装置。按照冷冻暂堵装置设计结构，注入压力应大于2倍井口压力与暂堵剂注入管汇压力损失之和。原有的70MPa冷冻暂堵装置已出现注入困难的情况，从而对冷冻暂堵装置注入压力提出了更高的要求。随着油气勘探开发向着深井、超深井方向发展，隐患井口治理面临的压力越来越高，技术难度也越来越大，急需研制更高注入压力的冷冻暂堵装置。通过自主研发，成功研制了国内首套105MPa冷冻暂堵装置[5]（图11.2.4），并在川渝、长庆等区块开展应用。

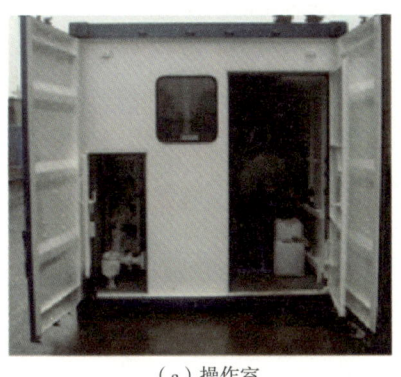 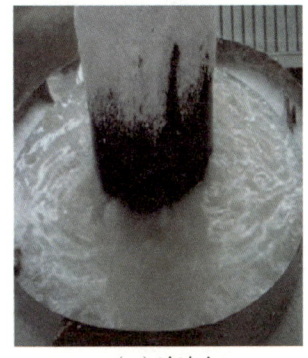

（a）操作室　　　　　　　　　　（b）冷冻盒

图 11.2.4　105MPa 冷冻暂堵装置图

该技术特点主要包括：

（1）冷冻介质最大注入压力为105MPa，冷冻最低温度为-70℃，冷冻桥塞最大高度为1m，可承受最大压差为70MPa；

（2）冷冻暂堵安全系数高。暂堵成功后如果冷冻剂一直保持在冷冻盒内，封堵强度随着时间增加会不断增强；

（3）可通过小通径管柱封堵大通径管柱，不受背压阀结构、油管腐蚀等情况的影响；

（4）可同时封堵各层套管环空及油管内通道，实现冷冻桥塞上部泄漏井口装置整体更换；

（5）解堵方便。拆除冷冻剂后，可加热升温解堵或自然升温解堵，暂堵剂可经放喷管线排出，不污染储层；

（6）多层冷冻暂堵时必须遵循从外到内逐层冷冻的原则。

11.3　带压大修压力控制工具

油管内压力控制工具可以对油管内实施有效封堵，确保带压作业过程中油管内不喷，是带压作业施工的前提保障和核心技术之一。

11.3.1　常用油管堵塞工具

经过多年的发展，油管内压力控制工具由原来的以水力式作业方式为主，发展为水力式作业、钢丝作业、油管作业及完井预置等多种形式[6-7]，满足不同井况封堵需求。目前，中国石油已形成系列油管堵塞工具，其结构组成、工作原理、技术指标、适用范围见表11.3.1。

表 11.3.1 系列油管堵塞工具

名称	结构组成	工作原理	技术指标	适用范围
外挂式油管堵塞器	由本体、下端密封胶圈、侧面密封胶条、弹簧翻板、翻板密封胶圈组成	在本体内部加工一个"口"字形结构，容纳油管接箍。油管接箍提离吊卡位置，把工具合拢在油管接箍上，并上紧各处连接栓；下放油管，将工具坐入吊卡上，对油管卸扣。随着上部油管离开油管接箍，弹簧翻板在弹力作用下密封外堵工具腔体，达到密封油管压力的目的。现场操作时采用两个外挂式油管堵塞器交替使用，实现无内塞管柱的带压作业	工具耐压：21MPa；规格：$2^{7}/_{8}$in、$3^{1}/_{2}$in	针对井内管柱无法封堵的井而设计，用于作业平台上油管顶端接箍封堵
捞矛堵塞器	主要由导向头、密封皮碗、锚定卡瓦及上接头等组成	具有密封、打捞双重功能，可以实现"捞矛倒管"。即应用液缸将堵塞器"压"至防喷器组内，从油管或配件上部插入，在井内反向力作用下，堵塞器上的滑块会滑动固定在油管或配件内壁上，皮碗涨封封堵住油管或配件内部空间，实现"封堵一根、起出一根"，直至起出井内全部管柱	工具最大外径：ϕ90mm；工具耐压：21MPa；工具耐温：120℃	适用于井内无法封堵的油水井带压作业，用于油管顶端封堵
鱼顶堵塞器	主要由导向头、密封皮碗、锚定卡瓦、导向筒及上接头等组成	与捞矛堵塞器相同，采用油管连接工具实现"捞矛倒管"。该工具最大的特点是具有强制导向扶正装置，与鱼顶对接更可靠，提高封堵效率	工具最大外径：ϕ118mm；工具耐压：21MPa；工具耐温：120℃	适用于井内无法封堵的油水井带压作业，用于油管顶端封堵
液力式堵塞器	单皮碗水力式主要由投送皮碗、锚定卡瓦及密封皮碗等组成。双胶筒水力式主要由投送皮碗、锚定卡瓦、密封皮碗及密封胶筒等组成	采用水力方式投送，遇阻（变径/配件）停止下行，泄掉油管压力，在井底压力的作用下，反向皮碗密封，反向卡瓦锚定，起到密封井底压力的作用。针对低压井，可以用单皮碗密封结构；针对高压井，可以增加两组密封胶筒，提高耐压级别。由于该类工具结构简单，可重复使用（更换胶件），成本低，操作简便，现场使用最为普遍	工具外径：ϕ55mm~ϕ56mm；工具耐压：14/21MPa；工具耐温：120℃	适用于油水井井下工具上管柱封堵
智能式堵塞器	主要由密封胶筒、卡瓦、控制销钉及气缸等组成	根据井内压力情况，安装1~3个销钉，控制堵塞器的坐封耐压（由井深决定），依靠重力或钢丝将堵塞器投送至油管内预定深度，在井下压力作用下堵塞器限位销钉被剪断，堵塞器内部柱塞在液力作用下压缩底部气腔，拉动中心杆下移挤压胶筒膨胀，实现对管柱封堵	工具外径：ϕ55mm；工具耐压：21MPa；工具耐温：120℃	适用于油水井井下工具上管柱封堵
钢丝桥塞	主要由牙片、密封胶筒、预紧弹簧等组成	地面将钢丝接头、加重杆、震击器及桥塞连接在一起，采用钢丝作业投送装置，将桥塞投送至井下，上提或震击释放预紧弹簧，在预紧弹簧的弹簧作用下下坐封坐卡。需要回收时，采用钢丝作业打捞，解封销钉剪断，释放解封预紧弹簧势能；在弹力作用下，强迫密封胶筒和防顶牙片收缩；继续上提钢丝放掉牙片脱离支撑锥面归位回收。该工具具有承压能力高，可回收等特点	工具外径：ϕ46mm/ϕ57mm/ϕ70mm；工具耐压：35MPa；工具耐温：150℃	适用于油井、气井、水井井下工具上管柱封堵
电缆桥塞	主要由卡瓦、密封胶筒、推力传动装置等组成	地面将电缆接头、加重杆、短接、测试仪、储气瓶、增压缸等配套工具与桥塞连接在一起，采用电缆投送装置投送，采用地面控制仪进行控制，将坐封信号传输给连接在高压储气瓶上方的电磁阀一个信号，控制高压储气瓶内的高压气体输送到多级增压缸，推动桥塞坐封	坐封压力：21MPa；工具耐压：50MPa；回收拉力：50kN；工具外径：ϕ56mm/ϕ50mm/ϕ42mm	适用于油井、气井、水井井下工具上管柱封堵
偏心配水器堵塞器	主要由本体、密封段、锁块、扭块等组成	在地面，将该工具与投送器、加重杆等工具连接在一起，通过钢丝作业，将工具串投送至偏心配水器的注水孔内，将注水通道堵死，密封油管内压力。该种方式为最优的密封方式，但由于注水通道腐蚀结垢等原因堵成功率低，目前现场很少应用	工具最大外径：ϕ22mm；工具耐压：21MPa；工具耐温：120℃	该堵塞器适用偏心注水管柱的封堵

续表

名称	结构组成	工作原理	技术指标	适用范围
堵隔器堵塞器	主要由锁轮、卡瓦、胶筒及连接钢件等组成	在地面，连接好钢丝接头、加重杆和堵塞器，并通过钢丝作业，将工具串投送至待封堵的封隔器下部。然后上提，堵塞器上的锁轮挂开定位，卡瓦锚定，胶筒涨封，继续上提实现丢手。该工具具有外径小，下井阻力小，定位准确等特点	工具外径：$\phi 42mm$；工具耐压：21MPa；工具耐温：120℃	适用井下封隔器中心孔的封堵
小直径堵塞器	主要由支撑爪、卡瓦、胶筒及连接钢件等组成	在地面，连接好钢丝接头、加重杆和堵塞器，通过钢丝作业，将工具串投送至预定位置。上提，堵塞器上部的三个支撑爪卡在接箍间隙处定位，随着本体上行，上下正反卡瓦锚定，同时压缩胶筒涨封，达到封堵目的，继续上提，丢手	工具外径：$\phi 42mm$；工具耐压：21MPa；工具耐温：120℃	该堵塞器为小直径堵塞工具，适用井下配件封堵
过配件堵塞器	主要由上接头、支撑爪、上卡瓦、上锥体、胶筒、下锥体、下卡瓦及导向头等组成	在地面，连接好钢丝接头、加重杆和堵塞器。通过钢丝作业，将工具串投送至预定位置。上提，堵塞器上的三个支撑爪卡在接箍间隙处定位，随着本体上行，上下正反卡瓦锚定，同时压缩胶筒涨封，达到封堵目的，继续上提钢丝，丢手	工具外径：$\phi 42mm$；工具耐压：21MPa；工具耐温：120℃	该堵塞器为小直径堵塞器，适用井下配件及油管封堵
高温油管桥塞	主要由上接头、坐封机构、卡瓦、胶筒、锁紧机构及下接头等组成	采用连续管投送，打压使桥塞坐封坐卡，上提连续管丢手。该工具主要用于热采井带压作业中，封堵配件上油管	钢件最大外径：$\phi 55mm/\phi 68mm/\phi 90mm/\phi 100mm$；工具耐压：21MPa；工具耐温：220℃	该堵塞器适用热采井带压作业井下管柱封堵
气井钢丝桥塞	主要由投送头、双向卡瓦、胶筒、导向头等组成	在地面将加重杆与桥塞连接在一起，通过钢丝作业装置将等工具串投入井内，到位后，上提钢丝，使桥塞坐卡、坐封，实现对管柱的封堵，继续上提钢丝，丢手	最大刚体外径：$\phi 55mm$；工具耐压：35MPa；工具耐温：150℃	该堵塞器适用气井带压作业井下管柱的封堵
气井电缆桥塞	主要由上接头、中心管、上卡瓦、上锥体、胶筒、下卡瓦、下锥体、导向头等组成	在地面，将加重杆、坐封工具与桥塞等工具连接，并通过电缆作业装置将工具串送至井下预定位置，通过地面控制装置将坐封信号传递至井下坐封工具，促动坐封工具使桥塞坐卡、坐封，实现油管内的封堵。该工具封堵可靠，耐压级别高	最大刚体外径：$\phi 55mm$；工具耐压：35MPa；工具耐温：150℃	该堵塞器适用气井带压作业井下管柱的封堵

11.3.2　气井油管堵塞工具

下面重点介绍用于气井带压作业的油管内密封工具，主要有定压接头、陶瓷堵塞器、可通过式/不可通过式油管堵塞器、可回收式/不可回收式油管桥塞、过油管桥塞。

11.3.2.1　带压下油管

（1）定压接头。

定压接头由本体、密封短节、阀芯、销钉、阀芯密封圈、本体密封圈、销钉卡槽及台阶组成（图11.3.1）。安装在管柱尾部最先入井。在带压下管柱过程中，通过密封圈密封本体与堵头之间的间隙，来自堵头下部的压力使堵头与本体紧密接触，井内流体不能从油管内喷出，从而密封油管；当管柱下入指定深度后，选择清水、氮气打压等方式剪断定压接头销钉将其打开，形成油气通道。

定压接头的最大工作压差为70MPa，打开压力可根据销钉个数进行调整，适应温度不高于150℃，适用于φ60.32mm、φ73.02mm、φ88.9mm油管。技术特点：密封压力高，结构简单，加工方便，使用时随油管一起入井，不需要其他辅助设备。注意事项：销钉质量稳定性尤为关键，且安装时严格控制销钉进入销钉卡槽的深度，防止出现打不掉堵头的情况。

（2）陶瓷堵塞器。

陶瓷堵塞器由堵塞器本体、定位短节、密封圈、破裂盘组成（图11.3.2）。带压下管柱前将陶瓷堵塞器安装在管串尾部最先入井。陶瓷堵塞器安装时，破裂盘的凸面朝下，凹面朝上，根据脆性材料压缩强度远远大于拉伸强度的特性，实现下端承压能力高，上端承压能力低，以保证作业期间安全可靠。

图11.3.1　定压接头示意图　　　　图11.3.2　陶瓷堵塞器示意图

带压作业完成后，选择清水、氮气打压等方式打碎破裂盘，实现油套连通。最大工作压差为70MPa，打开压力为7MPa，适应温度不高于150℃，适用于φ60.32mm、φ73.02mm、φ88.9mm的油管。技术特点：密封压力高，密封效果好。注意事项：价格昂贵；破裂盘为陶瓷，遇碰撞或剧烈起下可能导致破裂盘破碎。

11.3.2.2　带压起油管

（1）可通过式油管堵塞器。

通过送入工具、堵塞器和工作筒的配合完成坐封（图11.3.3）。在堵塞器通过工作筒后，上提堵塞器，利用工作筒触动台阶启动送入工具的卡瓦，使送入工具本体和芯轴产生相对移动，将堵塞器卡瓦处于半张开状态，然后下放堵塞器，使卡瓦坐放于工作筒内，形成堵塞。若不上提堵塞器，则卡瓦不会张开，堵塞器可以继续下放，到达预定的工作筒后上提堵塞器，完成坐封。

图11.3.3　可通过式堵塞器及送入工具图

对于φ60.32mm油管：最大工作压差为35MPa，堵塞器最大外径为47mm，密封面直径为47.65mm；对于φ73.02mm油管：最大工作压差为50MPa，堵塞器最大外径为57.5mm，密封面直径为58mm。技术特点：能解决斜井、水平井不压井起管柱作业过程油管内密封问题，可通过钢丝作业将堵塞器坐封在任意一个工作筒内，堵塞器下端设有平衡滑套，解决坐封及打捞前后堵塞器的压力平衡问题。注意事项：必须坐封在工作筒内，无法实现油管内任意位置坐封。

（2）不可通过式油管堵塞器。

通过钢丝作业将工具坐封在预先下入的工作筒内，向下震击剪切坐封销钉，上提钢丝绳，当拉力达到设计值后，表明工具已坐封好，下放钢丝绳，直至钢丝绳变软，然后向上震击，剪切检验销钉，完成坐封（图11.3.4）。

图11.3.4 不可通过式油管堵塞器图

最大工作压差为50MPa，适应温度不高于120℃，适用于 ϕ60.32mm、ϕ73.02mm、ϕ88.9mm的油管。技术特点：主要用于直井带压起油管作业中油管内密封问题，只能坐封在指定的工作筒内。不同井深可灵活设置开启压力，可通过泵注打开，也可通过钢丝作业方式强行打开，避免了井筒异物导致堵塞器卡死无法捞出的极端情况。注意事项：①投堵作业时必须处于关井稳定状态。堵塞器在开井状态下入井可能造成密封圈刺坏或因气流上顶导致无法坐封；②工作筒内不能有杂质、落物或沉淀物，否则可能造成锁芯、下入工具、回收工具在井下软卡或硬卡；③工作筒上部的管柱不能有较大的变形。

（3）可回收式油管桥塞。

利用钢丝作业将桥塞下入到油管内设计位置，上提、下放工具完成J形槽变轨，使桥塞下卡瓦撑开，卡在油管内壁，继续向下震击工具，剪断坐封销钉，继续震击，通过上锥体压缩胶筒膨胀密封，同时上下卡瓦牢牢卡在油管内壁，完成坐封。作业完成后可通过专用打捞工具打捞桥塞。该桥塞具有C形荆棘锁环，在向下震击坐封工具时，C形荆棘锁环启动，保持坐封负荷，胶筒密封更可靠（图11.3.5）。

图11.3.5 可回收式油管桥塞图

最大工作压差为52.5MPa，适应温度不大于120℃，适用于 ϕ60.32mm、ϕ73.02mm的油管。技术特点：结构紧凑、外径小，便于操作，具有上下卡瓦，坐封精度及打捞成功率高。可以在直井段任意位置实施封堵，主要用于气井井口存在安全隐患，需带压更换井口的情况。注意事项：适用于封堵直井段油管，且封堵位置处于气体环境。若在斜井段或液面下进行投堵，将导致封堵不严或解封困难。

（4）不可回收式油管桥塞。

利用钢丝或电缆作业将桥塞下入到指定位置后，依靠震击、通电等方式打开卡瓦，使胶筒膨胀，从而实现管柱内任意位置的封堵。该类内密封工具应用较广的为四机赛瓦WBM型桥塞。

最大工作压差为70MPa，适应温度不大于148℃，适用于 ϕ60.32mm、ϕ73.02mm、ϕ88.9mm的油管。技术特点：可在直井段、斜井段任意位置进行封堵，适用于多种规格油管，直径小，下放速度较快且易于操作，整体式卡瓦避免中途坐封且易钻除，棘轮锁环保持坐封负荷，保证压力变化下仍可靠密封。注意事项：该类桥塞为死桥塞，封堵油管后无法起出桥塞，只能随油管一起出井。

（5）过油管桥塞。

过油管桥塞是一种可以通过小尺寸管柱在大尺寸油管上实现压力封堵的油管桥塞。过油管桥塞可以采用电缆或连续管等方式送入，此类产品以贝克休斯过油管桥塞为主（图11.3.6）。

图 11.3.6　过油管桥塞图

最大工作压差为45MPa，适应温度不大于149℃，适用于 ϕ60.32mm、ϕ73.02mm、ϕ88.9mm、ϕ101.6mm、ϕ114.3mm 的油管。技术特点：最大密封压力随管柱内径的增大而降低。ϕ54.1mm 过油管桥塞可封堵管柱的最小内径为62mm，可承受压差为42MPa，可封堵最大内径为172mm，可承受压差为7MPa。ϕ63.5mm 过油管桥塞可封堵管柱最小内径为76mm，可承受压差为45MPa，可封堵最大内径为221mm，可承受压差为9MPa。注意事项：如果桥塞需要长时间留在井下起封隔的作用，建议在桥塞顶部覆加3m的保护材料，如碳酸钙或砂子等，用于保护桥塞的打捞头。

11.4　带压钻塞技术

油气井因安全、技术等原因，需钻开前期封堵的水泥塞。因地层流体侵入井筒，水泥塞下方易形成圈闭压力。在钻开上部井段水泥塞时，压井液液柱压力和钻具浮重不能平衡圈闭压力释放产生的上顶力时，圈闭压力释放产生巨大上顶力，推动井内钻具急速上行，若井口控制措施不当，易导致钻具飞出、设备和钻具受损以及井控事故的发生[8]。

修井机钻水泥塞，可利用螺杆动力钻具作业或转盘转动方钻杆及井内钻具作业，使用的工具大多数是磨鞋、牙轮钻头或刮刀钻头等。主要依靠钻具自重施加钻压，依靠转盘或螺杆动力钻具提供旋转动力完成水泥塞的钻磨，钻塞过程中只能依靠管柱自重平衡圈闭压力突然释放产生的上顶力，依靠液柱压力平衡圈闭压力，钻磨圈闭高压的水泥塞易发生井喷、钻具上顶或飞出等井控安全事故。带压作业机钻水泥塞可以控压钻磨，并通过带压作业机液缸施加足够的下压力，能有效预防圈闭压力突然释放导致的钻具上顶、飞出、井喷等井控安全事故发生。

11.4.1　常规钻塞技术

11.4.1.1　修井机钻磨水泥塞

修井机钻水泥塞，可利用螺杆动力钻具作业，或转盘转动方钻杆及井内钻具作业，使用的工具大多数是磨鞋、牙轮钻头或刮刀钻头等。

修井机钻磨水泥塞风险为：（1）水泥塞下方可能圈闭有高压，在水泥塞上部井段，因压井液密度、液柱高度有限，液柱压力无法平衡圈闭压力，即使在井口安装了旋转防喷器等井控装置，因旋转防喷器动密封压力一般低于10MPa，无法施加足够高的背压，圈闭的高压突然释放易造成井喷；（2）井深较浅，管柱自重小，钻具和水龙头重力无法平衡圈闭压力突然释放产生的上顶力。用螺杆动力钻具钻磨可在井口安装死卡防上顶，但会导致管柱无法上下自由活动，易造成蹩卡或圈闭压力释放顶弯钻具；利用转盘转动方钻杆钻塞，则无法安装死卡等防上顶装置，圈闭压力突然释放产生的巨大上顶力易顶弯或顶飞钻具。

例如，某井用XJ850修井机钻井口水泥塞曾发生钻具飞出事故。该井6957.98~7057.60m井段试油未获得工业油气流，后在5805~6405m和105.5~305m井段注水泥塞封闭，井内井深5805m下部为密度1.82g/cm³钻井液，5805m上部为密度1.5g/cm³钻井液。钻塞时井口装置为2FZ35-70双闸板防喷器+FH35-35/70环形防喷器，用ϕ162mm磨鞋+ϕ88.9mm箭型止回阀+ϕ120.6mm钻铤10根+ϕ88.9mm钻杆的钻具组合，密度1.16g/cm³修井液钻塞。钻至井深319.06m时，钻压20kN、泵压4.5MPa，井口突然发出巨响，井内钻杆冲出转盘面，喷出修井液0.5m³。水龙头及方钻杆上顶将大钩锁销及活门撞断，掉落在地面，井口喷出钻杆3根，第4根外露2.6m；喷出钻杆弯曲掉落在井口与分离器之间，造成了设备严重损坏。事故现场如图11.4.1所示。

（a）飞出的钻具

（b）掉落的水龙头

图 11.4.1　钻具飞出事故现场

用ϕ162mm磨鞋钻塞，推算该井水泥塞下方圈闭压力24MPa，圈闭压力释放瞬间上顶力494kN，而钻穿水泥塞前管柱自重140kN，因此，该井钻塞工艺难以实现安全作业。

11.4.1.2　连续管钻磨水泥塞

连续管钻塞主要使用磨鞋+螺杆钻具+液压丢手+双活瓣单流阀+连续管的钻具组合。由于连续管没有节箍，因此在使用过程中其起升及下放速度会更快，能实现持续性钻进，相对于修井机钻塞在施工效率和成本更优。

连续管钻塞存在的风险包括：（1）连续管尺寸较小，通过正循环钻磨，所需排量大、施工泵压高，特别是ϕ127mm以上的套管钻磨，施工泵压更高，对设备影响较大，地面流程冲蚀较严重；（2）由于连续管刚度较低，钻磨波动较大，易憋泵、停泵，环空碎屑下沉易造成卡钻事故；通过地面节流控制背压，易堵塞流程，流程堵塞后泵压升高，被动停泵易造成环空碎屑下沉卡钻；（3）管柱自重轻，钻开水泥塞时圈闭压力突然释放，易出现水泥塞上移，同时对管柱产生较大上顶力，易造成井内连续管损伤。

11.4.2　带压作业机控压钻塞技术

为解决常规作业处理井口圈闭压力、井下隔离屏障的钻磨难题，有效保障了暂闭井、高压气井钻塞的施工安全，攻关形成了"主动加压+复合旋转+平衡背压"的带压作业机钻塞技术。主动加压可通过液缸施加足够的下压力抵消圈闭压力突然释放产生的管柱上顶

图 11.4.2　带压作业机控压钻塞

力,液缸最高可施加 770kN 的下压力。复合旋转可采用螺杆(60r/min)和主动转盘(100r/min)共同旋转,最高复合转速可达 160r/min。采用工作闸板防喷器施加背压,工作闸板防喷器最高额定工作压力达 105MPa 设备如图 11.4.2 所示。

11.4.2.1　带压作业机控压钻塞的技术优势

带压作业机使用主动转盘、动力钻具、主动转盘+动力钻具的方式进行钻塞,具备以下优势[9]:(1)带压作业机液缸最高下压力达 770kN,可以通过液缸施加足够高的下压力,防止钻开水泥塞时圈闭压力释放顶飞钻具;(2)带压作业机工作防喷器最高动密封控制压力达 105MPa,可在井口施加足够高的背压,使背压和液柱压力足以平衡圈闭压力;(3)钻塞管柱可增加钻铤或加厚钻杆,提高塞面处管柱刚度,比连续管抗弯曲能力更强。修井机钻塞、连续管钻塞与带压作业机钻塞技术可靠性对比,见表 11.4.1。

表 11.4.1　钻塞技术可靠性对比表

项目	修井机钻塞		连续管钻塞		带压作业机钻塞	
	方式	可靠性	方式	可靠性	方式	可靠性
圈闭压力平衡能力	依靠液柱压力+≤10MPa 背压(旋转防喷器)	易造成井喷	液依靠液柱压力+≤60MPa 背压(连续油管防喷器)	可有效平衡圈闭压力	依靠液柱压力+≤105MPa 背压(工作防喷器)	可有效平衡圈闭压力
管柱强度	钻铤+加厚钻杆+钻杆灵活组配	抗弯、抗扭性能强	连续管	抗弯、抗扭性能较弱	钻铤+加厚钻杆+钻杆灵活组配	抗弯、抗扭性能强
管柱抗上顶能力	依靠钻具和水龙头自重	易造成管柱上顶、飞出	依靠管柱自重+注入头下压力(22.5T)	易造成井内连续管损坏	依靠钻杆自重+液缸下压力(77T)	可有效预防管柱上顶
钻屑返出能力	依靠泵注系统循环	返屑能力强	依靠泵注系统循环	泵压高,排量低,返屑能力弱	依靠泵注系统循环	返屑能力强
综合评价	安全可靠性低		安全可靠性中		安全可靠性高	

综上分析,带压作业机钻塞技术更为可靠。为提高施工效率,降低井控安全风险,确保施工安全,需从带压作业机钻塞防喷器组合、地面流程设计、钻具组合、施工工艺等方面进优化设计。

11.4.2.2　防喷器组合配置

井口自下而上分别安装试压四通、循环四通、全封闸板、剪切闸板、半封闸板防喷器、下工作闸板防喷器、平衡泄压系统、上工作闸板防喷器以及环形防喷器。较常规带压作业增加了循环四通,循环四通侧翼通径 $\phi 78$mm,提高了流程返屑能力。针对钻开水泥塞瞬间井控风险高的特点,需要根据井内压力选择不同压力等级的井控设备。

11.4.2.3　地面流程设计

带压作业机钻塞地面流程示意图如图 11.4.3 所示。以循环四通为连接点,一侧连接压井管汇，用于压井作业。另一侧依次连接捕屑器、节流管汇、分离器、振动筛等设备，用于捕屑除砂、连续控压循环。该流程安装捕屑器，主要用于过滤大颗粒碎屑，通过两只捕屑器的倒换完成内筒清理，防止流程堵塞造成停泵、碎屑下沉卡钻。

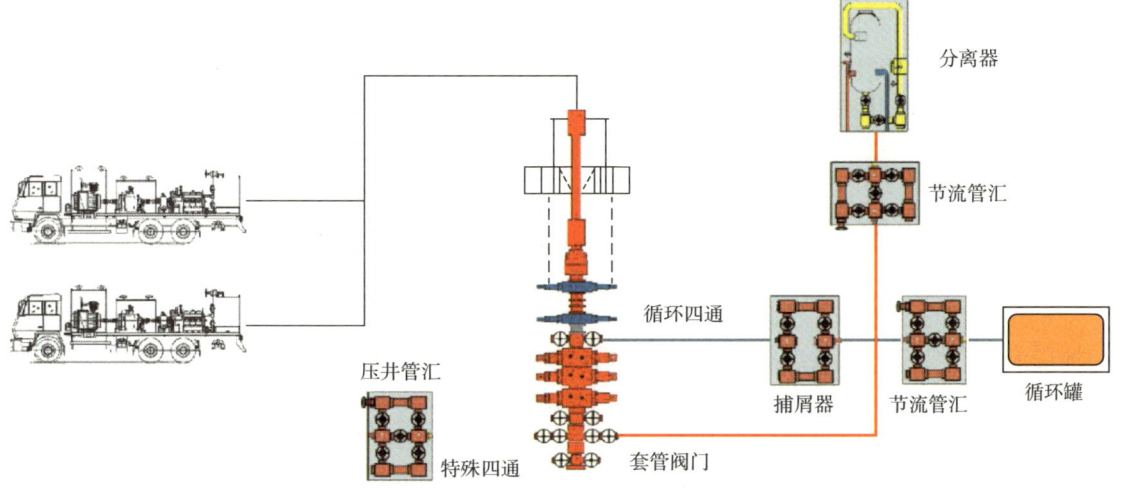

图 11.4.3　地面流程示意图

11.4.2.4　钻具组合

为提高钻具防上顶和内防喷的能力，设计时应考虑：（1）优选水槽过流面积大、刚体横截面小的钻磨工具，减小上顶力；（2）从井控需求考虑，在工具上安装 1~2 只单流阀；（3）增加扶正器、钻铤，以提高钻柱刚度和钻具自重；（4）增加短节，便于安全起出；（5）必要时先用小钻头钻开水泥塞释放圈闭压力，降低上顶力；（6）根据被封闭地层的压力预测圈闭压力，结合修井液液柱压力确定井口施加的背压值，确保施工背压和液柱压力之和大于圈闭压力。

11.4.2.5　带压作业机钻塞工艺

（1）工具安装。入井前，在地面测试螺杆钻具合格，螺杆钻具入井后应低排量开泵试运转合格。

（2）下入钻具。接近塞面时，边循环边缓慢下放钻具，加压 10~20kN 探塞面，并在操作台上标记管柱深度，选择固定参照点，在井口钻具上做标记。

（3）下探塞面。探得塞面后，上提钻具 2~3m，关闭环形防喷器或工作闸板防喷器，然后开泵循环，调整排量和背压至设计的控制范围。

（4）钻磨桥塞。启动钻磨工具后，缓慢下放钻具，施加钻压至设计值进行钻塞，密切观察泵压、背压的变化情况，及时利用地面节流阀将背压控制在设计范围内，有效平衡圈闭压力，为施工井控安全提供保障。每钻磨 1~2m，上提钻具 3~5m，上下拉划井眼 2 次。接单根前，控制背压、上下拉划井眼 2 次，并循环一周以上。根据碎屑返出情况，及时倒换清理捕屑器，防止流程堵塞，造成停泵，碎屑下沉卡钻。

（5）起出钻具。停止钻磨前，将钻具提离井底；井下有螺杆动力钻具时应先降排量，再上提管柱。钻塞完成后，循环通井至预定井深，调整工作液，循环洗井 1.5 周以上，确保返出工作液达到设计要求。

11.5 带压注塞技术

废弃井处置目的主要是对产层进行永久封闭，阻止地层流体运移，消除安全隐患，保护自然资源。永久封闭主要包括产层挤注水泥塞封堵、井筒内水泥塞和桥塞封堵等。废弃井处置通常采用修井机、钻机进行作业，处置周期长，施工费用高。随着带压作业技术发展，采用带压作业技术进行废弃井永久封闭处置的优点日益突出。

11.5.1 带压注塞难点和风险

带压注塞与常规压井注塞最大的区别是回压控制和工作液量的控制，首先避免水泥浆与地层流体混合发生快凝或缓凝，同时需防止水泥浆移位影响封堵效果，具体如下：

（1）注塞过程回压控制不当，导致注塞失败或工程事故。

若井口回压控制过低，地层盐水、天然气等流体进入井筒，与水泥浆混合，使水泥浆性能破坏，轻则影响水泥浆胶结质量，重则导致水泥浆闪凝或上窜埋卡管柱。若井口回压控制过高，水泥浆漏失，水泥塞塞面下降，影响封堵效果。

（2）起管柱泵注工作液量控制不当，易发生水泥浆位置移动。

带压注塞管串下部连接了单流阀，起钻时需及时泵注与起出管柱同等外容积的工作液，若泵注液量过少，水泥浆上移，若泵注液量过多，水泥浆下移，造成水泥塞塞面与设计不一致或卡钻等工程事故。

（3）采用控压正循环洗井，易造成卡钻。

带压注塞管串下部连接了单流阀，只能进行正循环洗井，顶替效率低，易导致水泥浆清洗不彻底，残留水泥浆造成卡钻。

11.5.2 带压注塞主要措施

（1）注塞时，控制井口回压。
①依据注塞施工设计，制定每个节点环空回压控制值。
②双岗负责对环空回压进行调节控制。
③专人负责对进口、出口液量进行全过程核实。
（2）起钻时，控制泵注工作液量。
①精确计算应泵入量，每起1根管柱及时泵入同等体积工作液。
②持续监测井口压力，保持井底压力平衡地层压力。
③定期核实累计泵入量。
（3）洗井时，连续控压循环。
①增大排量，环空上返速度不小于0.8m/s。
②备用泵车，确保施工连续。
③适当延长水泥浆初凝时间，初凝时间应大于从配水泥浆开始至正循环洗井结束的时间的1.4倍。

11.6 带压锻铣技术

老井或储气库改造井环空水泥胶结质量差，不能有效封隔油气层、含水层或其他过/欠平衡压力层等渗透层，弃井治理作业需要锻铣套管、扩眼并打水泥塞，以防止互窜和地层内的流体流出。因老井盖层固井质量不合格段，实施一定长度的"套管及原水泥环"锻铣并重置水泥塞，建立井筒及管外封闭新屏障，达到阻断油、气、水沿管外上窜的目的。

套管锻铣工艺技术目前在老井治理和储气库改造施工中，多采用修井机、钻机等设备进行施工作业。由于锻铣井段相对较浅，且普遍具有压力圈闭情况，在进行锻铣作业时，均需要配置较高密度的压井液，以满足井控需要。但圈闭压力值难以准确掌握，在锻铣连通地层后出现圈闭压力突然释放造成井喷、钻具上顶等情况时有发生。同时老井治理的场所狭窄，采用修井机、钻机等设备需进行大规模的井场和道路建设，施工费用高，还存在因地质滑坡等原因井场不具备修井机、钻机等设备安装条件。采用带压作业机进行锻铣作业能有效解决这些问题。通过液压主动转盘带动管柱旋转、井口施加背压平衡圈闭压力、利用防顶卡瓦克服上顶力，有效控制锻铣套管时圈闭压力突然释放产生的风险，防止钻具突然上窜造成工程复杂和安全事故。

11.6.1 带压锻铣技术难点

带压锻铣作业与常规锻铣作业主要是使用设备和压力控制两个方面存在较大的差异。带压作业机采用液缸与卡瓦配合完成加压和扭矩传递，不具备因钻具蹩跳产生上下振动的纵向力释放功能，液缸会因钻具上下振动而损坏。带压锻铣要进行压力控制，需具备管内、管外压力动密封功能，同时因返出物不能及时返出而沉积形成铁削桥卡钻。区别于常规锻铣，带压锻铣的技术难点主要体现在以下几个方面。

（1）钻具组合不同。

常规锻铣工具与带压锻铣工具差异较小，具有较强的通用性。但带压锻铣具有压力密封和设备不具有抗震功能，在钻具组合中存在一定差异，同时带压锻铣入井工具组合还需考虑在有压情况下得进、起得出，大直径工具窜长度应小于液缸行程。

常规锻铣使用转盘作为动力传输，钻具组合相对单一。典型的常规锻铣工具组合为锻铣器+钻铤+钻杆。带压锻铣因压力密封和液缸不抗震、送钻加压不易控制等原因，钻具组合中需考虑内堵塞工具、减震工具、恒压恒扭等工具。典型的带压锻铣工具组合为锻铣器+回压阀（或双瓣阀）+加重钻杆+钻杆+减振工具+钻杆。

（2）返排钻屑方式不同。

常规锻铣返屑通过防喷器、防溢管等循环通道自然返排，在满足上返速度要求的前提下，钻屑能顺利返排至振动筛进行振动除削。

带压锻铣钻屑返排受控压方式影响，钻屑返排受到较大限制。需通过地面流程控压、稳压等方式达到恒压、恒流作用，在这个过程中，就会出现钻具自然下沉形成铁削桥卡钻。同时因控压，返出铁削不能自然通过返排流道排除，需在控压装置前端安装铁削收集装置，如铺削器、除砂器等。在钻屑收集后端需安装具有压力控制装置，如节流管汇，恒压溢流装置等满足控压过程中井内压力保持一致。

（3）参数控制不同。

常规设备锻铣与带压作业机锻铣控制钻压、排量、返排液黏度等参数性能基本一致，但常规作业机锻铣采用链条带转盘机械旋转传递扭矩，可控性差，带压使用液压转盘旋转或低转速螺杆传递扭矩，转盘转速可控性好；常规设备使用机械刹把操作钻具下放加压，加压较均匀，带压作业机采用液压控制举升液缸下行加压，加压不均匀，易出现蹩跳、损坏带压液缸等问题。

（4）工艺风险不同。

①现有常规锻铣存在锻铣套管深度浅，上部圈闭压力，锻铣打开后圈闭压力突然释放，极易造成较大井控风险，常规作业难以管控。

②常规锻铣返排液经防喷器、防溢管、导流筒将液体自然流入振动筛进行铁屑过滤。带压锻铣需要控压作业。需利用带压作业机的工作防喷器进行井口环空密封，通过安装在钻具底部的回压阀或双瓣阀进行钻具内压力控制，返出口通过节流管汇针阀、油嘴或恒压节流阀进行控压返出。

③管柱上顶造成管柱飞出。常规锻铣，管柱始终处于重管柱状态，带压锻铣因井压或圈闭压力释放产生管柱上顶，利用带压作业机防顶卡瓦卡紧管柱。

11.6.2 带压锻铣关键技术

11.6.2.1 优选锻铣井段

（1）井段位置最好选择在直井段；

（2）锻铣窗口及以下地层稳定且可钻性好；

（3）锻铣井段固井质量好、套管稳固的井段，避开套管外扶正器，上部套管无变形、破损；

（4）锻铣始点一般选择套管节箍位置以下 1.0~3.0m，锻铣长度内尽量选择最少节箍段。

11.6.2.2 优选锻铣工具和优化钻具组合

（1）锻铣工具外径小于套管内径的 1.5~3mm；

（2）锻铣工具刀片镶焊高强度硬质合金齿，可将套管磨铣成短的碎片，易于被循环工作液携带出井；

（3）锻铣工具刀片镶焊高强度硬质合金齿，可将套管磨铣成短的碎片，易于被循环工作液携带出井；

（4）钻具组合：引子 + 锻铣工具 + 回压阀 + 震击器 + 加重钻杆 + 减震器 + 钻杆；

（5）增加减震器或恒压恒扭装置，减小蹩跳时的上下冲击载荷。

11.6.2.3 恒压、恒扭控制技术

带压设备依靠液缸下行下放钻具施加给锻铣工具重力达到加压目的，但液缸下行需要靠控制液缸进油量大小满足钻具下行速度控制，实际操作极难控制进油量，进液量过下液

缸不运行，达到一定量突然下行，故带压作业极难实现平稳缓慢加压的目的，需使用恒压装置，实现因液缸下行控制困难而达到平稳加压的目的。

带压锻铣可采用转盘或螺杆钻具，但转盘或螺杆钻具在旋转过程中因受返出铁削影响，扭矩传递不均，出现蹩跳，而带压设备卡瓦卡紧钻具，无法自由释放蹩跳产生的钻具上下振动，使带压液缸损坏情况发生。为了避免带压设备特有的不可控性，故带压锻铣必须采用恒压、恒扭控制技术，在钻具组合中加入恒压、恒扭工具，达到稳定传输钻压和扭矩的目的。

11.6.2.4 控压排屑技术

带压锻铣需要控压，控压带来井口密封、管柱上顶、铁削沉降卡钻等风险，存在排削困难，锻铣铁屑易快速沉淀，导致卡钻。通常循环介质选择具有较高携砂能力和良好流动性水基修井液，漏斗黏度55s、动切16以上；安全防喷器组使用具有自动清砂功能的防喷器；带压锻铣推荐流程如图11.6.1所示。

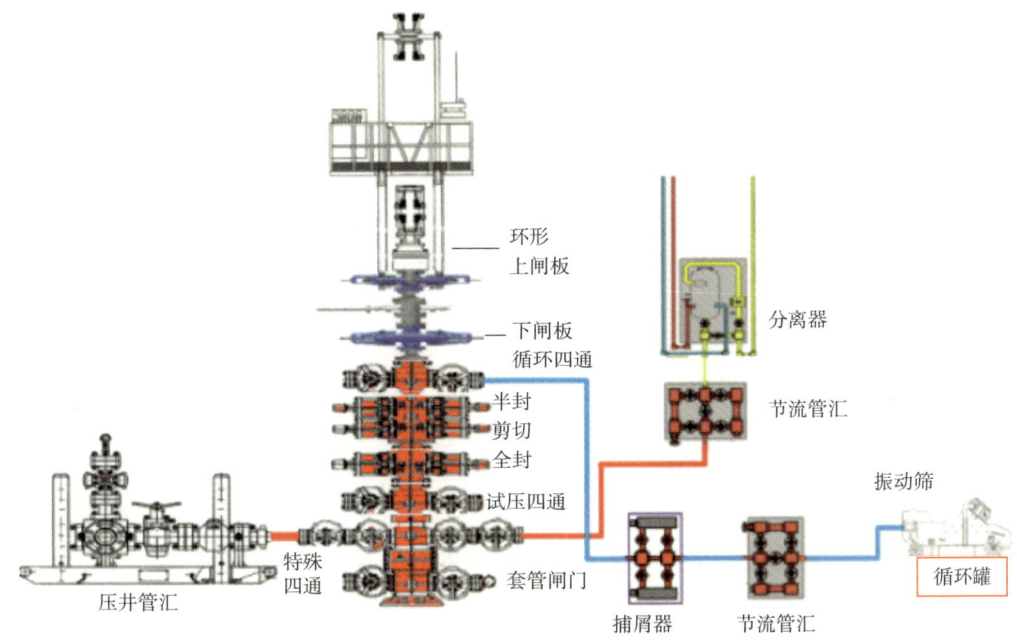

图 11.6.1 带压锻铣地面流程图

11.6.2.5 风险控制

（1）在锻铣套管时，加压难以控制"恒压"状态，锻铣的铁屑大小不一，铁屑上返速度难以同步。大小不一的铁屑上返存在速度差，堆积形成"铁屑桥"，带来"蹩泵""蹩钻""上提卡钻""旋转过程倒开上部套管"的风险。使用恒压锻铣技术刀片始终处于"恒压"状态避免了因操作失误带来的风险，且"恒压"锻铣时，产生的"铁屑"基本上大小一致，避免了因"铁屑"上返速度差导致的"铁屑桥"，并且锻铣刀片承压均匀，避免了因刀片变形而导致无法收回刀槽的事故。

（2）锻铣位置的套管外侧无固井水泥，或固井质量差，锻铣管柱在高速旋转下，将导致断口上下的套管晃动，锻铣器刀片受损变形，铣刀可能因此无法收回刀槽内，造成管柱无法起出锻铣位置等事故。

（3）水平井水平井段的锻铣及大斜度井井段的锻铣，是目前套管锻铣的一大难题。锻铣刀片居中困难、锻铣时加至刀片上的钻压不易控制（因摩擦阻力较大，刀片上钻压难以控制，加压小、摩阻大、可能刀片上没有钻压导致锻铣无进尺，加压大，可能导致刀片因承压高、磨损加剧或刀片变形，刀片无法回收至刀槽，导致严重事故的发生），更换单根后找原井眼困难等，决定了锻铣施工的风险。锻铣器刀片上的恒定钻压，有效地解决了大斜度井段加压难以控制的问题，使大斜度井段的锻铣工作也能顺利完成。

11.7 带压打捞作业

带压打捞遵循"抓得住、封得严、取得出"的作业思路，按照井下落物的类型和特点，设计入井打捞管串和密封方式，并结合井口带压装置类型，配套必要的防喷器、防喷管、悬挂装置[10-11]，实现带压井下打捞、井口密封取出。

11.7.1 常用打捞底部管柱组合

11.7.1.1 管类、杆类落物打捞

当原井管柱被卡时，不能通过倒扣方式来解除管柱遇卡状态。如果在管柱结构上有丢手接头时可以正转倒扣丢手；如果没有丢手接头，可以通过化学切割或爆炸切割方式解除卡钻状态。

打捞落鱼时根据落物的外径、内径以及井内套管的通径大小，可选择公锥、母锥、滑块捞矛、可退式、卡瓦打捞筒、开窗捞筒等工具。打捞工具选择的原则是打捞工具应具有丢手功能，如果工具没有丢手功能，可在单流阀以下配置一个特制的安全接头。

直井打捞作业推荐管柱结构为（自下而上）：打捞工具+（安全接头）+单流阀（1~2个）+震击器+钻铤+加速器+钻杆（油管）；水平井打捞作业推荐管柱结构为（自下而上）：打捞工具+（安全接头）+单流阀（1~2个）+震击器+钻杆（油管）+钻铤（或加厚钻杆）+加速器+钻杆（油管）。需要注意的是在起下管柱时，应避免震击器在通过防喷器时激发震击动作，单流阀的位置尽可能靠近打捞工具。

11.7.1.2 小件落物及特殊落物打捞

打捞钢球、钳牙、牙轮等铁磁性小物件落物时，优先选择磁力打捞器；打捞体积很小或已经成为碎屑的落物，优先选择循环打捞器，如反循环打捞蓝等；打捞其他未成为碎屑的落物，优先选择抓捞类打捞工具。除此外，针对某种特殊的落物，可自制专用的打捞工具，设计的打捞工具必须具备易捞、足够的强度、结构简单、操作方便等特点。打捞管柱组合推荐为（自下而上）：打捞工具+安全接头+单流阀+钻杆（油管）。

11.7.1.3 绳类落物打捞工具串

绳类落物主要有钢丝、电缆及各类钢丝绳，所用的打捞工具包括内钩、外钩、内外组合钩。加工内外钩时应在打捞工具上加装隔环，防止绳类落物跑到工具上端造成卡钻。打捞管柱组合推荐为（自下而上）：打捞工具+安全接头+单流阀+钻杆（油管）。

11.7.2 带压打捞的地面作业装置配套

11.7.2.1 简单打捞的井口带压作业装置配套

简单打捞的带压作业装置除了基本配套，同时应考虑井下落物的预计长度，可在安全防喷器组与工作闸板防喷器间，安装一定长度防喷短节，使带压作业装置的上工作闸板、防喷短节、安全防喷器全封闸板之间组成的高压密封腔长度不低于打捞管串可控封堵位置的上截面至落物下截面的距离。

防喷短节工作压力不低于防喷器组的工作压力，通径不低于防喷器组的内通径，防喷短节的承重能力不低于带压作业机举升系统的最大举升力。

11.7.2.2 复杂打捞的井口带压作业装置配套

所谓复杂打捞是指落鱼工具长度较长或较重的情况下，无法通过防喷管倒换起出落鱼的情况，需根据单件工具长度是大于或小于高压密封腔长度来确定起出井口的方法。

对于单件工具长度是小于高压密封腔长度的，只需在井口安全防喷器组增配一套卡瓦悬挂防喷器，具体位置可视情况而定，然后在带压作业装置内进行多次倒扣。

对于单件工具长度是大于高压密封腔长度的，可在井口安全防喷器增配半封闸板、卡瓦悬挂防喷器，也可安装一套带压旋转内切割装置，用来将工具剪切后带压取出。

11.7.3 带压打捞作业程序

11.7.3.1 管杆类落物打捞作业程序

首先，选用铅模、铅锥、通井规等工具，进行带压井下探视，从而确定鱼顶形状、大小、落鱼状态等，为下一步打捞提供依据；然后带压下入打捞工具串。在地面将打捞工具串进行连接，并按照入井工具试压要求进行地面试压。按照带压下入管柱的操作要求，向井内下入打捞管串。

其次，按照打捞工具工作原理的不同，作业程序有所不同，具体如下：

（1）矛类打捞工具：采用带压作业装置，将打捞管串下到鱼顶上部 1~2m 时正循环冲洗；逐步下放工具至鱼顶，待泵压突然上升，指重表悬重下降，说明公锥等打捞工具已进入鱼腔，可以进行上提打捞；一旦落鱼卡死，先进行解卡，再上提打捞。必要时，退出落鱼。

（2）筒类打捞工具：采用带压作业装置，将打捞管串下到鱼顶上部 1~2m 时正循环冲洗；逐步下放工具至鱼顶，指重表指针有轻微跳动后逐渐下降，泵压也有变化时，说明已引入落鱼，可以试提钻具，当悬重明显增加，证明已经捞获；可重复以上步骤，直至将落鱼引入工具并捞获。

最后，按照带压起出井内管柱的技术和操作要求，起出单流阀以上的入井管串；将打捞工具及打捞落物提至安全防喷器以上，关闭全封闸板，泄压，打开工作防喷器组，起出打捞工具管串及打捞落物。检查打捞工具及打捞落物是否完整，如井内仍有落物残留部分，继续重复以上打捞步骤，直至井内落物全部取出。

11.7.3.2 小件落物及特殊落物打捞程序

同管杆类落物打捞作业程序一样，首先了解落鱼情况，再下入相应小件落物及特殊落物打捞工具。按照打捞工具的不同，作业程序有所不同，具体如下：

（1）正循环打捞篮：带压下工具管串至井底3~5m时开泵正循环洗井；边冲边下放钻具，遇阻时上提并做记号；快速下放，在距井底1~2m时停止下钻，继续正循环，造成井底紊流；循环10min后带压起钻。

（2）一把抓打捞工具：工具下至鱼头以上1~2m，开泵正洗井，将落鱼上部沉砂冲净后停泵。带压下放管串，加钻压20~30kN后，可配合再转动钻具3~4圈，待悬重表悬重恢复后，再加压10kN左右，转动钻柱5~7圈。将打捞管串提离井底，转动钻柱使其离开旋转后的位置，再下放加压20~30kN将变形抓齿顿死，即可提钻。

（3）强磁捞筒：当强磁打捞器下到离井底3~5m时开泵正循环冲洗井底；冲洗干净后，缓慢下放钻具，触及落物；上提钻具，旋转90°，重复下放钻具，触及落物；确认落物已被吸住后，上提起钻。

完成打捞程序后，按正常起下管柱程序起出落鱼。

11.7.3.3 复杂打捞的带压作业程序

同管杆类落物打捞作业程序一样，首先了解落鱼情况，再下入相应小件落物及特殊落物打捞工具。打捞作业时，按照矛类打捞工具、锥类打捞工具、筒类打捞工具的不同作业方法，将落物捞获。

起出单流阀以上打捞管柱，将井内剩余工具串悬挂在卡瓦防喷器处，并关闭鱼顶以上的全封防喷器。重新下入井口倒扣打捞工具至全封防喷器以上，关闭工作闸板防喷器和环形防喷器，平衡压力，开全封闸板，在装置高压腔内，带压打捞在悬挂卡瓦防喷器处悬挂的井内工具，在带压装置内进行带压倒扣或带压切割，分段、多次起出打捞工具串及打捞落物。

11.8 带压旋转作业

旋转作业包括钻磨桥塞和水泥塞、磨铣或套铣封隔器、锻铣、裸眼钻进、开窗侧钻以及磨铣小件落物等。带压作业旋转作业方案设计时，重点关注钻磨套铣作业底部钻具组合、钻磨工具选择、防喷器组布置、地面流程设计、磨铣套铣参数优化等方面，完善作业程序。

11.8.1 旋转作业底部管柱组合

11.8.1.1 作业管柱

作业管柱根据井筒条件、钻磨对象、作业介质、作业工艺要求，可以采用钻杆或者油管进行钻磨作业。

11.8.1.2 管柱旋转方式

旋转作业通常是通过井口转盘旋转、动力水龙头或井下钻具旋转提供作业扭矩。转盘和动力水龙头旋转带动钻柱整体旋转，因此钻柱不仅有上下运动，还有旋转运动，这样对地面环空密封装置动密封性能要求更高、密封件材料磨损更加剧烈，因此一般压力较低的井可以采用转盘旋转或动力水龙头带动旋转的方式进行旋转作业。无论高压井或是低压井，采用井下钻具旋转作业，由于钻杆或油管不参与旋转，钻柱与井口防喷器之间只有轴向运动，没有轴向转动，更容易达到对井口的密封要求，即使井口旋转仅仅作为辅助活动管柱的低速旋转作业，因此带压旋转作业主要采用井下钻具旋转作业。

11.8.1.3 底部钻具组合

钻具组合设计时应考虑到下入、起出底部钻具组合方案，在钻磨工具上应直接安装至少一个单流阀，管柱也可增加一些扶正器、钻铤等，提高钻柱刚度、增大钻压，可以增加一些短节确保安全起出，推荐底部钻具组合为：

（1）直井钻磨：钻磨工具 + 单流阀（1~2个）+ 钻铤（加厚钻杆）+ 捞杯 + 作业管柱；

（2）水平井钻磨：钻磨工具 + 单流阀（1~2个）+ 作业管柱 + 钻铤（加厚钻杆）+ 作业管柱。水平井钻磨作业时，钻铤不能加到水平段，一般加在直井段。

11.8.2 防喷器组布置和地面流程设计

井口防喷器组合的布置，应结合钻磨工艺与钻磨管柱的需要。旋转方式采用主动转盘、动力水龙头和井下马达带动钻具的，可直接选择工作环形防喷器或工作闸板防喷器密封油套环形空间的压力。一般压力较低的直接采用工作环形防喷器控制管柱旋转期间的环空动密封，压力较高的采用工作闸板防喷器控制管柱上下运动环空动密封，也可直接采用井下马达带动管柱旋转。闸板防喷器尺寸应与钻磨管柱匹配，特别是与底部钻具组合中的钻铤、加重钻杆、震击器、螺杆等管柱匹配。

对于采用修井机、钻机转盘驱动六方钻杆带动旋转作业的，在防喷器组的最上部必须增加使用旋转防喷器，保证方钻杆的密封。

不同于常规压井钻磨方式，带压钻磨产生的钻屑需要经过可以承受一定压力达到分离的除砂器或捕屑器加以清除，同时地面可能还要设置捕屑器、节流管汇和分离器等，因此地面泵注流程和返排流程应结合工艺需要合理布置。

11.8.3 磨铣、套铣参数优化

带压作业具有能很好保护油气层的特点，因此带压作业循环介质不同于常规压井钻磨作业，可以采用低于地层压力系数的修井液、清洁无固相工作液，甚至是天然气或氮气。例如，页岩气桥塞钻磨通常采用压裂用滑溜水、KCL活性水等，一些低压生产气井也常用氮气作为循环介质。

磨铣、套铣进尺效果通常与磨铣对象的类型和稳定性有很大关系，这要从选择适应的磨铣工具上着手，进而优化钻压、转速和循环排量。带压钻磨作业不应追求过高进尺速度，因为过大的钻压和过高的转速可能产生较大的碎块，容易引起卡钻。反而，应控制钻磨速度，尽可能产生较小的碎块。例如，钻磨一个压裂复合桥塞，可以让操作手每分钟下放 1~2cm，使每个桥塞的钻磨时间控制在 1h，虽然时间相对较长，但产生的碎块小，不易发生卡钻和复杂。

按照工作介质、套管内径、磨鞋（铣鞋）直径、井底温度等，选择相应的马达参数

时，应考虑最小环空上返速度、钻磨速度和钻压。一般要求钻磨时环空流体的上返速度必须大于 0.6m/s，然后计算出管柱内要求的泵注排量，根据泵排量与给定马达转速的匹配关系，从而确定马达转速和最大最小钻压。

磨鞋、铣鞋工具也有一个最大最小转速、钻压，应根据工具提供的参数，结合马达参数，进一步优化钻压、转速和排量，还可以通过返出的铁鞋尺寸来进一步优化施工参数。通常，理想的切屑厚度为 2.36~6.35mm，长度为 50.8~101.6mm。如果切屑太薄或像头发丝一样，转速又小，那么应增加钻压；如果切屑较大，就应降低钻压、增加转速。

11.8.4 磨铣推荐作业程序

磨铣工具入井前，必须测量好工具（每段）的外径、内径，同时必须有匹配的打捞工具。磨铣推荐作业程序如下：

（1）依次连接磨铣工具、单流阀、马达和钻铤，直井钻磨时至少一个捞杯（推荐 2 个）。

（2）下入距离鱼顶 2~3m 左右时，上下活动钻具，然后开泵和停泵、活动钻具，主要是测量在井口带压情况下管柱浮重和摸索循环排量对泵压的影响，特别是对地面流程回压的控制。建立正确的循环，返出量不小于泵入量是正常的地层返出，但不能出现泵入量比返出量多的情况。

（3）循环的同时，慢慢下放钻具，加压 10~20kN，探鱼头。

（4）在操作台上标记管柱深度，选择固定的参照点，在卡瓦的上部也要做好标记，便于观察进尺情况。

（5）上提管柱 2~3m，调整到所需排量，转动管柱的同时，缓慢下放管柱，按优化的钻磨参数施加钻压。切不可先加钻压再旋转，这样可能损坏磨鞋切削面，也不要轻加钻压然后再旋转。

（6）每磨铣 1~2m，上提磨鞋 3~5m，上下拉划井眼。在处理水平井压裂管柱过程中，根部返出很多砂、接单根时，要控制背压并且多循环，防止卡钻；在不拆水龙带的情况下，尽可能多拉划井眼、多做提拉测试，这是由于管柱本身有一定的拉长量，而液缸行程只有 3m 不足以拉划彻底，因此还可以让保持马达低转速转动（20r/min）循环。

（7）停止磨铣时，要将钻柱提离井底。马达施加钻压后不能立即起管柱，应该先降排量，再上提管柱。

（8）按带压起下管柱要求起出磨铣管柱。

11.9 带压起穿孔管柱

随着油气井的生产，受井筒高压、高温等恶劣环境影响和地层流体中 H_2S、CO_2、细菌等腐蚀，生产管柱容易发生腐蚀穿孔。带压起穿孔管柱不需要压井，不会发生压井液伤害地层的情况，可保护和维持地层的原始产能，避免压井液、地层水、返排液等对地面的污染[12]。对于低压井带压起穿孔管柱，还可减少压井液漏失造成的井控风险。

11.9.1 井口装置

带压起穿孔管柱前需采用多臂井径和电磁探伤等技术检测油管结垢、腐蚀、穿孔等情况，根据检测结果可选择不同的井口组合。对于只有单个穿孔管柱或穿孔段连续不长的穿孔管柱，可采用常规起下管柱的井口组合。

对于带压起长段穿孔管柱的井口装置应满足分段切割、分段打捞、分段起出等工艺要求，因此除常规起下油管的井口装置外，应增加一套卡瓦悬挂封井器或内置卡瓦（顶丝法兰），用以在起腐蚀穿孔段油管时夹持管柱，在带压作业装置内切割或倒扣起出穿孔段油管。为判断油管节箍位置，还可增加一套可视（智能）四通。这与复杂打捞的井口装置配套相类似。同时井口装置中还应增加一套带压旋转内切割装置，安装于全封闸板以下，用来将穿孔段油管切割后带压取出。起长段穿孔管柱的井口组合结构如图 11.9.1 所示。

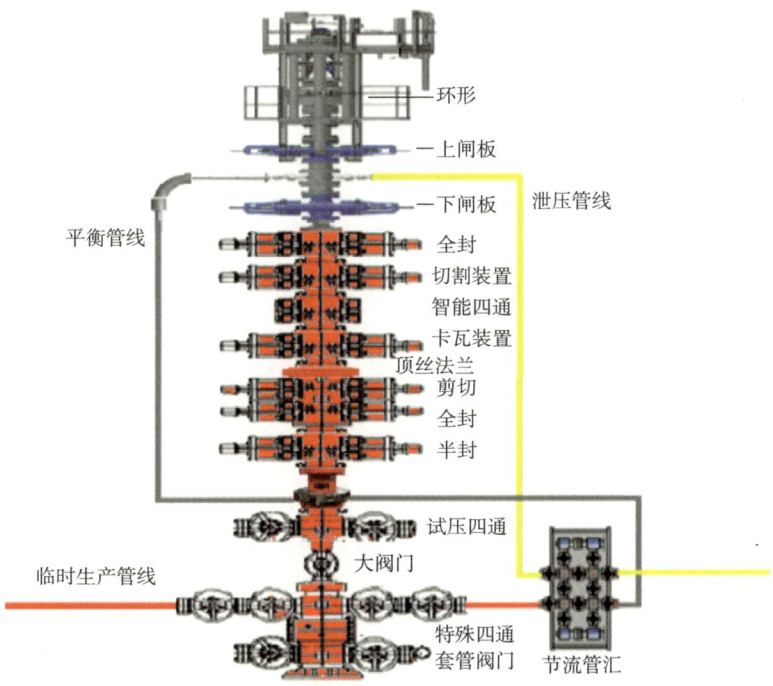

图 11.9.1 带压起穿孔管柱井口组合图

11.9.2 作业程序

（1）施工前准备。
（2）工程测井。
①安装电缆作业装置。②电缆通井。③工程测井（磁测井 MID-K+ 多臂井径 MIT24），根据检测结果，确定堵塞器投堵位置和起管柱的井口组合。
（3）换装钢丝作业装置，钢丝通井，投堵塞器，验封。
（4）换装带压作业设备并试压。

(5)带压穿孔管柱。

①带压起单点穿孔管柱或穿孔段连续不长的穿孔管柱。

油管内堵、验封合格后,按正常带压起管柱程序进行起油管作业。在接近油管堵塞器前100m时,应逐根探测堵塞器位置。堵塞器以上油管起出完后,将油管穿孔段起至最下端安全半封至上工作半封之间,关最下端安全半封,安装钢丝作业装置并试压,捞出堵塞器,进行二次投堵,验封合格后起出剩余油管。

②带压起长段穿孔管柱。

堵塞器以上油管起出完后,可采用倒扣或分段切割、分段打捞、分段起出方式处理多点穿孔管柱。带压倒扣起穿孔管柱操作程序详见本章第十一接带压倒扣。

带压切割管柱时用卡瓦悬挂封井器或内置卡瓦夹持管柱,用带压旋转内切割装置将穿孔段油管切割,起至全封闸板以上,关全封闸板,泄掉上部压力,将穿孔段油管起出,再下带密封装置的卡瓦捞筒等打捞工具进行打捞,打捞后进行上述切割操作,直至处理完穿孔油管。处理完穿孔油管后将油管节箍起至全封闸板以下,同时油管节箍避开封井器芯子,打好防顶卡瓦,在带压作业装置内倒扣起出切割油管,对扣后进行二次投堵,起出剩余油管,完成起整个穿孔管柱作业。

11.9.3 注意事项

(1)工程测井对于井口测量存在测量盲区,对井口油管穿孔的井,需投堵后进行验证。

(2)堵塞器坐封后,需要打开泄压阀验封,如验封不合格,则应重新选择堵塞器座封位置座封,然后泄压、观察,直至确认堵塞器密封可靠。

(3)起油管时一定记录起出油管数量,防止穿孔段油管起出封井器或堵塞器以下油管,卸扣后造成压力外泄伤人。

11.10 带压切割

带压起管柱作业,对于管柱基本无结垢且质量较好的情况,通过钢丝/电缆桥塞投堵正常起出;若有单点穿孔,可采用多次投堵和带压倒扣、带压对扣方式起出;但时,老井管柱通常存在几百米穿孔段,无法有效内堵塞和密封环空起出井口,限制了带压作业技术的应用。针对井下管柱难以内堵塞和环空密封的问题,设计形成了在防喷器组合内密闭分段切割、分段打捞、分段起出的带压切割技术,通过多次带压切割实现全部穿孔段油管的起出。该技术也可应用于老井管柱粘扣无法拆卸、长段筛管、带孔工具等带压起出,拓展了带压作业技术应用。

11.10.1 井口组合与技术要求

带压切割需在常规带压下完井管柱井口组合上增加切割装置、可视化装置、夹持装置等,保障管柱可分段切割、分段起出。一般井口组合(自下而上)为:接箍智能监测装置+顶丝卡瓦+液压卡瓦+可视化四通+圆形切割装置+工作全封+升高法兰短节+带压作业机。

带压切割主要技术要求：

（1）井口夹持悬挂管柱悬重约300kN，可以在井口夹持管柱悬重。

（2）切割装置可多次反复切割，保障切割次数，确保长段穿孔管柱起出。

（3）切割装置切割后断口平整、变形量小，有利于打捞筒打捞悬挂管柱并上提管柱，并且长段穿孔管柱起出完后能二次投堵。

（4）建议增加工作全封闸板防喷器，用于切割管柱后，上提至全封闸板防喷器以上，关闭全封泄压并起出已切割的穿孔管柱。

（5）建议增加接箍智能监测装置，确定管柱接箍、工具等位置，从而不误剪切到接箍和工具上。

（6）可增加升高法兰短节，升高密闭空间长度，增长单次剪切穿孔管柱长度，减少剪切次数，提高作业效率。

11.10.2　主要井口装置

目前，用于在井口带压状态下的切割装置主要有密闭切割装置（图11.10.1）和密闭剪切装置，可根据井口压力和切割次数进行选择。

密闭切割装置是开展带压切割工艺的关键井口装备，可多次进行密闭切割，且断口平整、无毛刺（图11.10.2），该装置可在井口压力14MPa内连续切割，主要参数如下：

图11.10.1　密闭切割装置图

图11.10.2　密闭切割油管断面图

（1）承压等级：35MPa，工作压力：14MPa；

（2）壳体承压等级：35MPa；

（3）连接方式：$7\frac{1}{16}$in RX46法兰连接；

（4）公称通径：180mm；

（5）外形尺寸：1000×800×900mm，本体质量：约为1800kg；

（6）切割能力：$2\frac{3}{8}$~$3\frac{1}{2}$in 常规油管；

（7）最高进刀油压：21MPa，最高注水压力：14MPa；

（8）液压管线长度：≥25m，总装机功率：≤25kW；

（9）控制房外形尺寸：7.2m×2.1m×2.4m。

密闭剪切装置功能同密闭切割装置类似，将现有的剪切防喷器剪切闸板设计为圆弧状，刀刃正对布置，剪切刃具有防止和限制油管被挤扁的效果，可使剪断后油管端部的形状基本为圆形（图11.10.3）。剪切后油管断面略微变形，可满足直接用打捞筒抓取的要求，剪切次数能达到150余次，在常用剪切闸板防喷器上加装增力液压缸（图11.10.4），确保一次剪切成功。

图 11.10.3　圆形剪切刀片　　　　　　　图 11.10.4　圆形剪切闸板安装

11.11　带压倒扣和对扣

带压倒扣是带压修井中的一项关键作业程序，常与带压对扣同时开展。通过在带压作业防喷器组合内倒开螺纹和对接螺纹，并结合全封闸板防喷器密封井眼的功能，实现管串中小内径工具等复杂部件的带压处理。目前，带压倒扣、带压对扣主要应用于处理节流器、封隔器和柱塞工作筒等工具，是带压修井起复杂管柱的有效技术手段。

11.11.1　井口组合及主要设备

带压倒扣需要根据工具长度和类型，针对性的设计并配套相应的井口设备，常用井口组合为（从下至上）：油管头+大闸门+变换法兰+顶丝卡瓦（或液压卡瓦）+（密闭液压钳）+试压四通+双闸板防喷器（半封+全封）+剪切闸板防喷器+下工作闸板防喷器+平衡泄压系统+上工作闸板防喷器+工作环形防喷器。

顶丝卡瓦（图11.11.1）用于固定管柱，结构类似油管头顶丝原理，将顶丝前端圆头设计制成卡瓦牙，通过多方位的旋入卡瓦顶丝夹持管柱并承载旋转扭矩，是带压倒扣、带压对扣的关键设备。液压卡瓦与顶丝卡瓦相同，将半封闸板更换为卡瓦闸板，也用于固定管柱。一般液压卡瓦的卡瓦尺寸相对固定，而顶丝卡瓦可用于多种尺寸管柱。

密闭液压钳（图11.11.2）主要用于防喷器组合内带压上卸扣，主要技术特点如下：

（1）壳体额定耐压 35MPa（静水压强度试验压力 52.5MPa），可以用于井压 35MPa 以下的带压作业；

（2）壳体、密封件材料全部符合含硫化氢气井作业环境要求；

（3）无需更换卡牙即可卡紧直径范围 60~114mm 的管柱；

（4）额定卸扣扭矩 8kN·m，额定转速 0~50r/min，无级可调；

（5）外形长 1712mm、宽 850mm、高 1150mm，安装高度 1100mm，重约 4100kg；

（6）密闭式卸扣钳通径 186mm，上下连接形式均为 6B18-35 栽丝 +R46 密封环槽；

（7）主钳卡紧后允许有 65mm 上下浮动范围。

图 11.11.1　顶丝卡瓦

图 11.11.2　密闭液压钳

11.11.2　操作程序

带压倒扣和带压对扣的关键在于按步骤精细操作，避免因操作失误发生安全事故。以带压起 ϕ60.3mm 节流器管柱为例，其操作程序如下所述。

11.11.2.1　带压倒扣操作程序

根据桥塞坐封位置，起钻至桥塞坐封油管接箍位于上工作闸板以下，关闭下工作闸板防喷器，打开泄压阀泄压至 10.5MPa（环形防喷器处于关闭状态，且下部压力 10.5MPa）；打开上工作闸板，继续起钻至含有桥塞油管下端位于装置台平面，使用液压钳卸松倒扣管柱 0.5~1 扣，将松扣管柱下至接箍位于下工作闸板以上，关闭上工作闸板，平衡压力，打开下工作闸板，将松扣接箍下至液压卡瓦以上、全封以下，液缸高度不高于 0.5m，关闭固定承重卡瓦，液缸下压 15000lb，安装安全卡瓦及支撑套，打开固定承重卡瓦，关闭液压卡瓦及下安全半封。启动转盘开始倒扣，先将转盘压力调低，控制转盘转速不大于 1r/min，缓慢增大转盘压力直至管柱开始旋转，倒扣时先松开 3 圈，待压力平稳后继续旋转 5~7 圈完成倒扣，缓慢上提液缸 2cm 泄压验证，压力能瞬间恢复可进行试提，缓慢试提 5~10cm 悬重不涨，说明倒扣成功。将倒开管柱起至全封闸板以上，关闭全封闸板，逐级泄压确认全封以上无压力后，打开上工作闸板、环形防喷器及卡瓦组，利用装置绞车起出倒开油管，取出节流器及桥塞，带压倒扣完成。

11.11.2.2 带压对扣操作程序

在对扣油管上连接对扣扶正器及全通径油管旋塞,根据管柱上顶力,增加 3000lb 设置液缸下压力,将对扣管柱下至全封闸板以上,关闭移动卡瓦组、环形防喷器,平衡压力至 10.5MPa,关闭上工作闸板防喷器,继续平衡压力,打开全封闸板防喷器,带压下入对扣管柱,与液压卡瓦上倒开油管接触,从接触位置开始继续下放 2cm,调整液缸高度不大于 0.5m,安装安全卡瓦以及支撑套,设置好转盘工作压力,启动转盘开始带压对扣,$2\frac{3}{8}$in 油管上扣扭矩达到 2450N·m,上扣圈数 8 圈,对扣完成后,逐级泄去装置腔室压力,压力不涨为合格,平衡压力后,对管柱进行试提,悬重增加说明对扣成功,对剩余管柱进行通径及二次封堵,打开液压卡瓦,下安全半封闸板防喷器,将对扣管柱起至上工作闸板防喷器以下,关闭下工作闸板防喷器,打开泄压阀泄压至 10.5MPa,打开上工作闸板防喷器,继续泄压至压力为零,打开环形防喷器,将对扣管柱起出装置操作平台面,卸下对扣扶正器,带压对扣完成。

11.11.3 技术要点及注意事项

带压倒扣和带压对扣安全风险高,必须清楚作业环节中的风险点,保障施工作业的安全,避免事故的发生,技术要点及注意事项如下:

(1)顶丝卡瓦需对角顶正顶紧,确保管柱居中不偏斜;倒扣作业前,下压管柱验证是否足够承受管柱重力。

(2)在操作平台松扣时,确保控制在一圈以内,严禁直接卸开螺纹。

(3)倒扣时,需关闭移动防顶卡瓦、移动称重卡瓦,同时安装安全卡瓦,防止倒扣过程中移动防顶卡瓦未吃力,倒开后管柱因上顶力突然飞出。

(4)清楚掌握管柱结构和工具在防喷器组合内的准确相对位置,闸板防喷器关闭在错误位置和其他故障。

(5)与转盘连接的移动卡瓦组和顶丝卡瓦无法承受高扭矩旋转,作业过程应严格操作和控制。

(6)带压倒扣和带压对扣过程中,举升下压系统和顶丝卡瓦之间距离短,因螺纹退出和连接存在几厘米得距离变化,需边旋转边上提或下放管柱。

(7)因举升下压系统和顶丝卡瓦之间距离短,倒扣时存在管柱上行不易,可通过上起举升下压系统控制,同时建议带压倒扣时增加补偿伸缩器。

11.12 典型带压大修实践与认识

11.12.1 带压打捞实践与认识

11.12.1.1 基本情况

×井设计压裂 26 段 26 簇,已完成第 1~24 段压裂施工,在第 24 段(深度 2425m)

正常压裂结束后，上提至2414.5m，管柱遇卡。经上提下放、开套管、油套冲洗等措施处理均无效，投球将工具串丢手，起出连续管+安全丢手上接头（外径ϕ103mm），进行带压打捞作业。

11.12.1.2 技术难点

按照井下落物的类型和特点，遵循"抓得住、封得严、取得出"的作业思路，设计入井打捞管串和密封方式，并结合井口带压装置类型，配套必要的防喷器、防喷管、悬挂装置，实现打捞。

本井施工难点在于捞获落鱼后解卡。连续管带压打捞效率高，但是解卡提升吨位小，解卡难度大。带压作业机带压打捞作业效率低，但是解卡提升吨位大，容易解卡落鱼。

11.12.1.3 技术对策

本井根据连续管和带压作业机带压打捞的优缺点，综合利用优势。先采用连续管进行带压快速打捞，若带压打捞不能解卡，则采用带压作业机进行打捞，增加提升吨位，实现打捞解卡落鱼成功。

11.12.1.4 施工过程

（1）连续管打捞施工情况。

①第一趟打捞。

打捞工具：连续管+卡瓦连接器+马达头总成+震击器+扶正器+可退式GS打捞矛，总长度4.43m，下至2375m遇阻，上提1m油管冲洗基液20m³，油压36~44MPa，排量0.7m³/min，冲洗无进尺，出口返出少量砂，停泵进行打捞作业，下压50kN，上提170kN未解卡（正常上提悬重120kN），启动震击器解卡成功，重新下探遇阻点3次，深度无变化，上提均有卡阻，都是通过启动震击器解卡，正常起管柱，上提至45m，发现上提吨位过大为70kN（正常1kN），开套管出口18mm油嘴放压到8MPa，关井后套压逐渐恢复至22MPa。为防止井内压力上返，工具上顶损坏连续管，打22MPa平衡压，起出打捞工具，未捞到丢手工具串，打捞工具未发现划痕。

②第二趟打捞。

打捞工具与第一趟相同，下至45m正常通过，下至2375m（第一趟打捞遇阻点）正常通过，下至2416m遇阻，油管冲洗1.5倍井筒基液，出口返出少量砂，下放捞获工具，上提250kN未解卡，启动震击器仍未解卡，套管以排量0.5m³/min注入基液1.5m³冲洗，开套管配合连续管上提仍未解卡，最高上提350kN未解卡，为防止砂埋打捞工具，油管循环打压30MPa，稳压2min，退出GS打捞工具，起出连续管。

（2）带压打捞情况。

采用160K带压作业设备进行带压打捞。管柱结构：ϕ95mmGS打捞矛+变螺纹接头1#+变螺纹转换接头2#+ϕ90mm双瓣单流阀+ϕ90mm双瓣单流阀+变螺纹转换接头3#+变螺纹转换接头4#+ϕ89mmEUE油管。管柱下至鱼顶部位后，大排量循环冲洗鱼顶，停泵，下放管柱试捞落物，多次上提下放管柱试捞，捞获落物，活动管柱解卡，带压打捞出井内落物。

11.12.1.5 结论及认识

连续管打捞负荷小，对于被卡落物打捞吨位受限；采用带压作业设备，配套内防喷工具和专用打捞工具，可实现带压状况下落物打捞。

11.12.2 带压钻磨技术实践

11.12.2.1 基本情况

×井2019年7月在S2层测试，获日产气$10.4\times10^4\text{m}^3$，测试油压32.25MPa，之后于井深4092.40~3572.10m注水泥塞，井深3562.00m下电桥，井深3562.00~3281.50m、2953.60~2620.60m、200.00~24.10m分别注水泥塞封井。2021年9月，需上试S3层（1576.00~1628.00m，压力系数1.1），需钻开井口水泥塞（24.1~200m）并通至井深1800m。×井身结构如图11.12.1所示。

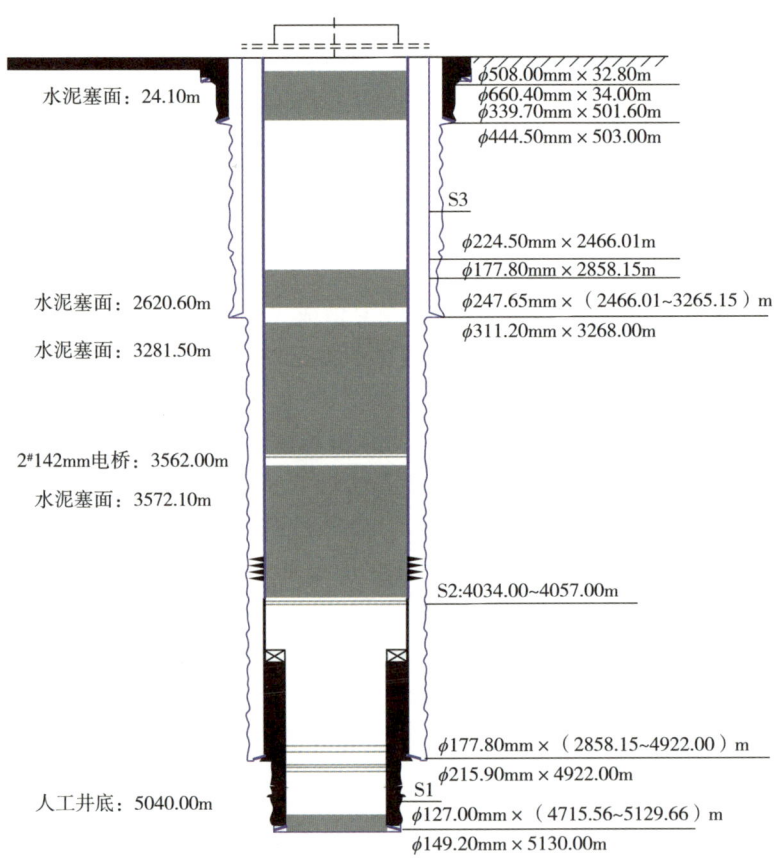

图 11.12.1 ×井井身结构图

11.12.2.2 技术难点

该井钻塞存在以下主要风险和难点：

（1）该井S2层地层压力60.8MPa、测试获得高产气流，如果井口水泥塞下方的水泥塞和桥塞封闭效果不好，封闭2年后其下方圈闭压力可高达23.3MPa。采用修井机钻塞，圈闭压力突然释放时，对钻头部位瞬间产生的上顶力高达406kN，易导致钻具上窜甚至飞出。

（2）钻塞时，施工排量不足，钻屑无法返出地面，易卡钻。

（3）停止作业时，井筒内钻屑未充分循环至地面，静止后下沉易卡钻。

（4）如未释放扭矩就上提钻具，易造成设备损坏和人身伤害。

11.12.2.3 技术对策

综合上述风险和难点分析，若使用常规修井机，旋转防喷器最高静密封控压不大于10MPa，钻磨井控风险较高；若使用连续管可控高背压，要达到预定排量施工泵压较高，对泵注设备、地面流程影响较大，且连续管刚度低，大尺寸井眼钻磨及圈闭压力释放易造成连续管受损。

因此，本次作业选择采用DYJ110/70DD带压作业机钻塞，该设备最高动密封压力70MPa、最大提升力1100kN、最大下压力758kN。循环四通一侧连接压井管汇，另一侧连接捕屑器、节流管汇、分离器、振动筛等设备，用于捕屑除砂、连续控压循环。采用两台700型压裂车泵注循环。

11.12.2.4 施工过程

针对本井带压作业机钻塞，制定并采取了以下技术措施。

（1）钻具组合采用 ϕ149mm 三牙轮钻头 + ϕ120mm 螺杆钻具 + 回压阀2只 + ϕ88.9mm 加重钻杆6根 + ϕ88.9mm 钻杆，增大钻头过流水槽面积，降低圈闭压力释放产生的上顶力，同时增加钻具刚度。

（2）采用密度 1.25g/cm³、黏度 50~55mPa·s 的工作液。

（3）钻塞过程中，排量保持在 500~700L/min，环空背压控制在 24~28MPa。

（4）每钻磨2m上提钻具3~5m，上下拉划井眼2次；接单根时保持背压在24~28MPa、上下拉划井眼2次，并循环一周。

（5）钻塞过程中，关闭防顶卡瓦；钻磨前120m水泥塞过程中液缸行程控制在1m以内，之后液缸行程控制在0.5m以内，尽量降低管柱无支撑长度。

（6）专人控制地面流程。定期检查和清理捕屑器；分离器排气管线出口点长明火，密切观察，若有气体则倒换流程至分离器。

（7）停止钻塞前，应先降排量充分释放钻具扭矩，再上提管柱。

（8）停止施工前，大排量循环洗井至少2周，再上提管柱50m以上，防止沉沙卡钻。

本井仅简单平整场地后带压作业机即入场作业，井口自下而上分别安装试压四通、全封闸板、剪切闸板、半封闸板防喷器、循环四通、下工作闸板防喷器、平衡泄压系统、上工作闸板防喷器以及环形防喷器。使用 ϕ149mm 三牙轮钻头 + ϕ120mm 螺杆钻具 + 回压阀 + ϕ88.9mm 加重钻杆 + ϕ88.9mm 钻杆的钻具组合，于2021年9月4日1至7日仅用一趟钻就安全顺利完成417.78m（钻塞井段89.65~507.43m）井口水泥塞钻磨工作，钻塞过程中保持25MPa背压，转速60~70r/min，钻塞进尺约5.1m/h。

11.12.2.5 结论与认识

（1）与修井机钻塞对比，带压作业机能在管柱自重基础上施加足够高的下压力，工作防喷器回压控制能力远高于旋转防喷器；与连续管钻塞对比，带压作业机钻塞管柱刚度更高，主动加压能力更强，施工泵压更低，循环能力更强。

（2）形成的"主动加压 + 复合旋转 + 平衡背压"带压作业机控压钻塞技术，有效应对桥塞或水泥塞下方圈闭高压释放的井控风险，满足暂闭井、高压气井钻塞的施工要求，为恢复生产通道提供安全的技术保障。

（3）采用带压作业机控压钻塞，运输车次少、搬迁周期短、基建要求低、安装快捷，综合效益高，具有安全、环保、高效的优势，是油气田稳产增产、提质增效的关键技术之一。

（4）带压作业机钻塞过程中，环空背压的精细控制是安全、平稳作业的关键。

参考文献

[1] 胡守林,等.带压作业工艺[M].北京:石油工业出版社,2018.

[2] 袁健,陈曦,赵光磊,等.国内气井带压作业技术现状与发展分析[J].天然气技术与经济,2023,17(5):33-38,80.

[3] 胡旭光,刘贵义,李庚,等.70MPa带压钻孔装置的研制[J].天然气技术与经济,2021,15(5):39-44.

[4] 胡旭光,刘贵义,胡光辉."带压钻孔+冷冻暂堵"组合工艺治理井口隐患[J].天然气技术与经济,2020,14(1):53-56,63.

[5] 胡旭光,罗卫华,刘贵义.105MPa冷冻暂堵装置的研制及应用[J].天然气技术与经济,2021,15(1):55-60.

[6] 胡旭光,罗园,刘贵义,等.气井带压作业油管内密封工具应用现状与发展趋势[J].天然气技术与经济,2022,16(5):32-37.

[7] 唐庚,雷清龙,洪玉奎,等.带压作业可通过式堵塞器设计与试验[J].钻采工艺,2020,43(5):84-86,10.

[8] 张明友,袁健,谢奎,等.暂闭井带压作业机控压钻磨水泥塞技术及应用[J].钻采工艺,2023,46(1):85-90.

[9] 刘大伟,刘鹏程.水泥塞磨铣与井口防喷控制技术的应用[J].化学工程与装备,2020(2):125.

[10] 李玉飞,王留洋,卿玉.威远页岩气井带压打捞作业技术应用实践[C]//中国石油学会天然气专业委员会.2018年全国天然气学术年会论文集(03非常规气藏).中国石油集团川庆钻探工程有限公司钻采工程技术研究院,2018:4.

[11] 张平.页岩气水平井带压打捞作业设计与实践[J].钻采工艺,2020,43(2):30-33,2.

[12] 胡旭光.气井带压起复杂管柱施工难点及对策[J].钻采工艺,2020,43(4):115-117.

12 连续管大修技术

连续管大修是指应用连续管技术从事或替代常规作业机进行油气水井大修作业。连续管作业具有无接箍、无需接单根,可连续起下,可带压施工,自动化程度高,作业过程安全可靠等特点和优势,解决了短杆/管施工时的衔接与密封问题,幅缩短管柱起下时间,施工周期短,满足复杂井况作业要求,降低作业人员的劳动强度、减少作业人员[1-2]。目前,连续管作业技术应用领域也在不断拓展,从常规修井作业扩展到大修作业,展示出了其灵活性、安全性和高效性。

12.1 连续管打捞技术

页岩油气等非常油气水平井工程作业中,经常遇到测井、射孔、压裂、泵送桥塞射孔联作、钻磨桥塞时电缆断脱、连续管断脱,甚至工具断脱、螺杆钻具抽芯等落井事故;连续管钻磨桥塞产生的复合材料碎屑、金属碎块沉积在井筒中,因此水平井打捞是井筒作业工程中不可或缺的。连续管打捞技术在水平井,特别是在带压气井中的应用具有明显优势[3-5]。

与传统的修井设备和管柱打捞相比,具有如下优势:
(1)可在油管内甚至过油管进行打捞,不动原井管柱。
(2)可实现带压打捞,无需使用高密度压井液压井,既能最大限度地减少对储层的伤害,降低压井液的成本,同时避免了因打捞时间长,压井液固相颗粒沉淀的隐患。
(3)可快速开展打捞作业,打捞周期相对较短,快速恢复因井下复杂情况被迫中断的大型施工。以某页岩油区块为例,连续管打捞时间一般1~3天,相比常规修井机打捞节约作业周期3~5天以上。

连续管打捞与钢丝、电缆打捞相比,具有如下优势:
(1)在大斜度井特别是水平井中,可更加有效的传递轴向力,保证管柱下入深度和对落物施加载荷。
(2)可实现液体的循环。即可对鱼顶进行冲洗清理,还可驱动专用工具实现多种功能,提升打捞成功率。

12.1.1 技术难点

与钢丝电缆和传统修井机相比,连续管虽然在打捞技术领域内更具优势,但是也存在一些技术难题需要解决:
(1)连续管注入头提升能力相对修井机更小,连续管相对油管/钻杆抗拉强度更低。在水平井内对落鱼施加的有效上提载荷更小,不利于被卡管住的解卡。

（2）作业时连续管不能旋转，限制了旋转启动工具的使用，也不利于落鱼的引进。

（3）带压打捞时，受防喷管安装长度、防喷器半封闸板尺寸的影响，限制了被打捞的落鱼的长度和外径。

12.1.2 连续管打捞关键工具

针对水平井常见落鱼情况，结合连续管水平井打捞技术特点，研制了系列连续管打捞工具，可完成水平井常见落鱼的打捞[3]。推荐的连续管打捞工具组合自上而下为连接器+双活瓣单流阀+加速器（选装）+液压双向震击器+液压丢手+扶正器（选装）+低速马达（选装）+打捞工具。根据不同的井下落物情况以及井身结构特点，选择应用功能不同的打捞工具以及打捞工艺进行井下落鱼的解卡与打捞作业。

12.1.2.1 液压双向震击器

连续管在打捞等作业中，由于井口压力高、水平段长、井眼轨迹复杂等因素，极易遇卡，是制约连续管高效井筒处理作业的主要难题。目前连续管解卡主要采用激动解卡和震击解卡两种方式。激动解卡需要地面泵车配合打压频繁起下连续管活动解卡，操作不方便。震击解卡主要应用液压双向震击器（详见第四章第二节）。

12.1.2.2 液压加速器

液压加速器是一种加强震击效果、减弱对地面设备冲击的工具，其结构设计本身无震击功能，主要是利用高压缩比的硅油为蓄能介质，通过上提下放压缩硅油，与液压双向震击器配套使用，在震击器芯轴上叠加更大的加速度，从而增加了震击的动量和动能，产生一个巨大的震击力作用在鱼顶上。

12.1.2.3 低速螺杆钻具

连续管打捞作业时，因其不能旋转，打捞工具引鞋很难将水平井段内倾斜、紧贴于套管内壁的落鱼鱼顶引入打捞工具内腔。若采用现有的常规螺杆钻具驱动打捞工具旋转，会因螺杆钻具转速过快，导致鱼头损坏而造成井下情况复杂。为有效解决这个问题，设计改进了一种长度尺寸较小的短型容积式马达，专门用于连续管打捞。

低速螺杆钻具的主要特点：①抗拉强度大，适用于震击解卡打捞；②长度较短，适用于长落鱼打捞；③缓慢旋转，有利于落鱼的引入，有利于鱼顶的保护，同时在特殊井况下可使打捞工具退出鱼头，避免事故复杂化。旋转速度 20~70r/min，额定排量 100~560L/min，旋转扭矩 230N·m。

12.1.2.4 管类落物打捞工具

管类落物主要包括断脱或丢手后落入井内的大直径工具串，如通井工具、压裂工具、射孔工具、连续管冲砂、钻磨类工具串等刚性强的金属管具；一般采用卡瓦类打捞工具对本体外部进行抓取，或用打捞矛从落鱼内孔进行打捞。由于连续管管体不能转动，一般采用捞筒配合超低速螺杆钻具对管体外部进行打捞，为避免打捞后不能正常解卡，一般采用可退式捞筒进行打捞施工。

（1）液力释放式卡爪打捞矛。

连续管阻卡后一般从丢手接头处脱手，留井部分筒体内带有卡爪打捞接口。解卡打捞时可下入卡爪打捞矛，在不破坏工具内部结构的前提下，捞矛卡爪进入并固定在丢手接头打捞接口上，抓获阻卡后留在井内的工具串。

液力释放式卡爪打捞矛结构如图 12.1.1 所示，打捞矛在连续管带动下向下运动，芯轴底端尾锥伸进落鱼筒体内。当卡爪底端与落鱼筒壁接触后，卡爪在落鱼筒壁顶力作用下压缩副弹簧，芯轴继续随连续管下行，爪头内凸台落进芯轴收缩槽内。在落鱼筒壁挤压下，爪头收缩进芯轴环槽内。芯轴继续下移，带动卡爪伸入落鱼筒体内，直到套筒与落鱼筒壁接触并继续压缩主弹簧，卡爪外凸台在落鱼筒体打捞接口处张开。上提捞矛，除芯轴连接件外，其余组件在弹簧压缩下与落鱼并未发生相对位移，卡爪内凸台脱离芯轴环槽，顶在环槽下大径处，完成落鱼抓取。

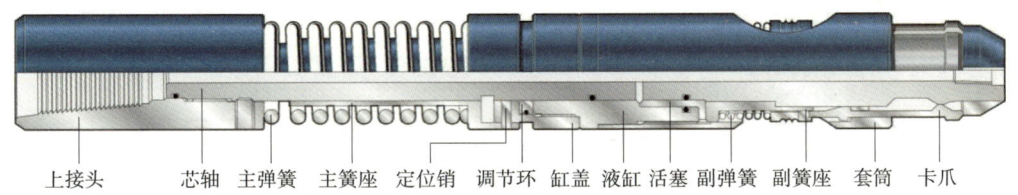

图 12.1.1　液力释放式卡爪打捞矛

落鱼被抓获后，如需丢手，下压工具串使打捞矛处于中和点位置再稍微下放，使卡爪内凸台落在芯轴环槽内。对连续管施加 5MPa 内压力，液缸带动套筒向上移动并压缩主弹簧，套筒带动卡爪上移并压缩副弹簧；继续保持压力，上提打捞矛，卡爪在落鱼筒壁挤压下收缩进芯轴环槽内，继续上提打捞矛，完成落鱼释放，芯轴外套组件在弹簧恢复力作用下复位。

（2）液力释放式卡瓦打捞筒。

液力释放式卡瓦打捞筒是连续管带压打捞主流工具，其结构如图 12.1.2 所示。卡瓦筒套入管状落鱼后，下放连续管，爪形卡瓦在鱼头顶撞下，推动副弹簧座并压缩副弹簧，爪形卡瓦外锥面脱离卡瓦筒内锥面，爪形卡瓦张开，鱼头进入卡瓦内，副弹簧弹力释放，使卡瓦外锥面与卡瓦筒内锥面重新接触（因落鱼外径限制，接触面较自由状态小，卡瓦端部位置有差异），下放连续管至落鱼顶在芯轴上并压缩主弹簧，直至主弹簧压至极限，钻压有显示时停止下放。缓慢上提连续管，上接头、液缸、卡瓦筒上行，在卡瓦筒内锥面作用下，爪形卡瓦内缩、卡瓦齿嵌入落鱼外壁面，抓获落鱼。

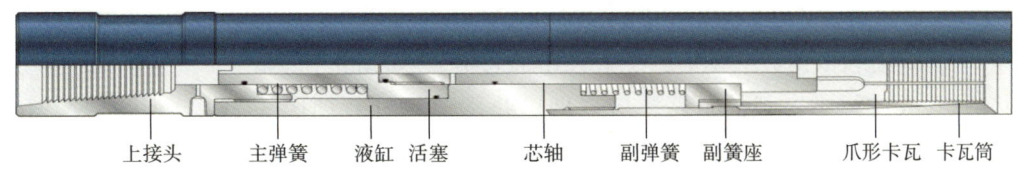

图 12.1.2　液力释放式打捞筒结构示意图

需要脱手时，依据打捞前称重，调整井口拉力，使打捞筒处于管柱中和点位置，再稍微下放管柱，使卡瓦外锥面与卡瓦筒内锥面脱离接触。油管内打压 5MPa，液压推动活塞带动芯轴上行，主副弹簧均被压缩，副弹簧座带动爪形卡瓦顺落鱼向上爬行，卡爪远离卡瓦筒内锥面并在卡瓦筒内张开。继续保持压力，上提连续管，卡瓦环落鱼上行并脱开落鱼，实现液力释放。继续上提，落鱼与工具脱离，压力下降，芯轴、卡瓦在主副弹簧作用下复位。

12.1.2.5 绳类落物打捞工具

绳类落物主要是指测井电缆、钢丝等,特点是电缆在井筒内呈不规则弹性螺旋状分布,下部堆积紧密,上部排列稀疏,鱼顶无准确位置。常用绳缆打捞工具是内捞钩、外捞钩。

外捞钩对井筒内堆积稀疏的绳缆打捞效率较低,但在工具旋转作用下,捞获成功率增大。一般连续管不具备旋转功能,因此,国外外捞钩在连续管打捞中应用较少,但国内因操作习惯,目前仍在使用。内捞钩结构为筒状,与打捞筒同为外捞工具。卡钻概率低,内捞钩对绳缆类落鱼鱼头敏感性很高,无论井内电缆堆积稀疏或紧密,内捞钩在不旋转的情况下打捞成功率都很高,也很少发生绳缆缠绕在工具上造成卡钻。图12.1.3所示为高强度板型内捞钩。

图 12.1.3　钢丝电缆内捞钩

12.1.3　连续管打捞工序

12.1.3.1　管柱类落物打捞工序

(1)打捞工具下放至鱼顶位置以上5~10m,应开泵清洗鱼头,以小于5m/min速度缓慢下放管柱探鱼顶,载荷明显下降、泵压上升,探得鱼顶后,应停止下入。

(2)抓捞类及测井仪器打捞,探到鱼顶后,再加钻压5~10kN。

(3)磁力打捞工具打捞,探到鱼顶后,应上提管柱2~3m,循环洗井30min以上,再停泵加钻压5~10kN打捞。

(4)鱼顶位置以上10~50m,上起速度应小于5m/min,应待确定上起平稳后,再逐步加大上起速度。上起过程中,速度应控制在15m/min以内,尽可能平稳,过井口时,应防止落鱼坠落。

12.1.3.2　绳类落物打捞工序

(1)打捞管柱下至预测鱼顶上部100m井深,下放速度应控制在10~15m/min。

(2)下至预测鱼顶以上50m,应测试并记录连续下放、静止及上提载荷后,再继续下入。

(3)下至预测鱼顶以上10m,下放速度应控制在5m/min以内。

(4)下入过程中,载荷下降,应立即停止下放管柱,加压3~5kN,观察载荷有无增加。如无增加,应每次加大5~10kN,逐步加大至10kN以上,继续打捞。

(5)打捞绳类落物应慢下、逐步加深,微压多次打捞。

(6)绳类落物捞出后应清洗干净,测量其长度。无法测量的应称重,折算捞出落物长度。

(7)对于大段钢丝或电缆,一定要查清井内落有钢丝的总长、规格,一般不宜采用打印的方法确定鱼顶位置;应根据钢丝长度被压缩$\frac{1}{3}$来确定鱼顶位置,下至预计深度后,上提30~50m(根据电缆长度调整),上提过程中,认真观察指重表灵敏针变化情况,若已捞上,就可继续上提,若无显示,则继续下放管柱,深度比前次加深,启泵转动20~40圈,重复上述操作,直至捞出钢丝绳或电缆。

12.1.4 工程应用

12.1.4.1 连续管打捞射孔枪

(1) 基本情况。

××井是一口页岩气探井,完钻井深3850.5m,水平段长1092.4m,采用三级套管完井,生产套管为ϕ139.7mm。A靶点斜深2850.4m,B靶点斜深3850.4m,水平段井眼轨迹呈"S"状,深度2700~2865m,全角变化率(23°~25°)/100m,3296.7m处井斜最大(97.2°)。

在第三段桥塞坐封后,上提了30m,至第一枪射孔深度3576~3575m处,井斜为87°,此时电缆处于紧绷状态,在第一枪点火后,因该段地层原有压力由50MPa骤降至30MPa,点火后地滑轮剧烈抖动,绞车振动明显。上提至第二枪射孔过程中,发现无磁定位信号,上提电缆过程中张力逐渐减小,初步判断为工具串落井。起电缆,发现射孔枪落井。

落井射孔枪由马笼头、加重枪、三级射孔枪、桥塞坐封工具及推筒等组成,最大外径是底部推筒ϕ106mm;马笼头最上部为弹簧,外径ϕ54mm,中部外径ϕ60mm,主体部位为ϕ73mm。

(2) 打捞难点。

从落井射孔枪的外形来看,落井工具相对比较简单,无电缆等复杂情况,但打捞施工仍存在以下难点:

①该井水平段较长(达1092.4m),同时井眼轨迹呈"S"状。

②落井射孔枪为设计第三段压裂井段,前期已进行了二段压裂,长"S"状水平段可能存在压裂砂,影响打捞效果。

③由于电缆可能是被巨大的压差作用拉断,鱼顶马笼头部位可能变形。

④落物较轻,打捞施工中无法判断是否捞获落物。

(3) 打捞思路。

从起出的电缆分析,电缆从马笼头弱点处拔断,落井射孔枪上部应无电缆。考虑该井落物在长水平段,同时井口压力30MPa,打捞管柱选择连续管打捞。从落井射孔枪结构尺寸分析考虑,可以使用两种打捞方式:

①打捞马笼头主体部位,即ϕ73mm部位。由于ϕ73mm部位长度较长(约60cm),同时与ϕ73mm油管外径相同,打捞工具相对也较多。

②使用开窗捞筒,打捞马笼头与加重枪中间的变径台阶。

(4) 打捞过程。

①第一次打捞施工

使用ϕ38mm连续管带打捞工具入井,打捞管柱组合:ϕ108mm卡瓦打捞筒+震击器+丢手接头+单流阀+连接器+ϕ38mm连续管。其打捞操作过程如下:

a. 下至3500.0m,开返排起泵,排量350L/min,泵压40.0MPa,下放悬重40kN,上提悬重100kN;下至3590.0m,停泵,以2m/min速度下放。

b. 下至3668.8m,加压由40kN降为-20kN(第三段桥塞坐封深度3610.0m,第二段桥塞坐封深度3707.0m)。

c. 起连续管至井口，未发现落鱼，地面对卡瓦打捞筒引鞋和卡瓦牙片检查，未见明显磕碰痕迹。同时，未捞获落物原因分析如下：打捞施工加压由 40kN 降为 –20kN，加压约 60kN，从工具未见明显磕碰痕迹分析，加压吨位过少。从打捞工具底部印痕分析，落物应未进入捞筒内部。打捞工具前端倒角可能较小，导致落物不易进入捞筒。

②第二次打捞施工。

因第一次打捞未捞获落物，根据打捞分析，更换了倒角较大的另一只捞筒，打捞管柱组合：ϕ98mm 卡瓦捞筒 + 震击器 + 丢手接头 + 单流阀 + 连接器 + ϕ38mm 连续管。其打捞操作过程如下：

a. 下至 3600m，开返排起泵，排量 400L/min，泵压 45MPa，井口压力 21.3MPa，下放悬重 50kN，做上提测试，上提悬重 100kN。

b. 下至 3671.1m（上一趟打捞遇阻位置），悬重由 50kN 下压至 0kN，泵压由 45MPa 涨至 47MPa，停泵关返排，继续下压至悬重 –5kN；上提至 3662m，悬重 100kN，开返排以 400L/min 排量起泵，泵压 45MPa。

c. 停泵下压悬重至 –70kN，深度 3673.1m，起泵泵压涨至 47MPa。

d. 停泵起至 3661m，下压至悬重 –70kN，深度 3673.6m，起油管至 3660m，以 400L/min 排量起泵，泵压 50.5MPa。

e. 起出，未见落鱼，地面对卡瓦捞筒检查，引鞋有约 40mm 挤压痕迹。同时未捞获落物原因分析如下：打捞施工加压由 50kN 降为 –70kN，加压约 120kN，工具端面印痕明显，说明加压足够大。从工具端部印痕来看，印痕主要在捞筒外侧，分析落物仍未进入捞筒内部。从打捞施工中泵压来看，变化明显，但未捞获，可能与泵排量、返排闸门开度有关。落物上部弹簧应该已经变形，导致打捞工具不易进入落鱼。

（5）第三次打捞施工。

综合前面两次打捞情况，考虑落物前端已经变形。由于井下落物打捞时间较长，导致整套压裂车组停等，提出了后续三套打捞方案：

①首先使用低速螺杆钻具与 ϕ108mm 打捞筒配合入井打捞，增加打捞工具的旋转导向功能，解决落鱼不好进入捞筒引鞋的问题。

②如不能捞获，则采取 ϕ108mm 的套铣筒，在套铣筒的引鞋部分，铺设合金，与卡瓦捞筒、低速螺杆马达相结合，采用先修鱼顶，再打捞的方式打捞。

③如再不能捞获，则采用外径 ϕ108mm、内径 ϕ93mm 的开窗捞筒，在开窗捞筒的引鞋部同样铺设合金，并在开窗的底部开设多点开窗，计划捞取磁定位与转换接头结合部的 ϕ45mm 处的台阶。

首先应用第一套方案，采用打捞内径较大的 ϕ108mm 卡瓦打捞筒，并将前端引鞋部位倒角增大，同时增加了低速螺杆钻具，打捞管柱组合：ϕ108mm 卡瓦打捞筒 + 低速螺杆钻具 + 丢手接头 + 单流阀 + 连接器 + ϕ38mm 连续管。其打捞操作过程如下：

a. 下至 3500m 开返排，起泵，排量 300L/min，泵压 45MPa。

b. 下放至鱼顶以上 10m（3658m），下放速度由 10m/min 降为 2m/min，下放至 3669m，停泵关返排，加压由 40kN 降为 0kN，确定深度 3669.5m。

c. 上提管柱至 3665m，起泵排量 300L/min，下放至 3669.5m，停泵，下压悬重至 –50kN。上提管柱至 3655m，起泵排量 300L/min，泵压 45MPa，无变化。

d. 上提管柱至 3658m，以 10m/min 速度下放，加压至 –30kN。

e. 起出，捞获完整射孔枪。

（6）结论与认识。

①普通页岩气井在泵送过程中，因卡钻等原因造成的射孔枪落井，马笼头端部一般不会变形；本井射孔过程中，套压由 50MPa 降为 30MPa，造成射孔枪落井，同时马笼头端部变形，说明瞬间力量较大。

②经后射孔过程中，射孔压力应与地层压力匹配，防止出现类似的复杂情况。

③使用连续管水平段打捞，管柱负荷较小，仅为 40~60kN，钻压只有依靠连续管注入头反向加压提供。

④造成本井打捞困难的主要原因是马笼头端部变形。

⑤水平井连续管打捞施工中，应用低速螺杆钻具，可以大幅提高打捞一次成功率。

12.1.4.2　连续管带压打捞长电缆[5]

（1）基本情况。

××井为一口页岩气水平井，井深 4470.00m，水平段长 1220.00mm，套管内径 ϕ115.0mm。该井采用电缆泵送通井规通井时在井深 3024.00m 处遇阻，上提至井深 2835.80m 时拉断电缆，起出井口检查发现电缆本体发生断裂，电缆打扭严重，电缆及通井工具串落井。

测量起出井筒的电缆长度，计算出井内剩余 ϕ8.0mm 电缆约长 80.00m，可能存在弯曲、打扭和变形的情况。井下落鱼结构自上而下为：ϕ8.0mm 电缆 ×80.00m（预估）+ϕ43.0mm 打捞头 ×0.50m+ϕ73.0mm 加重钻杆 ×2.70m+ϕ73.0mm 加强套 ×3.22m+ϕ73.0mmCCL 磁性定位器 ×3.66m+ϕ73.0mm 转换接头 ×0.25m+ϕ88.9mm 模拟枪 ×1.80m+ϕ105.0mm 通井规 ×0.22m。电缆泵送通井规的最后遇卡位置在井深 2835.80m，上一级压裂桥塞位于井深 3298.00m，因此目前落鱼所在位置为井深 2835.80~3298.00m，落鱼下部有部分抽芯桥塞。

（2）技术难点。

①落鱼在井下的位精准定位，打捞工具下不到位会出现捞空，下过电缆落鱼太多则容易造成卡钻或其他井下下故障。

②断落电缆在井筒中的状态无法确定，井下电缆可能呈弯曲、打扭或变形等状态，同时可能缠绕在落井工具串上，只有准确判断井下电缆状态，才能制定针对性的打捞方案。

③连续管不能旋转管柱，电缆进入捞筒或捞矛存在一定难度。

④由于井口防喷管限制，抓获落鱼的长度受限，成功打捞后的落鱼需起至防喷管内才能关闭井口闸门，超长电缆无法完全起至防喷管内。

（3）打捞方案。

①采用电缆下放 CCL 磁性定位器入井，探测鱼顶位置。

②打捞工具组合为：ϕ50.8mm 连续管 ×6000.00m+ϕ73.0mm 铆钉式连接器 ×0.17m+ϕ73.0mm 双活瓣单流阀 ×1.03m+ϕ88.9mm 低速螺杆 ×1.75m+ϕ73.0mm 双公接头 ×0.10m+ϕ73.0mm 旁通阀 ×0.22m+ϕ98.0mm 外钩 ×2.20m。其中，低速螺杆工作排量 0.20~0.40m³/min，转速 120~180 r/min；外钩装有防过盘，防过盘外径 ϕ110.0mm（套管内径 ϕ115.0mm，电缆外径 ϕ8.0mm），防止外钩进入电缆过深，转动搅起电缆过多造成扭结，影响起钻。

③井口装置包括2组电缆防喷器（底部一组防喷器有剪切闸板）、连续管防喷器、连续管防喷管和连续管防喷盒（图12.1.4），连续管防喷器底部至防喷盒底部的高度为14.00m，可容纳井下工具及电缆。

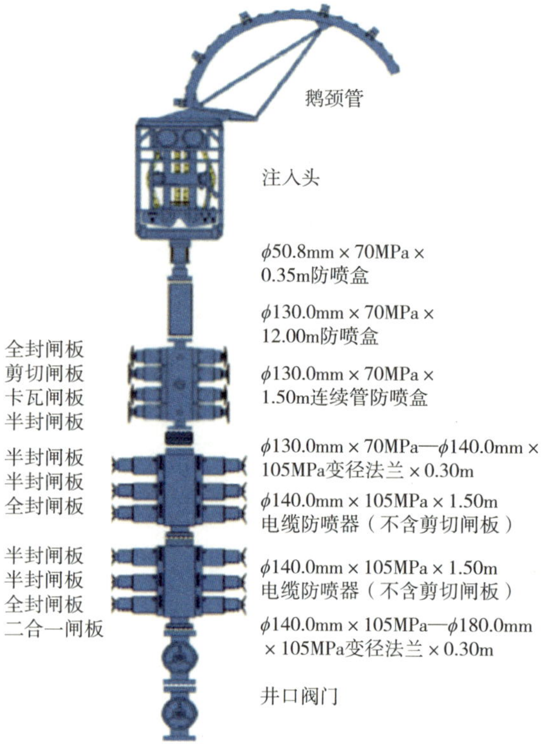

④下打捞管柱到外钩的防过盘探过鱼顶深度4~5m，泵车以0.20~0.30m³/min排量开泵打捞落鱼，开泵时间以地面测试的时间为准（螺杆转动8~15圈），到时间后立即停泵；上提连续管，若悬重有明显增大，打捞工具串起至防喷器最顶端；若上提100~150m悬重无明显增大，重新下入连续管进行打捞。

⑤落鱼起至井口后，利用电缆防喷器分段起出井筒内电缆和工具。

（4）打捞过程。

①采用CCL磁性定位器下井探测鱼顶位于井深2985.60m处。

②地面测试低速螺杆排量0.20m³/min时的转速为80r/min。

③利用连续管将"外打捞矛+低速螺杆"下至井深2990.00m，开始进行打捞操作，下压8.00kN，以0.18m³/min排量开泵25s启动低速螺杆，停泵上提连续管。

④连续管起至井口，确认捞获落鱼，利用电缆防喷器，5次捞取井筒内电缆75.90m，长度分别为26.00m、15.80m、13.10m、13.00m和8.00m，因井口操作不当，落鱼及少量电缆再次落井。

⑤利用连续管将"外打捞矛+低速螺杆"下至井深3043.50m遇阻10.0kN，开泵12s，排量0.20m³/min，停泵上提连续管，未捞获获鱼，带出碎电缆2.10m。

⑥下 φ105.0mm 铅印至井深3225.00m遇阻，下压60.0kN，将连续管起至井口，铅模有电缆打捞头的印记。

⑦利用连续管将"专用捞筒+低速螺杆"下至井深3225.00m遇阻50.0kN，开泵5s后停泵，上提10.00m后下放至井深3225.00m，下压80.00kN，上提连续管至井口，未捞获落鱼。

⑧利用连续管将"内打捞矛+低速螺杆"下至井深3225.00m开泵循环，开泵20s，排量0.20m³/min，下压15.0kN，上提连续管至井口，捞获落鱼，其中电缆长度为3.00m（至此累计81.00m）。

（5）结论与认识。

①连续管带压打捞长电缆技术施工时操作简单，可靠性高，不需要压井，不伤害储层，作业风险低，适用于页岩气水平井打捞长电缆落鱼。

②通过分析井下电缆状态、优化打捞工具组合、合理运用方法和进行地面试验，采取

图12.1.4　连续管打捞电缆时的井口装置

井口电缆安全处理技术措施，有效提高了打捞的安全性与成功率。

③水平井内打捞落鱼存在一定的难度，理论上可以根据地面指重表悬重增加值和泵压瞬间升高值来判定是否打捞成功，但实际操作起来存在一定难度。

④电缆提至井口进行处置时需反复拆装井口，井控风险高，建议进一步研究更加靠的井口处方法。

12.2 连续管切割技术

因井筒内砂、蜡、垢、盐、落物或套变等各种原因，油气水井在生产或作业过程中管柱遇卡时有发生。利用连续管携带切割工具，下入遇卡管柱内，在卡点之上将管柱进行切割，有效缩短解卡处理周期，实现遇卡管柱的快速处理，同时有效解决电缆作业无法下入水平段的问题[6-8]。下面重点介绍水力机械切割和旋转喷砂切割技术。

12.2.1 水力机械切割

连续管水力机械切割工艺就是通过连续管将切割工具下入管柱预定切割部位，地面从连续管泵入液体，使水力锚定器锚定，推动活塞下行使内割刀刀翼伸出，同时螺杆钻具高速旋转，带动割刀刀翼旋转，实现对管柱切割。连续管水力机械切割工具串结构为连接器＋马达头（内置单流阀及丢手）＋水力锚定器（液压弹性扶正器）＋螺杆钻具＋水力机械割刀。

12.2.1.1 水力锚定器

水力锚定器在切割作业中起到固定切割工具串的作用，防止水力机械割刀轴向窜动和径向偏移，保证作业的稳定性，避免刀头随工具窜动损坏，还能承受切割时的反扭矩。水力锚定器下入过程中，矛爪回收在工具本体内。作业时，矛爪在压差作用下从本体内伸出，将工具串固定。停止作业后，矛爪在弹簧作用下回收到工具内，具备良好的通过性。

图 12.2.1　水力锚示意图

水力锚定器的主要技术参数见表 12.2.1。

表 12.2.1　水力锚主要技术参数

工具外径/ mm	最小内通径/ mm	工具长度/ mm	最大锚定范围/ mm	螺纹规格	工作压力/ MPa
45	9	817	102	1.0inAMMT	70
54	13	875	114	$1\frac{1}{2}$inAMMT	70
73	19	1204	178	$2\frac{3}{8}$inPAC	70

12.2.1.2 高速螺杆钻具

高压泵注设备从连续管泵入介质，使高速螺杆钻具产生高速旋转，为水力机械割刀提供高速旋转动力。通常排量在 80~150L/min，扭矩达到 120~180N·m，转速达 200~600 转/min。

12.2.1.3 水力机械割刀

水力机械割刀主要由上接头、本体、复位弹簧、推杆、刀座、销轴及刀体组成（图 12.2.2）。

图 12.2.2 水力机械割刀结构示意图

利用 3 片硬质合金钢割刀切割油管壁，由刀具的行程来确定切割油管的外径。当泵入液体时，水力机械割刀利用流体通过推杆活塞中心孔产生的压力差工作，推杆活塞的压力超过弹簧推力，推杆向下运动，刀体弹出并张开到设定的外径范围，马达带动工具旋转对管体进行切割作业；切割完成后，减小流量，割刀刀柄在弹簧作用下回缩到工具本体内，刀具复位，提出工具。

目前常用割刀规格主要有 $\phi 43mm$、$\phi 54mm$ 和 $\phi 73mm$ 三种，可用于切割 $\phi 60mm$、$\phi 73mm$、$\phi 88.9mm$、$\phi 114.3mm$、$\phi 139.7mm$ 的油管，其主要技术参数见表 12.2.2。

表 12.2.2 不同外径割刀的切割油管范围

外径/mm	内径/mm	螺纹类型	长度/mm	切割范围/mm	承压/MPa
43	8.6	1inAMMT	767	73~88.9	35
54	9.4	1.5inAMMT	780	88.9~114.3	35
73	20	$2^{3}/_{8}$inPAC	894	114.3~139.7	35

12.2.1.4 切割工序

（1）地面连接工具管串，并对接头进行试拉、试压操作；试拉、试压参照常规作业连续管作业标准进行；

（2）地面测试，开泵排量依次为 80L/min、90L/min、100L/min、110L/min、150L/min，观察割刀刀片、锚定器、螺杆钻具工作状态，并分别记录循环压力；

（3）工具入井，下放过程中不能开泵；

（4）下放速度参考常规连续管作业，下放到切割位置后，校准位置，准备切割；

（5）缓慢启泵，泵压稳定后缓慢提升至设计排量，严格按照泵注程序进行切割作业；在每个切割排量下持续 5~10min，最后将排量提到 150L/min，切割 15~20min。整个切割过程不允许停泵或换挡；切割过程中关注地面悬重和环空返排情况。判断井下切割效果有两种方法：管柱被切割后，泵压有 1.4~2.1MPa 左右的下降；刀具出井后，检查刀片磨损，可间接判断井下切割情况；

（6）停泵，试提连续管，悬重无异常后则缓速（< 5m/s）上提连续管及管柱，直至全部取出地面；

（7）起出工具至地面后，仔细检查各工具的完好性；

（8）拆除连续管设备，换修井作业机提出井内管柱。

12.2.1.5 工程应用

××井是一口三开三维水平井,设计井深3942m,技术套管下深1794.42m,造斜点2410m,3397m入窗,入窗点井斜84°。该井使用 ϕ139.7mm钻杆,正常钻进至3879.2m,顶驱憋停,上提遇卡,发生卡钻。钻头位置3879.2m,井斜86.89°,位移705.95m,水平段长482.2m。

发生卡钻后,开泵循环正常,在一定的悬重范围内上下活动钻具,间断性施加扭矩,期间随钻震击器累计震击56次,没有解卡。泡解卡剂23m³,泡解卡剂期间采取上下活动钻具,随钻震击器震击,施加扭矩等措施,没有解卡。

连续管和水力切割工具连接好,对钻具水眼进行检查。井口连接好切割工具串,使用高压泵车开泵对水力割刀(割刀理论最大切割外径为156mm)、马达、液压弹性扶正器进行试验。试验正常后下连续管和切割工具串,采用遇阻上提法校核切割井深,将切割工具放置在切割位置3719m。

水力机械切割作业时,打开水泥车旁通,小排量灌注(防止割刀突然张开);灌注完毕后,排量控制在60L/min,切割2min;缓慢关闭旁通阀,整个关闭旁通时间大于1min(加压过程需平稳);开始切割泵注,整个泵注过程排量控制在140~150L/min,并开始计时,直到油管断裂上窜,如开始泵注20min未观察到管柱上窜,逐步降低施工排量直至泵压下降为零,控制拉力缓慢上提连续管,将切割工具提离切割位置,起出连续管以及切割工具串。

切割后施加扭矩35kN·m,钻具转动正常,起出被切割断的钻杆,实际切割位置为3723.16m,与理论切割位置3719m相差4.16m。检查切割断面,切割断面平整。

12.2.2 旋转喷砂切割

随着国内油田勘探开发的深入,油气水井生产、钻井及压裂过程中,管柱卡钻事故多发。一些特殊管柱解卡,采用传统的解卡方式,劳动强度大、费用高、耗时长,甚至无法解决。为适应油管、钻杆、钻铤、筛管、组合管柱等多种复杂管柱的切割解卡,研制了连续管旋转喷砂切割的系列工具,形成了连续管旋转喷砂切割工艺技术,为复杂管柱解卡提供了全新的解决方法。连续管喷砂切割管住的工具组合为连接器+马达头(内置单流阀及丢手)+液压弹性扶正器+旋转喷砂切割工具。

12.2.2.1 旋转喷砂切割工具

磨料射流切割技术基本原理为将磨料和工作液在地面均匀混合后,通过高压泵注设备注入连续管装备,输送到旋转喷砂切割工具(图12.2.3)。旋转喷砂切割工具的喷头上安装2~3支喷嘴,流体通过喷嘴时利用射流反作用力驱动喷头旋转,喷头带动芯轴,其中限速环与本体产生摩擦,转速越高摩擦力越大,有效限制喷头将转速控制在合理范围内,防止内部旋转机构失速,提高射流切割效率。

图12.2.3 旋转喷砂切割工具结构图

在进行旋转喷砂切割作业前，应根据管径、结构特征和作业深度，合理选择连续管设备、喷射工具、施工排量及加砂时间，考虑切断遇卡管柱的同时减少和避免对套管的伤害。为避免喷嘴堵塞，必须保证加入液体中的砂子干净，无杂物，要求在砂斗加装滤网，并在连接工具前充分循环连续管。根据测试结果，在砂比7%，石英砂70~140目，射流速度为180~190m/s时效率较高；若射流速度过高，则施工压力大，喷嘴的寿命受到影响；若射流速度小于160m/s，切割效率很低。旋转喷砂切割工具主要技术参数见表12.2.3。

表12.2.3　旋转喷砂切割工具主要技术参数

工具外径/ mm	最小内通径/ mm	工具长度/ mm	喷嘴数量/ 个	螺纹规格	工作压力/ MPa
65	12	347	2	1.0inAMMT	70
117	29	650	6	$2\frac{3}{8}$inEUE	70
148	29	678	6	$2\frac{3}{8}$inEUE	70

12.2.2.2　液压弹性扶正器

为了使喷砂切割时工具在管内居中，同时解决旋转喷砂切割作业过程中由于排量、悬重的变动引起的管柱及工具的晃动等问题，研制应用了液压弹性扶正器（图12.2.4）。当液压弹性扶正器下至预定位置后开泵，循环液从活塞杆加压孔进入液缸，在工作压差（10~12MPa）作用下压缩复位弹簧，同时径向张开弓形弹簧，直至与油管内壁接触并有一定的预锁紧力，达到扶正与锚定的目的，泄压后弹簧收缩回弹，锚定结束。

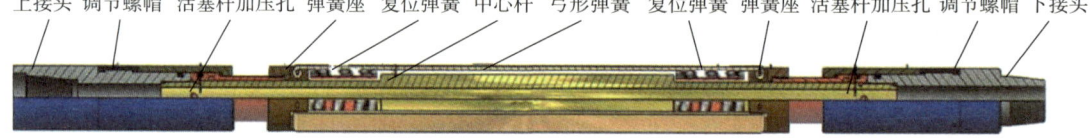

图12.2.4　液压弹性扶正器

12.2.2.3　施工步骤

（1）地面连接工具管串，并对接头进行试拉、试压操作；试拉、试压参照常规连续管作业标准进行；

（2）地面测试旋转喷砂切割工具的旋转速度、喷射等工作状态；

（3）工具入井，下放过程中不能开泵；

（4）下放速度参考常规连续管作业，下放到切割位置后，校准位置，准备切割；

（5）缓慢启泵，泵压稳定后缓慢提升至设计排量，严格按照泵注程序进行切割作业；

（6）停泵，试提连续管，悬重无异常上提连续管至井口；

（7）起出工具至地面后，仔细检查各工具的完好性；

（8）拆除连续管设备，换修井作业机提出井内管柱。

12.2.2.4　工程应用

××井为注水井，进行换封隔器作业时，在550kN范围内活动解卡失败，拟采用连续管喷砂切割方式去除上部封隔器以上管柱，管柱总长1671m，拟切割点1635m。工具串组合：ϕ38.1mm连续管+ϕ54mm外连接器+ϕ54mm液压丢手+ϕ54mm变扣接头+ϕ56mm刚性扶正器+ϕ43mm弹性扶正器+ϕ56mm旋转喷砂切割工具（2×3mm喷嘴，喷射角度 75°）。工具到达目标位置后，正注入含砂 7%+0.4% 黄胞胶 + 清水的基液，排量 170L/min，泵压逐渐上升至 31MPa 保持稳定，加砂约 15min，顶替 20min 后，套管返出排量大增，油管返出量减少，切割成功。

12.3 连续管钻磨技术

随着水平井完井数量及作业深度的逐渐增加，利用连续管钻磨桥塞、滑套、水泥塞等施工作业变得越来越经济、有效。连续管钻磨桥塞技术是指通过连续管组合钻磨工具送至预定钻塞位置后，通过地面泵入液体驱动螺杆钻具，带动磨鞋旋转进行钻磨，形成的碎屑通过井筒液体循环带出至地面。连续管钻磨的主要技术优势是连续管管柱同径且直径适中，可以在不接单根的情况下进行连续钻进，特别是在水平井钻磨施工时避免了常规接单根作业而造成的卡钻问题。

12.3.1 连续管钻磨关键技术

连续管钻磨工艺工具串自上而下为抗扭连接器 + 双瓣单流阀 + 液压震击器（选装）+ 液压丢手 + 水力振荡器（选装）+ 可循环抗扭强磁打捞杆（选装）+ 螺杆钻具 + 磨鞋（或钻头）。其中，螺杆钻具、磨鞋是该工艺的关键技术，直接影响钻塞的施工效率和工具的使用寿命。根据井内钻磨可能出现的复杂情况，为了提高钻具遇阻遇卡后的解卡处置能力，可以安装液压震击器。在水平井开展钻磨作业时，可以添加水力振荡器或金属减阻剂，降低管柱下入磨阻，提高连续管的下入能力[9]。

12.3.1.1 钻磨工具
（1）磨鞋。

常见磨鞋有刃型磨鞋、平底磨鞋、凹面磨鞋，其具体特点见表 12.3.1。磨鞋外径的选择应略小于套管内径 6~8mm 为宜，既可以扶正磨鞋，又不会损伤套管。

表 12.3.1　各种磨鞋的特点

类型	特点
刃型磨鞋	切削能力强、磨铣速度快，但碎屑较大不适宜于长水平段
平底磨鞋	磨铣速度慢、碎屑小，但对于牙块、铜球等转动物无法磨铣
凹面磨鞋	磨铣速度慢、碎屑小，尤其适宜于磨铣不固定的大颗粒物体

连续管钻磨作业时，应根据待钻物的材质特性选择和设计磨鞋。例如在钻磨复合桥塞时，首先不宜选用凹底磨鞋，否则在磨铣复合材料时会发生明显的"镜面效应"，影响钻磨效率；其次不宜选用刃数较少的平底磨鞋，否则在磨铣胶皮、纤维材料时易产生大尺寸磨屑，在管路中形成支架，造成堵塞；也不宜选用刀翼强度较低的磨鞋，否则在钻磨强度较高的复合材料时，磨鞋磨损较严重，加速磨鞋损坏。通过对比分析，选用 PDC 镶齿 5 刀翼磨鞋，该磨鞋动密封和静密封承压较高，特别适用于压裂后自喷井的带压钻磨桥塞作业，能有效降低井控风险。

（2）螺杆钻具。

螺杆钻具是连续管钻磨作业的动力来源，因此对螺杆钻具的要求为：①输出扭矩高；②钻磨连续性较好，功率要大，不容易卡钻；③螺杆钻具转速不宜太快。在扭矩大于1000N·m时，螺杆钻具的负载会增加，在复合桥塞与磨鞋之间容易产生厚度大于3.0mm的磨屑，较难返出，从而降低磨鞋的磨铣性能；在扭矩小于800N·m时，磨鞋不能进行有效切入与磨铣，很容易产生粉状金属碎屑，这类碎屑粒径较小，肉眼很难分辨，只能借助强磁工具进行筛选，钻磨效率大大降低。

基于上述分析，选用"中扭矩、中转速"连续管钻磨桥塞作业模式（转速230~360r/min，扭矩900~1000N·m，特殊设计的磨鞋除外），这样既能保证磨铣速度，又能确保磨屑形状和尺寸满足上返要求。选择螺杆钻具尺寸时，要根据磨鞋大小来决决，如ϕ73.0mm螺杆钻具可与ϕ88.9mm、ϕ101.6mm和ϕ114.3mm磨鞋相匹配。

（3）水力振荡器

在水平井钻磨作业中，随着井深的增加连续管钻磨管柱受到的井筒摩擦阻力越来越大，经常会造成连续管无法下达设计深度。现场工程应用中可通过下入水力振荡器进行减摩降阻。水力振荡器通过改变内部流体变化情况，使得工具产生振动，从而带动整个作业管柱振动，起到减摩降阻的作用，增加下入深度。现场实践证明水力振荡器也可以减少钻磨桥塞的时间，提高钻磨的效率。水力振荡器的类型有两种，即径向振荡器和轴向振荡器。径向振荡器是通过振动连续管和连续改变接触力来产生振动，达到减阻的目的。轴向振荡器产生一个类似活塞作业或是水锤作业来减阻。

12.3.1.2 钻磨工作液

连续管钻磨过程中，钻磨工作液既要具有驱动螺杆钻具、冷却磨鞋等功能，也要能够携带钻磨碎屑返排至地面。选择降阻性能好、携带钻磨碎屑能力强、绿色环保的钻磨工作液，对于提高钻磨效率、安全作业具有重要的意义。

连续管钻塞作业时，多采用减阻水（滑溜水）作为工作液，减少沿程阻力损失，降低泵送流体所需压力。滑溜水的黏度低，携带碎屑能力不强，通过实验优化以滑溜水为基液配比0.5%瓜尔胶，可有效增强工作液的环空携屑能力，液体降阻率达到65%以上。

使用金属减阻剂降低连续管与套管内壁之间的摩阻系数是有效的方法之一，尤其对降低弯曲井筒和变方位井筒的拖压阻力效果更好。通常考虑摩阻系数为0.3，通过泵入减阻工作液使摩阻系数降至0.15~0.18。

12.3.2 深层页岩气连续管高压钻塞通井

桥塞作为桥射联作分段压裂工艺的关键工具之一，已从复合桥塞型、大通径桥塞发展到可溶桥塞，在国内外页岩油气田得到了广泛应用。可溶桥塞在压裂后的返排液环境下可自行溶解，无需钻扫作业即可实现井筒全通径投产采输。目前深层页岩气井普遍采用可溶桥塞进行封隔以实现储层分段改造，受桥塞不溶解物、岩屑、地层出砂等因素影响，压裂后排液时还需进行连续管带压钻塞通井，以确保井筒清洁[10]。

12.3.2.1 技术难点

深层页岩气具有埋藏深（垂深3550~3880m）、地层压力高（系数1.94~2.13）、地层温度高（120~140℃）、压后停泵压力高（65MPa）、水平段长等特点。通过对某页岩气区块前期可溶桥塞井钻扫通井作业统计，已完成的41口井出现卡钻、爆管等异常情况25次，严重影响了扫塞通井作业的安全和效率，不利于页岩气低成本高效开发。通过研究分析，深层页岩气扫塞通井作业存在以下难点。

（1）长时间高压作业影响连续管使用寿命，存在安全风险。扫塞通井时井口压力高达35~50MPa，循环泵压高达45~65MPa。另由于连续管使用寿命与作业压力、规格等密切相关，根据软件模拟同一规格连续管（ϕ44.45mm，壁厚2.77mm，钢级90、滚筒直径ϕ213cm、导轨半径183cm）在压力超过21MPa后，其使用寿命快速递减超过50%。前期现场应用中出现爆管6井次，对连续管性能和使用管理提出了更高要求。

（2）井口温度高易导致井控设备密封失效，存在井控风险。例如某井钻塞井口温度最高达104℃，造成了井口防喷器、防喷盒、防喷管等密封件老化损坏，对密封材料性能要求高。

（3）井口压力高，连续管承压能力有限，限制了循环泵压、排量。较低的排量不能有效携带出水平段井筒的固相物，易导致段塞堆积而卡管柱，前期因井口高压出现异常卡钻11井次。

（4）井筒固相物类型多，主要有桥塞未完全溶解物、胶皮块、销钉、胶结物、压裂砂、岩屑等，水平段扫塞通井清洁难度大，对液体性能和扫塞参数要求高。

（5）水平段井筒堵塞存在圈闭压力，扫通时圈闭压力突然释放易发生管柱遇卡的复杂情况。压力释放时，若堵塞物呈段塞状，整体上移会对工具串形成上顶，导致管串弯曲变形而造成复杂情况；若堵塞物呈松散状，将大量而快速地进入管串与套管环空间隙，若不能及时返出，固相堆积易造成卡钻。当大量堵塞物返出地面时，易在地面流程的捕屑器、节流位置形成堵塞；当循环超压停泵时，返液中断会导致井筒上部液体中固相物沉淀而引起卡埋管串。

12.3.2.2 工艺优化

针对上述难题，开展扫塞通井管柱、扫塞工具串组合、工作液体系、施工参数和配套预防技术等优化研究，为威荣深层页岩气井在高压下安全、快速扫塞通井提供了技术支撑。

（1）管柱及工具串优化。

①连续管管柱优化。

受地形及道路限制，国内通常采用ϕ50.8mm连续管作为作业管柱。鉴于深层页岩气区块钻塞通井时作业井口压力高（35~50MPa）、井深（>5500m），在选择作业管柱时综合考虑作业井口压力、循环压力、作业深度等需求。通过连续管软件模拟同一规格（ϕ50.8mm、壁厚5.18mm、滚筒直径ϕ193mm）、不同钢级（90级、100级、110级）的连续管在不同压力条件下，由完好至损坏的起下钻次数。高钢级（110级）连续管在较高压力情况下使用寿命更长，同等情况下可降低作业风险。作业前选择连续管时，应根据已使用的压力和次数，模拟剩余使用寿命，不能满足高压井作业要求时应及时停用或报废，确保作业安全。

②工具串优化。

根据改造期间泵送作业判断井筒套变情况，从预防卡钻的方面优选工具尺寸及管串组合。对于无套变的井，优选与套管间隙6~8mm的磨鞋，根据实际扫塞通井情况由大到小更换不同外径的磨鞋；考虑井眼轨迹，为实现一趟钻高效通井，需要添加水力振荡器。为此，优选的扫塞通井工具组合为（自上而下）：ϕ50.8mm连续管+ϕ73mm连接器+ϕ73mm单流阀+ϕ73mm液压丢手+ϕ73mm震击器+ϕ73mm水力振荡器+ϕ73mm/ϕ80mm螺杆钻具+磨鞋。对于套变井,在套变段以上按照未套变井选择,套变段以下视套变程度选择,最简组合为(自上而下):ϕ50.8mm连续管+ϕ54mm连接器+ϕ54mm单流阀+ϕ54mm液压丢手+ϕ54mm喷嘴,配合金属减阻剂辅助进行扫塞通井。

(2)工作液体系及参数优化。

为降低循环泵压、提高排量、增加携屑能力,降低扫塞通井卡钻的风险,要求工作液具有低摩阻、高携砂的性能。针对不同井况及作业要求,选择不同性能的工作液体系组合:

①低摩阻低黏度的降阻水,其降阻率不小于80%,黏度6~8mPa.s,以降低通扫泵压,实现大排量循环。

②胶液降阻率不小于50%,黏度30~50mPa.s,用于每通扫2~3支可溶桥塞后,短起时作为携带液强化清洁井筒。

③金属减阻剂,适用于作业时降低连续管与套管之间的摩擦阻力,缓解"自锁"。

④泡沫液,具有高黏度、低密度(≤0.9g/cm³)性能,适用于低压漏失井。

(3)连续管钻塞参数优化。

①钻压优化。

钻压对钻塞效率、螺杆钻具及连续管寿命尤其重要,施加钻压过大会增加螺杆钻具超压、停转的风险,且降低设备使用寿命,并增加连续管弯曲磨损风险。根据水平井中连续管螺旋屈曲载荷公式(12-3-1),计算50.8mm连续管在114.3mm套管钻扫时钻压为14~18kN。作业时通过上下活动管串,观察指重表和泵压变化实测摩阻,调整施加钻压值确保其有效性,结合现场实践,推荐钻压为5~7.5kN。

$$F = 2\sqrt{\frac{2EIw}{r}} \qquad (12\text{-}3\text{-}1)$$

式中 F——钻压,kN;

E——杨氏模量,N/m²;

I——连续管截面惯性矩,m⁴;

w——连续管单位长度重力,N/m;

r——连续管截面形心至井眼轴心的径向距离,m。

②排量优化。

扫塞通井时,排量的确定应综合考虑工作液降阻性能、连续管尺寸和长度、选用的螺杆钻具性能、泵注设备及返屑要求,一方面要发挥螺杆钻具能力(最大排量的80%~90%),另一方面ϕ50.8mm连续管钻扫液体返速应大于0.76m/s。根据计算,不同泵注排量下ϕ50.8mm连续管与ϕ114.3mm套管环空流体对应的上返速度见表12.3.2,排量为0.4m³/min即可满足返屑要求;同时为降低爆管风险,延缓连续管损伤,优选以泵压小于50MPa为限的排量,通过加大油嘴至6~8mm,增大返排液量(实测在0.3m³/min以内)以辅助提升携屑能力,确保返屑清洁要求。

表12.3.2 不同泵注排量下连续管与ϕ114.3mm套管环空流体对应的上返速度

泵注排量/(m³/min)	0.40	0.45	0.50	0.55	0.60
上返速度/(m/s)	0.81	0.91	1.01	1.11	1.22

（4）配套技术优化。

①桥塞溶解助溶技术。

优选溶解性能好的全可溶金属桥塞，减少不溶物量。压后闷井期间，采用小油嘴（防出砂）间歇放喷的方式返排一个井筒容积液体，提升桥塞处的井筒温度将有助于加速溶解；同时，流体流动可将桥塞表面溶解物带离井筒，促进桥塞溶解，防止溶解物堆积以及溶解物与流体内矿物成分反应而生成新的沉淀物。

②井筒清洁、防卡技术优化。

初期采用小油嘴控制排液速度，降低地层出砂风险；优选具备倒划眼功能的钻头/磨鞋；选择低摩阻工作液，保证在限定泵压下具备较高的循环排量；扫塞通井时采用6~8mm油嘴增大返排排量，提升携屑能力；强化操作控制措施，钻压5~7kN，每扫完2~3支桥塞短起管串，充分循环清洁后再加深扫塞，禁止一次性通过多支桥塞，避免因井筒内液体携带固相物多而形成高液柱压力，从而造成泵车超压停泵或压漏地层，导致循环异常中断、固相物快速沉淀而卡钻等故障复杂情况。

③作业井口高温应对措施优化。

防喷装置选用耐温120℃的高温密封件（常规密封件耐温93℃）；优化设计双通道泵注管线，一方面保证连续管泵注循环冲洗，另一方面从连续管防喷器旋塞通道口泵注低温液体，经采气井口通道进入测试管线，从而降低井口装置和地面测试管线的温度，井口注入排量 $q_{注}$ 由式（12-3-5）确定。

$$Q_{返}=C_{水}q_{返}(t_2-t) \quad (12\text{-}3\text{-}2)$$

$$Q_{注}=C_{水}q_{注}(t-t_1) \quad (12\text{-}3\text{-}3)$$

$$Q_{返}=C_{注} \quad (12\text{-}3\text{-}4)$$

$$q_{注}=q_{返}\frac{(t_2-t)}{(t-t_1)} \quad (12\text{-}3\text{-}5)$$

式中 $Q_{返}$——返出液降温热量，cal；

$C_{水}$——水的比热容；

$q_{返}$——返出排量，m³/min；

t_2——井筒返出液温度，℃；

t——预计降至的温度，℃；

$Q_{注}$——注入液升温热量，cal；

$q_{注}$——注低温水排量，m³/min；

t_1——注入水温度，℃。

例如返出流体排量为0.4m³/min、温度90℃，当需要将返出流体温度降低至60℃时，则通过连续管防喷器旋塞通道口泵注10℃的冷水，排量为0.24m³/min。降温伴注时调整油嘴尺寸，按所需排量及井内返排量之和折算当量油嘴，减小井口回压变化影响。

（5）防圈闭压力上顶及超压措施优化。

根据作业井地层压力预测可能的圈闭压力，计算与液柱压力差值（垂深），合理控制井口回压，确保对管串的上顶力在50kN以内，以防止扫塞通井连通瞬间突然释放的上顶力导致连续管弯曲变形、断裂等复杂情况。

12.3.2.3 工程应用

某深层页岩气区块在压裂后排液期间，优化后的连续管高压钻塞通井工艺技术已完成 10 余井次的应用，未出现卡钻、爆管等复杂情况，扫塞通井由前期的 3~5 趟钻缩短至 1~2 趟钻，极大地提升了作业效率，为后期采输提供了合格的井筒条件，为深层页岩气的高效开发提供了技术支撑。

以 ×× 井为例，该井完钻井斜深 5450m，水平段长 1500m，地层压力 79.1MPa、地层温度 133℃，用 ϕ139.7mm 套管完井及电缆泵送射孔枪 + 桥塞进行分段改造，设计压裂 18 段，期间在第 12 段泵送（磁性定位仪 CCL 深度 4423.5m）遇阻卡，采用连续管通井后下入 ϕ73mm 枪射孔暂堵压裂，总入井 ϕ97mm 可溶桥塞 14 支。压后排液期间，为确保井筒畅通采用连续管扫塞通井。

通过分析井况，该井连续管扫塞通井作业时采取了以下措施：

（1）闷井期间小油嘴间歇放喷，促进桥塞溶解。

（2）优选 ϕ50.8mm 连续管带水力振荡器 + ϕ78mm 磨鞋通井管柱，采用降阻水混加金属减阻剂降低摩阻。

（3）在桥塞异常位置反复确认无阻卡后再下探。在井口压力最高 41.5MPa（泵压 51.2MPa）、排量 0.4m³/min 的条件下，一趟钻顺利扫塞通井到底，完成了井筒清洁作业任务，为后期生产提供了合格的井筒条件。

12.3.3 低压漏失井连续管钻可溶桥塞

近年来，可溶桥塞逐渐成为主要的分段工具。连续管钻可溶桥塞面临着可溶桥塞厂家众多、低压漏失井数逐渐增多、时效低及经济效益差的巨大考验。通过开展低压漏失井钻可溶桥塞工艺研究，解决低压漏失井连续管钻可溶桥塞故障复杂率高的问题[11]，达到提速增效的目的。

12.3.3.1 技术难点

（1）井筒内可溶桥塞溶解不充分仍需钻除。

目前国外压裂改造工艺仍为泵送桥塞及射孔联作工艺，分段工具以复合桥塞为主，可溶桥塞主要布置于连续管无法到达的井筒底部，国内已全井筒使用可溶桥塞。理论上，可溶桥塞大部分部件在压裂分段改造结束后会在井筒中自行溶解，为后期生产测试提供井筒全通径的条件，但通过现阶段大量的实践证明，在大规模的体积压裂后，井筒温度较低且恢复缓慢，不足以达到可溶桥塞溶解的阈值，导致桥塞溶解缓慢，短期内无法实现全部溶解，为加快页岩气田建产，仍需要使用连续管进行钻塞施工。

（2）低压漏失井返屑困难。

老区调整井钻井岩屑显示，加密井和上部气层井钻井过程中，返出岩屑存在老井压裂液，且多数调整井水平段钻进过程中均出现不同程度漏失现象。老井因人工裂缝不均匀，压后井筒周缘局部压力不均一，存在某些段漏失，某些段出气，导致返屑效果极差。加密评价井实测地层压力对比老井低 10MPa，地层压力系数仅为 0.8~1.1，钻塞井漏失严重，桥塞碎屑、支撑剂返排困难。

（3）低压漏失井钻塞故障复杂率高。

根据前期统计，连续管钻可溶桥塞卡钻基本发生在低压漏失井中，卡钻后处理周期长，严重影响页岩气井的勘探开发周期。

12.3.3.2 工艺优化

（1）可溶桥塞预处理技术加速桥塞溶解。

市面上的可溶桥塞主要由合金材料及胶筒两种可溶材料组成，合金材料溶于含氯离子盐水，其溶解速度与溶液中的氯离子含量成正比，胶筒溶解速率影响因素主要为温度，温度越高其溶解速度越快。现阶段通过在压裂结束后顶替酸液增加井筒液氯离子含量可从一定程度上加速可溶桥塞溶解，在确定井温条件下，选择适配地层温度的可溶桥塞能从源头上提高可溶桥塞的溶解率，降低连续管钻可溶桥塞的钻遇率。此外，在全井压裂技术后，进行闷井放喷操作，可进一步加速可溶桥塞的溶解，从而降低连续管钻可溶桥塞遇卡率，提高整个压裂试气时效。

（2）选用连续管。

低压漏失井对连续管施工造成的最大影响是地层能量不足甚至失返导致返排量小于泵注量，不能将可溶桥塞碎屑从井筒携带至地面，从而导致了钻塞效率低及卡钻故障复杂频发。要增大返排排量，提高循环排量是最简单高效的方法。通过加宽滚筒边缘、加高底盘的橇装滚筒来扩大容量，在满足川渝地区道路运输的前提下，实现超大工作滚筒可容纳6000m长的2.375in连续管。

（3）优化钻可溶桥塞工具串。

①可调式分流阀。

针对低压漏失井对分流阀结构进行优化设计：a.设计分流阀在排量550L/min的时候分流量达到100L/min至150L/min，通过提高泵注排量提高返排量，其两端采取60.3mmPAC螺纹与工具串进行连接。b.综合考虑钻磨工具串，设计分流阀整体外径ϕ73mm，内径ϕ20mm。阀体周围均布3个ϕ6mm左右的通孔用来分流，通孔中芯轴与主体中心轴夹角为45°。设计不同孔径喷嘴，可根据需要进行调节（表12.3.3）。

表12.3.3 分流阀喷嘴直径与分流量（三孔）

喷嘴直径/mm	流量/（L/min）				
	400	500	600	700	800
5	110	132	158.5	185	211.5
6	131.5	167	201.45	234.5	268
7	159	200	240.25	279.85	313

②高效磨鞋优化改进。

桥塞未充分溶解时，井筒内会存在大量的桥塞残骸，极易造成连续管卡钻等井下故障复杂的发生。桥塞溶解物易与井筒中的压裂砂包裹形成砂块，磨鞋在磨铣这些砂块时磨损严重，导致磨鞋过早失效，增加了连续管起下次数，造成施工周期延长。针对钻复合桥塞使用的五翼平底磨鞋在钻可溶桥塞时部分井存在进尺缓慢及返屑困难、磨鞋底部易磨损、钻磨效率不高等情况，分析认为：可溶桥塞材质及溶解程度不一，使用平底磨鞋在钻磨时不易搅散胶皮等成分，并可能随磨鞋平面一起转动，影响钻进及返屑效果。

改进方向：①水槽由半圆形改成梯形，深度不变，开口变大了，避免碎屑卡在水槽，增强返屑能力；②磨鞋底面由3°凹底改成8°凹底，同时边缘顺着旋转方向倾斜30°，增加磨鞋的耐磨性和刮削能力。

③ϕ79mm 螺杆钻具配套设计。

ϕ79mm 相较 ϕ73mm 螺杆钻具，其外径增大级数增加，设计泵注排量可由最大454L/min 提升至最大625L/min，最大转速相差不大，扭矩有一定提升，性能满足钻磨需求。根据现场 ϕ73mm 螺杆钻具一般使用380~420L/min 排量效果较好，ϕ79mm 螺杆钻具考虑选用500~550L/min 排量较为合适，选用 ϕ79mm 螺杆钻具泵注排量最高可提高171L/min，在轻微低压漏失井中可尝试建立正常循环，保障钻塞施工的正常进行（表12.3.4）。

表12.3.4 ϕ79mm 螺杆钻具与 ϕ73mm 螺杆钻具性能参数

螺杆钻具外径/mm	级数	排量/(L/min)	转速/(r/min)	扭矩/(N·m)
73	3.5	227~454	247~493	689
79	4	175~625	134~479	790

④微泡钻塞液暂堵技术。

当低压漏失井漏失严重甚至完全失返时，使用以上技术手段或使用伴氮钻塞液均无法保障出口返液正常，此时就需引入暂堵的概念，在钻塞期间，将已射开的孔缝进行暂堵，待钻塞施工结束后再恢复，提出微泡钻塞液的概念。在计算及研究射孔炮眼尺寸的基础上，选择合适的起泡体积，通过向溶液中加入表面活性剂，降低界面张力形成气核，通过添加聚合物类稳泡剂，在气核表面形成一层立体交联网状稠化层稳定微泡结构，为加强微泡的气密性，加入另一种临界胶束浓度低的表面活性剂，通过疏水基与稠化层缔合，最终形成稳定的微泡。

在遇见较大孔隙时，微泡钻塞液会出现"多泡流动"现象，微泡聚集在修井液前端形成聚集体。当遇见小孔隙时，微泡可以改变形状进入孔隙，储存在微泡中的一部分能量被释放，微泡开始膨胀，在拉普拉斯压力的作用下，气泡内外壁的压力达到平衡，即逐渐与漏层达到压力平衡，实现封堵效果。

12.3.3.3 工程应用

以××井为例，该井为一口页岩油风险探井，井型为水平井，人工井底3813m，水平段长度1203m，主要目的层为侏罗系凉高山组凉三段。

面临的主要难题是：

（1）压裂过程中第6段静液面降低的情况以及第3~25段停泵测压降为0的情况，判断地层存在漏失。

（2）因可溶桥塞未充分溶解，各井段之间未联通，在连续管钻除上部9支桥塞后，漏失量逐渐增大。

（3）连续管钻除第25~20段6支桥塞时，地层漏失量由6L/min 提高至300L/min，再继续钻除第19~17段3支桥塞后地层发生失返。

施工效果：

（1）使用微泡钻塞液灌满井筒后，测量出口基本保持与进口一致。

（2）施工期间持续监测返排量，施工12h后返排量较初始时减少50L/min，但仍保证钻塞排量350L/min，大于钻塞最低需求排量（200L/min）。

（3）完成本井钻可溶桥塞施工，未发生卡钻故障复杂。

12.3.4 套变水平井连续管钻磨桥塞

当前，在水平井压裂过程中和压裂后，套管变形的情况时有发生。连续管钻磨复合桥塞是一种高风险作业，正常井磨鞋标准选择尺寸为套管内径的90%~95%。套管一旦发生变形使得井下情况复杂化，特别是可选择的磨鞋尺寸仅是套管内径的75%~85%时，会使得连续管钻磨作业面临更大的风险[12]。

12.3.4.1 技术难点

（1）易出现钻磨过程中遇卡的现象。钻磨时磨鞋处遇卡，对桥塞的钻磨不彻底，钻屑尺寸较大，从而造成钻屑堆积卡钻，磨鞋处易遇卡。

（2）钻磨不彻底，易出现穿"糖葫芦"的情况。磨鞋钻穿通过胶皮，由于磨鞋尺寸较桥塞外径小很多，这样磨鞋不能彻底钻除桥塞，出现钻磨工具穿过桥塞或是胶皮的情况，而套管变形处的井眼通径较小，出现上提遇卡的情况。

（3）钻屑上返速度不够造成卡钻。钻屑堆积在变形点附近，可见套管变形处通径由小到大，导致流速降低，形成节流效应，钻屑上返不畅，在变形处堆积较多从而造成卡钻。

（4）易出现连续管穿孔、断裂等风险事件。由于套变井钻磨经常会在同一位置反复起下，连续管单点疲劳非常高，螺杆钻具反复制动也会加快螺杆钻具损伤。一旦发生井下工具掉落，打捞将非常困难甚至无法打捞。

12.3.4.2 工艺优化

针对页岩气套变水平井连续管钻磨复合桥面临的风险，从地面流程准备、钻磨工作液性能参数、钻磨工具选择、施工排量、钻压优选、短起以及打捞钻屑等方面进行优化，制定了技术对策。

（1）地面流程准备。

为了确保钻屑顺利返出，同时保证出现应急情况下辅助解卡，首先要求返排管线在井口的起点应连接在套管四通的侧翼上，而不能连接在压裂八通上。由于目前页岩气压裂管柱的内径一般为114mm左右，而压裂八通的内径为ϕ180mm，流体通过后者的流速会降低，从而影响钻屑的返排能力。其次在套管四通的另一侧上应连接一条备用流程，确保在紧急情况下，能从环空泵注流体以辅助解卡。

（2）钻磨工作液要求。

钻磨桥塞中液体的性能对钻磨效率及安全的影响很大，液体包括钻磨桥塞时使用的钻磨液和短起阶段用于钻屑返排的携带液。钻磨桥塞时用的液体应要求摩阻低，这样可以保证钻磨时的泵注排量较大，利于钻屑的返出。良好的钻磨液应具备如下条件：固相含量小于1%，$170s^{-1}$时表观黏度大于$3mPa·s$，pH值为6~9，降阻率大于65%。携带液应具有如下条件：固相含量小于1%，$170s^{-1}$时表观黏度大于$35mPa·s$，降阻率大于50%。

（3）钻磨工具要求。

套变井钻磨桥塞的工具串为连续管+抗扭连接接头+双活瓣单流阀+震击器+液压

丢手 + 螺杆钻具 + 磨鞋。液压丢手位于震击器的下方，一方面，减小震击器工作时对液压丢手的影响，另一方面在遇卡后解卡失败时投球丢手产生的落鱼较少，有利于下一步方案的选择。一般采用的震击器具有上下双向震击功能，这样在遇卡时，下压管柱达到震击器的作用力时，震击器启动震击，产生向下的推力，将卡在钻磨工具周围的钻屑释放，辅助解卡。同理，上提管柱达到震击器的作用力时，震击器启动震击，产生向上的推力，将卡在钻磨工具周围的钻屑释放，辅助解卡。

由于水力振荡器工作时，通过产生轴向振动减小钻磨工具与井壁间的摩擦力，在井筒内振动向前爬行，极易造成卡钻事件，故套变井一般不建议使用水力振荡器。

套变井钻磨桥塞用磨鞋选择应遵循的原则是磨鞋的强度高耐磨性强、切削能力适中、研磨性好。一般地，4翼磨鞋较5翼磨鞋的钻磨速度更快，作业中优选5翼PDC镶齿平底磨鞋，这样确保截面受力均匀，同时侧面有液体过流通道，以利于钻屑返出。

（4）施工排量优选。

施工排量是钻磨桥塞最重要的参数，其选择需要考虑如下几个方面，一方面是液体摩阻性能，油管尺寸、长度，螺杆钻具的能力和泵注设备能力。最好为螺杆钻具最大排量的80%~90%，这样可充分发挥螺杆钻具能力。另一方面，需要考虑钻屑顺利返出井筒。排量越大，螺杆钻具的扭矩越大，钻屑越小，使用外径为 $\phi 50.8mm$ 的连续管钻磨桥塞，要求环空液体返速大于0.76m/s，能有效地将钻屑中的复合材料返出井筒。一般而言，钻磨的排量较正常井眼的情况高10%~20%。

（5）钻压控制。

钻压决定着钻磨速率的快慢，同时也影响到钻屑的大小。钻压较高时对钻磨桥塞的影响较大，一方面会导致螺杆钻具频繁憋停，损耗螺杆钻具定子而降低螺杆钻具的寿命，甚至会导致磨鞋在井筒遇卡而造成复杂事件。同时也会导致钻屑返出时断时续，返出不畅，出现沉降卡钻。钻压较低时，可能出现磨鞋不能接触到桥塞而出现空转的情况，长时间无进尺，不能钻除桥塞。

对于采用 $\phi 50.8mm$ 的连续管，页岩气套管内径 $\phi 114.3mm$，计算得到井眼的螺旋屈曲载荷为14~18kN。为了减小套管变形井中钻磨作业的卡钻风险，确保钻屑细小，钻压控制较正常井眼的井较低，对于套管变形井推荐的钻压为5~10kN。

（6）短起作业。

套管变形井，磨鞋较正常井筒的尺寸偏小，钻屑可能较大，返出较为困难。这样，对短起的要求更高，短起频率较正常井增加3倍以上。一般而言，每钻磨1~2个桥塞，应做一次短起，每次短起应至少到达造斜点。若变形点在直井段，这样还应短起过变形点以上100m，以确保钻屑尽量返出。对于套管内径变形率大于20%以上的情况，宜每钻磨完成1~2个桥塞后上提出井口，以清除钻磨管串上的钻屑。

（7）钻屑打捞。

部分桥塞上有铸铁卡瓦，在磨鞋冲击作用下很易于从套管壁上解封，这种材料脆性较高，耐磨性差，从桥塞上剥落下来，形成独立的块状，这些卡瓦块大多堆积在井筒内，造成其他钻屑返出困难，造成钻磨风险。通过连续管下入强磁打捞工具串，可将卡瓦顺利打捞出井，保证井筒畅通。一般地，根据套管变形的严重程度不同，下入强磁打捞的要求也不一样。对于套管内径变形率小于20%的情况，宜每钻磨3~4个桥塞进行一次钻屑打捞。

对于套管内径变形率大于20%以上的情况，宜每钻磨1~2个桥塞进行一次钻屑打捞。

12.3.4.3 工程应用

××井是一口页岩气水平井，人工井底4002.0m，水平段长1552.0m，ϕ139.7mm套管内径ϕ115.02mm。采用16个易钻桥塞分段压裂的改造方式，最后一个桥塞位置在2988.0m。压裂完成后，采用连续管钻磨桥塞以确保井筒畅通，满足测试开采的要求。

首先下入ϕ50.8mm连续管+73mm铆钉接头+ϕ73mm单流阀+ϕ73mm丢手+ϕ73mm震击器+ϕ73mm螺杆钻具+ϕ106mm磨鞋，至2849m遇阻，多次超压未能通过，起出后测量磨鞋的磨损情况，换用ϕ98mm磨鞋还是在该点遇阻，无进尺，发现靠近底部的侧面有磨损，呈锥形，外缘直径ϕ88mm。第二步采用ϕ73mm强磁打捞通过遇阻点2849.0m，缓慢推进至2988m桥塞位置遇阻。第三步采用ϕ73mm冲洗头通洗井，仍然下至2988.0m桥塞位置遇阻。第四步通过多臂井径测井表明，ϕ139.7mm套管在2852.40~2856.21m井段，最小内径为85.6mm，最大内径140.18mm，最大变形程度25.58%，属较严重变形。在2865.41~2868.05m和2812.63~2828.44m井段，最大变形程度分别为9.71%和8.67%，属中度变形。

根据该井套管变形情况，优化了钻磨工具串组合，下入ϕ50.8mm连续管+73mm铆钉接头+ϕ73mm单流阀+ϕ73mm丢手+ϕ73mm震击器+ϕ73mm螺杆钻具+ϕ82mm磨鞋，作业中控制钻压确保钻屑尽可能细小，每钻完1个桥塞起至变形点2849.0m以上，每钻完2个桥塞起出井口，之后下入ϕ73mm强磁打捞工具捞出井筒内的卡瓦等铁质钻屑，卡瓦捕获率达66.3%，作业期间未发生遇卡现象，顺利完成了该井的桥塞钻磨作业。

套管变形井的桥塞钻磨，对于钻磨工艺及施工过程的要求更高，要确保连续管钻磨复合桥塞过程的安全，需要做好如下的工作：地面流程上应具备一条流体泵注流程和一条备用流程；5翼PDC镶齿平底磨鞋确保钻磨时端面受力均匀，钻屑颗粒较均匀；钻磨液降阻率大于65%，$170s^{-1}$时携带液表观黏度大于35mPa·s，钻磨排量较正常井眼高10%~20%，钻压推荐为5~10kN；套管内径变形率小于20%时，宜每钻磨3~4个桥塞进行一次钻屑打捞。套管内径变形率大于20%时，宜每钻磨完成1~2个桥塞进行一次短起和一次钻屑打捞。

12.4 连续管侧钻技术

连续管侧钻技术是指使用连续管、井下动力钻具及井下工具完成斜向器下入、套管开窗、裸眼段钻进等多项施工作业的钻井技术。与常规侧钻相比，连续管侧钻具有设备紧凑、占地面积小，适合于地面条件受限制的地区或海上平台作业；不需要接单根，减少了操作人数，缩短了起、下钻时间，对于部分需要频繁调整或更换井下钻具组合的作业，其优势更为突出；可以实现连续循环和欠平衡作业，提高了起、下钻速度和作业安全性，有效避免了井喷或卡钻等事故；连续管穿电缆后还特别适合欠平衡钻井作业、多相钻井液钻井和空气钻井，能够实现测井数据的实时传输，有效地实时监测钻井过程中井底钻压、扭矩、振动和压力等参数，有利于实现闭环钻井[13-19]。连续管侧钻井技术凭借其经济高效的优势，为油田的二次开发提供了有效的技术手段。

12.4.1 连续管侧钻技术难点

（1）连续管不能旋转、柔性大、大斜度井段钻压传递困难，导致连续管定向钻进过程中存在工具面无法井口调整、连续管容易屈曲、滑动钻进摩阻大、反扭矩不易控制等问题。

（2）连续管直径较小，井眼尺寸和钻井液流量受限，导致井眼清洁难度较大，增加了连续管和井底钻具组合发生沉砂卡钻和粘卡的可能性。

（3）与传统地面旋转钻进技术相比，连续管钻井处理井下复杂、事故手段少，能力弱。

12.4.2 连续管侧钻关键工艺

连续管侧钻包括 2 项关键技术：连续管定向开窗技术和连续管定向钻井技术。

根据动力来源和测量数据传输方式的不同，连续管侧钻技术分为连续管无线侧钻和连续管有线侧钻两种类型。二者都可以实现定向钻井，其主要区别在于连续管中是否有内置电缆为井下工具系统提供动力来源，以及测量数据是通过钻井液脉冲传输还是通过电缆传输。连续管侧钻关键工艺主要包括连续管侧钻开窗工艺、连续管侧钻定向钻进工艺、连续管钻井力学分析及专用钻井液体系。

12.4.2.1 连续管定向开窗工艺

在侧钻开窗施工中，通常需要定向摆放斜向器，使斜面朝向预定的方向，以便于后期轨迹控制。常规侧钻中，可使用转盘驱动钻具旋转，控制斜向器方向。由于连续管不能旋转的特性，连续管侧钻开窗旋转动力全部来自井下螺杆钻具，无法使用转盘驱动钻具旋转控制斜向器方向，因此连续管开窗需要使用特殊设计的分体式斜向器。分体式斜向器为座封底座及导向斜面分开设计，无需投球，即可实现坐封和丢手，无线开窗与有线开窗均可适用。

因无法采用常规电缆方式下入陀螺仪定斜向器斜面方位，因此连续管开窗所用陀螺仪也有特别要求。连续管无线开窗选用存储式电子陀螺仪作为测量斜面方位工具。有线开窗则采用专门设计的陀螺测量工具，其内设计有供电与通信系统，并将陀螺测斜探管封装在工具内，通过连续管内置电缆为工具供电并传递数据信号。专用陀螺测量工具安装在斜向器座封底座上部，与座封底座一同下入，可不受磁干扰影响，能在套管内精确测量定向参数（图 12.4.1）。

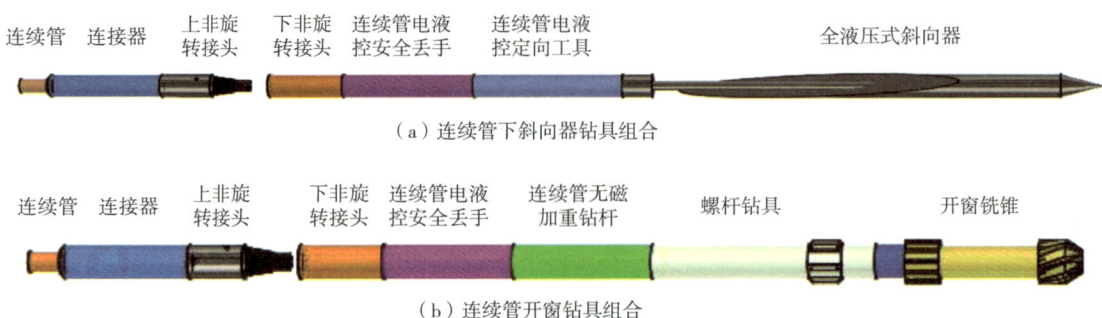

图 12.4.1 连续管下斜向器钻具组合和连续管开窗钻具组合

连续管侧钻开窗施工步骤如下：

（1）下入座封底座到预定深度后，使用陀螺仪器测量座封底座导向槽工具面角，并根据测得数值计算导向斜面转角大小（存储式陀螺仪在下放到位后，应保持静止测量规定时长，并记录时间）。记录当前悬重，开泵憋压至设计压力，实现座封底座坐封及丢手，起钻。

（2）根据斜面转角计算结果，调整好斜向器斜面与对接机构的夹角并固定。连接导向斜面，测试工具旋转功能。下入导向斜面到预定深度后，记录当前悬重，下压20kN，进行工具对接。上提30kN测试，确定是否对接完成。开泵憋压至设计压力，实现导向斜面丢手，起钻。

（3）下钻开窗。连续管开窗与常规钻杆开窗在工程参数上有较大的不同。常规钻杆开窗时，转速一般为20~30r/min；而连续管使用螺杆作为动力钻具开窗，铣锥转速一般为100~120r/min，实施过程中需时刻观察泵压和钻压等参数变化，并实时进行调整，确保井下安全。开窗初期扭矩大，应使用小钻压开窗，使铣锥先铣出一个均匀接触面，钻压为5~10kN，定点磨铣，缓慢送钻。开窗中期，应适当调节钻压，在不出现明显憋泵的前提下，逐步增加至10~30kN，均匀送钻，使铣锥沿套管外壁均匀磨铣，保证窗口长度。开窗后期，铣锥最大直径全部铣出套管，进入地层，应保证总开窗进尺不小于5m，方可结束开窗作业。开窗完成后，修整窗口，直至在窗口任何位置停泵上提、下放均无明显阻、卡反应后，起钻。

12.4.2.2 连续管侧钻定向钻进工艺

连续管无线侧钻定向钻进工艺和连续管有线侧钻定向钻进工艺，所依托的井下配套工具完全不同，因此相对应的钻具组合也截然不同。

（1）连续管无线侧钻定向钻进工艺。

无缆式连续管钻井系统主要依靠钻井液脉冲或无线电磁波传递信号，依靠钻井液为定向工具和螺杆等井下工具提供动力，也称之为钻井液脉冲底部钻具组合。该底部钻具组合仅适用于不可压缩流体的定向井和非定向井作业，作业费用较低，拆卸安装维护方便，其缺点为钻井时定向操作较为复杂，作业范围受限。

连续管无线侧钻定向钻进钻具组合如下：钻头+弯螺杆钻具+浮阀+MWD+无磁钻铤+液力定向器+加重钻杆+马达头+连接器+连续管。钻具组合中，液力定向器（图12.4.2）是成功完成定向钻进的核心工具，通过开关钻井泵产生的钻井液脉冲压力驱动液力定向器旋转，带动工具下面所接弯螺杆等工具一起旋转，达到调整工具面的目的。

图12.4.2 液力定向器

液力定向器依靠钻井液脉冲进行工作，操作人员每启停钻井泵1次，工具内部的活塞机构进行直线往复运动1次，依靠工具内部的换向机构和驱动齿轮，可将活塞机构的直线往复运动转变成定向工具输出轴的正向转动，每次可转动45°。锁定齿轮可以防止定向工具输出轴的反转。当定向钻具组合的工具面调整到需要角度后，可不停泵正常钻进。其额定工作排量8~12L/s，额定工作压力3~5MPa，额定输出扭矩400~600N·m，单次转动角度为45°。

（2）连续管有线侧钻定向钻进工艺。

连续管有线侧钻定向钻进工艺可通过地面测控系统远程操控井下工具达到安全丢手、工具面调整、井身轨迹控制及井下参数测量目的。井下工具由连续管内置电缆供电，测量的数据信号同样由内置电缆上传到地面。

与无线侧钻定向钻进工艺相比，有线侧钻定向工艺技术先进，操作简便可靠，作业能力和作业范围更广，适用于复杂和高难度井况的可压缩流体及不可压缩流体的定向钻井作业，钻进效率高，测量数据多，能够实现数据实时测量和传输，有利于实现闭环钻井。但该系统结构复杂，拆卸安装维护麻烦，作业费用高，主要应用于对井眼轨迹要求较高的侧钻水平井钻井。

连续管有线侧钻定向钻进钻具组合如下：钻头+弯螺杆钻具+电液控导向工具+随钻测量工具+井下参数测量工具+电液控定向工具+电液控丢手接头+非旋转接头+连接器+连续管（图12.4.3）。

图12.4.3 连续管有线侧钻定向钻具组合

钻具组合中，地面测控系统、电液控定向工具、电液控丢手工具、随钻测量工具、电液控导向工具为核心工具。

①地面测控系统。

地面测控系统主要由笔记本计算机及地面测控箱组成，计算机中安装有连续管测控系列工具操控软件，可显示传感器数据的界面以及控制界面。计算机通过网线与地面测控箱通信，可将指令通过电缆向井下工具传输，同时将井下工具传输的数据解码后发送到控制电路，实现双向通信。

②电液控定向工具。

电液控定向工具用于在井下调整工具面，以精确控制井眼轨迹眼。该工具采用机电液一体化设计，由复合接头、电液控系统及机械系统三部分构成（图12.4.4）。地面测控系统发出指令，经由内置电缆和复合接头传递到电液控系统，再通过电液控系统中的微电机、微型泵等部件将电能转换为液能，液能通过机械系统中的液缸、活塞等部件转换为机械能，将活塞直线运动转换为下接头旋转运动，进而实现旋转调整工具面的功能。该工具定向旋转范围为±440°，旋转精度为±1°。

图12.4.4 电液控定向工具结构示意图

③电液控丢手工具。

电液控丢手工具（图12.4.5）用于在钻头、钻铤或井下工具串卡钻时，断开连续管与井下工具串，并安全切断电力通信，为后续井下复杂情况的处理创造有利条件。

电液控丢手工具同样采用机电液一体化设计，同样由复合接头、电液控系统及机械系统三部分构成。当遇到卡钻等情况需要丢开井下工具串时，由地面测控系统发出丢开指令，指令信号和电能经由内置电缆和复合接头传输到电液控系统，将电能转换为液能，再驱动机械系统的活塞动作，剪断销钉，实现连续管与井下工具安全分离。工具丢开后，电缆在薄弱点处断开，电力通信切断。丢手工具可在地面通过计算机进行远程密码操控，工作能量来自内部油压，能有效防止丢手在高泵压和上下提拉及扭转时的意外丢开。

图 12.4.5　电液控丢手工具结构示意图

④随钻测量工具。

随钻测量工具用于将连续管定向钻进过程中实时测量的井斜、方位、工具面角及辅助参数传输到电脑，为定向钻井的轨迹控制提供依据，能精确可靠地监测连续管钻进方向与井眼轨迹。

该工具将探管内置在外筒内，同时设计有供电与通信模块，通过将电缆传输的电压转换为电路所需的电压后给电路板各元件与探管，并将探管采集到的井斜方位等参数实时传输至地面笔记本计算机。该工具数测量周期 1s，不借助脉冲，无需停泵。与无线传输相比，具有实时性高、响应速度快、可靠性好等优点。

⑤电液控导向工具。

该工具用于调节连续管钻井井下工具串组合造斜率，采用机电液一体化设计，可以通过地面计算机远程控制，在工具本体上产生一个弯角，改变工具串造斜率，实现造斜率微调功能，可减少因工具串造斜率不满足轨迹控制要求而进行的起钻次数。其旋转范围 0°~180°，弯角变化范围 0°~1°。

连续管定向钻进分为 3 个阶段，造斜段、稳斜段及水平段钻进。每个钻进阶段根据地质设计、工程设计中造斜率、井眼轨迹控制等要求，优选钻头（牙轮、PDC 钻头）与螺杆（直螺杆、弯螺杆）、钻具组合（加重钻杆数量等），优选合适的钻井液体系及性能参数，以确保井眼轨迹平滑，精确入靶。

⑥施工工序。

连续管无线侧钻定向钻进施工工艺基本与常规侧钻一致，建议钻压 10~50kN、排量 8~10L/s，螺杆转速。

连续管有线侧钻定向钻进施工工艺因配套工具的不同而差别较大。施工步骤如下：

a. 连接钻具组合，连接好后，在地面对电液控定向、丢手、导向、随钻等工具进行测试，正常后，再将井下工具按每段工具串长为 10~15m 在地面连接好；

b. 将上述多串工具串依次吊至井口上方，依次连接并下放到井筒中，最后一串工具的下非旋转接头坐放到井口悬挂器和安全卡瓦上；

c. 用吊车将注入头吊至井口上方，并固定在钻台上，上扣连接上非旋转接头与下非旋转接头；

d. 下放钻具组合下至井筒内预定深度，定向钻进，钻压 10~50kN、排量 8~10L/s，螺杆转速；

e. 钻进完成后，起出钻具组合，并吊移至钻具摆放位置。

（3）连续管钻井管柱力学分析计算。

连续管在侧钻水平井的下入过程中需要承受多种外载荷的作用，对于常规钻井管柱，在造斜点之前使用加重钻杆或者钻铤避免或者延缓出现屈曲,但是连续管刚度较小,在自重和井眼约束的作用下,易发生屈曲甚至自锁。严重的螺旋屈曲会降低轴向力传递且影响作业进度和效率,也会导致连续管在内压和高轴力作用下发生破裂、挤扁和永久变形、过早疲劳等。连续管锁定之后强行下入或者操作不当,极容易导致井下工具损坏或者连续管断裂事故。

为此,在实际连续管侧钻过程中,均应采用连续管钻井力学专用分析软件对连续管受力状况进行分析计算,综合考虑井眼轨迹(曲率和井斜)、钻具组合、钻进参数等因素,分析出井筒内连续管在井底压力作用下发生正弦、螺旋屈曲等失稳的临界载荷,进而计算出连续管的最大可下入深度,修正钻具组合及施工参数,提高连续管井眼延伸能力,为连续管在侧钻井侧钻水平井中的工程应用提供参考和依据,以保障连续管侧钻的安全性和经济性。

(4)专用钻井液体系。

由于连续管钻机钻进阶段自始至终始终为滑动钻进,钻出的井眼具有井径小、环空间隙小、剪切速率大等特点,故需要求钻井液体系具有低固相、低黏度、强抑制性、低失水、润滑性好等特征。鉴于连续管钻井工艺的特殊性及地层特点,优选与连续管钻井工艺相匹配的强抑制水基钻井液体系。

大港油田连续管侧钻施工采用BH-KSM高抑制性水基钻井液体系,性能优异、稳定,具有强抑制性,强封堵、低压耗,提供最大的页岩抑制性和井眼稳定性,较低的结块和泥包趋势,稳定易维护,密度和盐选择性广。

辽河油田连续管侧钻采用聚胺钻井液体系,是一种在钻井液中加入聚胺抑制剂而得到的具有代替油基钻井液潜力的新型高性能水基钻井液,具有抑制效果好,抑制作用平缓而长效,生物毒性小,环境相容性好的特点。

12.4.3 连续管侧钻现场试验

连续管侧钻技术已经在辽河、大港、长庆、新疆等油田进行现场试验10多口井,其中在辽河油田完成的5口井均采用连续管有线侧钻技术,其余均采用连续管无线侧钻技术。

12.4.3.1 连续管无线侧钻井工艺现场试验

××井是1988年9月17日完钻的二开直井,完钻井深2790m,位于大港油田官x断块上。该井设计为侧钻定向井,在ϕ139.7mm套管内1510m处开窗侧钻,设计井深1909m(垂深1881m,水平位移130.24m)。该井目的层为孔店组孔一段的枣V下油组;目标靶点T测深1819m(垂深1800m,水平位移90.71m),井口至靶点T方位169.52°,靶心距范围不大于20m。

2015年5~6月,成功完成了无线连续管开窗侧钻现场试验。经过通径、刮铣管、坐挂斜向器后,下开窗工具串(铣锥+直螺杆+加重钻杆+马达头+非旋转接头+连接器),在1506~1515m井段完成开窗,钻引导段,进尺9m,用时17h,开窗质量良好,后续起下钻过窗口顺滑。于1515~1714m实施造斜井段钻进,进尺达199m,造斜工具串为钻头+弯螺杆+MWD+定向工具+加重钻杆+马达头+非旋转接头+连接器。于1714~1909m实施稳斜井段钻进,进尺195m,稳斜工具串为钻头+直螺杆+MWD+加重钻杆+马达头+非旋转接头+连接器。

本次试验总进尺403m，平均机械钻速3.30m/h，井斜及方位角符合钻井设计要求，实钻靶心距6.51m。试验共有12套工具串14次入井施工，最长工具串长度达到119.24m。整个试验过程中连续管钻机、井下工具系统工作正常。在国内首次实现了采用"连续管通径、刮刮管、坐挂斜向器、开窗、定向造斜和稳斜钻进"的连续管侧钻井整体工艺钻成一口井，探索了采用连续管开窗、定向、扭方位的连续管侧钻工艺。

12.4.3.2 连续管有线侧钻水平井工艺现场试验

××井是辽河油田欢×块井区的一口开发直井，油层套管ϕ139.7mm。2000年完成侧钻井施工，开窗位置井深1157.00m，尾管尺寸ϕ102mm，下深1533.00m。2016年，在补孔改层作业中发现有缩径，最小缩径73mm。为提高储量动用程度，2019年决定对该井实施二次侧钻水平井。该井在928m处开窗侧钻，设计井深1735m（垂深1435m，水平位移414.50m）；目的层为沙一、沙一下油组；目标靶点A垂深1432m，靶点B垂深1435m；靶心距范围为纵向±1.0m，横向±5.0m。

2019年3—4月，完成了有线连续管侧钻水平井现场试验。本次钻井定向段钻具组合为钻头+弯螺杆+随钻测量工具+定向工具+加重钻杆+电缆密封接头+丢手接头+上非旋转接头+连接器；稳斜段钻具组合为钻头+直螺杆+随钻测量工具+加重钻杆+电缆密封接头+丢手接头+上非旋转接头+连接器。试验总进尺802m，平均机械钻速10.46m/h，水平段长123.00m，最大井斜90.11°，最大水平位移414.50m。

试验过程中，该井地层岩性多变、夹层多，井眼轨迹复杂，采取针对性的施工工艺和钻井液性能调整措施，避免了水平井段形成岩屑床以及泥岩层井眼缩径而造成卡钻等风险；通过优化井眼轨迹，合理调整、选配钻具组合，实现了准确入靶，井眼轨迹符合设计要求。试验共有6套井下工具系统15次入井钻进，最长工具串长度达到123.99m。该井是国内第一口连续管侧钻水平井，为连续管水平井钻井技术的进步和推广应用奠定了基础。

12.4.4 国外连续管侧钻进展

近年来，国外有缆式连续管钻具组合系统取得了突破，主要包括斯伦贝谢的CTDirect系统、Antech的COLT系统、贝克休斯的Coil Trak系统等[20-23]，均可用于连续管侧钻作业。

12.4.4.1 斯伦贝谢CTDirect连续管钻具组合系统

CTDirect连续管钻具组合系统是斯伦贝谢公司打造的连续管侧钻作业新利器，采用七芯电缆为井下工具提供动力，向下传递作业指令，向上传输钻井数据。系统中设计有先进的定向工具，可进行实时双向数据通信，正反410°旋转且连续可变；自然伽马射线传感器可划分出井眼的地质剖面，确定砂泥岩剖面中砂岩泥质含量和定性地判断岩层的渗透性；接入钻井参数测量工具，可测量多种井下钻井力学数据，包括环空压力与内部压力、冲击与振动、倾角、方位角以及工具面方位等，实时数据每3秒传输一次，可在地面连续监测，进行井眼轨迹精确导向，还可检测井下动力钻具停转情况，运用全3D定向功能可以实现更好的地质导向。

CTDirect系统主要用于欠平衡、短半径以及过油管等连续管侧钻作业，以开发未波及的油藏并最大限度地提高产量。与常规侧钻作业相比,应用 CTDirect 系统进行连续管侧钻作业具有不用起出完井管柱,降低作业成本,最大化接触油藏,提高侧钻井产量,用于欠平衡作业可提高钻进速度,最大限度地减少储层伤害等优势。

2017—2020 年,应用 CTDirect 系统完成了 100 多口井的造斜段钻进作业,总进尺 47853.6m。以中东 2 口井为例,一口井为深层碳酸盐高温井,井眼尺寸 $\phi 92.08$mm,应用 CTDirect 系统进行过油管欠平衡侧钻作业,总进尺 2627m,单趟进尺最长 1097m,过油管侧钻钻进速度超过了油田平均钻进速度纪录的 200%。另一口井为深层致密砂岩高温井,井眼尺寸 $\phi 92.08$mm,同样应用 CTDirect 系统进行过油管欠平衡侧钻作业,成功钻进超过 1216m 长井段,最大造斜率 40°/30m。达到了以前无法实现的地质目标,显著提高了天然气采收率,平均钻进速度提高了 20%。

12.4.4.2 AnTech 公司 RockView 技术

RockView 技术是一项全新的实时、高分辨率连续管钻井地质导向技术。与 AnTech 两套最新一代的 COLT 和 POLARIS 底部钻具组合配合使用,为施工人员提供钻头附近工况和地层的实时信息,以确定所钻地层,精确控制井眼轨迹按设计钻进。

该技术具有如下优势:解决了数据传输延迟的难题;定向器可连续旋转,保证一次入井后可钻出斜井段和直井段;磁导向功能,可以提供磁方位角,同时提供井斜和工具面数据;高速数据传输,实时反映地下的工况,能够实时判别井下复杂,减小钻井风险,提高钻井效率。

(1) COLT 钻具组合系统。

该系统由连续管接头、电缆头、电动断脱机构、钻压/压力/振动测量短节、遥测系统、自然伽马与导向工具短节、电驱式定向器、螺杆钻具、钻头等组成。通过七芯电缆电力驱动,并通过磁力控制定向及导向等工具。可以精确调整钻进方向,平稳控制钻头和螺杆钻具,精确控制井眼轨迹。该组合适用于 $\phi 92.08 \sim \phi 120.65$mm 井眼,可用于单相和多相钻井液。还具有独特的套管开窗陀螺定向功能,避免在套管附近盲钻。在钻井过程中,其弯壳可在 0~3° 之间连续调节,在钻直井眼时,减少卡钻的可能性。

(2) POLARIS 钻具组合系统。

AnTech 公司新研发的陀螺导向 POLARIS 钻具组合系统,能够按照设计的井眼轨迹准确钻进并达到产油层。钻具组合中,使用旋转定向器调整工具面,使用固态陀螺仪确定工具 3D 位置并控制工具方向,使用电缆工具与井下动力钻具结合控制钻头方向。该钻具组合技术优势在于陀螺仪系统对工具的尺寸要求较小,工具所占的空间较小,且不需要非磁性材料。

12.4.4.3 贝克休斯 RSM CoilTrak 钻具组合系统

Coil Trak 钻具组合系统主要包括快速接头、动力和通信短接、电控丢手和循环接头、钻井性能监测接头、定向伽马接头、液压定向工具和正排量马达等,并可根据作业需求添加安全阀、背压阀、陀螺仪 MWD、超小多重传播电阻率短节等组件。

目前,最新一代 CoilTrak 系统引入了肋板导向马达 RSM(Rib-Steered Motor),通过操作 3 个液力式可扩展肋板来达到定向目标。通过地面—井下通信,控制 3 个肋板的伸缩。由于该装置没有弯外壳,所以 RSM 井下工具能够进行造斜钻进或稳斜钻进。其工作原理有三种模式:(1)井斜角保持模式,导向肋板通过自动接合、自动分离以维持当前的井斜角;(2)导向模式,计算机基于输入参数控制三个肋板的张开和收缩,确保井眼平滑钻达目标;(3)中心模式,所有的导向肋板导向力减小,保持3个肋板压力相等,使得RSM起到附加稳定器的作用。

CoilTrak系统有ϕ60.3mm和ϕ106.2mm两个系列,适用于ϕ69.85~ϕ120.65mm的井眼。CoilTrak系统具有如下技术优势:(1)近钻头井斜角感应器离钻头更近(减小了大约30%),能够更加准确确定钻头位置;(2)该装置地质导向灵活,当需要在某个层位中钻稳斜段时,传统的弯螺杆钻具通过左右摇摆才能维持一个固定的平均井斜角,而RSM采用专门的"井斜角保持"模式,自动保持目标井斜角,使井下工具一直稳定地维持在该层位中;(3)改善了井眼质量,减少S型井眼轨迹的发生,井眼轨迹更为平滑,减小了井壁与连续管之间的摩阻,钻压传递更为顺利,从而延伸了连续管侧钻水平井段的长度。1994—2016年,贝克休斯应用CoilTrak钻具组合系统完成了810口连续管侧钻井,钻井总进尺达1021534m。

参考文献

[1] 赵明.连续管作业技术专项推广应用与发展[J].焊管,2023,46(7):23-28.

[2] 袁发勇.连续管水平井工程技术[M].北京:石油工业出版社,2018.

[3] 于东兵,包文德,马卫国,等.连续油管打捞技术专用工具研究现状及展望[J].石油机械,2007,35(1):45-47.

[4] 程安新.浅谈落井射孔枪连续油管打捞工艺[J].江汉石油科技,2020,30(2):25-28.

[5] 王伟佳.页岩气水平井连续油管带压打捞长电缆技术[J].石油钻探技术,2018,46(3):109-113.

[6] 陈新欣,雷兰祥,孙怡红,等.连续管水力机械切割工具的研究与应用[J].石油机械,2013(5):76-78,84.

[7] 马云瑞,马玉鹏.连续油管水力机械切割技术在葡10-4井的应用[J].新疆石油科技,2016,26(3):41-43.

[8] 刘言理.水平井筛管分段喷射解卡工具研制与试验[J].石油钻探技术,2018,46(3):65-71.

[9] 邹先雄,卢秀德,刘洪彬.连续油管钻磨复合桥塞效率影响因素分析及提效措施研究[J].钻采工艺,2018,41(2):110-112.

[10] 曹学军,傅伟,李小波,等.威荣深层页岩气连续油管高压扫塞通井技术[J].钻采工艺,2022,45(5):80-84.

[11] 赵铭.低压(漏失)井连续油管钻可溶桥塞技术[J].江汉石油职工大学学报,2023,36(3):23-25.

[12] 任勇,郭彪,石孝志,等.页岩气套变水平井连续油管钻磨复合桥塞技术[J].油气井测试,2018,27(4):61-66.

[13] 贾涛,张燕萍,吴千里.连续管侧钻技术的研究及现场试验[J].石油机械,2017,45(7):30-33.

[14] 王晓军，李俊杞，孙云超，等.强抑制水基钻井液在连续管侧钻井中的应用[J].石油钻采工艺，2018，40（1）：33-39.

[15] 龚建凯.连续管开窗工艺技术在辽河油田侧钻井中的应用[J].钻采工艺，2020，43（4）：121-124.

[16] 贺会群，熊革，刘寿军，等.我国连续管钻井技术的十年攻关与实践[J].石油机械，2019，47（7）：1-8.

[17] 张帅，张燕萍，郭慧娟.国内外连续管钻井技术发展现状[J].石油矿场机械，2019，48（6）：77-82.

[18] 龚建凯，尹方雷，李寅，等.小井眼连续管侧钻井技术现状分析[J].焊管，2019，42（3）：55-58.

[19] 刘寿军，于东兵，王刚庆，等.有缆连续管钻井系统在侧钻水平井中的应用现状[J].石油机械，2018，46（10）：1-5.

[20] 张帅，张燕萍，郭慧娟.国内外连续管钻井技术发展现状[J].石油矿场机械，2019，48（6）：77-82.

[21] 李根生，宋先知，黄中伟，等.连续管钻井完井技术研究进展及发展趋势[J].石油科学通报，2016，1（1）：81-90.

[22] 李猛，贺会群，张云飞，等.连续管钻井定向器技术现状与发展建议[J].石油机械，2015，43（1）：32-37.

[23] 张富强，刘寿军，段文益，等.国外连续管钻井系统发展与应用[J].石油矿场机械，2017，46（6）：11-15.

13 大修侧钻完井技术

完井技术应以释放储层最大产能为目标，保护油气层，满足全生命周期内的控水、控砂、增产措施及生产测试等技术要求。根据油气田地质特点、油气藏类型、开发方式、经济效益等因素综合分析，优选完井方式。对于大修侧钻来说，近年来在二次完井、筛管完井、裸眼分段完井、尾管固井完井等方面不断创新，以满足老井井筒修复与重构、老区剩余油气挖潜的完井需求。

13.1 二次完井新技术

经过多年开采，油气水井出现套损、出砂、高含水等问题，严重影响增产增注措施的实施和注采井网的完善。对于稠油油藏来说，热采井经过多轮注汽后出现产层筛（套）管变形和出砂严重，为恢复老井产能，开发形成了稠油筛管二次完井技术，即在原井筒内通过打通道使其畅通后，悬挂小尺寸的防砂筛管，重新建立生产通道。针对 $\phi 244.5mm$ 技术套管内悬挂 $\phi 177.8mm$ 防砂筛管完井的水平井，二次完井采用 $\phi 244.5mm \times \phi 139.7mm$ 封隔式悬挂器悬挂 $\phi 139.7mm$ 防砂筛管；针对 $\phi 177.8mm$ 套管固井完井的直井，二次完井采用 $\phi 177.8mm \times \phi 139.7mm$ 封隔式悬挂器悬挂 $\phi 139.7mm$ 防砂筛管。稠油衬管二次完井技术，已成熟配套，实现了规模化应用，为稠油筛管完井水平井和套管固井完井直井井筒重构及复产提供了有效技术手段。

近年来，多层系水驱开发油藏的油井变形、破损、漏失等问题严重，不能满足单井正常生产及措施需求；超低渗透、页岩油、页岩气水平井以动用段间剩余油气为目标，开展了双封单卡、暂堵转向等重复压裂试验，均存在不同程度的局限性。套中固套是在老井套管内下入小尺寸套管后再实施固井的一种二次完井技术。针对上述问题，攻关形成了适用于 $\phi 139.7mm$ 套管的小套管定向井套中固套、水平井套中固套技术，创新发展了膨胀管井筒重构二次完井新技术，为后续定向井的生产和水平井桥塞射孔联作重复压裂创造了良好的井筒条件。

13.1.1 定向井小套管套中固套

油井经过多年开采，纵向上潜力层均已射孔生产，历经多次措施施工，易导致油层套管发生不同程度的套损，给油田开发调整及效益评价带来了较大负面影响。开发生产中存在两个难题：一是水泥挤封易失效，无法满足 CO_2 吞吐、调剖堵水等高压挤注措施施工要求；二是油层套管缩径严重且跨度大，大修修复难度大、费用高、易反复。基于定向井小套管套中固套技术难点，研究完善了高效打通道、液压滚珠整形等井筒处理及小套管固井等关键技术，为定向套损井二次完井提供了重要技术保障，实现地质纵向多层系封隔及归位开发[1]。

13.1.1.1 技术难点

（1）三段型井身结构及中大斜度井完井管串下入难度大。二次完井施工既要考虑完井管串顺利下入，又要确保套管承压和通径，以满足后期生产及作业要求。

（2）生产层漏失易造成完井后固井质量不合格、射孔后地层出砂等问题。生产时间较长的油井通常存在漏失、出砂现象，固井水泥循环漏失易造成水泥无法上返至悬挂器或膨胀器坐挂后环空水泥充填不满，致使环空出现"白区"，直接影响固井质量，无法达到封隔各潜力层的目的。

（3）小套管固井施工要求高。原井套管与完井直连套管环空体积小，固井水泥浆用量小，但挤注施工排量较高，对水泥浆性能及固井操作要求高。

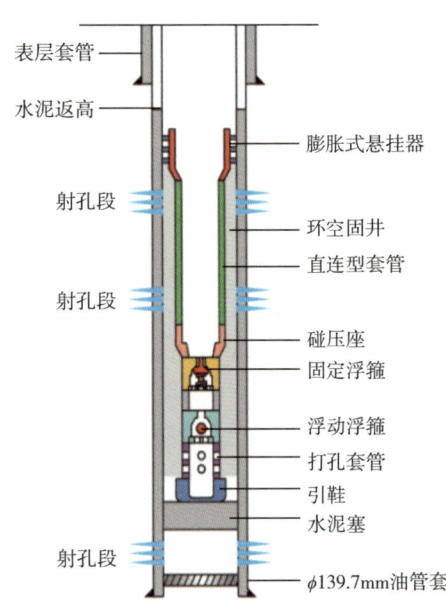

图 13.1.1 定向井小套管套中固套示意图

13.1.1.2 工艺原理

如图 13.1.1 所示，定向井小套管套中固套的工艺管柱主要包括膨胀式悬挂器、直连型套管、碰压座、浮箍、引鞋等。其工艺原理是将完井管柱下入原井筒再实施固井，依靠膨胀器的橡胶挤压和固井水泥环形成有效密封，建立全新井筒，实现井筒重构。主要的施工工序包括井筒处理、地层暂堵、小套管固井等。

（1）井筒处理。

在工艺措施前，要对井筒进行处理，确保井筒畅通。根据井斜及下入管串长度，采用合适的打通道工具，优化处置方案。一是通过钻磨铣方式处理井筒，保证井筒内通径，对于 $\phi 139.7mm$ 套管要求使用 $\phi 118mm$ 磨铣工具扩眼；二是在 $\phi 116mm$ 通井规通井无异常情况下，增加 $\phi 114\,mm \times 30m$ 直连型套管模拟通井，确保完井管串顺利下入。

（2）地层暂堵。

为保证施工过程中建立循环，减少因地层漏失对固井质量的影响，固井前采用微泡暂堵技术封堵漏失层。微泡液中微泡是水、表面活性剂和处理剂通过物理化学作用形成粒径较小的囊状泡。遇漏失地层，微泡被迫通过低压地层的孔洞，此时微泡中的一部分能量被释放，微泡开始膨胀，直到气泡内、外壁的压力达到平衡。微泡工作液静态堵漏试验结果显示，0.85kg/L 微泡液封堵强度达 5MPa 以上，可满足现场施工要求，见表 13.1.1。

表 13.1.1 微泡液静态堵漏试验数据

温度 /℃	回压 /MPa	压差 /MPa	持续时间 /min	漏失量 /mL
120	0.5	3	15	0
120	0.5	4	15	0
120	0.5	5	30	0

采用有效体积计算公式确定微泡液用量

$$V = \pi r^2 \phi h \quad (13-1-1)$$

式中　V——微泡液用量，m^3；

　　　r——处理半径（根据漏失量确定r，通常取值 0.8~1.2m），m；

　　　ϕ——射孔层平均孔隙度，%；

　　　h——射孔层垂向厚度，m。

（3）小套管固井施工。

根据施工井段井温，优选出稳定性好、防窜性强、胶结强度高、封堵性能强的水泥浆配方。为保证施工安全，在失水量、抗压强度、渗透性等参数达标的基础上，施工前重点就稠化时间开展室内评价实验（表 13.1.2）。表 13.1.2 中 BXF-200L、BCR-260L 为水泥浆添加剂，检测结果显示稠化时间不低于 300min。

表 13.1.2　1.85g/cm³ 水泥浆稠化实验数据

序号	温度/℃	压力/MPa	水灰比	水泥浆组成/g				稠化时间/min	
				高灰	清水	BXF-200	BCR-260L	30Bc	70Bc
1	60	30	0.5	800	355.6	32	2.4	226	332
2	85	35	0.5	800	364.8	32	3.2	226	332
3	110	40	0.5	800	358.4	32	9.6	371	376

小套管固井水泥浆用量少，需要精确计算用量，在两层套管环空体积的基础上附加一定量，一般为 0.5~1.0m³。现场根据挤注压力调整挤注排量，参考排量范围 400~700L/min。

13.1.1.3　典型案例

小套管套中固套采用膨胀式尾管悬挂器悬挂 ϕ108mm 直连型套管，实现定向井完井管串下入、固井及射孔、防砂配套，完成井筒重构，满足逐层上返开发需求。下面以 G59-10 井为例，简要介绍该技术的应用情况。

（1）井的基本情况。

G59-10 井为一口定向井，最大井斜 43°，油层套管内径 ϕ124.26mm，潜力层井段 1700~2330m，共 11 层，跨度 630m，措施前因高含水关井。四十臂井径测试结果显示套管最小缩径至 109.78mm，为进一步挖潜各小层剩余油，决定先采用二次完井工艺建立全新井筒，然后逐层上返补孔潜力层并实施二氧化碳吞吐作业。

（2）实施情况。

原油层套管经过多次套磨铣整形后，先后下入 ϕ116mm×2m 通井规、ϕ114.3mm×30m 直连型套管通井至设计深度，均无遇阻显示。下刮削试压一体化管柱进行刮削，并对钻杆试压 35MPa，合格后上提管柱至悬挂器卡点深度，记录管柱悬重为 280kN。

下入完井管柱（自下而上）：ϕ95mm 引鞋 + ϕ95mm 套管 × 1 根 + ϕ95mm 球式浮箍 + ϕ95mm 套管 × 1 根 + ϕ95mm 弹簧浮箍 + ϕ108mm 碰压座 + ϕ108mm 直连套管 + 膨胀式尾管悬挂器 + 变螺纹转换接头 + 钻杆至井口。

循环洗井脱气后上提管柱至悬重 300kN，正转 15 圈倒扣，试提管柱 0.7m，此时悬重 280kN，判断倒扣成功，继续上提管柱至悬重 330kN 后开始固井施工。正替前置液 5m³，正替固井水泥浆 2.8m³，投入钻杆胶塞，挤注顶替液 8.9m³ 后碰压，继续升压至 24.8MPa，上提管柱 2.6m 悬挂器丢手，压力突降至 3MPa，完成悬挂器坐挂，正循环洗出多余水泥浆后候凝，施工结束。

该井在原内径 ϕ124.26mm 套管内下入 ϕ114mm 悬挂器底带 ϕ108mm 直连套管及附件实现二次完井，完井后使用 ϕ90mm 通井规通井无异常，套管试压 15MPa 合格，RBT 固井质量评价结果显示环空水泥胶结良好。随后实施补孔及二氧化碳吞吐作业，均顺利施工，未见漏失及出砂。

（3）结论与认识。

①针对定向井开发过程中的井筒问题，提出了小套管二次完井技术，配套形成了高效打通道、液压滚珠整形、漏失层暂堵及小套管固井等关键技术，为油田老井井筒重塑提供了一种全新的技术解决方案。

②现场应用表明，定向井小套管二次完井后，井筒条件能够满足油藏井网重构、逐层上返的开发需求。

③膨胀式尾管悬挂器悬挂直连套管二次完井在定向井上实施在国内尚属首次，为同类型油藏定向井实施精细挖潜提供了技术支撑。

13.1.2 水平井大通径套中固套

近年来水平井套中套井筒再造重复压裂已成为北美主流重复压裂工艺，Haynesville、Eagle Ford 气田累计实施 190 井次，以 ϕ88.9mm 套管固井为主。国内在西南地区页岩气开展了水平井 ϕ88.9mm 套管套中固套研究与试验。为实现 ϕ139.7mm 套管内井筒通径最大化的目标、提升水平井重复压裂改造效果，在长庆油田先后开展了"ϕ88.9mm 全井筒、ϕ101.6mm 可回接悬挂、ϕ114.3mm 悬挂、ϕ114.3mm 全井筒、ϕ114.3mm 可回接悬挂"等多种套管尺寸、多种方式的水平井套中固套技术攻关[2]，不断攻克大尺寸套管入井、上部套管保护、窄间隙固井、大通径回接等瓶颈技术难题，基本形成了 ϕ114.3mm 大通径可回接套中固套技术[2]。

13.1.2.1 技术难点

受套管下入难度大、窄间隙固井质量差等因素影响，国内外尚未在 ϕ139.7mm 套管水平井内开展 ϕ114.3mm 套中固套井筒重构，主要面临以下难题：

（1）地层漏失严重，影响固井水泥返高。超低渗透油藏属于典型的低压低渗透油藏，长期注采开发不见效，水平井地层压力保持水平 60%~85%。若直接下套管和固井，固井水泥大部分会通过初次压裂裂缝漏失进入地层，影响固井水泥正常返高，另外由于气油比达到 115.7m³/t，在起下钻和固井过程中经常伴有气体返出，影响固井质量。

（2）窄间隙固井保障难度大。在 ϕ139.7mm 老套管内下 ϕ114.3mm 无接箍套管，单边间隙小于 5.0mm，且封固段长达到 1500m 以上，水泥固井材料流动性差，在窄间隙上返过程阻力大，极易压漏地层，进一步影响固井质量。

（3）管柱承压及回插密封要求高。井筒重构后需进行精细分段大规模体积压裂，水平段分段多、压裂持续时间长，平均单井约 20 段，使用压裂液 30000m³，加砂约 3000m³，地层破裂压力达到 50MPa 左右，且承受高低压变化载荷，因此对套管和回接管的密封性能提出了极高要求。

13.1.2.2 工艺原理

水平井大通径可回接套中固套在完成尾管固井后，可在压裂前下入 ϕ114.3mm 套管回接至井口，在压裂期间保护上部直井段老套管，投产后再起出 ϕ114.3mm 套管，由此获得更大的通径，有利于后期的采油。其工艺管柱主要由滚子引鞋、循环短节、浮箍、碰压座、无接箍套管、可回接丢手式悬挂器以及回接插头、无接箍套管组成，如图 13.1.2 所示。主要的施工工序包括井筒处理、地层补能和降漏、下套管固井、回接完井等。

（1）井筒处理。

老井经过前期的压裂和开采后，老井筒的完整性受到一定影响，储层的能量亏空严重，承压能力低。为确保固井作业能够顺利施工，必须采用通井工具通井，储层在 15MPa 压力下吸水量小于 100L/min。首先，原井筒采用 ϕ118.0mm 通井规或磨鞋通至人工井底，再采用套管刮管器清理老井套管壁；然后，模拟下套管后替入金属减阻剂，确保完井管柱能通过。

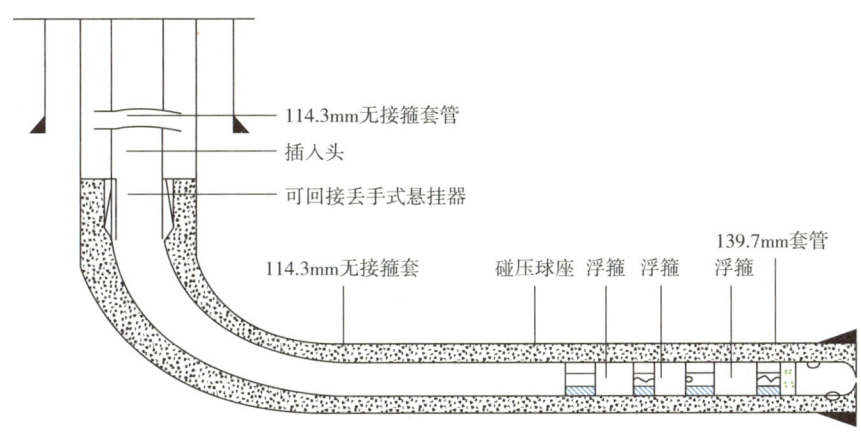

图 13.1.2　水平井大通径套中固套示意图

（2）地层补能和降漏。

为满足下入 ϕ114.3mm 套管后的固井要求，需对原井筒进行回注增能和降漏处理。为提高油水渗吸置换效率，在补能液中加入石油磺酸盐类驱油剂，优化质量浓度为 3.0kg/m^3。采用多级滑套不动管柱分段补能，每段内包含 2~3 个初次压裂改造段，为促使各段均匀进液，每段补能过程中加入 2~3 级组合颗粒暂堵剂进行缝口暂堵，完成补能后闷井 14 天，促进地层能量进一步扩散和油水渗吸置换。在压前补能的基础上，下入补能钻具至跟部射孔段上部，注入弱凝胶降低储层孔隙漏失，注入强凝胶封堵填充初次压裂人工裂缝，过顶替井筒不留塞，关井候凝，弱凝胶和强凝胶成胶可对储层孔隙及裂缝形成良好封堵屏障，如图 13.1.3 所示。

（3）下套管固井。

根据窄间隙固井技术需求，综合考虑黏度、密度、固化时间、抗压强度等因素，采用低黏高强度树脂固化剂。该树脂材料初始黏度 70mPa·s，密度 1.05~1.20g/cm^3，固化时

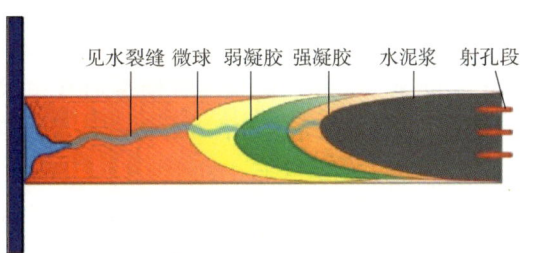

图 13.1.3　复合多段凝胶堵漏示意图

间 2~10h，抗压强度达到了 100MPa，如图 13.1.4 和图 13.1.5 所示。

图 13.1.4　固化后的树脂样品

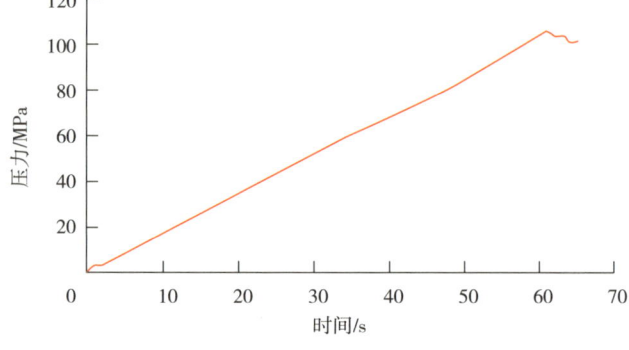

图 13.1.5　树脂抗压测试曲线

在施工过程中，通过 ϕ73mm 钻杆将完井管柱送入井下设计位置，循环正常后，按设计量注入树脂，投入钻杆胶塞，小排量泵送钻杆胶塞，与空心胶塞复合后下行至碰压座完成固井顶替，上提管柱循环，充分清洗悬挂器顶部多余树脂，关井候凝后，下入 ϕ90mm 磨鞋+螺杆通井处理 ϕ114.3mm 井筒再造段至人工井底。

（4）回接完井。

插入管采用多道密封件（图 13.1.6），回插进入可回接式悬挂器的回接筒，回接上部套管，形成整个 ϕ114.3mm 套管柱的有效密封，实现井筒重构，满足后期压裂施工要求。

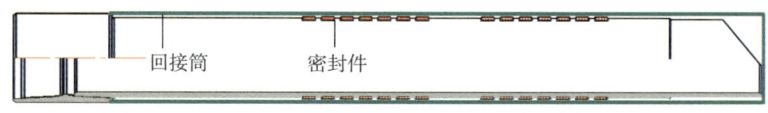

图 13.1.6　回插密封图

13.1.2.3　典型案例

采用可回接丢手悬挂器悬挂 ϕ114.3mm 直连型套管，实现 ϕ139.7mm 套管水平井完井管串下入、固井、回接等，完成了套中固套井筒重构，满足了后续重复压裂挖掘剩余油的开发需求。以 XP231-48 井为例简要介绍该技术的应用情况。

（1）基本情况。

XP231-48 井为一口水平井，油层套管内径 ϕ124.26mm，井深 ϕ3690m，水平段长 1530m，措施前因高含水关井。为提高单井产量和储量动用程度，对该井实施 ϕ114.3mm 大通径套中固套建立全新井筒，然后优选 16 段采用前置二氧化碳蓄能重复压裂。

（2）实施情况。

老井筒先后进行了 ϕ118mm×1.5m 通井规通井、补能降漏再通井、套管试压、ϕ114.3mm×30m 直连型套管模拟通井至设计深度。下刮削试压一体化管柱进行刮削，并对钻杆试压 30MPa，合格后上提管柱至悬挂器卡点深度，记录管柱悬重为 240kN。

下入完井管柱（自下而上）：ϕ118mm 引鞋+ϕ114.3mm 套管短节×1 根+ϕ114.3mm 浮箍+ϕ114.3mm 套管短节×1 根+ϕ114.3mm 浮箍+ϕ114.3mm 套管短节×1 根+ϕ114.3mm 浮箍+ϕ114.3mm 碰压座+ϕ114.3mm 直连套管+可回接丢手式悬挂器+变螺纹转换接头+钻杆至井口。

循环洗井脱气后上提管柱至悬重 230kN，正转 15 圈倒扣，试提管柱 1m，此时悬重 240kN，判断倒扣成功，下放管柱至悬重 140kN 后开始固井施工。正替前置液 4m³，正替固井树脂 8m³，投入钻杆胶塞，挤注顶替液 4.1m³ 后碰压，继续憋压至 30MPa，泄压后重新打压到 10MPa，上提管柱 2.3m 压力突降至 0，正循环洗出多余水树脂后起钻候凝，固井结束。候凝结束后，下 φ90mm 磨鞋及 φ90mm 通井规通井洗井后，下回接管柱试压 55MPa，合格。

回接管柱（自下而上）：φ118mm 插入头 + φ114.3mm 直连套管 + φ114.3mm 双公直连套管短节 + 套管挂。

该井在原 φ124.26mm 套管内下入 φ118mm 可回接丢手式悬挂器底带 φ114.3mm 直连套管及附件实现井段部分再造，通过 φ118mm 插入头回接 φ114.3mm 直连套管后坐挂实现二次完井，完井后使用 φ90mm 通井规通井无异常，全管柱试压 55MPa 合格，回接密封完好。可回接丢手式悬挂器以下固井再造段固井质量评价结果显示环空树脂胶结良好，且每段重复压裂均顺利施工，未出现环空压力突然升高的情况。

（3）结论与认识。

①针对低渗透油区水平井的低产问题，提出了水平井大通径可回接二次完井技术，配套形成了综合补能、漏失层暂堵及可回接套中固套等关键技术，为油田老井实现大排量体积压裂提供了一种全新的技术解决方案。

②水平井套中固套由于环空尺寸的限制容易造成固井过程中憋堵压漏地层，导致固井质量达不到要求，提高地层承压能力及循环清洁井眼是提高固井质量的有效途径之一。

③ φ139.7mm 套管水平井大通径可回接套中固套，通过悬挂 φ114.3mm 直连套管二次完井，实施重复压裂在国内尚属试验阶段，为同类型油藏水平井实施精细挖潜提供了借鉴。

13.1.3　膨胀管井筒重构

相较于其他二次完井技术，利用膨胀管进行井筒重构，获得的新井筒内径更大，更有利于重复压裂施工，提高开采效果。

13.1.3.1　技术难点

（1）井筒内岩屑清洗不干净或部分井段存在套管缩径未处理畅通，导致膨胀管下入遇阻、遇卡。

（2）膨胀过程中发现膨胀锥、送入钻杆、油管密封不严导致难以建立膨胀压力。

（3）膨胀管膨胀启动压力过高，发生膨胀上提遇阻或不膨胀，存在卡钻具风险。

13.1.3.2　工艺原理

将膨胀管下入生产套管内，在井下通过液压或机械方法利用膨胀锥对膨胀管进行径向膨胀，使膨胀套管材料达到塑性屈服极限，产生永久的塑性变形，管外的橡胶或金属密封机构在挤压的作用下实现了生产套管与膨胀管之间的可靠密封，从而有效封隔原井筒的老射孔，形成新井筒（图 13.1.7）。其工艺管柱主要由膨胀管发射管、膨胀管（膨胀密封管和膨胀连接

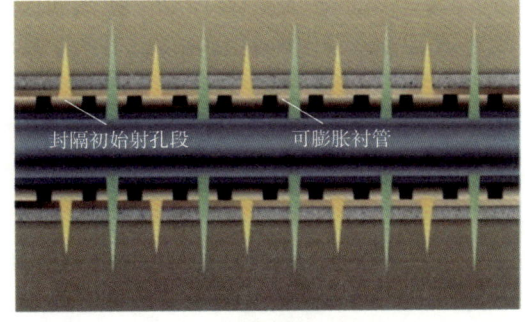

图 13.1.7　膨胀管井筒重构示意图

管组成)、膨胀管内油管、插接短节等组成。主要的施工工序包括井筒处理、测井、膨胀管模拟通井、下膨胀管和膨胀作业、井筒试压、钻磨底堵等。

ϕ88.9mm 膨胀管上扣扭矩 1000~1500N·m、螺纹抗拉强度大于 500kN、膨胀压力 30~35MPa，膨胀前、膨胀后的技术参数见表 13.1.3 和表 13.1.4。

表 13.1.3 ϕ88.9mm 膨胀管膨胀前技术参数

管体外径/mm	管体壁厚/mm	管体内径/mm	管体通径/mm	理论线重/(kg/m)	连接螺纹类型	发射腔外径/mm	发射器长度/mm	保护套胀前外径/mm
89	7	75	72	14.15	BTLH	99	450	92

表 13.1.4 ϕ88.9mm 膨胀管膨胀后技术参数

管体外径/mm	管体壁厚/mm	管体内径/mm	管体通径/mm	缩短率/%	膨胀率/%	抗内压（含螺纹）极限值/MPa	抗外压（含螺纹）极限值/MPa	保护套胀后外径/mm
99	6.8	85	83	2	13.30	75	45	101

13.1.3.3 典例案例

2023 年，中国石油在新疆油田实施了国内首口膨胀管井筒重构现场试验，水平段重构段长 1041m，标志着我国首口千米级膨胀管井筒重构水平井的诞生。

（1）基本情况。

该井设计井深 5194.51m，实钻井深 5152m，水平段长度 1100m。采用 ϕ127mm 套管（壁厚 11.1mm、钢级 BG110V/125V）固井完井，水平段固井质量优。由于作业前累计产油远低于预测产量，因此决定在该井原套管中下膨胀管，对原射孔簇有效封堵重建井筒完整性，进行重复压裂提高产量。其基本实施方案是在膨胀管管体布置膨胀管高压密封总成，对压裂射孔实施簇封，每簇射孔簇两端布置 1 组密封橡胶。

（2）施工过程。

①井筒处理。

经前期的压裂和开采，原井套管受到不同程度的影响，且水平段多个射孔井段存在漏失、出砂同层的现象。需采用洗井、冲砂、通井、打捞、刮削等修井作业对井筒进行处理，洗井后进出口液性能保持一致，井内无漏失，重构井段井眼清洁且不出砂，确保膨胀管能够顺利下入并膨胀施工。井筒准备期间，连续管通井多次遇阻，冲砂洗井返出砾石，最大直径 18mm，40 臂井径测试显示 5055m 之前井筒内径平均 104.38mm，井筒条件较好，频繁遇阻的原因为地层出砾石，采用 1.4g/cm³ 无固相压井液压稳地层后再未出砾石。

②井筒检测。

井筒通畅是膨胀管井筒重构安全施工的前提，因此需要检测判断套管变形情况及原射孔井段孔眼冲蚀情况。若发现井径变化较大，套管变形严重则需大修作业对套管进行修复处理或根据地质要求调整分段分簇设计和膨胀管补贴井段。使用 40 臂井径测量显示，该井 5070m 以下原射孔段有 3 处井径异常偏大，判断可能冲蚀严重、过度改造。因此该井决定对 3976.64~5017.2m 井段（总长度 1040.56m），分 5 段进行膨胀管补贴，有效封堵原 34 簇射孔簇，如图 13.1.8 所示。重构后井筒内径 ϕ85mm，耐压大于 75MPa。

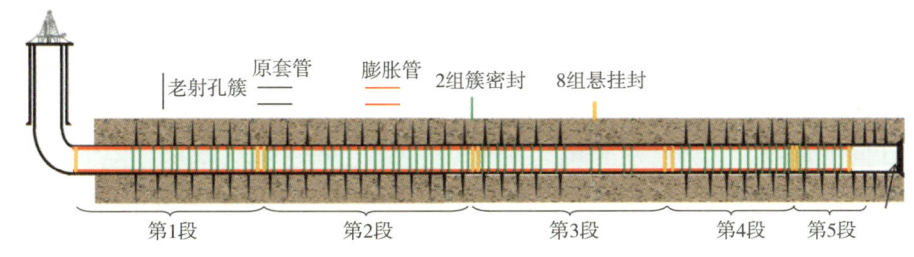

图 13.1.8 膨胀管井筒重构示意图

③膨胀管模拟通井。

膨胀补贴前下入小段膨胀管串,判断膨胀管下入可行性及密封胶圈磨损情况。若膨胀管下入较为困难,则使用高密度压井液压井,抑制地层出砂,提高压井液润滑性,降低膨胀管下入难度。记录好下入模拟膨胀管柱的速度、悬重等参数,起出模拟膨胀管柱后,观察并记录密封胶圈的破损情况。分析密封胶圈破损原因,并通过通井、刮削等工序消除造成密封橡胶磨损的因素,确保安全起下的同时密封胶圈的磨损可控。

先后下入 3 次 $\phi 89\sim 99$mm 的膨胀管进行模拟通井,第 1 次膨胀管长度 11.25m,通井至 5056.78mm,第 2 次、第 3 次膨胀管长度分别为 22.96m 和 34.22m,均通井至 5020mm。3 次模拟通井,均将无固相液调整漏斗黏度为 43s,密度为 1.40g/cm^3,循环洗井,限速提出井内全部模拟管柱。第 2 次模拟通井,膨胀管胶皮一只缺失、三只胶皮不同程度损坏。第 3 次模拟通井,补贴管胶皮也存在不同程度损坏。

④膨胀管下入与膨胀作业。

膨胀管补贴的施工工序主要包括膨胀外管柱下入、内管柱下入和管柱插接。外管柱包括膨胀管发射器和膨胀管,内管柱包括插接工具、$\phi 60.3$mm 油管,5 段膨胀管补贴井段的外管柱和内管柱组合见表 13.1.5。第 1 段作业是,采用吊车配合下入外管柱,$\phi 73$mm 钻杆下入内管柱,完成与膨胀锥的插接,继续将膨胀管下入至待膨胀施工井段,下管柱期间控制下入速度,观察下入悬重符合模拟通井时的参数;启动高压泵进行膨胀作业,排量 30L/min,膨胀压力 35~45MPa,限速带压逐根上提,完成管柱膨胀,起出膨胀锥。按照上述工序,依次完成第 2 点至第 5 段的膨胀管下入与膨胀作业。

表 13.1.5 膨胀管补贴井段(5 段)外管柱和内管柱组合

补贴井段	外管柱组合	内管柱组合
第 1 段 (5017.2~4942.71m)	$\phi 89$mm 膨胀发射管 + $\phi 89$mm 膨胀管,长度共计 74.49m	插接工具 0.35m + $\phi 60.3$mm 油管,长度共计 74.98m
第 2 段 (4945~4778.9m)	$\phi 89$mm 膨胀发射管 + $\phi 89$mm 膨胀管,长度共计 169.07m	插接工具 0.35m + $\phi 60.3$mm 油管,长度共计 171.54m
第 3 段 (4780.36~4483.25m)	$\phi 89$mm 膨胀发射管 + $\phi 89$mm 膨胀管,长度共计 303.26m	插接工具 0.35m + $\phi 60.3$mm 油管,长度共计 305.57m
第 4 段 (4483.25~4178.42m)	$\phi 89$mm 膨胀发射管 + $\phi 89$mm 膨胀管,长度共计 309.69m	插接工具 ×0.35m + $\phi 60.3$mm 油管,长度共计 313m
第 5 段 (4178.42~3976.9m)	$\phi 89$mm 膨胀发射管 + $\phi 89$mm 膨胀管,长度共计 204.64m	插接工具 ×0.35m + $\phi 60.3$mm 油管,长度共计 208.22m

⑤全井筒及钻磨底堵

分多段完成上述膨胀管补贴后,逐段关井试压,试压压力符合所下膨胀管膨胀后的承压能力及施工要求压力即可（稳压 30min，压降小于 0.5MPa）。采用连续管带 ϕ60mm 螺杆钻具和 ϕ78mm 磨鞋钻磨底堵，使重建井筒恢复畅通。

（3）结论及认识。

①在井筒准备时，使用修井液黏度达到 45s 以上，确保充分将水平段内的岩屑携带干净。下补贴管前的通井施工中，洗井作业时在修井液中应加入 3‰金属降阻剂，可达到下补贴管减小磨阻的效果。

②由于补贴管较长，补贴管本体外径为 ϕ89mm，密封胶皮外径为 ϕ99mm，在进入水平段时，密封胶皮外径较大，密封胶皮和水平段下端面进行摩擦缓慢下入，胶皮难免会有不同程度的损坏。

③该井的成功实施，填补了国内水平井膨胀管长段井筒重构技术空白，开创了水平井膨胀管井筒重构进行重复压裂的技术先河，标志着我国膨胀管井筒重构技术在非常规油藏水平井领域中取得了"新成效"。

13.2 可溶筛管完井

可溶材料与井下工具设计制造的有机结合是实现井下工具无干预作业、保证最优后续作业条件的有效途径，目前在水平井分段压裂改造领域已研发了可溶桥塞等系列产品并开展了现场应用，同时正在向修井等其他领域拓展，超深层高压气井可溶筛管完井具有代表性[3-5]。塔里木油田库车山前超深层裂缝型砂岩储层，具有埋藏深（超过 6000m）、地层压力高（105~136MPa）、气产量高（$20\times10^4m^3$）等特点，建井时具有井控风险高，需采用高密度压井液（1.68~2.20g/cm^3）平衡地层压力。为满足作业井况和工况，完井管柱兼具替液、改造、完井投产一体化功能。

13.2.1 技术难点

塔里木油田库车山前超深层完井的油管柱下深存在双重矛盾，具体表现如下：

（1）油管管鞋下深至射孔段中上部，射孔段下部的高密度压井液替不出来，造成井筒不清洁，给完井放喷求产时地面流程带来堵塞和刺漏的安全风险；

（2）油管管鞋下深至射孔段下部，因地层出砂，高压气体携带着地层砂会因油管柱的阻隔，长时间生产会发生沉积而堵塞井筒导致停产。D304 井因油管管鞋下深至射孔段底界以上 11.7m 处，地层出砂、流体流动方向受到阻隔造成井筒堵塞，A 环空压力与油压压差超过油管抗内压强度，使油管被挤扁，失去生产能力。同时，修井处理难度大，周期长。较长的修井工期使得产层长时间浸泡在加重钻井液中，将导致储层伤害严重，修井后产能恢复率低，严重影响气井的稳产及增产。

13.2.2 工艺原理

可溶筛管完井技术的核心是在产层段配置可溶筛管和丢手短节，以此来消除管鞋下深引起的替液不清洁和生产的矛盾。完井工艺管柱主要由引鞋丝堵、打孔筛管、可溶筛管、丢手短节、球座、完井封隔器、油管挂等组成（图 13.2.1）。下管柱、换装采油树、替液、坐封封隔器时可溶筛管可溶孔塞是完全密封的，可将可溶筛管作为油管使用，下深至射孔段底界，保证替液的井筒清洁。当需要储层改造、放喷求产时，管柱中注入酸液溶解可溶筛管上的镁铝合金孔，将可溶筛管变成有规律布孔的筛管，提供井筒液体的流动通道。同时在可溶筛管之间设计一个丢手短节，后期修井时丢手短节通过压力剪切销钉，可实现分段打捞，降低打捞难度和缩短打捞周期[4]。其施工工序主要包括下完井管柱，利用打孔筛管反循环替换出井筒以及油管内部的高密度钻井液，封隔器坐封，注酸或利用改造酸液溶掉可溶孔塞。

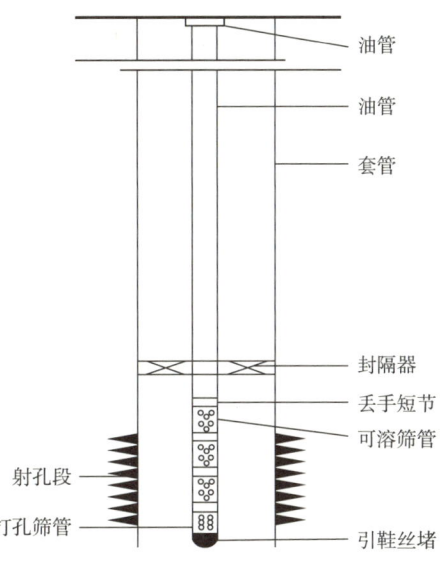

图 13.2.1　可溶筛管完井管柱

（1）可溶筛管。

可溶筛管（图 13.2.2）包括筛管管体、可溶孔塞。筛管管体超级 13Cr 油管，管体上钻取密封型螺纹孔。可溶孔塞采用酸溶材料加工而成，安装在螺纹孔中，其上安装耐高温密封件与可溶筛管管体实现密封，可溶筛管的孔塞抗内压可达 17MPa。可溶孔塞在酸液中，温度超过 110℃时，30min 内能够完全溶解，溶解前后对比如图 13.2.3 所示[5]。

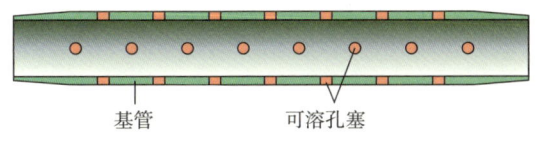

图 13.2.2　可溶筛管

溶解前

溶解后

图 13.2.3　可溶孔塞溶解前后对比

（2）提拉式丢手短节。

为避免可溶筛管后期砂埋造成修井打捞困难，设计了直联型提拉式丢手短节，在后期修井作业起管柱遇卡时，可将直联型提拉式丢手接头提开，然后采用套铣打捞一体化技术分段打捞出尾管。丢手短节结构如图 13.2.4 所示，外径 ϕ88.9mm，内径 ϕ70.0mm，总长 1.96m。可根据下入井下深度所挂筛管的悬重及安全系数，设计和调整脱手销钉的数量。

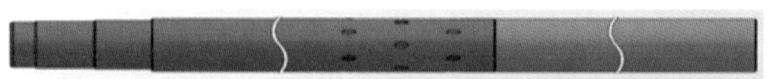

图 13.2.4 直联型提拉式丢手接头

13.2.3 现场应用对比分析

下面对常规管柱完井与可溶筛管完井的现场应用进行对比分析。

（1）常规完井管柱。

KS-A 井设计两个射孔段（分别为 7586.00~7651.00m 和 7480.00~7580.00m），如图 13.2.5 所示。下 ϕ139.7mmCHAMP 封隔器四阀一封测试管柱至井深 7066.30m 对 7586.00~7651.00m 进行酸压测试求产，油压 91MPa，套压 32MPa，日产气 $33 \times 10^4 m^3$；然后下入完井管柱，进行笼统改造，改造后油压 60MPa，日产气 $17 \times 10^4 m^3$。

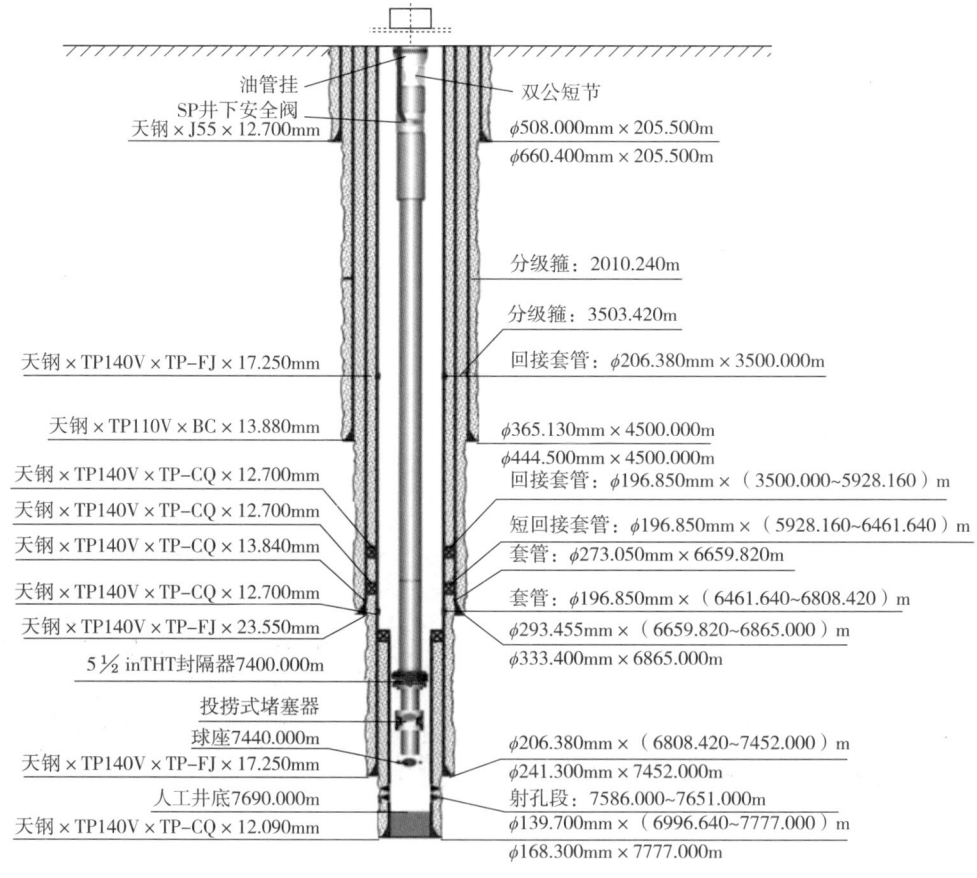

图 13.2.5 KS-A 井常规完井管柱图

分析认为，完井投产管柱管鞋下深 7361.39m，距射孔顶界（7480.00m）118.61m，距离下部射孔段底界（7651.00m）289.61m，故封隔器坐封后，管鞋以下仍有 289.61m 的高密度钻井液垫，在下完井管柱过程中，经过 8 天井底高温沉淀，形成钻井液段塞，导致下部井段放喷过程中井底阻力大，且酸压沟通下部储层困难。因此，该井下部层段流体通道被严重堵塞，气井产量低。若完井管柱下至射孔段底部，虽然可以实现完全替液，但又会由于出砂、结垢严重，射孔段管柱经常被埋卡，油压波动严重，影响稳产，并会延长大修工期。

（2）可溶筛管完井管柱。

2019年可溶筛管首次在塔里木油田NA-A井大修作业中应用，该井由于钻井过程中井下情况复杂，事故完井，完井后井筒内被2.34g/cm³高密度钻井液长期浸泡，地层压力106.2MPa，地层温度136.1℃。修井采用密度1.80g/cm³油基修井液，修井后下入ϕ88.9mm×4.39m可溶筛管10根，完井管柱结构如图13.2.6所示。下完井管柱期间，钻井液静置5天。修井作业完成后，放喷求产成功，采用8mm油嘴生产，油压57MPa，日产气$48.60×10^4$m³，日产油46.66t，产能恢复率达到89%。相对于同区域其他井修井情况，该井的产能恢复率大幅提高，说明可溶筛管二次完井工艺能够实现全井筒替液，避免替液不彻底造成的储层伤害。

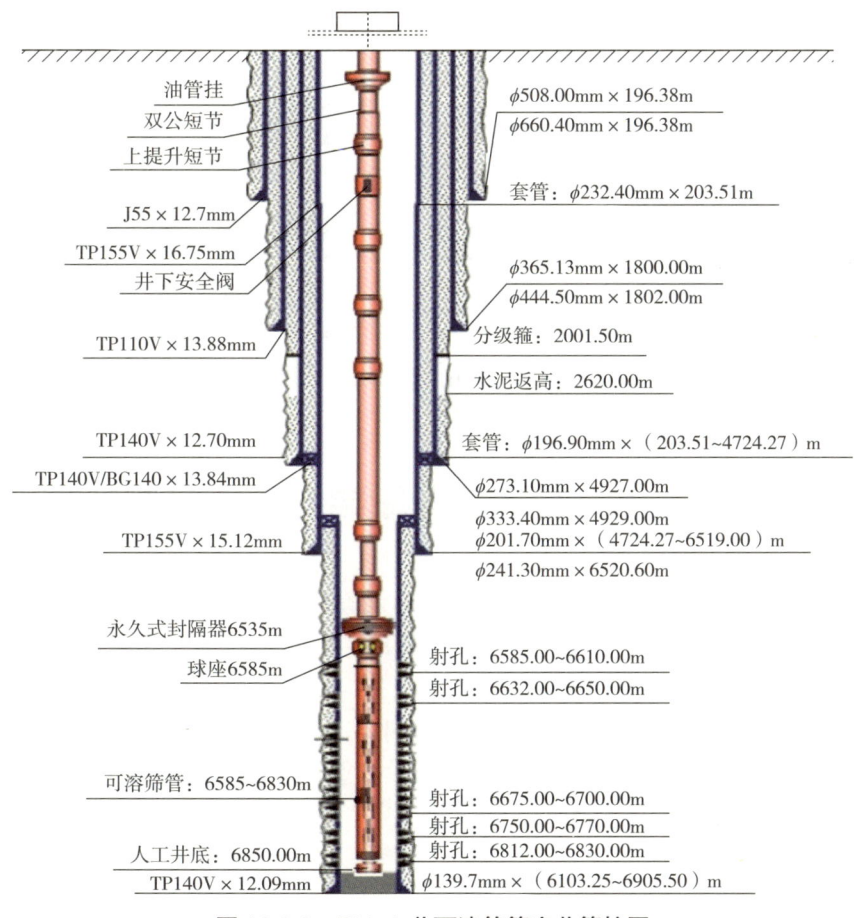

图13.2.6 DN-A井可溶筛管完井管柱图

如图13.2.7所示，可溶筛管现场5口井的应用表明，该技术能缩短大修工期，工期缩短了1/3，获得良好的清洁完井效果，提高了大修后产能恢复率。常规管柱大修后平均产能恢复率为78.17%，可溶筛管大修后平均产能恢复率为211.58%（图13.2.8），提高了1.71倍，配合改造工艺后无阻流量平均恢复率可达276.00%。

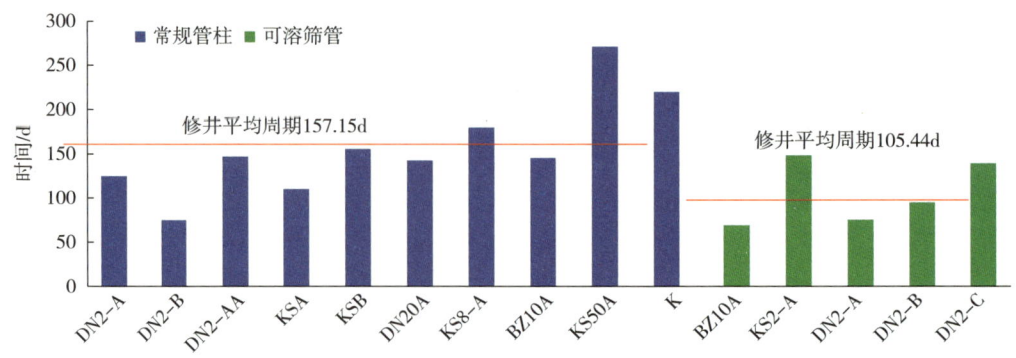

图 13.2.7　库车山前修井周期

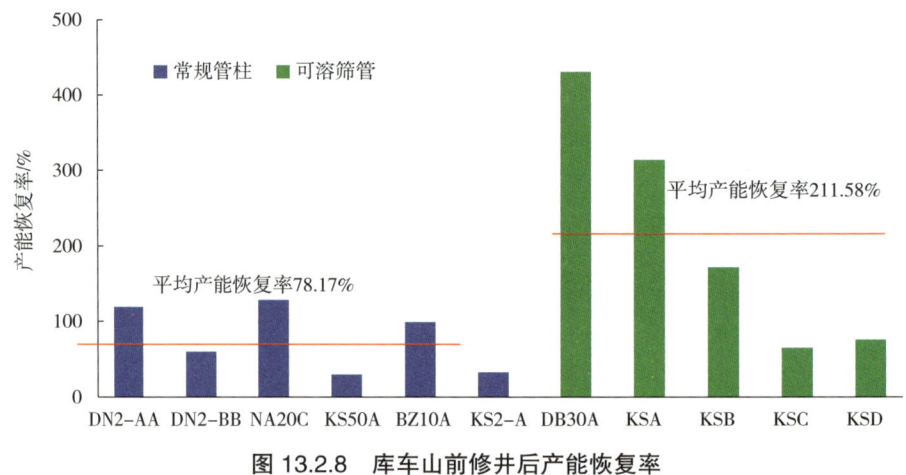

图 13.2.8　库车山前修井后产能恢复率

13.3　小井眼裸眼分段完井与压裂技术

裸眼分段完井与压裂技术采用压裂生产一体化管柱,具有一次入井多段改造,无需下套管固井、射孔等作业,完井成本低,可避免储层二次伤害且建井周期短等优势,能实现选择性分段压裂,扩大水平井水平段的渗流面积和沟通更多的含气砂体,已成为低压、低渗透油气藏开发的重要增产措施。常规水平井裸眼分段完井与压裂技术已是一项成熟技术,但对于侧钻小井眼水平井,由于侧钻井眼尺寸过小,老套管侧钻偏磨,给裸眼封隔器完井工具的下入、坐挂和回接带来较大的风险[6-7]。

13.3.1　技术难点

相对于常规裸眼封隔器分段完井,侧钻小井眼水平井裸眼封隔器分段完井面临以下技术难点:

(1)井眼小、环空间隙小、工具下入难度大。苏里格气田采用 ϕ118mm 钻头在 ϕ139.7mm 套管内开窗侧钻小井眼水平井,工具外径 ϕ110mm,环空间隙不到 4mm,同时由于完井管柱工具较多，给完井管柱的下入带来了很大难度。例如，在第 1 口井现场试验时，第 1 次下入遇阻导致完井管柱下入失败，第 2 次入井成功后压差滑套却被意外打开。

（2）受老套管腐蚀变形和侧钻偏磨等因素的影响，悬挂封隔器坐封的居中度难以保证，给上部回接管柱的对接带来加大风险。

（3）对于老井侧钻，由于地层压力、岩石应力等地质特性发生了变化，地层可能出现压力异常，对地层压力的预测难以掌握，给悬挂封隔器的坐封、丢手和验封增加了风险。

13.3.2 工艺原理

如图 13.3.1 所示，小井眼开窗侧钻水平井裸眼分段完井与压裂管柱包括下部完井管柱和上部回接管柱。其中，下部完井管柱主要由悬挂封隔器、裸眼封隔器、投球滑套、压差滑套以及坐封球座等组成，上部回接管柱主要由密封插头、水力锚、反循环阀等组成。在辅助工具方面，包括刮管器、通井铣柱、通径规、投球器、捕球器、可溶球等。

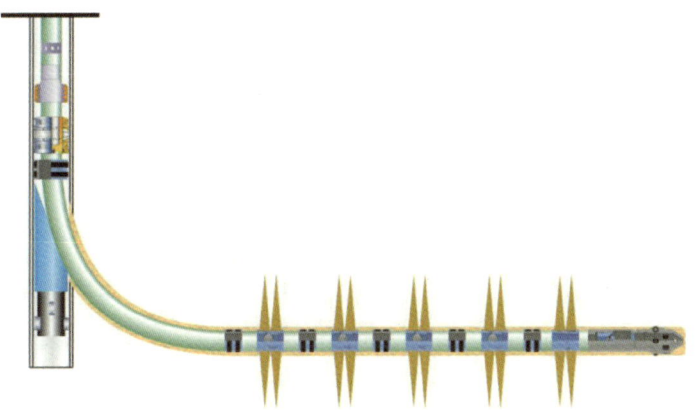

图 13.3.1　侧钻水平井裸眼分段压裂完井管柱示意图

基本工艺原理是使用裸眼封隔器将水平段封隔成多段，每段间的投球滑套内装有一个球座（球座内径自下而上依次增大），完井时用钻杆将完井管柱下至设计深度，投球至坐封球座，打压完成裸眼封隔器坐封，悬挂封隔器的坐封和丢手，起出送入钻杆，并用油管下入回接管柱。第 1 段压裂时通过打压开启压差滑套，进行加砂压裂，第 2 段及后续压裂通过投入对应的可溶球，依次打压开启各级投球滑套，逐段进行加砂压裂。

适用于 ϕ118mm 井眼的裸眼分段完井与压裂管柱的工具主要参数见表 13.3.1。

表 13.3.1　裸眼分段完井与压裂管柱工具参数

工具名称	外径 /mm	内径 /mm	启动压力 /MPa	耐温 /℃	耐压 /MPa
引鞋	112	—		150	45
浮箍	108	—		150	45
固定球座	108	26	14	150	45
压差滑套	108	52	35 ± 3	150	70
裸眼压裂封隔器	110	76	20	150	70

续表

工具名称	外径/mm	内径/mm	启动压力/MPa	耐温/℃	耐压/MPa
投球滑套	108	—	23±3	150	70
悬挂封隔器	116	76	20	150	70
插入头	118	76		150	70
反循环阀	112	76	20–23	150	70
水力锚	114	60		150	70

（1）悬挂封隔器。

悬挂封隔器（图13.3.2）是一种液压坐封坐挂永久式封隔器，主要作用是将尾管悬挂在上层套管内，并封隔下部裸眼层位。悬挂封隔器主要由送入、回接、密封、悬挂四部分组成，顶端设计密封回接筒结构，便于生产管柱的回接并通过密封插管实现密封。

图13.3.2　悬挂封隔器示意图

（2）裸眼压裂封隔器。

裸眼压裂封隔器（图13.3.3）主要用来对裸眼水平段进行封隔分段。通过管柱内憋压进行坐封，坐封后胶筒能承受上下70MPa压差，保证压裂施工过程中的有效封隔。

图13.3.3　裸眼压裂封隔器示意图

（3）投球滑套。

投球滑套（图13.3.4）是建立管柱内与地层连通的工具，下井时工具处于关闭状态，当投球时，球落于滑套内通过憋压剪断销钉，球坐下移打开压裂通道，建立与地层连通，工具内设置滑套防关闭装置，打开后无法关闭。

图13.3.4　投球式压裂滑套工具示意图

（4）压差滑套。

压差滑套（图13.3.5）与投球滑套一样是建立管柱内与地层连通的工具，处于管柱最下端，压裂时第一个开启。下井时工具处于关闭状态，通过管柱内憋压使滑套坐上下产生压差剪断销钉，球座下移打开压裂通道，建立与地层连通。

图13.3.5　压力开启式滑套工具示意图

（5）密封插头。

密封插头（图13.3.6）是一个锚定和密封装置，与回接密封筒配合密封，保证管柱密封性。密封插头的锁爪与回接密封筒锚牙咬合以锚定管柱，避免因井下温度、压力变化而导致管柱蠕动；插管后端超长密封段保证插管在温度及压力变化时仍能保持有效的密封。

图 13.3.6　插入头示意图

13.3.3　工程应用

小井眼裸眼分段完井与压裂技术在苏里格致密砂岩气藏小井眼侧钻水平井中进行了规模化应用，为老区挖潜提供了重要技术手段。在现场试验和应用过程中，针对完井管柱下入存在问题不断改进，技术水平日益提升，在苏里格气田先后创造了 ϕ118mm 侧钻水平井水平段最长（1200m）、下入段数最多（10段双封）等纪录。现场应用的主要改进如下：

（1）完井管柱结构不够合理。

初期完井管柱中引鞋的前端倒圆尺寸太小，当井眼存在较大的台阶，管柱工具就很难通过。加上引鞋与隔绝阀直接连接，长度达到 5.2m，整体刚性较大，增加了管柱通过的难度。

改进措施：加大引鞋前端的引导尺寸，前端采用大倒圆或大倒角的方式；同时在引鞋与隔绝阀之间增加 1~2 根油管以降低入井管柱的刚性。

（2）悬挂器坐封脱手问题。

裸眼封隔器和悬挂器坐封后继续加大井口压力以脱开悬挂器的送入工具。前端压差滑套的开启压力比悬挂器的脱手压力高 8MPa 左右，当管柱内外液体性质一致，且压差滑套处的地层无压力亏空时，8MPa 的压力空间可以保证悬挂器的脱手操作。但是，由于采用半替液法，即先用完井液正替钻井液，从环空上返至悬挂器处，进行裸眼封隔器和悬挂器的坐封和脱手，在回接管柱与悬挂器对接之前再将悬挂器之上的钻井液替换成完井液。

如图 13.3.7 所示，钻井液密度为 1.32g/cm³，完井液密度为 1.04g/cm³，管柱内外液体密度差为 −0.28g/cm³。悬挂器内外由液体密度差造成的压力差达 7.5MPa，因此，悬挂器实际脱手压力需要比设计值高 7.5MPa 才能保证脱手，使得压差滑套接近了开启压力，增大了意外打开压差滑套的可能性，如果压差滑套处的地层压力有亏空，则意外打开的风险更大。

改进措施：①将悬挂器的坐挂位置提高，由原来开窗点之上 150m 改为开窗点之上 200m，减小悬挂器内外由液体密度差造成的压力差，从而降低悬挂器的脱手压力，降低压差滑套意外开启的风险；②严格控制悬挂器脱手压力，如果压力接近压差滑套的开启压力仍不能脱手，则采取机械方法进行脱手。

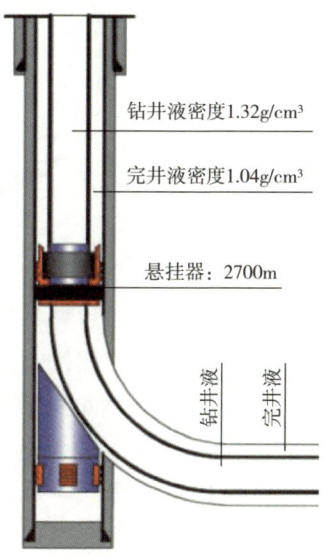

图 13.3.7　完井管柱内外密度差

（3）悬挂器的回接问题。

初期试验井采用的进口悬挂器，丢手方式具有液压、机械和投球三重保障，功能多就意味着结构更复杂，势必增加施工风险。该井在进行回接作业时不密封，不同角度转动管柱，进行了多次回插均不成功。第一次回接失败，起出回接管柱检查，回插管下端有严重的错口损伤。由于回接筒上端面有三个开口键槽，从回插管端部的损伤划痕判断，错口损伤应该是由于回插管与回接筒不对中，回插管偏向了回接筒的一侧，卡进了回接筒的键槽里，被键槽剪切错裂而成。回插管损伤划痕的纵向深度和内外划痕的周向距离与回接筒键槽的深度和宽带一致，从而验证了上述分析的正确性。

根据回插管的损伤变形情况来看，回接筒的上端口也会发生相应的变形。为了探究回接筒上端口的变形情况和不影响二次回插作业，进行了回接筒的取印整形作业。

从取印结果可见，取印锥面上有一个几乎整圈的压痕和一处尖锐压痕。悬挂器回接筒的内径正常为 $\phi 92.14mm$，倒角大端直径为 $\phi 95.58mm$，取印锥面上几乎整圈的压痕直径为 $\phi 94mm$，应该是回接筒倒角大端棱边压出的，受回接筒键槽尖角内翻变形的干扰，直径比 $\phi 95.58mm$ 稍小。取印锥面上尖锐压痕处的直径为 $\phi 89mm$，是回接筒键槽的尖角内翻变形压出的。分析原因如下所述。

①工具结构不合理。该悬挂器的回接筒外径较小（$\phi 104mm$），与 $\phi 124mm$ 套管的环空间隙较大。假定回接筒与套管绝对居中，如果回插管没有引导斜面，就不会卡进回接筒键槽，正是因为回插管加工了半边引导斜面，致使回插管可以顺利进入回接筒键槽，加上回插管和回接筒端口内外均设计有倒角或倒圆，使得回插管更容易卡进回接筒键槽（图 13.3.8）。

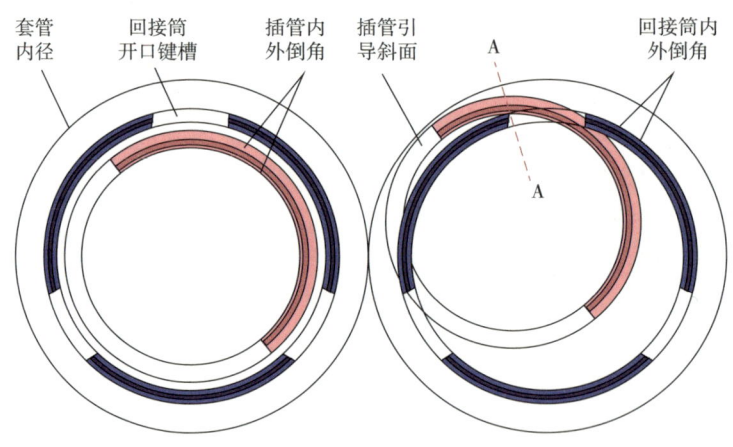

图 13.3.8　回插管与回接筒的位置关系

②回接筒上端与悬挂器的锚定点距离较远（2.7m），易导致回接筒上端偏心；回插管下端与回插管扶正部位距离也较远（2.8m），加上回插管为三段密封组合，管柱累计偏差较大，更容易导致回插管前端偏心，这也是造成回插管与回接筒不对中的因素，从而导致回插管卡进回接筒键槽。

③悬挂器坐挂位置为老套管，套管腐蚀较大，可能引起套管内径增大变形，套管经过侧钻后，出现偏磨现象，影响回接筒和回插管对套管的居中度。某试验井经过 2 次侧钻，套管偏磨可能非常严重，更不能保证回插管对中插入回接筒，造成第一次回接失败。

改进措施：①为了不影响二次回插，首先对回接筒上端口进行了修磨，恢复回接筒上端口的引导性能；②改变回插管引导结构，以保证二次回接的成功插入。将回插管的内径适当减小，就可以加大回插管的引导尺寸。因为压裂时通过的压裂球最大直径为 $\phi 60.3mm$，所以回插管的内径由 $\phi 76mm$ 减小至 $\phi 63mm$，内径减小了 13mm；外倒角小端直径就可以由 $\phi 83mm$ 减小至 $\phi 68mm$，显著改善了回插管的引导性能；同时去掉引导斜面，避免回插管再次卡进回接筒的键槽。经过修磨回接筒上端口和改进回插管结构，二次回接顺利插入，取得了精准的改进效果。

13.4 尾管固井完井

老井侧钻多采用尾管固井，为解决老区复杂/易漏地层尾管固井难题、提高尾管重叠段密封承压能力、实现简化井身结构等目的，近年来在小尺寸尾管固井完井取得了一些新突破。下面重点介绍内嵌式尾管悬挂器、封隔式尾管悬挂器、膨胀式尾管悬挂器等小尺寸新型尾管悬挂器以及筛管顶部尾管固井完井技术。

13.4.1 新型尾管悬挂器

针对老区老井侧钻尾管固井作业的特点，结合低渗透储层等侧钻后需要压裂改造的需求，侧钻井尾管固井需要解决以下主要问题：

（1）侧钻井在下套管及固井施工中，采用常规尾管悬挂器固井作业时，由于裸眼段井眼与套管间隙小，摩阻大，导致套管下入困难，大斜度段井眼曲率复杂，水平段循环顶替效率差，低边沉砂较多，水泥浆携砂能力强，悬挂器最小过流面积越小，循环压力越高，易形成砂卡，造成井下异常；同时由于上层套管为老井套管，在侧钻施工前进行过试采修井作业，套管完整性和井眼隐患不能完全预估，可能导致悬挂器在下入过程中提前坐挂或坐挂困难。

（2）老区经过多年开发，地层压力衰竭，侧钻后进行尾管固井时，往往存在低压漏失问题，水泥浆的漏失造成水泥浆返高不够，不能有效封固尾管顶部重叠段环空。当尾管重叠段封固质量不佳时，往往采用在重叠段挤水泥的补救措施，虽补救费较低但难以保证成功率。

（3）对于低渗透储层，侧钻后需要进行分段压裂改造，这就对尾管重叠段密封承压能力提出了更高要求（长庆油田侧钻井压裂一般施工压力在 36MPa 以上）。

13.4.1.1 内嵌式尾管悬挂器

老井侧钻尾管悬挂器要求能安全下入、稳定悬挂在上层套管内壁，并保证后期固井施工正常，其主要性能参数受额定载荷、过流面积、最大外径等因素影响。长庆老井侧钻使用的 $\phi 139.7mm \times \phi 88.9mm$ 常规尾管悬挂器设计额定载荷 300kN、最大外径 $\phi 117mm$，相同尺寸的内嵌式悬挂器设计额定载荷更大（380kN）、最大外径更小（$\phi 114mm$），更具优势[8]。

（1）结构及特点。

常规尾管悬挂器坐挂系统（图 13.4.1）包括液缸、连接杆、钳牙三个组件，采用销钉连接。通过液缸连接杆上推，卡瓦沿锥套直径方向扩张，咬紧在套管内壁，将尾管悬挂在上层套管内。这种结构的悬挂器在入井过程中，卡瓦容易受到瞬间外力的磕碰变形，或者导致销钉脱落，尤其在老井小井眼中，上层套管经多年开采后，管壁质量无法保证，即使前期进行了上层套管内壁修整，保证了通径的正常，但套管壁依旧存在一定程度上的破损。在井眼间隙小、套管质量差的井中，常规尾管悬挂器下入过程中易发生卡瓦与破损管壁的刮擦，可能导致卡瓦、连接杆、销钉的脱落，出现悬挂器提前坐挂或者组件掉落卡死管串；或是造成卡瓦、连接杆、液缸的变形，导致后期坐挂失败。

内嵌式尾管悬挂器的卡瓦与液缸连接部分采用无连杆结构（图13.4.2）。由于力臂变短，力矩变小，卡瓦牙应力分布更加均匀，减少了因连接杆断裂变形的安全风险。与液缸的连接使用轴连接固定方式，有效减小了卡瓦连接杆与液缸变形的可能，同时设计无销钉连接，减少了细小部件脱落造成的井下施工风险。卡瓦通过锥套侧面键槽向外扩张，卡瓦受力的过程，应力不会集中，从而防止卡瓦部分断裂，同时液缸与卡瓦连接部分有循环通道。

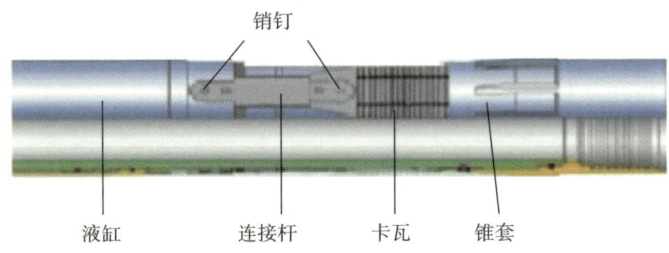

图13.4.1　常规尾管悬挂器坐挂系统

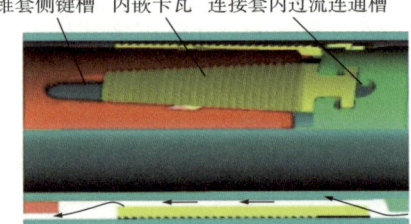

图13.4.2　内嵌式尾管悬挂器坐挂系统

（2）优势。

与常规尾管悬挂器相比，内嵌式尾管悬挂器在侧钻水平井中应用具有以下所述优势。

①降低小井眼窄间隙循环压力。

根据现场统计，在长庆区块的ϕ139.7mm侧钻井中，800L/min的循环排量下，循环压力范围为12~15MPa。下入套管前，充分循环井内钻井液，破坏井底钻井液凝胶结构，改善流变性，减小循环时可能带来的激动压力。由于悬挂器的瓶颈作用，导致开泵循环时，激动压力较大，循环压力偏高，其危险可能带来悬挂器提前坐挂，或者裸眼段井壁受激动压力和循环压力影响坍塌而导致砂卡。

以两口侧钻井为例，C19-004井使用ϕ139.7mm×ϕ88.9mm常规悬挂器进行作业，完钻井深1637m，ϕ88.9mm套管下深1631m，ϕ139.7mm套管开窗位置1097m，裸眼段长533m，悬挂器位置为895m，钻井液密度1.56g/cm^3，漏斗黏度45s，失水5mL，pH=9。C21-103井使用内嵌式尾管悬挂器，完钻井深1652m，ϕ88.9mm套管下深1646m，ϕ139.7mm套管开窗位置1056m，裸眼段长589m，悬挂器位置859m，钻井液密度1.57g/cm^3，漏斗黏度43s，失水5mL，pH=9。根据过流面积的对比，使用内嵌式卡瓦悬挂器可比常规悬挂器循环压力小2~4MPa，相同排量情况下可达到更高的顶替效率和更大的携砂通道，缩短循环时间及等停时间。

②有利于小井眼窄间隙套管顺利下入。

ϕ139.7mm侧钻井裸眼段井眼扩大率小，环空间隙不超过19mm。由于ϕ88.9mm油管抗拉强度低，遇阻解卡手段受限，如果使用常规悬挂器完井，则更难以解决下套管问题。相比常规悬挂器，内嵌式尾管悬挂器卡瓦隐藏在锥套内，下入过程不与井壁接触，不出现卡瓦受力导致坐挂的情况。遇阻时，内嵌式卡瓦悬挂器可以进行套管旋转解卡，操作手段更丰富；由于内嵌卡瓦悬挂器过流面积比更大，在遇阻遇卡循环时压差坐挂的可能性大大降低，上提下放更安全。

通过 C19-004 和 C21-103 井下套管对比，C21-103 井摩阻更大，悬重更轻，下入难度更大，但套管进入裸眼段后，由于环空最小间隙大，更利于在大摩阻段进行循环作业，环空激动压力变小，减少对井壁的损害，减少上提下放次数。C19-004 井下套管施工时间为 570min（其中裸眼段为 320min），C21-103 井下套管施工时间为 520min（其中裸眼段下为 280min），施工时间减少 8.78%，裸眼段施工时间减少 12.5%。

③提高固井施工效率。

套管下入完成后，进行悬挂施工和固井施工。常规尾管悬挂器需要进行中和点的精确计算，内嵌式尾管悬挂器的中和点计算保证在正负 50kN 即可，有效降低悬挂器现场施工人员操作难度和判断难度。

C21-103 井固井施工前以 500L/min 排量循环压力 5.6MPa，固井施工时压力变化为 2~11~22MPa。C19-004 井固井施工前以 500L/min 排量循环压力 6.9MPa，固井时施工压力变化为 3~13~23 MPa。由此可知，使用内嵌式尾管悬挂器的循环压力和施工压力都明显小于使用常规尾管悬挂器。内嵌式尾管悬挂器比常规尾管悬挂器坐挂后环空过流面积大 13%，这与固井时循环压力的变化基本成正比关系，表明内嵌式卡瓦尾管悬挂器在相同施工条件下，能获得更低的循环压力，减小了施工风险和难度。

13.4.1.2 封隔式尾管悬挂器

为了确保喇叭口密封能力、实现尾管串与上层老套管的彻底封隔、确保重叠段的固井质量，研制了 $\phi 139.7mm \times \phi 88.9mm$ 封隔式尾管悬挂器[9-10]，提高了重叠段（尤其是喇叭口）密封性能，可以满足侧钻井后期压裂施工的要求。

（1）结构及工作原理。

封隔式尾管悬挂器为悬挂器与封隔器一体式设计，主要由悬挂器总成、封隔器总成、密封总成、回接筒、送入工具等部件组成；其中：悬挂器为单液缸、单锥单排卡瓦、液压坐挂，封隔器在注完水泥后机械座封（永久性封隔，无法解除），送入工具由提升短节、防砂罩、座封挡块、倒扣总成及中心管组成。

侧钻完井时将封隔式尾管悬挂器及尾管串下入到位后，开始固井施工，替液碰压后憋压，由于胶塞在碰压行程中剪断内管的压力开启销钉，液体进入液缸内进行憋压胀封，在压力作用下，封隔器胶筒变形与井壁紧密接触形成密封，封隔尾管与上层套管的环形空间。控制胀封机构中有止退机构防止胶筒回缩，胶筒膨胀直到其外表面紧密作用在相应的井壁上，对井壁产生足够大的径向压力，实现安全坐封。

（2）主要技术参数。

$\phi 139.7 \times \phi 88.9$ 封隔式尾管悬挂器的主要参数见表 13.4.1。

表 13.4.1　$\phi 139.7 \times \phi 88.9$ 封隔式尾管悬挂器主要技术参数

额定负荷 /kN	封隔器密封能力 /MPa	本体最大外径 /mm	本体最小内径 /mm	回接筒长度 /mm
30	≥ 50	117	76	1500

（3）性能特点。

①下尾管过程中可循环，不受循环压力限制；

②具有注水泥前坐挂尾管、注水泥作业后立即封隔尾管与老套管环空两种功能；

③避免常规悬挂器，球座憋脱产生激动压力引起漏失及井眼坍塌等问题；

④配合专用挤水泥插头，反挤水泥不留水泥塞；

⑤可承受较大的正负压差（≥50MPa），即使重叠段固井质量不良，也能满足后续压裂施工的密封要求。

13.4.1.3 膨胀式尾管悬挂器

膨胀式尾管悬挂器是基于膨胀套管技术基础上发展起来的一种衍生产品，其主要原理是在井下利用液压和机械力的方式使钢管发生扩径变形，挤压钢管外的高性能橡胶和软金属材料，使其充分填充悬挂器与外层套管之间的环空，达到悬挂和密封的目的[11-13]。

（1）结构及工作原理。

膨胀式尾管悬挂器主要由送入丢手、膨胀管悬挂本体、钻杆胶塞、膨胀锥、空心胶塞、下接头及碰压环组成（图13.4.3）。其工艺管柱组合从上而下依次是钻杆串、膨胀式尾管悬挂器、尾管串、碰压环、浮箍、浮鞋。

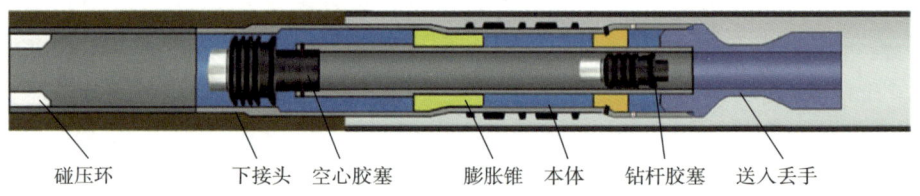

图 13.4.3　膨胀式尾管悬挂器结构原理

基本工作原理如图13.4.4所示，当膨胀式尾管悬挂器下入到悬挂位置（a），投钻杆胶塞，开始常规注水泥浆工艺（b）；钻杆胶塞在空心胶塞处碰压一起下行（c），在碰压环处碰压，完成注水泥施工（d）；压力继续上升，膨胀锥上行，挤压膨胀管内壁，使之膨胀变形贴合至上一级套管内壁上（d）；当悬挂器完全膨胀后，管内压力下降至零；上提钻具，循环出多余的水泥浆，试压，将钻具从井内提出，至此完成膨胀式尾管悬挂器施工（e）。

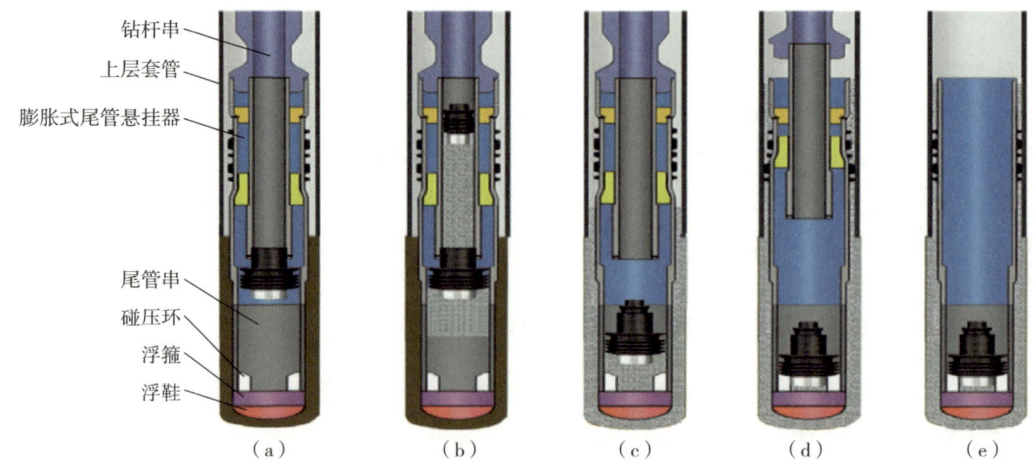

图 13.4.4　膨胀式尾管悬挂器工艺原理

(2）主要技术参数。

膨胀式尾管悬挂器的主要技术参数见表13.4.2。

表13.4.2 膨胀式尾管悬挂器的主要技术参数

技术参数	ϕ139.7mm×ϕ114.3mm	ϕ177.8mm×ϕ139.7mm	ϕ244.5mm×ϕ177.8mm
膨胀前外径 /mm	102	139.7	193
膨胀前内径 /mm	88.8	124.26	173
膨胀后外径 /mm	114	152	212
膨胀后内径 /mm	100.5	135.5	192
悬挂器长度 /m	3	3.5	4
悬挂力 /t	50	70	150
密封压力 /MPa	55	45	35

（3）性能特点。

①结构简单，坐挂后通径大。膨胀式尾管悬挂器采用一体式结构，坐挂完成后，结构简单，没有中心管、卡瓦等机构，有效提高悬挂器的整体强度，并且其坐挂后的内径大于配套使用的套管，大大提高了后期管内作业效率。例如，ϕ177.8mm 套管内悬挂 ϕ139.7mm 尾管的膨胀式尾管悬挂器，坐挂后内径可达 ϕ137mm，且最大可满足 ϕ152.4mm 套管的悬挂，而常规悬挂器在 ϕ177.8mm 套管内最大只能悬挂 ϕ127mm 套管，悬挂器内径仅为 ϕ108mm，无法满足大口径套管的悬挂。

②独特的悬挂及密封技术。在悬挂器本体上附加一层高性能橡胶和金属材料作为密封元件，悬挂器本体膨胀后密封元件在悬挂筒和外层套管之间形成水力密封，悬挂力由密封元件与管壁之间摩擦作用产生，起到密封和悬挂双重功能，而且悬挂力的大小可由密封元件的长度自行设定，密封压差可达 55MPa 以上，悬挂力可达 1500kN 以上。

③液压—机械相结合膨胀机构。液压—机械相结合的膨胀机构包括膨胀锥及辅助机构组成，采用液压与机械力相结合的膨胀方式，在膨胀过程中如果遇到压力异常情况，可以通过井口设备施加机械力的方式进行辅助膨胀来减小管内液压力，提高施工安全系数。

13.4.2 侧钻水平井半程固井

随着复杂结构性油藏的不断开发，对侧钻水平井完井技术的要求越来越高，要求在完井过程中既要满足油层防砂、分层开采要求，又要实现造斜段水层、气层的有效封堵，以达到井眼的充分利用。为此开展了侧钻水平井半程固井技术研究，该技术是将注水泥固井技术、管外封隔器加筛管完井技术有效地结合在一起的一项完井新技术[14-16]。

13.4.2.1 技术要点及难点

（1）完井管柱既要满足油层段防砂、分层开采的要求，又要能够在造斜段注水泥固井。

（2）油井投产前要充分解除油层段伤害，由于油层小，对工具、管柱要求更高，特别是分级箍段封隔器的顺利胀封。

（3）既要保证管柱能顺利下入，又要保证能实现注水泥工艺，对于侧钻水平井尤其是

ϕ139.7 mm套管开窗侧钻水平井，由于井眼直井小、完井工具内通径要求尽可能大，井下工具设计空间小，技术难度大。

13.4.2.2 工艺原理

侧钻水平井半程固井完井管柱包括悬挂器、分级箍、管外封隔器、盲板、筛管等，如图13.4.5所示。该技术的原理是用悬挂器将尾管悬挂于原主井眼上，通过小直径防砂筛管（或砾石充填）对油层裸眼井段支撑形成规则的油流通道并实现防砂目的；用多级管外封隔器对油层上部的造斜段进行卡封，实现油水层的隔离，防止层间干扰；对于多个生产层段可以用管外封隔器进行分隔。其施工工序主要包括管柱下入、坐挂尾管悬挂器、胀开管外封隔器、打开分级箍、循环钻井液、注入前置液和水泥浆、释放钻杆胶塞、替钻井液、碰压关闭分级箍、候凝、钻开固井胶塞和盲板。

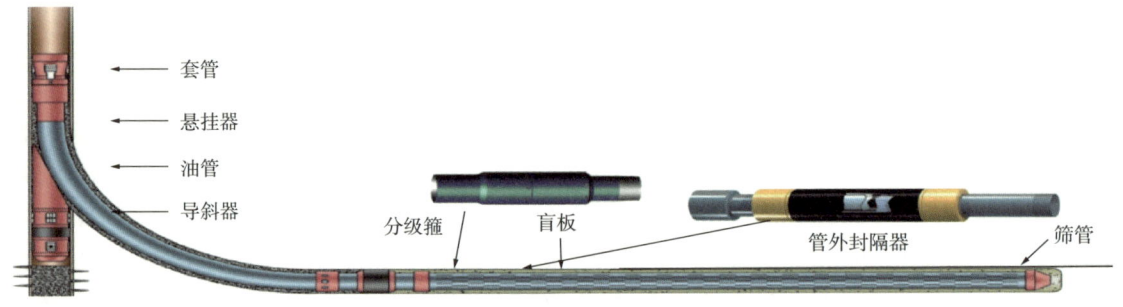

图13.4.5 侧钻水平井半程固井工艺管柱结构示意图

该完井工艺的优点如下：

（1）采用一次管柱实现完井管柱的下入、坐挂丢手、酸洗、胀封等工艺，可节省施工时间、节约成本；

（2）造斜段实施注水泥固井工艺，实现了对油藏顶部复杂层位的有效封堵，造斜段有油层时，可以进行射孔投产；

（3）油层段使用套管外封隔器，可以使不同层段得到有效分隔、卡封，能够满足分层开采需要；

（4）油层段下入筛管，不注水泥固井，减少了水泥浆对油层的伤害，达到了保护油层的目的。

13.4.2.3 典型案例

下面以S4-H104CH井为例，简要介绍该技术的应用情况。

（1）基本情况。

S4-H104CH原为一口小井眼水平井，ϕ139.7mm油层套管固井水泥返至地面射孔完井，井深1862.38m，钢级P110，壁厚9.17mm，内径121.36mm。因套管于1380m处严重缩径，1425m处错断砂埋停产。为了复产，使用ϕ118mm钻头侧钻水平井，水平段以上非油层段使用大通径无接箍套管注水泥封固复杂地层，防止水窜，有利于作业，水平段油层使用ϕ89mm筛管砾石充填加固防砂复合尾管完井，完井难度大。

（2）完井技术措施情况。

①完井管柱优化。

油层以上采用ϕ101.6mm无接箍套管（通径ϕ86mm、钢级N80、壁厚7.8mm）固井封隔复杂地层，油层水平段采用 ϕ88.9mm 精密筛管砾石充填防砂复合尾管完井。无接箍套管偏梯形扣螺纹直连强度极限 1515kN，水密封压力 50MPa。无接箍套管能减少摩阻，增大通径，利于固井封隔复杂地层，防止顶水下窜水淹油层。水平段油层选用 ϕ88.9mm 筛管（外径 ϕ108m、通径 ϕ76mm，挡砂精度 0.15mm），环空逆向充填砾石，粒径 0.425~0.86mm，加固筛管，构成一个坚固的高渗透防砂屏障。

②扩大裸眼井径。

实践证明，当居中度达到 67% 时，套管窄边间隙达到 19mm 以上，钻井液才易顶替，以确保固井质量。本井采用 ϕ101.6mm 无接箍套管，经计算得出满足优质固井顶替条件的井径应为 ϕ158.32mm，则本井选用 ϕ118mm×160mm 型扩孔器，将 1300~1700m 井段井眼由 ϕ118mm 扩至 ϕ160mm 以上，使理论上 8.2mm 环空间隙达到 19~25mm 或更大，孔径均匀光滑，利于大直径 ϕ101.6mm 无接箍套管下入，将小井眼侧钻水平井窄间隙的固井难题转化为宽间隙的常规固井问题。

③完井固井措施。

为了使尾管居中，每 3 根管安放 1 只弓弹性扶正器（外径 ϕ220mm，能通过最小井眼为 ϕ114mm），使尾管居中度达到 67% 以上，环空最小间隙达到 20~25mm，确保套管筛管周围形成均质的水泥环及填充砾石，防止层间窜通，加固筛管，有效防砂。

针对本井小井眼侧钻水平井井眼小、地下状态复杂等问题，采用低失水、流变性好、防窜防漏能力强的塑性水泥浆体系（G 级水泥 + 降失水剂 + NF 减阻 + 早强剂），密度为 1.87~1.89g/cm³，失水小于 50mL，增加套管及水泥环抗挤压外载强度。

为了防止尾管柱坐底弯曲损坏，采用卡瓦悬挂复合胶塞碰压的复合尾管固井技术作业，管柱下到位后坐挂，替钻井液时钻杆胶塞与套管胶塞复合，继续替钻井液使复合胶塞坐于尾管碰压座，压力升高二级碰压，减少混浆，提高固井质量。

循环注水泥孔采用固井二级碰压滑套关闭，防止水泥浆倒返导致管内留水泥塞、管外低返的固井事故，避免水泥环损坏后管内外窜通，地层砂水窜进入井筒内发生难以补救的事故。

为了防止水泥浆候凝"失重"引起的水泥环窜槽，可根据情况及条件分别采用循环、关井憋压等措施来平衡地层压力，防止地层流体侵入固井水泥环。本区为水驱采油，地层压力高，在固井多余的水泥浆洗出地面后，再循环 1~2h 后注入 1.60g/cm³ 高密度钻井液平衡候凝。

④砾石充填。

为了防砂，保护筛管，提高油井寿命，提高产量，在上部非油层无接箍套管固井完成钻通试插后，安装井口，下入充填管柱打开充填孔，清洗环空，再用压裂车高压泵入携带 0.4~0.8mm 砾石的充填液使砾石充填压实筛管环空，并挤入压裂地层，形成一个坚固的高渗透防砂砾石屏障，阻挡 0.15mm 的油层砂，上提管柱关闭充填器，反循环洗净筛管内的砾石。

该井完井管柱的下入、悬挂、碰压、关闭均一次成功，固井段 1245~1344m 声幅值低于 20%，封固优；过渡段 1344~1358m 声幅值 5%~45%，有水泥；1358m 以下油层不固井段声幅值 80%~90%，无水泥，质量合格；砾石充填量为筛管外环空体积的 2.3 倍，则扩散量为 1.3 倍，施工均一次成功，质量一次合格。投产后产量较停产前增加了 2.6 倍，含水由 60% 下降至 10%，检修泵 6 个月以上，未出现砂卡（停产前经常出现砂卡，不到 1 个月就得检修泵），防砂效果较好，封隔器能卡封到筛管顶部油层内，通径满足采油工艺及维护等作业的需要，效果良好。

（3）结论及认识。

① ϕ139.7mm 小井眼侧钻，悬挂 ϕ101.6mm 无接箍套管固井与 ϕ88.9mm 筛管砾石充填复合尾管完井具有可行性，达到了增大管径、加固筛管、精密防砂、提高产量、延长油井使用寿命的目的，为老油藏小井眼井复产开辟了一条新途径。

②优质合理的井身、井眼及完井液是小井眼侧钻水平井完井措施安全实施的必要条件，扩孔是增大环空间隙，提高顶替及充填率，增加水泥环厚度及承载能力的重要手段。

③尾管悬挂是避免尾管柱坐底弯曲损坏，延长油井寿命的有效措施；碰压、滑套式关闭固井工艺是提高质量、减少水泥环损坏、延长油井使用寿命的可靠保障。

④加压平衡候凝是防止水泥浆"失重"引起的水泥环窜槽的重要措施，塑性水泥能克服套管的热应力效应，增强套管、水泥环的抗内压承载能力。

参考文献

[1] 刘加旭，刘道杰. 定向井小套管二次完井及配套技术[J]. 石油钻采工艺，2022，44（6）：701-705.

[2] 王飞，慕立俊，陆红军，等. 长庆油田水平井套中套井筒再造体积重复压裂技术[J]. 石油钻采工艺，2023，45（1）：90-96.

[3] 魏波，彭永洪，熊茂县，等. 超深层高压气井可溶筛管清洁完井新工艺研究与应用[J]. 钻采工艺，2022，45（3）：61-66.

[4] 魏军会，景宏涛，谢英，等. 可溶筛管在塔里木油田高温高压气井中的应用[J]. 西南石油大学学报（自然科学版），2023，45（6）：125-134.

[5] 张洪宝，匡韶华，张宝，等. 克深 13 区块完井工艺评价与优化[J]. 石油钻采工艺，2020，42（1）：40-44.

[6] 张承武，王兴建，李文彬，等. 侧钻小井眼裸眼封隔器完井的技术改进[J]. 钻采工艺，2022，45（2）：78-83.

[7] 朱正喜，李永革. 苏里格气田水平井裸眼完井分段压裂技术研究[J]. 石油机械，2012，40（5）：74-77.

[8] 高果成. 内嵌卡瓦尾管悬挂器在老井侧钻中的优势综合分析[J]. 钻采工艺，2020，43（1）：77-80，12.

[9] 刘志雄，刘克强，胡久艳. 长庆油田套管开窗侧钻井小井眼窄间隙固井技术[J]. 复杂油气藏，2019，12（4）：68-70，88.

[10] 刘国祥，郭朝辉，孙文俊，等. 新型封隔式尾管悬挂器的研制及应用[J]. 石油钻采工艺，2014，36（5）：120-123.

[11] 张燕萍，杨毅，耿莉，等. 不同完井方式的膨胀式尾管悬挂器工具及应用[J]. 石油科技论坛，2017，36（S1）：53-57，193.

[12] 张煜，安克，唐明，等.2011.完井修井膨胀式尾管悬挂器的研制与应用[J].石油学报，32（2）：364-368.
[13] 田辉.稠油热采侧钻井完井新技术及应用[J].中国石油大学胜利学院学报，2021，35（1）：51-54.
[14] 李建强，李路宽，寇德超，等.侧钻水平井悬挂筛管顶部注水泥完井技术[J].石油钻采工艺，2007，29（z1）：25-27.
[15] 宋显民，张立民，李良川，等.水平井和侧钻水平井筛管顶部注水泥完井技术[J].石油学报，2007，28（1）：119-121，126.
[16] 胡锦川.曙4-H104CH侧钻小井眼水平井复合尾管完井实践[J].钻采工艺，2018，41（3）：102-103，106.

14 油气行业发展趋势与大修技术展望

能源转型是当今和未来很长一段时间世界的主旋律，又是一个复杂的过程。化石能源仍将长期是世界能源供应的主要来源，石油天然气的主体能源地位保持不变，预计到2050年石油天然气占比合计为54%。其中，天然气是发展最快的化石能源，在一次能源消费中的占比将从23%上升至27%，成长为世界第一大能源。随着技术进步，全球油气探明储量持续增加，资源潜力依然巨大，并且以非常规、深层/超深层、深水/超深水油气为主。在碳达峰碳中和的背景下，未来一段时期，油气资源开发将面临一系列新的形势，储气库建设的全面推进、CCUS业务的大力发展，这些都决定了以"确保井筒正常使用、提产提效"为主要任务的大修作业将面临许多新的技术挑战。因此，持续开展大修技术创新，加速技术迭代升级，才能在推动能源转型全产业链发展中更好的发挥技术支撑和保障作用。

14.1 油气行业发展趋势

14.1.1 全球油气行业发展趋势

2022年，全球油气勘探活动从低位恢复，石油剩余探明储量达 2406.9×10^8 t，天然气剩余探明储量达 211×10^{12} m³；全球油气产量持续增长，石油产量约 46.18×10^8 t，天然气产量达 4.17×10^{12} m³。全球能源正处在从化石能源向新能源发展的重大转换期，全球油气行业在能源结构中仍将占据重要地位，CCUS关注度持续提升[1]。

（1）重视油气业务在能源转型中的支柱地位。壳牌公司稳定油气业务投资，天然气业务领域投资增加17%。BP公司计划在2030年前每年增加油气业务投资 10×10^8 美元，将2030年的油气产量目标从 150×10^4 bbl/d 上调至 200×10^4 bbl/d。埃克森美孚公司和雪佛龙公司先后对先锋自然资源公司和赫斯公司进行收购，金额分别超过 600×10^8 美元和 530×10^8 美元。埃克森美孚公司计划到2027年在上游领域的盈利潜力比2019年水平提升1倍。

（2）全球CCS项目数量爆发式增长。能源领域是实现碳减排的主战场，石油工业低碳转型势在必行。CCUS技术能够将油气行业的发展与绿色转型相融合，实现大规模化石能源零排放利用，具有不可替代的重要作用。2023年11月，全球碳捕集与封存研究院发布的《全球碳捕集与封存现状2023》报告指出，全球二氧化碳捕集与封存项目数量已连续6年保持增长，截至2023年7月，全球各阶段商业CCS项目之和达392个，年总捕集规模达到 3.61×10^8 t。根据不同国际研究机构的预测，预计到2030年，CCUS技术在全球范围内的平均碳减排量为 4.9×10^8 t/a；到 2050 年，碳减排量将达到（27.9~76）$\times10^8$ t/a，平均碳减排量为 46.6×10^8 t/a。

14.1.2 国内油气行业发展趋势

中国能源自给率高，能源安全形势总体可控。2016 年中国能源自给率仅 78.4%，此后连续 6 年实现增长，到 2022 年能源自给率达 86.1%，能源安全短板主要集中在油气领域。2014 年，中国成为全球第一大石油进口国，2018 年对外依存度突破 70%，并维持至今。过去 20 年，中国石油产量增速（1.0%）明显低于消费量增速（5.8%）；2007 年，中国成为天然气净进口国，2018 年对外依存度突破 40%，并维持至今。天然气生产和消费均以两位数增长，但产量增速（10.2%）低于消费量增速（13.9%）。国内油气行业面临的挑战主要集中在以下几个方面：（1）油田生产面临"两低、两高"挑战。新增探明储量以低渗透、特低渗透、致密油储量为主，品位低、采收率低，采收率从 2010 年的 18.8% 下降到 2021 年 15%。已开发油田综合含水率高达 89.1%、可采储量采出程度高达 82.9%，进一步挖潜和稳产难度不断增大。（2）部分主力气田进入递减阶段，非常规气作为增产主体递减快。负荷因子连年保持高水平，部分气田提前见水，影响采收率和稳产年限，产量递减加大；新增产能以非常规气为主，新井产量初期递减大，基本无稳产期，为保持稳产上产，需要不断增加新井。（3）油气资源储备有待提升。①天然气储备能力严重不足。近年来，中国天然气行业迅速发展，天然气消费持续快速增长，在国家能源体系中重要性不断提高。与此同时，储气基础设施建设滞后、储备能力不足等问题凸显，成为制约天然气安全稳定供应和行业健康发展的突出短板。地下储气库工作气量约占天然气消费量的 5.2%，远低于欧美发达国家 15% 以上的水平。②石油储备弹性不足，虽然已建成超过 100 天净进口量的石油储备能力，但储备量仍然不足，储备空间分布不均衡、储备主体类别和储备方式单一，以地上储罐为主，地下水封洞库为辅，地上储罐建设成本高、占地面积大、安全风险高。

中国从世界能源大势与能源特殊性出发，开启中国"能源独立"长征路，提出"三步走"构想，制定了"三步走"战略技术路线图。2020—2035 年的目标为化石能源为主并提速新能源，预计 2035 年油气分别占比 15% 和 13%；2035—2050 年的目标为化石能源与新能源并重发展，预计 2050 年油气分别占比 18% 和 15%；2050—2100 年的目标为新能源生产消费占主体地位，化石能源与新能源二者地位转换，预计 2100 年新能源占 70%，化石能源占 30%。未来一段时期，释放"深、非、老"增储上产潜力、扩大油气储备能力、数智赋能、低碳发展是中国油气行业发展的显著趋势。

（1）新一代工程技术与装备将助力石油公司提高深地、非常规油气和老油气田寿命，释放"深、非、老"增储上产潜力。

中国深层超深层油气资源丰富，资源量达 671×10^8 t 油当量，占全国油气资源总量的 34%，目前 83% 的深地油气资源尚未开发。高效开发深层超深层油气资源是实现中国能源接替战略的重大需求，也是当前和未来油气勘探开发的重点和热点。近几年，我国先后钻探成功 LT1、TW1、PS6、GL3C 等一批标志性超深井，创造多项纪录，基本形成了陆上 8000m 级油气井的钻完井技术体系，助推超深井迈上 9000m 新台阶，很好地支撑了塔里木盆地、四川盆地海相碳酸盐岩、准噶尔盆地南缘等重要增储上产地区的勘探开发。2023

年，中国石油分别在塔里木盆地和四川盆地开钻深地 TK1 井和深地 CK1 井两口万米深井，设计垂深分别为 11100m 和 10520m，深地科探与油气预探挺进万米"无人区"[2-4]。国内现有已完钻井的最大井深已超过 9000m，地层压力最高达到 140MPa，关井压力最高达到 115MPa，地层温度最高达到 260℃。

中国非常规原油产量占总产量 10% 左右，非常规天然气产量占总产量 40% 左右，已成为石油稳产、天然气上产的重要领域，将成为重要的接替资源。水平井是非常规油气开发的核心技术之一，水平井段长度纪录近年来不断刷新。目前，页岩气井最长水平段长度达 4286m，页岩油井最长水平段长度达 5060m。

目前中国含水率超过 70% 的已开发老油田，约占剩余可采储量的 70%，同时约占产量的 70%，是原油生产的压舱石。仍需进一步攻关提高采收率技术，延长老油田寿命。

（2）开展地下储库规划，建立更多的地下空间储备设施，扩大油气储备能力。

地下储气库建设对完善我国天然气产业、保障国计民生、维护国家能源安全具有十分重要的意义。2010 年以后，中国天然气消费量年均增长率达 15%，2023 年达到 $3917 \times 10^8 m^3$。根据多方机构预测，2030 年和 2035 年天然气消费量将分别达到 $5500 \times 10^8 m^3$ 和 $6500 \times 10^8 m^3$。随着天然气消费量持续增长，天然气对外依存度不断攀升，将促进储气库由调峰转向战略储备。根据 IGU 经验，天然气对外依存度超过 45%，相对应储气库工作气量储备占消费量比例将达到或超过 20%，目前中国为 4.6%。根据国家能源局印发的《关于加快储气设施建设和完善储气调峰辅助服务市场机制的意见》，供气企业、城镇燃气、地方政府分别建成 10%、5%、1% 的储气能力[5]，我国储气设施建设规模将持续提升。

（3）数智赋能，建立系统化、智能化的风险管理和决策支持体系。

能源产业与数字技术融合发展是新时代推动中国能源产业基础高级化、产业链现代化的重要引擎。建立系统化、智能化的风险管理和决策支持体系是目前的第一要务。其中包括深化风险因素和影响机理研究，建立智能化监测预警平台，构建完整的风险"识别—评价—预警—应对—提升"决策支持系统；兼顾生产运行层面的短期风险评估，以及战略规划层面的中长期风险评估，提前规划、超前布局；推动全产业链数字化智能化转型，实现安全、效率双提升。

（4）大力发展 CCUS 产业链，融入中国新型能源体系的发展大局。

据《中国二氧化碳捕集利用与封存年度报告 2023》，中国理论二氧化碳地质封存容量约为 $(1.21~4.13) \times 10^{12} t$，主要包括咸水层、油气田等地质构造。中国已探明油田可封存二氧化碳约 $200 \times 10^8 t$，其中适宜封存的油藏容量约 $50 \times 10^8 t$；已探明气藏最终可封存二氧化碳约 $150 \times 10^8 t$；深部咸水层的封存容量为 $(0.16~2.42) \times 10^{12} t$，塔里木盆地、鄂尔多斯盆地、松辽盆地、渤海湾盆地、珠江口盆地等大中型沉积盆地，封存容量较大，封存条件相对较好。预计到 2050 年 CCS/CCUS 实现的碳减排量约为 $10 \times 10^8 t/a$ [6]。

14.2　大修技术发展展望

紧跟未来油气行业发展趋势，大修技术作为油气勘探开发和石油工程技术链上重要的一环，未来将在提高作业效率和能力、提高单井产量和采收率、降低综合作业成本等方向不断发力。在数字化转型、智能化发展新阶段，大修技术也需要不断强化自身建设。同时谋划能源低碳转型发展"全产业链"中，大修技术如何进一步拓展应用也成为下步发展的重要方向。

14.2.1 油气领域大修技术发展方向

14.2.1.1 修井装备

（1）修井作业机朝着自动化、智能化、快速高效、超重载荷等方向发展[7]：①集合现代机械设备、数据分析技术、监控仪表，由此构建一个标准系统。②机械作业取代人工作业，依托计算机达成各部位信息共享和整合，促进修井装备智能化操作目标的实现，并通过模块化设计的应用，能够提升运移速度，使装卸操作简单化，提升作业效能，降低作业成本，提高安全性能。③以满足万米特深井修井需求为目标，完善一体化高效移运、大功率轻量化绞车、大功率动力井车、大载荷桅杆式井架等技术，配备动力猫道、防喷器移送装置等自动化设备，转场拆安速度快，设备集成度高，劳动强度小，作业经济高效。

（2）带压作业机主要发展方向：①高可靠性及高安全性。液压控制系统的液压阀件中使用的阀件故障比较多，升降油缸的速度比较慢，应进行优化。为了使作业安全进行，应在卡瓦组控制系统安装互锁装置，还应具有远程控制的作用，与监控系统结合起来实现对重要部件的情况的监控，可避免产生问题影响其性能。②智能化及自动化。带压作业装置与检测技术结合，满足对防喷器、油管接箍位置等检测，通过对各部分的准确检测，及时发现问题并进行处理；还可将检测的参数传送到可编程序控制器（PLC）系统中，在显示屏上显示，操作人员可结合实际情况来对施工参数进行设置，提升控制工作效率。通过对系统的自动化控制，计算机可接收输入后开展自动计算，并且产生施工关键参数的列表，结合带压作业机各项功能进行施工参数的调整[8]。

（3）连续管作业机主要发展方向：①针对连续管大修作业技术瓶颈，突破大管径、长水平段等大修作业所需的核心装备和工具。②连续管修井装备全流程自动化，维护和安防智能化，地面设备联动，作业过程一键控制，实现轻松作业；连续管井下测量及可视化，井下信息实时监测，施工操作直观指导，作业效果及时判断，实现可靠作业；作业效果实时反馈，作业方案动态优化，地面地下智能化闭环调控，实现精准作业[9]。

14.2.1.2 井筒完整性检测

精准的井筒完整性检测和评价将为提升大修作业效率和成功率提供可靠依据，目前正朝着高效率、高精度、可视化等方向不断发展[10]。

（1）完善组合测井。对于一些井况复杂、疑难井，单一的测井方法难以准确描述井下管柱状况。根据漏失表现、井筒结构，合理选择组合测井方式，能够更精准地进行井筒完整性评价。例如，MIT+MTT 测井仪可以进行定量测井，但无法准确评价管柱结垢缩径和临界状态下的腐蚀穿孔情况。井下电视成像测井仪能直观判断井下管柱情况，实现套管损伤检测、辅助打捞确定鱼头位置和形状、井下作业质量评价等目的，但不能定量判定井筒腐蚀、结垢等情况。将两者结合起来，可以清晰、准确地定量评价管柱的结垢和穿孔情况，同时可以直观地观察管柱在井下的损伤形态，起到相互补充、相互验证的作用。

（2）研究井下成像与电磁探伤复合测井。利用高温高清镜头、高亮度光源、强电磁感应,地面定量定性实时直观察看井筒情况。修井液可见度高时,直观显示套管情况;修井液可见度低时,通过电磁曲线反映套管情况,为下步技术措施的制定提供详实的依据。

(3)研究新型可视化测井技术。可见光井下电视具有整体作业成本低、检测效率高、检测结果直观等特点,具备较好的应用基础。新型测井电缆彩色全帧率井下电视兼具了光纤井下电视视频实时流畅高清的特性和测井电缆井下电视低成本、高可靠、井眼条件适宜性广的优点,突破了井下电视发展的技术瓶颈,将可视化测井技术带入到新的发展阶段。可见光井下电视要求井液必须透明,因此井下电视测井前需要洗井。为了让井下电视能透过原油获取井眼图像,降低井下电视对井液透光性的要求,需要研究透视原油成像的井下电视测井技术和装备。

14.2.1.3 修井工具

国内外常规修井工具、膨胀管补贴工具、封隔类工具、水平井牵引器等细分工具的对标结果见表14.2.1。与国外产品的差距即为近期需攻关的方向。

表14.2.1 修井工具国内外对标

主要工具	国内	国外	对标
常规修井工具	形成了解卡打捞、整形打通道、取换套等类工具系列,实现了专业化、系列化、标准化,满足了常规修井作业需求;自动化工具比较落后	斯伦贝谢、贝克休斯、哈里伯顿等形成系列化常规修井工具,其中电动井下工具等领先国内	在打通道、取换套、套磨铣等方面领先国外;自动化工具差距明显
膨胀管补贴工具	具有全尺寸系列、多应用场景的膨胀管修/完井工具。开展了套管加固、封堵调层等应用,应用超过1500口。开展了350℃稠油热采井补贴工具现场应用	美国亿万奇:最早开展膨胀管技术研究与应用,服务于多个国家和油气田,技术先进、成本较高;在长段连续膨胀、海洋作业、水平井作业等领域领先;最大连续膨胀距离超过1000m	在高温热采井、高压注水井、快速作业等领域的应用领先国外,在水平段应用落后于国外
封隔类工具	高温高压封隔器耐温170℃,耐压70MPa,工作寿命1.5年以上;自膨胀封隔器膨胀率由1.5提高到3,耐压超过50MPa;可降解桥塞耐压达到70MPa,溶解速率可控,降解产物不伤害地层	贝克休斯:BASTLLE可回收式高温高压封隔器,耐温232℃,耐压139.7MPa;哈里伯顿:自膨胀封隔器:最高耐温200℃,耐压超过103MPa,坐封时间20h;麦格那姆:可降解桥塞耐压超过70MPa	高温高压及自膨胀封隔工具与外国差距明显
水平井牵引器	最大牵引力1000kg,最长牵引记录距离3142m,主要用于水平井测井仪器、射孔枪的投送	最大牵引力7000lb(3175kg),最长牵引距离46,801ft(约1.4×10^4m),用于套管检测、射孔、下桥塞、磨铣、工具回收、套管刮洗、切割等多种作业	在性能参数/功能上均存在较大差距

同时,修井工具朝着多功能、高效率、长寿命、电动化、自动化、智能化等方向发展[10-13]。

(1)攻关多功能修井工具。通过优化工具组合,一次入井即可满足多个技术要求。例如将打捞工具和套筒磨削、铣削工具组合使用,单次即可完成磨削、堵塞和打捞等工作,提高作业效率。

(2)攻关高效率与长寿命修井工具。①优选材料和加工工艺,例如新型合金材料聚晶立方氮化硼复合片,复合加工工艺(孕镶+银基合金堆焊)工艺的应用,根据针对特殊套铣材质及环境需求,研究特种套铣工具,大幅度提高套铣效率和使用寿命。②可溶材料等新型材料在井下工具中的应用不断拓展,从而解决新的修井问题。例如攻关可溶性防砂封隔器、防砂管柱工艺技术，在打捞防砂管柱时向井筒内替入特殊液体至筛管段，通过化学反应将封隔器及筛管外壳溶解，降低打捞难度，缩短作业时间。③仿生学等新理论应用于工具设计，研制出兼有仿生钻头减阻耐磨特性，又能避免金刚石不正常磨损的高效长寿命金刚石钻头。

（3）攻关电动化修井工具，储备自动化与智能化修井工具。①开展电动钻磨、电动切割等电动修井工具的研制，解决复杂疑难井或者井场受限井常规修井成功率低、周期长、成本高等难题，同时与穿缆连续管结合拓展在大斜度井、水平井中的应用。②储备自动化、智能化修井工具，能够清楚地识别出井下工作条件和工况。例如切割工具的智能化，使得切割过程自动化和可视化，切割装置的锚定和切割均由地面控制系统控制，高效快捷地完成切割作业。

14.2.1.4 高效大修工艺技术

随着油气田老区开发的持续深入，井筒的服役年限日益增长，疑难井大修面临作业效率低、有效率低等问题。页岩油气水平井趟停井数量与日俱增，现有修井工艺不能满足修井需求。深井超深井不断向特深井发展，目前工艺技术不配套。针对上述难题，建议从以下几个方向加快攻关：

（1）攻关疑难井高效大修技术。具体攻关方向主要包括：

①重度腐蚀油管打捞技术。重度腐蚀油管的打捞在大修过程中是最让人头疼的难题之一。油管所处的介质环境复杂，地层流体所含的 CO_2、H_2S、无机盐等对油管形成长期的酸碱盐综合腐蚀，加之井温、管柱应力作用等因素，导致井下油管大面积或局部穿孔、破裂、断落（井）、管壁变薄等[14]。常规打捞工具及工艺常常难以奏效，开展可控套捞一体化、过接箍套捞一体化工具及配套工艺研究，提高作业效率。

②高承压、长寿命、高可靠化学堵剂封堵材料与配套工艺。套损井修复、环空带压治理、井口刺漏等修井作业过程中，主要采用压差激活密封剂、环氧树脂类堵剂和高分子承压密封橡胶三种微裂隙封堵材料。持续开展技术攻关，解决复杂地质环境和严苛工作条件下，压差激活密封剂激活时间偏长、密封起效慢、强度低，环氧树脂类堵剂与金属面和水泥面胶结性能不足尤其是高压条件下温度降低时易产生收缩而出现泄漏和失效，高分子承压密封橡胶固化时间和固化后承压强度低等问题，以提升其在复杂井况下的适应性和可靠性。

③磨料射流修井技术。针对弯曲错断、断口与落物同步套损井打通道难题，研究了基于磨料射流原理的水力喷射打通道技术。在水力喷射打通道技术施工中需要喷射一段时间后停泵、泄压，重新调整角度后再进行下一段施工，同时喷射工具不具备磨铣能力。下步将研发水力喷射钻磨一体化工具，喷射过程中可随时调整角度，停泵后也可旋转修磨断口，进一步提高时效和成功率。针对老井套管外开窗重入过程中常规铣锥因受力不均容易跑偏而导致无法重入的难题，开展老井套管外磨料射流开窗重入技术研究，利用旋转磨料射流冲蚀开老井水泥环与套管，实现新老井眼的连通，大幅度提高重入成功率和效率。

（2）攻关长水平井疑难井高效大修技术，形成 1500m 以上长水平段大修作业能力。具体攻关方向主要包括：

①水平段及复杂工况打捞综合配套技术。针对 1500m 以上长水平段及复杂工况打捞"抓不住""抓不牢""捞不动"等问题，研发可视化修井工具及水平井参数仪，能清晰检

测井内落物形态，并实时监测水平段拉力、转速、钻压、扭矩等参数，指导设计针对性打捞工具，优化打捞管柱，实现精准打捞。

②高效水平井磨套铣及整形技术。针对水平井磨套铣施工中存在易伤套管、磨出管外、易卡钻等难题，攻关水平井可视化磨套铣技术，可清晰掌握磨套铣时井内情况，解决水平井在磨套铣造斜段和水平段不规则复杂落物时产生的偏磨及落物磨不干净导致套管损坏磨出管外、卡钻的问题。针对川渝页岩气套变水平井套管钢级高（BG125V）、壁厚（12.7mm）、套管变形量大（部分井内通径在80mm以下）、套管整形难度大的难题，开展新型液压整形工具及配套工艺研究，提高工具强度和整形力，实现大变形套损井整形修复。

③高承压水平井井筒重构技术。针对套损水平井井筒重构后要求通径大、井筒完承压高（90MPa以上）的难题，开展水平井长井段、高承压膨胀管补贴技术研究，研制高强度、高膨胀率管材，优化螺纹连接结构及膨胀方式，提高膨胀管及连接螺纹的密封承压能力，实现长井段高承压补贴，满足后期大规模体积压裂要求。

（3）攻关8000m以上超深/特深井大修技术。截至2022年，中国石油共钻成8000m以上超深井80口、9000m以上特深井3口。因为超深、小井眼和高温高压等原因，超深井修井工程随着井深的增加，难度和风险将成倍增大。持续完善高强度高效打捞工具、磨铣工具、解卡工具和清洁工具及工艺，配套高强度钻具和高效钻具减载技术，攻关次生故障复杂预防与控制技术以及高温修井液，具备8000~10000m特深井修井技术能力，大幅度降低修井风险和成本。

14.2.1.5 特种大修技术

在"持续低油价、苛刻的环保要求、更复杂的作业条件"的局势下，加快连续管大修、带压大修技术以及两者之间的有机结合，促进修井作业方式的持续转变，充分发挥其降本增效的作用。

（1）带压大修技术。

带压大修可通过顶驱驱动、动力卡瓦驱动、机械转盘驱动等方式施加扭矩。下一步需要完善配套装置，提升作业能力，满足复杂井况带压大修需求[15-16]。

①持续完善带压大修工艺。目前，带压修井整体技术能力相对薄弱，带压钻磨铣、打捞、更换穿孔管柱等方面的实践经验较少，需持续发展带压大修配套技术。

②持续开展井下工具研发。针对目前常用的电缆桥塞、钢丝桥塞等内堵塞工具，从卡瓦双向锚定能力、橡胶密封件性能等方面提升性能稳定性，同时，攻关105MPa陶瓷堵塞器、可溶性内密封工具、可回收式油管桥塞、井下测漏工具及高性能"过小封大"过油管桥塞等井下工具，满足不同储层、不同井筒环境、不同管柱结构的带压作业应用需求。

③持续创新带压作业配套装备。升级现有带压密封切割装置，提升压力等级，具备35MPa以上高压密封切割能力；研发多参数接箍智能检测系统，推广数据采集系统和工程设计软件，进一步提升作业能力和安全性。针对采用人工读取压力、操作节流阀的方式易出现控制偏差的问题，开展带压作业智能精细控压研究，并与自动化智能化控制技术相结合，提升压力控制的精准度和智能化程度，降低井控安全风险，提高作业效率。

（2）连续管大修技术。

连续管在大修侧钻领域的主要发展方向包括井下实时测量精确作业、超深井大修作业、超长水平段大修作业[14]。

①井下实时测量精确作业方面。将连续管作业与直读测井技术结合，实现井下实时测量、精确作业。例如，斯伦贝谢的 Active 技术利用光纤实现井下实时测量，测量参数包括压力、温度、接箍信号、伽马信号、拉压载荷等，可以提升钻磨、除垢、冲砂等修井作业效率与效果。

②高温高压深井作业方面。针对高温、高压、超深作业环境，持续提升连续管作业装备能力，管径 $\phi 50.8mm$ 的最大作业深度要超过 9000m、甚至万米；攻关突破抗 200℃ 以上高温的连续管钻磨动力钻具、适应 105MPa 以上高围压的连续管射流工具，攻克 9000m 级超深小井筒解堵的世界级难题。

③超长水平段作业方面。针对超长水平井作业需求，也亟需提高连续管装备能力与作业能力，储备由 8000m 向万米跨越的技术，突破 $\phi 60.3mm$ 以上大管径大容量装备、现场对接加长配套技术，以及振荡牵引与高效清洁工具、高效减阻剂等提升延长水平段下入深度的技术。

14.2.1.6 老井开窗侧钻

随着油剩余油气挖潜向深层发展以及降本增效的要求，对老井侧钻技术提出了更高要求，主要发展方向包括三部分。

（1）4000m 以深小井眼开窗侧钻技术与系列装备。具体攻关方向包括：

①深井双层高钢级厚壁套管开窗属于世界级难题[17]，例如，国内西部地区某油田部分深井需开窗侧钻，开窗点 4300m 左右，油层套管尺寸 $\phi 177.8mm$、壁厚 12.65mm，技术套管尺寸 $\phi 250.82mm$、壁厚 15.88mm，两层套管钢级均为 VM140，采用国内外开窗技术先后进行了 4 次开窗，均未成功，成为制约深层剩余油气挖潜的瓶颈难题，因此亟需开展双层套管开窗高耐磨斜向器、新型铣锥及配套施工工艺研究。

②超深井高钢级厚壁套管开窗风险高、难度极大，国内外目前尚无匹配的开窗工具及技术储备。例如，国内西南地区某油气田以往进行套管开窗作业的井普遍开窗点低于 6000m，套管钢级低于 125S，随着超深层油气勘探开发的持续推进，开窗点 7000m 以上、155V 高钢级壁厚套管（壁厚 15.83mm）开窗已提上日程，这就对斜向器、开窗铣锥都提出了更高的要求。针对磨铣相对较慢、长时间磨铣作业容易导致斜向器被严重磨铣而发生断裂的风险，因此需要研制抗耐磨的斜向器。同时，提高开窗铣锥的硬度和耐磨性，避免因铣锥切削齿崩齿导致磨铣困难以及不平整的窗口容易导致开窗工具阻卡的问题。

③针对中深层长水平段摩阻高、环空压耗大、ECD 控制难导致复杂时率高、水平段延伸困难的难题，研发 $\phi 95mm$ 涡轮、$\phi 95mm$ 低压耗水力振荡器、深层侧钻高效 PDC 钻头、小排量高精度精细控压装备，提高小井眼侧钻机速、降低复杂时率。研制 $\phi 95mm$ 近钻头地质导向系统、近全旋转防托压工具、疏水复合盐钻井液，提高水平段延伸能力，$\phi 118mm$ 井眼侧钻水平井水平段达到 1200m 以上。

（2）针对老区存在高含水多压力层系，短半径侧钻井由于过路水等因素导致投产初期即高含水的问题，研制机械双向悬挂封隔工具、$\phi 102mm$ 复合膨胀式封隔器，实现大曲率下入，完井封隔有效率大幅度提升；研发耐压 70MPa 可回接尾管悬挂器、$\phi 102mm$ 液压分级注水泥工具、$\phi 89mm$ 油管钻塞工具及工艺，满足短半径/超短半径半程封固和后期钻塞的要求；研发适用于短半径造斜段的随钻扩眼工具及工艺，增大环空间隙，提高小井眼短半径侧钻半程固井质量。形成机械封隔、半程封固及全程封固三项工艺。

（3）持续攻关连续管侧钻技术与装备。

①针对连续管侧钻中长半径水平井目前存在的常规连续管作业机无提升装置、复合钻机搬迁运输困难等问题，研制液压举升系统、可伸缩式井口连接装置、连续回转铁钻工，具备下套管、旋转打捞解卡及处置复杂情况能力；针对连续管侧钻效率提升难题，攻克高效开窗、工程参数测量、造斜率控制、定向钻进技术难题，提升测控系统通信及抗干扰能力，提高钻控工具工作稳定性，形成连续管侧钻一体化技术；完善侧钻工艺，连续管侧钻定向开窗工艺、连续管侧钻造斜与稳斜工艺，提高侧钻效率，侧钻水平段长度达到1000m以上能力。

②连续管侧钻短半径水平井及特殊工艺方面，攻关"不旋转"地质导向系统、复合连续管钻机等关键技术，试验推广多分支短半径侧钻、欠平衡钻井、海上连续管侧钻技术[18-19]，为下步陆地海上老井低成本侧钻及低液井高效治理提供了新的技术方向。

14.2.1.7 数字化、智能化

数字化转型、智能化发展已成为大势所趋，是引领产业变革，促进传统业务转型升级的重要途径。随着油田传感器与数字技术日益成熟，油气行业将越来越依赖实时数据来优化修井作业，并推动修井作业不断向智能化发展[20]。通过井下工具智能化与远程辅助决策相结合，针对修井难题采取更为精准和主动的修井措施，提高修井效率和效果。

在打捞落鱼、钻磨铣、井筒清理、斜向器套管开窗等过程中，除了地面的数据采集，还可以通过井下数据采集系统实时测量钻压、扭矩、转速、振动、井底压力和温度等井下参数，并实时传输至地面，采用专业软件进行解释，然后将其可视化呈现，便于在作业现场查看，从而做出准确、实时的决策。同时，将采集的数据进行远程传输，以便在远程作业中心进行可视化分析，为修井作业提供全天候的远程专家咨询与决策支持。与此同时，基于大数据、云计算、物联网等核心技术的数据驱动决策平台，借力人工智能，助推大修技术再升级。随着AI技术的大发展，人工智能未来也将与修井技术融合，形成大数据驱动的智能修井技术，针对不同储层特征确定敏感因素、优化方案、选择工具、确定工艺，实现安全高效、科学精准的修井作业，大幅度提高作业效果、降低作业成本。

14.2.2 CCUS及新型能源领域大修技术发展方向

研发储备与碳中和埋碳及新型能源等方面相适应的大修新技术，成为其"全产业链"发展的重要方向。国内多个盆地拥有地热、煤炭地下气化、天然气水合物等新型资源[21]，且资源量丰富。为实现上述新型能源的经济有效开采，钻完井、储层改造等技术正在进行革命性创新，这也导致井筒环境、井下工况将发生重大变化。

14.2.2.1 CCUS领域

CO_2地质埋存是一项有效缓解全球温室效应的技术，而封存系统的完整性是确保该项技术成功的关键。二氧化碳封存系统的完整性可以分为井筒完整性和盖层完整性，且认为井筒完整性问题是引发CO_2泄漏的最危险环节[22]。CCUS实施现场有注采井、监测井及废弃的油气井。CO_2从井筒泄漏主要发生在井筒套管外壁与固井水泥环之间、固井水泥环与和地层岩石之间、井底水泥塞与套管之间，以及固井水泥环密度不均、套管腐蚀和刺穿、固井水泥环破裂或裂缝等处，因此应重点研究井筒完整性及修复技术。同时，目前行业废

弃井封井标准不能满足 CCUS 井永久封井要求，二氧化碳环境对油管、套管、水泥环的腐蚀容易造成泄漏，CCUS 注入井和采出井的永久封井需要开展深入的研究。

14.2.2.2 新型能源领域

在地热资源开发方面，我国地热资源总量达 860×10^{12}t 标煤当量，约占全球资源的 1/6，处在 3~5km 深干热岩资源约 150×10^{12}t 标煤当量，为化石能源的 80 倍左右。传统干热岩开发技术是将低温高压液体注入目标层位，通过改变岩石应力状态，使注入井与生产井之间热储层通过裂缝相互连通，注入水经过这些相互连通的裂缝后变成高温水或者蒸汽从生产井产出。通过压裂在干热岩热储层中形成复杂微裂隙系统，使原有天然裂隙错动或形成新的裂缝，使注入井和生产井系统建立适当的连通性，从而在低渗透性岩石中建立大体积的储水层，可大幅度增加换热体积[23]。目前国内外多个项目证实压裂技术适用于干热岩。

在煤炭地下气化方面，我国陆上埋深 1000~3000m 的煤炭资源量按气化动用率 40% 计算，折合热等值甲烷为 $(272~332) \times 10^{12}$m³，相当于常规天然气资源量的 3 倍，与非常规天然气资源量的总和相当[24-25]。煤炭地下气化通过注入通道将气化剂注入到地下煤层中，使煤炭与气化剂在原位煤层中发生的一系列物理化学反应，生成氢气、一氧化碳和甲烷等。目前，形成了以 U 形气化炉、CRIP 等为核心的钻井式气化工艺。U 形井是将直井和水平井组合形成，主要在水平段气化腔进行气化，增加了通道的连贯性，提高了煤炭开采率。CRIP 工艺是指在 U 型井内气化过程在受控条件下由注入点后退逐段进行，煤气可通过已烧过的空穴流动，解决了在极高的岩层压力下保持通道的问题。

在天然气水合物方面，天然气水合物主要分布于水深大于 300m 深海陆坡区及陆地永久冻土带。全球范围内已探明的天然气水合物矿藏的碳含量约为现有化石能源碳含量的两倍，中国天然气水合物的资源量约为 84.0×10^{12}m³[26-27]。2017 年在南海采用水力割缝工艺对近井地带进行储层改造，通过降压方式开采水合物，取得了良好效果。目前国内研究机构已经对利用高能气体改造技术开采水合物进行了可行性分析，并提出采用双水平井开采方式；与此同时，还进行了不同井型和不同井网条件下水合物储层增产改造技术及增产机理研究，为现场实施及高效开发提供了技术支持。

大修技术应紧跟新型能源开采的步伐，持续创新发展新工艺新技术，满足新形势下异常井筒处理和提产提效的需求。在干热岩领域，一方面研发适用于高温硬地层的径向水平井技术，辅助进行干热岩压裂，即在主井筒侧钻径向分支井眼，诱导应力场重构，并实施水力压裂，进而形成三维复杂缝网有效沟通注采井。另一方面储备满足干热岩高温、高强度、高致密、高应力环境的大修配套技术。在煤炭地下气化方面，目前地下气化炉建造钻完井面临井底易漏、易塌，井底高温、高压、气体腐蚀等难题，由此带来的井口带压、井筒完整性等方面应重点开展研究。在天然气水合物方面，储备研究适用的大修新技术，解决严重出砂等难题，确保井筒正常使用，进而延长开采周期、提高开采效果。

参考文献

[1] 孙龙德，张鹏程，江航，等 . 油气安全与能源转型的新趋势 [J]. 世界石油工业，2024，31（1）：6-15.

[2] 秦永和. 超深井高效钻完井技术 [M]. 北京：石油工业出版社，2023.

[3] 孙金声，刘伟，王庆，等. 万米超深层油气钻完井关键技术面临挑战与发展展望 [J]. 钻采工艺，2024，47（2）：1-9.

[4] 佘朝毅. 四川盆地超深层钻完井技术进展及其对万米特深井的启示 [J]. 天然气工业，2024，44（1）：40-48.

[5] 魏欢，丁国生，王成浩. 国内外地下储气库建设现状及规模研究 [C]// 中国石油学会天然气专业委员会. 第33届全国天然气学术年会（2023）论文集（06综合）. 中国石油勘探开发研究院；中国石油天然气集团公司油气地下储库工程重点实验室；国家管网集团北方管道责任有限公司沈阳输油气分公司，2023：5.

[6] 朱红钧，李英媚，陈俊文，等."双碳"目标下中国石油企业绿色减碳路径 [J]. 天然气工业，2024，44（4）：180-189.

[7] 袁健，董周丹，董涛，等. 西北油田超深井自动化修井技术应用探索 [J]. 中国设备工程，2021，(S1)：215-218.

[8] 张东平，张建，纪风杰. 带压作业装置技术发展 [J]. 石油矿场机械，2016，45（8）：27-30.

[9] 胡强法，朱峰，吕维平，等. 中国石油连续管作业技术进展及发展建议 [J]. 石油科技论坛，2022，41（3）：77-85.

[10] 侯亮，杨虹，尹成芳，等. 2021国外测井技术现状与发展趋势 [J]. 世界石油工业，2021，28（6）：53-57.

[11] 平恩顺，李岩崎，樊震刚，等. 组合式整形打捞筒的研制 [J]. 油气井测试，2023，32（2）：49-52.

[12] Comer A, Alferez O. Composite Plug Milling via Wireline Reduces HSE Risks and Logistics on Location [C]//. SPE Eastern Regional Meeting 15-17 October 2019, Charleston, West Virginia, USA.

[13] Abdesselam Y A, Tazairt R, Dulic A. Increased Production and Restored Wellbore Access Using E-Line Milling Technology, With Enhanced Health, Safety and Environment [C]//. SPE Nigeria Annual International Conference and Exhibition Onepetro, 2018.

[14] 王万鹏. 双管井腐蚀管柱打捞技术研究 [J]. 中国石油和化工标准与质量，2022，42（2）：177-179.

[15] 袁健，陈曦，赵光磊，等. 国内气井带压作业技术现状与发展分析 [J]. 天然气技术与经济，2023，17（5）：33-38，80.

[16] 胡旭光，李黔，罗园，等. 气井带压作业关键技术与展望 [J]. 中国石油勘探，2023，28（5）：135-144.

[17] 胡强法，谭多鸿，盖志亮，等."连续管+"技术的思考与展望 [J]. 焊管，2023，46（7）：14-22.

[18] Cruz A, Caballero G, Elías Melo, et al. First Successful Double Casing Window Opening in HPHT Well in MCA [J]. Day 3 Thu, November 17, 2022, 2022.

[19] 李根生，宋先知，黄中伟，等. 连续管钻井完井技术研究进展及发展趋势 [J]. 石油科学通报，2016，1（1）：81-90.

[20] 武晓光，黄中伟，李根生，等."连续管+柔性钻具"超短半径水平井钻井技术研究与现场试验[J].石油钻探技术，2022，50（6）：56-63.

[21] Mohamed O. New Technology From Fishing Company Will Enable Operators To Reduce Amount Of Nonproductive Time [C]// Offshore Mediterranean Conference and Exhibition, Ravenna, Italy, March 2011.

[22] 王欣，才博，李帅，等.中国石油油气藏储层改造技术历程与展望[J].石油钻采工艺，2023，45（1）：67-75.

[23] 刘一唯，王健，张德平，等.用于CCUS油藏压井的环境响应型暂堵剂研制与应用[J].断块油气田，2024，31（2）：357-362.

[24] 曹继飞，盖瑜.高温油气工程技术在干热岩领域的适用性分析[J].西部探矿工程，2021，33（9）：42-44.

[25] 于小波，李玉海，万发明，等.煤炭地下气化关键技术综述[J].西部探矿工程，2023，35（1）：90-91，95.

[26] 刘日武，刘畅，丁玖阁.钻井式煤炭地下气化技术的发展及关键力学问题[J].力学与实践，2021，43（1）：1-12.

[27] 李清平，周守为，赵佳飞，等.天然气水合物开采技术研究现状与展望[J].中国工程科学，2022，24（3）：214-224.

[28] 庞维新，李清平，周守为.天然气水合物开发研究现状和发展战略分析[J].国际石油经济，2022，30（12）：33-41.